溪山无尽

风景美学与中国古典建筑、园林、山水画、工艺美术（上）

王毅 著

中国古代园林文学文献研究丛书

主编 李浩

陕西师范大学出版总社

图书代号　ZZ24N1086

图书在版编目（CIP）数据

溪山无尽：风景美学与中国古典建筑、园林、山水画、工艺美术 / 王毅著. -- 西安：陕西师范大学出版总社有限公司，2024.12. -- （中国古代园林文学文献研究丛书 / 李浩主编）. -- ISBN 978-7-5695-4456-5

Ⅰ.TU986.1

中国国家版本馆CIP数据核字第2024112TA6号

溪山无尽：风景美学与中国古典建筑、园林、山水画、工艺美术
XI SHAN WU JIN: FENGJING MEIXUE YU ZHONGGUO GUDIAN JIANZHU、YUANLIN、SHANSHUIHUA、GONGYI MEISHU

王　毅　著

出版统筹	刘东风　郭永新
执行编辑	刘　定　郑若萍
责任编辑	王丽敏　高　歌　郑若萍
责任校对	王西莹　王淑燕　王雅琨
封面设计	周伟伟
出版发行	陕西师范大学出版总社
	（西安市长安南路199号　邮编　710062）
网　　址	http://www.snupg.com
印　　刷	中煤地西安地图制印有限公司
开　　本	720 mm×1020 mm　1/16
印　　张	48.5
插　　页	4
字　　数	563千
版　　次	2024年12月第1版
印　　次	2024年12月第1次印刷
书　　号	ISBN 978-7-5695-4456-5
定　　价	186.00元（上、下册）

读者购书、书店添货或发现印装质量问题，请与本公司营销部联系、调换。
电话：（029）85307864　85303629　　传真：（029）85303879

总　序

李　浩

经过全体同人六年多的不懈努力，"中国古代园林文学文献研究"丛书第一辑九部著作终于付梓，奉献给学界同道和广大读者。作为这个项目的组织策划者，我同作者朋友和出版社伙伴一样高兴，在与大家分享这份厚重果实的同时，也想借此机会说说本丛书获准国家出版基金立项与出版的缘由。

一

本丛书是由我主持的国家社科基金重大项目"中国古代园林文学文献整理与研究"（18ZD240）的阶段性成果。在项目开题论证时，大家就对推出研究成果有一些初步设想，建议项目组成员将已经完成的成果或正在进行的项目，汇集成为系列丛书。承蒙陕西师范大学出版总社刘东风社长和大众文化出版中心郭永新主任的错爱，项目组决定委托陕西师范大学出版总社来出版丛书和最终成果。丛书第一辑的策划还荣获了国家出版基金项目的资助，为重大项目锦上添花，也激励着大家把书稿写好，把出版工作做好。

本辑共九部书稿，计三百余万字。其中有中国古典园林文化的通论性研究。如曹林娣先生的《园林撷华——中华园林文化解读》，从中华园林文化的宏观历史视野，探讨中国园林特有的审美趣味、风度、精神追求和标识，整体阐释园林文化，探索中华园林"有法无式"的创新精神，是曹老师毕生研究园林文化的学术结晶。王毅先生的《溪山无尽——风景美学与中国古典建筑、园林、山水画、工艺美术》，以中国古典园林与风景文化为研究对象，从建筑、园林、绘画、工艺美术等多重角度，呈现中国古典园林的多重审美内涵。王毅先生研究园林文化起步早，成果多，他强调实地考察，又能够结合多学科透视，移步换形，常有妙思异想，启人良多。

本丛书中也有园林文学文献的考察、断代园林个案以及专题研究，研究视角多元。如曹淑娟先生的《流变中的书写——山阴祁氏家族与寓山园林论述》，是她对明代文人研究系列成果之一，以晚明文士祁彪佳及其寓山园林为具体案例，探究文人主体生命与园林兴废间交涵互摄的紧密关系。在已有成果的基础上，又有许多新创获。韦雨涓的《中国古典园林文献研究》属于园林文献的梳理性研究，立足于原始文献，对主体性园林文献和附属性园林文献进行梳理研究，一书在手，便对园林文献的整体情况了然于胸。张薇的《扬州郑氏园林与文学》研究17至18世纪扬州郑氏家族园林与文学创作，探讨人、园、文之间的关系。罗燕萍的《宋词园林文献考述及研究》和董雁的《明清戏曲与园林文化》，则分别从词、戏曲等不同文体出发，研究园林对文学形式和内容的影响。岳立松的《清代园林集景的文化书写》，是清代园林集景文化的专题研究，解析清代园林集景的文学渊源、品题、书写范式，呈现清代园林集景的审美和文化内涵。房本文的《经济视角下的唐代文人园林生活研究》，从园林经济的独特视角探讨唐代园林经济与文人生活之间的关系，通过个案来研究唐代文人的园林生活和心态。

作为一套完整的丛书和重大课题的阶段性成果，全书统一要求，统一体例，这应该是一个基本的共识。但本丛书不满足于此，没有限制作者的学术创造和专业擅长，而是特别强调保护各位学者的研究个性，所以收入丛书的各册长短略有差异，论述方式也因论题的不同，随类赋形，各呈异彩。

本丛书与本课题还有一个特点，就是将学术研究课题的完成与人才培养结合起来。我们给每位子课题首席专家配备一位青年学者，作为学术助理与首席专家对接，在课题推进和专家撰稿过程中，要求青年学者做好服务工作。还有部分稿件是我曾经指导过的博硕士论文的修改稿，收入本丛书的房本文所著《经济视角下的唐代文人园林生活研究》、张薇所著《扬州郑氏园林与文学》就属这一类。还有未收入本丛书的十多位年轻朋友的成果，基本是随我读书时学位论文的修改稿，我在《唐园说》一书自序中已经交代过了，这里就不再赘述。

本丛书既立足于文学本体，又注重学科交叉；既有宏观概述，又有个案或专题的深耕。作者老中青三代各呈异彩，两岸学人共同探骊采珠。应该说，该成果代表了园林文学文化的最新奉献，也从古典园林的角度为打造园林学科创新发展、构建中国自主知识体系，进行了有益的尝试。

二

中国古典园林是中华优秀传统文化的重要组成部分，是外在的精美佳构与内在丰富文化内涵的完美统一，也是最能体现中国特色、中国风格、中国气派的艺术形式之一。早期的园林研究，主要是造园者的专擅，如李诫《营造法式》、计成《园冶》、陈从周《说园》等，后来逐渐扩展到古代建筑史和建筑理论学者、农林科学家等。20世纪后半叶，从事古代文史研究的学者也陆续加盟到这一领域，如中国社会科学院前有吴世昌先生，后有王毅研究员，苏州教育学院有金学智教授，苏州大学有曹林娣教授，台湾大学有曹淑娟教授，台北大学有侯迺慧教授等。

本丛书的作者以及这个课题的参与者，主要是以文史研究为专业背景的一批学者。其中的曹林娣先生原来研究中国古典文献，但很早就转向园林文化，在狭义的园林圈中享有很高的学术声誉。赵厚均教授虽然较年轻，但与园林文献界的老辈一直有很好的合作。还有为园林学教学撰写教材而声名鹊起的储兆文。我们认为，表面上看，这是学者因学术研究的需要而不断拓展新领域，不断转战新的学术阵地所引发的，但本质上还是学术自身的特点，或者说学术所研究的对象自身的特点所决定的。

法国埃德加·莫兰在《复杂性理论与教育问题》一书中有这样的论述："科学的学科在以前的发展一直是愈益分割和隔离知识的领域，以致打碎了人类的重大探询，总是指向他们的自然实体：宇宙、自然、生命和处于最高界限的人类。新的科学如生态学、地球科学和宇宙学都是多学科的和跨学科的：它们的对象不是一个部门或一个区段，而是一个复杂的系统，形成一个有组织的整体。它们重建了从相互作用、反馈作用、相互—反馈作用出发构成的总体，这些总体构成了自我组织的复杂实体。同时，它们复苏了自然的实体：宇宙（宇宙学）、地球（地球科学）、自然（生态学）、人类（经由研究原人进化的漫长过程的新史前学加以说明）。"[1] 从科学发展史来看，跨学科、交叉学科是未来学术增长的一个重要方向，本丛书和本课题的研究，不过是"预流"时代，先着一鞭，试验性地践行了这一学术规律。

三

人类在物理空间中的创造与时间之间存有一个悖论：一方面，人类极尽巧思，创造出无数的宫殿、广场、庙宇、园林等；另一方面，再精美坚固的创造物，也经受不起时间长河的冲刷、腐蚀、风化而坍塌、坏毁，最后被掩埋，所谓尘归尘，土归土，来源于自然，又回归于自然。苏轼就曾在《墨妙亭记》中言："凡有物必归于尽，而恃形以为固者，尤不可长。"

人类的精神创造，虽然也会有变化，但比起物化的创造，还是能够更

---

[1] 埃德加·莫兰：《复杂性理论与教育问题》，陈一壮译，北京大学出版社，2004年，第114—115页。

长时段地存留。李白《江上吟》言："屈平词赋悬日月，楚王台榭空山丘。"作为精神类创造的"屈平词赋"可以直接转化为文化记忆，但作为物理存在的"楚王台榭"以及历史上的吴王苏台、乌衣巷的王谢庭堂，都要经过物理空间中的坏毁，然后凭借着"屈平词赋"和其他诗文类的书写刻录，才能进入记忆的序列，间接地保存下来。

中国古人正是意识到了物不恒久，故有意识地以文存园，以文传园，建园、居园、游园皆作文以纪事抒怀，所以留下了众多的园林文学作品，而这些作品具有超越时空的特质，作为一种文化记忆延续了园林物理空间意义上的生命。

前人游览园林景观后可能会留下书法、文学、绘画作品，也就是文化记忆，后人在凭吊名胜时，同时会阅读前代的文化记忆类作品，会留下另一些感怀类作品，一如孟浩然《与诸子登岘山》所说的"羊公碑尚在，读罢泪沾襟"。这样就形成了一个追忆的系列、一个文化的链条，我们又称之为伟大的传统。[①] 对中国古典园林而言，也存在这样的现象，后人游赏前代园林或者凭吊园林遗迹，会形诸吟咏，流传后世，于是形成文化链条。

我曾引用扬·阿斯曼"文化记忆"的理论解释此现象，在扬·阿斯曼看来，"文化记忆的角色，它们起到了承载过去的作用。此外，这些建筑物构成了文字和图画的载体，我们可以称此为石头般坚固的记忆，它们不仅向人展示了过去，而且为人预示了永恒的未来。从以上例子中可以归纳出两点结论：其一，文化记忆与过去和未来均有关联；其二，死亡即人们有关生命有限的知识在其中发挥了关键的作用。借助文化记忆，古代的人建构了超过上千年的时间视域。不同于其他生命，只有人意识到今生会终结，而只有借助建构起来的时间视域，人才有可能抵消这一有限性"[②]。

研究记忆类的文化遗存，恰好是我们文史研究者所擅长的。从这个意

[①] 宇文所安：《追忆：中国古典文学中的往事再现》，郑学勤译，生活·读书·新知三联书店，2004年。
[②] 扬·阿斯曼：《"文化记忆"理论的形成和建构》，金寿福译，载《光明日报》2016年3月26日第11版。

义上说，文史研究者加盟到园林史领域，不仅给园林古建领域带来了新思维、新材料、新工具和新方法，而且极大地拓展了研究的边界，原来几个学科都弃之如敝屣、被视为边缘地带的园林文学，将被开辟为一个广大的交叉学科。

明人杨慎的名句"青山依旧在，几度夕阳红"(《廿一史弹词》)，靠着通俗讲史小说《三国演义》的引用为人所知，又靠着现代影视的改编，几乎家喻户晓。有人说这两句应该倒置着说：几度夕阳红？青山依旧在。但杨慎真要这样写的话，就落入了刘禹锡已有的窠臼："人世几回伤往事，山形依旧枕寒流。"(《西塞山怀古》)

还是黄庭坚能做翻案文章，他在《王厚颂二首》(其二)中说："夕阳尽处望清闲，想见千岩细菊斑。人得交游是风月，天开图画即江山。"由江山如画，到江山即画，到江山如园，再江山即园，是园林艺术史上的另外一个重大话题，即山水的作品化过程。在这一过程中，自然中的山水、诗文中的山水、园林中的山水、绘画中的山水，究竟是如何互相启发、互相影响，又是如何开拓出各自的别样时空和独特境界的？这里面仍有很多值得深入思考的话题。我们希望在本丛书的第二辑、第三辑能够更多地拓宽视野，研讨园林文化领域更深入专精的问题。作为介绍这一辑园林文学文献丛书的一篇短文，已经有些跑题了，就此打住吧。

2023年12月28日草成

目 录

第一章　中国古典建筑之美的艺术学基础（上篇）　·001

　　引子：中国古典建筑之美可能需要我们从新的角度加以体会　·001

　　一、林语堂：中国建筑之美源自毛笔书法　·008

　　二、书画同源：含蕴"骨力"的毛笔墨线深切表达生命的灵性与张力　·024

　　三、"骨力"作为灵魂在中国古典造型艺术中无处不在　·036

　　四、比较中外相同主题的艺术作品，体会中国古典艺术的独特美质　·049

第二章　中国古典建筑之美的艺术学基础（下篇）　·059

　　一、重提林徽因先生对中国古典建筑之美的一个总结　·060

　　二、体会中国古建之美感区别于其他建筑体系的独有韵味　·061

　　三、艺术造型中看似最简单的曲线却随处蕴含深厚的审美韵味　·066

　　四、源于毛笔书法的节奏与流动之美在中国古典建筑中无处不在　·087

　　五、"微妙而难名"：建筑艺术中的无穷变化之美　·102

第三章　简说中国古典文人园林（上篇）

　　——中国皇权社会结构之下文人园林的制度功能与文化特点　·109

　　一、文人园林是中国古代士人阶层文化艺术的综合结晶　·110

　　二、中国皇权社会的"秤式平衡结构"与士人阶层的隐逸文化　·113

　　三、少无适俗韵，性本爱丘山：隐逸文化中的文人园林　·123

四、乐天为事业，养志是生涯：文人园林与士人阶层的人格理想 ·138

第四章　简说中国古典文人园林（中篇）
——"卜筑因自然"：文人园林的美学原则与造园方法 ·150

一、对自然山水之美的荟萃、模拟与再创造 ·150

二、精而合宜：配置诸多景观元素与营造空间韵律的匠心 ·162

三、建筑风格与室内外装饰艺术的特点 ·169

四、室内陈设艺术的特点与文化气质 ·172

五、花木莳养中的文化品味与人格寄寓 ·189

六、写意的艺术手法及其精神内涵 ·202

第五章　简说中国古典文人园林（下篇）
——古典文人园林与士人文化艺术体系的密切关联 ·208

一、当其得意时，心与天壤俱：文人园林与中国古典哲学的宇宙观 ·208

二、诗思竹间得：文人园林与中国古典文学 ·216

三、虽云旧山水，终是活丹青：文人园林与中国古典绘画艺术 ·240

四、琴书与岩泽共远：文人园林与中国古代士人的丰富文化艺术生活 ·250

第六章　郊野园林与郊野风景（上篇）·268

一、中国郊野园林发展过程简述 ·269

二、中国郊野园林的主要文化艺术内涵 ·279

三、郊野雅集与文学艺术的创作交流 ·295

第七章　郊野园林与郊野风景（下篇）·303

一、以三大历史名城为例来理解郊野景观的深厚内涵 ·303

二、八景或十景等郊野风景经典范式的形成与意义 ·340

三、《平郊建筑杂录》与郊野审美对国民心灵家园的建构 · 350

第八章　古典寺院园林景观的文化地位与艺术成就（上篇） · 360
　　一、寺院园林的面貌体现了中国社会与中国宗教的特点 · 361
　　二、中国宗教体系中的多神崇拜与寺院园林的一般分类 · 364
　　三、寺院以佛寺为主的形成过程及其景观特点 · 370
　　四、唐宋美学基调转变之下景观艺术中的寺院形象及其寓意 · 385

第九章　古典寺院园林景观的文化地位与艺术成就（下篇）
　　——从景观美学角度看中国古典寺院园林的许多特点 · 395
　　一、寺院园林成为城市景观的重要内容甚至点睛之笔 · 396
　　二、融会皇家园林与文人园林风格，同时发展自己独特艺术境界 · 401
　　三、寺院园林景观欣赏举隅 · 412
　　四、寺院园林与宗教文化艺术对确立生命视角与生活立场的启发 · 439

第十章　论南宋山水画（上篇）
　　——南宋山水画在中国绘画史与景观艺术史上的崇高成就 · 443
　　一、对景观要素空前精准生动的写真能力 · 444
　　二、对山水园林景观复杂空间结构高妙且极富韵味的表现力 · 452
　　三、对"天人境界"崇高审美意象的展现 · 463

第十一章　论南宋山水画（中篇）
　　——南宋山水画在表达"生命哲学之美"方向上的重要意义 · 480
　　一、南宋山水画蕴含的隽永诗意与精微哲思 · 480
　　二、深情的表达：悠远生命旅途如何融入天地山川与无限风物 · 486
　　三、生命哲学的审美化：山水境界、生命情韵、宇宙哲学的三位一体 · 509

第十二章　论南宋山水画（下篇）
　　——南宋山水画对于中国山水文化成熟与普及的关键意义 ·515

　　一、南宋山水画所体现生活与审美视角的空前广泛性 ·515

　　二、旧时王谢堂前燕，飞入寻常百姓家 ·519

　　三、南宋山水画对中国美术众多领域的广泛辐射力及其文化意义 ·523

第十三章　明代版画与古典园林（上篇）
　　——中国古典版画成就高峰与中国古典园林艺术的关系 ·532

　　一、中国古典风景绘画在其黄金时期（两宋）对园林景观的表现能力 ·533

　　二、中国版画景观表现力在明代中期以前逐步发展的过程 ·539

　　三、明代中后期版画对山水园林各种景观元素表现能力的空前发展 ·545

　　四、明代版画对于园林中景物关系与空间结构的把握 ·551

　　五、成组（套）版画对于园景体系"结构艺术"的精彩表现 ·558

第十四章　明代版画与古典园林（下篇）
　　——研究山水园林题材古典版画不应忽略的几个问题 ·577

　　一、山水园林题材中国古典版画的文化内涵 ·577

　　二、中西古典版画在艺术特点与方法上大异其趣 ·588

　　三、如何认识中国古典版画的独特美感及其艺术根基 ·598

第十五章　中国古典工艺美术中的园林山水图像（上篇）
　　——从工艺美术领域的图像线索看园林史上若干问题 ·616

　　一、中国园林图像史的重要分支：古典工艺美术中的园林形象 ·616

　　二、中国工艺美术以园林山水为题材的初始期：先秦至唐代 ·617

　　三、园林山水主题工艺美术的成熟与繁荣期：宋元明清 ·637

第十六章　中国古典工艺美术中的园林山水图像（下篇）
——从工艺美术角度看景观艺术对塑造文化氛围的作用 ·660

一、宋明以后，山水园林题材工艺美术以文房为中心的趋势及其文化
　　意义 ·661

二、宋明以后，山水园林题材工艺美术的繁荣与家居氛围艺术化趋势 ·697

三、中国古典工艺美术热衷表现山水园林题材的文化与哲学成因 ·710

美育生活与我们的"脱卑暗而向高明"（代后记） ·719

一、为什么"美育"不等于世人常说的"美术教育" ·720

二、美育与广义的教育 ·721

三、为什么美育具有从根本上促进社会进步变革的深刻潜能 ·722

四、为什么中外艺术经典是我们建构美好心灵家园的源头活水 ·724

五、为什么美育需要纵观通览古今中外众多门类的经典艺术 ·726

六、经典艺术欣赏"训练"的日积月累与审美认知的提升 ·728

七、思维之美：哲思的升华及其"两边开满牵牛花的路"
　　——本书尝试"三联式"叙述体例的立意 ·739

八、"要怎么收获，先那么栽" ·753

第一章　中国古典建筑之美的艺术学基础（上篇）[①]

引子：中国古典建筑之美可能需要我们从新的角度加以体会

我们在了解园林艺术与景观艺术过程中必然遇到的一个问题，就是如何才能更真切地体会中国古典建筑究竟美在哪里；再进一步，则要经常考虑建筑之美与山水花木等自然景观之美的相互关联。

梁思成先生等几代硕学宗匠对于中国古典建筑恒久不断的研究，为今天我们理解古建之美提供了丰厚基础，比如梁先生将中国古建木架结构的组织方式定义为"ORDER"（图 1-1），这显然最看重的是大木架构那种精致化、高度组织化的结构方式，尤其这种结构方式呈现出的深刻秩序感与美感。

梁思成先生用"order"来定义中国古建体系核心的东西，"order"的词义就是"秩序""规则""安排"等等，西方建筑史上的重要概念"柱式"就是"order architectural"，所以梁先生用此来归纳中国传统木结构建筑的结构方

[①] 2021年圣诞节补记：撰写此部分的主要目的有两个：其一，建筑之美是中国景观与园林艺术的重要方面之一，若要更广泛地理解中国古典景观与园林艺术，那么对于古典建筑之美的体会就是必要的。其二，2021年是梁思成先生诞辰一百二十周年，作为古典建筑艺术的爱好者，笔者谨以此表达对梁先生开创性学术工作的崇敬，尤其感念他与许多同道学者不论时局与环境如何险恶艰难，都以最努力的工作坚守对中国前途之信念的人格精神。

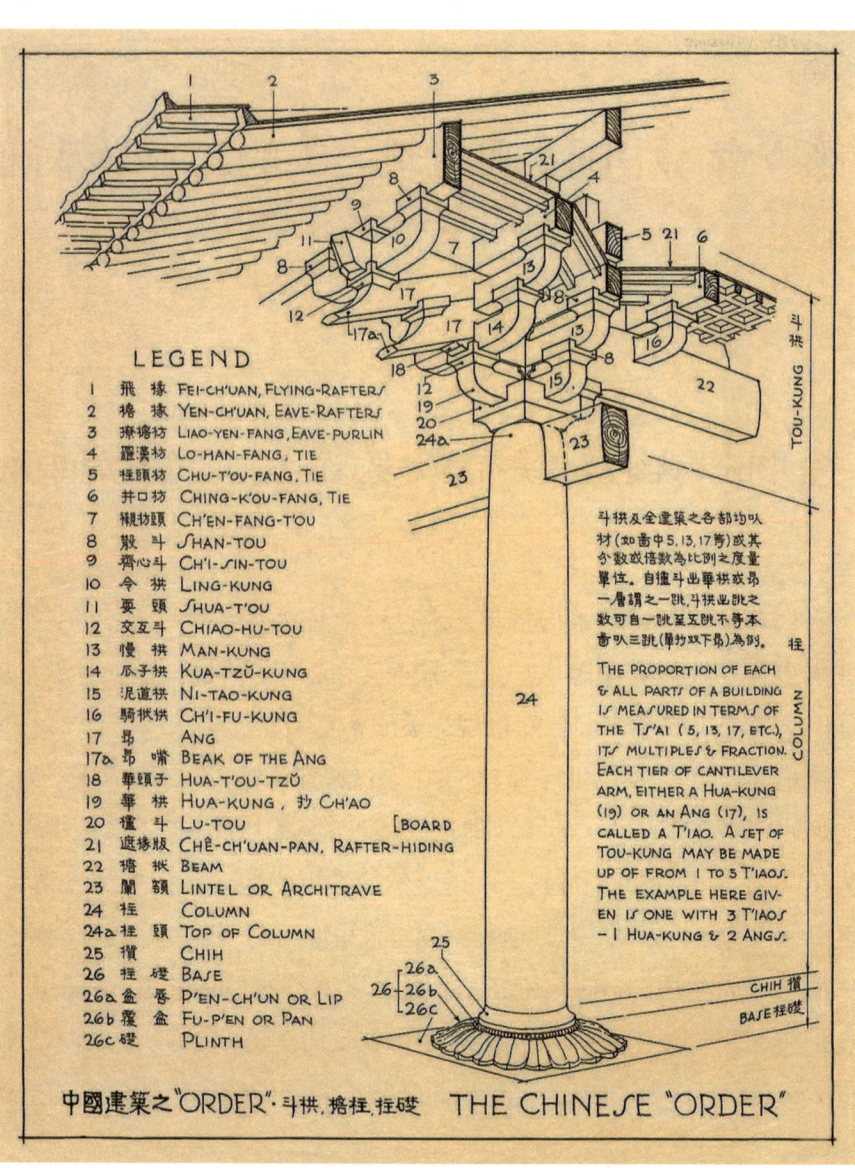

图 1-1 梁思成手绘图《中国建筑之"ORDER"》

(摄于 2021 年清华大学艺术博物馆"栋梁：梁思成诞辰一百二十周年文献展")

式,强调它是一种中国古典木结构建筑世世代代遵守的基本"法式":

> 这一切特点都有一定的风格和手法,为匠师们所遵守,为人民所承认,我们可以叫它做中国建筑的"文法"。建筑和语言文字一样,一个民族总是创造出他们世世代代所喜爱、因而沿用的惯例,成了法式。……中国建筑怎样砍割并组织木材成为梁架,成为斗拱,成为一"间",成为个别建筑物的框架;怎样用举架的公式求得屋顶的曲面和曲线轮廓;怎样结束瓦顶;怎样求得台基、台阶、栏杆的比例;怎样切削生硬的结构部分,使同时成为柔和的、曲面的、图案型的装饰物;怎样布置并联系各种不同的个别建筑,组成庭院;这都是我们建筑上二三千年沿用并发展下来的惯例法式。无论每种具体的实物怎样地千变万化,它们都遵循着那些法式。构件与构件之间,构件和它们的加工处理装饰,个别建筑物与个别建筑物之间,都有一定的处理方法和相互关系,所以我们说它是一种建筑上的"文法"。至如梁、柱、枋、檩、门、窗、墙、瓦、槛、阶、栏杆、隔扇、斗拱、正脊、垂脊、正吻、饯兽、正房、厢房、游廊、庭院、夹道等等,那就是我们建筑上的"词汇",是构成一座或一组建筑的不可少的构件和因素。①

梁先生手绘有《历代斗拱演变图》(图1-2),他还指出中国古典建筑美之境界,很大程度就取决于木构件这种组织规则所呈现的面目,比如宋代以后中国建筑美感走了下坡路,其典型表征就是斗拱结构功能的丧失与形貌的萎缩:

> 自宋而后,中国建筑的结构,盛极而衰……其演变的途径在外观上是由大而小,由雄壮而纤巧;在结构上是由简而繁,由技能的而装饰的,一天天的演化,到今日而达最低的境界,再退一步,中

---

① 梁思成:《中国建筑的特征》,长江文艺出版社,2020年,第6—7页。梁思成先生这里特别提到"用举架的公式求得屋顶的曲面和曲线轮廓""切削生硬的结构部分,使同时成为柔和的、曲面的、图案型的装饰物"等等,这些问题对于建立中国古建之美感的重要意义,下篇将详细讨论。

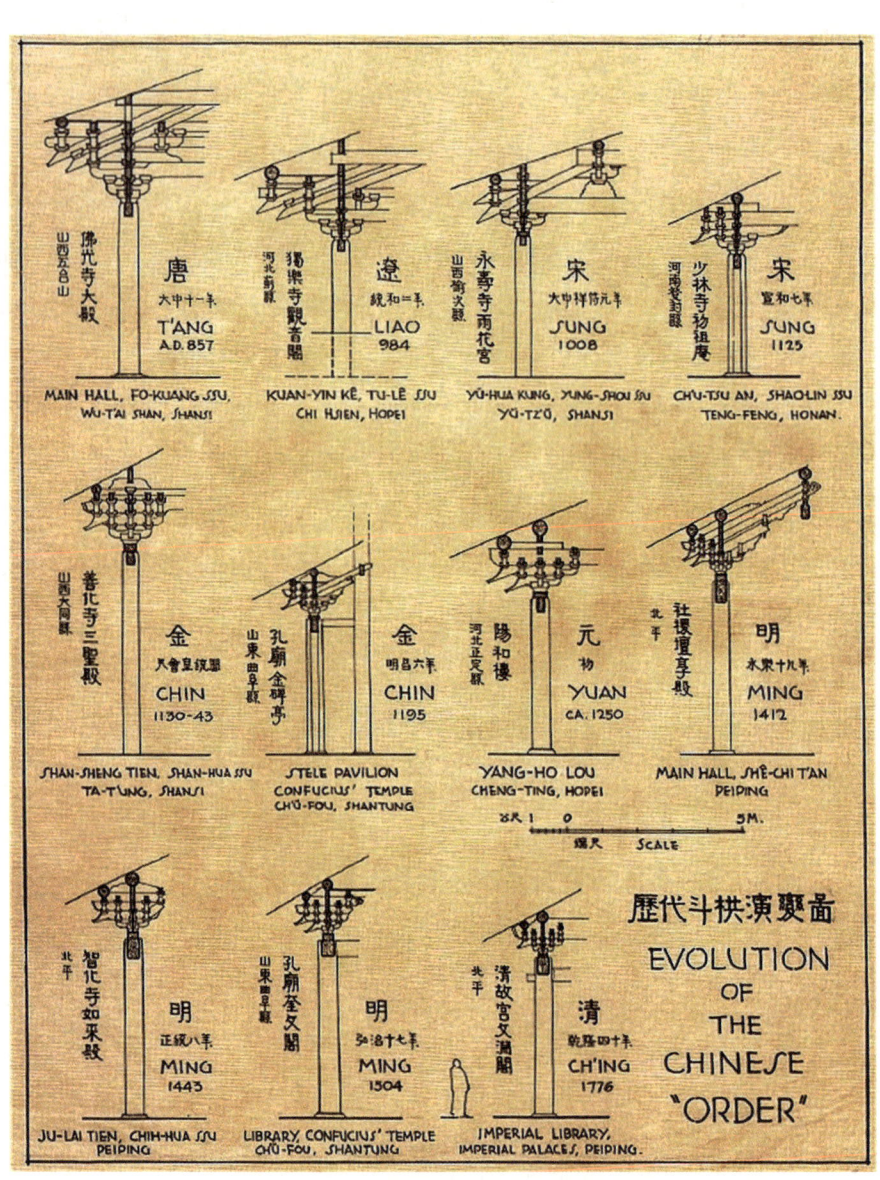

图 1-2 梁思成手绘图《历代斗拱演变图》

(摄于 2021 年清华大学艺术博物馆"栋梁：梁思成诞辰一百二十周年文献展")

国建筑便将失去它一切的美德，而成为一种纯形式上的名称了。①

显然，他认为理解中国传统建筑之美的关键就在于理解这个在建筑体系中起着核心作用的"文法"（规则、法式）。从图1-2可见他梳理出来的这个规则之历代呈像。梁思成先生《图像中国建筑史——关于中国建筑结构体系的发展及其形制演变的研究》又将唐代建筑的美学特征概括为"豪劲"，将宋代建筑的美学特征概括为"醇和"，而将明清建筑的美学特征概括为"羁直"——他英文原稿对明清建筑特点的表述是"The Period of Rigidity(ca.1400-1912)"②，其中"Rigidity"一词就是僵化、刻板的意思。梁先生梳理出的这个逻辑脉络对于我们入门了解中国建筑之美，当然是精当的提示。

从另外的方面梳理中国古典建筑之美的例子，比如傅熹年先生长期致力于通过建筑绘画而表现中国古建的特点。他绘制的《唐长安大明宫含元殿外观复原图》③等经典建筑画，突出呈现出中国建筑风格发展至唐代而在气象壮丽等方面的登峰造极，所以傅熹年先生说："综括我四五十年来所绘，主要是建筑画，努力表现古代建筑的风格特点和艺术美感"④。

近年来，建筑研究界推出能够帮助我们了解古建之美的成果更多，比如台湾李乾朗先生著作《穿墙透壁：剖视中国经典古建筑》⑤，以丰富的图解介绍了他二十年来考察中国古建筑的心得，展示了古建中神殿建筑、宫殿建筑、民间建筑这三大类型的经典实例。

再比如近年里，王南等清华大学建筑系年青一代学者发现：与西方古典建筑普遍遵循比例上的"黄金分割"非常相似，中国古建筑设计中普遍运用的基

---

① 梁思成：《梁思成全集》第6卷《建筑设计参考图集·斗栱（汉～宋）简说》，中国建筑工业出版社，2001年，第295页。
② 梁思成：《梁思成全集》第8卷《图像中国建筑史——关于中国建筑结构体系的发展及其形制演变的研究》，中国建筑工业出版社，2001年，第232页。
③ 傅熹年的建筑手绘图可参见其《古建腾辉——傅熹年建筑画选》（中国建筑工业出版社，1998年）一书。
④ 傅熹年：《谈谈我的建筑绘画经历》，载《中国文物报》2019年8月2日第5版。
⑤ 李乾朗：《穿墙透壁：剖视中国经典古建筑》，广西师范大学出版社，2009年。

本比例关系为 $1：\sqrt{2}$，即中国古代建筑工匠口诀所说的"方五斜七"。他们将这个重要原则定义为"中国古建筑的营造密码"，或者"建筑基因的密码"，如图1-3所示。

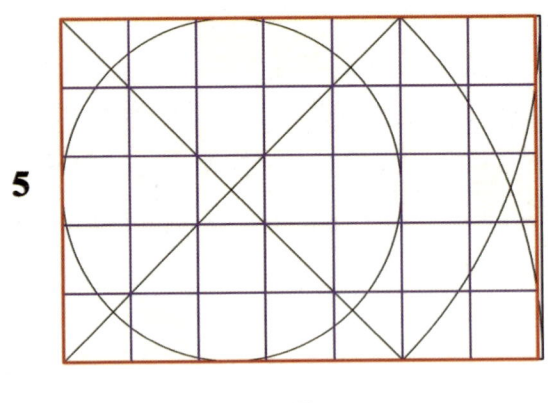

图 1-3　中国古典建筑中的比例口诀"方五斜七"的数学模式

（引自王南：《规矩方圆　佛之居所：五台山佛光寺东大殿构图比例探析》，载《建筑学报》2017年第6期）

图1-3中红线图的比例，即中国古代建筑工匠口诀所说的"方五斜七"，而黑线图标出的就是 $1：\sqrt{2}$（$\sqrt{2}$是一个经典的无理数），可见两者非常接近，尤其到了集以前建筑史成果之大成的北宋《营造法式》，横与宽的比例又被进一步精确设定为141：100，从而更接近 $1：\sqrt{2}$（≈1.414）。

这个经典的"比例模数"在建筑中有着广泛的意义：

> $\sqrt{2}$ 比例实际上是正方形和圆形之间最基本的比例关系之一，也是运用方圆作图可以轻易实现的一种构图比例——正方形的边长与其外接圆直径（该正方形对角线长）之比即为$1：\sqrt{2}$。$\sqrt{2}$比例是中国古代建筑中运用最广泛的构图比例之一。[①]

其具体的实例运用比如：

> （五台山）佛光寺的总平面布局，同样采用了$\sqrt{2}$构图比例（这也是中国古代建筑群布局最常用的比例之一）——虽然佛光寺现存

[①] 王南：《规矩方圆　佛之居所：五台山佛光寺东大殿构图比例探析》，载《建筑学报》2017年第6期。

建筑群格局可能已非唐时原状，历经各个时期改建，但依然能在建筑群总平面布局中发现方圆作图比例。通过对《佛光寺东大殿建筑勘察研究报告》（2011）中的实测图进行几何作图，可得结论：总进深（取山门台基西沿至东大殿台基东沿）：总面阔（取南北墙外皮间距）=$\sqrt{2}$。[①]

而具体殿宇同样遵循这样的比例关系，如山西五台山佛光寺东大殿正立面的横高比正好符合1：$\sqrt{2}$的"营造密码"（图1-4）。

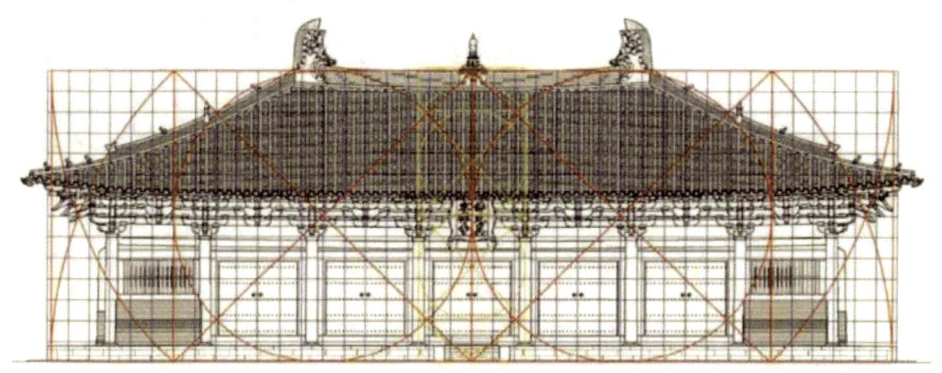

图1-4　五台山佛光寺东大殿正立面分析

（引自王南：《规矩方圆　佛之居所：五台山佛光寺东大殿构图比例探析》，载《建筑学报》2017年第6期）

更有趣的情况比如应县木塔的高宽比和佛光寺东大殿正好是旋转了90度——应县木塔的宽是1，高是$2\sqrt{2}$；佛光寺是高是1，宽是$2\sqrt{2}$。如果转个90度，比例上塔就变成殿，或者殿变成塔，如图1-5所示。

可见在我们可以直接观赏的古建背后，其实还有着一套成为建筑设计之基准的"模数化"数学模式。它被普遍遵用，造就了无数中国古典建筑在基本形制与美学风格上的关联与统一；这套隐藏在具体建筑背后的"密码"，其功能不仅是技术性的，而且也是艺术性的，非常值得我们了解与品味。

[①] 王南：《规矩方圆　佛之居所：五台山佛光寺东大殿构图比例探析》，载《建筑学报》2017年第6期。

图 1-5　著名的山西应县木塔与五台山佛光寺大殿在数学模式上的关联

[左图引自王南:《规矩方圆　浮图万千:中国古代佛塔构图比例探析(上)》,载《中国建筑史论汇刊》2017 年第 2 期]

总之,经过一代又一代学者持续的探究,今天大家对中国古典建筑之美这座美学大厦的认识,有了多方位的视角,感知到了进入这座大厦可能有着千门万户一般丰富的路径。基于这样的认识,本书第一、二章希望从与上述认知并不相同却可能相通的另外一个角度——中国古典艺术体系与建筑艺术之间千丝万缕、无处不在的联系——做一些初步的梳理分析工作,以此增进我们对中国古建之美的理解。

一、林语堂:中国建筑之美源自毛笔书法

下面我们具体讨论古建之美与中国古典艺术体系的关系,而这关系中的关键又在于林语堂先生所说的:

(毛笔书法)供给中国人民以基本的审美观念,……中国建筑

物的任何一种形式，不问其为牌楼，为庭园台榭，为庙宇，没有一种形式，它的和谐的意味与轮廓不是直接摄取自书法的某种形态的。[①]
这样一种以往人们在讨论古建之美时很少注意到的视角，是否有充分的根据？进一步而言，他所说中国古典的"基本的审美观念"都来自书法，这个分量很重的全称判断是否也有充分根据呢？显然，这两个问题背后涉及艺术与美学上的很多内容，为了能够将其梳理清楚，现分为上、下两篇进行讨论：上篇介绍毛笔书法与中国人"基本审美观念"的关系，下篇则以此为基础，进入对古建之美的具体讨论——上、下两篇相辅而行，希望以这样的方式进入问题、展开问题之后，最终能够将上述"林语堂定义"阐说清楚。

需要提示的是：上篇篇幅不小的叙述以及大量图例，按照以往的学科分类来说似乎与建筑艺术相隔遥远，但是在笔者看来，正如文艺理论家刘勰所说"物虽胡越，合则肝胆"[②]，即看似相互暌违隔膜的事物，其实在理路上反而可能有着非常密切的关联。所以同理，上篇的这些叙述，其实都是对下篇具体分析古建之美非常必要的前提性介绍。

有人可能疑惑：按照通常的艺术分类，中国古典建筑与书法艺术两者之间似乎相隔很远，所以假如我们认同林语堂先生的判断而说"对古建之美的欣赏需要有对于中国古典书法艺术的理解"，那么这会不会是勉强与生拉硬拽？但是在看了下面的两幅图片之后，相信人们马上就能感觉到问题门径之所在。先来看这两件表面上似乎彼此不相关的艺术作品：被誉为"汉碑第一"的《礼器碑》（原碑刊刻于东汉永寿二年，图1-6）与苏州名园耦园中优美的沿水游廊（图1-7）。

假如单独举《礼器碑》这件书法史上的名

图1-6 《礼器碑》拓片局部

---

① 林语堂：《吾国与吾民》，中国戏剧出版社，1990年，第244页。
② 刘勰：《文心雕龙·比兴第三十六》，见刘勰著，范文澜注：《文心雕龙注》，人民文学出版社，1958年，第603页。

▶ 游廊这类建筑不仅具有连接园内诸多局部景点的结构性功能，而且更经常以其造型、线形勾勒出园林充满韵律感的天际线，表达着园内有限时空与天地自然之间的关联。所以虽然游廊看似只是建构工艺非常简单的附属建筑，但它对于塑造园林之美颇为重要，并因此受到人们的重视。比如我们在唐诗宋词中经常可以看到对园林中游廊的描写咏赞，其中名句如"空山满清光，水树相玲珑。回廊映密竹，秋殿隐深松"（唐岑参《冬夜宿仙游寺南凉堂呈谦道人》）、"竹阴流水绕回廊"（唐李涉《题白鹿兰若》）、"最难忘，小院回廊，月影花阴"（宋黄庭坚《两同心·秋水遥岑》）等等。

图 1-7　苏州耦园沿水游廊

作，那么在具体介绍之前，大概没有什么人会想到其书法之美与古典建筑之美之间竟然有必然的联系。但只要我们把它与如耦园沿水游廊那样的优美建筑艺术品摆在一起对比观赏（图 1-8），其间关键的联系就几乎一目了然。

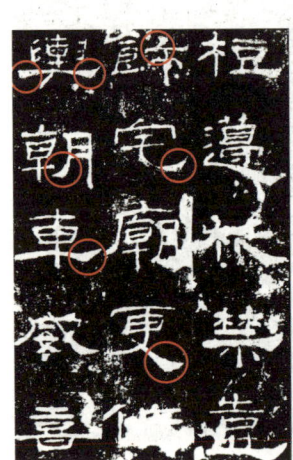

图 1-8　经典书法中线形的丰富变化与游廊轮廓线的起伏顿挫的比较

▲ 中国书法经典作品与建筑艺术两者在功能与形式上差别很大，但它们同样都是以线形的丰富变化，尤其是线在运行流走过程中力度上起伏顿挫的韵律感，作为基本的艺术塑形手段。

笔者看来关键就是：在中国古典艺术的众多门类中，饱含内在张力与优美韵律感的线形，是艺术灵魂最基本且无所不在的存在形式！仔细观赏上面的例子就不难看到，不论是法书作品中抑扬顿挫、张弛流走的墨线，还是园林中起伏绵延的沿水游廊曲线，都饱含着优美的韵律感与生命呼吸之中那种充盈的张力与节奏，因而具有耐看的艺术形象。

有人可能马上会说，你强调的这个关联并不新鲜，因为以往有许多艺术史研究者都曾经认定中国古典艺术的核心是对线的把握与运用，甚至定义中国古典艺术的核心是一种线的艺术[①]。还有人有过这样的强调："线"才是中国画的精髓和灵魂！但是我觉得上面的这类定义依然远远没有触及中国古典艺术的独特本质。为什么呢？因为我们知道，从古希腊一直到文艺复兴以后，西方艺术家用线描表现物象的能力一直非常高超，所以线的艺术从来不是中国古典艺术的独有秘技，我们在西方艺术中同样可以看到无数精湛的线描作品。从相当古老年代开始，画家们就已经能够纯熟运用线条与色块的组合而描绘出生机勃勃的自然风景，如雅典国家考古博物馆陈列的古希腊时期名为《春天》的壁画，其创作年代为公元前16世纪，所描绘的山石、花木、飞燕等景致充满了生机（图1-9、图1-10）。

图1-9　古希腊壁画《春天》　　　　图1-10　古希腊壁画《春天》局部

---

① 详见谢稚柳：《中国古代书画研究十论》，复旦大学出版社，2004年，第205—206、269—271页。

后来的著名例子,比如古希腊彩陶瓶(图 1-11、图 1-12)、中世纪晚期至文艺复兴时期德国伟大画家与雕塑家阿尔弗雷德·丢勒的肖像画(图 1-13)。显而易见,古希腊画家运用线描表现复杂物象的艺术能力已经非常高超自如。

图 1-11　古希腊彩陶瓶　　　　图 1-12　古希腊彩陶瓶线描人像局部

瓶高 49 厘米。公元前 430—前 420 年制

图 1-13　阿尔弗雷德·丢勒《老人的头部习作》

西方绘画史上以极其概括的线描精准表现物象之经典范例不仅非常多，而且显而易见构成了文艺复兴以后西方整个艺术体系的基础，比如达·芬奇的自画像（图1-14），以及文艺复兴时期意大利佛罗伦萨地区著名画家安德烈·德尔·萨托（Andrea del Sarto，1486—1530）笔下的《圣经》人物形象素描（图1-15）。

图1-14 《达·芬奇自画像》　　图1-15 安德烈·德尔·萨托《抹大拉》

从类似的无数例子可见：西方艺术家同样善于运用线条来准确地把握与表现千差万别的物象。而且他们通过线条准确展示出复杂的空间与物象结构关系，则是中国古典艺术难以企及的，如达·芬奇素描画《三博士来朝透视图》（图1-16）。中西古典艺术在这方面的巨大差异，在本书第十四章中有更详细的介绍。

于是我们就此可以提出关键的问题：中国古典艺术中的线描与西方艺术中的线描是一回事吗？如果不是的话，那么两者的根本区别究竟在哪里？

中国古典艺术中线描的关键，在于书画的基本工具是软毫毛笔，而不像西方那样以炭条、粗硬猪鬃制成的油画刷等硬笔作为基本绘画工具。软毫毛笔的第一个特点就是软：用软毫笔写出、画出具有艺术性的墨线，需要长期训练才能完成，尤其是书写或绘画时，执笔者从手部、身体到呼吸、情绪波动等等，几乎任何细微的动作，甚至心绪情态的变化，都会最直接

014 · 溪山无尽：风景美学与中国古典建筑、园林、山水画、工艺美术

图1-16　达·芬奇《三博士来朝透视图》
墨水、金属尖笔画

▲ 以14世纪初佛罗伦萨绘画巨匠杜乔的《升座圣母》、西蒙尼·马丁尼与利波·梅米的《受胎告知》（木板蛋彩和金叶画，1333年）为例，这些作品的空间布局都是单纯横向、严格对称式展开，禁止同时展现纵向的、非简单对称式的空间形态（以及相应的故事、人物、景色等等内容），以此体现出拜占庭绘画风格抑制纵深空间等特点的深刻影响。但是到了达·芬奇存世作品中最早的《受胎告知》（他二十多岁时即15世纪70年代的作品），情况就被极大地改观——这个重要的情况说明：达·芬奇等文艺复兴大师对线描精准性的巨大推动，是与他们对画面空间深度的拓展相辅相成的。

地表现在毛笔墨线呈像的变化上，再加上毛笔含墨量远大于硬笔等原因，所以毛笔墨线的粗细、浓淡、干湿等等变化也就远比硬笔更为丰富。第二个特点则是毛笔不是一味地软痹如泥，相反它具有非常精妙的弹性力度。毛笔发展史研究证明，书写"居延汉简"所使用的"居延汉笔"已经用到兔、狼、羊三种毛料——硬毫做柱，软毫为披，以不同毛料的软硬搭配来制作出"兼毫笔"。以后更出现了"有芯笔"，其笔柱的材质一般为硬挺的紫毫（秋兔背部的硬毫），在制作时，由于露出笔杆的笔柱有三分之二被裹住，只有少部分长度的笔毫可以在书写中展开，因此，本来就劲挺的笔毫会更为劲健、弹力十足，它受压弯曲之后，能够迅速恢复原位。要之，毛笔

墨线在极为丰富灵动的变化之中，又必然蕴含着柔韧的内在劲道。

毛笔与硬笔笔性的完全不同，造成了两者书写方式的极大差异：硬笔只有笔尖直接用来书写，而毛笔笔头是一个柔软又富于弹性的锥体，人们不仅主要用笔心（中锋）书写，兼而还要用到笔披（侧锋），甚至笔根来书写。这种使用笔锋部位的变化，相应地形成墨线形态与风格非常大的变化。所以说，对于毛笔笔性的精熟把握与运用，构成了中国古典书画的基础，进而它也是中国书画向艺术境界升华的逻辑原点，因此中国古典书画理论最为强调"骨法用笔"（南齐谢赫《古画品》归纳的"六法"之二）[1]。

也因为上述两大特点，所以中国线描用毛笔与西方艺术用硬笔，各自进入的艺术领域就是两个完全不同的世界——我们使用铅笔、钢笔与毛笔时，就能最直接地体会到这个区别之巨大；而且在桌案等高足家具于五代北宋普及以前的漫长时期内，人们写字时手部与肘部一直没有桌案的依托，因而必须悬肘、悬腕，也就是西晋青瓷对书（校雠）俑（图1-17）显示的书写姿态。

在这种悬肘、悬腕而使用软毫毛笔的书写方式之下，书画家对笔锋运行

图1-17　西晋青瓷对书（校雠）俑
高17.2厘米，底板长15.8厘米，1958年长沙市金盆岭9号墓出土

控御自如，进而将毛笔书画发展成为一种精湛微妙的造型艺术，就更需要

---

[1] 谢赫：《古画品》，见严可均校辑：《全上古三代秦汉三国六朝文·全齐文》卷二五，中华书局，1958年，第2931页。

长期的积累苦练。① 概括说来，中国古典书画所以能够成为内涵独特深厚、历史悠久的艺术领域，原因之一就是用毛笔这种与硬笔性质完全不同的书画工具。

那么应该怎样入手来理解中国书法艺术呢？笔者认为至少应该看到这样一些重要特点：

第一，中国毛笔书法，是以极为灵动而又抽象的线形作为基本的艺术造型手段——除了线之外，摈弃色彩、图像等其他一切形象，而在看似简单的线形走势中，蕴含平正与欹斜、舒徐与迅疾、内敛与彰显、敦重与扬厉、质拙与峭拔，以及结构上的各种组合对称等无限复杂的艺术变化之妙。对于艺术变化的这种无穷与精妙，用唐代书法家与书法理论家孙过庭《书谱》中的形容就是："一画之间，变起伏于峰杪；一点之内，殊衄挫于毫芒。"②

第二，更深入一层来说，这种线之形态变化中所蕴含与体现的，乃是对于宇宙间一切生命之律动和节奏的体会。宗白华先生在《中国书法艺术的性质》中说："中国的书法，是节奏化了的自然，表达着深一层的对生命形象的构思，成为反映生命的艺术。因此，中国的书法，不像其他民族的文字，停留在作为符号的阶段，而是走上艺术美的方向，而成为表达民族美感的工具。"③ 这段话对于说明中国古典书画墨线中的艺术内涵，确有关键的意义。

第三，基于这样的深刻内质，书法艺术对于中国古典艺术的其他门类都有至关重要的影响，所以我们在诸如建筑园林景观的空间结构，以及绘画、雕塑、家具等不胜枚举的领域中，随处可以看到类似书法的那种线形

---

① 因高足家具的流行，古时人们的书写习惯早已演变为以桌案承托臂与腕而运笔，但仍有书画家为了追求墨线的骨力而崇尚悬肘运笔，比如明末清初新安派重要书画家汪之瑞（字无瑞，号乘槎，安徽休宁人），其书法学唐代李邕，兼善山水画，他的艺术特点即为悬肘中锋运笔，气沉力雄，格高韵雅。

② 孙过庭：《书谱》，见上海书画出版社、华东师范大学古籍整理研究室选编校点：《历代书法论文选》，上海书画出版社，1979年，第125页。

③ 宗白华：《艺境 中国书法艺术的性质》，北京大学出版社，1987年，第362页。

之美，体会出在高度抽象简约、透迤迁绵的时空序列之中寄寓无限变化和充盈力度感的那种艺术趣味（详见本章第二节的说明与诸多图示）。

笔者在体会到上述要点很久之后，才读到林语堂先生关于书法是中国美学之基础的说明。窃以为他的看法相当允当与扼要：

> 一切艺术的闷葫芦，都是气韵问题。是以欲期了解中国艺术，必自中国人所讲究的气韵或艺术灵感之源泉始。……此气韵的崇拜非起于绘画，而乃起于中国书法的成为一种艺术。……它是训练抽象的气韵与轮廓的基本艺术，吾们还可以说它供给中国人民以基本的审美观念，而中国人的学得线条美与轮廓美的基本意识，也是从书法而来。……中国建筑物的任何一种形式，不问其为牌楼，为庭园台榭，为庙宇，没有一种形式，它的和谐的意味与轮廓不是直接摄取自书法的某种形态的。
>
> 中国之毛笔，具有传达韵律变动形式之特殊效能，而中国的字体，学理上是均衡的方形，但却用最奇特不整的笔姿组合起来是以千变万化的结构布置，留待书家自己去决定创造。如是，中国文人从书法修练中渐习的认识线条上之美质，像笔力，笔趣，蕴蓄，精密，遒劲，简洁，厚重，波磔，谨严，洒脱；又认识结体上之美质，如长短错综，左右相让，疏密相间，计白当黑，条畅茂密，矫变飞动，有时甚至可由特意的萎颓与不整齐的姿态中显出美质。因是，书法艺术齐备了全部完美观念的条件，吾们可以认作中国人审美的基础意识。①

尤其他认为"中国建筑物的任何一种形式，不问其为牌楼，为庭园台榭，为庙宇，没有一种形式，它的和谐的意味与轮廓不是直接摄取自书法的某种形态的"——窃以为这个视角对于我们在建筑的结构特点（order）、体系深层的数学密码等重要方面之外再进一步理解中国古典建筑之美的灵魂，有着警策的提示意义。

---

① 林语堂：《吾国与吾民》，中国戏剧出版社，1990年，第244、245—246页。

因为以下两方面原因,所以值得我们现在花费篇幅对上述问题做更深入的说明:

首先,笔者以为需要确认的命题是:毛笔书法所蕴含的那种具有生命意态、生命力度的韵律美感,乃是一切中国古典艺术的灵魂与根基。这个命题显然直接关系着我们对中国艺术特质乃至古典建筑之美的理解。

我们先从唐代怀素的《食鱼帖》(图 1-18)来感受经典的毛笔书法作品(法书)究竟美在哪里。此件作品以中锋运笔完成,其笔势极其圆润奔放,行笔如疾风。我们可以看到"长安城中""深为不便""也"等字形姿态与力度气势尤其酣畅。这件作品生动表达出线条的千变万化运用与生命韵律呼吸运迈之间的血脉关系,真堪与早年张旭向颜真卿传授笔法时二人所谓"每为一平画,皆须纵横有象""力谓骨体""趯笔则点画皆有筋骨,字体自然雄媚"[①]等要诀相互印证与辉映。

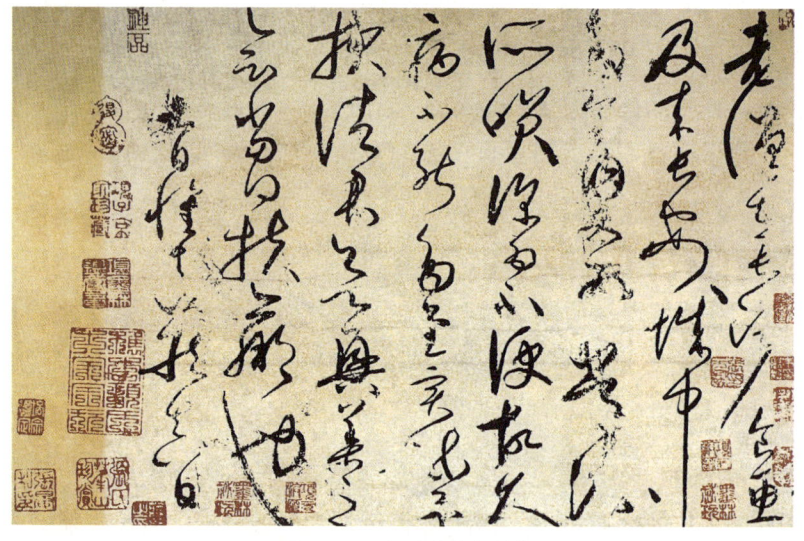

图 1-18　怀素《食鱼帖》

▲释文:"老僧在长沙食鱼,及来长安城中,多食肉,又为常流所笑,深为不便。故久病不能多书,实疏还报。诸君欲兴善之会,当得扶羸也。□日怀素藏真白。"

---

① 颜真卿:《述张长史笔法十二笔意》,见上海书画出版社、华东师范大学古籍整理研究室选编校点:《历代书法论文选》,上海书画出版社,1979年,第278、279页。

再看明代文徵明的《石湖烟水诗》(图1-19)。此件作品为惊人的巨幅长卷,这是文徵明八十一岁时书写,其中个别字的点画已经显露出耄耋老人执笔控制力的衰减(比如"上"字),但整幅作品的谋篇布局、首尾顾盼,愈加气韵贯注、酣畅淋漓,所以从整幅作品中,我们尤其可以鲜明地感受到毛笔书法是生命情态与生命张力的艺术呈现这个本质特征。

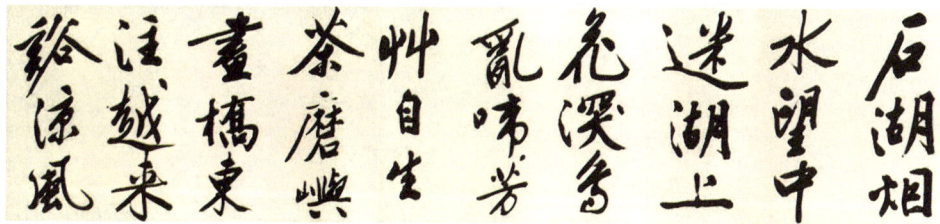

图1-19　文徵明《石湖烟水诗》局部

全卷29.8厘米×894.2厘米

▲ 释文:"石湖烟水望中迷,湖上花深鸟乱啼。芳草自生茶磨岭,画桥东注越来溪。凉风……"

所以能否在墨线的疾速挥洒运行与千变万化之中,蕴含"骨力""气度"等生命张力之表征,体现开合行止、迎避向背等章法规则,就更是判别书法之高下的关键。我们看唐人摹王羲之真迹(图1-20)与托名王羲之的伪作《雨后帖》(图1-21)在上述方面存在的天壤之别。

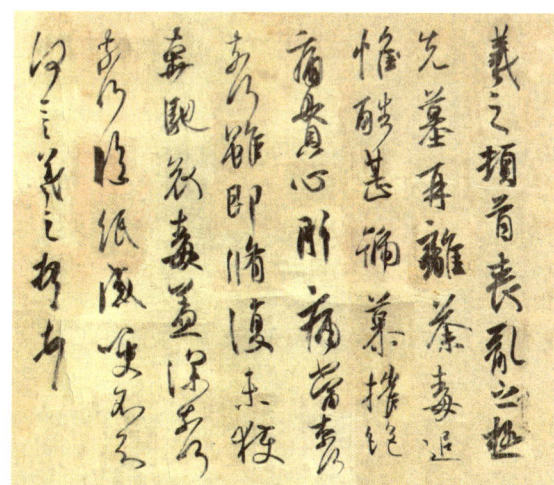 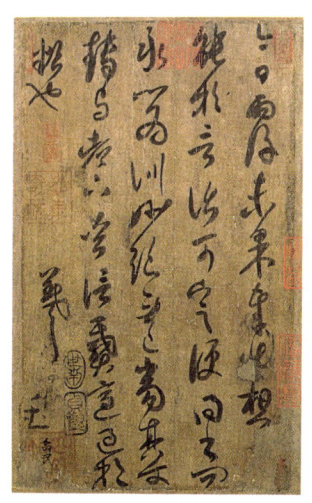

图1-20　唐人摹王羲之《丧乱帖》　　图1-21　托名王羲之的《雨后帖》

不难注意到：在《雨后帖》这件伪作中，"日""果""得""永""妙"等字的共同特点就是骨力痹弱，甚至"立不起来"——它们之所以不美，是因为完全达不到下文杜甫所说的"骨立"这个根本标准。

中国的古典艺术理论关于何为书法艺术之精髓，有许多非常经典的论述：

> 王羲之书字势雄逸，如龙跳天门，虎卧凤阙，故历代宝之，永以为训。[1]
>
> ——梁武帝萧衍
>
> 论者称其（指王羲之）笔势，以为飘若浮云，矫若惊龙。[2]
>
> ——李世民
>
> 夫用笔之体会……徘徊俯仰，容与风流。刚则铁画，媚若银钩。壮则嗢吻而巑岏，丽则绮靡而消遣。[3]
>
> ——欧阳询
>
> 高歌振林木，大笑喧雷霆。落笔洒篆文，崩云使人惊。[4]
>
> ——李白（论李阳冰书法）
>
> 苦县光和尚骨立，书贵瘦硬方通神。[5]
>
> ——杜甫
>
> 或恬憺雍容，内涵筋骨；或折挫槎枒，外曜锋芒。……众妙攸归，务存骨气。骨既存矣，而遒润加之，亦犹枝干扶疏，凌霜雪而

---

[1] 萧衍：《古今书人优劣评》，见上海书画出版社、华东师范大学古籍整理研究室选编校点：《历代书法论文选》，上海书画出版社，1979年，第81页。
[2] 房玄龄等：《晋书》卷八〇《王羲之传》，中华书局，1974年，第2093页。注意这个评论强调王羲之书法之妙，全在于其"笔势"的无限生命张力，即最为自由灵动的生命意态与最为劲健的生命势能。
[3] 欧阳询：《用笔论》，见上海书画出版社、华东师范大学古籍整理研究室选编校点：《历代书法论文选》，上海书画出版社，1979年，第106页。
[4] 李白：《献从叔当涂宰阳冰》，见《李太白全集》卷一二，王琦注，中华书局，1977年，第641页。
[5] 杜甫：《李潮八分小篆歌》，见杜甫著，仇兆鳌注：《杜诗详注》卷一八，中华书局，1979年，第1550页。

弥劲，花叶鲜茂，与云日而相晖。①

——孙过庭

书必有神、气、骨、肉、血，五者阙一，不为成书也。②

——苏轼

简而言之，书法艺术的精髓就是书法墨线之中蕴含的"骨力""骨法""骨立""骨气""笔力""笔势"等。

上面这些经典的阐述，除杜甫所谓"苦县光和尚骨立"一句之外都十分易懂，而杜甫此句又最为警策与扼要。杜诗中所谓"苦县光和"，是指河南省苦县的《老子碑》与东汉光和年间所立《西岳碑》这两件书法经典。而杜甫精要地简括了书法史由篆书发展到隶书的过程，以及这个过程中所确立的书法美学标准：

苍颉鸟迹既茫昧，字体变化如浮云。陈仓石鼓又已讹，大小二篆生八分。秦有李斯汉蔡邕，中间作者绝不闻。峄山之碑野火焚，枣木传刻肥失真。苦县光和尚骨立，书贵瘦硬方通神。惜哉李、蔡不复得……③

杜甫这长篇论述的意思是：李斯、蔡邕等人确立书法艺术基本准则，中间却没有一个书家闻名。《峄山刻石》等伟大书法碑刻不幸损毁，流传的枣木刻本笔画失真而越来越臃肿无神。这使得书法艺术的真谛变得黯然不明，所以痛惜之下他要重新强调这个基本准则，即通过创造随处具有内在"骨力"的字迹而使通篇书法达到"骨立通神"的境界。

虽然杜甫重视的《峄山刻石》碑石在唐代已经不存，但幸而留有拓本传世，后来南唐精于小篆的徐铉曾摹写《峄山刻石》，北宋淳化四年（993）其弟子郑文宝将徐铉摹本重新刊刻于长安，世称"长安本"（图1-22）。尽管徐铉本《峄山刻石》过多地加入侧重装饰性的玉筋篆风格（与李斯《泰山

---

① 孙过庭：《书谱》，郑晓华编著，中华书局，2012年，第194、206页。
② 苏轼：《论书》，见《苏轼文集》卷六九，孔凡礼点校，中华书局，1986年，第2183页。
③ 杜甫：《李潮八分小篆歌》，见杜甫著，仇兆鳌注：《杜诗详注》卷一八，中华书局，1979年，第1550—1551页。

刻石》之拓本①相比非常明显），但仍然一定程度上体现了李斯小篆极尽挺拔刚劲、端庄严正的风格，可以作为我们理解杜甫上述警句的参考。

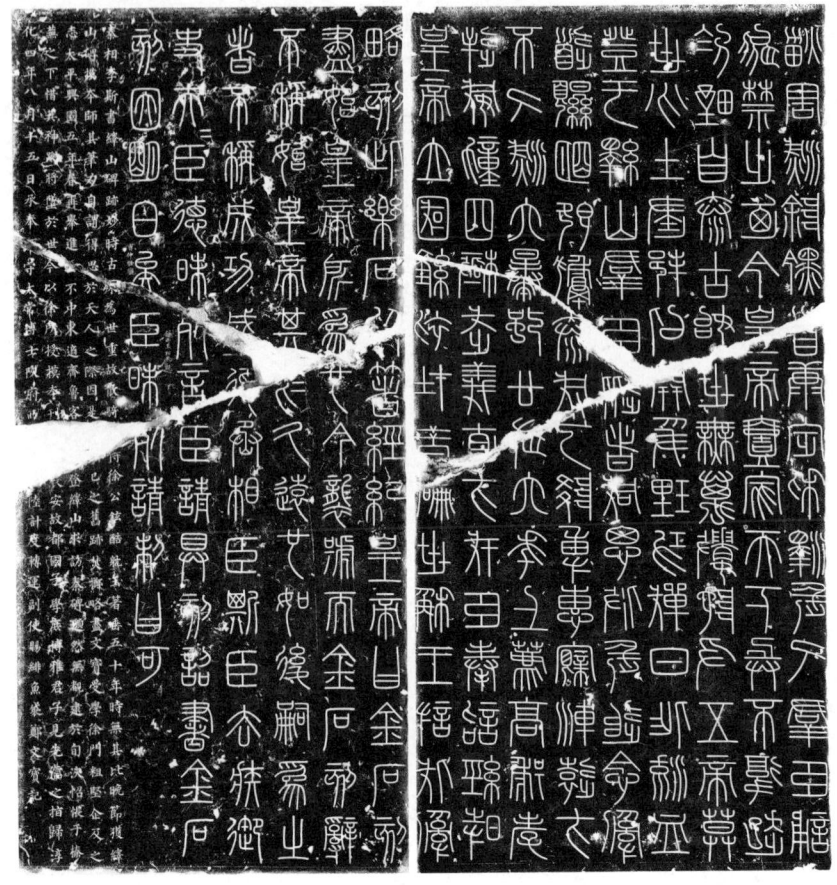

图 1-22　李斯《峄山碑》拓本

秦始皇二十八年（前219）刻石，北宋淳化四年（993）复刻

王羲之的书法老师卫铄（卫夫人）记载李斯批评前代书法的标准乃是"患其无骨"②。盛唐书法家与书法理论家张怀瓘评李斯篆书："画如铁石，字若飞动，作楷隶之祖，为不易之法。"又盛赞云："李君创法，神虑精微，铁

---

① 启功主编：《中国美术全集·书法篆刻编　商周至秦汉书法》，人民美术出版社，2006年，第2版，第54页。
② 卫铄：《笔阵图》，见严可均校辑：《全上古三代秦汉三国六朝文·全晋文》卷一四四，中华书局，1958年，第2290页。

为肢体,虬作骖騑,江海淼漫,山岳峨巍,长风万里,鸾凤于飞。"①其中"铁为肢体,虬作骖騑"等句的含义,正与杜甫"书贵瘦硬方通神"等警句的主旨完全契合。而张怀瓘所强调的李斯小篆具有"字若飞动"的极大内在势能与"长风万里,鸾凤于飞"的鲜活生命意态,这些美学理论的宗旨最值得我们体会。

关于究竟什么是"骨法",以及它在中国古典美学中的意义,宗白华先生曾有清晰的说明:

> 笔有笔力。卫夫人说"点如坠石",即一个点要凝聚了过去的运动的力量。这种力量是艺术家内心的表现,但并非剑拔弩张,而是既有力,又秀气。这就叫做"骨"。"骨"就是笔墨落纸有力、突出,从内部发挥一种力量,虽不讲透视却可以有立体感,对我们产生一种感动力量。骨力、骨气、骨法,就成了中国美学史中极重要的范畴……②

如果我们再看一下卫夫人《笔阵图》中所说点如"高峰坠石"、撇如"陆断犀象"、捺如"崩浪雷奔"③等形容,就更可以知道:通过"笔力""骨法"而表现出无穷的生命意志与生命张力,是中国古典书法艺术的灵魂。所以李白曾用非常形象的比喻来形容张旭草书中蕴含这种生命力喷薄而出的极致境界:"左盘右蹙如惊电,状同楚、汉相攻战。"④

由此总结一下,我们可以清楚看到中国历代书法理论都高度一致地强调,书法艺术的核心乃是毛笔书写之墨线外形中的以下内蕴:

第一,无比充盈的力度感,即南齐谢赫所谓"骨法用笔"、唐代欧阳询所谓"铁画""银钩"、张怀瓘所谓"铁为肢体"、杜甫所谓"尚骨立"等;

---

① 张怀瓘:《书断》,见上海书画出版社、华东师范大学古籍整理研究室选编校点:《历代书法论文选》,上海书画出版社,1979年,第159、160页。
② 宗白华:《美学散步·中国美学史中重要问题的初步探索》,上海人民出版社,2005年,第92页。
③ 卫铄:《笔阵图》,见严可均校辑:《全上古三代秦汉三国六朝文·全晋文》卷一四四,中华书局,1958年,第2290页。
④ 李白:《草书歌行》,见《李太白全集》卷八,王琦注,中华书局,1977年,第456页。

第二，墨线疾速运行之中，极尽变化而又始终充盈的内在动力感与随时可以喷薄而出的巨大蓄势，即所谓"飘若浮云，矫若惊龙""落笔洒篆文，崩云使人惊""左盘右蹙如惊电，状同楚、汉相攻战"等；

第三，这种力度感与运动感，源自一种具有最高活性的生命本质与张力（"龙跳""虎卧""书必有神、气、骨、肉、血"等），也就是宗白华先生所说"节奏化了的自然，表达着深一层的对生命形象的构思，成为反映生命的艺术"；

第四，书法艺术的上述本质内涵，在美学上甚至具有某种超越性的崇高意义，所以杜甫将其定义为"通神"，即说它是一种终极性的审美境界。

笔者认为：上述这些原则，对于我们理解中国古典视觉艺术几乎一切门类的作品（自然也包括中国古典建筑）都非常重要！下面依次来看。

二、书画同源：含蕴"骨力"的毛笔墨线深切表达生命的灵性与张力

"书画同源""书画一律"是人们经常提到的，那么书画一律的基础是什么？此种"一律"中蕴含的根本性审美特质又是什么呢？笔者认为：它就是上文总结的墨线力度感、动力感与无穷变化韵律所体现与彰显的生命美感。对此，我们看艺术史上相关经典论述马上就可以明了，比如张彦远《历代名画记》卷二《论顾陆张吴用笔》中说得非常清楚：

> 或问余以顾（恺之）、陆（探微）、张（僧繇）、吴（道子）用笔如何？对曰："顾恺之之迹紧劲联绵，循环超忽，调格逸易，风趋电疾，意存笔先，画尽意在，所以全神气也。……故知书画用笔同法。……国朝吴道玄，古今独步，前不见顾、陆，后无来者，

授笔法于张旭，此又知书画用笔同矣。"①

"（骨法）用笔""笔法"不仅仅是基本的艺术表达手段，同时更是基本的艺术标准。

在《历代名画记》卷六中，张彦远又赞赏地引用唐代书法家、书法理论家张怀瓘对南朝画家陆探微的评论，其中对于绘画核心技艺的阐说更为明白：

陆公参灵酌妙，动与神合，笔迹劲利，如锥刀焉，秀骨清像，似觉生动，令人懔懔若对神明，虽妙极像中，而思不融乎墨外。②

画作墨线能够蕴含劲利如刀的骨力，这是"妙极像中"的基础。由此我们可以通过对此项原则的理解而进入整个中国古典艺术体系。

先看中国古典绘画，下面从绘画经典对水这看似最简单物象的表现看起。

水看似是天地万物中最普通、最寻常之物，但是从绘画艺术角度来看，一是水具有江河湖海行止动静等无穷的变化，二是在中国文化中，水又被深深寄寓自然哲学与伦理哲学理念（孔子有"智者乐水，仁者乐山"、《老子》有"上善若水"等表述），所以在艺术中，水往往并非与主观分离的单纯被描摹的客体对象，相反它通过艺术的形式体现着人们的宇宙理念、生命理念。

具体来看，南宋画家马远《水图》共十二段，除第一段因残缺半幅而无名称外，其余名称分别为《洞庭风细》《层波叠浪》《寒塘清浅》《长江万顷》《黄河逆流》《秋水回波》《云生沧海》《湖光潋滟》《云舒浪卷》《晓日烘山》《细浪漂漂》。此图表现水体极其众多的情态与气氛，除墨线之外没有任何别的表现手段，却能够总揽天地之间的无限景色及其生机，展现出古典绘画中毛笔墨线能够达到的高度表现力，如图 1-23 所示。

---

① 张彦远：《历代名画记》，见于安澜编：《画史丛书》上海人民美术出版社，1963年，第1册，第21—22页。
② 张彦远：《历代名画记》，见于安澜编：《画史丛书》上海人民美术出版社，1963年，第1册，第77页。

图 1-23 马远《水图》局部

绢本设色,每段 26.8 厘米×41.6 厘米

又如南宋佚名画家的《沧海涌日图》，在纵 23.4 厘米、横 24.7 厘米的狭蹙尺幅内，纯粹用墨线就表现出"潮来天地宽"的浩荡气势——离开了对天地间生命情态与张力的体悟理解，这样的作品根本不能想象（本书第十一章中有较详细论述）。再看传为南宋李嵩所作的《赤壁图》（图 1-24），也是主要用墨线（辅之墨笔皴染而呈现山石质感）来表现壁立山崖与大江激流的两相激荡。

图 1-24 （传）李嵩《赤壁图》
绢本设色，22.77 厘米×26.37 厘米

从无数这类作品中，都可以最直观地看到"书画同源"的基础即在于"骨法用笔"。这个线索对于真正理解中国古典艺术体系意义的重要性显而易见。

中国古典绘画中用墨线对动物形象的塑造和表现，又提供了一个很有帮助的理解视角，如唐代白描《狮子图》（图 1-25）。此图可能是敦煌佛窟寺大型壁画之粉本在劫火之余残存的极小片段，作者为寂寂无名的民间画匠，其质朴真率的风格非常突出，但同时民间艺术家使用毛笔线描的手法洗练纯熟，用极为简略精当的墨线展示物象淋漓自如：狮子形象①中"骨力"贯注全身，所以其行走时的威猛姿态、圆睁双目张开巨口的形神都极尽生动酣畅；尤其狮子的体态造型、气势神韵等等，竟然都与陕西省咸阳市东北的顺陵石狮（图1-26）、唐代白石坐狮（图1-27）等唐代石狮一致，尽管敦煌至长安约两千

图1-25　唐代白描《狮子图》
27.8厘米×42.8厘米
（引自海外藏中国历代名画编辑委员会编：《海外藏中国历代名画》第1卷，湖南美术出版社，1998年，第204页）

图1-26　唐顺陵石雕走狮

图1-27　唐代白石坐狮

---

① 狮子形象在中国艺术中落地，并发展成为内涵丰富、影响力非常普及的艺术形象，这一过程被认为是体现中古时代中外交流深刻影响中国艺术发展史的典型例子之一，所以艺术史家认为，"通过研究狮子雕塑的外形，进而探寻中国雕塑的演变，这是个非常有趣的课题"。见喜仁龙：《5—14世纪中国雕塑》，栾晓敏、邱丽媛译，广东人民出版社，2019年，第14页，并参见第68页。近来国内的相关研究例如朱利民：《唐代石狮雕刻体现丝路文化》，载《中国社会科学报》2017年5月8日第4版。

公里——唐人经常咏写感叹西域距离内地遥远,比如孟浩然就有"胡地迢迢三万里,那堪马上送明君"[①]的诗句。

从此类例子中,可以清楚看到"骨力"是如何作为艺术基因,因而成就出极其娴熟的笔法,并将时代风格自然而然融入画匠笔下的墨线挥洒之中的。

再看后来的艺术家描绘动物在静立状况下的神态,如北宋李公麟所绘的《五马图》(图1-28)。这幅白描画作是中国艺术史上的经典,我们最应注意的是其线描的力度感、弹性韵味,以及墨线表现物象的精准性。画中墨线的特点在于:不仅造型细节描绘非常精准到位(如对马的面骨、眼睛、鼻、嘴、后腿、马尾,以及牵马人身体服装等的描绘),更值得注意的是画笔运行流走时画家对墨线的超强控制力(如一笔疾走而勾勒出从马背到马尾的曲线),而且马脊骨的充盈弹性、马臀肌肉的饱满丰腴,甚至马面部流露出的那种对人意通达知解的表情等,全都是用非常有限的几条墨线就表达出来了。

图1-28 李公麟《五马图》局部
纸本设色,全图29.3厘米×225厘米

值得注意的是,不仅动物画的发展与相关艺术评论和艺术标准的确立相同步,而且其标准与书法基本标准相似,同样要求动物画的外在形貌之

---

① 孟浩然:《凉州词》,见彭定求等编:《全唐诗》卷一六〇,中华书局,1960年,第1668页。

中必须蕴含充盈的"骨力"。杜甫曾不客气地批评唐代著名画家曹霸的弟子韩幹(画马名家),理由恰恰就是韩幹笔下的马虽然穷形尽相,但是却不能见出其内在"骨力",于是使得绘画中的良马丧失了最本质的生命气质:

> 弟子韩幹早入室,亦能画马穷殊相。幹惟画肉不画骨,忍使骅骝气凋丧。[1]

后人对于杜甫贬抑韩幹绘画成就多有异议,但对于杜甫强调动物画成败关键在于皮相外形之中是否蕴含"骨力"这一点,却予以高度一致的认同。苏轼《书韩幹〈牧马图〉》说:"肉中画骨夸尤难"[2]。"苏门四学士"之一的张耒《读苏子瞻韩幹马图》也说:"韩生画马常苦肥,肉中藏骨以为奇。"[3]

由此我们来看古典文化、古典文学是如何理解与表述马的生命活力及其与人的相互理解交流的。比如杜甫的名篇《房兵曹胡马》:

> 胡马大宛名,锋棱瘦骨成。竹批双耳峻,风入四蹄轻。所向无空阔,真堪托死生。骁腾有如此,万里可横行。[4]

杜甫此诗中有对大宛马形貌之神俊的描写,有对其飞腾之神奇的描写,更有对它与主人融为一体那种生命状态的描写——而所有这些品性的基础,则在于马之"骨力"的超凡绝伦,也就是它的"锋棱瘦骨成"。这样一种美学血脉不仅与杜甫评论书法的标准("苦县光和尚骨立,书贵瘦硬方通神")完全相通,而且下延而融入李公麟《五马图》等名作的笔势之中。

哪怕是古代那些并不被世人知晓姓名的画家与工匠,他们笔下的动物形象也会因毛笔墨线内蕴的"骨力"而生机盎然。如唐洛阳安国相王孺人唐氏墓西壁驼马出行壁画中的骆驼形象(图 1-29),蕴含着中国古典书画墨线之起伏顿挫的韵律感与节奏感、流转如水又劲利如刀般极尽充盈的力度感。所以我们也就能理解宗白华在《中国书法艺术的性质》中所说的:

---

[1] 杜甫:《丹青引赠曹将军霸》,见杜甫著,仇兆鳌注:《杜诗详注》卷一三,中华书局,1979年,第1150页。
[2] 王文诰辑注:《苏轼诗集》卷一五,中华书局,1982年,第723页。
[3] 吴之振、吕留良、吴自牧等选:《宋诗钞》,中华书局,1984年,第2册,第993页。
[4] 杜甫著,仇兆鳌注:《杜诗详注》卷一,中华书局,1979年,第18页。

"中国的书法,是节奏化了的自然,表达着深一层的对生命形象的构思,成为反映生命的艺术。"

◀ 可资比较的例子:某些"现代中国画"因为远离了"骨法用笔"传统,所以其骆驼、熊猫等动物形象中的构图墨线,往往像生来没有筋骨的蚯蚓一样趴在纸上,像煮得稀烂的面条一样瘫在纸上,所以其艺术面目趣味与古典绘画已经是两个世界了。

图1-29 唐洛阳安国相王孺人唐氏墓西壁驼马出行壁画局部

可能有人觉得,中国画是因为水墨写意的兴起才导致了线描的衰落。其实这是积非成是的说法,我们看潘天寿先生的论说:

> 画大写意之水墨画,如书家之写大草,执笔宜稍高,运笔须悬腕,利用全身之体力、臂力、腕力,才能得写意之气势,以突出物体之神态。作工细绘画之执笔、运笔,与写小正楷略同。[①]

这就把大写意水墨画与书法应有的关系讲得很清楚。所以从徐渭等人大写意的古藤、竹子、花鸟等画面中,可以非常直观地看到其基础在于"骨法用笔"的功力。

了解动物画之后,下面再看中国古典线描艺术对人物形象的表现力。首先来看简单的例子,如新疆出土的唐代木板彩绘舞蹈裸童像(图1-30),因为含蕴"龙跳天门,虎卧凤阙""飘若浮云,矫若惊龙"那样的生命灵动与

---

① 潘天寿:《听天阁画谈随笔·用笔》,上海人民美术出版社,1980年,第25页。

图 1-30　唐代木板彩绘舞蹈裸童像

边长 6.0 厘米，1906 年德国探险队发掘于新疆库车

张力，这个方向之下毛笔墨线的形态自然也就具有"天地为之久低昂"的舞蹈之美。中国古典艺术史上的经典文献杜甫的《观公孙大娘弟子舞剑器行》，在"序"中就明确记载盛唐草书圣手张旭之书法与舞蹈的直接关联：

> 昔吴人张旭，善草书书帖，数尝于邺县见公孙大娘舞西河剑器，自此草书长进。豪荡感激……①

从唐代木板彩绘舞蹈裸童像图中可以清楚看到，墨线飞动所具有的充盈动力感是怎样最好地衬托起、表达出人物的生动舞姿的。

下面看宏大画面中动态人物的各种形貌与神态。北宋武宗元的《朝元仙仗图》（图 1-31）为中国白描人物画经典之一，画面场景宏大，人物繁多。我们从中可以看到毛笔墨线千变万化之下的惊人造型能力，尤其可以体会到其起伏顿挫的韵律感与节奏感，以及流转如水又劲利如刀的那种极尽充盈的力度感。

---

① 杜甫著，仇兆鳌注：《杜诗详注》卷二〇，中华书局，1979 年，第 1815 页。

图 1-31　武宗元《朝元仙仗图》局部

长卷，绢本水墨，全图 57.7 厘米×1175 厘米

下面转而再看静态中的人物，我们可以体会画家是怎样让人物在沉静之中又表现出丰富内心世界的。传为北宋李公麟所作的《维摩居士像》（图 1-32），其画作内容演绎了佛教著名故事，画中人物看似简单，但包括家具、诸多饰物等的一切细节都一丝不苟，极尽精美（包括维摩坐榻的装饰纹样），衬托出故事主题的超迈不凡。尤其是画面对人物情态、神情的表现：坐榻上的维摩一副老者形象，他右手执麈尾，左手持经卷，其睿智气度呼之欲出；他身后的天女发髻高挑，头饰衣饰极尽华美，她手托花盆，兰指轻舒做抛撒天花状，其美丽妍

图 1-32　（传）李公麟《维摩居士像》局部

立轴绢本，全图 91.5 厘米×51.3 厘米

妙正好与维摩的萧散简远形成对比与呼应——所有这些内容的呈现，都是通过功力最为深厚的墨线完成的。

在中国古典画作中，即使绘画工具不再是软毫毛笔而是硬笔，艺术家注重线条的笔锋挺劲、力度充盈、走势灵动，并由此而表现物象或人物精神气质的根本追求仍然一以贯之，比如20世纪初新疆东部地区发现的《菩萨像》残片（图1-33）与山西芮城永乐宫三清殿西壁元代壁画《朝元图》（图1-34）两件硬笔绘画作品。在此类作品中，我们依然可以清楚看到艺术家用极其简洁的线条来塑造万千物象的写生能力。西方素描使用的绘画工具也是硬笔，但是却看不到对线形这种高度准确简洁同时张力弥满几乎破壁而出境界的追求。

图1-33　20世纪初新疆东部地区发现的唐代《菩萨像》残片
绢本设色，34.5厘米×27.5厘米

图1-34　山西芮城永乐宫三清殿西壁元代壁画《朝元图》局部
全图440厘米×1362厘米，共画道教神祇394尊

相反，对于已经远离古典书画体系所要求的笔墨功力与笔法韵味的艺术家来说，他们作品呈现出的可能就是完全不同的面目。《维摩居士像》中因为墨线极具起伏顿挫的丰富变化与内蕴深厚的"骨力"，所以其天女形象（图1-35）的每处细节都洋溢着生命的神采与灵性。而有些现代临摹敦煌壁画的画作中，其菩萨形象不仅缺乏生命之美的力度与神韵，甚至呈现着

赘肉堆积之下的懈惰庸弱。

下面把我们的视野拓展得更宽一些，可以更清楚了解到"骨法用笔"在中国古典艺术几乎一切领域中的基础性意义，也就是林语堂所说的书法是中国美学的基础。比如元代磁州窑白釉黑花婴戏图瓷罐（图1-36）上的绘画。磁州窑为中国北方最大的民窑，画工为民间工匠，画风淳朴真率是其显著特点。而瓷画所依凭的材料，固然与绢、纸等非常不同，瓷器装饰

图1-35 （传）李公麟《维摩居士像》局部

画所严格限定的空间格局也与其他品类差别很大，但仍然显而易见：这件作品之所以精彩，原因除其器型端庄大气（轮廓曲线力度挺劲饱满，因此成就出全器的雕塑感）之外，更在于画工对手中毛笔墨线造型极为精准的掌控，以及墨线在疾速运行中高度自如呈现出的粗细浓淡、起伏张弛、流连顿挫、腾转顾盼等等极丰富韵律的生动变化——所有这些原来仅施于平铺之绢或纸上的艺术变化，现在必须转而在画幅空间限制更为拘羁严格的圆形瓷罐表面施展，并塑造出童趣盎然的人物形象，由此不难体会到画工们运用毛笔之娴熟技能的背后，是怎样深厚的积累之功。

图1-36 元代磁州窑白釉黑花婴戏图瓷罐
高30厘米，口径18.5厘米，腹径31厘米，
足径12厘米

三、"骨力"作为灵魂在中国古典造型艺术中无处不在

上面简要介绍了为什么说"骨法用笔"与西画性质有着根本区别,以及这一特点是如何构成了中国古典书画的基础。而如果我们再深入一步,考虑到中国书法几乎在其发轫之初直至以后漫长岁月中,始终与雕刻艺术水乳交融、相互激荡,那么就能够有更多的感悟与收获。

自甲骨文与金文镌刻、秦小篆镌刻、汉碑魏碑唐碑以及无数摩崖石刻、历代治印等等,中国书法艺术的宗旨、品味在很大程度上与雕刻须臾不分,即使秦古隶、汉隶、后来的行草等为了书写之便利迅捷而与碑体分庭抗礼,但两者自始至终艺术趣味的相互映照、相互汲取,都构成了中国书法史的基本线索。盛唐时的任华总结怀素草书"筋骨多情趣"特点时,有这样的形容:"锋芒利如欧冶剑,劲直浑是并州铁。"[①] 这清楚地说明了笔法与刀法之间的血肉相关——软毫毛笔墨线运行的最高艺术境界,反而是要呈现出锋锐如刀剑那样的力度感、穿透力与屈盘如劲铁的筋骨弹性。体悟到这个法则背后的美学精义,是我们能够贯通地理解中国古典造型艺术众多门类(雕塑、雕漆、瓷塑、版画、古建等)的关键。

关于笔法与刀法之间的上述关联,我们从更早的魏碑佳作之一《魏灵藏薛法绍造像记》(图1-37)可以看得很清楚。此作是骨法刚劲

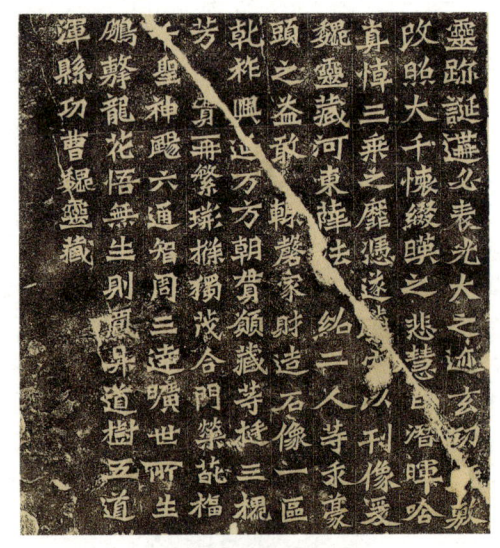

图1-37 北魏《魏灵藏薛法绍造像记》拓片局部
全石 90厘米×41厘米

---

① 任华:《怀素上人草书歌》,见彭定求等编:《全唐诗》卷二六一,中华书局,1960年,第2904页。

与灵性深蕴两者共同臻于妙境的典范,今人的评论是:

> 此碑应是方笔露锋之典型代表,因此最显见用笔之妙。起笔都将锋颖露在画外,有的角棱若刀,有的细锋引入,煞有情趣……折笔显见方棱;收笔处,有时敛毫便止,有时放锋犀利,有时如《宝子》之上扬。笔画或大或小,大者纵矛横戈,如虎奔龙吟,小者轻微一点,如蜻蜓掠水,皆能顺势合情,绝无率意轻发。[①]

由此可见笔法与刀法彼此激荡、相互滋养的重要意义(至后来高度发达的元明雕漆、晚明版画等艺术门类的成就与繁荣,更是笔法与刀法长期相互渗透、相互滋养的具体结果,本书另文详述)。于是我们看到,石刻艺术仍然与书法、绘画一样,以线条的"骨力""骨法"为基本追求。

下面看中国古典艺术史上较早的例子,比如东汉画像石《朱雀铺首衔环、武士》(图1-38、图1-39)中,朱雀(凤鸟)形象高度简洁,通过线条刻画而使其含蕴劲健充盈的动力感与生命灵性。

图1-38 东汉画像石
《朱雀铺首衔环、武士》拓片
原石160厘米×70厘米

图1-39 东汉画像石
《朱雀铺首衔环、武士》拓片
原石175厘米×94厘米

---

① 欧阳中石、张荣、启名:《中国名碑珍帖习赏》,未来出版社,1989年,第50页。

汉阙、汉画像砖上甚至有极精彩的鸾凤特写（图 1-40 至图 1-42）。此外，四川省渠县东汉沈府君阙，其上朱雀翩翩起舞，身姿劲健（图 1-43），展现了书法之美、绘画之美、雕塑之美、舞蹈之美。阙身的隶书题额与浮雕朱雀之飞动形象一体辉映（图 1-44）。

图 1-40　四川渠县赵家村无名汉阙上刻绘的朱雀

图 1-41　四川渠县赵家村无名汉阙全貌

▲ 这件汉代浮雕是艺术史上的上佳范例，因其看似最为简单的线条，因蕴含"骨力"而描摹刻绘出了极为劲健生动的舞蹈之美！中国戏剧舞蹈的基本宗旨被总结为"无声不歌，无动不舞"，从这里可以得出缘由。戏剧理论大家齐如山对"国剧原理"总结概括道："中国剧脚色在台上之一举动名曰身段，亦可名曰舞式。处处皆有一定的规定……其举止动作皆系舞义也"（《中国剧之组织》）；"中国剧乃由古时歌舞嬗变而来，故可以歌舞二字概之。出场后一切举动，皆为舞，一切开口发声音，皆为歌"（《中国剧之组织》）；"一切动作完全用美术化的舞式来表演，处处都有含艺术味的规定，都有一定的格式"（《梅兰芳游美记》）；"用两句话概括着说，就是'无声不歌，无动不舞'"（《地方戏怎样变成大戏》）。尤其需要注意：舞蹈曾在社会生活中有着今人不易想象的重要而广泛地位，如中古时代，舞蹈是上层阶级日常交往中不可或缺的礼仪。周一良先生《魏晋南北朝史札记·〈三国志〉札记》"以舞相属"条对此有较详细的论述。如果仔细体会，就不难发现其渊源脉络相当深远：艺术形象中无处不在的舞蹈之美（朱雀的振翅、举尾、收趾蓄势，戏剧演员的身段、水袖），主要不是来自某种外附的、刻意安排设计出的动作套路，而是源于通过线形而随处彰显出生命灵性与张力这一中国古典艺术的根本特点。下篇将进一步说明，这种具有内生动力的舞蹈性，对于我们透彻领悟中国古典建筑"如鸟斯革，如翚斯飞"美质特点的重要意义。

◀ 这是一件值得仔细欣赏的杰作。画面中,凤鸟颈、冠、尾等处的造型无不极尽夸张,与鸟类的常态相去甚远,看似无理,但仔细品赏就可以感觉到:这种夸张之中有着充盈的内在张力,所有曲线都是骨立挺拔,每一关键部位的雄硕之形象都为后世所不可想象,突显出神鸟的超凡。整幅画面的主要布局为左侧凤鸟为静姿,右侧凤鸟则振翼欲飞。两者嘤嘤其鸣求其友声那种姿态、趣味上的对比与应和,都非常生动。

图1-42 江苏徐州东汉画像砖《伏羲鸾凤图》
102厘米×65厘米

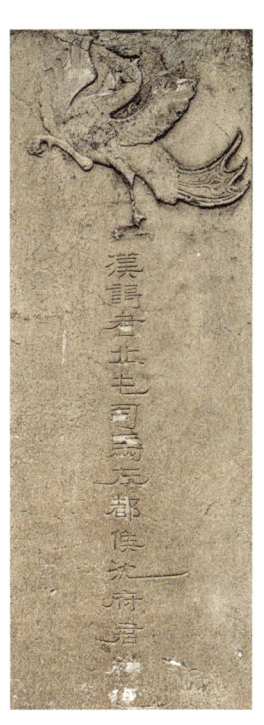

图1-43 四川渠县沈府君阙局部　　图1-44 四川渠县沈府君阙阙身

▲ 这一著名汉阙是"书画一律"较早且较为直观的范例。"汉谒者北屯司马左都侯沈府君神道"十五字隶书,在庄重凝练的书法风格中又力求飘逸灵动的韵致,因此与朱雀的曼妙舞姿上下呼应。不论是书法还是浮雕刻绘,都鲜明体现着后来谢赫予以理论总结的"气韵生动""骨法用笔"这一中国古典书画美学的基本追求。

图1-45　汉画像石《人物对话图》拓片局部
全石108厘米×35厘米

以上是通过刻线的造型而表现飞鸟的充盈生命活力与灵性，而对陆地动物的表现也同样如此。我们看中国古典雕塑史上一些经典的动物形象，比如最常见的马匹。且不说汉画像石《人物对话图》中极尽洗练的骏马形象（图1-45）多么矫健有力、英气勃发，我们只看用极简单的线条刻绘的马尾、打结的缰绳等细节，就能感知其线条中弹性十足的力度、充盈的"骨力"——将该图与传为李公麟所绘的《五马图》（图1-28）等作品加以对比，则尤其可以有深刻体会。

再比如虎豹等猛兽的艺术形象：汉画像石《虎车雷公》（图1-46）中拉车之虎虽为走兽却有飞腾之势，而如此生动的艺术夸张，同样是通过极其劲健而具张力的简单线刻塑造出来的（为了更好展现线条流动中的力度，雕刻家有意拉长了虎的身长，汉画中常见类似的夸张变形）。

图1-46　东汉画像石《虎车雷公》拓片局部
79厘米×167厘米

再看原本驯良的鹿在艺术中的形象。东汉画像石《九头兽、羽人驭仙鹿图》（图1-47）是一幅相当精彩的汉画作品，限于篇幅，这里无法做更详细的欣赏说明，但我们仍然可以一眼看出其气韵生动除来自神话想象力之外，在艺术技法上完全得益于线刻的"骨力"飞动。

图 1-47 东汉画像石《九头兽、羽人驭仙鹿图》拓片局部

下面再看在等级最高的皇家石窟寺中,线描与线刻作品对人物形象及其神韵的表现力,如图 1-48、图 1-49 所示。

图 1-48 河南巩义北魏石窟第三窟浮雕飞天　　图 1-49 原山西太原天龙山石窟第三窟窟顶飞天

飞天的源头是印度神话中为佛陀吟唱赞歌的一种半人、半鸟的天神("紧那罗")。其原初艺术形象已经具有随风飘动的披帛、双脚向上自然弯

曲的飞翔动势以及整体的 U 字形结构。①印度飞天原型传入中国以后，极大地涵纳了西域音乐舞蹈艺术的丰富内容，而在形象演化上继承并升华了汉画像砖石以来线刻人物的飞动意态（汉画像砖石上常见"羽人"，但其艺术形象相当稚拙），同时与蔓草、莲枝、天衣、繁多的胡乐乐器等新式装饰纹样内容融合一体，造就出极其热烈生动、华美欢愉的群体性氛围，成为演绎佛教教义的最直观的辅助形象。比如哈佛艺术博物馆珍藏的十一身东魏砂岩浮雕飞天，不仅其飞舞的身形千姿百态，而且神情柔美，每身都洋溢着内心的无比欢乐，显示出灵动线条在浅浮雕艺术中迸发出来的无限造型与抒情功能，所以是太原天龙山石窟中北朝飞天艺术的精品。只因篇幅限制，无法在此一一展示这些珍宝，有兴趣一睹全貌的读者可以通过该馆网站直接浏览这组珍品的神采。

上面的示例都是二维平面上的浅浮雕作品，下面接着再看艺术难度更高的大型立体圆雕，如西安碑林博物馆藏东汉中晚期石狮（图 1-50）。

图 1-50　东汉中晚期石狮

▲ 这件作品曲线的运用极为纯熟酣畅，所以线条的塑造高度简洁洗练、圆润挺拔，前肢肌肉的异常发达与行进中蹲地后肢的强健与弹性，都清晰地呈现在观赏者眼前，由此竭力突显出猛狮浑身无处不在的威猛矫健。由这件作品我们更可以体会到：线条看似是最简单、最原始的艺术表现手段，但在中国传统中，却因为它凝聚了深厚的底蕴与长期的磨砺（"骨力"），所以可以显示出非凡的艺术造型力量。

---

① 详见王诗晓：《飞天图像初传阶段的海外研究》，载《中国社会科学报》2020年5月25日第A06版。

看过上面的示例，我们可以再参看本书"明代版画与中国古典园林"两章列举的许许多多木板线刻版画作品，或者比较泥塑作品（图1-51）。显而易见，这些作品中神祇形象的意态飞动及其生气夺人的超凡力量感，也主要是依靠泥塑家对于线条的精熟的把握运用，依靠确立"骨法"为美感基本标准才可能塑造出来。

图1-51　山西新绛福胜寺金代敷彩泥塑护法神（权凯丽摄）

若是接着比较中国雕塑艺术衰落以后的人物与动物形象，则可以更清楚地看清症结之所在，如明代绿釉陶仪仗俑（图1-52）。一望可知，中国古典雕塑艺术盛衰优劣的关捩之处，就在于"骨力"的或存或废；而一旦"骨力"不存，塑造出的艺术作品则立刻处处突显着呆滞臃肿、死气沉沉等等末路特征。

下面我们看一些在人们生活中广泛使用的工艺美术作品，它们的艺术

图1-52　明代绿釉陶仪仗俑

图1-53 北宋磁州窑剔花缠枝牡丹纹梅瓶

高34厘米，最大直径16.5厘米

成就与蕴含"骨力"的造型线条之间有什么关系，如北宋磁州窑剔花缠枝牡丹纹梅瓶（图1-53）。

这真是一件值得击节赞叹的杰作：此梅瓶短颈溜肩，瓶腹曲线悠缓而充盈张力，透露出艺术造诣上的十足自信，整体造型又在俊秀挺拔中蕴含了亲切动人的生活气息。具体来说，梅瓶肩部与瓶足的两组装饰带形成了上下对应，以此强调全器装饰图案的整体性。装饰图样为花瓣变体纹，其曲线略做弯转扭动，又衬托以磁州窑特有的对比鲜明的黑白两色[1]，用这种最为简单的线刻营造出一种兴味盎然的"舞蹈意态"（关于中国古典造型艺术、戏剧艺术中"无动不舞"的宗旨，参见第二章相关内容），甚至使人联想到新石器彩陶图样那种寓生动于极简之中的笔法。

而此器精彩之处，不仅在于牡丹的极尽妍丽，更表现在对花枝造型的极尽浪漫化的处理：枝干的盘曲之势顶天立地、一气贯足，将花朵盛开绽放时才有的那种充盈娇艳的神韵充分展示出来；其剔花刀法在运行中"骨力"毕露，因此使得花枝的蔓延缠绕呈现出极其劲锐爽利、圆润如走珠一般的流畅之美。总之，这类作品不仅展现着中国陶瓷发展史鼎盛时期艺术神采的诸多重要侧面，尤其体现了毛笔书法传统所崇尚的"笔法""笔力"对雕塑之深刻影响，以及中国线刻对于物象所蕴含生命韵致的提炼，所以在宋元以后迅速发展的雕版艺术（包括雕漆、瓷胎雕刻、木刻版画、建筑木雕等众多门类）中，这一血脉具有显著而广泛的意义。

---

[1] 宋金时代的磁州窑作品被誉为"黑白美学"的经典，其工艺为瓷胚上覆白色装饰土，然后施以黑色釉，在黑釉层面剔刻出图案，之后再施以透明的白色釉。入窑烧制后，器物遂呈现黑白两色对比鲜明又彼此衬托的风格。

下面再来品赏一件国宝级的宋瓷珍品——汝窑莲花式温碗（图1-54）。希望读者能够通过下文对其艺术成就之来龙去脉的详细分析，初步理解对建立我们艺术鉴赏力十分重要的审美训练及其逻辑要点（know-how）。

图1-54 北宋汝窑莲花式温碗
高10.5厘米，口径16.2厘米，
足径8.1厘米，深7.6厘米
◀ 北宋汝窑瓷有"青瓷之魁"之美誉，此件莲花式温碗更是汝窑此器型中举世唯一的传世作品。

谁都不难直观地感觉到这件汝窑温碗极其秀美，但如果再深究一步，我们的审美欣赏能否进入逻辑理路的层面？能否回答诸如此类的问题，比如：其一，它究竟在哪些具体成就上达到了令人销魂的美之极致？其二，这美之极致的根源来自哪里？这种极美与前述中国古典艺术基本禀赋与标准（"骨力"）之间是否具有深刻的关联？其三，我们能够通过审美训练，从而感知到上述艺术血脉与古典建筑之美等等看似遥远领域之间的关联吗？

初看起来，这件温碗与书法艺术、建筑艺术等似乎风马牛不相及，但实际上不是这样的。我们知道，在宋、辽时代，温碗（尤其是莲花式温碗）是一种从南到北都广泛使用的酒具（图1-55、图1-56）。尽管如此，却只有图1-54这件汝窑温碗才是其中顶级精品。原因首先在于：它是展现汝窑"雨过天青"优美釉色与细碎开片趣味的经典器。但现在我们更留意的是：它洗练大气的造型，是来源于对荷花之生命状态的体悟与模仿，所以其器型非常丰润饱满，叶筋叶脉温情含蓄却又蕴含挺秀的骨力；一道一道叶筋之间，更具有自然生命才有的那种极亲切自然的节奏与韵律。多看一会儿，我们甚至感觉它不是一件冰冷的瓷器，而是一个具有温润呼吸与极高灵性的生命活体:它是以"静如处子"一般的端庄与娴雅,候望着与知音者的心灵对话。①

图 1-55　四川泸州博物馆藏南宋女侍者浮雕

图 1-56　河北宣化辽张世卿墓 M1后室南壁西侧壁画局部

这样一说,更根本的问题就来了:这样一种器型上的非凡表现与塑造能力,灵魂究竟在哪里?又是经过怎样的艺术锤炼,才得以呈现出这样极为自然灵动同时"骨力"内蕴的境界?为了说明器物背后的这些道理,下

---

① 从本篇列举的众多或大或小例子中都可以看到:真正的艺术作品从来不是冰冷的被造之物,相反它们一定被寄寓了深刻的生命灵性,因此在一代一代人面前永远有着动情的诉说——这件汝窑温碗,以及本书随后篇章中将要举证的众多优秀古典建筑作品,都是生动范例。所以说,在《平郊建筑杂录》中关于"建筑意"(建筑形象中包含的审美与文化理念)的一段描写中,梁思成、林徽因(原名"徽音")先生对艺术真谛的揭示意义,其实是超越于建筑这单一领域的:"顽石会不会点头……但经过大匠之手艺,年代之磋磨,有一些石头的确是会蕴含生气的。天然的材料经人的聪明建造,再受时间的洗礼,成美术与历史地理之和,使它不能不引起赏鉴者一种特殊的性灵的融会,神志的感触,这话或者可以算是说得通。无论哪一个巍峨的古城楼,或一角倾颓的殿基的灵魂里,无形中都在诉说,乃至于歌唱。"详见下篇对诸多古典建筑作品的品赏分析。

面举出艺术史上一系列逻辑相关的作品。

首先是绘画,如宋徽宗赵佶的《池塘秋晚图》(图 1-57)。此图中的荷枝、叶脉、荷叶自然舒卷形态等等,主要都是用异常流畅、内蕴深厚的墨线勾勒出来的,尤其是其每一处都气韵贯足,一笔到底,在满足造型要求与呈现生命"骨力"这两方面都登峰造极。而且从画面构图与物象遴选展示的那种极尽简洁精审之中(这很像格律诗讲究的"炼句""炼字"),又可以清楚看到"文人气"对造型艺术的深刻影响。

图 1-57 赵佶《池塘秋晚图》局部

纸本设色,全卷 33 厘米×237.8 厘米

了解了绘画中荷花荷叶的生命情态是如何通过毛笔墨线而呈现之后,我们再看赵佶本人的书法代表作。赵佶《草书千字文》(图 1-58)这幅书法名作中,笔锋的挺劲酣畅、无处不在的灵动变化、疾如风雨的动态势能、从首至尾的生气贯达等等,都与上面绘画作品之笔势趣味完全一样。

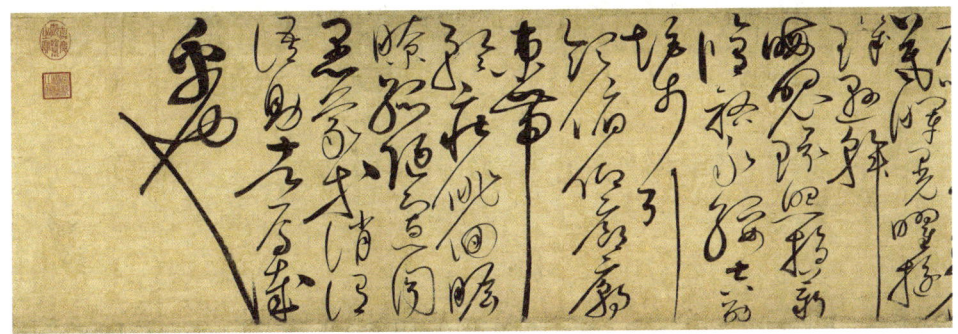

图 1-58 赵佶《草书千字文》局部

描金云龙笺,全图 35.1 厘米×1172.2 厘米

接下来我们再把眼界进一步拓宽，来看看同时期雕刻艺术，是如何通过线条内蕴的充盈力度而使荷叶形象呈现出鲜活的趣味。苏州罗汉院正殿遗址的这组檐柱（图1-59、图1-60所示为其中一根）为北宋浮雕艺术之杰作，柱身通体满雕"童子戏莲花"图案，其最突出艺术成就与汝窑温碗等一样，是莲花莲叶叶脉异常挺拔劲健，珠玉般圆润流走，有着法书作品、中国经典绘画中那种笔锋的充盈"骨力"与充满灵性的生命韵律感。

图1-59 苏州罗汉院正殿遗址檐柱　　图1-60 苏州罗汉院正殿遗址檐柱局部

如果我们能够将这众多艺术领域中的很多件优秀作品联系起来（图1-61），联想它们之间的逻辑关联，那么也就不难发现北宋汝窑莲花式温碗器型之中那种无比简洁洗练背后透露出的美之极致，根源究竟是在哪里；尤其是它深深蕴含的那种生命的灵性、温情、张力等等，这些艺术中灵魂性的东西究竟是从什么源头一脉贯注下来的。

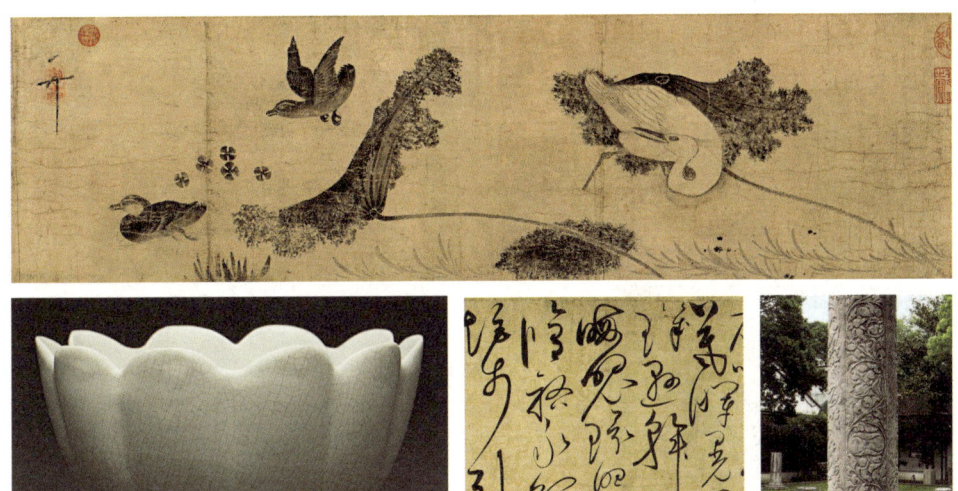

图 1-61　宋代不同艺术领域优秀作品对线形运用比较

笔者认为：如果我们能够站在这样四面八方相互贯达的艺术关联角度，即唐代文艺理论家司空图《二十四诗品》中所谓的"真力弥满，万象在旁"，那么对于这件汝窑莲花式温碗的审美领悟就会贴近许多。

四、比较中外相同主题的艺术作品，体会中国古典艺术的独特美质

林语堂先生在《吾国与吾民·中国书法》中强调：不论中外，韵律都是艺术的核心问题，但由于中国艺术对于韵律的理解源自毛笔书法及其所体现的天地万物之生命律动，于是这个特质不能不导致中外艺术的重大区别——这个判断对于我们深入理解包括古典建筑景观在内的中国众多艺术门类，其实都有重要意义。下面我们避免从不太容易揣摩的艺术理念入手，而是从诸多艺术品的具体形象入手，来体会这个问题的意义。

先来比较蛇在艺术中的形象——因为世界诸多古代民族都曾以蛇作为图腾而加以崇拜,所以其艺术体系中蛇的形象往往集中体现了古代民族对于神力的理解与想象。来看具体的作品——叙利亚布拉克阿勒颇博物馆所藏青铜时代早期(公元前3100—前2900)美索不达米亚文明中的三蛇陶罐(图1-62)。

图1-62　美索不达米亚文明中的三蛇陶罐

◀此三蛇陶罐上刻有太阳形象,所以它很可能是用于神圣目的的祭器。值得我们注意的是:美索不达米亚文明虽然跨入青铜时代最早,且有最悠久的契刻象形文字历史,但是他们并没有要求艺术线形之美要体现在金属般挺拔劲健的力度感(后来中国艺术理论所谓"铁画银钩")。

再看南美洲艺术中神蛇的形象。当地文化体系自古就非常崇拜羽蛇神,人们认为蛇神象征着祖先与王国创建者,所以倾力为其建造巨大神庙,以血牲祭祀其神灵,古玛雅城市遗址奇琴伊察建筑群中最宏伟壮观的就是祭祀羽蛇神的巨大金字塔(约公元10世纪)。在墨西哥人类学博物馆、大英博物馆等处,也可以反复见到这一题材的古墨西哥工艺品与建筑雕饰,如玛雅神庙墙面上装饰的浮雕(图1-63),可见蛇神形象的重要意义与艺术地位。

图1-63　玛雅神庙墙面浮雕局部
(摄于墨西哥人类学博物馆的室外展区)

但如此普遍的热衷与崇拜,依然不会让艺术家将蛇神塑造成为充满内在"骨力"的形象。一直到 14 世纪以后的情况依旧如此,比如中南美洲阿兹特克文明珍贵艺术品——双头蛇(图 1-64)。蛇的主体为木雕,表面镶嵌小片绿松石并用树脂精密地黏合在蛇身上。明亮的白色贝类小碎片被用来制作蛇的牙齿,红色的多刺牡蛎壳构成蛇的两张嘴。蛇的全身共覆盖两千余片绿松石,所有鳞片的反光汇集成闪烁的效果,使人产生一种蛇在运动的幻觉。

图 1-64　阿兹特克艺术中的双头蛇

世界各地的此类艺术品,当然是人类学上说明古代世界各地先民普遍地以蛇为图腾的例子。但除这共同点之外,中外古典艺术对于蛇的表现却有非常大的不同。下面我们来看中国古典艺术对于具有神性的蛇(包括由蛇变形而成的龙)是如何描绘、如何塑造的。河南永城芒砀山柿园汉墓壁画《四神云气图》(图 1-65)的艺术特点非常突出:(1)画面中的所有线条(尤其作为画面主体形象的青龙飞动的身姿)都像紧紧绷着的弹簧钢条一样,像大力士拉满的弓弦一样,无处不是充满内在的力度感,并且以此而鲜明地表现出神性动物极其强劲的生命张力。(2)同样因为画面中一切线条都具有充盈的内在张力,整个画面的结构也就具有非常鲜明的流动感及其所体现的"生命势能"之气场——以此表现出一种冲决画面有限空间、弥漫整个天地四合之间的"气韵"与"真力"。

图 1-65 汉墓壁画《四神云气图》
514 厘米×327 厘米

我们将中国艺术中最常见的蛇形象与世界其他艺术体系中的蛇形象相互比较,如图 1-66、图 1-67 所示。

图 1-66 古埃及蛇神阿佩普石刻　　图 1-67 汉四神瓦当之一的玄武

图 1-66 主题形象是古埃及蛇神阿佩普(Apep,又译阿波菲斯,Apophis),他是太阳神瑞(Ra)的孪生兄弟与敌人,是破坏与黑暗力量的化身。图中死者的三个儿子(下排)正在竭力安抚阿佩普。而图 1-67 中则是

中国汉代艺术中很常见的玄武形象（蛇龟合体）——最显然不过，只有在中国古典艺术中，塑造龙蛇之形象的曲线才具有那种屈盘如铁的劲健力度与充满弹性的韵律美感。

再看由蛇变形，并且更为我们国人所熟悉的龙之造型。从汉代以后，龙的形象越来越流行开来，并且经常与其他祥瑞动物组合成为寓意更为丰富的艺术画面。比如西汉透雕龙凤纹重环玉佩（图1-68）这件经典作品。此玉佩的所有局部无不璀璨夺目，整体构图上精妙地分为内环与外环，内环透雕一游龙（蛇之变体），龙爪伸出环外，外环透雕一凤鸾，站在龙爪之上并有云纹衬托。玉佩构图巧妙完美，呈现出的龙凤、云纹等的曲线挺拔矫健，充满了异常饱满的张力，从而将龙凤的无限神异性与崇高生命力淋漓尽致表达出来。

我们再来看中国艺术史的纵向脉络——从汉代到唐宋时代，艺术中龙的造型虽然发生很大变化，但是唯独那种通过"骨力"深厚的线条以彰显劲健、充盈生命张力的美质，始终一脉相承。关于这个延续脉络，我们通过下面的唐代蟠龙镜（图1-69）就可以看得很清楚，且此镜可以与西汉透雕龙凤纹重环玉佩（图1-68）加以联系与比较。

图1-68　西汉透雕龙凤纹重环玉佩

直径10.6厘米，厚0.5厘米

图1-69　唐代蟠龙图样铜镜

直径10.2厘米

行文至此，应该顺便说明中国美术史上一个相当重要的问题："谢赫六法"中最为重要的两项是"气韵生动"与"骨法用笔"，其实这两者又是相互依傍、不能分割的，也就是说假如缺失了"骨法用笔"这个基础，则"气韵生动"就失去了生命的源头。这个重要关联显而易见，可以从众多图例中得到深刻印证。以本章前面诸多示例结合南宋陈容的《九龙图》（图1-70），即可看到"气韵生动"与"骨法用笔"两者不可须臾分离；而这种逻辑的关联，则显然只能植根于中国古典艺术深刻的特质与悠久的传统之中。

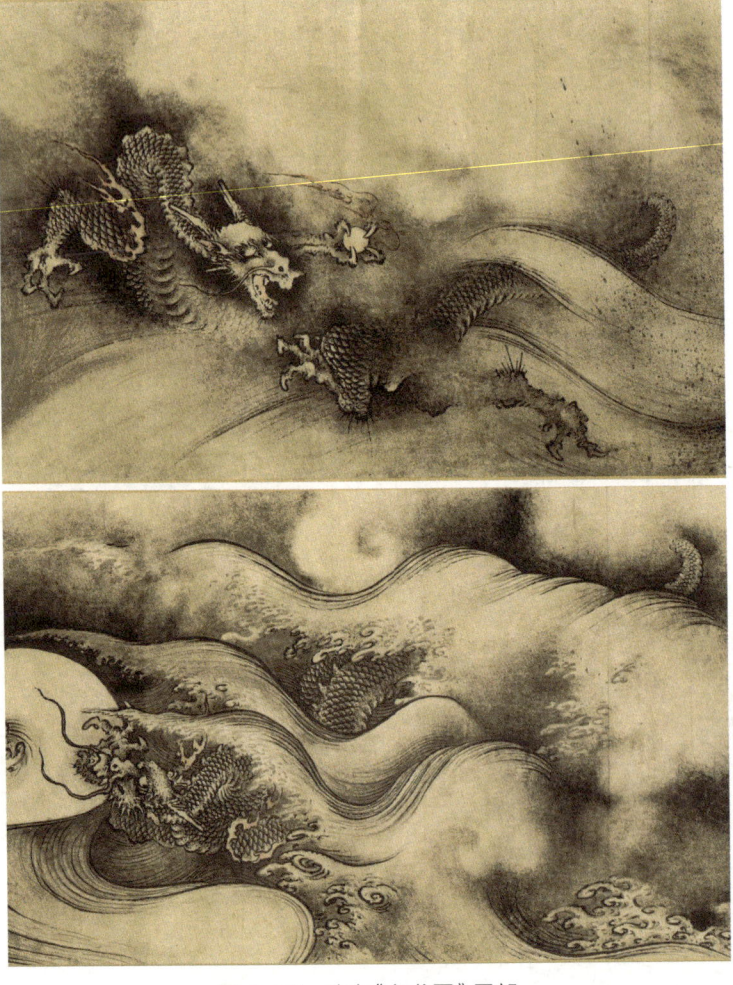

图1-70　陈容《九龙图》局部

长卷，纸本浅设色，全图46.3厘米×1096.4厘米

上文是以龙、蛇这具有神性的、寄寓丰富想象与夸张的动物形象为例，下面从几乎相反的方面，即日常生活中最为寻常的物象着眼，来看中国古典艺术是如何来表现它们，以及其艺术范式与"骨法用笔"的关系。我们以中国古典艺术优秀作品中鱼的形象与欧洲艺术品中同类艺术形象做一比较（图1-71、图1-72）。

图1-71　金代双鱼铜镜　　　　　图1-72　1675年制中欧某渔业行会的盾形铭牌

金代双鱼铜镜这样一面小小的铜镜，有什么值得我们特别注意？又有什么最终可能帮助我们去理解中国古典艺术体系中的相互贯通呢？我们不妨做稍微仔细一些的分析——"双鱼"是金代铜镜艺术中流行的题材，在笔者曾寓目的大量实例中，以图1-71这件黑龙江阿城区金上京历史博物馆藏品最为精彩，值得仔细品赏：（1）双鱼首尾相衔的图案既具有鲜明的民间吉祥寓意，又形成了镜面上疏密有致、静中有动的适合纹样之构图。（2）雕塑家对双鱼尾部的表现尤其生动——用非常简捷却又流畅挺拔、拗转劲健的曲线，塑造出大鱼在巨浪中强劲搏击、腾跃畅游的无限欢愉。（3）作为辅助性纹饰，水波浪花的线形也同样挺健淋漓、"骨力"欲出。看似刀法简约，其实水体极尽奔涌之势中却蕴含了深厚的"骨法用笔"传统（参看本书图1-23、图1-24、图11-21），于是这水景虽然局限于非常狭蹙的镜面构图物理空间里，却依然有力地衬托起双鱼的腾跃身姿。

不难想到：这件金代双鱼铜镜之所以非常出色，固然是因为世代以渔猎为生的女真民族对鱼与水的形态极为熟悉。但我们可以设想：欧洲某渔业行会的那些从业者，一定同样谙熟鱼与水的形态与秉性。于是问题症结就很明显：为什么欧洲雕塑家与中国雕塑家在它们的艺术呈现、艺术趣味上有这么大的区别？答案显然是：除其他一些次要原因之外，是否有着植根毛笔书画对于墨线所蕴含生命韵律与张力的深刻秉承与理解，是造成中西完全相同题材的两件作品之间显著区别的关键。

上面比较的是小尺寸的中外艺术品，下面再看在作品尺寸较大、视觉形象更为鲜明的家具艺术领域中，中外作品背后各自艺术理念的巨大差别。比如中国明代四出头官帽椅（图1-73）、东欧卡尔大公宝座（1-74），这两件座椅的制造年代很接近，而且在木工工艺上无疑都体现了各自的顶级水平，但是它们在艺术形象与美学理念等方面的差异实在太大了。

图1-73　中国明代四出头官帽椅　　图1-74　1564年制东欧卡尔大公宝座
高119.56厘米，座面长58.5厘米，宽47厘米

欣赏这件明代四出头官帽椅的简要提示是：（1）它的曲线不仅极尽简洁、舒展大气，而且处处显示出类似中国传统书法与绘画中"玉筋篆""铁线描""铁画银钩"那种挺拔劲秀，具有充盈的弹性力度与韵律感。（2）端详全器十秒钟以上，就可以明显感觉到它几乎每一处细部都具有生命一般的

灵动，有着与观赏者、使用者交流交融之意态（前文在介绍宋代汝窑温碗时，曾引用梁思成、林徽因先生"建筑意"定义对此予以解释）——因为人们两肘部外放而坐时，身体就形成了相当复杂的反 S 形曲线与曲面，所以椅子各部位的曲线曲面能否最大程度吻合、承托身体的形态，这在物理功能上决定了椅子的适用性与舒适度。以更简单的靠背椅为例，即使到了现代，椅背对人体脊背反 S 形曲线的完满支撑也很不容易实现（图 1-75）。

图 1-75　靠背椅与坐姿人体曲线的关系（郝啊悠绘）

对照之下就可以看出上示明式四出头官帽椅曲线设计的精彩。尤其如果在满足这种功能性的物理要求①前提下，又能够使作品呈现出高度的艺术灵性——在看似简单的椅子形象中蕴含了深厚的内涵，甚至是凝聚了中国古典木结构艺术数千年成就经验的积淀（中国木结构艺术的发展经历是：房屋大木作→宋金以后的室内小木作→宋明以后日益精湛的细木家具艺术）。所以这类作品都充分体现了中国木结构艺术的灵性根源于

---

① 这件明代四出头官帽椅看似相当简单，但实际上却有很多值得仔细品赏的精心构造之处。比如它在力学结构上的充分合理性：椅子的上半部分与下半部分不是两截拼合，而是两前腿与两后腿上下通贯成为一体（相反，清式椅子常常是上下两部分拼合而成）；尤其是椅腿都是从椅面中纵穿而过，形成椅面前后边框（木工术语称为"大边"）对四条椅腿的咬定紧锁——这种结构使得椅子在日常的千万次使用中，不管坐者怎样摇动或者身体后靠施压，椅腿都不会与椅面分离脱落，从而在力学结构上保证了椅子整体的坚固耐用。相反，我们看直到现在市面上常见的无数椅子，其结构是：椅子的后腿通常都是通过材料截面与承受力都很小的榫卯来实现与椅面的结合固定。这样一来，使用时间稍稍长久，椅腿就会因为天天受力晃动而松动，与椅面脱离，由此导致整个椅子完全散架。

何处。

为了有助于更加真切地理解明式家具美学特点及其与中国古典艺术理念的联系,下面再看一件明代黄花梨木五足内卷香几(图1-76)。这件香几的造型与结构看似极其简单,但这种简单中呈现出的,却是韵致盎然、内在弹性蓄势如同张弓的艺术形象;尤其值得注意的是:五足的内卷曲率不是将木料弯曲做成,而是不惜工本,将粗径的黄花梨大料一点一点削磨成这种最能充分体现曲线内在张力的形态。这件香几虽然体量不大,却是充分表现本书所述骨立之曲线蕴含生命张力的佳例,因此被明式家具研究与美术史研究大家王世襄先生所珍爱。这样的例子其实值得我们联系整个艺术史的脉络而加以欣赏体会。

图 1-76 明代黄花梨木五足内卷香几
高 85.5 厘米,径 47.2 厘米

总之,以上叙述用去不小的篇幅,介绍了众多艺术门类中大量作品实例,而所有这些论述与印证都会在下篇中,对理解中国古建之美根源何在这个问题有最直接的帮助。

第二章　中国古典建筑之美的艺术学基础（下篇）

上篇用不小篇幅的文字叙述，并展示中外艺术史上的众多实例，希望说明：

第一，中国古典书法所塑造的墨线，与世界其他艺术体系中同样十分常见的线描，在审美属性上有着非常大的不同。

第二，毛笔书法为中国古典造型艺术体系的众多分支门类（绘画、雕塑、工艺美术等），都提供了基本的视角、表现路径与价值坐标，即如林语堂先生所说："书法艺术给美学欣赏提供了一整套术语，我们可以把这些术语所代表的观念看作中华民族美学观念的基础。"[1]

第三，中国古典毛笔书法美学的根本追求与确立的审美标准（墨线通过其"骨力"内质，随处含蕴与彰显着深刻的生命张力；墨线的运行凝聚着艺术家对于天地万物运迈迁化之韵律节奏的体悟、共鸣、艺术化再现），深刻地渗透与影响了千百年间中国众多的艺术门类，由此形成了中国古典艺术区别于世界其他艺术体系的独特风貌与韵味。

窃以为只有说明这些问题之后，自己才可以进入对中国古典建筑之美的理解。而这种将古典建筑与整个中国古典美术体系贯通起来的分析眼光，也是今天我们在纪念梁思成、林徽因先生时应该体会与重温的[2]。

---

[1] 林语堂：《中国人》，郝志东、沈益洪译，学林出版社，1994年，第286页。
[2] 梁思成先生将建筑史研究与美术史研究相互贯通的例子，比如1929—1930年他在东北大学专门讲授中国雕塑史课程，并且著有《中国雕塑史》一书。

一、重提林徽因先生对中国古典建筑之美的一个总结

在说明上述一系列前置性的问题之后，下篇所要介绍的内容就是：前述这些在中国古典艺术体系中具有普遍意义的审美原则，是如何非常具体地体现或贯穿在人们对于古典建筑的欣赏与塑造之中。

讨论之前，先来看林徽因先生《论中国建筑之几个特征》文中一段重要提示：

> 后代的中国建筑，即达到结构和艺术上极复杂精美的程度，外表上却仍呈现出一种单纯简朴的气象……中国建筑的美观方面，现时可以说，已被一般人无条件的承认了。但是这建筑的优点，绝不是在那浅现的色彩和雕饰，或特殊之式样上面，却是深藏在那基本的，产生这美观的结构原则里……屋顶本是建筑上最实际必需的部分，中国则自古，不惮烦难的，使之尽善尽美。使切合于实际需求之外，又特具一种美术风格……这个曲线在结构上几乎不可信的简单和自然，而同时在美观方面不知增加多少神韵。[①]

总之，林先生所重视的是：中国古典建筑美感的表达，不是通过那种肤浅的雕饰与色彩，而是通过看似简单的形式而体现出一种内在的深刻美感。她进而以屋顶为例，指出中国古典建筑通过曲线所塑造的形象，体现出的艺术特点在于：在看似极为简单之中却蕴含着"神韵"。

笔者以为，林先生这将近百年前的意见虽然没有能够加以展开论述，但是所提示出的问题依然值得我们今天予以仔细体会，所以下面许多篇幅与图例，主要都是围绕着对于她这个命题的理解而展开的。

---

① 林徽因：《论中国建筑之几个特征》，载《中国营造学社汇刊》1932年第3卷第1期，第164—166、170—171页。

二、体会中国古建之美感区别于其他建筑体系的独有韵味

关于林徽因先生强调的中国古典建筑通过简单、自然的形式（几何形状）而呈现出具有"神韵"的建筑艺术意象，据笔者理解：这个艺术意象的核心其实就是建筑空间结构中无所不在的优美韵律与节奏——千百年以毛笔为书画工具，因而"骨法用笔"成为民族审美标准的基础，这个基准不仅造就了中国古典建筑与古典园林最具艺术与美学价值的特点，而且更鲜明体现了中国艺术与中国文化之独特性，于是它关乎我们对整个中国古典艺术体系的理解。

为什么这样说？我们先来比较西方建筑家对于线形及其意义的理解，这个理解何以与中国古典建筑完全不同。举西方当代著名建筑家马里奥·博塔（Mario Botta，1943年出生于瑞士）的作品（图2-1、图2-2）为例，可以很容易地看出来：马里奥·博塔建筑语言中最重要的东西，就是对几何形体异常坦率的运用，对各种几何形（椭圆体、椎体、方体、长方体、锯齿体等）予以简洁明快的衔接组合。

图2-1　哈廷办公楼

位于德国明登西蒙安斯卡勒，2000—2001年建造

图 2-2　旧金山现代艺术博物馆

位于美国加利福尼亚州旧金山市第三大道，1992—1995 年建造

再来看一个现在国内很是知名的例子，即贝聿铭先生设计、建在苏州拙政园部分原址上的苏州博物馆（图 2-3、图 2-4）。

图 2-3　苏州博物馆主体建筑与水池、水亭　　　　图 2-4　苏州博物馆假山、粉墙

不难看出，苏州博物馆的设计与马里奥·博塔设计的旧金山现代艺术博物馆等作品一样，都是通过对若干简洁几何体的衔接组合，来彰显现代主义的建筑设计理念（尤其是现代都市公共建筑的设计理念）。因此，贝氏的苏州博物馆虽然是在拙政园部分旧址上兴建，但实际上它与拙政园（以及苏州古典园林诸多经典作品）的建筑风格正好形成反差与对比（图 2-5、图 2-6）。

第二章　中国古典建筑之美的艺术学基础(下篇)·063

图2-5　苏州拙政园廊桥小飞虹　　　　　图2-6　苏州博物馆庭院水池、石桥、白墙

▲(左)廊桥小飞虹是拙政园众多建筑艺术形象中最优美的一例,这成就是由一系列方法塑造而成:首先,廊桥屋顶与桥面、栏杆,一上一下相互携手构成了极富弹性韵律的双曲线,并且以非常舒缓恰当的曲率、长度等等赋予建筑以悠长深挚的抒情韵味与人性主题;其次,廊桥两侧观景亭的屋顶曲线又与廊桥曲线之间形成线形与力度上鲜明的顿挫变化,曲线的这种丰富变化与骨力顿挫之美,显然源自中国毛笔书法艺术孕育出的审美品味(参见图1-8)。所有这些,都与苏州博物馆大面积的平板墙面及其色块、大量僵硬直线与斜线的硬拼接等等,呈现的是两种完全不同的建筑风格与审美理念。

▲(右)石桥横亘不变的长直线,像大托盘一样将其背后横向铺开的假山用力托举出水面。为了强调这处景观的横直展示力度,假山群身后的大面积白墙更以语势强烈的梯级锯齿线勾勒出整个天际线,以这类坦率手法突出直线的几何性。

换一个角度面对小飞虹,我们看到眼前建筑形象中最突出的,仍然是它的曲线变化之美,以及通过悠长起伏曲线而表达出的深挚抒情韵味(图2-7)。上述的美学特点,在苏州博物馆的建筑形象中显然无迹可寻。甚至是同样地运用白色墙面(或称粉墙)[①],但是在苏州园林与苏州博物馆中,作用与效果也依然完全不同(图2-8、图2-9)。

---

① 粉墙黛瓦指雪白的墙壁、青黑的瓦。粉墙在苏州园林中十分常见,其起伏抑扬使得人们随处感受到园林空间的流动韵律与节奏感;而洞门、漏窗等的穿插运用更造就出墙垣内外空间的通透意象与情趣——墙垣原本是建筑群中最为生硬单调的部分,但是经过中国园林艺术赋予的这种横向动态与纵向动态叠加穿插在一起的双重韵律之美,反而成为最生动的景观。

图 2-7　从另一角度看小飞虹廊桥

图 2-8　苏州园林中的粉墙黛瓦

图 2-9　苏州博物馆的白色与建筑线形的相互映衬

▲（左）这里强调了粉墙、黛瓦、松枝等几个主色调之间的鲜明对比，同时用大片灰色调山石与砖瓦做中间色形成必要的过渡和整合，以此突出文人园林风骨雅洁、涤除尘俗的美学风格（关于江南文人园林运用色彩方法的详细内容，可参见本书图4-16及相关文字说明）。

▲（右）苏州博物馆规则几何形大面积白墙的层层垒叠与拼接，突显了建筑线形的僵直与呆板，因而与中国古典造型艺术强调曲线之美"飘若浮云，矫若惊龙"的原则悖逆。尤其是，大量直线的堆叠运用，更加突显了建筑物的闭锁式团块形态及其鲜明的凝结感，从而与苏州园林中所有建筑都追求的空间流动意趣与舒展的身姿曲线（参见图1-7、图2-43、图2-44、图3-28等），形成了反向的风格。

总之，我们可以很直观地看到：墙垣是整个中国园林建筑韵律之美的重要表现手段之一，所以它本能地避免使用僵硬单调的直线，更不会有短促直线的密集汇聚与堆叠。

关键问题接踵而来：为什么同样是崇尚在建筑中运用简单形体的丰富变化，但是诸如马里奥·博塔的作品、苏州博物馆等等仍然与中国的古典建筑风貌有非常大的区别？对比之下，决定中国古典建筑艺术形象与其他建筑体系作品相互区别的那个最重要基点是什么？更重要的是：这种显著区别的逻辑脉络究竟源自哪里？上述前两个问题，本篇后文叙述与图示将做出回答，现在我们看最后也是关键的问题——中西建筑之美相互区别的逻辑根源在哪里？

对于上面这个关键问题的回答，也许我们举出一件中世纪绘画作品《作为神圣几何学家的上帝》（图2-10，奥地利国家图书馆收藏）中对上帝意义的定义就可以看得很清楚。

图2-10　法国佚名《作为神圣几何学家的上帝》
（*God the Divine Geometer*）

约1220年创作，羊皮上彩、蛋彩加金叶
34.4厘米×26厘米

◀ 这张画作描绘的是《圣经·创世记》中的内容。画中将上帝定义为神圣的几何学家，他正在用圆规绘制球形的宇宙，其寓意为：上帝的创世是与艺术创作联系在一起的，因而上帝就是最伟大的艺术家；同时，对几何图形的表现也就是源自上帝的最为终极艺术方法。详见英国费顿出版社所编《艺术三万年：一部人类创造力跨越时空的故事》一书中的相关说明，及本书第十四章图14-9丢勒的铜版画《忧郁Ⅰ》。

可见自古希腊毕达哥拉斯学派以来，西方始终把几何之美作为宇宙基本属性及其价值所在，所以艺术"建构"的目的也就是体现与模拟这个本体性的存在；于是在西方，古典建筑艺术的核心是诸多几何形体的组织序列与相互结构，这被称为"Classical Order"。以希腊神庙为例，其高度秩序化排列的柱列、屋顶三角形山花在神庙正面呈现出强烈视觉效果。这些几何形的运用与突显，也就都是它的构成要素（elements of the Classical Orders）[1]。

由此，尽管现代建筑努力地摒弃古典风格（建筑的对称庄严、造型的雕塑性，对建筑空间中逻辑与比例等一系列理性要素的彰显，对空间秩序的塑造……），但是从前面举出的博塔作品、苏州博物馆、美国国家美术馆新馆（后记图7）等等例子就可以清楚地看出，突出几何图形的运用而建立起建筑空间的结构与形式风格，仍然是深入骨髓的基因与理念——这些作品理所当然地与中国古典建筑、古典园林的建构风格及内在逻辑脉络，都形成鲜明的异质对比。

三、艺术造型中看似最简单的曲线却随处蕴含深厚的审美韵味

在对中国古典建筑之美的理解上，可能需要进入与《作为神圣几何学家的上帝》那样一套理念、手法、标准非常不同的美学世界，由此也才能体会建筑与上篇所示绘画、雕塑、工艺美术等众多艺术门类之间的有机联系。

下面还是从对具体建筑景观作品的观赏体会开始。我们先来看建筑形象最为直观简明的单体建筑，如福建泉州市的民居屋宇（图2-11），及体量更大、观赏性更突出的建筑，如清末四川万县张飞庙戏台[2]（图2-12）。

---

[1] 详见Carol Davidson Cragoe: *How to Read Buildings*, Bloomsbury, 2008, p105。
[2] 德国建筑师恩斯特·柏诗曼（Ernst Boerschmann，1873—1949）在20世纪初用四年时间游历、记录了中国十二个省的风土、建筑与景观，并写下了《中国的建筑与景观》一书，书中收录照片288幅，包括清末四川万县张飞庙戏台，这些都是对中国建筑史尚存作品的珍贵记录，值得仔细欣赏。

图 2-11　福建泉州民居屋宇

▲ 不难看出：富于弹性力度的屋顶曲线，虽然没有任何功能性效用，但就是这看似极为简单的一笔，立刻使整座建筑具有超越使用功能而追求"建筑意"的艺术韵味。而且能否理解屋顶曲线在建筑审美中的重要意义，甚至成为区分中西建筑理念的关键分野。例如日本著名建筑史学家伊东忠太针对英国学者弗格森《印度及东洋建筑史》中"中国无哲学，无文学，无艺术。建筑中无艺术之价值"之说的批评是："彼所谓建筑不合理者，即指屋顶之轮廓，多成曲线耳。在彼等之见解，凡建筑之屋顶，应限于直线，如用曲线则不合理云。此实非常之误谬也。屋顶之形，绝无限于直线之理。"

图 2-12　四川万县张飞庙戏台

（引自恩斯特·柏诗曼：《中国的建筑与景观》，浙江人民美术出版社，2018年，第178页）

▲ 此戏台屋顶的脊兽装饰显示出繁复琐碎的趣味，但飞动的两条垂脊曲线与正面椽头排列出的舒展上扬曲线横纵结合与映衬，用最简单艺术手法塑造出极生动建筑形象；而所以能够如此，在根源上显然出自对于线形使用的深入体会与娴熟。

砖石建筑在形象塑造的便利程度上，要比上示木结构建筑困难许多，但是我们来看优秀砖石建筑的艺术形象，如河南登封法王寺塔（图 2-13），及陕西西安小雁塔（图 2-14）。

图 2-13　河南登封法王寺塔（何及锋摄）

▶此塔为密檐式方塔，底层面宽约 7 米，第一层塔身占比较大，以上密檐共十五层，塔身通高 34.18 米。登封法王寺塔被誉为"中国最美古塔"，我们很容易看到，如此简约的造型所以能够成就出一种静穆中不凡的隽秀与优美，关键在于：塔身向上升腾的抛物曲线（"收分"）悠缓舒展；其外形极其柔和的线条之中，又饱含着古典书画"骨法用笔"那种充盈的力度与精微的弹性，并因此生成了具有生动变化的节奏韵律——所以塔的整个形象中也就隐含了一种非常亲切含蓄的生命意态。

图 2-14　陕西西安小雁塔（西安博物院供图）

◀与通常站在地面仰视小雁塔相比，从空中观看此塔能够更贴切地感受到整个塔身造型的优美——塔身向上升腾的匀称节奏感，尤其是整个塔身的舒展悠缓抛物曲线，都愈加塑造出非常优雅抒情的"建筑意"。

其至全国各地随处可见的石桥（图 2-15 至图 2-17），在它们至为简朴的造型当中，也总是以优雅的曲线与韵律而呈现出相当的美感。

图 2-15　河北邯郸明清时期弘济桥

图 2-16　四川达州明清时期彩虹桥

图 2-17　广西桂林明清时期富里桥（谭卫华摄）

▲ 尽管这些石桥的体量、环境等等都不相同，但曲线之美（极尽简洁流畅的曲线中蕴含"骨力"的劲道与悠缓隽永的抒情韵味），却又是它们共同的灵魂。

尤其从本书关注的角度来讲，石桥的曲线在天地氤氲与山光水色的映衬下，往往成为整个风景体系中重要的功能性节点，甚至是最优美的风景焦点，如明代佚名画家《溪山楼阁图》（图2-18）中的石桥。

◀ 中国古典景观学成熟以后，诸多建筑要素、景观要素日益合力构成了有机的风景体系，而在这个丰富的系统之中，桥（特别是造型醒目的拱桥、曲桥）往往不可或缺，其主要意义至少包括：其曲线之美、造型之美，使得桥本身成为重要景观元素之一；桥跨越此岸与通达彼岸，隐喻了审美者把尘嚣置于身后而对美之境界的"进入"。

图 2-18　佚名《溪山楼阁图》

绢本设色，29.2 厘米 ×30.5 厘米

再看两则实景,一是传说始建于唐代的广西桂林会仙铜桥(图2-19);一是明清时期江西赣州杨村太平桥(图2-20)。

图2-19　广西桂林唐代会仙铜桥(谭卫华摄)

图2-20　江西赣州杨村明清时期太平桥(谭卫华摄)

从这些作品中,都可以清楚看到建筑物的曲线之美与山水之美的相互映衬。

下面看更为著名的大型石桥隋代安济桥，也即世界上现存年代最久远、跨度最大、保存最完整的单孔坦弧敞肩石拱桥赵州桥（图2-21、图2-22）。

图2-21 赵州桥

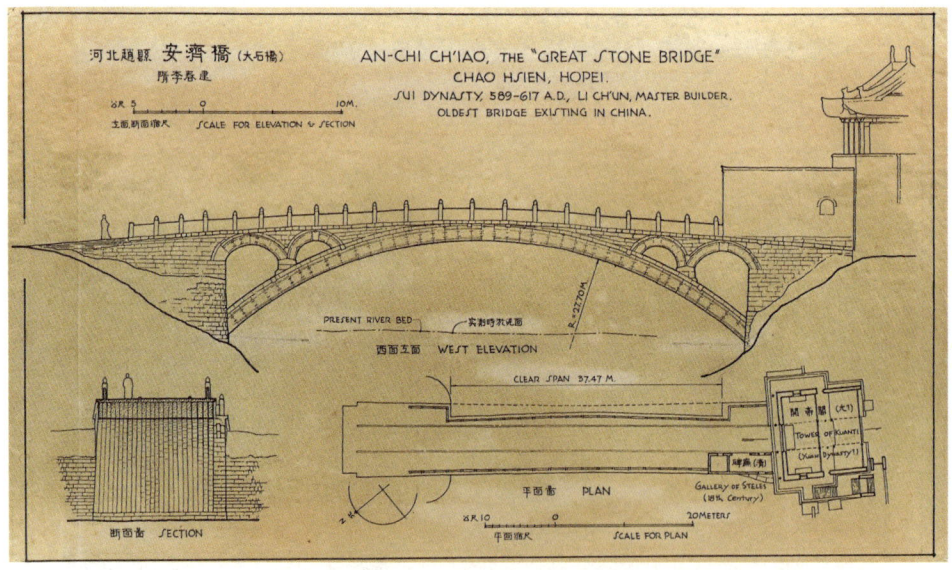

图2-22 梁思成手绘图《河北赵县安济桥》
（摄于2021年清华大学艺术博物馆"栋梁：梁思成诞辰一百二十周年文献展"）

对安济桥的景观欣赏分析不妨留意：（1）桥面与主桥拱的曲线极具悠长舒展之美，而四个小桥拱的大曲率曲线则充满刚健挺拔之美——这一柔一刚的两者形成了景观上的相互衬托对比与组合。(2)四个小拱券在整个桥面曲面与主拱曲线的悠长舒缓主调之间,加入了精妙的切分与节奏韵律。(3)所有这些充满美感的设计,首先又都要充分满足最具功能性的力学与使用需求。遗憾的是:此桥在20世纪50年代大修时几乎完全废弃了原来的旧材料,以及石料之间的传统链接工艺,而改用新石料与水泥固接,所以此桥除外在轮廓形象之外,几乎已经不是文物意义上的古桥了。

再看一座虽然不甚知名,但是在笔者看来在建筑结构与景观美学这两方面都具有不凡成就的石桥——建于明代末年、现已不存的苏州横塘普福桥(民间俗称"亭子桥",图2-23)。横塘普福桥至20世纪初历经两百余年的风雨剥蚀与无数大众的日常使用,遂已相当残破,但这依然丝毫不能遮掩其美质。当年在华西方人绘制的横塘普福桥被印制成明信片(图2-24)作为中国江南美景

图 2-23　苏州横塘普福桥

(引自王稼句编著:《苏州旧梦——1949年前的印象和记忆》,苏州大学出版社,2001年,第205页)

图 2-24　普福桥明信片

的佳例,可见此桥具有中外共识的出色设计与美感。

尽管此桥远没有赵州桥那样的显赫声名,但是在笔者看来它仍是一件

艺术杰作，其景观方面的成就值得做仔细一些的品味：

第一，三桥拱的设计不仅取得了非常稳定坚实的力学效果（一主拱、两副拱的设计非常简洁，而且受力最大的主拱所受垂直压力中的相当部分，可以均匀分散给左右两个副拱，所以整座桥的用材相当轻薄经济，这同时使得此桥在景观形象上显得十分轻灵俊朗，与周围江南水乡的环境格调非常协调），而且在景观上形成递进的节奏韵律。

第二，三个桥拱结构的坚实形象、桥拱曲线之曲率的挺拔力度，都与横向桥面曲线曲率的悠长舒展形成呼应与对比。

第三，桥亭的体量设计与下面主桥拱的尺度刚好匹配，因此使得主桥拱几乎成为桥亭的一部分（它的基础）而形成景观上的完整性，从而大大增加了桥亭作为景观焦点的醒目程度及其对天际线的控制力——在江南水乡通常的低平的视野中，安置与设计立面高耸而优美的建筑，这是建筑景观审美与水乡地理文化审美的重要内容，我们读南宋诗人范成大咏写横塘风景名篇《蝶恋花·春涨一篙添水面》中"画舫夷犹湾百转，横塘塔近依前远"[①]等描写建筑与水景相互映衬的句子，对此就会有很贴近的理解；更有许多直接描写横塘古桥展示其诗情画意的名篇，比如："南浦春来绿一川，石桥朱塔两依然。年年送客横塘路，细雨垂杨系画船。"[②]可见这些古桥在历史、人文、审美等多重维度上的珍贵价值。

第四，桥面舒缓优美的横向曲线与桥亭歇山式屋顶曲线的向上升腾态势形成对比与呼应，又使得过街亭没有丝毫的嚣张态势，因此呈现出中国古典审美特有的那种亲切、含蓄、悠缓的生命韵味。

总之，普福桥不仅是一处含蕴精湛"建筑意"的作品，而且也是建筑作品直接参与塑造江南风景之历史与审美脉络的重要范例，就像明代万历时期画家兼散文家李流芳为自己描绘横塘风物风景的山水画题词中所说：

---

① 范成大：《蝶恋花·春涨一篙添水面》，见范成大：《范石湖集·石湖词》，富寿荪标校，上海古籍出版社，2006年，第465页。
② 范成大：《横塘》，见范成大：《范石湖集·诗集》，富寿荪标校，上海古籍出版社，2006年，第35页。

> 去胥门九里,有村曰横塘,山夷水旷,溪桥映带村落间,颇不
> 乏致。予每过此,觉城市渐远,湖山可亲,意思豁然,风日亦为清
> 朗。即同游者未喻此乐也。横塘之上,为横山。……寻径至山下,
> 有美松竹,小桃方花,恍若异境。[①]

艺术家这里最看重的,显然就是小桥、屋宇等建筑物形象融入横塘地区整个山水环境的那种和谐韵致("山夷水旷,溪桥映带村落间……觉城市渐远,湖山可亲")。可惜如此建筑杰作竟被拆毁,让人长久扼腕痛惜!

再看木廊桥。因为木结构建筑在艺术造型上便利灵活,所以优秀的木结构廊桥就比石拱桥更便于表达其抒情性(由此可以体会到诸如拙政园小飞虹等优秀的园林建筑并非凭空产生,而是具有非常广泛的民族美学基础),如始建于清康熙十三年(1674)的浙江泰顺县北涧桥(图2-25)。

图2-25 浙江泰顺北涧桥

▲ 对于这座桥的欣赏可以留意:(1)廊桥屋顶的曲线在悠缓流动中呈现的起伏顿挫韵律感。(2)桥廊屋顶飞檐凌空欲飞的态势,以及这种飞动感与其下面悠长流动曲线之间的相互映衬与对比。(3)桥身上半部分的鲜明流动感与基础结构部分稳定坚实形态的对比。(4)河水纵向流动形成的自然水体曲线与廊桥横向曲线交织、近景空间与其背后山峦林木映衬所形成的景观层次等。可惜廊桥附近的一座水泥石桥使得正向的廊桥景观受到破坏,故此处不采用此桥的正视图片。

---

① 李流芳:《檀园集》卷一一《江南卧游册题辞·横塘》,《景印文渊阁四库全书》本,台湾商务印书馆,1986年,第1295册,第396页。

类似通过优美曲线而塑造山水间建筑之美的例子,又比如浙江景宁接龙桥(图2-26)。由这些例子,可见中国古典建筑中桥的艺术魅力。

◀ 木廊桥舒缓而又富有弹性的曲线勾勒在青山碧水之间,形成了极富画意的景观构图。面对这样的画面,我们自然会想起林徽因先生所说的:"这个曲线在结构上几乎不可信的简单和自然,而同时在美观方面不知增加多少神韵。"

图2-26 浙江景宁接龙桥(焦腾龙摄)

再比如有研究者以清代西苑(南海、中海、北海等三海园囿位于紫禁城西侧,因此被称为"西苑",与现在北京人所说"西苑"不是一个地理概念)金鳌玉蝀桥为例,对其景观功能做了详细分析,指出园林中桥有着"观桥成景""立桥观景""过桥换景""因桥生境"等种种景观功能[①],并引用1900年拍摄的此桥旧照片(图2-27)。

图2-27 北京西苑金鳌玉蝀桥旧照

---

① 详见严雨:《清西苑金鳌玉蝀桥"桥景"分析》,载《建筑史》2020年第1期。

关于对此桥的审美欣赏，还有一个生动故事。1946年7月，梁思成、林徽因一家人经由重庆回到阔别九年的北平，尽管这座城市有些衰败，但让梁再冰印象深刻的一件事便是林徽因对金鳌玉𬟽桥的欣赏：

> 有一次妈妈和我分乘两辆三轮车经过北海前的团城，当我们从西向东过"金鳌玉𬟽桥"时，在我后面的妈妈突然向我大声喊道："梁再冰回头看！"我回头一看，刹那间恍若置身于仙境：阳光下五彩缤纷的"金鳌玉𬟽桥"，同半圆的团城城墙高低错落，美丽极了。只可惜我当时没有一架摄像机将这一画面留下……[1]

显而易见，上述诸多审美效果的实现，都是以桥体造型的优美韵律感为基础的。因为金鳌玉𬟽桥在20世纪50年代被大规模拆改，甚至连旧日的名称也被抹去[2]，今天大家已经体会不到当年令林徽因先生激赏不已的桥景。现姑且用另一处未被拆改的桥——北京颐和园十七孔桥（图2-28），作为帮助我们有所体悟的补充。

上面分析了几处木桥与石桥，这之后我们再来看一些更著名的建筑为什么值得仔细观赏，如山西太原圣母殿（图2-29、图2-30）。

告别了唐代雄硕风格的宋代殿宇，普遍呈现出一种娴静之美。这也许让人联想到18世纪德国艺术史家文克尔曼[3]在谈到希腊艺术杰作普遍优点时曾说的过名言："（它）在于高贵的单纯与静穆的伟大。"通观全国现存的宋代大木建筑，则最能够体现类似高贵静穆中之伟大品格的作品，则可能非晋祠圣母殿莫属。

---

[1] 梁再冰：《我的妈妈林徽因》，见上海艺术品博物馆编：《中英对照梁思成林徽因影像与手稿珍集》，上海辞书出版社，2019年，第211页。

[2] 20世纪50年代，因经文津街、金鳌玉𬟽桥通行的车辆和行人越来越多，金鳌玉𬟽桥桥面从9米被拓宽到34米，桥长增加到220米，桥坡度从8%降低到2%。1957年，桥梁改造工程竣工，改名为北海大桥。1974年桥两侧的石栏全部被拆除，改成2米多高的金属护栏。柱子改用钢筋混凝土浇筑，外面贴汉白玉，柱身柱头花纹仍仿照原来纹饰雕刻而成。详见北京市古代建筑研究所编：《桥塔》，北京美术摄影出版社，2014年，第53页。

[3] 文克尔曼（Johann Joachim Winckelmann），德国考古学家、艺术史家、美学家，被尊为"艺术史之父""现代考古学奠基人"。其1764年发表的《古代艺术史》，是第一部现代意义上的古代艺术史。

图2-28 北京颐和园十七孔桥

图2-29 山西太原晋祠圣母殿正视形象

▲ 正向视线之下,可以更清楚地欣赏到圣母殿建筑艺术之美的许多细节:(1)大殿正面众多局部("鱼沼飞梁"、石质台基、饰有飞龙的立柱、绿色琉璃瓦覆盖的重檐歇山屋顶)之组合,表达着变化的节奏。(2)屋顶轮廓的弹性曲线舒缓悠长,有着鲜明的抒情与升华韵味。(3)第一、第二重檐之间的对比组合非常和谐,两级之间似在亲密对话。(4)八根蟠龙柱将如此巨大的重檐屋顶托举到半空,非但没有丝毫的沉重吃力之态,柱列之间反而有一种舒朗的空灵——所以大殿立面形象看似简单,但实际上柱高、柱列宽度与屋顶宽高的比例等等,都经过了精细缜密的计算权重。(5)最外侧檐柱"侧脚"(檐柱顶端向建筑内侧的水平方向倾斜)显著,这些建筑技术手段给予大殿形象以出色的稳定感,增加了大殿神闲气定的静穆之美……

◀ 颐和园十七孔桥不仅是以极为优雅、富于节奏的曲线而成功塑造建筑形象的佳制,而且园林设计者尤其重视石桥的曲线与西山山脉曲线的相互映衬与协调,因此对桥的位置、长度、偏转角度尤其是长桥曲线的曲率等等都做了精审的把握——在看似"极简"外形之下却又含蕴非常复杂周详的权重考量,这是中国古典艺术设计的精髓之一。具体到这处作品,从桥与湖心岛以及远处西山山脉走势的景观配置关系可以看出,正因为人工景观与自然景观彼此具有每一细节处的和谐,所以它们之间深情的、极富韵律感的守望与对话,使这座建筑成为中国景观艺术中的名作。

图 2-30 山西太原晋祠圣母殿侧视形象

▲ 我们欣赏晋祠圣母殿侧视形象时至少应该留意:(1)大殿屋顶富于弹性的优美曲线。(2)蟠龙檐柱横向排列的节奏感与双层屋檐向上升腾的纵向节奏感这两者的相互映衬与结合。(3)大殿立面的华美与大殿前面前十字形飞梁桥这两者之间相互衬托、相互对比的意趣等。

我们再看通过运用更复杂曲线而使建筑造型愈加精致的例子,比如具有宋代特点的河北正定隆兴寺摩尼殿(图 2-31、图 2-32),它是以重檐歇山式屋顶前接抱厦而塑造出精致隽秀的建筑艺术形象。不论我们视角怎样改变,其建筑美感都始终如影随形。

图 2-31 河北正定隆兴寺摩尼殿正视形象　　图 2-32 河北正定隆兴寺摩尼殿侧视形象

▲ 可以很直观地看到:因为中国传统建筑大木结构便于灵活塑形的特点,所以其优秀作品总是随处呈现出曲线的优美,进而呈现出通过优美曲线的组合而"雕塑空间"的意韵。

基于对曲线丰富变化极尽娴熟精到的把握,从而塑造优美建筑形象,这方面还有许许多多的佳例,如山西临汾东阳村后土庙元代戏台(图 2-33)、明代建北京故宫角楼(图 2-34)及明代嘉靖时期建于紫禁城北侧的大高玄殿习礼亭(图 2-35,此建筑于 1956 年被拆毁)。

图 2-33 山西临汾东阳村　　图 2-34 故宫角楼　　图 2-35 紫禁城北侧
　　　　后土庙戏台　　　　　　　　（赵小强摄）　　　　　　大高玄殿习礼亭

上面列举的都是一些著名的大型的殿宇或高层建筑,其结构相当复杂,下面再看一些简约的小型建筑。为了能有更加贴切的理解,我们比较两处唐代小型方塔残损后的形象与它们曾经完整的艺术形象。首先看北京房山云居寺的盛唐金仙公主塔,原塔为九级(图2-36),遗憾的是现在只剩下七级,并且失去了塔刹(图2-37)。

图2-36　民国时期金仙公主塔　　图2-37　金仙公主塔现状

再比如,通过北京房山石经山云居寺南台唐塔原貌(图2-38)与失去塔冠、塔刹后情况(图2-39)的对比,我们可以一眼看出中国古典艺术中完整曲线韵律之美的重要性。

图2-38　石经山南台唐塔原貌　　图2-39　石经山南台唐塔现状(陆宁绘)

这两组对比说明：不论是单檐还是重檐的优秀古典建筑物，未遭损坏以前的原作立面设计都同样地强调纵向曲线的完整性及其丰富的韵律变化。

再以一座小石塔为例，即河北唐县金代孚公禅师塔（图2-40）。

▶孚公禅师塔位于河北唐县军城镇娘子神村后的山坡上，通高仅5.5米。石塔七层出檐，其艺术手段看似非常简单，但造就出的建筑形象却呈现出格外的玲珑娟秀。欣赏此塔时，不妨注意：（1）塔身与下面塔座及上面塔檐等，具有非常和谐的比例关系。塔顶、七层出檐、束腰塔身、须弥座这四大部分之间的比例经过精心的权衡。（2）七层出檐的匀称节奏及其向上升腾过程中呈现出的柔婉韵律感。（3）各层出檐的水平曲线因塔身六面体造型而呈现出水平线上的节奏变化，所以每层出檐一方面都呈现着沉静隽永的韵律美感，另一方面又与七重塔檐的纵向线形之间形成了非常精妙的对比与和谐。

图2-40　河北唐县金代孚公禅师塔

由这类令"顽石点头"的佳作，笔者很自然地想到梁思成、林徽因先生《平郊建筑杂录》中定义"建筑意"的那段重要表述：

顽石会不会点头……但经过大匠之手艺，年代之磋磨，有一些石头的确是会蕴含生气的。天然的材料经人的聪明建造，再受时间的洗礼，成美术与历史地理之和，使它不能不引起赏鉴者一种特殊的性灵的融会，神志的感触，这话或者可以算是说得通。

无论哪一个巍峨的古城楼，或一角倾颓的殿基的灵魂里，无形中都在诉说，乃至于歌唱……他们所给的"意"的确是"诗"与"画"的。但是建筑师要郑重郑重的声明，那里面还有超出这"诗""画"以外的"意"存在。……偶尔更发现一片，只要一片，极精致的雕纹，一位不知名匠师的手笔，请问那时锐感，即不叫他作"建筑意"，我们也得要临时给他制造个同样狂妄的名词，是不？[①]

笔者以为梁、林先生"建筑意"命题所以重要，是因为其强调的是：无数古典建筑对民族审美心理、审美理念、心灵世界中的诗意悸动、文化体系的脉动方向等等予以了深刻的表现与塑造。而如果说某些古典建筑能够如此成功地表现与塑造出中国生命哲学与生命美学的重要内涵，那么像孚公禅师塔这样的作品一定有资格居身其列。

从这类佳作还可以看到：中国古典建筑美学中"建筑意"这根本诉求其实没有丝毫的神秘性，它只要将具有和谐的韵律、精致节奏与劲健骨力的曲线之美，贯注在建筑景观的每一个立面与平面、每一个片段与细节，就可以自然而充分地彰显出来。

看过上文列举的诸多单体建筑之后，下面再来看在建筑群及其空间序列之中，艺术家是如何通过曲线的运用来表达"建筑意"，来塑造中国古典建筑"群落空间"之美的独特理念。比如北京故宫紫禁城午门至太和门之间的金水河与金水桥（图2-41，注意图注文字对其构造细节的分析说明）。

再看一组由形态各异的建筑衔接而成的建筑景观群组，如北京颐和园谐趣园中一组沿水池布列的建筑。图2-42清楚地展示出中国古典园林中诸多建筑的线形，究竟是如何通过具有韵律感的方式而实现彼此的衔接与组合，并且与前示苏州博物馆的线形衔接组合方式（图2-9）形成鲜明对比。

---

① 梁思成、林徽因：《平郊建筑杂录》，见梁思成：《梁思成全集》第1卷，中国建筑工业出版社，2001年，第293页。因为元兵曾对金代城市与各地建筑予以格外酷烈的焚掠破坏，存留至今室外较大型的金代艺术品格外珍贵，所以观此孚公禅师塔，愈能体会梁、林先生所说历史的洗礼与灵魂的歌唱。

图 2-41　紫禁城内金水河与金水桥

（引自 Herbert C.White：*Peking The Beautiful*, The Commerical Press, 1927, p87）

▲这组庭院建筑含蕴着中国古典建筑的一系列核心理念,值得悉心体会与欣赏之处甚多,仅从本章论及的视角来看需要注意:(1)河水及栏杆的蜿蜒勾画出了极尽舒展的韵律曲线;(2)石拱桥短促的纵向曲线与河水横向延展的汉白玉栏杆相切,在悠长的河水曲线之中加入了一组精致果断的顿挫节奏;(3)汉白玉栏杆的悠长婉转与南北建筑(南侧为午门,北侧为太和门)的宏大形态及其高高耸入天空的指向、赭红的色彩等,都形成了强烈的对比与衬托,所以塑造出力度非常突出、各建筑单元又相互紧密呼应的整体视觉形象。

图 2-42　北京颐和园谐趣园

▲造园家用水池边几座建筑排列衔接形成的屋顶曲线,造就出悠长舒展、顿挫有致的韵律变化及鲜明的节奏感,并且以此勾勒出不规则几何形水池的舒展形态。尤其是颐和园谐趣园核心景区中,没有叠石堆山这一中国园林塑造空间形态丰富变化的常规设置,而是通过一组建筑曲线的高低错落、起伏顿挫而营造出整个园林空间的韵律变化,就尤其显出造园家的设计匠心。

上面是北方园林中的建筑群组合方式，下面看南方园林中的例子，如苏州留园中的水池与一组沿水建筑（图2-43）、环秀山庄①中一景（图2-44）。这些都是以丰富且变化精妙的曲线（以及相应的建筑空间形态变化）为基础，塑造出了极富韵味的园林景观的实例。欣赏此景尤其应该留心之处，就在于体会精湛的曲线对于塑造中国建筑、园林空间层次的极其重要作用。

图 2-43　苏州留园沿水建筑

▲ 不论是水池还是各式建筑，也不论是诸多建筑联聚一起的立面，还是水池驳岸栏杆等的水平线，都是以延展过程中不断变化的灵动曲线作为其基本的逻辑脉络。尤其可以注意：本图和图2-42一样，都与图2-1、图2-2、后记图7等所呈现的现代建筑师之艺术理念形成了鲜明对比。

---

① 环秀山庄本为五代时钱文恽金谷园故址，北宋时为朱长文乐圃。朱长文《吴郡图经续记》卷下称其"高冈清池，乔松寿桧，粗有胜致"。明代万历时，申时行于此构园，有宝纶堂、赐闲堂、鉴曲亭、招隐榭等景致。至清代乾隆以后，为蒋楫、毕沅、孙士毅等先后所有，孙氏于嘉庆十二年（1807）前后，请造园名家戈裕良重构，叠石为山，占地仅半亩而恍若有千山万壑的气象。现在环秀山庄已经与苏州其他几处著名园林一起被列入"联合国世界文化遗产名录"。

图2-44 苏州环秀山庄

▲环秀山庄是一处私家园林,现存部分规模很小。但是我们看到在如此有限的空间内,就汇集了众多的景观单元和它们之间复杂的关联方式,比如画面右侧的主假山、左侧的次假山、形态曲折远去的水池、曲尺形蜿蜒的小石桥、亭子、屋宇、游廊、乔木和灌木等等种类众多的园林景观要素。

不难看到:造园家对这里每一处景观的设计,都精准地考量它们的形态、体量、位置等等,尤其考虑到它们在时空流动(观景者在园中的不断位移)条件下与其他众多景观要素之间相互对比、渗透、呼应、匹配的比例与角度等等的艺术关系。在这个基础上,造园家更全面权衡整个园林空间在延展过程中的结构关系与层次变化的节奏,才塑造出艺术风格统一而又充满丰富趣味的园林"景观序列"。比如:画面中右侧主假山与左侧次假山之间的呼应和对比;右侧主假山坚实高大的形态与对面亭子小巧空灵形态之间的对景;小石桥的蜿蜒曲线与水池形态曲折变化之间的呼应关照;小石桥的曲折与回廊、水榭、房屋构成的建筑平面曲线、立面曲线之间的相互对比和呼应;等等。

总之,这处景观是一种高度体系化的艺术塑造,其任何空间造型、空间韵律的呈现,几乎都是建立在对各种曲线变化之丰富性与精准性的把握基础上。

尤其值得留意品赏的是：环秀山庄这里呈现给我们的，显然完全不是诸多造园技巧的排列堆叠，相反我们能最直观感受到的，是其景物序列与空间序列精致组合而生成的那种有张有弛的韵律感，是作为无处不在流动意趣底蕴的那种生命张力之美，就好像上篇引用唐代欧阳询《用笔论》中所形容的"徘徊俯仰，容与风流"。为什么这样一些内容构成了中国古典园林艺术的最高境界？回答这个问题时，我们不妨读一段宗白华先生在《中国美学史中重要问题的初步探索·中国古代的绘画美学思想》中的阐说：

> 气韵，就是宇宙中鼓动万物的"气"的节奏、和谐。绘画有气韵，就能给欣赏者一种音乐感。六朝山水画家宗炳，对着山水画弹琴，"欲令众山皆响"，这说明山水画里有音乐的韵律。……其实不单绘画如此。中国的建筑、园林、雕塑中都潜伏着音乐感——即所谓"韵"。①

宗白华先生这个论述可以与林徽因先生所说"这个曲线在结构上几乎不可信的简单和自然，而同时在美观方面不知增加多少神韵"等联系起来予以体会。在包括建筑在内各门类中国古典艺术中，"韵"（"韵致""神韵""气韵"等）这一美学命题所确立的，是一种对悠远深挚、诗意化生命张力之美的呈现，而任何具体艺术手段的运用（例如环秀山庄诸多的构园技巧）都必须置于实现这终极目标的需求之下。

四、源于毛笔书法的节奏与流动之美在中国古典建筑中无处不在

在上篇开篇介绍汉代《礼器碑》等书法名作与苏州耦园沿水游廊之间关联时，笔者强调这种关联在于：两者之美的关键都在于艺术线形的饱含

---

① 宗白华：《美学散步》，上海人民出版社，2005年，第89页。

张力与优美韵律感。而很显然,这种线形中的张力与韵律,深深植根于中国的毛笔书法艺术。三国杨泉《草书赋》中说:

> 惟六书之为体,美草法之最奇。……字要妙而有好,势奇绮而分驰。……乍杨柳而奋发,似龙凤之腾仪。应神灵之变化,象日月之盈亏。书纵竦而值立,衡平体而均施。或敛束而相抱,或婆娑而四垂。或攒翦而齐整,或上下而参差。或阴岑而高举,或落箨而自披。①

他这段话的意思是:必须在毛笔书法墨线运行之"势"(动态与动能)的无穷变化中,又蕴含一种内在法度与均衡("衡平体而均施""或攒翦而齐整,或上下而参差"等)。不难体会到:这种法度与均衡在中国书法艺术中是与"骨法"同等重要的美学价值坐标。所以中国古典书法完全不是那种印刷体式的不同构件之间的拼接组装,而是一种以生命张力贯穿驱动、从始至终变化与流动着的音乐与舞蹈,就像对中国书法尤其是对王羲之书法美学有长期研究的意大利汉学家毕罗先生所说:

> 南方周末:你的《书法的书写过程与其序列性》一文讲的是书法的笔顺及其音乐性的关系,西方其他汉字研究者似乎并未注意到这种关系,比如德国学者雷德候(Lothar Ledderose)提出的是"模件概念"。
>
> 毕罗:我有一篇文章《从永字八法说起》,是反驳雷德候先生的观点的。雷德候认为汉字有一种"数码特质",写汉字相当于一种对基本模件的装配。我感觉,我和雷德候先生的分歧点的原因在于,他并不练字,但是我坚持每天练字。汉字并不完全是在空间中对模件的装配,而是有它的笔顺,在时间中写下一个汉字,即便是同一个构建②和偏旁,在不同的汉字会有微妙的调整。表面上看是同一个"木"字构件,实际上在书法欣赏语言体系中都是独特的形态,这些微妙变化、形态的呼应、多层次的形态结构,一律叫"笔

---

① 杨泉:《草书赋》,见严可均校辑:《全上古三代秦汉三国六朝文·全三国文》卷七五,中华书局,1958年,第1454页。
② 构建:应是"构件"。

法"，这才是书法作品的真正魅力。我认为它和音乐有点像。……书法除了具备绘画形体几何的结构之外，线性的时间性因素也特别重要。我们西方人实际上没有意识到这个问题。[①]

显而易见，能否体会线形流走运行无穷变化中蕴含的法度与均衡，同样是我们能否理解中国古典建筑之美（尤其是林徽因先生所说建筑形象中之"神韵"）的关键。

下面看这方面的具体建筑实例，先看不甚知名的小型建筑作品，如江苏无锡惠山寺宋代经幢（图2-45）、福建漳州塔口庵北宋经幢（图2-46）。

◀ 经幢是略似于佛塔的古典建筑小品。它们通常是由幢基、幢身、幢刹等几部分组成。对其景观分析应该留意：（1）经幢这几部分之间尺度的精当比例。（2）包括多层的束腰、莲座、露盘、相轮等等，这些景致的局部构件为向上升腾的幢身直线贯穿了非常丰富的节奏变化。（3）雕像、经文、装饰性构件等之间的结构关系及其对佛教主题的突显等。

图2-45　江苏无锡惠山寺宋代经幢

---

① 《它让我们真正窥见王羲之的书法面貌》，见南方周末官方小程序"知识分子"公众号：http://www.infzm.com/wap/#/content/186072，访问日期：2020年6月18日。

图 2-46 福建漳州塔口庵北宋经幢

▲这件作品最值得品赏之处是：将诸多石构件丰富的形态融入流动韵律变化的艺术手法——此经幢通高 7 米，底径 1.2 米，以二十四层浮雕块石累叠筑成。基座乃利用唐代遗存的石构件建造，为八角柱状须弥座。基座之上，分别雕有海水、螭龙、莲瓣且形状不同的六层块石，承托着中隔仰莲花石的两层八角柱形幢身。幢身下层八面各雕或坐或立、形态各异的佛像一尊。幢身之上，以雕有佛像、莲花等图案的十三层各种形状的块石，向上收分，构成五重八角出檐、高耸奇特的幢顶，顶上置葫芦状尖峰。总之，此幢从上到下虽然是由许许多多形态各异的局部构件组合而成，但因为建筑艺术家对整体节奏感与流动感的控制非常用心，所以整件作品不仅没有给人混乱杂驳的感觉，反而像一件完整书法精品一样，非常耐看。

再看体量更大一些、结构更为复杂的建筑作品，如云南昆明金马碧鸡坊（图 2-47）。

▶ 金马碧鸡坊拆毁于20世纪60年代，1998年在旧址按原风格重建。欣赏时应该注意：牌坊为重檐式，横跨三间；明间跨度较两侧陪间大出许多，相应使得明间的顶层屋顶更显雄硕舒展，由此成为此建筑景观的视觉焦点；陪间屋顶恰当地成为主屋顶的烘托与节奏序列的有效节点。牌坊又是沿大街

图2-47 云南昆明金马碧鸡坊

建两处而形成对称，更加突出了城市公共建筑的礼仪性。可见屋顶曲线极尽飞动的意态、建筑曲线节奏与尺度变化的和谐与丰富，构成其设计要点。

接下来再看一例木构建筑（图2-48）。此图中的牌楼今虽已不存，但此种形制的牌楼现在遍寻全国也难再一见。与上例相比，它的构造更见巧思，形象更加生动而富于张力，尤其是整座建筑各局部之间的俯仰衬托、相互对话，更见彼此倾心、相知相契的情韵，所以窃以为此建筑堪称体现中国古典建筑结构艺术的代表作。

图2-48 山西运城七楼顶六柱三门木牌楼

照片中木牌楼已经相当陈旧，但它昂扬挺立于石阶之上，不仅神采丝毫不减，而且稍仔细端详就越加能够体会其七顶楼设计之精妙：

第一，最上层是一完整大屋顶，高高矗立，体现着整座建筑的轩昂气象。

第二，第二层歇山屋顶果断切分为左右两半，不仅将牌楼的巨大题额安置在屋顶系统中最醒目的"眼位"，同时更横向突出了牌楼的左右对称与稳定性；而在纵向的结构关联中，采用"叠落式"而在三层楼顶之间建立起彼此的仰承关系，从而将建筑立面极具装饰性的趣味及其节奏感、逻辑感等等，都鲜明地突显出来。

第三，第三层则是整个楼宇系统的基础，其构造尤其值得留意：它由前后两组共四座屋顶辐辏而成，四座屋顶皆呈双八字形，像手臂一样斜向外延而出，形成对牌楼前庭与后庭空间的环抱态势；同时使得第三层楼顶对第二、第一层楼顶的高高托举，具有了格外宽博、沉稳、舒展的气象。

不难看到：整座牌楼的每一局部都按部就班，不屑于任何额外的造作夸饰，这使其建造功力聚焦在更崇高的境界，即以七座楼顶之间精当的布局与关联组合而营造出让人过目不忘的"韵律与节奏美感"——七顶楼各自独立看来，虽然都显得沉稳娴静，但是它们的相互组合不仅含蕴了各个屋顶之间亲切的对话与呼应衬托，而且建筑家对其彼此间的亲和程度、对比力度、起伏顿挫等节奏变化的丰富性等等，都具有缜密的安排与精准的控制，其精思巧构、挥洒安排之娴熟自如，近乎出自艺术家一种与生俱来的生命本能！

那么，为什么中国古典建筑艺术能够非常擅长地运用如此丰富深湛的艺术感知能力与无比精准的控制能力？

回答这个问题，不由得使人马上想到：若论中国古典"结构艺术"最为广泛深入、土壤一般的基础性存在，大概就是书法艺术通过对于诸多字的部首、笔画等等繁多构件（字形中每个局部构件同样非常简单）之间关系的处理，成就出唐代大书家与书法理论家孙过庭所谓"穷变态于毫端"

的艺术体系,孙过庭对书法中这种精妙且变化无穷的关联结构做了反复的申说:

> 一画之间,变起伏于峰杪;一点之内,殊衄挫于毫芒……执,谓深浅长短之类是也;使,谓纵横牵掣之类是也;转,谓钩镮盘纡之类是也;用,谓点画向背之类是也。方复会其数法,归于一途,编列众工,错综群妙……违而不犯,和而不同;留不常迟,遣不恒疾;……泯规矩于方圆,遁钩绳之曲直;乍显乍晦,若行若藏;穷变态于毫端,合情调于纸上![1]

总之,大量单独看来形象最为简单的字形构件(点画与部首),却在它们彼此之间灵动的结构关联中含蕴了无穷无尽的变化之美与舞蹈一般的节奏律动之美,由此才可能成就出大大超越规矩方圆等等固定范式,升华到"错综群妙"[2]境界的书法作品;这也就是盛唐张怀瓘强调的"以风骨为体,以变化为用。有类云霞聚散,触遇成形……囊括万殊,裁成一相"[3]——中国书学经典中的这些阐说,看似与古典建筑艺术风马牛不相及,但如果能够打通两者之间的脉络,则我们的审美眼光或许可以进入一个新的境界。

还应该进一步提示:对于此例木构牌楼、下例石牌楼(图2-49)等诸多建筑作品的分析之中,笔者一再拈出"舞蹈韵律"的命题;上章也提到"无动不舞"这个中国古典审美重要准则,且举杜甫《观公孙大娘弟子舞剑器行》等经典篇什以说明舞蹈与书法艺术的关联。那么关注艺术意象之"舞蹈性"的读者或许会追问:不论是木构或者石构,其多层大屋顶都必然彰显巨大重力的层层向下叠压,因其礼仪或使用功能,这些建筑也必须通过材料质感与结构形象而塑造出难于撼动的高度稳定性,既然如此,它们

---

[1] 孙过庭:《书谱》,见上海书画出版社、华东师范大学古籍整理研究室选编校点:《历代书法论文选》,上海书画出版社,1979年,第125—131页。
[2] 孙过庭:《书谱》,见上海书画出版社、华东师范大学古籍整理研究室选编校点:《历代书法论文选》,上海书画出版社,1979年,第128页。
[3] 张怀瓘:《书议·章草》,见上海书画出版社、华东师范大学古籍整理研究室选编校点:《历代书法论文选》,上海书画出版社,1979年,第148页。

却又为什么可以在丝毫不破坏整体形象稳定感的同时,又反向地包含一种翩翩欲舞、内蕴最为深厚的生命动态韵律?

更简单来说,早如《诗·小雅·斯干》就赞美了"如鸟斯革,如翚斯飞"的优美建筑形象——其中"如鸟斯革"所谓的"革",就是形容鸟儿欲飞而又尚未飞起时浑身充满张力的形象[1],那么建筑艺术这种静态之中潜在的飞动势能及其深深内蕴的生命张力之美,究竟需要怎样的营造才能成就出来?

显然,这是以前的古典建筑审美中人们很少会想到却又是非常基本的问题,所以当我们一旦面对诸如图2-48、图2-49、图2-50甚至图1-7等等所示众多具体建筑作品时,就不能避而不答。

对这个问题的回答,令笔者联想到美国著名作曲家、指挥家、音乐教育家伦纳德·伯恩斯坦(Leonard Bernstein)对贝多芬《第七交响曲》的一段解说。大家都知道,《第七交响曲》的核心命题是生命意志借助舞蹈那样的律动而展现出越来越绚烂强劲的张力,所以有后人形象概括此曲主旨为"酒神之舞",伯恩斯坦先用钢琴奏出此曲第二乐章的著名主题以及接续下来的变奏(整个第二乐章是一首葬礼风格的变奏曲),随后他说:

> 在贝多芬的音乐中,没有任何方面你能够说他是一个伟大的旋律家、和声学家、复调学家或管弦乐编配师,你都能找到缺点……曲式有时会成为让人感到无聊的因素,但在贝多芬的音乐中,曲式却是全部,因为对他来说,每个音符的下一个音符都是至关重要的。在贝多芬的音乐中,下一个音符总是恰到好处,就像他有一根私人电话线通向天堂,告诉他下一个音符应该是什么。没有哪位作曲家可以像他那样,包括莫扎特,做到如此不可预测却又完美无缺,所有音符都是正确的、契合的、可以依赖的,你知道下一个音

---

[1] 朱熹《诗集传》卷一一《小雅·斯干》:"'革',变。……其栋宇峻起,如鸟之警而革也。其檐阿华采而轩翔,如翚之飞而矫其翼也。盖其堂之美如此……"上海古籍出版社,1980年,第125页。

符必须是也只能是这一个,这就使他的曲式完美。他如何做到的,没人知道,因为他经历了磨难,划掉许多作品,他从未离开过房间,他变得疯狂,他一直说:"我只写了一点真正感受到的,我能写出的只是冰山一角。"……但他一直在尝试,如果看那些草稿,能看到许多涂改,你会看到这个人所经历的痛苦,而最终呈现的成品,看起来就像是从天上来的电话,令人难以置信。[①]

就像是得到了神启,于是偏偏能够在挥洒舞态的奔放自由中建构出最缜密的严格音乐织体,在无数音符最精准的衔接与愈加亲和的互动中展现出越来越强劲的对话张力,直至最后成就出一座无与伦比的完整大厦——这个"结构过程"本身就是人性与意志能量的极大蕴含,所以在艺术力量的穿透性、人性哲学的深刻程度方面,作品所呈现的才会远远地超越形貌层面的装饰性营造——从这个层面着眼,我们对于上一章中引述宗白华先生所说"(中国古典书法)表达着深一层的对生命形象的构思,成为反映生命的艺术"也可以有更为真切的体会。

简而言之,在这个向度上,作品的织体一定不是循规蹈矩地按照某种规范、法式而由众多部件"装配"出来的,相反它是生命张力的彰显与凝练这活生生升华过程的整体呈现。

结构艺术如此非凡,如果在中国的古典艺术中寻找类似范例的话,那么我们能否想到图2-48等例子?"如此不可预测却又完美无缺,所有音符都是正确的、契合的、可以(彼此)依赖的……下一个音符必须是也只能是这一个",假如借用伯恩斯坦这些解说来对照图2-48等建筑的构造方式及其舞蹈般的韵律感,是不是也可以一语破的?

现看山东曲阜20世纪初年依然完好存世的一处石牌坊(图2-49)。举出这处精美的石牌坊,是为了与上面示例的木结构牌坊有一个对比纵览。

---

① 详见视频《伯恩斯坦谈论贝多芬第六&第七交响曲》,网址:https://www.bilibili.com/video/BV12m4y1B7ai/?spm_id_from=333.788.recommend_more_video.5&vd_source=bf85c54526112b0a20ecfdffa157f5c5,访问日期:2023年4月14日。

图2-49 山东曲阜石牌坊

▲此石牌坊主屋顶与四处副顶之间组合，呈现出一种彼此相知、彼此对话的生动情趣；同时，四处副顶的出檐皆非水平，而是通过翘角为出檐勾勒出舒缓的弹性曲线，并以此赋予整座石牌坊优雅的升举意态。

古希腊、罗马建筑以石材为主要建筑材料，产生了一系列自己特有的建筑形制与风格（柱列、柱式等等），并形成向心式、雕塑式的凝聚之美。最著名例子比如罗马万神殿，其观赏立面的核心，聚焦在于巨大三角形山花（decorative gable）与承载它的希腊风格科林斯式石柱柱列（16根，分三排，前排8根，中、后排各4根），尤其是山花与柱列巨大尺度地上下吻合，这种凝聚呈现出无比坚实的力量感、秩序感。

而以此石牌坊为例，我们看到在中国古典建筑系统与美学传统中，即使是"石作"建筑，它所追求的审美趣味与千百年积淀提炼出的艺术表征，依然是无所不在的曲线韵律及其精湛的节奏感。所以即使是以沉重石料为材料的建筑，也呈现着一种具有生动舞蹈意态的蓄势与灵性。

......

图2-50 这座石牌坊又可以与图2-48、图2-49相互比较。

▶ 哪怕是小型的建筑,它仍然能够让人感受到稳定秩序与灵性飞动两者之统一,而如此成功的塑造,也一定是依靠结构性的艺术手法才可能实现:1.屋顶曲线的尺度与曲率等每一细节的精当设置;2.横向地展开建筑空间过程中的曲线设计(柱列、三座屋顶、阑额等局部构件相互连接时横向曲线的展开与顿挫起伏);3.纵向空间展开过程中鲜明的节奏韵律与舞蹈意态的塑造;4.为了彰显"如鸟斯革,如翚斯飞"的生动性而将屋顶分作上下主附两重,从而使位居下层的左右副屋顶更好衬托出主屋顶的飞动意象;等等。而如此众多艺术要素之间的定位与相互关联,全都需要像贝多芬交响曲中无数含蕴生命张力的音符那样,"都是正确的、契合的、可以依赖的",而且"下一个音符必须是也只能是这一个!"

图2-50 19世纪时广州的"节孝流芳"牌坊

再看一些著名的大型建筑作品,比如广西容县真武阁①(图2-51)。

图2-51 广西容县真武阁(曹权毅摄)

▲ 真武阁建于明万历元年(1573),与黄鹤楼、岳阳楼、滕王阁并称为"江南四大名楼"。其三层飞檐通过向上的收分设计呈现出优美而极富韵律节奏的升腾势态。挑出的飞檐覆以绿色琉璃瓦,而飞檐的垂脊则用黄色琉璃瓦,色彩上的这两色对比又形成一种流动中的节奏韵律。

---

① 梁思成先生曾撰长文对真武阁的成就做了详细分析说明,详见梁思成:《广西容县真武阁的"杠杆结构"》,载《建筑学报》1962年第7期。

广西真武阁在极尽优美之中又能隽雅脱俗，这使我们想到：自汉代明器陶楼（图 2-52、图 2-53）以来，高层建筑通过多重屋宇尺度的比例安排、对屋脊生动性的塑造等等手段表达着中国古典建筑对于"华美"的理解（如图 2-54 所示），这个艺术方向上，空间节奏的丰富变化及其背后的弹性韵律显然是重要手段之一。

再以知名的巨大坛庙建筑为例，这类建筑需要通过艺术手段（形象、体量、色彩、各部分之间关联与节奏等）而使建筑形象能够突显宗教崇拜对象的神圣性，而天坛祈年殿（图 2-55）无遗是这方面的经典。我们具体来看在祈年殿形象塑造中，曲线的节奏韵律起到的重大作用。

图 2-52　东汉中期明器五层彩绘陶仓楼
（引自河南博物院编著：《河南出土汉代建筑明器》，大象出版社，2002 年，第 21 页）

图 2-53　梁思成绘汉代明器水彩画
（摄于 2021 年清华大学艺术博物馆"栋梁：梁思成诞辰一百二十周年文献展"）

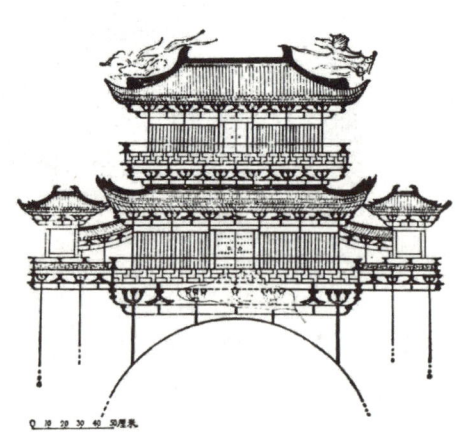

图 2-54　初唐李寿墓壁画中楼阁的线描图
（引自陕西省博物馆、陕西省文管会：《李寿墓发掘简报》，载《文物》1974 年第 9 期）

图2-55　北京天坛祈年殿

（引自 Herbert C. White：*Peking The Beautiful*, The Commerical Press, 1927, p11）

▲这处经典建筑值得我们仔细品赏，并且概括出其"建筑意"中的一系列精妙之笔：（1）三层汉白玉台基非常罕见地做了极大的横向延伸，勾勒出舒展悠长的横向曲线，使得整个建筑台基以极平缓从容的姿态从广袤的地平线上稳稳升起——这隐约体现着农耕文明审美的根基。（2）汉白玉基座与祈年殿的蓝色琉璃大屋顶，一方面在色彩上形成强烈对比，将建筑的巨大轮廓强烈凸显在天际线上；另一方面，两者同样的三重结构与近似的三层收分节奏，随着建筑的向上抬升而塑造出上下呼应的整体感，并且以升腾节奏的逐渐变化营造出近乎生命悸动般的纵向动态韵律，这又与横向汉白玉台基的沉静感形成意趣上的对比。（3）与西方哥特教堂等表现人与天国关系的经典建筑形式相比，中国古典建筑通常都避免激烈夸张的艺术表现形式，而是随处强调：对天国的理解需要建构在"温润亲和的感知"的审美基调之上；对宗教崇拜方式的这种选择，也与中国建筑对于韵律感的倾心相互吻合。这张照片是西方摄影师胡伯特·C.怀特于20世纪20年代拍摄的，他敏锐地读懂了这处建筑语言中的精微含义，所以对照片上下视角与左右视角的把握都恰到好处，百年之后仍能让人完满地感受到中国古建之美。总之，这处经典建筑是帮助我们理解中国古建之美诸多核心要素、训练我们建筑审美眼力的上佳范例。

下面再以经过对外来建筑形制的改造而彻底中国化的佛塔为例,来看中国古典建筑对于天国的理解。

先看砖塔,如河南汝州风穴寺唐代七祖塔(图 2-56)。

图 2-56　河南汝州风穴寺唐代七祖塔

▲ 七祖塔是极简风格建筑的代表作。塔高 24.17 米,方形九层密檐式砖塔,塔身外轮廓的抛物曲线舒展而悠长,向上升腾的节奏感峭拔鲜明,塔身上半部分轮廓曲线的收分力度铿锵,所以使砖塔呈现出刚劲的气宇。塔身各部分的比例匀称而简洁,为典型的唐代密檐砖塔风格。

再看宋塔,如四川蓬溪宋代鹫峰寺塔(图 2-57)、安岳圆觉洞宋代石雕舍利塔(图 2-58)。

▶鹫峰寺塔，俗称"蓬溪白塔"，建于南宋嘉泰四年（1204），坐西向东，为四方形楼阁式砖石塔，共十三层，通高36米，须弥座台基边长8.2米。塔身各层均为四柱三间仿木结构，塔内有石梯盘旋至顶。此塔体态格外峻拔朗澈、气宇轩昂，塔身收分显著，随着塔身增高而各层高度的递减比例更是控制精严；塔身各层的四面出檐都统一地呈现出边角处微微上扬的舒缓曲率，因此有效强调了白塔不断向上的升腾感与音乐般流动的弹性节律。这是运用看似最简单技术手段与艺术手法（连色彩运用也力求极尽简洁，所以有磁州窑的韵味），但却塑造出优美艺术形象与亲切动人"建筑意"的典范之作。显而易见，如此成就的基础当然是建筑艺术家对于曲线变化

图2-57　四川蓬溪宋代鹫峰寺塔

及其美学特质的谙熟。可惜笔者前去观瞻时是阴雨天气，所以照片不能充分体现白塔在晴空与苍翠山峦衬托下的那种隽秀韵致。

图2-58　四川安岳圆觉洞宋代石雕舍利塔

◀圆觉洞石雕舍利塔可以与蓬溪白塔相互比较。它虽然仅仅是一处模拟的建筑小品，但仍然鲜明表现了中国古典艺术是如何以源自毛笔书法、饱含"骨力"之曲线为美感基础，从而塑造节奏韵律之美无处不在的特质。

五、"微妙而难名"：建筑艺术中的无穷变化之美

如果我们从艺术学角度来理解中国古建之美，那么还需要注意到它的一个重要特点，这就是在通过规范性法式而获得适用性、耐久性、施工便利性等一系列"功能需要"的同时，它又随时随地有可能突破法式的规范，而强调突显某些特殊的艺术趣味与品格，而这种突破法式的挥洒极大地发展了古建的艺术性，使得书法艺术中强调的那种"微妙而难名""鬼出而神入"的千变万化之美[1]，也能够同样地充分体现在古建景观之中。

而实际上，诸如路易斯·康（Louis Isadore Kahn, 1901—1974）那样西方重要的建筑学家与建筑理论家也意识到类似的问题，康的结论是：

> 我只是希望第一个真正有价值的科学发现将是，认识到不可计量（unmeasurable）正是他们真正要努力去理解的，而且认识到可计量（measurable）仅仅是服务于不可计量的。人类所做的一切，必须在本质上是不可计量的。[2]

路易斯·康认为"不可计量"在建筑艺术上具有更高的价值，这与中国古典艺术家强调的"微妙而难名""鬼出而神入"正有契合之处。

下面看一些具体的范例。依据数学上的"范式"而成就出的著名建筑在中国古建领域也数见不鲜。比如上篇开头引述的清华大学王南先生最近的研究认为，中国古典木构建筑的"密码"在于横与高之间的 $1:\sqrt{2}$ 比例关系，其遗留至今的经典作品比如山西五台山佛光寺东大殿，其正立面的横高比正好符合 $1:\sqrt{2}$ 的"营造密码"比例关系；同理，"应县木塔的高宽比和佛光寺

---

[1] 唐人张怀瓘《书断序》言："固其发迹多端，触变成态，或分锋各让，或合势交侵，亦犹五常之与五行，虽相克而相生，亦相反而相成，岂物类之能象贤，实则微妙而难名。……鬼出神入，追虚补微，则非言象筌蹄所能存亡也。"见上海书画出版社、华东师范大学古籍整理研究室选编校点：《历代书法论文选》，上海书画出版社，1979年，第155页。

[2] 迪恩·霍克斯：《建筑的想象——建筑环境的技术与诗意》，刘文豹、周雷雷译，北京大学出版社，2020年，第11页。

正好是旋转了 90°。应县木塔的宽是 1,高是 $2\sqrt{2}$,佛光寺是高是 1,宽是 $2\sqrt{2}$。如果转个 90°,塔就变成殿了,殿就变成塔了"。所以如五台山佛光寺东大殿、天津蓟州区独乐寺观音阁、山西应县木塔(图 2-59、图 2-60)等著名建筑,都很好地诠释了范式在建筑艺术中非常重要的意义。

图 2-59 梁思成手绘
《山西应县佛宫寺辽释迦木塔》
(摄于 2021 年清华大学艺术博物馆"栋梁:
梁思成诞辰一百二十周年文献展")

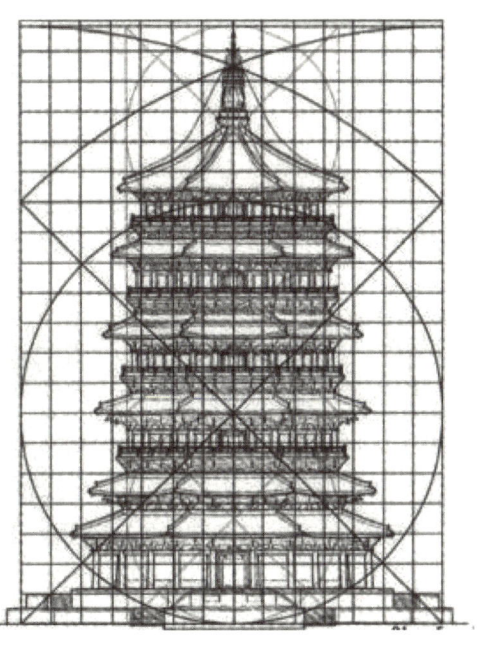

图 2-60 1:$\sqrt{2}$ 范式下的应县木塔宽高比例示意图

[引自王南:《规矩方圆 浮图万千:中国古代佛塔构图比例探析(上)》,载《中国建筑史论汇刊》2017 年第 2 期]

▲应县木塔,一般指佛宫寺释迦塔,为辽代木构巨制,是通过曲线展现丰富节奏变化与韵律的佳作。建筑史学家萧默先生曾在《建筑的意境》一书中具体分析:"全塔比例敦厚壮硕,虽高峻而不失凝重。各层塔檐基本平直,仅微微显出角翘。上下各层的檐端连线也呈微曲状,绝不僵直。……平座、塔身、腰檐重叠而上,区分分明,交代清晰,明确了层数,强调了节奏。"

但是另一方面,我们又看到建筑艺术为了表现"微妙而难名"的千变万化之美,因而突破范式、另具匠心的经典例子。下面举出一件作品,即浙江丽水市松阳县城西的延庆寺塔(楼阁式砖木结构,图 2-61)与山西应县木塔以及独乐寺观音阁等等相比，它们的建造年代相当接近①，但延庆寺塔完全是另外一种风情，笔者看来：它在建筑景观艺术方面的成就近乎完美！所以下文对其的欣赏分析更为细致一些，并且借鉴音乐与诗歌经典作为辅助理解的例证。

延庆寺塔，是用形式上最为简单的曲线加上精准生动的节奏变化，从而塑造出极富生命情韵（林徽因先生所说的"建筑意"）的典范！

此塔为楼阁式，六面七层，三层以上每层设置平座回廊。六面体的造型使得连续八层的每一水平出檐曲线

图 2-61　浙江松阳县城西的延庆寺塔

都具有生动的弹性意态与节奏韵律；同时黑色的垂脊与檐瓦又使得这些曲线在情调上显得沉静洗练，以此强调了佛塔应有的庄重；再配以铎铃等装饰物，则更显出每一道弧线风韵的优雅。

立面曲线的形态与节奏变化则更为精彩：塔的第一级尺度最大，出檐也最为深远平缓，由此塑造出塔身异常宽博坚实的基础。收分随着塔身的升高而刻画出鲜明的节奏感，每层的层高越收越减小，以此有力地突出了层层向上、心无旁骛的动态与建筑心理。尤其从第三级出檐开始，出檐

---

① 应县木塔建造年代是宋至和三年（1056），金明昌六年（即南宋庆元元年，1195）增修完毕；独乐寺观音阁相传始建于唐，后经辽统和二年（984）重建；丽水松阳县延庆寺塔是宋咸平二年（999）兴建，咸平五年（1002）建成。

收窄的幅度巨大，形成了塔身上半部分与作为基础的下半部分之间节奏与情绪上的陡然转折①，所以从第三级开始，塔身的上半段呈现一种明澈爽朗的情调。而层高与出檐越收越窄小，又勾勒出了它挺拔地耸向天际的升华指向，层层叠进而直到最后由玲珑秀丽的塔刹完成言有尽而意无穷的煞尾。

延庆寺塔是曲线的形态变化与节奏变化两者水乳交融的上佳实例，正是如此的融合塑造出了这件充满生命意态、有着音乐般升华动感的艺术形象，其匠心也许应该与西方古典音乐中最令人惊叹、精妙到不可思议程度的结构艺术经典范例比勘②——西方艺术以《作为神圣几何学家的上帝》为逻辑原点而达到在严格的数学形式中蕴含丰富的抒情性；而中国古典艺术却是从完全不同的路径，同样达到对艺术节奏精妙把握与形象塑造中的高

---

① 不论是在何种艺术中，完满地成就这种对比强烈又深刻而坚定的转折，一定需要深湛强大的艺术能力，比如杜甫《秋兴八首》（其一）中，颔联"江间波浪兼天涌，塞上风云接地阴"之后，陡转为颈联的"丛菊两开他日泪，孤舟一系故园心"——天地之间无比阔大之外在景观与微渺身心之内在境界这两者的对比、激荡，因为有这个陡转从而鲜明地突显在宇宙天幕上；再比如贝多芬的最后一首钢琴奏鸣曲（Op.111），这首伟大乐曲仅有两个乐章，即第一乐章"庄严的，热情而充满活力的快板"与第二乐章"小咏叹调，非常单纯而如歌的柔板"，这两段落之间紧密衔接，其对比又是异常的刚断轫绝，使得音乐形象与情绪发展变化之间所蕴含的张力极大，几乎是在映射一种宇宙极限。有音乐史研究者甚至认为：完美地实现前后对比强烈的音乐节奏间的和谐过渡（rhythmic transition），是巴洛克音乐之后德奥古典音乐成熟的标志之一。

② 如果从音乐是流动的建筑之立场出发，那么西方古典艺术中这种寓深刻抒情性于不可思议之精妙结构的典型，可举巴赫的《哥德堡变奏曲》为例。此曲由一首作为引子的主题曲与三十首变奏曲组成，三十首变奏曲之中每间隔两首的第三首变奏，一律采用"卡农"曲式（Canon，复调曲式中的一种，原意是"规律"），每首卡农曲的曲式结构是："导句"与"答句"两个彼此模仿的相同旋律，相互间隔一个小节而并进呈现（"答句"严格地比"导句"晚一个小节出现），从而形成两个声部之间的变化与彼此间的对比应答；同时，《哥德堡变奏曲》中的全部九首卡农曲之间又是等距变化，于是乐曲的核心动力逐次从"同度卡农""2度卡农""3度卡农"等（"同度卡农"就是两个声部的音高完全一样；"2度卡农"就是"导句"与"答句"不再是同样音高，而是"答句"比"导句"依然推后一个小节，但同时提高一个音高；"3度卡农"等依次类推）推衍下去，直到第九首卡农曲而完成规律严格的变化链条，从而推进整整三十首变奏曲的完成！"巴赫在人间"微信公众号对《哥德堡变奏曲·卡农》的惊人技法有具体的视频讲解与演示，详见https://mp.weixin.qq.com/s/vVXTfC0TpUNaRnj052ijLg，访问日期：2021年10月2日。

度抒情性。这种同中之异与异中之同，恐怕是天地间最奇妙的事情之一。

总之，我们以体会中国古典艺术基本脉络（对曲线之美的感悟运用是其灵魂性的逻辑原点，并且如盐入水一样随时随处融会在绘画、雕塑、建筑、工艺美术等无数分支）为始，由此就可能进入非常深广的艺术天地。

正是因为这样，笔者在此将延庆寺塔作为充分体现艺术上"微妙而难名"无穷变化之美的典范。

为了对景观艺术中的这个关键点能有更真切的印象，我们通观三处古塔：四川蓬溪宋代鹫峰寺塔（图2-62）、河北唐县金代孚公禅师塔（图2-63）、湖北当阳宋代仿楼阁铁塔（图2-64）。

图 2-62　四川蓬溪宋代
鹫峰寺塔

图 2-63　河北唐县金代
孚公禅师塔

图 2-64　湖北当阳宋代
仿楼阁铁塔

它们建造年代相近，依材质分分别是砖塔、石塔、铁塔，其中前两塔前文曾经单独举出，而现在再将它们与湖北当阳宋代仿楼阁铁塔并列纵观，则马上会有新一层的观感。再结合上面举出的山西应县佛宫寺释迦塔、浙江松阳延庆寺塔等木塔、砖木塔的诸多实例，可见它们在材质、形制、体量、宽与高的比值、装饰手法、色质等诸多方面都各不相同，甚至差别巨大，而只有塑造勾勒出它们景观形态之线条的"骨力"却高度统一。由此可见：其一，中国古建艺术中"鬼出而神入"一般的无穷变化之美，是建筑范式（以北宋李诫《营造法式》为集大成者）层面之上的更高艺术境界；其二，这个更高艺术境界的基础，仍然在于上文反复说明的作为中国古典造型艺术灵魂的线形之"骨力"。

在上章与本章列举艺术史与古典建筑这两方面的大量实例之后，现在重温作为笔者立意之根据的几个核心论述：

苦县光和尚骨立，书贵瘦硬方通神。

——杜甫

（毛笔书法）供给中国人民以基本的审美观念，……中国建筑物的任何一种形式，不问其为牌楼，为庭园台榭，为庙宇，没有一种形式，它的和谐的意味与轮廓不是直接摄取自书法的某种形态的。

——林语堂

中国的书法，是节奏化了的自然，表达着深一层的对生命形象的构思，成为反映生命的艺术。

——宗白华

（中国古典建筑的造型）切合于实际需求之外，又特具一种美术风格。……这个曲线在结构上几乎不可信的简单和自然，而同时在美观方面不知增加多少神韵。

——林徽因

通过上文的说明，读者应该能够了解到中国古建之美常常看似"几乎不可信的简单和自然"，但实际上它的背后有着深湛广博的艺术基础。理解这个基础是我们能够更多一些体悟领会中国古建之美所需要的。

最后作为总结再举出一对示例（图 2-65、图 2-66），它们之间或丑或美的对比如此鲜明，这对于理解本章内容来说也许是最简便、最醒目的帮助。可见，具有或者是远离本章所述千百年毛笔书法艺术育成的中国古典艺术美感基础（"骨法"），相应地成就出来的建筑形象的审美价值也就天差地别。

图 2-65 苏州拙政园中平板石桥与木廊桥小飞虹的比照与呼应

图 2-66 北京怀柔红螺寺中曲桥与平板桥的衔接与映照

第三章　简说中国古典文人园林（上篇）

——中国皇权社会结构之下文人园林的制度功能与文化特点

在中国古代文化的丰富遗产中，古典园林艺术以其完全不同于西方园林的空间原则和美学品味而具有独特的魅力。不论是北方园林的苍岩深壑、碧水浮天，还是南方园林的小桥流水、粉垣低回，都能给人们以长久的艺术享受。

如果再做进一步的区分，那么中国古典园林主要可以分为四种类型：皇家园林、文人园林、寺院园林、城市郊野园林。这四类园林虽然相互交织、相互影响，但总的来说，其中还是以皇家园林和文人园林的地位最为重要，艺术成就也最为突出。皇家园林为世人瞩目，当然是因为其地位显赫、规模巨大、气度非凡等等，那么相比之下体量较小甚至空间很狭蹙的文人园林，又为何千百年来始终独树一帜，甚至给予其他种类的园林（甚至其他更广泛的艺术门类）以深刻影响呢？

随着中国文人园林越来越多地为中国民众乃至全世界人民所了解（苏州园林中的一些局部景观在西方国家的公园、博物馆中被陆续仿建；拙政园、留园、网师园和环秀山庄等苏州古典园林于1997年被联合国教科文组织列为世界文化遗产），于是人们自然也就希望在观赏其艺术特色的同时，更多地理解它包蕴的丰富文化内涵。所以，下面就从一些主要方面入手，对文人园林艺术特点及其文化内蕴予以简单介绍。

一、文人园林是中国古代士人阶层文化艺术的综合结晶

宋代文学家苏轼曾写有一首题为《涵虚亭》的诗,是与他的朋友文与可(他也是以画竹闻名于世的画家)唱和并描写文与可私家园林中景致的:

　　水轩花榭两争妍,秋月春风各自偏。惟有此亭无一物,坐观万景得天全。①

这诗当然首先是在赞赏文与可宅园中各处景观之美;但更进一步说,"坐观万景得天全"这个宗旨,也可以看作对文人园林中士人阶层文化内容完整性的形容。

文人园林对艺术和文化这种非常广博的涵纳与包容,是由两重原因决定的:

第一,园林是一种大尺度三维空间的造型艺术,它是由众多更具体细致的艺术门类组合而成的,比如园林中的诸多景观的门类就包括建筑、山景、水景、花木、盆景、楹联匾额、建筑小品(例如花石基座、栏杆、铺地、砖石雕)等等。每一处优秀的园林,不仅是由这众多的艺术品汇聚集合而成,而且尤其需要按照一定的艺术规则与造园艺术方法,将这繁多的景观要素穿插结构在一起,所以在古典时期,人们就称古典园林的设计建造为"构园"②,在古典造园理论中造园艺术又常常被称为"兴造""结园林"等等,所以正是这种组织艺术("构"与"结"),才成就出具有高度美感的园林景观与园林意境,如图3-1、图3-2所示。

---

① 苏轼:《涵虚亭》,见王文诰辑注:《苏轼诗集》卷一四,中华书局,1982年,第673页。王文诰辑注对苏轼此诗的解说尤其能表达中国古典园林的宗旨:"轩在水之旁,榭在花之上,所见者水之景、花之景而已。故在秋月春风,各为偏也。若涵虚则不著一物,非天全之景而何。"关于"涵虚"这一命题在中国哲学、景观美学中的重要意义,详见本书第五章、第十章论述。

② 史载:"(刘慧斐)不仕,居于东林寺。又于山北构园一所,号曰离垢园,时人乃谓为离垢先生。"见姚思廉:《梁书》卷五一《刘慧斐传》,中华书局,1973年,第746页。

▶ 计成（1579—?），中国明末造园家与园林理论家，字无否，号否道人，苏州吴江人。早年即以擅长山水画而知名，艺术上宗奉五代画家荆浩、关仝笔法。山水画之外也有诗名，而终以擅长兴造文人园林而驰名。他的主要园林作品成就于明崇祯前期，包括曾在南京为阮大铖修建的石巢园、在扬州为郑元勋改建的影园等等，并著有《园冶》。《园冶》是

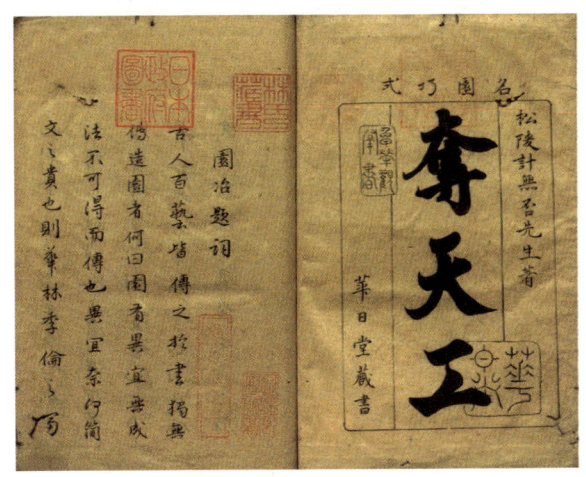

图3-1　计成著《园冶》（三卷）日本抄本内页

世界造园学上成书最早的理论著作，撰成于明崇祯四年（1631），刊刻于明崇祯七年（1634），后流入日本，在日本被称为《夺天工》。20世纪30年代，中国营造学社创办人朱启钤先生在日本搜寻得到《园冶》抄本，上图即录自一个日本抄本。

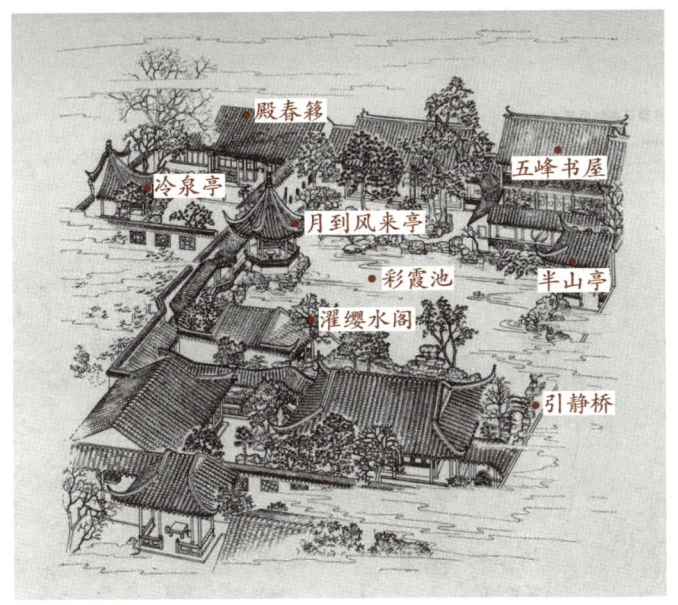

图3-2　苏州网师园局部俯瞰图

（底图引自刘敦桢：《苏州古典园林》，中国建筑工业出版社，1979年，第403页）

▲ 苏州网师园、拙政园等是现存文人园林的代表作。1997年12月4日，联合国世界遗产委员会第21届全体会议批准了以拙政园、留园、网师园、环秀山庄为典型例证的苏州古典园林列入"世界文化遗产名录"。上图列出网师园中主要景观的位置与诸多建筑的名称，而仅仅从这些名称就可以感觉到：文人园林中几乎每一处景观的设置都有其艺术或文化方面的深意。

第二，园林，特别是文人的私家园林，一般不仅仅是文人游览观赏的场所，而且尤其是他们朝夕生活居住并且从事学术著述、艺术创作、聚会交往等各种文化活动的地方。因此，文人园林实际上也就是所有这些文人生活及中国古代士人文化艺术得以产生的主要环境与载体。随着中国古代士人文化的不断发展成熟，其丰富内容也就越来越密切地与许多文人世代生息的园林相互渗透、相互结合，在中国古典名著《红楼梦》中就可以看到大观园一年四季之中无数的生活和文化艺术活动，如游览饮宴、结社赋诗、玩花赏月、品茗参禅、作画弈棋、欣赏歌舞戏剧等等，这些无不是与这里充分艺术化的、千妍百媚的园林景观交融在一起的。

所以对于文人园林的理解，需要注意其基本特点：它全方位地承载着中国古代士人文化艺术体系各方面的内容。清代孙温所绘的贾政游大观园景图（图3-3）对于大观园的描绘就是很好的例子。

图3-3　孙温《红楼梦·贾政游大观园图》

▲《红楼梦》中对大观园的铺陈描写，既有贵族府邸园林的背景，又在很大程度上体现了文人园林一系列的规制与特点。

《红楼梦》在清乾隆朝中期开始风行于世，于是争相创作有关大观园人物与风景的图像（绘画与工艺美术作品）很快成为风尚。比如国家博物馆藏有一幅清代佚名画家所绘的《大观园图》，它以《红楼梦》第三十七回"秋爽斋偶结海棠社，蘅芜苑夜拟菊花题"和第三十八回"林潇湘魁夺菊花诗，薛蘅芜讽和螃蟹咏"两回内容为主，描绘了宝玉、黛玉、宝钗等人结社吟诗，贾母与众多家人铺陈螃蟹盛宴，黛玉诗酒文会夺魁等场景，再穿插以湘云醉卧芍药裀、探岫纹绮四美钓游鱼、凸碧堂中秋赏月品笛等情节画面，既展现了清代贵族家庭的日常生活内容，同时其精致风雅的文学艺术活动内容与相关环境氛围鲜明体现了中国文人园林的传统。

孙温这幅描绘贾政游大观园的画作更是根据书中的文字，直接描绘了大观园建成后贾政率众人游览、品鉴、题写各处匾额楹联等情形，从中可以直观地看到大观园以文人园林为底本的艺术特点。

关于文人园林对士人文化艺术体系中各个门类的全面涵纳、融会贯通的例子无数，除第五章中有介绍以外，本书其他谈及绘画、工艺美术的章节中也经常有所涉及，读者可以一并参看。

总之，与皇家园林、寺院园林等相比，文人园林的体量规模可能要狭蹙许多，但是其文化内涵往往大有深境，其造园宗旨与艺术脉络也是源远流长，这些方面都需要观赏者予以细致的了解才可能有所体会。

二、中国皇权社会的"秤式平衡结构"与士人阶层的隐逸文化

分布于中国南北的文人园林其具体面貌固然形色万千，但是对它们的理解其中最重要的，还是这形形色色面貌背后某种一以贯之的根本机理。因为从更深入层面看，中国古典文人园林能够具有如此丰厚的文化内涵，主要还是取决于士人阶层在中国古代整个社会体系、文化体系之中的结构性地位与作用。用一个形象的比喻来说，与西方中世纪长期的"天平式"社会结构（教权、王权、领主、城市市民等彼此分立、相互制衡）完全不同，

秦汉以后的中国社会是一种"秤式平衡"的结构形态：它的一端是庞大分散的宗法社会（好像巨大的秤盘），而另一端是金字塔顶端的皇权（好像体量很小的秤杆梢）。要使这质量、体量皆极不相称的两端之间实现平衡，唯一的办法就是在它们之间加进一个好像秤砣一样质量巨大的平衡器，即士人阶层。

由"秤式平衡"的社会结构所规定，作为社会体系之中调节整个系统的平衡器（秤砣），士人阶层必须具备两大特点：一是其内在质量必须极大——其人格禀赋、道德精神、政治理念、审美理念等等，必须能够集中体现社会的根本利益与长远诉求，否则就不可能平衡整个"秤式结构"。士人阶层的内在政治与文化质量极大这一特点，用古典术语来说就是"内圣"。二是士人阶层必须能够在"秤式结构"中实现大幅度的双向调节，既可以代表位于"秤杆"一端的皇权去整合、统治庞大的宗法社会，反过来也可以代表位于"秤杆"另一端的庞大宗法社会整体利益去抑制皇权的过分专制。这种调节平衡具有操作空间巨大与双向互补的高度能动性等特点，用古典术语说就是"外王"。①

中国士人阶层的这些基本的特质，不仅决定了它在政治文化领域中的地位，而且决定了文人阶层的日常生活与文化宗旨，乃至山水园林审美等更具体的文化分支，都必须高度凝聚与上述文化性质相一致的美学理想和文化创造，这也就是许多文人园林尽管空间规模很小，但是其中文化内蕴非常丰厚的原因。

由于文人园林的这些特点，所以不论是在文化内涵上还是在艺术手法上，它都对包括皇家园林在内的整个中国古典园林产生了许多或直接或间接的影响。

下面看文人理想、文人园林深刻影响皇家园林的几个典型例子（图3-4 至图3-8）。

---

① 关于"秤式平衡"在中国皇权社会宏观制度结构中的意义，详见拙著：《中国皇权制度研究：以16世纪前后中国制度形态及其法理为焦点》第七章第一节"官、吏分途在中国权力金字塔结构中的原因和意义"，北京大学出版社，2007年，第367—368页。

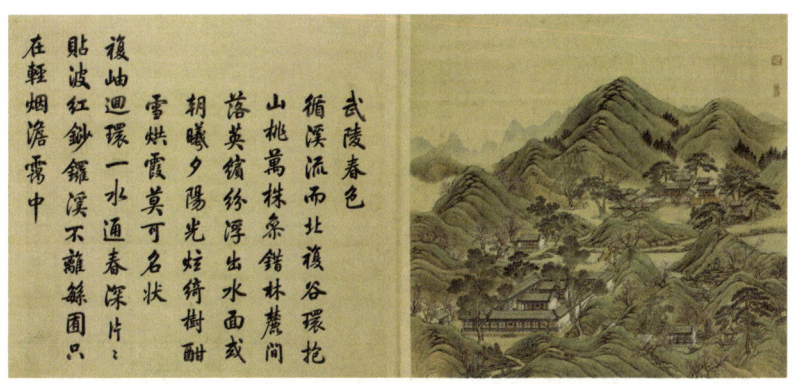

图3-4 《圆明园四十景图咏》之《武陵春色》

▲《圆明园四十景图咏》，为清代唐岱、沈源合画，清高宗弘历题诗，工部尚书汪由敦代书。陶渊明《桃花源记》开篇就说："晋太元中，武陵人捕鱼为业。缘溪行，忘路之远近。忽逢桃花林，夹岸数百步，中无杂树，芳草鲜美，落英缤纷。渔人甚异之。复前行，欲穷其林……"从此以后，武陵源（桃花源）成为士人阶层向往精神自由、逃离权力桎梏的经典象征。但由于皇权文化与士人文化两者又有交融重合的一面，于是"武陵"也就慢慢成为皇家园林中常见主题之一。"圆明园四十景"布局中不忘特意设置"武陵"景区，就是这种相互交汇、相互影响的具体例子。

▶静心斋，旧名"镜清斋"，是北京北海中主要的园中园之一，而抱素书屋是静心斋中的一处书斋院落。成语"抱素怀朴""怀真抱素""见素抱朴"等中的"抱素"是指谨守淳真拙朴的人生观与生活方式，是老庄哲学推崇的价值原则之一，这当然与《史记·秦始皇本

图3-5 静心斋抱素书屋

纪》所总结的"肆意极欲"等皇权属性相反。但另一方面，由于"秤式平衡"机制下皇家文化与士人文化有着相当程度的重叠乃至融合，所以皇家园林中也出现了以"抱素""天然"等为宗旨的景点。乾隆二十三年（1758）清高宗弘历《抱素书屋》一诗更具体吟咏园中此景："书斋颜抱素，潇洒得天然。窗画森疏竹，阶琴滴暗泉……"

图3-6 静心斋韵琴斋

▲ 韵琴斋为北海静心斋园中琴室,与抱素书屋相邻。乾隆三十四年(1769)清高宗弘历对此斋的题咏,既表达了他对园林与音乐文化关系的理解,同时也说明了园林中音乐生活以士人美学为宗旨,所以他以园中山石和泉水比拟妙解音乐的钟子期、俞伯牙:"阶下引溪水,雨后声益壮。不鼓而自鸣,猿鹤双清畅(近世琴谱中有《猿鹤双清》之曲——作者注)。泠泠溶溶间,宜听复宜望。石即钟期同,泉可伯牙况。亦弗言知音,此意实高旷。"

图3-7 谐趣园湛清轩

▶ 颐和园中的谐趣园为模仿文人园林而建,但是园中有楹联"万笏晴山朝北极,九华仙乐奏南薰"(湛清轩)、"七宝栏杆千岁石,十洲烟景四时花"(知春堂)等,其口吻仍鲜明地表现出皇家园林极尽奢华、彰显权势威仪的特点——皇家园林与士人园林的

图 3-8　谐趣园知春堂

这种同中有异、异中有同,是中国古典园林大体系中的一个醒目现象。

包括文人园林在内的隐逸文化(关于隐逸文化的机理,详见本章第三节)在传统社会所具有的影响与权重,可能已经不太容易为现代社会环境中的人们所体会,所以且举两则似乎很小的例子以见一斑,即曾国藩手书"看云归岫草堂"匾额(图 3-9)、阎锡山手书"池竹闭门教鹤守,琴书开箧任僧传"对联(图 3-10)。

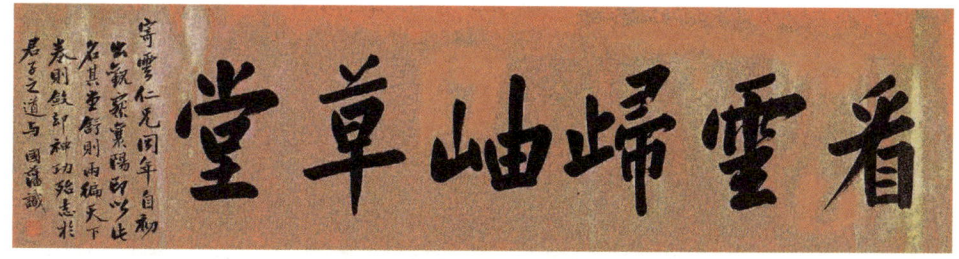

图 3-9　曾国藩手书匾额

▲ 曾国藩创立并统领湘军,在晚清政坛中具有举足轻重的地位,遂与李鸿章、左宗棠、张之洞合称"晚清中兴四大名臣",同时他最为谙晓中国皇权政治之阴暗诡谲,所以又深深醉心于隐逸文化。他书写的"看云归岫",典出东晋大隐士陶渊明《归去来兮辞》中的名句"云无心以出岫,鸟倦飞而知还"。曾国藩因为倾慕陶渊明"倚南窗以寄傲,审容膝之易安"的人生归宿,所以屡屡为友人书写"看云归岫草堂"等隐逸题材的居室题额,以此作为自己寄情明志的一种方式。

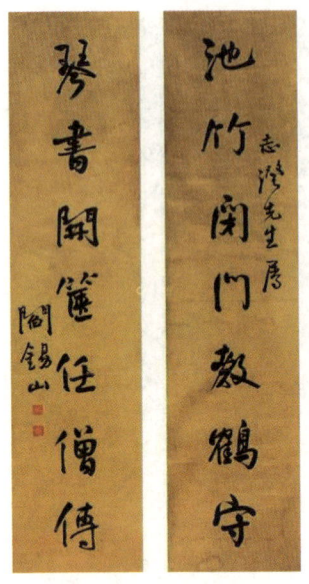

◀阎锡山掌握重要省域军政大权近四十年,是民国政坛中具有举足轻重地位的权要人物,但是另一方面他又对隐逸文化与文人园林意境有真切的体会。此联出自晚唐著名诗人韦庄《访含弘山僧不遇留题精舍》一诗。中国政治环境与文化环境中这种看似矛盾的状况,其实具有制度逻辑方面的深刻根源。

图 3-10 阎锡山手书对联

因士人文化在整个社会结构中具有上述强大的辐射力,所以相应地不少文人园林在社会中也就具有广泛影响。而书院园林、私家藏书楼园林等等,都是这种广泛影响力的一些具体侧面。如从苏州现存唯一的书院园林可园的水景区及临水正厅(图 3-11)、可园中与水景区形成艺术上对比的山亭所见景观(图 3-12),及四川阆中锦屏书院在清道光九年(1829)时的格局(图 3-13)、浙江宁波私家藏书楼天一阁的附属园林一角(图 3-14)等,都可以看出士人文化对园林的塑造与影响。

图 3-11 苏州可园水景区及临水正厅

图3-12 苏州可园山亭所见景观

▲ 中国古代的文人诗文聚会、书院讲学等文化活动，常常以景致优美的园林为场所。可园原名"乐园"，又名"近山林"，始建于清乾隆年间，清末改为书院，它比较典型地体现了中国古典文化中书院制度与士人园林之间的密切关联。

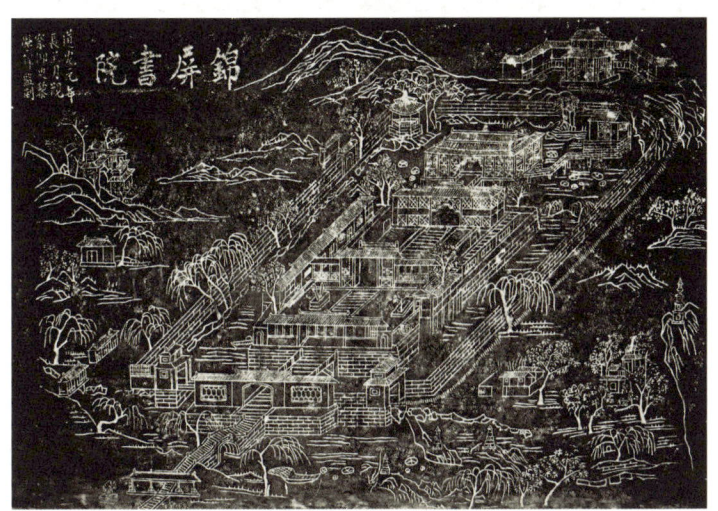

图3-13 四川阆中锦屏书院

▲ 此幅四川阆中锦屏书院石刻线画为清道光九年所刻。书院建筑群的后半部乃是规模可观的园林区域，其中建有观景亭、水榭、荷池、曲桥等诸多景点，尤其借景于书院之外的山岭风景，作为园林区更宽广的背景屏障——此即锦屏书院这富于诗意之佳名的来由。此图展示的不仅是书院园林比较常见的建筑群布局方式，而且是书院的美学价值及其具体建构方式。

图 3-14　浙江宁波天一阁附属园林一角

▲ 士人文化体系的完整性与全方位的发展，是其在"秤式平衡"的社会结构中实现自我内在质量极大的前提条件。由此决定，文人园林远不仅仅是一般游览观景的场所，而往往更兼有家居、游赏、从事各类文化活动等多种功能，因此其艺术气息总是与士人生活方式、文化建构等融为一体。而书院与藏书楼园林则秉承发展着这些特点，成为文人园林的重要分支。中国文化史上一些著名书院藏书楼，不仅是学术文化事业的重镇，同时也是人们精心营建的园林艺术典范。天一阁是中国现存最古老的私家藏书楼，于明代嘉靖四十年（1561）由当时的兵部右侍郎范钦主持建造。

　　从南北朝开始，中国士人领袖就有在私家园林中校勘收藏、雅集研讨文化典籍的风气，所以后世许多以珍藏书籍著称的处所，同时也就是山水花木等景观配置相当完备的文人园林。宋明以后此风更盛，比如史籍记载，元末明初著名文人顾德辉"购古书、名画、彝鼎、秘玩，筑别业于茜泾西。曰玉山佳处，晨夕与客置酒赋诗其中。……园池亭榭之盛，图史之富暨饩馆声伎，并冠绝一时"（《明史·顾德辉传》）。又如中国绘画史上著名的"明四家"之一沈周，他"所居有水竹亭馆之胜，图书鼎彝充牣错列，四方名士过从无虚日，风流文彩照映一时"（《明史·沈周传》），可见藏书楼园林这种规制的一脉相传。

因为揭示隐逸文化的制度机理对于理解本书涉及的诸多内容都有相当重要的意义，所以在上述叙述之后，不妨再借助政治社会学一些分析模式做进一步的比较。比如美国耶鲁大学政治学家、人类学家詹姆士·斯科特教授的《逃避统治的艺术——东南亚高地的无政府主义历史》一书研究了东南亚区域一些以稻作农业为主的居民的政治形态与高原地区的人民、社会之间的关系。他特别着眼于那些不愿接受国家体制、想方设法予以抗衡的高地住民生存方式。他们的反抗不仅体现在逃离国家、世代栖息山地，摒弃稻作农业这最显著方面，而且围绕这个核心而拓展成为一整套维系逃避的文化形态与"逃避统治的艺术"：

> 实际上，和他们有关的一切：谋生手段、社会组织、意识形态，甚至颇有争议的口头传承文化，都可以被认为是精心设计来远离国家的控制。他们分布在崎岖不平的山地，他们的流动性、耕作习惯和亲属结构，他们适应性极强的民族认同，以及他们对预言中千年领袖的热衷，这些都有效地帮助他们避免被统合入国家体制，也防止他们内部形成国家体制。[①]

显然，"逃避统治的艺术"这一命题对我们理解长期贯穿古典中国的士人隐逸文化有相当的辅助作用。

斯科特的研究结论是"逃避统治的艺术"远不仅仅是一种简单的谋生方式，而且是一种体系性（实现了文化生态完整性）的制度建构。这一点尤其可以与隐逸文化体系相互映对，因为如本书以后将渐次说明的，隐逸文化从原始形态那种个体化的、极其粗陋的"岩居穴处"，经过千百年发展、雕琢而终于建构成为一种具有高度艺术性与广泛文化艺术含量、具有深刻制度功能的完整体系。这个过程中包含很多值得研究梳理的具体内容，比如本书将要详细分析的造园艺术对于园林中林野氛围的崇尚与营造，中国山水画对于宇宙向度与生命哲学的深刻探究，文人园林雅集这一主题在文学、绘画、工艺美术等众多艺术领域中日益普遍地得到表现等。

---

① 詹姆士·斯科特：《逃避统治的艺术——东南亚高地的无政府主义历史》，王晓毅译，生活·读书·新知三联书店，2016年，前言第2页。

无数这样的具体问题固然都有各自独特的脉络,微观来看似乎都是"碎拆下来,不成片段",但如果从"逃避统治的艺术"这样的视角予以审视,则又可以有一种彼此完全贯通的整体性理解。所以,既然只有当上述体系性完整建构得以充分实现,于是隐逸文化作为"逃避统治的艺术"在社会结构中能够成功积淀出制度与文化能量上必需的权重,从而实现其预设的制度功能,那么我们也就可以很自然地看到本书所分析的这些五花八门具体细节之间深切的逻辑关联。

尤其在中国传统社会"秤式平衡"结构方式的格局之下,"逃避统治的艺术"的庞大复杂程度,要远远超过斯科特着眼分析的东南亚赞米亚(Zomia)高地住民作为逃避者(runaway)、逃亡者(fugitive)、被放逐者(maroon)而努力远离稻作农业、建构"逃避农业"(escape agriculture)等等,这是因为"秤式平衡"为特质的社会形态,要求作为整个制度结构之平衡器(类似于秤砣)的士人阶层,必须具备大幅度的双向调节能力:生存方式中既要育成逃避统治、远离国家控制的娴熟能力,同时相反地又必须能够非常灵动地逆变为进入尤其是积极建构与运作国家政治体制的能力。这种"谢安式"的"处则为远志,出则为小草"[①](具体事典详见本章第三节),这种白居易竭力称扬的"晨从四丞相,入拜白玉除。暮与一道士,出寻青溪居。吏隐本齐致,朝野孰云殊"[②],仕隐兼集一身,两极之间随时极为灵活地相互转换,是一种非常独特的适应与参与中国皇权制度文化的能力。

由此机制所决定,中国士人隐逸文化推动着逃避统治的艺术日益发展到非常精妙的程度也就顺理成章。从这样的制度结构与机理出发,我们才能够看破诸如此类醒目现象背后的深层逻辑,比如为什么白居易要在魏晋以来久已相当成熟的"小隐"(退隐山林)、"大隐"(高居庙堂却又服膺老庄,

---

① 刘义庆:《世说新语·排调》,见余嘉锡笺疏:《世说新语笺疏》,中华书局,2007年,第2版,第944页。
② 白居易:《和〈朝回与王炼师游南山下〉》,见顾学颉校点:《白居易集》卷二二,中华书局,1979年,第488页。

并为自己营构富于山野景观气息的园林)等平衡路径①之外,更进一步拓展出"中隐"的生活方式与人生理念:

> 大隐住朝市,小隐入丘樊。丘樊太冷落,朝市太嚣喧。不如作中隐,隐在留司官。似出复似处,非忙亦非闲。不劳心与力,又免饥与寒。终岁无公事,随月有俸钱。君若好登临,城南有秋山。君若爱游荡,城东有春园。君若欲一醉,时出赴宾筵。洛中多君子,可以恣欢言。②

总之,本书以后的内容将不断地提示:一处文人小园、一首山水短诗、一幅山水画、一件兰亭雅集主题的文房用具等五花八门的无数艺术作品,尽管物理体量可能十分微末有限,但是其背后的生成机理、支撑它们在整个社会文化生态中持久发展的那种"高度有机性",可能是广远深刻的。

三、少无适俗韵,性本爱丘山:隐逸文化中的文人园林

对隐逸生活崇尚往往是文人园林的主旨,因此在古典园林中,人们几乎随处都可以感受到标举园主厌弃仕途、志在归隐山林的心志,比如极常见的"沧浪""拙政""退思""遂初"等提纲挈领的园名,以及表达此类志趣的无数楹联匾额等。

在中国古典艺术的其他重要领域比如绘画中,隐逸主题的地位同样非常突出。这一现象甚至广泛引起国际研究家、收藏家的重视,如美国纽约大都会艺术博物馆就举办过"孤独中的陪伴:中国艺术中的隐逸与雅集"的特展(图 3-15)。

---

① 王康琚《反招隐诗》云:"小隐隐陵薮,大隐隐朝市。"见逯钦立辑校:《先秦汉魏晋南北朝诗》,中华书局,1983年,第953页。
② 白居易:《中隐》,见顾学颉校点:《白居易集》卷二二,中华书局,1979年,第490页。

那么中国的文人阶层为什么普遍具有这种隐逸情结，而这种情结为什么又一定要通过发达的园林、山水画等艺术形式而彰显出来呢？

我们说，隐逸成为一种延续千百年的重要文化现象，这是由中国皇权社会的特殊结构所决定的。上文指出，中国秦汉以后长期延续的皇权社会（废除了周代封建制）与欧洲封建社会的不同性质与结构，要求士人阶层具有相对独立的道德禀赋、政治与文化禀赋，以便在整个社会文化体系中维系一定的独立性，以此为基础才可能实现对整个社会体系的平衡（包括具备能力对皇权施以相对的制衡）。但是，在"普天之下，莫非王土；率土之滨，莫非王臣"的皇权中国，要保持这种相对独立与有效的制衡力并不容易，实际情况往往是，皇权对士人阶层的反抑制要强横严酷得多。所以，社会生态需要士人阶层的相对独立（孔子所说"士志于道"），但是又万难通过积极进取的方式予以实现，这种局面就决定了人们必须发明一种消极的"代偿"方式，以保证士人阶层的相对独立达到社会机制所需要的程度，而这种不得已只能处于消极势位的"代偿"方式，就是士人阶层的隐逸文化。

图 3-15 "孤独中的陪伴：中国艺术中的隐逸与雅集"特展广告

隐逸文化一般具有两部分主要的内容：其一是作为其主导思想的老庄哲学，这一学说在中国皇权社会中，与主张积极入仕的儒家学说构成了相互平衡的互动关系，并且长期对中国士大夫阶层的人生哲学与生活方式产生重大影响；其二，与老庄哲学宗旨相呼应的，是士大夫阶层要在自己具体的生活环境中营造出富于自然气息、远离权势尘嚣的生活氛围与审美环境,这也就是崇尚自然风貌的士人园林。所以,通过崇尚隐逸文化与老庄哲学而保持士人的独立品格和相对的精神自由,也就成了中国皇权社会中非常普遍、世代沿袭的现象。而文人园林,因为能够艺术地营造出远离官场、摈弃尘嚣的自然山野气息,所以也就成了千百年中隐逸文化中最重要的组成部分。

在秦汉以前,虽然已经有了一些著名隐士,但是此时他们的居住环境还十分粗陋。从东汉开始,随着人们审美与造园能力的提高,不愿出仕或者弃官归隐的文人们,也就开始努力将自己隐居的环境营造得更富于艺术美感,并且更多地寄寓自己的人格理想与文化传统。东汉士人张衡、仲长统等人,在抒发胸中隐逸高蹈志向的同时,也描述了自己"背山临流,沟池环匝,竹木周布"的优美隐逸环境。尤其重要的是,他们在这个基础上更提出了一套完整的园林景观审美理论,我们看东汉晚期重要思想家仲长统的追求:

> 统性俶傥,敢直言,不矜小节,默语无常,时人或谓之狂生。每州郡命召,辄称疾不就。常以为凡游帝王者,欲以立身扬名耳,而名不常存,人生易灭,优游偃仰,可以自娱,欲卜居清旷,以乐其志,论之曰:"使居有良田广宅,背山临流,沟池环匝,竹木周布,场圃筑前,果园树后。舟车足以代步涉之艰,使令足以息四体之役。养亲有兼珍之膳,妻孥无苦身之劳。良朋萃止,则陈酒肴以娱之;嘉时吉日,则亨羔豚以奉之。蹰躇畦苑,游戏平林,濯清水,追凉风,钓游鲤,弋高鸿。讽于舞雩之下,咏归高堂之上。安神闺房,思老氏之玄虚;呼吸精和,求至人之仿佛。……"[①]

归纳起来,仲长统的思想准则、生活方式与园林发展直接相关之处有这样几点:

第一,他自觉地远离当时日益黑暗的国家政治环境,希望以"卜居清旷"这样家园的选址与建构方式,实现自己心智的放逸自由("以乐其志")。

---

① 范晔:《后汉书》卷四九《仲长统列传》,李贤等注,中华书局,1959年,第1644页。

第二，他不仅提出优美园居生活的期望，而且综述了建构园林艺术的基本景观要素及其配置原则。

第三，家居宅园与游览郊野风景同时并重，以及逐一列举郊野中最能够愉悦身心的诸多自然景观。

第四，上述所追求的所有生活内容与对园林风景的审美内容，核心是一种深刻的哲学理想，因此使得中国士人园林艺术与园林文化的发展具有基因性的深刻动力。比如文中所说"求至人之仿佛"等等，就是说明自己生活的终极理想是实现个人的精神世界与宇宙本体相互贯通那样一种崇高境界[①]。

因为具有这种人生价值与审美理想的双重诉求作为发展的基础，所以魏晋南北朝时期，隐逸文化迅速发展，不仅出现了诸如嵇康、向秀、郭象等这样一些对隐逸哲学做出充分理论阐释的学者，而且更出现了诸如慧远、陶渊明、谢灵运、陶弘景等一大批在士人园林发展史上具有重要地位的人物。他们在自己园林的营造及有关园林的著作中，都对士人园林的一系列具体的美学原理、艺术手法进行了开创性的探索。而这些领袖人物的生活方式影响于整个社会，也就使得构建园林并在其中追求体验隐逸文化的意趣，成为当时士大夫阶层中广为流行的一种风尚，比如东晋著名的哲学家许询，他"好泉石，清风朗月，举酒永怀。……隐于永兴西山，凭树构堂，萧然自致"[②]。史籍还详细记载了他兴造园林的过程、他的园林审美与宗教哲学活动的密切关联、当时众多名士雅集于园林从事审美与文化艺术活动等等细节，详见本书第八章部分论述。

隐逸文化的这种迅速发展对后世文人的思想和生活更产生了深刻影响，所以魏晋时期关于士人隐逸的著名故事成为具有长远影响力的一种

[①] 对于"至人"的这种崇高精神境界，先秦至秦汉思想史中有许多经典描述，比如《庄子·齐物论》："至人神矣！大泽焚而不能热，河汉沍而不能寒，疾雷破山、飘风振海而不能惊。"《庄子·外物》："唯至人乃能游于世而不僻，顺人而不失己。"《荀子·天论》："故明于天人之分，则可谓至人矣。"又如《史记·屈原贾生列传》录贾谊《鹏鸟赋》："至人遗物兮，独与道俱。"

[②] 许嵩：《建康实录》卷八，张忱石点校，中华书局，1986年，第216页。

文化母题或者经典形象。比如文学典故中的比喻"处则为远志，出则为小草"，意思是隐逸才能保持人格高洁，而出仕做官就是自甘于丧失高洁的身份。这一用语的出典是：东晋谢安隐居东山多年，"朝命屡降而不动"，但后来终于放弃隐逸，出任桓温的司马。这时有人送草药给桓温，其中有一味药名曰"远志"，桓温便问谢安：这种药还有个名字叫"小草"，那么为什么一种药却有两种名称？谢安语塞不能回答，恰巧郝隆在旁边，他想借此机会讥讽谢安不能保守隐逸之初心，于是应声说：这草药隐处山中时叫作"远志"，出了山就叫作"小草"。这个戏谑让谢安羞愧不已。[①]由此可见，当时隐逸是分量很重的、深具褒贬意味话题。所以后来明代的著名文人王思任就说："今古风流，惟有晋代"。[②]

从晋代开始直到唐宋明清的历代士人文化中，这些著名士人都是隐逸文化和士人园林美学所推崇的典范，如图3-16、图3-17所示。

图3-16 《竹林七贤与荣启期》画像砖拓片局部

▲此砖画出土于南京西善桥宫山墓，共两组，此为其中一组。以"竹林七贤"为代表的具有相对独立精神追求的士大夫及其园林生活，成为魏晋以后历代文人心中的楷模。这个理想范式不仅对中国古代思想史影响深远，而且后世无数古典艺术作品更具体形象地演绎彰显着"七贤文化"的内涵。本书第十五、十六章中举有这方面的很多实例，可以参看。

---

① 刘义庆：《世说新语·排调》，见余嘉锡笺疏：《世说新语笺疏》，中华书局，2007年，第2版，第941、944页。
② 王思任：《世说新语序》，见王思任：《王季重十种》，任远点校，浙江古籍出版社，2010年，第4页。

图 3-17　孙位《高逸图卷》

绢本设色，45.2 厘米 ×168.7 厘米

▲唐代孙位《高逸图卷》为中国绘画史上的名作，应该是《竹林七贤图》的残卷，所以画面上只留有四贤，分别为山涛、王戎、刘伶与阮籍。画家全力表现四人的优雅神态，并且以形貌各异的山石树木提示四人身居的优美园林环境。

唐代岑参《左仆射相国冀公东斋幽居》中"丞相百僚长，两朝居此官。成功云雷际，翊圣天地安。不矜南宫贵，只向东山看"[1]，是说世代位居朝廷高官的资历并不足以骄人，反倒是对隐逸（"幽居""东山"）的向往，才是人格价值中最有分量的。

隐逸文化的成熟，对士人园林的发展给予极大的促进。从此以后，营造具有山野自然气息的园林成了士人阶层普遍的生活内容和文化内容。唐代王维、李白、白居易，宋代林逋、苏轼、米芾、杨万里、辛弃疾等等著名文人，都曾写下大量诗文描写自己以及友人崇尚隐逸文化、构建和游赏园林的诗文，比如盛唐诗人岑参的一首描写园林景色、阐说园林宗旨的长诗，开头是具体描写园林中水景之优美，随即马上就说：

性本爱鱼鸟，未能返岩溪。……及兹佐山郡，不异寻幽栖。[2]

他的意思是：自己天性向往闲云野鹤般自由自在的生活，但因为名缰利锁的束缚，只能卑琐地趋奉于官场，但是有了充满自然山水气息的园林风景陪伴，生活于是也就与真正幽栖隐逸于山野没有多少区别了。

---

[1] 见彭定求等编：《全唐诗》卷一九八，中华书局，1960年，第2039页。"南宫"是东汉都城洛阳的主要皇家宫苑，这里为了与下句中东晋谢安隐居的"东山"两字对仗，所以用"南宫"代指效命奔走其间的宫苑与官场。

[2] 岑参：《虢州郡斋南池幽兴因与阎二侍御道别》，见彭定求等编：《全唐诗》卷一九八，中华书局，1960年，第2034页。

再比如白居易对自己的园林景色以及园林隐居生活的描写：

> 有石白磷磷，有水清潺潺；有叟头似雪，婆娑乎其间。进不趋要路，退不入深山；深山太濩落，要路多险艰。不如家池上，乐逸无忧患。[1]

他说得再明白不过：只有凭借文人园林的风景艺术氛围，才能保证士人阶层既能入朝出仕，同时能具有相对独立人格的追求。

白居易之后，对隐逸文化阐说最为深切的当数苏轼，他这方面的许多言论都堪称警句，比如写隐逸文化根源于士人阶层在皇权社会结构中深刻的两难处境："古来轩冕徒，操舍两悲栗"[2]；写隐逸文化如何赋予山水景观以鲜明的人格意义："青山偃蹇如高人，常时不肯入官府"[3]；写大都市中的文人山水园林所以必不可少，是因为从根本上说文人阶层不可能真正逃离官场："古来真遁何曾遁，笑杀逾垣与闭门"[4]；等等。苏轼对于隐逸文化阐发格外致力与空前的透彻，这一方面说明宋代制度环境使得隐逸主题在士人阶层人生道路定位中更加重要，同时这也是苏轼思想在士人阶层中产生巨大影响的具体原因之一。

隐逸文化在士人文化乃至整个中国古典文化艺术中一直占有重要地位。这一现象自然引起人们的相当关注，比如 2021 年 7 月 31 日至 2022 年 8 月 14 日，美国纽约大都会艺术博物馆举办题为"孤独中的陪伴：中国艺术中的隐逸与雅集"的专题展览，展览分为八个部分——林泉、归隐、渔樵、名士、距离、园林、诗赋、雅集，由此亦可见隐逸文化所具有的广泛辐射力与巨大的文化艺术容量。

---

[1] 白居易：《闲题家池，寄王屋张道士》，见顾学颉校点：《白居易集》卷三六，中华书局，1979 年，第 821 页。

[2] 苏轼：《自径山回，得吕察推诗，用其韵招之，宿湖上》，见王文诰辑注：《苏轼诗集》卷七，中华书局，1982 年，第 351 页。

[3] 苏轼：《越州张中舍寿乐堂》，见王文诰辑注：《苏轼诗集》卷七，中华书局，1982 年，第 327 页。

[4] 苏轼：《监洞霄宫俞康直郎中所居四咏·遁轩》，见王文诰辑注：《苏轼诗集》卷一一，中华书局，1982 年，第 547 页。

由于具有深致久远的机理,所以隐逸成为历代文人园林中最为经典的主题,具体例子不胜枚举,下面看其中一些非常典型的(图 3-18 至图 3-22)。

图 3-18　苏州网师园濯缨水阁

▲濯缨水阁用《楚辞·渔父》引古歌"沧浪之水清兮,可以濯吾缨"的典故,表示园主不愿在名缰利锁之下随波逐流的高远志向。

图 3-19　江苏同里退思园

图 3-20　广东顺德清晖园归寄庐

▲"退思""归寄"等等表达的都是退出官场而归隐田园山野的愿望,类似这些经常作为园林主旨的名称还有"小隐园""遁园""退谷园""退庐"等;园林中诸多具体景点也常用这样主旨的名称,例如苏轼《监洞霄宫俞康直郎中所居四咏》中记述的"退圃""逸堂""遁轩"等等。

图 3-21　钱选《题山居图卷》

长卷,纸本设色,26.5厘米×111.6厘米

▲故宫博物院网站中对元代画家钱选这件《题山居图卷》的介绍是:"作者以自己的隐居生活为题材创作此图。细劲柔韧的笔致勾勒出山石林木的轮廓,施青绿重彩,并以金粉点缀,画面绚丽清雅,富装饰意味,于工致精巧中又不失古拙秀逸之气,是钱选继承唐宋'金碧山水'画法并用以体现文人意兴的代表作。"而我们尤其应该留意的是画面题诗中的内容:"山居惟爱静,日午掩柴门。寡合人多忌,无求道自尊。鹓鹏俱有志,兰艾不同根。安得蒙庄叟,相逢与细论。"题画诗鲜明地表达了通过隐逸而维系士人阶层人生价值、摒弃对利禄的过度追求、彰显老庄哲学(钱选诗中所说"蒙庄叟"就是指庄子)等等精神诉求。

图 3-22　文徵明《桃源问津图卷》局部

长卷纸本设色，32厘米×578.3厘米

受陶渊明《桃花源记》所述隐逸范式的深刻影响，中国古典绘画对于高士宅园的描绘，往往突出表现其重岩深壑中的与世隔绝，并描绘出溪流、曲涧、飞瀑环绕之下，这些世外桃源只有通过小桥、曲径、舟楫等十分周折的方式方可通达。上述构图特点所表现出的，既是政治文化上的一种隐喻，也是文人阶层在景观美学上的基本向往，并且直接影响着文人造园的景观风格与空间布局。仇英《沧浪渔笛图》（图3-23、图3-24）表达的内容即是如此，可以与文徵明《桃源问津图卷》（图3-22）相互参看。

图 3-23　仇英《沧浪渔笛图》　　　图 3-24　仇英《沧浪渔笛图》局部

"沧浪"是中国隐逸文化与士人园林中经典的主题，因此也从根本上影响着文人园林的风貌，比如园林中对山间曲径、蜿蜒溪水、峥嵘山岩等一切能够体现疏野气象之景观的努力塑造（如图3-25、图3-26所示）。环秀山庄中假山为乾隆、嘉庆年间常州名手戈裕良主持叠造，假山之间沟壑奇伟、高下纵横，占地仅半亩而峰峦、涧谷、洞壑、危径、飞梁、悬崖等等无一不备，且布置有序，颇有几分咫尺万仞的气象。

图 3-25　苏州环秀山庄中幽深奇险的溪涧与危桥

图 3-26　苏州拙政园中表现幽深山林气氛的景区

山林隐逸当然也在艺术上深刻影响造园。比如南宋王沂孙描写文人园林的特点——"小庭深,有苍苔老树,风物似山林"[①],直截了当说明文人园林虽然体量非常有限,但具备"庭院深深"的空间设计,以及能够体现山林野趣的景观风物。下面再仔细看一件有分量的绘画杰作——唐寅《溪山渔隐图》(图3-27),我们主要体会绘画艺术对隐逸环境中诸多景观要点的描绘,这些内容与造园艺术有着怎样直接的关联。

图3-27 唐寅《溪山渔隐图》
绢本设色,约30厘米×610厘米,上图为长卷左半段,下图为其右半段

表现水泽深处的高士渔隐生涯,是隐逸文化及相关诗文、绘画艺术重要的传统题材,比如我们在绘画史上名作南宋李唐《清溪渔隐图》《濠梁秋水图》等作品中看到的。唐寅《溪山渔隐图》引首有清高宗弘历题写"渔隐"两字,画面前段空白处有唐寅题诗:"茶灶鱼竿养野心,水田漠漠树阴阴。太平时节英雄懒,湖海无边草泽深。"

唐寅《溪山渔隐图》值得留意处首先在于:画作尺幅巨大,构图上精心地设计了一叶孤舟从山外驶来,逐渐进入高士隐居的水泽深处之全过程——透迤的水道引领舟人慢慢远离尘嚣,进入"湖海无边草泽深"的世界,随即迎面陆续而至的不仅有两岸山石的雄峻峥嵘、步移景换,更有隐士荡舟吹笛、聆听者与演奏者的相互激赏;再经过悠长水路与两岸无限风

---

① 王沂孙:《一萼红·初春怀旧》,见唐圭璋编:《全宋词》,中华书局,1965年,第3358页。

光才得以窥见高士隐居之处,这里的主景是一处临水背山的水榭,主人正凭栏观望对面舟中的垂钓者,体会着当年庄周濠梁观鱼那种"天机自得"。我们知道,唐寅是吴门画派中学习前代院体山水画之构图、皴染等技法最为全面而笔法功力又最为深湛的大家,而此图则以巨制水景的主题充分表现出这些特点,所以它不仅在明代画坛,而且在整个中国山水画史上,都堪称上佳之作。

而从造园艺术的角度来说,唐寅此图精心总结描绘出水景的几乎所有特点,都深深影响着造园理水艺术方法,例如这样一些具体方面:(1)北宋理学家、造园家邵雍曾精当概括出"有水园亭活"①的构景原则——水体及其灵动的变化,不仅是园林中主要景观内容之一,而且更是无数局部园景得以组合结构成完整景观体系的逻辑脉络。(2)水体与山体之间反复的激荡与穿插及其空间上交织的结构方法。(3)水体沿山势而跌宕蜿蜒,依次展现出空间上与景观内容上的丰富变化,这些变化包括水体干流与旁支远系之间的分布与交汇,瀑布飞泉、峡口激浪、水面的渐趋平阔,择此而建的水榭压水而居,等等。它们之间的相互映照、衔接、转换,构成了水景体系的完整性与多样性。(4)尤其是在园林时空动态过程中,众多景观要素陆续呈现的节奏韵律,以及风格气氛上的不断变换对比(像手卷一样缓慢展开),这种时空序列与景观序列之美在造园艺术中具有重要意义②。

以唐寅这幅山水画作为背景,我们不妨顺便看一下中国风景美学中一个比较重要的议题:画理与园理的相通③。比如文人园林构园中,造园家依

---

① 邵雍:《小园睡起》,见邵雍:《邵雍集》,郭彧整理,中华书局,2010年,第205页。
② 详见拙著:《翳然林水——栖心中国园林之境》第三章第二节"台亭随高下,敞豁当清川——建构精致而富有韵律的园林空间序列与园林景观序列",北京大学出版社,2017年,第190—231页。
③ 画理与园理的相通是中国园林理论中的重要内容,比如计成《园冶·园说》:"刹宇隐环窗,仿佛片图小李;岩峦堆劈石,参差半壁大痴。"见计成原著,陈植注释:《园冶注释》,中国建筑工业出版社,1981年,第44页。此叙述中的"小李"是指唐代画家李思训之子李昭道,他擅长青绿山水,世称"小李将军";"大痴"是指元代著名山水画家黄公望,号大痴道人。历代文学家、画家、造园家关于画理与园理相通的论说,拙著《翳然林水——栖心中国园林之境》第294—298页多有引述,可以参看。

凭悠长的水道（以及水岸山岩）而布列各种功能与风格的景点与建筑，形成园林空间的开阖顿挫（如图 3-28 所示），可见营构隐逸文化环境氛围的长期探索，对于古典园林的艺术方法有着深入的影响。

图 3-28　上海嘉定秋霞圃园景

▲江南文人园林以水景的丰富多姿和变化巧妙见长。嘉定秋霞圃依凭水道的蜿蜒开阖而布列诸多建筑。园林中水面的延伸萦回，使得水道两侧得以错落有致地布置各种的山石、花木、建筑等等景观，尤其是使得这些景观之间形成了对比、间隔、呼应、沟通、避让、向背等多重艺术效果和空间关系。

最后还应该提到：文人阶层对隐逸文化的普遍崇尚，也逐渐对皇家园林与寺院园林的趣味和艺术风格产生了重要影响，所以在后世的皇家园林中，往往建有许多富于文人园林情调甚至直接表明隐逸志趣的景区、建筑或者园中之园，如图 3-29、图 3-30 所示。

图 3-29 北京北海濠濮涧

▲"濠濮"是袭用《庄子·秋水》中所说庄子在濠梁之上体会到游鱼毫无羁束、自得其乐的典故,用以表现文人向往隐逸生活的情怀。由于中国士人文化艺术对皇家文化具有很大的影响,所以在皇家园林中也经常可以见到此类主旨的景点与景区。

图 3-30 北京故宫遂初堂

▲东晋名士孙绰有高尚之志,放游山水十余年,并著《遂初赋》以表明自己的心迹,乾隆花园遂初堂袭用此意而建,意在表达乾隆在退居太上皇以后的生活理想。

四、乐天为事业，养志是生涯：文人园林与士人阶层的人格理想

在中国传统文化中，士人阶层的道德完善和人格追求是地位十分突出的一种社会价值取向。这是因为在中国传统社会"秤式平衡"结构中，文化的积累与传播、政治体系的运作与平衡等最重要的社会文化功能、国家政治功能，都主要由士人阶层承担；这种状况就在客观上要求士人阶层必须具有高度的社会责任感与道德禀赋，从先秦儒家到以后历朝历代的思想家，都把尊德修身、"志于道"作为士人阶层的基本追求，这价值方向的恒定性也是士人阶层得以成为社会支柱的主要条件。由于具有这种根本性的需要，所以客观上要求士大夫不论个人境遇如何都不能放弃对理想人格的向往。比如宋代士人王禹偁描写自己坎坷仕途的《三黜赋》，是以这样的语句表明在逆境中内心的道德坚守：

> 屈于身兮不屈其道，任百谪而何亏！吾当守正直兮佩仁义，期终身以行之。[1]

又比如南宋孝宗乾道三年（1167），久已退出仕途的朱熹，在友人陪同下至湖南潭州（今长沙）造访当时另一位理学大家张栻，众人相聚论学酬唱，成为理学史上的重要故事。而朱熹东归途中行至江西宜春，看到当地山势奇崛、潭涧秀丽，联想到自己身世，遂心生慨叹，作诗对眼前的奇峰怪石加以拟人化咏赞，说它们被世俗舍弃废置固然令人扼腕，但其出自天设神造的奇伟品格却终归不能被掩没（内容详见本书第290页）。

正因为士人的人格修养和道德完善具有如此重要的意义，因此它也就成为士人文化和生活中不可缺少的内容。

尤其是中国古典伦理哲学认为，崇高人格的境界不是天生固定的，其

---

[1] 王禹偁：《小畜集》卷一，见王云五主编：《万有文库》第二集七百种，商务印书馆，1937年，第8页。

特点在于：其一，它更多的是一个不断体认与培育的过程[1]；其二，这同时也应该是一个完整的审美过程（就像《论语·先进》所描写"暮春者，春服既成，冠者五六人，童子六七人，浴乎沂，风乎舞雩，咏而归"那样一种人格与人性上的陶冶）。因为这样的性质，所以园林作为士人的生活环境与文化活动环境，也就必须浸透上述人格诉求，尤其是要通过艺术手段，塑造出在万物和谐、天地运迈境界中陶冶人格的氛围。

由此我们看到：不断地表现出士人的人格追求（塑造"养志"[2]的陶冶过程与氛围），成为中国士人园林的突出特征，而且其具体艺术呈现方式也多种多样。比如我们在文人园林中几乎随处可见"寄傲""洗耳""后乐""颐志"等等标举园林主人之人格追求的题额。而前面我们提到的士人园林普遍以鄙夷权势、崇尚隐逸的独立人格作为园林文化的主旨（哪怕仅仅是一种姿态的标榜），这往往也是通过许多具体艺术手法表现出来的。比如人们将形态奇崛的山石（图3-31、图3-32）也视为一种傲岸不屈人格的象征，并且将士人园林中这种景物的营构与自己的人格精神直接联系起来；唐代文学家柳宗元还曾将自己园林中的溪、山、泉、池、堂、亭等景物都用"愚"字来命名，以表示自己人格的孤怀卓荦、与庸世风尚格格不入[3]。士人阶层精神追求的这个特点，对于文人园林的风貌与具体的造园手法有很大影响。

---

[1] 即如美国汉学家、儒学研究家安乐哲先生指出："在西方我们说human being，这个being是一个现成的已经存在的一个东西。因为你一出生，一受孕，就有一个灵魂，就成为一个人，你要尊敬他是一个人。可是在中国传统中，'人'不是what you are，而是what you do。人是一个过程——做人、成'人'是一个过程，是培养自己的关系，为了变成一个'人'。所以在西方individual（个人）是一个起点，你一出生，每一个人是一个个人，可是中国那个'个'是以后培养出来的，你出生，你什么都不是，可是在家里社群培养你的关系，你就慢慢地变成一个人，谁都认识你，谁都知道你的名字，谁都尊敬你，你就变成一个独特的被尊敬的一个distinct person，一个individual。所以在儒学的传统里，individuality就不是一个起点，而是一个成就，这个非常重要。"参看安乐哲：《用儒学追求一个包容性的世界》，见"孔子研究院"微信公众号：https://mp.weixin.qq.com/s/edJF-Lqa46DFkrid6J1uCQ，访问日期：2021年12月10日。
[2] "乐天为事业，养志是生涯"语出北宋理学家、造园家邵雍的《击壤吟》，见邵雍：《邵雍集》，郭彧整理，中华书局，2010年，第461页。
[3] 详见柳宗元：《柳宗元集·愚溪诗序》，中华书局，1979年，第642—643页。

图3-31 苏州原半茧园寒翠石

▲在庭院中设置姿态奇崛的山石，这是文人园林用以寄寓和表现超世独立之人格精神的常用方式，从中唐白居易始到宋元明清园林一直如此。苏州原半茧园小有堂前的寒翠石为北宋文人园林中的旧物，苏轼曾有题识，于是身价倍增，元代顾德辉《拜石坛记》描写此石："石之挺挺拔拔，如老坡独立于山林丘壑间，愈见其孤标雅致也。"1936年出版的《昆山景物志略》中记述此石来历："石本维扬王忠玉家快哉亭物，有东坡题识觞咏之语。至元戊寅顾仲瑛得之，与通阛桥新安尼寺。明年，丹邱柯敬仲见而奇之，再拜而去。御史白野达兼善来观，复为作古篆'拜石'，又题'寒翠'以美之，遂砌石为坛。仲瑛自为记，至清嘉庆八年移置半茧园。"这也是文人园林普遍珍视奇石、名石，甚至以此而贯穿园林宗旨之传承的具体史例。

▶唐寅，苏州吴县人，是明代吴门画派重要画家，对中唐宋元以来日益崇尚以太湖石立石构山的造园风尚最为熟悉，所以他笔下这类花石形象贴切自然地体现着白居易、苏轼等以来的赏石志趣。加之唐寅用立石形象旁边的题诗直接比喻此石"譬若古贞士"，其人格寓意就更加突显出来。

唐寅绘画风格分别指向精、疏两个方向。一方面，他许多绘画极尽精审工致，在用笔、构图、皴染等方面显示出同时代人之继承南宋院体山水画技法的最深厚功力（参见图3-27《溪山渔隐图》）。但另一方面，他几乎又是徐渭之前推动"逸兴草草"之没骨大写意画发展的最重要人物，而《立石丛卉图》正是这方面的代表作。全图用酣畅的没骨水墨画出立石与花卉的形象，特别注意用墨色的干湿浓淡来表现立石的阴阳向背；花卉则寥寥

图3-32　唐寅《立石丛卉图》
纸本立轴水墨，52.6厘米×28.6厘米

几笔就有神完气足的风韵，体现出作者"骨法用笔"的深厚功力；画面内容看似简陋，实则对诸多景观元素简选、定位的手法高度洗练，追求"删繁就简三秋树"的韵味，比如花丛位于画面左下角，通过其向上的生机勃发而遥指右上角的题诗，进而形成与立石姿态相互平衡的对角线构图。这些都为晚明以后写意画的发展繁荣奠定着基础，而且它组织精审却又完全不露痕迹的结构设置，与园林的构园手法其实一脉相通。

现在我们在苏州园林中，依然可以看到诸如此类通过写意等艺术手法而彰显士人阶层人格精神的例子，比苏州留园揖峰轩（图3-33）。

图3-33　苏州留园揖峰轩

▲中国古典艺术常常赋予山水花木等审美对象以平等的生命地位和人格意义，并且把审美者与审美对象之间的这种人格和精神气质上的感应交流，作为园林艺术所要表现的重要内容之一。人们熟知的例子，比如北宋著名书画家米芾在安徽无为为官时听说当地濡须河边有一块怪石，于是连忙命人将石头移到治所，并设席拜石于庭中，还说："我盼望拜见石兄已经二十年了。"从此，以品貌特异的山石体现一种崇高生命状态和人格精神，成为中国造园艺术中的一种经典方法。后世文人园林中也常常建有拜石轩、石丈亭等建置来表明对这种审美方式的追慕。而苏州留园的揖峰轩，也是通过对小院中山石花木之人格意义的尊崇礼敬，来抒发园居者在园林审美之中更深的意境追求。

再比如人们将岁寒不凋的松、竹，凌海独自开的梅，出淤泥而不染的荷花等花木作为自己高尚人格理想的寄托和象征而栽植于园林中，并且将它们视为具有生命、能够与自己理想的道德境界随时共鸣交流的友人。明代初年著名的士人方孝孺就曾将自己的园斋取名为"友筠轩"，他还写下了一篇《友筠轩赋》以描写园竹的高洁品性与自己徜徉其间、以竹为友的乐趣：

惟青青之玉立，俯潇潇之轩构。憩乐矣之幽情，处蔚然之深秀。……若一尘不到之际，万事脱羁之辰。渭川致乎斯景，黄冈寓乎此身。风徐来而韵合，雨初歇而香匀。至若色侵书帙，凉溢芳樽，日穿漏以噀金，水环回而嗽银。坐拥碧筒之杯，地敷翡翠之裀。或弹棋而雅歌，或解衣而脱巾，或焚香而啜茗，或联句而鼎真。……辞曰：清清兮岁寒之心，温温兮琅琳之音，君子居兮实获我心。①

方孝孺这些对园竹的赞美，以及将自己许许多多的生活内容和文化活动都与园竹的景色和品性联系在一起，完全是基于对人格理想的期许和追求。②类似的例子如在《红楼梦》描写的大观园中，聪明高洁的黛玉所居住的潇湘馆就是一处竹荫环绕、清幽宜人的园林；而这一片清幽雅洁的竹子，也就成为她的人格化身。

在上述原则的影响下，文人园林的经营设计就不仅仅是单纯对自然景物的审美，而且是进一步成为整个士大夫文化建构中的重要部分。比如明代末年的文人余怀，就曾经清楚地说明自己对园林中花木的感情寄托，是与整个文人阶层价值理念以及古往今来著名文人们的心境灵犀相通的：

古人不得志于时，必寓意于一物，如嵇叔夜之于琴，刘伯伦、陶元亮之于酒，桓子野之于笛，米元章之于石，陆鸿渐之于茶，皆是也。予之于花，亦寓意耳。③

他在这里视为榜样的嵇叔夜，是魏晋之际"竹林七贤"的领袖，著名的哲学家、文学家和音乐家嵇康；刘伯伦即"竹林七贤"之一刘伶，他以善饮著称，并写有专论饮酒中文人情趣的《酒德颂》；陶元亮即陶渊明；桓子野即

---

① 方孝孺：《方正学先生集》，《丛书集成初编》本，商务印书馆，1937年，第1册，第35—36页。文中"日穿漏以噀金"是指日光穿过竹丛而洒下斑驳的日影；"鼎真"是古典诗歌格律中一种修辞手法，这里指诗友聚集于竹林之中而从事诗歌创作。
② 关于种竹、创作诗文绘画以抒写对竹子的审美认知等等这些在明代士人生活中的地位，可参见本书第四章中"花木蓺养中的文化品味与人格寄寓"部分。
③ 余怀：《戊申看花诗·自序》，见《余怀全集》，李金堂编校，上海古籍出版社，2011年，第154页。

东晋最擅吹笛的桓伊（他曾在淝水之战中与谢玄等人一起指挥，大破前秦军队）；米元章即宋代书画家米芾，他拜庭院中的石头为"石兄"的故事很著名；陆鸿渐就是唐代有名的诗人、茶艺家陆羽。

从余怀所举上述许多中国士人史上有名的例子不难看出：在传统的园林美学中，即使是对诸如文人园林中的花木这样具体而微景物的品赏，也都是以士人人格的深远寄托和中国文人历史的深厚文化积淀为基础的。反过来说，这些花木也同时成了能够体现文人人格精神和审美情趣的一种象征，而如果离开了人格精神的寄托，花木山石等园林景观也就没有了内在的灵魂，所以苏轼就有"风泉两部乐，松竹三益友"[①]等将山水植物景色完全人格化的有名诗句，他意思是说：山林间的风涛与泉声是士人最为欣赏的音乐，而松、竹、梅等姿貌高洁的花木更具有鲜明的人格内涵，所以是自己最好的朋友。后来南宋著名文学家辛弃疾更说："自有陶潜方有菊，若无和靖即无梅"[②]。他意在强调：是自晋代陶渊明开始的人格精神追求才赋予菊花以人文意义，而假如没有北宋著名文人林逋（字和靖）的节操与追求，则梅花也就不可能具备在艺术上能引起普遍共鸣的美质内涵。这样一些追求在园林艺术中的具体体现，本书第四章在介绍文人园林莳养花木的特点时还将述及。

不能看出，中国文人园林基本风格及其意味隽永的各种具体的造园技法等，都与文人阶层人格理想有着千丝万缕的关系，图3-34至图3-42即是具体典型例证。

总之，古典文人园林是中国传统文化环境下的重要社会现象与艺术现象，所以制度性的社会机制必然深刻地影响着文人园林的风貌、精神气质与无数具体的造园艺术方法。于是我们大致地了解这些内容，就是欣赏文人园林必要的前提。这些问题本书第四章、第五章中也多有涉及，所以可以互相参看。

[①] 苏轼：《游武昌寒溪西山寺》，见王文诰辑注：《苏轼诗集》卷二〇，中华书局，1982年，第1049页。

[②] 辛弃疾：《稼轩长短句》卷一一《浣溪沙·种梅菊》，上海人民出版社，1975年，第152页。

图 3-34　钱穀《求志园图》局部

纸本设色，全卷29.8厘米×190.2厘米

▲明代苏州求志园是园主张凤翼直接以园名表达自己人格理想的例子。此卷是钱穀应张凤翼之请描绘记录求志园景色之作，画家从画卷右侧的园门画起，以怡旷轩、风木堂、尚友斋为中心，前有庭，后有园，渐次展开，卷后有王世贞行书《求志园记》，进一步申说园主"吾它无所求，求之吾志而已"的建园、赏园宗旨。

◀ 名士贤人的道德气节、文采风流，不仅是士人文化价值体系的重要支柱，同时也对士人生活环境有相当的影响。比如此亭中刻有明代著名文学家和书画家文徵明的画像以及清乾隆皇帝咏赞他的诗篇，这种设置使得小园的景观环境之中，具有一种文化、人格传承上的脉络与底蕴。

图 3-35　苏州沧浪亭仰止亭

图 3-36　苏州拙政园中部主建筑远香堂

▲ 远香堂为拙政园中部主建筑，是园中正厅，四面装槅扇以便在堂中欣赏四周景色。远香堂之命名，源自宋代哲学家周敦颐《爱莲说》中"世人盛爱牡丹。予独爱莲之出淤泥而不染，濯清涟而不妖，中通外直，不蔓不枝，香远益清，亭亭净植，可远观而不可亵玩焉"的典故，以荷花之高洁比喻士人的高远人格理想。

图 3-37　苏州拙政园玉壶冰小院

▲"玉壶冰"的斋名，典出南朝鲍照《代白头吟》"直如朱丝绳，清如玉壶冰"之句，体现了园主的人格理想。小斋的窗棂、斋堂前的铺地等都装饰成冰裂纹，以求"清如玉壶冰"的意趣更为突显。

图 3-38　苏州狮子林立雪堂

▲立雪堂为园林中的读书处，堂内楹联袭用明代唐寅诗句"苍松翠竹真佳客，明月清风是故人"，以此表示高洁的人格与园林景物之间的和谐。

图 3-39　苏州鹤园一角

▶ 在传统的士人文化中,鹤是一种特立独行的象征。南朝文学家鲍照在《舞鹤赋》中描写鹤的品格和高远的志向:"抱清迥之明心。指蓬壶而翻翰,望昆阆而扬音。"后来人们甚至认为鹤鸣九皋而又归身修篁,这种生活习性可以体现与比喻文人阶层高远的宇宙理想,所以唐代司空图

图 3-40　鹤园中鹤巢洞门与回廊

《二十四诗品·冲淡》就说:"素处以默,妙机其微。饮之太和,独鹤与飞。犹之惠风,荏苒在衣。阅音修篁,美曰载归。"宋代萧元之《还西里所居》写自己向往园林隐居,就是因为希望像鹤那样人格不受拘束:"长恐山林计未成,可能俯仰羡公卿?鹤闲不受云拘束,梅冷惟堪雪主盟。"因为这样的原因,故历代的文人园林也就经常通过"鹤园"之类意象以表现其主人的人格寄托(参见本书第六章对苏州虎丘养鹤涧、杭州西湖放鹤亭等的介绍)。

图 3-41　苏州耦园无俗韵轩内景

图 3-42　苏州耦园无俗韵轩外景

▲东晋陶渊明《归园田居》中有"少无适俗韵，性本爱丘山"的名句，以后历代士人都效法陶渊明，把通过寄情山水而实现人格上的"无俗韵""出俗韵"作为自己崇高的理想，例如唐代诗人孟郊所说："君子业高文，怀抱多正思。砥行碧山石，结交青松枝。碧山无转易，青松难倾移。落落出俗韵，琅琅大雅词。"可见刊落俗韵、高标出尘乃是历代士人构建园林的宗旨。

第四章 简说中国古典文人园林（中篇）
——"卜筑因自然"：文人园林的美学原则与造园方法

本书第三章介绍了中国皇权社会的政治结构、文化结构对文人园林产生与发展的深刻影响。下面我们从造园艺术的角度，来简括文人园林的诸多特点。

一、对自然山水之美的荟萃、模拟与再创造

作为大尺度三维空间的造型艺术，园林首先给人的感受当然是其空间布局的特点与山水建筑等各种景物的风格，尤其是这众多景观元素之间的组合结构关系。与宏丽铺陈的皇家园林不同，文人园林以崇尚自然为其基本的艺术宗旨。这首先体现在园林的空间布局上：文人园林一般没有明确严整的轴线，它总是尽量选择或者创造出迂曲委婉的地形地貌，然后根据其空间的开阖变化，大致划分出山景、水景、建筑居住等不同的景区（在更小的文人园林中，则是构建不同风貌特征的景点），同时通过精心设计，穿插有致的道路、游廊、山谷、溪涧等纽带，将不同的景区和景点联络贯通为结构统一且又充满景色与空间变化的完整作品。

比如苏州沧浪亭一园，园外绿波环绕、石栏依水，兼以垂柳、山石掩映而隐约透出园中的山林气息（图4-1）。入园以后，则气氛完全不同，这里

山色迎人，古木葱茏，一派林野意趣，表现出主人胸中蕴藏的丘壑气象（图4-2）。尤其是土丘上作为全园主景的沧浪亭及其楹联，更直接表达了审美者与山水境界的共鸣与对话。

图4-1 苏州沧浪亭外景

▲ 充分利用自然山水等地貌条件，这是文人园林造园的基本原则。苏州沧浪亭园外的水景就是典型例子。

图4-2 苏州沧浪亭入园后即可看到的大片土丘、叠石与林木

▲ 塑造出山野气氛的同时，沧浪亭入园后的大片山景与园门之外的苍茫水景两者之间也构成了艺术上的对比与转换。

由此可见，以富有自然气息的山体与水体构成园林空间与园林景观的主体架构，是文人园林的首要构景方法——中国古典园林又被称为"山水园"，而文人园林当然尽可能地体现着"山水相映"这一园景配置基本原则。这方面常见造园手法，比如园中水体的处理（所谓"理水"），尽可能使其形态富于开阔迂曲的变化，并且同时与山景和建筑组群中的形态变化水乳交融地结合在一起。早期文人园林中，水体的变化已经十分丰富，河湖、溪涧、潭池、瀑布等等应有尽有，例如刘宋时期的著名文人谢灵运"移籍会稽，修营别业，傍山带江，尽幽居之美"[1]，他更撰写《山居赋》详细描写他营建的园林周围之山水景致：

> 四山周回，溪涧交过，水石林竹之美，岩岫隈曲之好，备尽之矣。[2]

以后的园林艺术家更是尽量使水体具有自然多变的形貌，比如文献记载中唐政治家、文学家李德裕在其著名园林平泉庄中，"引泉水，萦回穿凿，像巴峡洞庭十二峰九派"[3]。

现在仍然可以看到很多具体的造园艺术实例，比如苏州拙政园以大小不同的三岛分割水面，从而使水体呈现出灵动多姿的形态（如图4-3所示）。

与拙政园相比规模更小的文人园林其理想园景基本架构同样是山水映带，元代著名文学家张养浩形容某文人小园的景观特点为："池小能容月，墙低不碍山。"[4]现存古典园林中的例子，则有上海嘉定秋霞圃，其中曲水与黄石假山映带成趣（图4-4）。

---

[1] 沈约：《宋书》卷六七《谢灵运传》，中华书局，1974年，第1754页。
[2] 谢灵运在《山居赋》的自注中详细地描写了他的山中别墅，表明他确定建筑的位置之前，仔细考察过周围的自然景观："西岩带林，去潭可二十丈许，葺基构宇，在岩林之中，水卫石阶，开窗对山，仰眺曾峰，俯镜浚壑。去岩半岭，复有一楼。迥望周眺，既得远趣，还顾西馆，望对窗户。缘崖下者，密竹蒙径，从北直南，悉是竹园。东西百丈，南北百五十五丈。北倚近峰，南眺远岭，四山周回，溪涧交过，水石林竹之美，岩岫隈曲之好，备尽之矣。"见沈约：《宋书》卷六七《谢灵运传》，中华书局，1974年，第1767页。
[3] 王谠《唐语林》卷七记载："平泉庄在洛城三十里，卉木台榭甚佳。有虚槛，引泉水，萦回穿凿，像巴峡洞庭十二峰九派。"见王谠撰，周勋初校证：《唐语林校证》，中华书局，1987年，第616页。
[4] 张养浩：《廉园会饮》，见顾嗣立编：《元诗选·初集》，中华书局，1987年，第775页。

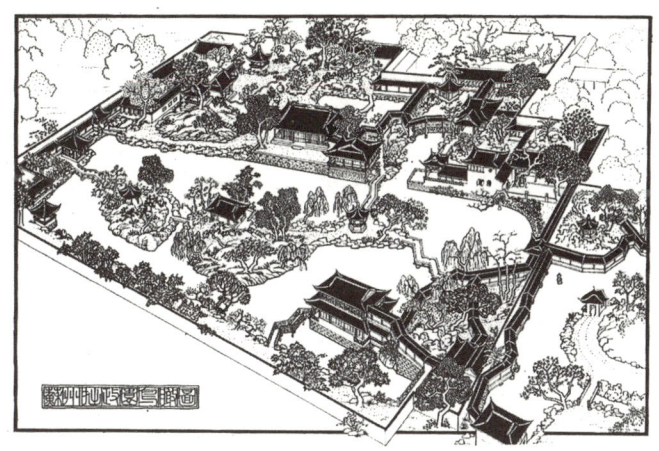

图4-3 苏州拙政园中部鸟瞰图（杨鸿勋绘）

▲ 拙政园是文人园林理水艺术的典范之一，它充分展示了"有水园亭活"这一造园原则具体实现的一系列艺术方法：园中的水体形态变化丰富，水面在全园面积中占很大比例，而且园中的建筑、山石、岛屿、主附景区等众多元素之间的配置和转换关系，都是以统一而灵活的水体为襟带。造园家将水面划分为几个相互映通又相对独立的部分，这不仅增加了水面的景深，而且分别以它们为依托形成了风格不同的景区。

图4-4 上海嘉定秋霞圃曲水与黄石假山

▲ 秋霞圃在曲折水道侧近堆叠一座较大体量的黄石假山，假山的构造颇见匠心，能够以危桥绝涧体现出真实的山岭气势；林间的道路有逶迤宛转之妙，山顶小亭翼然，成为这一景区山水脉络的收结之笔。如此完整的山水配置，以及叠山技法的功力不凡，使得此山成为全园的精华部分之一。假山对面的观景敞轩取位恰当，居身其间就能够全幅领略山景与水景的相互映带，是我们理解"山水园"构造原理比较理想的观景点。

当然，因为地貌等条件的限制，许多文人园林不可能均衡地兼有营构山景与水景之全面能力。于是根据计成所说"相地合宜，构园得体"的原则[①]而突出某些自然景观的权重，就成了常见的情况，比如江苏如皋水绘园外景（图 4-5）。

图 4-5　江苏如皋水绘园外景

▲江苏如皋水绘园为江南历史名园之一，曾是明末清初四才子之一冒辟疆与金陵八艳之一董小宛的栖居之所。水绘园的特点如清初名士陈维崧在《水绘园记》中所说："绘者，会也。南北东西，皆水绘其中，林峦葩卉，峡坞掩映，若绘画然。"这是依托水网纵横之地貌条件而突出水景之美的典型构园实例。

有些园林根据地貌特点而减少水景的权重，只是予以轻描淡写的点染，比如江苏泰州日涉园（图 4-6）。

---

① 详见计成：《园冶·相地》，见计成原著，陈植注释：《园冶注释》，中国建筑工业出版社，1981年，第49页。

图 4-6　江苏泰州日涉园

▲体量适度的假山以及假山上脉络起伏的山涧、沟渠等构成了庭园中与厅堂相对的主景——山上林木葱茏，有亭翼然，侧近处的一线涧水和洞壑将山势延伸到远处，并且与小山脚下的厅堂、竹林等形成刚柔、动静、虚实等多重的艺术对比。这种配置是小型文人园林中常见的布局方式。

这些随处变化的面目与手法都是"卜筑因自然"原则的具体实施。

再看文人园林通过叠造假山而造就类似自然山野的景观与气象。文人园林中的山景，大都刻意追求古拙奇崛、姿态万千的风貌，比如中唐士人领袖之一牛僧孺园林中的假山就竭力追求具有"三山五岳，百洞千壑，觊缕簇缩，尽在其中。百仞一拳，千里一瞬，坐而得之"的气势[1]。现在仍可见文人园林遗构中具有典范性的叠山艺术实例，比如苏州环秀山庄气势逼人的大假山，再比如建构于明代的苏州耦园的黄石假山（图4-7），体量虽然并不太大，但却岩壑纵横、气势雄奇，颇有"峰峦崛起，千叠万复"的气象，又比如

---

[1] 白居易：《太湖石记》，见顾学颉校点：《白居易集·外集》卷下，中华书局，1979年，第1544页。中晚唐以后，爱好太湖石越来越成为风气，所以相关文献记载很多，比如晚唐吴融的《太湖石歌》："洞庭山下湖波碧，波中万古生幽石。铁索千寻取得来，奇形怪状谁能识。"见彭定求等编：《全唐诗》卷六八七，中华书局，1960年，第7898页。

扬州个园的黄石大假山（图 4-8）也是叠山名作。这些构思奇伟、手法之力度沉雄不凡的叠山之作，往往是古典名园中最重要的艺术手笔。

图 4-7　苏州耦园黄石假山

图 4-8　扬州个园黄石假山

另外，还有一些别出心裁的垒石叠山之作，比如无锡寄畅园中的八音涧（图 4-9）。

图4-9　无锡寄畅园中的八音涧

▲"八音"是中国对音乐传统的概括性称谓,而在园林中叠构出流水在山涧之间曲折穿行同时发出潺潺音乐声响的假山和水系,这不仅说明造园中叠山和理水技巧所达到的艺术水平,更鲜明表现出中国文人园林对"自然""天籁"美学境界的崇尚追求。

比较现存古典园林诸多遗构可以知道:叠山是最为仰赖深厚技艺传统、在诸多造园艺术技巧中难度最高的部分。比如仅仅是将石料结构成为完整的山体,其手法就分为安、连、接、斗、挎、拼、悬、剑、卡、垂、挑等很多具体的技巧[1]。在这样的技术基础上,如耦园、环秀山庄等优秀的叠山之作才能够呈现千岩万壑的自然气象;而一旦艺术功力趋于颓唐,其叠山作品可能令人不忍直视。典型的例子比如浙江海盐绮园中的假山(图4-10)。可见叠山技能的力有不逮也是晚清以后造园艺术水准急遽衰落的重要表征之一。而通过上述的优劣对比,我们也不难体会出叠山艺术在造园中的地位。

在"山水园"基本架构确定之后,园林中的无数景观细部同样要竭力体现"卜筑因自然"的造园原则,图4-11、图4-12是一些具体的例子。

---

[1] 详见中国科学院自然科学史研究所主编:《中国古代建筑技术史》,科学出版社,1985年,第490—492页。

图4-10 浙江海盐绮园中的假山

▲晚清时期,造园艺术水平大大衰落。但是人们往往还是模拟前代遗留下来的园林格局,沿袭以小土丘象征昆仑、以盆池勺水象征江海意境的写意方法,于是使园林艺术在陈陈相因中渐渐失去生气。以建于同治十年(1871)的绮园为例,此园中的假山虽然体量可观,但是叠石如同累砖,干是面目粗鄙,毫无真实山势的脉络气度可言。

▶我们可以注意《荷亭消夏图》画面中从园林外部通向荷亭的小桥,是充分保留与利用了水中原有的诸多块石,以其为基础架连几处简单石板而成。诸如此类的手法体现着中国古典园林"卜筑因自然"的原则,不仅营造出疏朴天然的山野气氛,而且使小桥含蕴了天籁般的自然韵律。此画的尺幅与存藏处等具体资料不详,从作品风格、笔法等等来看,此画作显然不是南宋作品,而可能是明代浙派画家的手笔。

图4-11 (传)刘松年《荷亭消夏图》局部

第四章 简说中国古典文人园林（中篇）· 159

图4-12 文人园林中再现自然的实例之一

▲ 此园林中，造园家不仅叠造出粗砺峥嵘的假山，还在山脚下的溪涧中布置了供涉水之用的踏步石，并特意叠造得有几分险峻之象，这些细节的处理都显出其叠山技艺的精到细致（可以与图4-11中的石踏步相对比）。但是园林的现代管理者不识造园家用心，在其周围布置了修剪成人工造型的灌木，于是就破坏了当初造园家再现自然的艺术立意。

再比如文人园林中的水池驳岸，往往要用心营造出山野林壑之间的奇崛嶙峋景观效果，如上海秋霞圃（图4-13）和醉白池（图4-14）。

图4-13 上海嘉定秋霞圃中的水池与驳岸

图4-14 上海松江醉白池中的水池与驳岸

▲造园家用黄石叠造出颇具几分岩壑峥嵘气象的山脚与水岸,于是使得体量不大的山丘与水池具有耐人品味的可观赏性。

在空间狭蹙庭园中安置形貌奇伟的山石,作为体现文人向往山林的一种表意(写意)符号,这也是古典园林构园的传统手法。尤其对于体量较小的单件山石,人们的选置更为经意,白居易曾经描写他园林中的奇石:

苍然两片石,厥状怪且丑。……孔黑烟痕深,罅青苔色厚。老蛟蟠作足,古剑插为首。忽疑天上落,不似人间有。[1]

这也是说此山石具有奇崛不凡的形貌和气势。随着这种追求的普及,人们开始有意识地造就园林山石的卓异品貌。据宋代文献记载,当时的造园家如果发现形态比较出色的太湖石,就会对之做进一步的整修琢造,然后将其沉入太湖水中,经过若干年的风浪冲刷,待其纹理形态变得如同天然生成的时候,再将它从水中取出以供造园之用。[2]后来人们更总结出了瘦、漏、绉、透的园林山石审美标准。而造园家搜集品相优异的奇石,这更形成了竞相追求的风气,其相关遗迹(图4-15)我们现在还经常能够看到。

---

[1] 白居易:《双石》,见顾学颉校点:《白居易集》卷二一,中华书局,1979年,第461—462页。
[2] 详见拙著《园林与中国文化》(上海人民出版社,1990年)第164页引南宋杜绾《云林石谱》及南宋范成大《范石湖集》《吴郡志》等诸多史料中的相关记述描写。

图4-15 北京文人园林名石之青云片

▲ 单置峰石（往往配以精致的基座）常常是园林庭院中重要的观赏对象，这类峰石使小尺度的庭院改变了原本比较单调的空间形态与景观形态。中国造园史上有许多流传有序的著名峰石，青云片即是一例，它原为明代造园家米万钟收集，清代乾隆皇帝将其移至圆明园时赏斋景区。此石产自北京房山，体量硕伟，姿形空灵奇巧，乾隆曾写《青云片歌》咏赞："突兀玲珑欣邂逅，造物何处不钟灵。"石上现存"青云片"三字及题诗皆为他的手笔。此石与颐和园青芝岫石并称姊妹石，1925年移至北京中山公园。

而除理水、叠山、庭园中配置峰石等显著的构园环节之外，在塑造环境氛围的诸多细节上，文人园林也力求呈现出自然天成、翳然林水的韵味。比如人们珍视园林庭宇间的苍苔那种能够体现清幽境界的雅趣，所以唐代王勃《青苔赋·序》中就说："苔之生于林塘也，为幽客之赏。"正文更强调：

　　泛回塘而积翠，萦修树而凝碧；契山客之奇情，谐野人之妙适。……引浮青而泛露，散轻绿而承霜。①

这里他特别借"山客""野人"对"青苔焉，缘崖而上"等景色的倾心，来表达政治环境中的士人对隐逸文化的向往。后来描写园林景色更有许多着眼

---

① 王勃著，蒋清翊注：《王子安集注》卷二，上海古籍出版社，1995年，第41页。

于"苔色"的传世名句,例如王维的"返景入深林,复照青苔上"[1]"轻阴阁小雨,深院昼慵开。坐看苍苔色,欲上人衣来"[2],刘禹锡的"斯是陋室,惟吾德馨。苔痕上阶绿,草色入帘青"[3]等,他们都是看重池畔庭间苍苔的蔓延是如何自然而然烘托出园林恬静幽奇、摈落繁华之品格的。

所以诸如此类众多的造景手法(第五章还将举更多例子),虽然看似随意点染,实际上却往往蕴含深意,它们结合一体共同营造出了"卜筑因自然"的文人园林风格。

二、精而合宜:配置诸多景观元素与营造空间韵律的匠心

我们还应该注意:"卜筑因自然"这一宗旨所强调的,是造园艺术呈现出的是一种摒弃刻意雕琢、为绳墨束缚的造作面目,从而模拟或营造出具有自然气息的环境。但是同时,中国古典园林所崇尚的远远不仅只有"率意任真""崇尚自然"这样一些文人化的美学理念。因为作为一种以复杂景观要素与大尺度空间形态为基本造型对象的艺术形式,中国园林优秀之作所以能够成为艺术设计的经典,还因为造园家精心安排与配置各种复杂的景观元素,同时精心设计安排园林空间体系中非常复杂的结构关系与比例关系,这也就是《园冶》中再三强调的"精在体宜""精而合宜""巧而得体"[4]。

下面举出几则例子(图4-16、图4-17),从中可以看出:构园、冶园艺术的核心,即在于对各种景观元素与景观空间的精心结构与配置。

---

[1] 王维:《辋川集·鹿柴》,见王维著,赵殿成笺注:《王右丞集笺注》卷一三,上海古籍出版社,1961年,第243页。
[2] 王维:《书事》,见王维著,赵殿成笺注:《王右丞集笺注》卷一五,上海古籍出版社,1961年,第274页。
[3] 刘禹锡:《陋室铭》,见董诰等编:《全唐文》卷六〇八,中华书局,1983年,第6145页。
[4] 计成:《园冶·兴造论》,见计成原著,陈植注释:《园冶注释》,中国建筑工业出版社,1981年,第41—42页。

图4-16　苏州网师园中一景

▲这是中国古典园林以精致的造园手法而使园景呈现出"结构美""比例美"乃至"绘画美"的佳例之一：画面用色相当简约，只有墙面的白色、屋瓦的黑色、建筑构件的土赭色、植物的绿色与山石的灰色等有限的几种颜色，但是由于色彩的运用是与线形、景物的层次、比例运用很好地结合在一起，所以毫无单调之感。相反，飞动的线形将各个景观局部和景观层次的色彩一一突显了出来，比如：墙脊和屋脊的黑色线条勾勒出的天际线，使整座园林景观具有构图上的完整性和稳定性；而大面积白色墙面的雅洁风格，又与回廊、假山等景致的精巧宛曲风格形成了对比和衬托；水面在色彩和意态上的流动感，又与建筑山石造型上的结构感和色彩上的质重感形成对比和衬托……

尤其需要注意的是：园景画面中各种景物的尺度比例（比如曲线和直线各自的位置和比例，水轩屋顶和屋身的尺度比例，水轩的体量与游廊、山石、墙面之间的比例，等等），方位的选择设置，形态和韵律的起伏转折、各种变化等等，所有这些复杂之处的筹算权衡都达到了高度的精准和谐，没有任何的草率龇龉。所以，以这种精审复杂的构景手法为基础，造园家就可以用看似十分简约的物质材料造就出内容生动丰富的画面。换句话说，这类园林景致的可观，在表面上是山水、花木、建筑等呈现出的直观画面，但在更深的层面上还是诸多景观要素之间那种精致的结构关系与和谐的变化韵律。

图 4-17　广州余荫山房中的廊桥

▲余荫山房中的廊桥的优美造型不仅在非常局促的空间内大大丰富了水面建筑的观赏性,更主要的是,它通过对多层次空间和景物(几处水池、假山、房舍、花木等)隔中有通、通中有隔的结构关系,造成了空间和景物上的变化韵律,同时也使有限的园林空间具有丰富的透视感。由此可见,中国园林艺术对于每一处具体景观的处理,都需要将其置于园林整体景观的结构考量之中。

由图 4-16、图 4-17 等景致,我们还可以顺便理解江南园林(尤其是文人园林)运用色彩的美学特点:古典中国没有西方艺术那种对丰富色系(比如十三个色系等)的条分缕析与复杂运用,相反常常是以最简单、反差最鲜明的黑白两色对比来代表宇宙间的万色缤纷,即《老子》第二十八章所说的"知其白,守其黑,为天下式"。承袭此意,后来的中国山水审美也常以黑白两色对比来表现天地之间色彩的无穷变化,王维《送邢桂州》中名句"日落江湖白,潮来天地青",后一句即是说大潮奔涌而来之际,天地万物都为之晦暗下来而接近了黑色("青"就是黑色),因而"天地青"与"江湖白"彼此对仗。中国古典山水画尤其强调上述用色范式,例如岑参《刘相公中书江山画障》:

相府征墨妙,挥毫天地穷。始知丹青笔,能夺造化工!……粉白湖上云,黛青天际峰。[1]

这里"粉白"与"黛青"的两色对比乃是对天地之色相的完整涵盖;同时,黑白两色的对比恰恰又与山光水色这两大景观要素的映衬融为一体。因此画理,我们就可以知道为什么江南文人园林的色彩使用,特别重视粉墙黛瓦这黑白两色的对比(另参见本书图2-8、图4-46等)。

下面继续看文人园林景观构造的例子,如苏州艺圃门洞(图4-18)。

◀门景是江南园林中的关键营造之一,对于表达园林的时空理念、建筑的理想风格等具有重要意义。苏州艺圃门洞是文人园林门景的佳例之一:山石之侧,洞门将小院中的动人景色漏出些许,园门与小桥的衔接更暗暗催促游人跨过园门和小桥去品味园中的山水;而洞门之内再套下一洞门,尤其意在告诉游人此间境界有"庭院深深深几许"一般的延绵不尽。由此景可见:优秀的园林设计需要有对于空间序列和景观序列的精审度量与缜密安排。

图4-18 苏州艺圃门洞

文人园林中类似的精湛构园手笔还有许多,比如第五章中介绍的苏州网师园"真意"一景(图5-5),如果将这些例子纵观统揽,那么我们对于园林景观的构造技艺可以有更深切的理解。

尤其重要的是,中国园林独有美学品格的精妙之处就在于:所有这些复杂景观要素齐备周详的设置,尤其是它们之间密切逻辑关联的建构,都

---

[1] 见彭定求等编:《全唐诗》卷一九八,中华书局,1960年,第2084页。诗题中的"江山画障",即指用作室内装饰的山水画大屏风。

巧妙地隐含在自然化、富于亲切舒展韵律的园林景观序列与空间序列之中，也就是计成《园冶》强调园林艺术所追求的"巧而得体"[①]"虽由人作，宛自天开"[②]。

那么如何更真切地理解体会构景及其结构性手法在古典园林中的意义呢？窃以为不妨以古典诗词来做比较与比喻。大家都知道：中国古典文学中的近体诗歌都必须遵守相当严格与复杂的格律，但是当古典文学的技巧体系充分成熟以后，这些严格与复杂的格律就如食盐入水一样完全融会在了文学内容的表达之中，比如我们读唐诗"白日依山尽，黄河入海流。欲穷千里目，更上一层楼"，读宋词"众里寻他千百度，蓦然回首，那人却在灯火阑珊处"等无数名篇名句，恐怕谁也觉察不出来那些极为流畅自然的意境表达背后，其实还有着非常严格的文学体例与音韵格律要求。诸如平仄声韵规则、对仗规则、各种词性的使用规则等等贯穿在这些名篇名句的每个字词的背后，于是不仅成就出超凡的文字之美，而且将诗句意境寓于充满音乐性的韵律之中。而古典园林的构景艺术手法存在方式和意义与格律对于近体诗的意义其实很相似。

所以我们欣赏古典园林的构园艺术，不应忽略的是三个关键：

第一，园林的空间序列的结构设计；

第二，园林诸多景观元素序列的结构设计；

第三，空间序列与景观序列这两者随时随处的融合，因此结晶出的极富韵律的精致美感。

中国古典园林的精妙在于：要尽量不露斧凿痕迹地设计复杂景观元素与空间变化的序列关联，并充分体现出这些艺术的设计与韵味。所以一般游人往往不容易察觉到，园林中无数的节点其实都包含这类极具匠心的设计。而我们要想读懂园林，就需要注意与理解这些建筑语言与空间

---

① 计成：《园冶·兴造论》，见计成原著，陈植注释：《园冶注释》，中国建筑工业出版社，1981年，第42页。

② 计成：《园冶·园说》，见计成原著，陈植注释：《园冶注释》，中国建筑工业出版社，1981年，第44页。

语言。

由于上述设计匠心,所以当面对优秀的园林作品时,游人感受到的是亲切精致、在自然而然中引人举步入内的那种景观序列与空间序列,而没有任何突兀、生硬、做作、夸张等戏剧性或强制性的建筑语言。就像本书图2-44所示苏州环秀山庄中一景、图4-16所示苏州网师园中一景那样:在体量很小的空间里,其实包含对各种景观元素在尺度、色彩、形态、质感、空间关系之变化等方面的精妙设计与全面权衡。所以说,这种高度自由的表达与缜密精严结构性设计两极之间无处不在的精妙互动与高度统一,乃是构园、冶园中的核心理念与技艺。

除网师园、拙政园中这些十分著名的园景之外,甚至许许多多看似平常、人们极少仔细体察的园林作品,同样蕴含着对园林景观元素序列与空间序列这双重的缜密结构性设计。例如本书图13-21所示江南园林在方寸之地内塑造出韵律美感与绘画美感的小例子,就是这种寓精微设计与权衡于看似平凡景象之中的实例。为了使读者能够透过其貌不惊人的园景而体会到构园之内蕴精髓,笔者还就此做了详细的解析说明,这些内容都可以与现在我们的议题和示例纵观统览。

在上述基础上,古典园林中还随处可见在建筑及其细部造型、景物色彩、楹联匾额、景观小品等方面对各种园景辅助元素的精心设计。苏州拙政园中一座体量很小的建筑与谁同坐轩(图4-19、图4-20),就是追求这种在高度精致化设计中蕴含赏心悦目的和谐配置乃至景观背后之诗意的实例之一。

总之,中国古典园林优秀之作所呈现出的"卜筑因自然"风貌韵致,是经过无数具体园景背后非常缜密设计而实现的,只不过这种功力深藏不露、不容易为走马观花的游客们察觉领悟而已。所以如果我们希望比较深入地理解古典园林的艺术方法,也就应该透过看似平凡的表面而注意到匠心独运的精湛之处。

图 4-19　苏州拙政园与谁同坐轩外景

图 4-20　苏州拙政园与谁同坐轩内景

▲"与谁同坐"典出苏轼《点绛唇·闲倚胡床》"闲倚胡床,庾公楼外峰千朵。与谁同坐,明月清风我",写出山川日月、园中景物与审美者心境的完全融合。小轩中的楹联为"江山如有待,花柳更无私",更进一步写出园居者与山水花木等自然景物之间相互亲和、相互期待的心灵交流与默契。这种赋予景物以充分生命意态和文化品格的审美方式,与中国哲学的有机自然观有很大关系,并且在文学艺术史上早有著名范例,比如李白所说"举杯邀明月,对影成三人"。而在造园艺术中,这类写意手法所调用的物质手段虽然非常有限,但是创造出的文化含量相当丰富,其艺术境界尤其深可玩味。

同时这类建筑体量之小巧、造型之灵秀雅致、诸多细部(如窗的造型、匾额的安排、石桌凳在形态上与建筑的呼应等)设置之精审,也都鲜明地表现出造园家用心的精意不苟。

三、建筑风格与室内外装饰艺术的特点

在建筑风格上，文人园林与皇家园林、寺院园林有着鲜明的对比：与皇家园林和寺院园林中随处可见的那种富丽堂皇的风格迥然不同，文人园林中的建筑总是力求呈现亲切质朴、富于生活情趣的韵味，对于不同建筑的设置与组合，则注重其功能、空间形态和艺术造型上的变化，并以此赋予整座园林以流畅的空间韵味（例如本书图1-7所示苏州耦园沿水游廊、图4-16所示网师园建筑等等）。特别是南方文人园林中的建筑，曲线生动而富有弹性，墙体和屋顶多是分别用黑白两色以形成明快的对比，木构件上的彩绘则多用青绿、赭色等质朴的色调，同时配以造型丰富雅致的栏杆、隔扇、漏窗等等。

体现文人园林中建筑艺术风格的佳例很多，下面略举几则。先来看苏州拙政园中的见山楼（图4-21）、苏州狮子林中的扇面亭（图4-22）。

图4-21 苏州拙政园见山楼

▲文人园林中的楼台等较大型的建筑，也充分注意与周围山水等自然景物及整个园林主旨的和谐统一。苏州拙政园见山楼就注重与池、桥等园景的组合。"见山"取陶渊明"悠然见南山"的诗意。

170 · 溪山无尽：风景美学与中国古典建筑、园林、山水画、工艺美术

图4-22　苏州狮子林扇面亭

▲文人园林中的建筑往往设计得比较灵动可亲，并且尽量与山水花石等自然景观相互融合协调，前示苏州拙政园与谁同坐轩等也是这样的典型例子，可以与苏州狮子林中的扇面亭联系对照来看。这些灵动新巧的建筑造型，大大增强了园林艺术形象的丰富性。

在建筑装修上，文人园林往往运用能充分体现文人阶层人格理想与文化情趣的图案式样，比如园林中室内的木槅扇门裙板上常雕刻特定的文人题材的山水庭园图案与博古图案（图4-23）。

图4-23　苏州怡园坡仙琴馆木隔扇门上的浮雕

▲左图为苏州怡园坡仙琴馆木隔扇门上的山水庭园浮雕图案，右图为坡仙琴馆木隔扇门上的博古浮雕图案。

又比如苏州耦园水阁山水间的"岁寒三友"透雕落地罩（图4-24），其式样是全副黄杨木透雕松、竹、梅"岁寒三友"，相传这件体量可观、保存完好的作品是明代艺术家的手笔，所以相当珍贵。类似的例子，还有江苏如皋水绘园中的竹石图案透雕落地罩（图4-25）。

图4-24　苏州耦园山水间水阁中的落地罩

图4-25　江苏如皋水绘园居室中的落地罩

探讨这类建筑装饰产生的文化背景，还可以联系到下文将要叙述的宋代以后松、竹、梅等寄寓士大夫人格理想装饰题材的日益流行。

此外，突出琴棋书画的趣味，在文人园林建筑装饰中也很常见，如苏州狮子林墙面上的琴棋书画题材的漏窗（图4-26）。类似的装饰手法，我们在苏州沧浪亭等园林中也可以随处看到，可见其流行。

图4-26　苏州狮子林墙面上琴棋书画漏窗局部

文人园林建筑物装饰诸如此类的细节，都与皇家园林、寺院园林的风格有着相当明显的不同。

四、室内陈设艺术的特点与文化气质

室内陈设也是文人园林艺术中的重要组成部分。概括地说，室内装饰陈设的基本原则有二：一是室内艺术风格与整个文人园林自然清雅的风格协调；二是要充分表现士人阶层特有的文化气质和风范。

实现这样的美学境界当然不是一日之功，我们先看汉晋时代人们所习惯的室内陈设装饰之面目与宋代以后情况的巨大区别。从《列女仁智图》（图4-27）可见汉晋时代室内装饰与陈设品的种类尚且相当有限，常见的仅有屏风、灯具、成套食具、博山炉、有限的小型家具（如凭几）等。室内陈设的这种简单疏落局面，在大量汉画像砖石作品、北朝线刻画中都有充分展现。

图4-27 （传）顾恺之《列女仁智图》局部
绢本长卷，浅设色，全卷25.8厘米×417.8厘米

▲《列女仁智图》旧传为东晋顾恺之所作，现故宫博物院藏本为南宋摹本，它保存了较多汉晋时期风俗的面目。

但室内陈设上相当简陋的局面，因为中国文化在中古时期（两晋南北朝、隋唐时期）的巨大发展而有了全面改观。于是，这一时期出现一些比较零散但对于以后趋势来说有显著意义的例子，比如北魏正光六年（525）《曹望禧造像》，其基座上刻绘的《礼佛图》包括男女供养人及侍者、车马的行列，队列中有一侍女，她捧举着一具造型优美的莲座长柄灯。[①]

另如洛阳龙门石窟北魏皇甫公窟浮雕中一个局部，虽然仅仅是佛教造像群中的附属陈设装饰——宝瓶莲花（图4-28、图4-29），但具有着较高的艺术水准。

---

① 参见北京故宫博物院网站藏品铭刻类中马衡捐献《清拓北魏曹望禧等造像残座轴》，网址：https://www.dpm.org.cn/collection/impres/230302.html。

▶皇甫公窟完工于北魏孝昌三年（527）左右，窟内南壁与北壁下的两幅《礼佛图》具有重要价值（南壁为皇甫公夫妇《礼佛图》，皇甫公是胡太后的舅舅皇甫度）。礼佛行进队伍的画面中，众宫女有的手擎华盖，有的手捧莲蕾，鲜明体现出对美的追求与显扬已经成为宗教崇拜仪式中的重要内容。在石窟主尊左侧一尊供养菩萨与一尊思维菩萨之间浮雕一花瓶，瓶中挺立数枝莲花，并且上下对称地雕刻出两对饱满花叶，除此之外还有三朵分别初开、正开、开后等不同形象的莲花；而莲花主枝上欲开的莲苞花蕊之中端坐化生童子。总之，这尊花瓶兼具生动的写生形象与彰显宗教教义的写意意趣，有着极佳的装饰效果。

再者，这处浅浮雕的几枝莲梗与一上一下两片巨大莲叶，不仅异常饱满生动、画意宛然，而且更鲜明体现着古典雕刻与书画艺术"骨法用笔"之间的血脉一体，由此可以一眼看出北魏盛期以后艺术成就的根基所在——《皇甫度造石窟寺碑》为龙门"造像记"众多名碑之一，体现着北魏太和之后丰碑巨碣层出不穷潮流下书法艺术风格的日益绚丽多姿，比

图4-28 洛阳龙门石窟皇甫公窟后壁的宝瓶莲花与其右侧的供养菩萨（任凤霞摄）

如我们看《龙门二十品》等这一时期书法代表作则可以知道，在皇甫公窟之前约二十年的《比丘法生为孝文皇帝并北海王母子造像记》（景明四年，即503年刊刻）等作品，就已经追求用笔的圆润流丽与谋篇布局的均称舒展。因为有了这样的百花齐放，所以康有为评论总结魏碑书风，就是将《司马升》如三日新妇，虽体态媚丽，而容止羞涩"与"《始兴王碑》如强弓劲弩，持满而发"等排比纵观（详见康有为《广艺舟双楫·碑评第十八》）。所以表面上我们述及的仅仅是一件小小的浮雕花瓶，其实它内蕴中的艺术关联却相当深远。

宝瓶莲花右侧的这尊供养菩萨是北魏石窟艺术中最美菩萨浮雕立像之一，她合十侧身，手捧莲蕾，步履半行半止，于是天衣的衣纹尽在细微飘动之中宛然低垂；虽然头部全被盗损，但娴静婀娜之态竟然丝毫不掩；尤其是捧出莲花而展露的双手与双前臂，其肌肤极具丰腴秀润之美。这身立像菩萨与她左侧半跏趺而坐的思维菩萨，间隔着花瓶，动静举止又有对比与呼应，显示出整铺浮雕在布局设计上的独特匠心。总之，此宝瓶莲花看似闲笔点缀，其实却有举足轻重的画面效果。

图 4-29　洛阳龙门石窟皇甫公窟后壁的宝瓶莲花与其左侧的思维菩萨（任凤霞摄）

▲宝瓶莲花与其左侧的思维菩萨（头部与整个左臂残损，只留下比较完整的头缯）也是绝配：菩萨一足踏在仰莲之上，天衣的下摆轻敷在半跏趺一侧的腿上，以极有限的几条曲线就完美地表现出衣饰的轻盈飘动，与汉代画像砖石画面中那种古朴质拙的线形相比，可以鲜明地看出中古以后因为佛教艺术兴起等原因，历史悠久的线刻艺术之中前所未有地融入了深秀飘逸与蕴藉含蓄风格——这些与宝瓶莲花的隽雅相互衬托，形成极有韵味的智慧之美的内涵。

总之，这组浮雕及线刻不仅是北魏洛阳风格时期石窟造像中的神品，对于室内陈设艺术来说，也具有崇高的品味与极洗练生动的表达。

这一时期，因为被赋予了重要的宗教意义，所以瓶花（尤其是瓶插莲花、忍冬花等等）迅速成为最为流行的装饰艺术品。结合上示龙门石窟中的图像，从山西大同市北朝艺术博物馆所藏北魏佛造像背屏纹饰中的浮雕瓶插荷花（图 4-30、图 4-31）、北魏忍冬纹石雕棺床床脚处的浮雕瓶花（图4-32），可以有更丰富的理解。

图 4-30　北魏佛造像背屏纹饰中的　　图 4-31　北魏佛造像背屏纹饰中的
　　　　 浮雕瓶插荷花之一　　　　　　　　　　 浮雕瓶插荷花之二

图 4-32　北魏忍冬纹石雕棺床床脚处浮雕瓶花

瓶花流行的情况还可以找到很多精彩例子，如山东省博物馆藏北魏正光六年（525）贾智渊造一佛二菩萨石造像，其主尊背光也刻有两组左右对称的浅浮雕莲枝，一共六枝。其姿形挺拔隽秀，神采焕然，而且雕刻者对荷花的意态做了夸张的写意处理，使得荷花的装饰性更为突出。这些花枝（以及主尊头光的大花环）与背屏上部十一身伎乐飞天的曼妙舞姿形成动静上的对比，造就出这件绝美的背屏。

将这众多例子相互参看就可以清楚了解到：在佛教文化的整体推动下，中国装饰艺术在中古时代，从体系到细部都有了巨大发展，并因此大大改变了室内装饰原来比较粗疏的面目。

从一些著名唐代壁画的内容中也可以知道，当时贵族日常生活中会用盆景作为装点（图4-33）。美国学者薛爱华在其名著《撒马尔罕的金桃》一书中，比较详细介绍了唐代流行用珍贵材料制作盆景的情况：

图4-33　唐章怀太子墓甬道东壁壁画中手捧盆景的侍女

十世纪时，孔雀石有了一种新的用途。……这时在社会上开始盛行陈设微型山景的风气。尤其是盛放在盒、盘中的峻峭嵯峨的微型山景，更是备受人们的喜爱。……（汉代博山炉之后）为了使这些微型山景增添一种写实的效果，大约从七世纪初期开始，在远东的一些地区出现了用石头制作的假山，以取代类似金属或陶器之类的人工制品。由朝鲜百济国赠送给日本推古女天皇的盆山就是一个典型的例证。……过了三个世纪之后（十世纪初），我们开始见到用昂贵的青、绿矿石构造的微型山景。①

20世纪70年代在新疆唐玄宗时期古墓中出土的绢花（图4-34），至今虽已一千多年，但仍然姿形色质鲜活如生，足以印证当时室内装饰陈设艺术所具有的工艺水平。

中古艺术史上这些虽然零散但让人印象深刻的例子，说明宋明以后室内装饰艺术的大发展，其实蓄势已久。

宋元以后，由于高足家具的流行、室内小木作艺术的发达（现在山西的一些辽金建筑，室内还可以看到天宫楼阁、佛道帐等大型细木工艺品的遗珍），于是有了远比以往便利的展示平台，所以品类众多的陈设品展示成为室内装饰艺术的潮流，古典前期室内艺术那种简单局面与质朴风格有了大的改观。对此，本书第十章中《明皇避暑宫图》《高士临眺图》《风担展卷图》《月夜看潮图》《深堂琴趣图》等大量画作都有真切细致的描绘。

图4-34　唐代绢花
高32厘米，出土于新疆阿斯塔那唐代古墓

具体来说，我们今天比较熟悉的室内装饰陈设的主要门类包括家具、灯具、帏幔屏风、文玩字画、熏香器等等。而随着中国园林室外构景艺术的逐步成熟，人们越来越多地在精心打造园林室外景观的同时致力于室内陈设艺术的发展，目的在于以此构成室外与室内相互统一的高度艺术化环境。于是，人们开始将五花八门的室内装饰陈设器物整合成为风格完整统一的室内装饰艺术体系，并且与园林的室外景物风格协调融合在一起，从而形成更加完整精致的文人园林艺术体系。

例如，五代、两宋时山水画迅速发展并成为画种中的主要形式，而绘

---

① 薛爱华：《撒马尔罕的金桃》，吴玉贵译，社会科学文献出版社，2016年，第561—562页。

画艺术的这种局面影响于文人园林，就使得将绘有大幅山水画的屏风作为重要的室内陈设品从这时开始流行，如元代佚名画家《四孝图卷》（图4-35）所展示的那样。

图4-35　佚名《四孝图卷》局部
绢本设色，全卷38.9厘米×502.7厘米

▲ 本图可以视为对园林的室外景观与室内陈设予以统一表现的例子：为了更充分表现室内的复杂物象，画家甚至舍弃了对屋宇的描绘，从而将室内的陈设布置与室外的园林空间贯通一体，中间以写意方式略加云翳作为室内外空间分隔的示意。

文人园林中室内陈设发展到宋明以后成为专门的艺术门类，所涉及的艺术品种类繁多，其中几乎所有具体门类后来都发展成为具有自己特点的艺术分支，笔者旧文《中国古典居室的装饰艺术及其美学意蕴——以〈红楼梦〉对"大观园"室内装饰艺术的描写为提示》[①]已有比较全面的介绍，本

---

① 此文是1994年笔者参加澳大利亚阿德莱德大学建筑系举办的中国古典园林研讨会时提交的论文；中文文本后名为《中国古典居室的陈设艺术及其人文精神——从"大观园"中的居室陈设谈起》，刊于中国艺术研究院主办《红楼梦学刊》1996年第1期；梅约翰等先生的英文译文刊于 *An International Quarterly*（published by Taylor & Francis Ltd., London & Washington,D.C.）1998年第3期。

书的第十五、十六章也有详细的叙述与大量举例,可以参看。这里仅举两图(图4-36、图4-37),以说明文玩书画的陈设在文人园林室内装饰艺术中的重要地位。

图4-36　宋元时期佚名《消夏图》
绢本设色,24.5厘米×15.7厘米

▲品赏与陈设文玩书画,是中国古典园林文化与室内艺术的一项重要内容。尤其是在宋代以后,"文玩学"日渐发达,成为士人文化艺术体系中一个品位很高的分支,许多著名的文人、造园家同时也是文玩书画的收藏和研究者。具体来看此图,它绘出园林风景之一角,内容包括精致的水池栏杆与池中碧莲,因此生动表达出人们在优美的园林环境中鉴赏陈设文玩书画的审美要求。与《四孝图卷》相似,画家在这里舍弃了对屋宇的描绘,将室内陈设布置与室外的园林贯通一体。

◀《历代名公画谱》全书共四册，以版画形式收录自东晋顾恺之至明万历时期王廷策共一百零六位著名画家的作品，题材包括山水人物、花鸟竹木等，每幅画后附名人书传题跋。因为是顾氏摹名画改为版画，故又名《顾氏画谱》。此图录自日本天明四年（1784）谷文晁摹明万历时期顾三聘、顾三锡刊本。顾氏称此图为摹写五代画家顾德谦原作，但画面显示显然不是五代而是宋代以后流行的室内陈设内容，所以托名顾德谦的版画母本，应该是南宋以后作品。

图 4-37　顾炳辑录《历代名公画谱》卷二中描绘园林收藏与陈列文玩书画的情况

总之，自从宋代开始，室内装饰与陈设成为由众多具体分支门类综合而成的艺术体系，这些分支艺术涉及家具装修等细木工艺作品（槅扇、落地罩、飞罩、博古架、书架等等），盆景瓶花，楹联书画及其装裱张挂，文房用具，瓷器、漆雕、玉雕、竹雕等陈列品等，足见其艺术含量与装饰性之丰富。

尤其要强调的是，宋代以后园林日益重视室内陈设装饰的趋势之中，影响力越来越突出的士人文化、士人品味成为发展动力的核心，所以宋代（尤其是南宋）以后，人们对于环境装饰艺术的热衷虽然是普遍潮流，比如熏香、插花、点茶、张挂书画作品这四桩"闲事"之流行，甚至到了街头熟食店也要精心于此道,以便吸引食客的地步①。但风尚之核心,还是士人文化趣味驱动下的追求室内环境雅化与诗意化,比如下面的典型例子(图4-38、图4-39)。

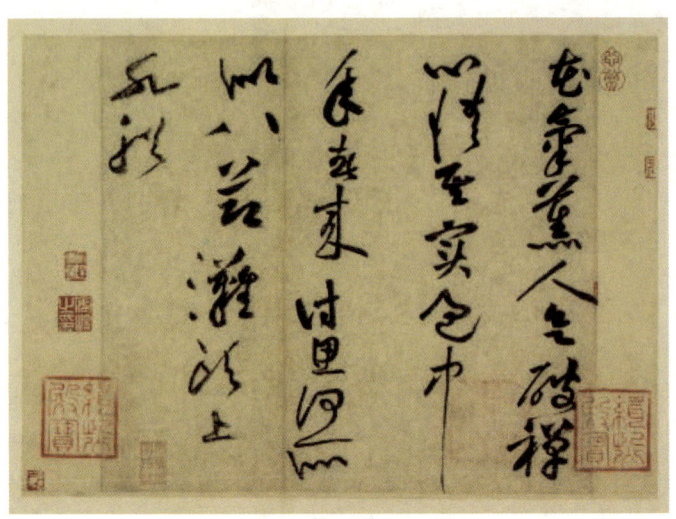

图4-38 黄庭坚《花气薰人诗帖》
草书,纸本册页,30.7厘米×43.2厘米

▲此作为宋代书法名帖,释文:"花气薰人欲破禅,心情其实过中年。春来诗思何所似,八节滩头上水船。"诗前原有黄庭坚识语:"王晋卿数送诗来索和,老懒不喜作,此曹狡猾,又频送花来促诗,戏答。"这里提到的王晋卿就是北宋士人园林文化史、文艺史上的重要人物王诜。由黄庭坚的叙述可知:彼此之间经常馈赠花卉,并且伴随以诗文往来,这已是宋代文人交往的重要方式之一。在此基础上,宋代文人赋予花艺以更加系统的美学内涵与更加精到的人格意义,例如大致与黄庭坚同时的诗人曾端伯,就以十种花卉为"十友":"芳友者,兰也;清友者,梅也;奇友者,腊梅也;殊友者,瑞香也;净友者,莲也;禅友者,蘑菇也;佳友者,菊也;仙友者,岩桂也;名友者,海棠也;韵友者,酴醾也。"②

---

① 吴自牧《梦粱录》卷一九"四司六局筵会假赁"条载:"俗谚云:'烧香点茶,挂画插花,四般闲事,不宜累家。'"卷一六"茶肆"条载:"汴京熟食店,张挂名画,所以勾引观者,留连食客。今杭城茶肆亦如之,插四时花,挂名人画,装点店面。四时卖奇花异汤。"见孟元老等:《东京梦华录(外四种)》,古典文学出版社,1956年,第303、262页。

② 褚人获:《坚瓠集·四集》卷三,《笔记小说大观》本,江苏广陵古籍刻印社,1983年,第126页。

图4-39　李嵩《花篮图》

绢本册页设色，19.1厘米×26.5厘米

▲由此图可见，宋代花艺非常讲究各色鲜花在形态与姿色上的配置，所以花篮中搭配了秋葵、栀子、百合、广玉兰、石榴等多种鲜花，共同构成了异常妍华端丽的形象。除此之外，竹编花篮也是非常精湛的附属工艺品，其美丽的纹样与花结形成了对篮中鲜花的生动衬托——装饰艺术整体趋于空前精致，是宋代艺术的典型特征之一。下文将要介绍的插花与相应各式器皿之间的精心配置、力求形色上相互辉映都是这一趋势的具体体现。

下面我们再以瓶花与盆景作为代表性的视角，来说明士人文化艺术的精神主旨如何大大促进宋明以后室内陈设的发展及其美学风格的定位。

中唐以后，盆景艺术成为文人园林中的重要景观之一，原因是这时文人园林的空间一般已经比较狭蹙，为了在有限的空间内构建尽量丰富生动的景观内容，造园家开始努力把叠造大尺度山水景观的成熟技艺浓缩到更小的天地之中，从而创造出同样能够体现自然山水情趣和文人审美精神的盆景。所以从园林文献史的角度来看，中唐以后的韩愈、杜牧、陆龟蒙等许多著名文人都曾热衷写诗描写当时的盆景艺术，这并不是偶然出现的现象。再比如宋代著名文人梅尧臣记述他所欣赏的一件盆景作品——"盆池中莲花、菖蒲，养小鱼数十头"，而就是这些具体而微的景物也同样寄寓了文人园林的一贯美学宗旨，所以梅尧臣对之赞叹："瓦盆贮斗斛，何必问尺寻。……户庭虽云窄,江海趣已深。"①

又比如我们读南宋杨万里《昌英知县叔作岁,赋瓶里梅花。时坐上九人七首》这组题咏瓶中梅花的诗歌,不仅可以见出诸多文士以欣赏瓶花作为新年雅集的主题,而且杨万里笔下这组诗竟有七首之多,足见他对欣赏瓶花意境体味的深入。其中的第二首与第三首为:

胆样银瓶玉样梅,北枝折得未全开。为怜落莫空山里,唤入诗人几案来。

酒兵半已卧长瓶,更看梅兄巧尽情。醉插寒花望松雪,人间曾有个般清。②

他所谓"唤入诗人几案来""醉插寒花望松雪"等诗句的立意,显然都鲜明地寄寓着士人阶层的审美内涵与精神旨趣。

再从一个很具体又看似微末的角度——盆花、瓶花器皿的极尽精雅,来看宋代以后室内装饰风格的精神内涵。如图4-40所示宋官窑青釉方花盆,有着温润动人的釉色,大开片更衬托出其造型的典雅含蓄,其风格体现的正是典型的宋代审美品味。

图4-40 宋官窑青釉方花盆
高9.2厘米,口边长15.3厘米,足边长13.0厘米

再举南宋时期的一画一瓶(图4-41、图4-42),作为印证上述审美风尚发展趋势的具体例子。

---

① 梅尧臣著,朱东润编年校注:《梅尧臣集编年校注》卷二三,上海古籍出版社,2006年,第680页。
② 杨万里撰,辛更儒笺校:《杨万里集笺校》,中华书局,2007年,第263页。

图 4-41　佚名《胆瓶秋卉图》

绢本设色，26.5 厘米 ×27.5 厘米

▲ 南宋佚名画家所绘《胆瓶秋卉图》表现了插花成为宋代室内装饰重要内容的情况，画家对菊花、花瓶等的描绘精丽雅洁，色彩极尽温润柔和；除此之外，由图亦可见花瓶基座木工工艺的空前精致，所以考古学大家宿白先生名著《白沙宋墓》中，专门以此图作为例证而说明家具艺术至宋代的空前水平及其对室内装饰艺术发展的极大促进（详见宿白先生所著《白沙宋墓》插图二六，以及插图三二举出的第一号墓后室东南壁壁画和宋徽宗《听琴图》中出现的高几）。宿白先生又说："室内布置桌、椅、机等家具，席、床上之陈设亦逐渐移置床下，于是室内床以外之空间逐渐扩大，新家具乃应新需要而逐渐产生。"这类带木足托架的花瓶的流行显然也是室内装饰艺术这种变化大趋势中的一个具体细节。

◀ 花瓶的造型简洁洗练，釉色典雅温润，等等，都直接体现着南宋装饰艺术的风格。而上文引述的杨万里诗歌，也是将欣赏瓶花与欣赏瓶具等量齐观，所以他说"胆样银瓶玉样梅"。显然，作为世界艺术史上顶级珍品的宋瓷，也是当时室内环境装饰中的重要组成部分。

图 4-42　南宋青釉长颈小花瓶

尤其是宋代以后，盆花、瓶花与专用细木基座等家具相互配置的情况已经普遍，如河北省遵化辽代张世卿墓壁画（图 4-43）展现了当时富贵人家生活中的一个场景。显而易见，这幅壁画中的盆花与基座的尺度、艺术风格等等，都经过了专门的配置设计，以呈现出两者相映生辉的室内装饰效果、文房韵致，甚至塑造出特定的礼制性氛围。

图 4-43　河北省遵化辽代张世卿墓壁画局部

以后的情况更容易了解。从大量的明代文献以及绘画、版画中，我们可以知道，盆景在明代文人园林的运用更为普遍。诸如张谦德《瓶花谱》、高濂《遵生八笺》等具有理论性的相关著作接踵出现；本书第十二、十三章引用的明代版画，其中有许多幅都详细描绘了明代园林居室中配置屏风、盆景、家具、文玩的式样及其在室内外的陈设方法，例如图13-28、图13-33、图13-35、图13-36、图13-37、图13-38、图13-43等等所示。

这时文艺学著作中有关盆景的内容也相当流行，例如《燕闲四适》（图4-44）、《瓶史》（图4-45）等。

图4-44 《燕闲四适》盆景图谱

◀《燕闲四适》为明代孙丕显所编，是收集琴棋书画著述的杂家类著作。全书共二十卷，分为琴适、棋适、书适、画适四大类。此本大致为明万历三十九年（1611）刊行。据图可见，当时盆景不仅式样众多，而且连花盆的式样、质地品相等等都已经非常考究。

▶《瓶史》全书有花目、品第、器具、择水、宜称、屏俗、花祟、洗沐、使令、好事、清赏、监戒等十二节，全面梳理了盆景的艺术标准、环境要求、文化品味、陈置与养护方法等内容。此本为绣水周氏家藏版，可能是明万历时期的刊本。《瓶史》作者袁宏道为当时文坛影响巨大的"公安派"领袖，所以他此著直接反映着当时文人园林对于室内陈设艺术的普遍倾心。

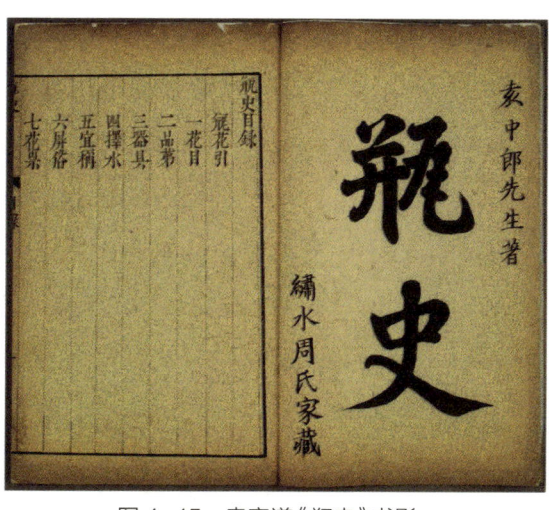

图4-45 袁宏道《瓶史》书影

由此可见，对于理解古典园林中室内装饰等具体艺术分支（诸如盆景等等）来说，把握其表象背后长期的发展逻辑是关键所在。

最后为了简括起见，我们以《红楼梦》中对探春居室中全套装饰艺术的描写为例，大致了解一下明清以后园林中室内陈设艺术具有怎样的精神内涵。

与潇湘馆的清幽雅洁、宛致幽曲的风格形成鲜明对照的，是大观园中探春秋爽斋室内陈设格调对探春性格的有效烘托。在《红楼梦》众多人物当中，探春是胸襟洒落、志向高远的典型，而她居室的陈设布置也就格外明快敞豁：

> 探春素喜阔朗，这三间屋子并不曾隔断，当地放着一张花梨大理石大案，案上堆着各种名人法帖，并数十方宝砚，各色笔筒；笔海内插的笔如树林一般；那一边设着斗大的一个汝窑花囊，插着满满的一囊水晶球的白菊。西墙上当中挂着一大幅米襄阳"烟雨图"。左右挂着一副对联，乃是颜鲁公墨迹。其联云：烟霞闲骨格，泉石野生涯。案上设着大鼎，左边紫檀架上放着一个大官窑的大盘……①

以上文字道出探春居室的几个特点：一是利用中国传统木结构建筑室内空间布局非常灵活的便利，屋中不施隔断，从而使室内空间阔朗明快。二是室内空间的风格与家具、字画、瓷器、铜器等陈设品的体量和风格协调统一，共同表现出探春神采飞扬、心志高远的性格。三是室内从家具到字画文玩等一切陈设品都十分高雅名贵，但绝不失于奢靡俗丽。例如汝窑和官窑瓷器皆为宋瓷中的珍品，其中尤以汝窑瓷器更为罕见，早在南宋时就已经极不易得。② 汝窑和官窑瓷器的色质又比较接近，多以清莹澄澈的淡青色为基调，呈现出极为含蓄典雅的艺术格调，所以为士人所深爱，再配以"水晶球的白菊"，就显得尤为秀雅温润、清新自然。探春室内的书画陈设也十分醒目：米芾（湖北襄阳人，故人称"米襄阳"）是北宋

---

① 曹雪芹、高鹗：《红楼梦》，人民文学出版社，1973年，第487—488页。
② 详见中国硅酸盐学会主编：《中国陶瓷史》，文物出版社，1982年，第284页。

声名显赫的文人书画家和古玩家,在绘画艺术上擅长水墨山水画,作品在当时即为王安石、苏轼等人所推重。而探春室内的"颜鲁公墨迹"(对联),则是曹雪芹为了强调探春室内书画的珍稀而虚拟的,因为对联是从五代以后才开始流行的,盛唐时的颜真卿当然不会有对联作品传世,这种虚写表现出了曹雪芹对室内陈设品文化品味上的一种理想;而且楹联上下句"烟霞闲骨格,泉石野生涯",也完全是隐逸文化传统之下对于园林美学的概括。而探春室内风格的第四个特点,是书案已经成为室内装饰艺术的核心。由书案把各种不同功能的家具陈设穿插组合成为风格高度统一、极富书卷气的整体艺术。这一特点在宋明以后的士人园林居室中日渐突出,体现出士人文化体系的高度成熟对园林艺术的深刻影响(详见本书第十六章第一节)。

总之,室内陈设艺术这种全面的发展与积淀,在很大程度上丰富了古典园林(尤其是文人园林)的景观价值、艺术与文化含量,所以值得做更加系统的梳理与介绍。

五、花木莳养中的文化品味与人格寄寓

花木莳养也是士人园林中重要的艺术内容与人格理想的表达方式。晚清著名学者、书画家吴大澂一副手书对联云"二分流水三分竹,九日春阴一日晴"[①],由此可见花木在园林艺术中的权重地位。

元明画家热衷于精细描绘园林中栽种莳养花木的具体场景,借此我们对于这方面的内容可以有直观的了解。比如元代赵孟𫖯、管道昇白描画代表作《鸥波亭图》(图4-46)描绘一处园林的景观内容:观景之用的主建筑

---

① 罗银胜《杨绛传》:"杨绛的住宅是一栋老式的多层红楼……客厅里没有太多的陈设,最显眼的是墙上挂的七言条联,上联'二分流水三分竹',下联'九日春阴一日晴',是主人的乡贤、清代金石学家吴大澂的篆书。"北京联合出版公司,2015年,第225页。

鸥波亭背靠苍劲的古柏与假山，亭前曲水悠悠，远山宛然在目；而亭子侧畔正有几人忙碌着栽种与移植竹子，情态非常真切。可见竹丛之景及其与观景亭、远山近水等的恰当配置，是建构此园的重要内容。

图 4-46　赵孟頫、管道昇《欧波亭图》
水墨绢本立轴，117厘米×54厘米

下面再看一则具体的图例，比如明代仇英《移竹图》（图 4-47）。

▶ 明代绘画中关于园林的内容常常相当写实，真切描绘了造园与园居生活实际场景的大量细节，仇英《移竹图》就是典型例子之一。画面中的园林以荷池、露台、书斋内外等为近景，展现出山石环绕、荷花盛开对于不规则水池舒展蔓延意态的锦上添花作用，尤其强调书斋内外空间之通透，营造出了建筑景观与山水花木等自然景观之间的充分融通与映照。在园景的衬托之下，临池垂钓、侍童烹茶、书斋内图书环列，都昭示着园主文化身份与其园居生活的内容，而这正是古典园林构园造景与营造士人文化氛围两相同步关系的写照。所以画面稍远处，仆役们忙碌于移栽翠竹，以此营造出观景亭掩翳在竹丛斑驳光影中的优雅韵味，这些都非常自然地与近景的丰富内容相互衬托、相互衔接。

图 4-47　仇英《移竹图》

立轴绢本，青绿设色，159.5厘米×63.9厘米

尤其值得注意的是：文人园林中花木在景观美化上的意义，经常是与揭示、塑造园主人格理想密切融为一体的。例如东晋诗人陶渊明嗜爱风格清雅高洁的菊花，中唐时期的著名文人和造园家白居易明确提出了对自己园林的花木取舍原则是："厌绿栽黄竹，嫌红种白莲。"① 也就是说与其他园林相比，文人园林更加崇尚姿质清秀淡雅的花木，而摈弃形态富丽艳俗的花木。白居易在《养竹记》中将自己珍视竹子、在庭园中种植竹子的原因述说得非常明白：

> 竹似贤，……竹性直，直以立身；君子见其性，则思中立不倚者。……竹节贞，贞以立志；君子见其节，则思砥砺名行，夷险一致者。夫如是，故君子人多树之为庭实焉。②

我们说，以中唐白居易为代表而确立的这些美学理念，对于以后中国园林（尤其是文人园林）的长期发展具有特别重要的意义。因为士人文化以竹寄寓人格理想的方式有了日益广泛的影响，所以中唐以后文学史与绘画史上描写描绘竹子及其品格与风韵的作品越来越多，例如白居易除写有《养竹记》之外，又写了《画竹歌》等记述当时画家画竹的情形及其画作的美学内涵。宋代以后赏竹更是蔚为风尚，于是就有苏轼《文与可画筼筜谷偃竹记》等在宋代审美理论中具有重要地位的名篇产生，由此愈加使得养竹、咏竹、画竹成为中国士人艺术活动的重要内容。容庚先生的长篇论文《记〈竹谱〉十四种》对大量关于画竹绘画理论著作的产生有详细梳理，可以参看。③

在宋代，由于著名文人林逋、周敦颐等人的推崇，梅、莲、兰等花木更具有明确的理想人格等寓意，由此成为以后文人园林中最常选用的花木品种。这些花木与其他园林景观的有机组合，更使得整座园林呈现一种优美雅致的特色与富于书卷气的艺术品格，相关绘画也日渐流行，例如宋代佚名画家的《秋兰绽蕊图》（图 4-48）及南宋赵孟坚的《墨兰图》（图 4-49）。

---

① 白居易：《忆洛中所居》，见顾学颉校点：《白居易集》卷二五，中华书局，1979年，第556页。
② 白居易：《养竹记》，见顾学颉校点：《白居易集》卷四三，中华书局，1979年，第936—937页。
③ 见曾宪通编：《容庚文集》，中山大学出版社，2004年，第151—180页。

图 4-48 佚名《秋兰绽蕊图》
团扇，绢本设色，25.3厘米×25.8厘米

图 4-49 赵孟坚《墨兰图》
纸本淡墨，34.5厘米×90.2厘米

在日益追求雅化的趋势之下，宋代以后文人园林越来越崇尚莳养兰、竹、梅等表达人格寓意的花木，同时通过众多园艺著作而系统地彰显其美学品格。其著名例子，比如本书第十三章提及的南宋宋伯仁《梅花喜神谱》一书中大量的诗配画，再如南宋赵时庚著有世界上第一部研究兰花的著作《金漳兰谱》三卷，其序云："予先大夫朝议郎自南康解印还，卜里居，筑茅引泉植竹，因以为亭，会宴乎其间。得郡侯博士伯成名其亭曰'箟筜世界'……回峰转向，依山叠石，尽植花木，丛杂其间；繁阴之地，环列兰花，

掩映左右，以为游憩养疴之地。"又如南宋史铸《百菊集谱序》直接阐明，因为借助菊花更能够表达士人阶层的人格理想，于是许多士人热衷莳养与尊崇菊花，甚至以专著形式予以系统研讨："万卉蕃庑于大地，惟菊杰立于风霜中，敷华吐芬，出乎其类，所以人皆贵之。至于名公佳士，作为谱者凡数家，可谓讨论多矣！"

同时，造园与园艺中这种热衷，也对中国古典文学、文人画、工艺美术等众多艺术门类的面目与宗旨产生了广泛影响，上示两图可见一斑，其中尤其值得提示：赵孟坚善画兰、竹、松、梅、水仙等题材水墨画，形成体系性的鲜明风格，并以此开宗立派，在中国文人画发展史上成为里程碑式人物。[①]

文人园林如此宗旨的趋势之下，体现着上述美学宗旨的具体例子当然非常多，我们举绘画作品对此的表现，如北宋赵令穰的《陶潜赏菊图》（图4-50）、明沈周《盆菊幽赏图》（图4-51）、明传奇《白雪楼五种曲》之一《诗赋盟》卷首图（图4-52）及明杜琼《友松图》（图4-53）。

图 4-50 赵令穰《陶潜赏菊图》局部
长卷，绢本设色，全卷29.8厘米×410.8厘米

▲ 北宋苏轼《赵昌四季·寒菊》中有"轻肌弱骨散幽葩"等诗句，称颂当时花卉写生名家赵昌笔下菊花的神采，而赵令穰此图正好可以作为比勘，以见出当时人们对于赏菊与山水园林风景设置这两者关系的认识。

---

① 关于宋人对赵孟坚水墨画的评价、对其审美意蕴的阐说及重要美术史著作对这些作品的价值定位等内容，陈高华先生《宋辽金画家史料》（文物出版社，1984年）一书搜集史料甚详，可参看。

图 4-51 沈周《盆菊幽赏图》局部

长卷，纸本设色，全卷25厘米×338厘米

图 4-52 《诗赋盟》卷首图

▶ 西湖居士所撰《诗赋盟》卷首图展现了晚明版画中士人雅集于园林莳莳欣赏菊花的情形。从沈周《盆菊幽赏图》及《诗赋盟》卷首图中可以清楚看到：赏菊已经是明代文人雅集于园林、吟诗作赋的经典主题之一。

图 4-53 杜琼《友松图》
纸本设色，28.8厘米×92.5厘米

▲《友松图》是一幅典型的庭院小景画。卷首坡石上古松挺立，房屋隐露，树木丛围。房屋内身着红色官服、头戴官帽的魏友松与身着蓝色布衣、手持书卷的杜琼促膝而谈。此外还有两名书童侍茶。卷中开阔处设有盆景、棋案等，一人伏案作画，两人赏景漫游。卷尾有假山数峰，错落有致，结构密而不塞。假山上的小亭，或是杜琼文集中所言的延绿亭。

两宋开始，松树在文人审美中具有越来越显著人格象征的意义，代表性的概括比如苏轼《游武昌寒溪西山寺》所说"风泉两部乐，松竹三益友"等等，所以含蕴人格意义的松树景观在文人园林中的地位越发显著，对此风尚的绘画描绘很多，比如南宋马远《松荫玩月图》(传)、《松间吟月图》(传)、《松下闲吟图》、《松岩观瀑图》，夏圭《松荫观瀑图》《松崖客话图》，刘松年《溪亭客话图》等等，如此风尚说明：造园家通过具有人格意蕴之松树形象，使人们能够体悟天机自然，融入宇宙运迈，这个意向已经凝练为经典的审美范式。至明代以后这一传统的影响更加显著，这里举出的杜琼《友松图》（"友松"强调以松为友）就是直接表现园林审美这一特点的绘画名作。

再看一件画面内容非常典型的陈设艺术重器——南京博物院藏明代洪武年制釉里红岁寒三友图带盖瓷梅瓶（图 4-54）。

另外，还值得注意的是：明正统十三年（1448）宋铉夫妇合葬墓中出土的釉里红岁寒三友图梅瓶（遗失顶盖），其画面主题、布局等与南京博物院这件洪武梅瓶很相似。爬梳陶瓷史还可知道：明初以后一直到清代，"岁寒三友"日渐成为瓷器装饰画的经典主题，具体作品为数众多，这说明文人园林对于工艺美术装饰主题的形成与流行趋势有着深刻影响。

图 4-54　明代釉里红岁寒三友图带盖瓷梅瓶及其装饰画全图

口径6.4厘米，足径13.5厘米，瓶高35.8厘米，腹深35.3厘米，通高41.6厘米，最大腹径68.4厘米

▲ 这件釉里红瓷梅瓶是明永乐帝朱棣女儿安成公主的陪葬品，无疑是当时工艺美术中的顶级珍品。这件作品非常典型地印证了文人园林之理念与风貌对于中国艺术其他诸多领域的重要影响，以及在此影响下一系列基本艺术范式的形成（比如松、竹、梅的匹配及与太湖石等的组合成为装饰画常规构图）。而这种影响通过此类陈设艺术重器得到彰显，也说明了文人园林在社会文化金字塔结构中的位置。

因为这样的审美发展方向，所以士人园林中的竹林等具有理想人格寓意的景致就越来越为艺术家所热衷，比如仇英《桐阴昼静图》（图 4-55）。

而努力使文人园林中的植物景观呈现出古拙孤拔的风格，典型例子比如苏州留园华步小筑中的古藤（图 4-56）、曲溪楼前的古树（图 4-57）等。

图4-55 仇英《桐阴昼静图》

立轴绢本,青绿设色,全幅177.8厘米×94.4厘米

▲仇英《桐阴昼静图》描绘了文人在山林草堂读书赏景的幽居生活,笔法细腻,赋色雅丽。尤其可以注意,此图与仇英《梧竹书堂图》构图相同,所以这种对于竹荫掩翳下书堂景色的反复描绘,很能说明文人园林中植物景观的通行配置原则(参见本书前引方孝孺《友筠轩赋》及江苏如皋水绘园中的竹石图案透雕落地罩等例)。

◀ 与皇家园林、寺院园林中植物景观的风格时有不同，文人园林中的植物景观（尤其是作为专意的观赏对象时）往往注重其品格的高雅不俗、其姿形的奇崛特立。如此图中苏州留园华步小筑一景中的古藤，以及苏州拙政园的珍品之一文徵明手植古藤。

图4-56　苏州留园华步小筑中的古藤

图4-57　苏州留园曲溪楼前旧景观

（引自王稼句编著：《苏州旧梦——1949年前的印象和记忆》，苏州大学出版社，2001年，第133页）

▲ 楼前邻水处，一株古枫香树疏枝斜干，树下系小舟，于是形成画面中正中有欹、静中有动的恬然之趣。这株姿态欹倾的古木后来被砍伐，人为破坏了园景原有的天然趣味。

从上面的例子中还可以看到：中国古典园林的花木植物的莳养，因为风景审美、诗画艺术、人格的审美向度等发展和园艺史的积淀等多重原因，逐渐形成一些经典配适的范型，由此使得园林的文人气质更为突出。这些范型有松、竹、梅或者梅、兰、竹、菊相配适，梧桐与蕉叶相映照等。明代著名画家仇英绘有描写文人园林生活内容的四幅立轴组图，其中《桐阴清话图》《蕉阴结夏图》两图就是梧桐与蕉叶相映照的典型。此外，还有将水阁敞轩等观景建筑置于荷花与翠竹相映相拥之中的，如南宋赵葵的《杜甫诗意图》(图 4-58)。

图 4-58　赵葵《杜甫诗意图》局部
手卷，绢本，全卷24.7厘米×212.2厘米

▲赵葵为南宋中后期重要军事家，兼工诗文，善画墨梅，其几务余暇，为梅写真，苍枝老干，杈芽突兀，繁葩疏萌，幽妍芳洁，不输北宋释仲仁（著有《华光梅谱》）、南宋扬补之。赵葵《杜甫诗意图》，梁清标旧题为《竹溪消夏图》，后来乾隆帝定为此名，因杜甫五律《陪诸贵公子丈八沟携妓纳凉晚际遇雨二首》中有"竹深留客处，荷净纳凉时"两句，其诗意正好与此画所绘水阁面临荷池而背拥竹林的景色相契合。从杜甫诗作、赵葵画作等例子可知：园林中的荷竹相映一直是相当通行的植物景观配置方式。园林文献史上的重要篇什白居易《白蘋洲五亭记》还具体记述荷竹与整个园林的配置关系："至开成三年，弘农杨君为刺史，乃疏四渠，浚二池，树三园，构五亭，卉木荷竹，舟桥廊室，泊游宴息宿之具，靡不备焉。"

后人则更因承袭杜甫以来的这一欣赏传统而愈加推崇丛竹、荷花、水阁的相互映照之美，由此使这一配置组合成为园林构景的经典范式，如明仇英《竹深荷静扇面》（图 4-59）所描绘的。

图 4-59　仇英《竹深荷静扇面》

上述这些，都是中国古典文人园林通过花木配适而追求文人格调与气质的通行艺术手法。这些精神趣味与艺术手法其实不仅见之于文人园林的发展过程之中，而且通过众多渠道更加深广地影响了我们民族的审美与日常生活，仅举金元时期的三彩庭院纹长方形枕（图 4-60）为例。此枕藏于日本大阪市立美术馆。南宋金元以后，在瓷枕等原本相当民间性的艺术品类上刻绘文人绘画、诗词题额的装饰手法流行开来，此件三彩枕即是典型例子：主画面中庭院的曲折栏杆、太湖石、蕉叶、荷花盆景等相互衬托成景，画面主题突出，艺术手法洗练概括，显然受到南宋园林与南宋绘画的深刻影响。尤其值得注意：瓷枕不仅是日常生活用具，更是人们进入梦境

图 4-60　金元时期三彩庭院纹长方形枕

的媒介与路径，因此它以文人庭院的花木小景作为画面主题就有着隐喻深长的韵味。

六、写意的艺术手法及其精神内涵

写意原来是指中国古代绘画史中，一种从宋代开始运用日益广泛的绘画技法。中国古代绘画曾长期沿用"勾线填彩"的方法，即先用毛笔勾勒出墨线，画出物体的外轮廓，然后再于其中涂上颜色，这种技法被称为"工笔"。而写意相对于工笔而言，即略去用墨线勾勒物象外轮廓然后再填色的过程，而直接用毛笔一笔"写"出物象的形体。从宋代开始，一些著名的文人画家，如苏轼、文同等人就常用这种略去毛笔勾勒墨线轮廓的方法来作画。

不过，从这时开始的写意画，又不仅仅局限在笔墨技法与传统勾勒填彩画法的区别。这是因为苏轼、文同、米芾等人都是以当时最有代表性的文学家、书画家、艺术理论家甚至哲学家的身份而从事绘画的，他们的艺术作品包含了深厚的思想内涵。所以写意这种方法运用的目的就自然而然有别于主要追求形貌逼真的工匠画，转而将绘画艺术的宗旨，确立在更充分表现出士大夫阶层特有精神境界这个根本方向上，也就是绘画要重在表现超世不羁的人格追求，以及他们对于人生哲学、宇宙哲学的理解。又因为写意这种技法，实际上是在绘画艺术与士大夫精神世界的彰显之间打通了一条更为便捷的通路，所以它在宋元以后迅速发展起来，并且对园林艺术产生了重要影响，以至于后来中国园林有时被直接称为"写意园"。

下面略举几则园林写意手法的典型例子（图4-61至图4-67），由此可窥见一斑。

图4-61 上海嘉定秋霞圃枕流漱石轩

▲三国时候,隐士秦宓被人们称赞为"枕石漱流,吟咏缊袍,偃息于仁义之途,恬惔于浩然之域"(《三国志·蜀书》)。《世说新语·排调》:"孙子荆年少时欲隐,语王武子'当枕石漱流',误曰'漱石枕流'。王曰:'流可枕,石可漱乎?'孙曰:'所以枕流,欲洗其耳;所以漱石,欲砺其齿。'""吟咏缊袍"用《论语·子罕》中"衣敝缊袍,与衣狐貉者立,而不耻者,其由也与"的典故,形容身居贫困生活之中而能够不失志向与尊严的士人人格精神。人们也就经常用这个典故来形容心性高远的文人雅士。因为在文人园林中,隐逸久已是表现园林主人品格志向的主题,所以"枕流漱石"这类十分精练的写意题额就可以表现出丰富的寓意。而明清文人也经常以"漱石山房""枕流居"一类名称来命名自己的宅园。

图4-62 浙江海盐绮园观濠石桥

▲"观濠""濠濮"等景点的主旨,都取意于庄子濠梁观鱼而领略到万物天机自在的典故。因为庄子描写的天机洒落的生命境界为历代士人所追慕,所以"观濠""濠濮"就成为文人园林写意造景时袭用的一个经典主题,浙江海盐绮园此石桥就题为"观濠";反过来说,因为引用了这类经典性文化和艺术命题,所以即使是空间条件受到很大限制的园林景观,也可以表现出比较深致的精神内涵。

◀ 浙江绍兴青藤书屋是明代著名文人书画家徐渭的宅园,徐渭以性格狂放不羁、书画艺术上笔墨恣肆酣畅著称,与这些追求一致的是,他在宅园建构上也竭力表现出自己的傲岸胸襟。由"天汉分源"等题额可见,在具体的造园手段受到各种限制的条件下,造园者仍然可以通过写意的方法标举自己园林美学和人格理想上的高远宗旨。

图4-63 青藤书屋徐渭手书"天汉分源"门额

图4-64 苏州网师园云窟

图4-65　广东顺德清晖园读云轩

▲陶渊明《归去来兮辞》有名句"云无心以出岫",南朝陶弘景名篇《诏问山中何所有赋诗以答》云:"山中何所有,岭上多白云。只可自怡悦,不堪持寄君。"由此,以白云作为向往自由人格的象征,成为士人文化艺术中的经典意象。苏州网师园云窟及顺德清晖园读云轩等文人庭园空间虽然逼仄,但因为"云窟""读云"题额隐含对二陶名句的引用,表达出在心志及诗意上与之的千载共鸣,这种文化时空与审美价值观的隐性结构,使得表面上非常有限的庭园空间具有广远悠然的韵致。

◀在这幅版画中,小桥流水、竹荫掩翳等构成了园林优美的风景。诗书画联袂以表现园林竹景并以此彰显园居者的人格地位,早有很多例子,比如唐寅年轻时就画有《对竹图》,除了本人题咏之外,更有他老师沈周的行书题诗:"我筑小庄名有竹,君家多竹敬如宾。一般清味鉴今俗,千丈高标逼古人。肃肃衣冠临俨雅,年年雪月仰封神。……"可见书画艺术对此题材的热衷。晚明以后版画艺术大为繁荣,诸多中下层文人画家参与画稿创作,于是文人园林题材在大量的书籍版画插图中随处常见——这也是文人园林文化艺术以空前量级普及化的路径之一。

图4-66　明传奇《绣襦记》版画插图

图 4-67　扬州个园门景

▲扬州个园以竹丛与石笋的配置而造就风格雅洁的门景,并以此提示园主对士人审美传统的服膺。由上示两图的联系比较,尤其可见运用松、竹等植物而表达园主在人格精神与审美风尚上的旨趣,已经是明清园林运用十分成熟的写意手法。

而对于如何理解上述中国古典园林的特点、如何理解写意手法帮助人们感知世界本质之类的问题,竺可桢先生曾有这样的指点:

> 我国古代相传有两句诗说道:"花如解语应多事,石不能言最可人。"但从现在看来,石头和花卉虽没有声音的语言,却有它们自己的一套结构组织来表达它们的本质。……明末的学者黄宗羲说:"诗人萃天地之清气,以月、露、风、云、花、鸟为其性情,其景与意不可分也。月、露、风、云、花、鸟之在天地间,俄顷灭没,而诗人能结之不散。……"换言之,月、露、风、云、花、鸟乃是大自然的一种语言,从这种语言可以了解到大自然的本质……①

竺可桢先生是兼具现代科学与古典文学艺术两方面深厚修养的学者,他的这些阐说以往较少被园林研究者所注意,其实是很值得我们认真体会

---

① 竺可桢:《天道与人文》,北京出版社,2005年,第30—31页。

的。进而可以说：以独具民族特点的中国古典自然观、生命哲学等为基础，实现月、露、风、云、花、鸟等大自然的语言与人们常规表述方式、文学绘画语言之间的相互贯通与艺术对话，这大大地拓展了园林审美的意境。

尤其是竺可桢先生强调以"没有声音的语言"的方式建立"一套结构组织来表达它们的本质"，窃以为这是对中国美学一个经典性的概括。

第五章　简说中国古典文人园林（下篇）
——古典文人园林与士人文化艺术体系的密切关联

本书第三、四章分别叙述了理解文人园林需要面对的两大方面的问题：其一，产生发展的制度机理；其二，艺术上的一系列特点。在这个前提下，现在进一步介绍相关的又一个重要方面，即作为士人文化完整体系立身与发展的重要平台，文人园林是如何直接影响士人文化艺术体系的。显而易见，正是这种影响，决定了文人园林超越了单纯的景观艺术，进而成为一种重要而且容量很大的社会文化载体。所以，需要将本书第三、四、五章内容连缀贯穿起来，我们对于文人园林或许可以说是有大致全面的认知。

下面简单地从文人园林与古典哲学、古典文学、古典绘画，以及与士人阶层日常生活和文化活动的内容（琴棋书画、文玩鉴赏收藏、品茶听戏等）这几个主要侧面，来具体说明文人园林与士人文化艺术体系之间多方位的密切关联。

一、当其得意时，心与天壤俱：文人园林与中国古典哲学的宇宙观

中国古典文人园林之所以能够通过山水、建筑等要素数量与规模都很有限的景物营造出具有独特魅力的艺术境界，除了造园艺术本身的精湛内

蕴之外,还因为:在中国士大夫文化中,园林并不是一些单纯观赏景物的处所,在更根本的层面上,它们还是士人寄托和表现自己哲学观和宇宙观的媒介,所以,当这些看似简单的山水、建筑等遵循一定的哲学理念而建构起来,它们也就必然具有深致的哲思韵味。

中国古典哲学的基本主题,乃是"人"与"天"(无所不包的天地万物,而不仅仅是纯粹客观的自然界)的关系;用传统的术语来说,这个主题就是"天人之际"。中国古典哲学比较一致地认为:从空间上说,"人"与"天""天道"的关系不应该是割裂分治、相互对立的,而应该是相互渗透、彼此感应、彼此对话的;而从时间上说,这种相互融合的关系,也不应是暂时与片段式的,而是进程悠远无限的。这种哲学观念在中国传统文化中具有根本性的意义,所以对中国文化的众多领域都产生了深远的影响。

中国古典哲学(看待世界的眼光)影响于中国园林,也就使得文人园林所追求和表现的,首先并不在于一花一石等有限的景物,而是更重视能够体现宇宙之广大与和谐运行的艺术境界,尤其是审美者与天地万物乃至宇宙本体之间的生命交融与对话。白居易"五亭间开,万象迭入"[1],描写了天地间无限景色如何荟萃于有限而具体的园林建筑空间之中;苏轼对园林小亭的观感是"坐观万景得天全",居身于一座小亭之内却能够"得天全",这种园林美学观念就是以中国哲学对宇宙的认识为基础的。反过来说,因为这种园林美学观根源于古典时代中国基本的宇宙理念,所以也就必然经常地体现在实际的造园中,比如南宋周密《吴山青·赋无心处茅亭》上半阕陈述营造小园的立意:

　　山青青,水泠泠,养得风烟数亩成;乾坤一草亭![2]

在范围更广的山水艺术中,情况也是一样:本书第十章中引用的南宋佚名画家《松风楼观图》、李嵩《月夜看潮图》等园林主题的绘画作品,努

---

[1] 白居易:《白蘋洲五亭记》,见顾学颉校点:《白居易集》卷七一,中华书局,1979年,第1495页。
[2] 见唐圭璋编:《全宋词》,中华书局,1965年,第3282页。

力表现出来的,也正是居身空间有限园林之中,却能够通过审美而感知与体会"万象"这样的一种认知宇宙的方式。

因为古典园林是一种大尺度的空间造型艺术,所以它对中国哲学观念的表现也就最为直接显豁。文人园林对中国哲学观的表现是具体而又富于艺术性的,例如中国哲学认为理想的宇宙境界应该是无限的,而中国园林也同样追求用尺度有限(甚至是局促)的具体空间,塑造出尽可能无限的空间感觉,如用借景、园景空间的曲折多变、园景与更大范围自然山水的融合等手法呈现深远无尽的艺术效果。

再比如,与中国哲学"天人合一"的思想相呼应,文人园林的审美原则也是"境心相遇"[①]"风景与人为一"[②],即追求园林审美者的观感、心性与园林景物乃至整个宇宙进入浑然一体的境界。用唐代李白的形容就是:"当其得意时,心与天壤俱。"[③]——这种努力将审美者与园林、宇宙融为一体的哲学意识,是造就中国园林、中国风景美学与西方具有不同艺术风格和趣味的重要原因。

甚至在一些看似非常细微的园林艺术手法上,我们都可以清楚地看到主张"天人合一"的中国哲学之影响。中国古典文人园林由于受到各方面的限制,空间一般都比较有限,园中景物的品类也远没有皇家大型园林那样丰富,但由于审美者力图通过有限空间和景物而实现审美心理与天地万物乃至宇宙时空的融合,所以我们经常可以在园林中的亭台楼阁上见到"见山""会景""涵虚""萃美""天开图画",甚至"上下四方之宇""乾坤一草亭"等题额,再比如上一章中提到的徐渭青藤书屋小园中题额"天汉分源"等。

[①] 白居易:《白蘋洲五亭记》,见顾学颉校点:《白居易集》卷七一,中华书局,1979年,第1495页。
[②] 周密:《武林旧事》卷一〇《张约斋赏心乐事并序》载:"余扫轨林扃,不知衰老,节物迁变,花鸟泉石,领会无余。每适意时,相羊小园,殆觉风景与人为一。"见孟元老等:《东京梦华录(外四种)》,古典文学出版社,1956年,第512页。
[③] 李白:《赠丹阳横山周处士惟长》,见《李太白全集》卷九,王琦注,中华书局,1977年,第473页。

由于这种审美宗旨和艺术方法的高度成熟，所以中国文人的山水审美甚至通过竹影、松声等很有限、很空灵的景物而表现出深远的境界，比如本书第十一章中介绍绘画史上重要作品南宋马麟的《静听松风图》，就是通过谛听松风的意象来表现审美者心怀与天地自然之间的相互倾听与融通，也就是乾隆题马麟此画"生面别开处，清机忽满胸"所表达的理念。而风景学与造园中秉持这一主旨的具体营造，再比如下面的实例（图5-1、图5-2）。

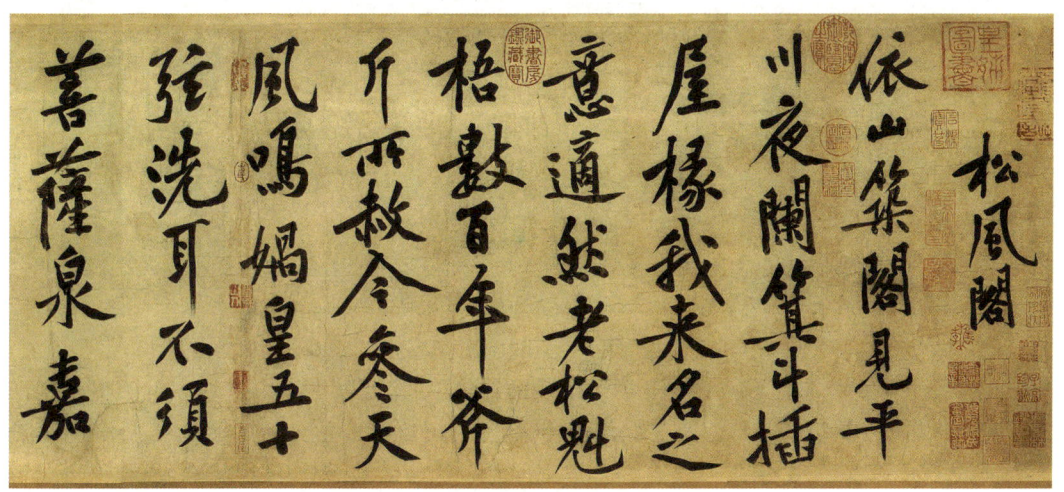

图5-1 黄庭坚《松风阁诗卷》局部

手卷，纸本墨书，全卷32.8厘米×219.2厘米

▲崇宁元年（1102）八月间，黄庭坚游湖北鄂州西山松风阁，有感其风景而作七言古诗《松风阁》一首，并自书以表达心境，诗云："依山筑阁见平川，夜阑箕斗插屋椽。我来名之意适然。老松魁梧数百年，斧斤所赦今参天。风鸣娲皇五十弦，洗耳不须菩萨泉。……泉枯石燥复潺湲，山川光晖为我妍。……"黄庭坚此诗说明了山水审美的升华过程：通过具体观景建筑意在高远上的创意与设计，实现对松风天籁等宇宙气息与运迈的感知体悟，由此建立起审美心性中的宇宙维度——这个方向进路对于风景欣赏与建构进入哲学的层面，意义的重要性显然不言而喻。全卷书法结体紧凑修长，骨力洞贯，意态飞扬，而中锋用笔的圆润中又偏于瘦劲，不仅是展现黄庭坚长枪大戟书风的第一经典，也是体会"书贵瘦硬方通神"的极佳典范。

图 5-2　苏州怡园松籁阁

▲明代王献臣(字敬止)营构苏州拙政园,其众多景点之中就有听松风处,所以如苏州怡园松籁阁等现在可见园景实例,都是对文人园林久远脉络的承续(并参见本书图 11-17)。苏州怡园画舫之上的楼阁为谛听松涛之声的佳处,阁以"松籁"为名,意在说明园林中山水建筑除其有限的具象性艺术内容之外,所要表现的更重要内涵,还是那种园居者与宇宙时空、天地运迈之间相互理解、相互亲和的意趣。

有时甚至连松声竹影亦成筌蹄,例如宋代文人朱弁叙述自己园室名称的含义:

> 小园之西,有堂三楹……其地无松竹,且去山水甚远,而三径闲寂,庭宇虚敞。凡过我门而满吾座者,唯风与月耳。故斯堂也,以"风月"得名。①

可见,尽管文人园林中有时并没有太多的景物构建,但是由于"天人

---

① 朱弁:《风月堂诗话原序》,《景印文渊阁四库全书》本,台湾商务印书馆,1986 年,第 1476 册,第 14 页。

之际"的哲学底蕴,它们仍然可能追求和营造深致与高远的审美境界,又比如本书第十一章中举出的马远《楼台夜月图》,其画面中的园林建筑只占全部空间格局的一角,而更侧重表现的是具体园林景物与天地时空、宇宙运行之间相知相融的关系。

下面再举一些具体的例子(图 5-3 至图 5-9),来说明中国古典哲学对造园艺术与园林美学的深刻影响。

图 5-3 苏州网师园月到风来亭

▲月到风来亭是苏州网师园中最富艺术魅力的主景之一,一般游人只是很直观地观赏其四季景致。其实此景所追求和表现的意境颇有深度,因为它袭用了理学通过山水园林审美而把握宇宙生机、体悟人性内涵的哲学方法。甚至连"月到风来"四个字也直接来自宋代理学宗师邵雍描写自己园林的著名诗句,即《清夜吟》中所说"月到天心处,风来水面时。一般清意味,料得少人知。"他的意思是只有具备"天人"之思的赏园者才能领悟山水景物中的深意。邵雍曾反复吟咏园林审美的此般境界,可见他对其的心仪程度,比如他在《月到梧桐上吟》中云:"月到梧桐上,风来杨柳边。院深人复静,此景共谁言。"

▶"真"在中国文化中是一个重要的哲学命题，用以形容保持天质自然而未被人为规范所羁縻束缚的那种生命状态（见《庄子·秋水》），同时也是指天地自然与人性中最本质的东西。苏州拙政园得真亭中楹联"松柏有本性，金石见盟心"，与得真亭的亭名一样，都是

图5-4　苏州拙政园得真亭

袭用晋代左思描写自己园景的诗句"竹柏得其真"。以这样的理念为基础，所以"真"在生命伦理学、美学与园林审美中都是具有崇高地位的艺术主题，比如苏舜钦《沧浪亭记》就说自己在这座园林之中"洒然忘其归，箕而浩歌，踞而仰啸，野老不至，鱼鸟共乐"，这些都是一种充满"真趣"的生活和审美方式。历代园林艺术也经常以"真"这个具有哲学意味的命题作为构景的宗旨，这里举出的得真亭就是具体的建构。

◀这是通过对景物色彩、诸多园景要素空间位置和体量尺度及相互关系等全面精准的权衡构造而成的苏州文人园林著名景点之一。而"真意"题额又为园林宗旨做了最为扼要的概括与提示。除此之外，园林中以"真"为主旨的具体建构，还有苏州狮子林中的真趣亭等等。园林史上对"真"的推崇也很常见，例如南宋杨万里《题刘德夫真意亭二首》有"渊明有意自忘言，真处如今底处传"等诗句，感慨园林中"真"之境界的崇高。这些都是中国古典哲学经典命题直接影响造园艺术的例子。

图5-5　苏州网师园"真意"一景

图 5-6　广州余荫山房闻木樨香轩　　　　　　　　图 5-7　苏州留园闻木樨香亭

▲"闻木樨香"已经成为宋代以后园林的一个常用主题,除了广州余荫山房中的闻木樨香否轩、苏州留园中的闻木樨香轩之外,苏州渔隐小圃等园林中也都有表现这个主题的景观建筑。在一般观赏者看来,这里不过是南方园林中为秋季品赏桂花(木樨)姿态和异香而设的景点,然而实际上,"闻木樨香"出自哲学史上的一个典故——宋代黄庭坚探究哲学与禅学的深意,晦堂禅师告诉他:"道"这个哲学本体虽然深刻,却又是显豁而"无隐"的。黄庭坚对此总是不得其解。秋日一天,黄庭坚与晦堂禅师同行于山间,当时正值岩上的桂花盛开,于是晦堂禅师问他是否闻到了浓郁的花香,并告诉他"道"的形态也如这花香一样,虽然看不见也摸不到,但是它上下四方无不弥满,所以是"无隐"!听了这样的阐释,黄庭坚豁然明白了"道"的这种存在方式和运行特征(此故事详见普济《五灯会元》卷一七"太史黄庭坚居士"条)。宋代以后园林中经常设置闻木樨香轩、无隐山房等景点,其立意都在于袭用这个典故而表明审美者对哲学本体那种四处充盈、沁人心脾之存在状态的理解。

图 5-8　苏州留园活泼泼地　　　　　　　　　　　图 5-9　上海古猗园鸢飞鱼跃轩

▲宋明哲学认为:山水景物的生意盎然、天机流动,反映着宇宙本体和谐运作之下整个世界本质性的生命状态,最值得认真体味和大力彰显。于是宋明哲学家们就以"活泼泼地"和"鸢飞鱼跃"这样的景物意象,来形容世界充满内在生机与韵致,并将其作为理学的基本命题之一。而反过来,中国后来的园林艺术受到宋明理学的深刻影响,所以不时以这两个概念作为造景的主旨。

二、诗思竹间得：文人园林与中国古典文学

中国文人园林丰富的文化内涵和深湛的艺术魅力，还来源于它是整个士人文化艺术相互渗透、相互滋养的结果，所以文人园林也就是众多文化艺术的综合结晶。在这种多重文化艺术的相互影响、渗透中，园林与文学的关系十分密切，并且通过无数具体的艺术方式呈现出来。

本节标题中的"诗思竹间得"来自中唐著名诗人钱起描写寺院园林的诗句："房房占山色，处处分泉声。诗思竹间得，道心松下生。"[①]诗句说明了园林景色对于人们审美心理的陶冶，以及在此基础上对于文学创作的直接促进。类似的表述如晚清诗人、书画家何绍基手书楹联："四面云山供点笔，一庭花鸟助吟诗。"（图5-10）

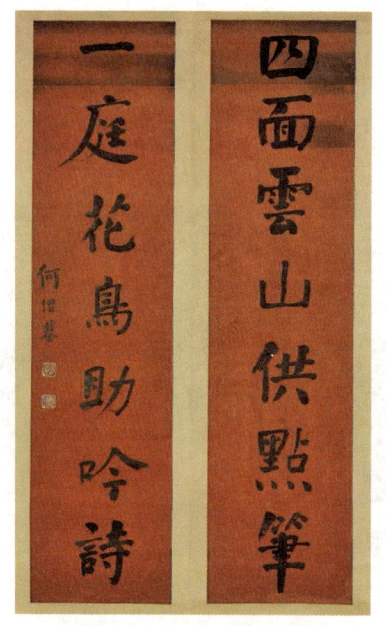

图5-10　何绍基手书楹联

◀联中"点笔"的意思是以笔蘸墨，即染翰。"点笔"与"吟诗"对举，是何绍基化用杜诗而意指绘画。杜甫《重过何氏五首》（其三）原句为："石栏斜点笔，桐叶坐题诗。"何绍基此联表述的是中国古典园林与诗画之间血脉相连这一基本的艺术理念。

---

① 钱起：《题精舍寺》，见彭定求等编：《全唐诗》卷二三七，中华书局，1960年，第2626页。

园林与文学的相互影响，主要表现在文人园林一般都努力追求中国古典文学所特有的那种隽永宛致的审美意境；而古典文人园林中山水、建筑、花木那种精雅的景致和极富艺术气息的生活环境，又反过来成为古典文学描述对象的典型范本和文学创作的最佳背景。所以很大程度上，中国古典文人园林的美学境界与中国古典文学中很多作品的旨趣是彼此映对、彼此滋养的关系，因此人们常常把园林直接视为文学的园地。比如苏州耦园中刻有"城曲筑诗城"等题额楹联（图5-11），这座园林被主人视为自己坐拥的"诗城"，如此定义充分反映了文学创作、文学意境在园林艺术中的重要地位。

图5-11 苏州耦园"城曲筑诗城"题额楹联

我们还可以更具体来看园林与文学之间多方面的密切关联。

（一）园林成为文学经典作品描写表现的重点场景

文人园林与中国古典文学相互影响的著名例子极多。晋代陶渊明既是中国山水文学的奠基人之一，同时是文人园林史上里程碑式的人物。陶渊明关于隐逸文化的系统思想、对山水园林中自然景物美学特质的揭示，以及在这些方面的许多著名诗句，比如"少无适俗韵，性本爱丘山。……久在樊笼里，复得返自然""采菊东篱下，悠然见南山"等，都同时是中国古典文学和古典文人园林美学中的经典。唐代诗人王维描写自己辋川别业的许多诗篇，在文学成就与园林艺术宗旨表述这两方面都达到了极高的境界，他描写园林景色与境界的一些名篇名句，如"独坐幽篁里，弹琴复长啸。深林人不知，明月来相照""人闲桂花落，夜静春山空""明月松间照，清泉石上流"等,为人们世代传诵。类似例子历代都有很多,比如南朝的谢灵运、谢朓,唐代的李白、白居易,宋代的苏舜钦、苏轼、文同、杨万里、范成大,一直到清代曹雪芹等,都兼具中国著名的文学家与园林美学家的身份地位。

(二)古典园林美学原则、构造原理与经典文学

在中国古典文学史上,几乎每一个重要的作家都创作了大量描写园林山水的诗歌、散文或戏剧小说,在这些作品中就包含许许多多园林美学思想,比如晋代文学家、书法家王羲之《兰亭集序》中所写"此地有崇山峻岭,茂林修竹,又有清流激湍,映带左右"[1]的山水格局,就是历代文人园林追摹的范本。

特别值得注意的是:经典文学不仅是一般性地记录或者描写园林中的景物、园林中士人的艺术与文化生活,而且以最为精当的语言提炼与阐释造园原理的名句也非常多,比如晋代左思的《招隐诗》:"非必丝与竹,山水有清音。""峭蒨青葱间,竹柏得其真。"[2]他这里所说通过园林审美,从而在自然物象之中更进一步地感知世界本体("真")的存在与意义,这是中国园林千百年中一以贯之的宗旨。

下面再举出一些生动的例子。比如盛唐诗人孟浩然《冬至后过吴张二子檀溪别业》诗中对这处文人园林的描写:

> 卜筑因自然,檀溪不更穿。园庐二友接,水竹数家连。直与南山对,非关选地偏。……闲垂太公钓,兴发子猷船。余亦幽栖者,经过窃慕焉。……停杯问山简,何似习池边。[3]

---

[1] 见严可均校辑:《全上古三代秦汉三国六朝文·全晋文》卷二六,中华书局,1958年,第1608页。
[2] 见萧统编:《文选》卷二二,世界书局,1935年,第297页。
[3] 见彭定求等编:《全唐诗》卷一六〇,中华书局,1960年,第1663—1664页。"子猷船":东晋王羲之之子王徽之,字子猷,他放逸不羁,又性爱竹,曾说"何可一日无此君",居会稽时,他雪夜泛舟剡溪意欲造访戴逵,至其门因兴尽所以不入而返。由此"访戴""子猷船"成为体现士人真性流露的典故。

"卜筑因自然"写出中国古典园林基本的艺术宗旨,"水竹数家连"等两句写出几处园林通过水竹等自然景观的延伸而相互衔接,"直与南山对"则写出园林以自然山岭为对景的"相地"原则,"兴发子猷船""何似习池边"等写魏晋士人风度如何成为唐代人的园林生活楷模。

又比如盛唐岑参往往被冠以"边塞诗人",实际上他十分热衷园林艺术,诗作中不仅有大量相关内容,而且往往三言两语概括出造园艺术的精义。如他《南溪别业》中"结宇依青嶂,开轩对翠畴。树交花两色,溪合水重流"[1],写出文人园林对自然山水环境的依托("相地"之重要),以及营造门景窗景、莳养花木等的原则。《过王判官西津所居》中"胜迹不在远,爱君池馆幽。素怀岩中诺,宛得尘外游。何必到清溪,忽来见沧洲。潜移岷山石,暗引巴江流"[2],写出园林中移石造山、接引自然江河而营造园中之水流等构园内容。

再如他的《观楚国寺璋上人写一切经院南有曲池深竹》一诗描写了寺院园林很大程度上浸染着文人园林那种浓郁的文化韵致,同时处处显露着雅洁肃穆、庄严神圣的气氛:

> 璋公不出院,群木闭深居。誓写一切经,欲向万卷余。挥毫散林鹊,研墨惊池鱼。音翻四句偈,字译五天书。鸣钟竹阴晚,汲水桐花初。雨气润衣钵,香烟泛庭除。此地日清净,诸天应未如。不知将锡杖,早晚蹑空虚。[3]

其中"一切经"即佛经之总称,"五天"指印度,"诸天"指佛教所说天界众神。"鸣钟竹阴晚,汲水桐花初。雨气润衣钵,香烟泛庭除"等句,写寺院园林环境下人们以极其精微与亲和的心态实现对自然景物之美的感知。而"挥毫散林鹊,研墨惊池鱼",也因生动细腻地描写园林中文化生活而堪称名句。

诸如此类的许多例子再比如图5-12至图5-14。

---

[1] 见彭定求等编:《全唐诗》卷二〇〇,中华书局,1960年,第2095页。
[2] 见彭定求等编:《全唐诗》卷一九八,中华书局,1960年,第2041页。
[3] 见彭定求等编:《全唐诗》卷一九八,中华书局,1960年,第2040页。

图 5-12　佚名《荷亭听雨图》

▲ 此图为典型的南宋文人园林风景画。画面细致地展现了园林建筑的完备精致（曲折布局的多座建筑，特别是坐落于水中柱列上的水阁、观景露台、曲栏，将远水引入荷池的渠道与池上的小桥，室内大幅山水画屏风、卧榻等家具，室外的大盆景、凉棚等），但画作更突出表现的显然是园主在观赏荷池之时谛听雨声，沉浸在天地万物间精微和谐韵律之中的氛围与意境。结合本书第十、十一章中对南宋山水画的介绍，不难感觉到园林艺术与文学、绘画、哲学等相互贯通的逻辑基础。

与画家对雨中江南园林的倾心相似，古典文学中描写雨中山水园林意境的名篇名句非常多。如"元诗四大家"之一的虞集，曾写有《风入松·寄柯敬仲》一词，送给要回江南的书画家、文学家、收藏家柯九思，词中描写了吴地园林中的旖旎生活，词尾说"报道先生归也，杏花春雨江南"。此词"词翰兼美，一时争相传刻"，"遂遍满海内矣"。

图 5-13 苏州拙政园留听阁前的景致

▲唐代诗人李商隐《宿骆氏亭寄怀崔雍崔衮》云:"竹坞无尘水槛清,相思迢递隔重城。秋阴不散霜飞晚,留得枯荷听雨声。"这首诗真切地写出了园居者通过园景而倾听天籁之时心绪的精微活动,所以曾打动了《红楼梦》中聪颖过人、多愁善感的林黛玉。后人袭用此诗而命名园中的景点,也就使眼前的景物具有更丰富的美学内涵——以经典文学作品的意境为园景主旨,是文人园林中最常见的艺术方法。

图 5-14 小雨中的江南园林

▲池水、游鱼、淅沥的细雨等水景、水声,使园林中原本沉寂静穆的山石和建筑都浸染在一片温润灵秀的流动感之中。置身其间,我们能进一步体会到"杏花春雨江南"的韵味。

传统文化艺术进入"壶中天地"的晚期格局之后,人们对园林趣味的追求日益细琐,具体到对雨景的品赏也就越来条分缕析。比如清代董诰绘有《十雨征祥图册》(图5-15),共十幅画作,每幅皆以"雨"为题名,依次为《茅斋赏雨》《小楼听雨》《竹泉春雨》《春帆细雨》《野舍时雨》《岱云霖雨》《新荷骤雨》《甫田甘雨》《潇湘夜雨》《名亭喜雨》,且每幅均有清嘉庆帝题诗。

图5-15 董诰《十雨征祥图册》之《小楼听雨》《新荷骤雨》
纸本设色,14.6厘米×28.9厘米

所以说古典园林的意境之美,往往是通过诗人与画家相通的观感发现而提炼总结出来，由此传唱四方，并令天下人倾心。

我们还可以注意到：中国古典文学一些特有的形式艺术技巧（例如诗歌对仗句中，对于名词多样性、方位词对称性及色彩词彼此衬托、形容时空视角语词的变换与定位等一整套复杂规则），因契合中国传统审美习惯与天道和谐的理念，所以应用在对古典园林景致的文学性描述上，往往能够触及许多重要的造园规则。如杜甫《滕王亭子二首》之二的颔联——"古墙犹竹色，虚阁自松声"①，写园林中通过竹子对墙垣的衬托而营造出雅洁格调，同时有松涛等天籁作为园中建筑的衬托，由此形成色质之美与声韵之美的两相凑泊。这对仗的两句诗看似信笔而成、毫不着力，实际上却精到总结了园林的人工造景之美与收纳天道自然运迈周行之美这两者间的映对与互动关系。

除此之外，古典诗歌还经常用非常精准与凝练的语言，总结出园林设计中的许多基本规制与法度。仍然以文学家岑参为例，他《冬夜宿仙游寺南凉堂呈谦道人》一诗在写出寺院园林肃穆庄严宗教气氛的同时，还对其造园手法有真切的描述："空山满清光，水树相玲珑。回廊映密竹，秋殿隐深松。"这些不仅是形容概括园林景色的上佳诗句，而且是对造园原理的很好概括与总结，即强调不同园景要素之间的配置（这里指水体与花木、竹林与回廊的相互映衬），要贯穿着生动玲珑的生命意趣，而不是生硬堆凑。

又比如岑参的《雪后与群公过慈恩寺》中有"竹外山低塔，藤间院隔桥"②一联，短短两句十个字，点明园林与自然山水之间的相互映对，寺院通过佛塔与山峰而形成宏观景观效果的同时，又有多重院落的分隔与展开，以及竹藤花木、小桥池水等等对建筑群平面布局的韵律切分（参见图4-17）。这些诗句看似随手的描写，其实却含蕴了古典园林构园的许多重要原则。

再比如唐诗中描写园林亭台的诗句"意将画地成幽沼，势拟驱山近小台"③，两句话十几个字，写出了园林中开凿园池与叠造山体（以及建造山丘

---

① 杜甫著，仇兆鳌注：《杜诗详注》卷一三，中华书局，1979年，第1090页。
② 见彭定求等编：《全唐诗》卷二〇〇，中华书局，1960年，第2083页。
③ 秦韬玉：《亭台》，见彭定求等编：《全唐诗》卷六七〇，中华书局，1960年，第7658页。

上的观景台）之间的密切关联。晚唐著名诗人韦庄的咏园诗中"小桥低跨水，危槛半依岩"①两句，不仅写出山景与水景之间的映对关系（中国古典园林被称为"山水园"，山水相互映带是构景中的最基本配置），而且诗中的"低""半"都是对尺度体量的真切形容，用以强调小型文人园林中对空间尺度予以精审权衡把握的重要意义——小桥尽量贴近水池之水面，以此获得桥体与水池在体量与风格上的协调，同时山的体量很有限却要叠造出巉岩峥嵘的势态，并且与建筑相互依傍。

于是后世的文人园林中，就经常可以看到直接运用这些造园法则的例子，比如上海嘉定秋霞圃中的一座小石桥（图5-16）。

图 5-16　上海嘉定秋霞圃小石桥

▲此桥蜿蜒低回，尽量贴近水面，可以视为唐诗所谓"小桥低跨水"构造原则的运用实例。其空间尺度、小桥的曲折幅度与临近假山之间的比例尺度等诸多具体环节，都经过了缜密的权衡，所以给人以轻灵生动、舒展合度的观感。

除诸如"回廊映密竹""小桥低跨水"等通过诗句而对诸多造园技法予以提炼归纳之外，古典诗歌对园林意境之美更有深及腠理的概括与提炼，

---

① 韦庄：《李氏小池亭十二韵》，见彭定求等编：《全唐诗》卷六九七，中华书局，1960年，第8024页。

最典型例子比如杜甫《江亭》诗中"水流心不竞,云在意俱迟"①一联,生动形容了天光水色的流动无间,置身于此人们得以感知审美心境与天地云水的亲和融怡,而宇宙间这种天人凑泊深为中国美学所推崇,所以从宋代以后,"水流云在"就成为代表造园艺术最高境界的经典命题②,苏轼诗中还追摹杜甫此诗句而形容寺院园林景致是如何开启人们的悠远审美之思:"水流天不尽,人远思何穷。"③无数这样以文学形式而对园林原理的阐说与提炼,其重要性都需要我们比较细心地阅读文学文本才能够体会出。

通过词作而提炼把握古典园林艺术精髓的情况同样显而易见,具体例子在本书各个章节中不时引述。在大家比较熟知的概括性著述中,同济大学著名园林学者陈从周先生说:"我曾以宋词喻苏州诸园:网师园如晏小山词,清新不落套;留园如吴梦窗词,七宝楼台,拆下来不成片段;而拙政园中部,空灵处如闲云野鹤去来无踪,则姜白石之流了;沧浪亭有若宋诗;怡园仿佛清词,皆能从其境界中揣摩得之。"④

更有词作包含大量篇什描写园林景观、揭示造园原理。比如北宋韩琦写有十首《安阳好》,其中最为世人称道的一首其下半阕中说:

> 笼画陌,乔木几春秋。花外轩窗排远岫,竹间门巷带长流。风物更清幽。⑤

他写出了园林周边环境中的山景、水景、清幽花木等的相互映衬依托,而"花外轩窗排远岫"一句最精彩,承袭南齐谢朓名句"窗中列远岫",强调窗景是园林艺术的重要内容,又用最精炼的文句写明了近景("花外")与远景("远岫")之间映衬递进的空间关系,以及这种空间结构艺术通过窗景的安排而聚焦凝练,因此造就了小小庭园韵致含蕴不尽的美学特点,即

---

① 见彭定求等编:《全唐诗》卷二二六,中华书局,1960年,第2440页。
② 详见拙著:《翳然林水——栖心中国园林之境》,北京大学出版社,2017年,第259—262页。
③ 苏轼:《宿余杭法喜寺,寺后绿野堂,望吴兴诸山,怀孙莘老学士》,见王文诰辑注:《苏轼诗集》卷七,中华书局,1982年,第343页。
④ 陈从周:《中国诗文与中国园林艺术》,见陈从周:《陈从周说园》,长江文艺出版社,2020年,第245页。
⑤ 见唐圭璋编:《全宋词》,中华书局,1965年,第169页。

"风物更清幽"——像这样文句显然已经不是对园林景物的单纯描写,而是因为造园与诗词艺术之间长期深入的互动,人们对于园理的解悟概括等具有了理论意义的阐发,而且已经非常自然地融入文学描述中了。

又以南宋词人辛弃疾为例,其词作在人们印象里总是以金戈铁马的豪放风格著称,而实际上辛词中有许多对园林景致的精彩描写,不少警句甚至直接阐明造园艺术的基本原则。比如他袭用苏轼咏写司马光洛阳独乐园诗句"青山在屋上,流水在屋下。中有五亩园,花竹秀而野"[1],转而以词写景:"青山屋上,流水屋下绿横溪。"[2]相较于苏轼原诗,辛词描写园林主厅堂的视野设计要同时涵纳山景与水景,就更加具体(以溪涧为水景)。

再比如辛词中情趣盎然的句子:"新葺茅檐次第成,青山恰对小窗横,去年曾共燕经营"[3],描写园中建筑轩窗取位恰当,所以能够将远处山景收纳眼帘;尤其写出燕来燕去不仅赋予小园以自然生机,而且强调天地间无数"动植飞潜"的生息运迈、亲和融洽[4],它们都直接参与着对园林艺术的"经营"。诸如此类的重要审美原则,竟然是通过短小诗词就极其轻盈自然地表述出来,这些特点是我们了解中国古典园林美学时需要留心的。

又比如辛弃疾描写建造自己小园的一系列营构原则:

东冈更葺茅斋。好都把、轩窗临水开。要小舟行钓,先应种柳;疏篱护竹,莫碍观梅。秋菊堪餐,春兰可佩,留待先生手自栽。[5]

这首小词的短短几句,就概括了园林与山景、水景、丰富植物景观等的相

---

[1] 苏轼:《司马君实独乐园》,见王文诰辑注:《苏轼诗集》卷一五,中华书局,1982年,第733页。
[2] 辛弃疾:《稼轩长短句》卷三《水调歌头·题赵晋臣敷文真得归、方是闲二堂》,上海人民出版社,1975年,第34页。
[3] 辛弃疾:《稼轩长短句》卷一一《浣溪沙·瓢泉偶作》,上海人民出版社,1975年,第150页。
[4] 与"鸢飞鱼跃"一样,"动植飞潜"是宋代宇宙哲学更加发达趋势之下,人们形容天地万物运迈周行之和谐状态的常用语,这一命题对中国古典园林理论有重要影响,比如北宋晏殊《中园赋》中所说:"睹百嘉之穰俭,明四序之无愆。动植飞潜兮,得宜乃悦。"见曾枣庄、刘琳主编:《全宋文》,上海辞书出版社,2006年,第19册,第198页。
[5] 辛弃疾:《稼轩长短句》卷二《沁园春·带湖新居将成》,上海人民出版社,1975年,第21—22页。

互关系;尤其"留待先生手自栽"等句,更写明了文人园主亲自设计、建构、经营园林这一中国文人园林的重要特点[①]。

元明以后的中国诗词虽然失去了唐诗宋词那种精湛的意象构造力,但是从归纳提炼造园艺术之精髓的角度来说,仍然不时有可观之作;而且元明以后的咏园诗与书法艺术、绘画艺术之间的关联更为紧密,从而创造出新的美学境界。比如本书后面将要提到的明代沈周《有竹居图册》以及其书法艺术——这种集成体式不仅具有咏园诗较高的艺术含金量,而且其诗句"罨画溪山合有诗"等等,更阐释了中国山水美学中的重要理念,并展现园林、诗歌、书画诸多艺术间的交融关联,这些都是元明以后园林理论的新创形态。

再举类似的一例,上海博物馆收藏有明代书画家、文学家、造园家文徵明的一幅咏园五言诗行书条幅:"叠石不及寻,空棱势无极。客至两忘言,相对餐秀色。檐鸟静窥人,人起鸟下食"(图5-17)。

首先,此诗前两句总结小型文人园林中的叠山特点及其所追求的艺术境界,即通过体量很小的叠石之作而营造出"空棱势无极"这样真力弥满(骨力彰显)的山岳意象——短短两句十个字,对叠山艺术要旨的总结与提炼可谓精到扼要。其次,此幅咏园诗立轴中省略了原作的诗题,我们或许因此以为其无关紧要,而实际上完全不是。检《文徵明全集》所收录的此诗全篇,可见诗题很长:《斋前小山秽翳久矣,家兄召工治之,剪薙一新,殊觉秀爽,晚晴独坐,

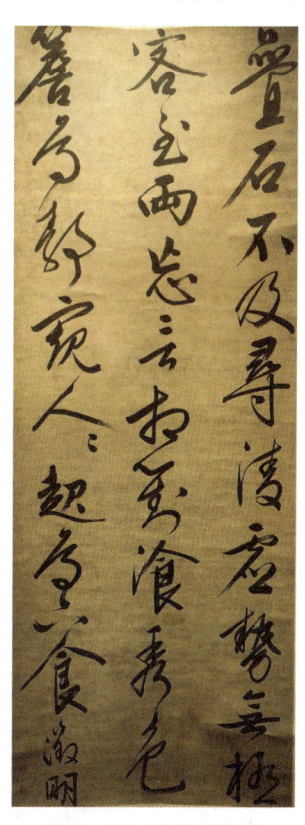

图5-17 文徵明咏园
五言诗行书条幅
152.3厘米×56.0厘米

---

① 明代计成《园冶》卷一《兴造论》论园主的艺术立意实为园林兴造的主脑:"世之兴造,专主鸠匠,独不闻三分匠、七分主人之谚乎?"见计成原著,陈植注释:《园冶注释》,中国建筑工业出版社,1981年,第41页。

诵王临川"扫石出古色,洗松纳空光"之句,因以为韵,赋小诗十首》。[①] 品读一过,可知其叙述内容颇为可观。首先由此见出:篇什空前之多的咏园组诗,可能已是此时园林美学理论的常见著述形态。其次,诗题中说明了文徵明的赏园、论园之作,是步王安石咏园旧篇而新作赓续。再追索上去,王安石"扫石出古色,洗松纳空光"之警句,全篇诗题为《昆山慧聚寺次孟郊韵》[②],说明唐代寺院园林对后世文人园林美学的影响,以及王安石追慕唐代孟郊之园林审美意趣的承续关系[③]。由文徵明这样一首短小的五言咏园诗,我们可以真切了解到明代文人造园所依据的美学理念脉络之深远。联想到中国古典园林理论不以专门学术著作的条分缕析见长,但其吉光片羽却散见于范围极广的各类文献,那么明代士人以大型组诗形式而对造园细节做周详的描述,尤其是对漫长造园史中精粹理念的这种梳理遴选、继承发扬,就可以说是值得今天研究者关注的中国古典园林理论形态又一重要类型。

中国文学与士人园林的上述种种密切关系对皇家园林和寺院园林也产生了深刻的影响。皇家园林很多时候也极力追求士人文学所表达的意境,比如承德清代避暑山庄三十六景中有遵承杜甫诗意的水流云在亭(图5-18),北京颐和园也有同样主旨的意迟云在亭(图5-19)。

图5-18 承德避暑山庄水流云在亭　　　　图5-19 颐和园意迟云在亭

---

① 文徵明:《文徵明全集》卷上,王心湛校勘,广益书局,1936年,第22页。
② 王安石:《王文公文集》卷四八,唐武标校,上海人民出版社,1974年,第547页。
③ 唐代孟郊《苏州昆山惠聚寺僧房》有咏赞寺院园林清幽之中天人凑泊之畅美的警句:"锡杖莓苔青,袈裟松柏香。"见彭定求等编:《全唐诗》卷三七六,中华书局,1960年,第4220页。

皇家园林中的这些营构，都是建立在中国文学与士人园林之间已有的深刻联系基础上。

（三）古典文学理论与古典园林

在文学创作与园林境界相互影响的基础上，中国古代的文学理论和文学评价标准，也与园林艺术有了密切的关系。典型的例子比如刘宋时代著名的造园家谢灵运，他又是当时的文坛领袖，后人对他的诗歌风格与艺术地位的评价就用了"如初发芙蓉，自然可爱"①这样形象的比喻。以后的文学理论著作在总结一些著名诗人的诗歌风格时，普遍喜欢用"流风回雪""落草依花"一类描摹山水园林景色意象的语词②。

借用园林意境之美来表达文学理论的理念与文学批评的标准，在唐代司空图著名的《二十四诗品》中运用得更为普遍，例如他对"典雅"与"纤秾"这两种文学风格的总结：

> 玉壶买春，赏雨茅屋。坐中佳士，左右修竹。白云初晴，幽鸟相逐，眠琴绿阴，上有飞瀑。③

> 采采流水，蓬蓬远春。窈窕深谷，时见美人。碧桃满树，风日水滨。柳阴路曲，流莺比邻。④

这些文学理论上的立意，完全是通过对园林景观的生动描述而呈现出来的。

通过对园林景观的描绘提炼文学理论上的审美命题，而反过来凝练结晶出的文学理念又对造园艺术产生反哺的影响。如苏州拙政园中的柳荫路曲廊（图5-20），就是以曲折回廊而表现园林空间幽曲蜿蜒之美的著名营造。

---

① 史载："延之尝问鲍照己与灵运优劣，照曰：'谢五言如初发芙蓉，自然可爱。君诗若铺锦列绣，亦雕缋满眼。'"见李延寿：《南史》卷三四《颜延之传》，中华书局，1975年，第881页。
② 钟嵘《诗品》卷中载："范（云）诗清便宛转，如流风回雪。丘（迟）诗点缀映媚，似落花依草。"见钟嵘著，陈延杰注：《诗品注》，人民文学出版社，1961年，第51页。
③ 司空图：《二十四诗品》，见何文焕辑：《历代诗话》，中华书局，1981年，第39页。
④ 司空图：《二十四诗品》，见何文焕辑：《历代诗话》，中华书局，1981年，第38页。

图 5-20　苏州拙政园柳荫路曲廊

▲这处优美园景不仅标示了古典园林与古典文学理论的密切关联,而且在笔者看来,也是理解古典园林景物配置原则及其韵律之美、园林建筑与书法艺术之间根本关联等肯綮的上佳范例。纵向的石板桥具有曲折顿挫的鲜明节奏感,但同时建造者对体量尺度的精准把握又使石桥显示出必要的蓄势,从而在恰当的节点上将人们的观赏视线转折至横向的游廊。横向游廊则在形态、材质、色彩、体量等诸多方面,都与顿挫有致的石桥相映成趣,这使得全景空间中的曲线在延展的进程中升华至更宽广的"乐段"——这类看似极简景观元素的组合配置,蕴含了精微深挚韵律感的缜密设计,体现着中国古典园林构景艺术的精髓,却又最容易被走马看花的游人忽略。如果进一步结合本书图 1—8、图 2—5、图 2—65 等示例,则可以有更多的体会。

（四）园林成为明清通俗文学故事的重要背景

宋元以后文人园林与中国文学之间的联系,由于小说、戏剧等通俗文学的迅速成熟而又有了新的发展,这主要表现在：大量的小说、戏剧的内容都是以私家园林为基本场景和故事情节展开的基本环境。这就使得小说、戏剧从其人物、情节、背景到整体的叙事结构,都与园林艺术密切交织在一起——《西厢记》《牡丹亭》《金瓶梅》《红楼梦》等诸多中国小说、戏剧的名著名作皆是如此。许多小说家、戏剧家同时也在造园艺术方面具有深厚的造诣，或者本人就是造园家、园林美学著作家，例如李渔的小说《十二楼》是由十二篇以园林中的楼宇为背景的故事组成的小说集，而李渔本人同时就是园林美学家，他撰写的《闲情偶寄·居室部》则是园林理论中的重要著作。而曹雪芹《红楼梦》对大观园中的景观布局和众多人物在园林中生活场景的描写，既是文学的经典，同时也是对古典园林学的精彩总结。

明代以后通俗文学繁荣所包含的文人园林之影响，以明代中后期小说、戏剧刊本中的版画图像所展现内容最为典型。这一方面是因为当时社会文化环境促使通俗文化的影响遍及天下，形成妇孺尽皆热衷的传播效应；另一方面是因为，中国版画艺术经过长期发展积累，至此时形成多种流派异彩纷呈又相互影响借鉴的空前繁盛局面，于是成就出无数优秀的版画作品，而这些作品又因为其刻绘内容很多以园林为基本背景，所以自然而然地为通俗文学与园林艺术之间的相互辉映架起了桥梁。有关内容在本书第十三、十四章中做了充分的说明，并列举了大量相关内容的版画插图，如此大量的杰作都可以与现在讨论的问题相互参看，为了节省篇幅，这里不再赘述。

（五）以极富文学性的楹联匾额作为园林艺术的点睛之笔

园林中根据各处景观的特点而题写的楹联匾额、刊刻重要园记诗文的碑碣等等，也是赋予园林艺术以深厚文华之美的重要方式。这种情况我们在《红楼梦》第十七回"大观园试才题对额"的详细描写中可以看得很清楚。同时，对于园林意境的这些藻饰点染又与书法艺术完美结合，更是有效直观地增加了园林的艺术含量。下面略举几则图例（图5-21至图5-24），从中尤其可见作为古典文学分支的楹联艺术与古典园林的密切关联。

图 5-21 苏州沧浪亭

▲楹联是文人园林中自然景观、建筑艺术与文学艺术相互融合借助的常用形式,往往起到画龙点睛的作用。宋代苏舜钦曾根据自己官场失意之后在苏州建造沧浪亭的主旨,以及寄身此园中的生活内容,撰写了中国散文史上著名的《沧浪亭记》,从此沧浪亭也因为此文学名篇而标名史志。同时,此园中山水建筑等一切景观的立意,也都因袭这一传统而具有高度的文学性,比如园中小亭的楹联为:"清风明月本无价,近水远山皆有情。"此联上句直接袭用宋代文豪欧阳修诗中原句,下句则化用南宋以文章气节见重于世的王质"清风蓑笠明月棹,为我洗濯尘埃裾。功名暂寄痴儿手,烟云且与闲人娱。浴凫飞鹭总相识,近水远山俱可庐"的诗意。苏舜钦《独步游沧浪亭》还描写了自己在园中的幽独之趣:"花枝低欹草色齐,不可骑入步是宜。时时携酒只独往,醉倒唯有春风知。"可见在赏园过程中,人们常常将自己的主观情感和人格理想拟人化地寄托于自然和园林景观之中,所以诸如"清风明月""近水远山""花草春风"等都具有生命的意义与灵性,并且随时能够与园居者相契知、心境相通。在这个审美方向上,文学的意义就显得特别突出:因为它总是对审美者与园林景物之间密切精微的相互感知关联,有着最深切细致的体味和表达(此可参看第四章结尾所引竺可桢老先生的精彩概括)。

纸本墨书，130.4厘米×31.2厘米

◀ "红树青山合有诗"语出宋代陆游《望江道中》，这类例子说明：凭借艺术形式上的便利，楹联往往通过对经典文学的粹选与整合，深化与突出对风景园林艺术核心原理的美学认知。

图 5-22　梁启超手书楹联

图 5-23　苏州怡园藕香榭室内楹联匾额

▲ 由此类图示可以清楚看到：不论是在艺术意境上还是在视觉美感上，楹联匾额都构成了园林室内装饰中的重要组成部分。

图 5-24　苏州网师园"樵风径"与"潭西渔隐"题额

▲ 文人园林中随处可见的文字题额不仅是展示书法艺术的佳处,更是园主表达人格理想与造园宗旨的最常用艺术手段,所以又具有鲜明的写意特点。

这些楹联与题额,文句中往往蕴含着凝练的艺术意象与哲理,所以看似寥寥几字却最值得驻足品赏。

这也就是陈继昌《楹联丛话序》中所称道的:

片辞数语,着墨无多,而蔚然荟萃之余,足使忠孝廉节之悃,百世常新;庙堂瑰玮之观,千里如见。可箴可铭,不殊负笈趋庭也;纪胜纪地,何啻梯山航海也。[1]

在对造园宗旨予以凝练与提示彰显等功能基础上,更由于楹联具有对称、炼句、典雅、言近旨远等文学之美的特点,所以园林佳联的文句结构本身,还具有体现构园方法的精妙韵味,如图5-25、图5-26所示。

---

[1] 梁章钜编著:《楹联丛话全编》,白化文、李鼎霞点校,北京出版社,1996年,第3页。

图 5-25 李德源书洒金对联

◀ 明代文学家、书法家陆深（初名荣，字子渊，号俨山，南直隶松江府人，弘治十八年进士）曾经在自己园林中题有"四面有山皆入座；一年无日不看花"楹联，后人将"入座"改为"入画"，一字之异则更见造园与赏园之精义。上图为清代御史李德源所书，上联敷写园外广袤空间与山色如何尽皆收入园中，下联紧接着写园内花木四季之妙直呈目前。此联文句看似通俗平易，但上下联的审美视点一远一近、一外一内、一虚（群山之画意）一实（花木之真切）、一天机自然一人力营造，这诸多两相映对凑泊，含蕴着无穷的造园意趣。因此，此联广受激赏，清代文学家与书法家郑燮等人都曾抄录。

纸本，133厘米×33厘米

▶ 此联是为苏州网师园小山丛桂轩所题，直接说明书画艺术的原理与叠山理水等构园艺术原理彼此相通。

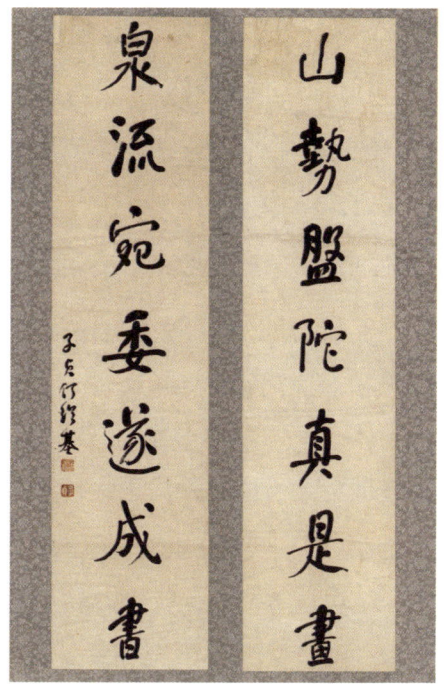

图 5-26 何绍基手书对联

又比如在阐说书法艺术与园理两方面皆颇有价值的一件楹联巨制——翁同龢的《行书扫地模山八言联》："扫地焚香澄怀观道,模山范水镂月裁云。"(图5-27)此作虽然看似由普通成语连缀而成,实则精要概括出古典园林最高境界之关捩:从形而上层面来看,园林中日常生活("扫地焚香")指向的是审美陶冶下心性对终极世界的感知与探究("澄怀观道");从形而下层面的具体造园技法来看,它必须合乎构景规则下一系列风景内容的设计与配置关系("模山范水"),并进一步造就出将审美之思升华至无限"天地境界"的艺术路径("镂月裁云")。

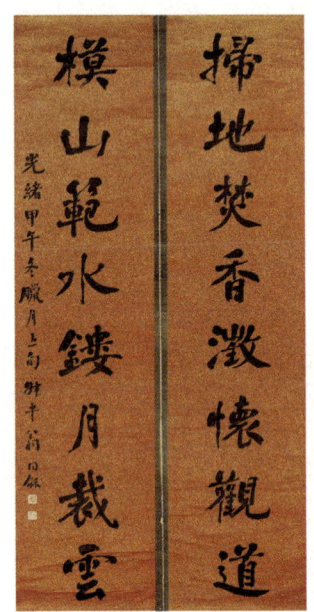

图5-27　翁同龢《行书扫地模山八言联》
纸本行书,260.4厘米×57.9厘米

◀翁同龢(1830—1904),字声甫,号叔平,晚号松禅老人、瓶庵居士等,江苏常熟人。咸丰六年(1856)状元,后为同治帝、光绪帝的师傅,官至太子少保、户部尚书、协办大学士,补谥文恭,著有《翁同龢日记》《瓶庐诗文稿》。他的书法气息淳厚、堂宇宽博,享有"同治、光绪间推为第一"之盛誉,《清史稿》卷四三六《翁同龢传》称"其书法自成一家,尤为世所宗云"。

显而易见,通过楹联的形式,古典诗歌的特点(遣词炼句之精严要妙、韵律和谐优美、语意精微深挚、表达方式崇尚联想比兴与余韵无穷……)对园林艺术魅力的形成与升华形成显著的助力,从而联手造就了中国园林尤其是文人园林那种韵味悠长的境界。

(六)"文"成为古典园林之表征的深刻原因

以上叙述了文学与园林这两门艺术之间相互关联的一些常见形态,还需要强调的是：这些可以直观看到的内容（以及后文将要叙述的绘画等诸多艺术与园林的密切关联）背后，其实还有着更重要、更为根本的支柱，只是因为有此根本动因，中国古典园林，尤其是文人园林，最终成为凝聚诸多艺术门类之间天然亲和力、以"文"为基本特征（表象为富于文华、文藻、文绮之美）的一种高度复合型的艺术载体，甚至呈现为一种内涵非常丰厚的"文明形态"。这根本原因在于：在中国文化中，"文"远不仅指狭义文学在艺术上的特点，它还代表着文明的根本方向——这就是我们知道的：孔子作为殷商人后裔，却认同于灭商立国的周代制度文化，并认为周制所以让自己舍弃本族群立场而加以崇拜①，是因为其制度基准是"郁郁乎文哉"②。孔子这个定义对中国文化发展具有关键的意义，所以大致成书于战国时的《易传》中说"观乎人文，以化成天下""乾行也。文明以健"，这些都是承续孔子的立场而认为"文"是制度形态最高理想境界的标志，是建立世界秩序和规则的基准。

而且如果从美学角度来看文明史的进步过程，则孔子所认同崇拜的周制等的特点，一是以美作为建构制度基础所必需的，二是认为这种根本的文明之美来源于天命的赐予（规制），所以迄今可见最为系统地叙述周代制度理念的金文文献《史墙盘铭文》中就明确说："曰古文王，初戾和与政。上帝降懿德、大甹"，据研究者最近的考释，这文句的意思是说上天将"懿德"赐予了周文王，并且因此赋予他以"文武之道"统御天下的大任③。周人这些美学理念，尤其是他们日常所崇尚的美学风格，正可以帮助我们来理

---

① 孔子作为殷人后裔，在习俗、礼俗上依然恪守本族传统（详见《礼记·檀弓》孔子自述"予畴昔之夜，梦坐奠于两楹之间"一大段文字），但是在制度方向上舍殷商制度而认同于周制，并且从周制中抽绎出"仁"与"文"作为自己学说体系的核心，进而以此为基础建立起一种文明体系的准则，应该说：在以氏族族群划分立场取舍的时代，这有着文明史跨越性进步的巨大意义（笔者另文详述）。孔子身世为："其先宋人"。周公东征平定商纣王之子武庚等为首的"殷顽"之乱与"三监"之乱以后，为了使殷人"续绝国"，遂封商纣王庶兄微子启在殷商故地建立了宋国，即孔子祖先的母国。
② 《论语·八佾》："子曰：'周监于二代，郁郁乎文哉！吾从周。'"见朱熹：《四书章句集注》，中华书局，1983年，第65页。
③ 详见晁福林：《从史墙盘铭文看周人的治国理念》，载《中国社会科学》2021年第1期。

解为什么孔子是以"郁郁乎文"①作为终极理想。

所以非常重要的是:在中国古典文明的定义中,"文"除标志语言文学的成就之外,更是文化制度形态进入很高发展阶段时必须具备的表征。中国文学理论的经典著作《文心雕龙》全书开篇的第一句话就是:"文之为德也大矣,与天地并生者何哉!"②这也是明确说明"文"是宇宙间一切美好与崇高事物的共同标志与基准。

由于"文"是一种具有本体意义的文明禀赋与标志,尤其与美具有深刻同构性③,所以在这个共同源头的推动影响下,包括文学、园林等在内的各个门类的艺术,都竭力使自己更具文华之美,同时借鉴吸收一切相邻艺术领域中在"文"这个基本方向上的相关成就。而这样一种趋势所成就出的园林中的文华之美,也就远比对著名文学作品的直接借用广泛得多,它包括:以园林作为孕育文学思维方式的家园("城曲筑诗城"),以具有文学性的语汇意象来提示和装点园林景观,在园林环境中营造出文雅的氛围,各种园林景观和空间在具有文思之美理念的设计下成就出超越其拙朴形态的绮华隽雅之美……

总之,中国园林能够成为一种具有经典性(在西文中,"古典"与"经典"是同一个词)的文化艺术集成体,而不只是具有一般观赏意义的艺术,重要原因之一就是它达到了"文思光被"这样的文明形态层面上集大成式的成就;而文学与园林艺术融合正因为代表着这个集大成式的文明形态之塑造,所以具有不凡的意义。

例如文徵明的《真赏斋图卷》及《真赏斋铭》(图5-28、图5-29),之

---

① 史墙盘现藏于陕西宝鸡青铜器博物院,其器型宏大,整体通高16.2厘米,口径47.3厘米,深8.6厘米,造型风格极显宽博温润,腹部饰垂冠分尾凤鸟纹,凤鸟有长而华美的鸟冠,其铭文也是西周金文书法成熟阶段的代表作,字体结构方整秀雅,笔画宛转流畅。要之,此器本身就是"郁郁乎文"及《礼记·文王世子》"礼乐交错于中,发形于外,是故其成也怿,恭敬而温文"的经典体现,它的懿美之象正与其铭文对于文王"懿德"的旌扬相互映衬呼应。
② 刘勰:《文心雕龙·原道第一》,见刘勰著,范文澜注:《文心雕龙注》,人民文学出版社,1958年,第1页。
③ 《易·小畜·象传》:"君子以懿文德。"孔颖达《正义》:"懿,美也。"见阮元校刻:《十三经注疏》(清嘉庆刊本),中华书局,2009年,第52页。

所以能够在中国古典园林图像史、绘画史、书法史等诸多领域都赫然垂范，也是因为其具体园景图像、描述性文学篇章等层面之上，更展现出了"郁郁乎文"这种文明形态意义上的境界崇高与美好。

图5-28　文徵明《真赏斋图卷》

纸本手卷设色，36厘米×107.8厘米

▲画面描绘的是嘉靖年间明代著名收藏家华夏（字中甫）于无锡太湖之滨所建真赏斋私园。园外远山重叠，烟水悠悠。以小桥为界而进入园内景观的布置次序：竹林的掩翳形成园内景观的序奏，透迤曲折之后进入湖石与古松环抱的内园庭院。这里茅屋两间，左侧屋内有几案，书架上摆放书籍画卷。中间屋内两位老者傍案对坐正鉴赏书画，并交谈讨论，旁边有僮仆侍立。右侧单独一间茅屋中两童子正在烹茶。总之，在这样的山水园林环境中，书斋涵载的一系列文化内容鲜明体现出"文思光被"之美。

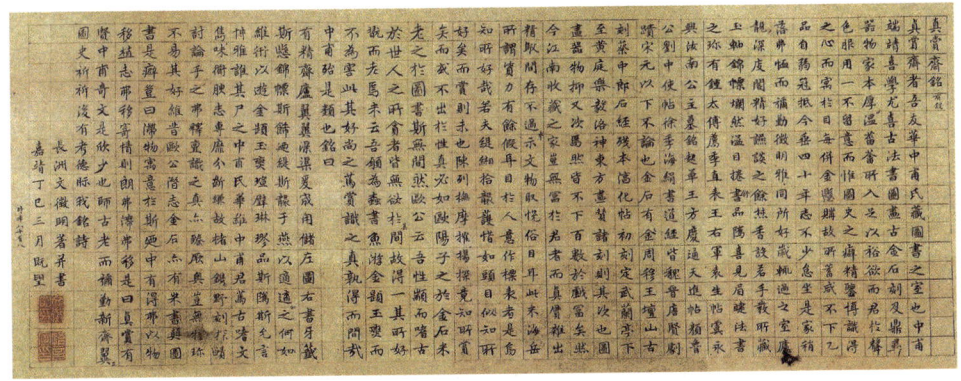

图5-29　文徵明《真赏斋铭》

▲此小楷长篇铭文，为文徵明八十八岁时（嘉靖三十六年，1557）手书，是中国书法史上显示书家始终精进不辍的精神境界的典范。对于我们现在讨论的议题而言，铭文内容非常值得留意："维中父甫君笃古嗜文，隽味道脺，志专靡分。"文徵明赞叹的，也是园林主人以一生追求而确立起生命的价值坐标：专注于内涵最为丰富精深，而一切相关因素又最为优美的那种文明形态。

三、虽云旧山水，终是活丹青：文人园林与中国古典绘画艺术

与中国古典绘画之间的相互影响，也是中国文人园林具有丰富文化和艺术内涵的重要原因。由于隐逸是关系整个士大夫阶层生存方式和意识形态特点的完整文化体系，所以中国古代文人经常通过各种艺术形式表达自己对自然山水景物的热爱，以及自己生活与山水景物的密切关系，而文人画就是这许多艺术门类之一。由于创作宗旨、表现题材等许多方面一致，所以文人园林也就与绘画具有天然的联系。

关于园林与院体绘画之间的关联，本书的第十、十一、十二章中有非常详细的说明，下面主要看文人园林与文人画之间的关联。

简括说来，园林与文人画的联系主要表现在以下几个方面：

第一，园林与文人画创作主体和主要欣赏者是一致的。著名例子比如前面提到的苏轼、文同、米芾等人，他们既是当时重要的文学家和园林美学家，同时也是中国文人画的奠基者（五代以前山水画虽有长期发展，但是除出土唐代壁画中的片段之外，其作品现在已难以见到），而他们的绘画内容，也主要是山石竹木等文人园林中的景观。

第二，园林景物和园林生活，是文人画的主要表现内容。中国文人意趣浓厚的绘画虽经从宋元到明清的长期发展过程，但主要内容始终是自然山水和园林景观，以中国绘画艺术成就最高的五代宋元为例，从北宋的荆浩、关同、董源、巨然，到北宋的李成、范宽，南宋的刘松年、李唐、马远、夏圭，以及其后的元四家等，他们的传世作品主要都集中于山水园林题材。

第三，文人园林与文人画的美学趣味和美学原理是一体相通的。由于文人园林与文人画在内容、题材、创作基础等方面相通，所以它们在美学趣味和艺术表现方法上一致也就是必然的。在古典中国，园林题材的绘画

与诗文的艺术创作，常常是联袂进行。比如唐代隐士卢鸿一在嵩山建有著名的园林，同时他写有描写园林景致和抒发自己隐逸情怀、表达园林美学理念的诗作《嵩山十志》①，并绘有画作《草堂图》②，由于此画作在文人艺术史上具有重要的地位，所以宋代的苏轼、苏辙等人都曾为它题诗；再比如宋代画家李公麟同时是一位园林家，他的龙眠山庄有几十处各具特色的景点，苏轼等文豪都曾有诗对之加以详细的描写；又比如明代画家文徵明曾以画作《拙政园三十一景图》与《拙政园记》这图文并行的方式，来表现这座著名园林中的景致。

在绘画艺术内容与园林艺术内容一致的基础上，还经常可以看到两者美学趣味和意境的相通，比如上面提到的宋代画家文同就曾具体描写自己园林中的一处轩室："正对大林高株，缺间视远峰，若画工引淡墨作峦岭，嶷嶷时与烟云相蔽亏。"③类似这种联袂比对，我们在明清园林中，也可以经常看到把园林之美直接比拟于绘画境界的例子，如图5-30所示。

图5-30　苏州艺圃响月廊

◀计成《园冶·借景》篇"顿开尘外想，拟入画中行"，即是强调园林要具有画境之美。苏州艺圃中响月廊的楹联"踏月寻诗临碧沼，披蓑入画步琼山"，也是指明"踏月寻诗"与"披蓑入画"这种亦诗亦画之美，正是园林艺术倾心追求的境界。

---

① 见彭定求等编：《全唐诗》卷一二三，中华书局，1960年，第1223—1226页。
② 杨家骆主编：《宣和画谱》卷一〇，世界书局，1974年，第257—258页。
③ 文同：《自然水石记》，见文同著，胡问涛、罗琴校注：《文同全集编年校注》卷二七，巴蜀书社，1999年，第885页。

造园家更经常运用各种具体的构景手法,营造出园景的丰富画面感,如图5-31至图5-33所示。

图5-31　上海嘉定古猗园弧形水轩

▲木结构建筑的形态可以塑造得非常灵活,其立面又可以完全开敞以做观景之用;加之通过木构架间的透视作用,于是周边园林景观呈现出明暗、色调、层次、动静等诸多方面的变化与对比,由此类方法渲染出园景的画意。

图5-32　无锡寄畅园一景

▲此为无锡寄畅园中的一景,园林景观因为层次与色彩的丰富和谐而具有画境之美。由此可以看到:各种景观要素之间的相互对比、协调和烘托,是园林中画意的重要内容。作为近景的水池驳岸等景物取势低平,恰好与作为中景的石桥小亭、作为远景的园外山峦和宝塔等形成了高下、远近、色调、明暗、尺度等方面的对比与组合,并形成了由近及远的空间延伸脉络,从而构成完整精致的画面。

图 5-33　苏州网师园看松读画轩

▲ 看松读画轩的命名就强调了园林景观的画意蕴含。与图 5-32 无锡寄畅园所示园内与园外景物相互借景不同，这里是完全依靠园内诸多景物在层次、色彩、形态、尺度等方面的精心配置而构成画意。从此图中可以看出，作为近景的曲桥、水池等景物恰好与远处的屋宇、假山等形成了高下、远近、色调、尺度等方面和谐的对比组合关系，构成精美的画面。

上述园林与绘画相通的例子都很直观，在这个认知基础上，画理与园理的相通就是园林与绘画关系更深入一层的互动。比如本书图 10-12《荷亭消夏图》在看似平常的画面之内，蕴含了诸多具体景物之间的精审权衡配置与缜密的空间结构关系设计，从而使画面中充满画意，这与图 5-32 展示的园理就足可比勘。再如图 3-27 中举出的唐寅《溪山渔隐图》中以水贯穿巨幅画作中各个局部景观，这与江南造园中依托水道而布列诸多沿水景点的构景方法非常一致。因为本书各章节中引用大量画理与园理相通的类似例子，所以为了节省篇幅，在此不再赘述。

我们接下来需要关注的，是中国古典山水画理论的一些重要理论命题的确立与内涵的日益丰富，比如宋代郭熙的山水画论著《林泉高致》中阐述的"三远"、托名宋代李成《山水诀》所谓"凡画山水，先立宾主之位，次定远近之形，然后穿凿景物，摆布高低"等，这些都或直接或间接地借助于大量的构园实践,所以计成《园冶》自序中强调园林景色要"宛若画意"[①]。

绘画理论与园林理论之间这种密切关联是需要系统阐述的问题。限于篇幅,下面仅以明代沈周的一组园林画,来说明中国古典山水美学中一个不太被人们注意的理论概念"罨画",它究竟有什么值得重视的内涵,以及它是如何在绘画与造园中都具有重要意义。

沈周这组画作名为《有竹居图册》,具体描绘的是他自己的园林有竹居的风貌。每幅画上皆有沈周题写的七绝诗,这便于我们理解这组画中景致的内涵与立意。首先来看画作对诸多园林景观的直观描绘,《有竹居图册·流泉曲曲复萦萦》(图5-34)画面中的远山近水、山石竹丛等构成了有竹居大的园林景观环境,而且画面上沈周的题诗"流泉曲曲复萦萦,坐对移时思更清。只许洗心并洗耳,不从尘世着冠缨",说明这样的环境选择直接体现着对隐逸文化传统的秉承("洗耳"的典故与许由有关,许由听到尧要让位给自己,感到耳朵受到了污染,因而临水洗耳)。

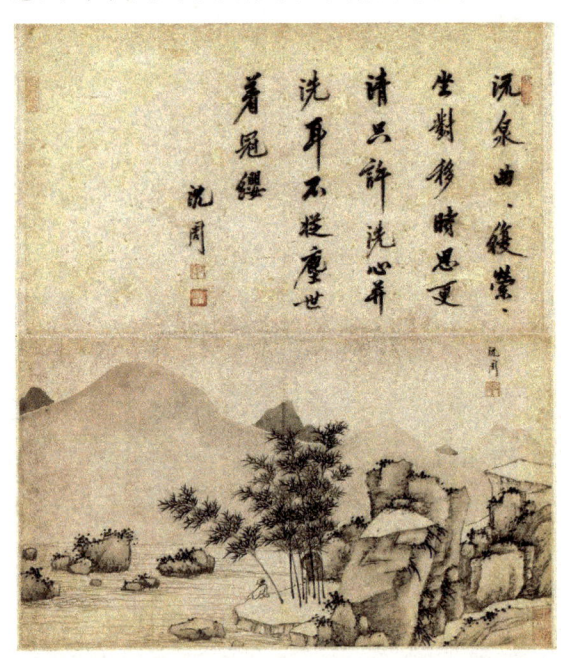

图5-34　沈周《有竹居图册》之《流泉曲曲复萦萦》
册页,洒金笺,65.3厘米×37.9厘米,共8幅

[①] 计成原著,陈植注释:《园冶注释》,中国建筑工业出版社,1981年,第36页。

在上述宏观的山水环境描写基础上，我们进入园景与画境相互映照更深入的层面，先看沈周的《有竹居图册·罟画溪山合有诗》（图5-35）这幅画作及其题诗。

图 5-35　沈周《有竹居图册》之《罟画溪山合有诗》

此幅画作沈周题诗为："罟画溪山合有诗，茆茨亭子更相宜。林泉个个求钟鼎，如此风光看属谁？"这首七绝远非看似的那样浅显，如其中"罟画溪山合有诗"一句，概括的其实是中国古典风景美学、山水画、园林审美的一个重要命题，即：不论是园林中经常标举"如画"、"读画"（苏州网师园一处重要建筑即名"看松读画轩"）的宗旨，还是画家笔下园林中的"画境""入画"，其实都根源于天地自然本质中那种和谐的状态与机理；尤其这种天地之美是通过山水万物的生机运迈而呈现出来，所以它也就像绘画中的手卷那样，是以呈现节奏韵律的方式而逐渐展开，这就是"罟画溪山"命题的含义——"罟"意为遮蔽隐藏之中又有部分和逐渐的显露（"罟"的本义是捕鸟或捕鱼的网）。又因为天地自然之美、其呈现方式中的韵律之美，乃是诗意、画境的本质，所以沈周强调"罨画溪山合有诗"，即在展现溪山和谐、天地周行等韵律之美的前提下，诗、画与园林艺术具有本质上的一体同构性。

上述命题关系着中国山水园林审美的核心内涵与基本逻辑，因此它非常普遍地成为历代山水审美与造园艺术的宗旨。唐代至宋金时人们对"罨画"反复强调，其中最重要的当然是李白《大鹏赋》中定义的"当胸臆之掩（罨）画"（详见本书图10-23至图10-25及相关文字说明）。而历代景从之论非常多，例如：

花明驿路燕脂暖，山入江亭罨画开。[①]

二岭描成翠骨堆，一川罨画绣徘徊。[②]

亭榭依山水乱鸣，已如罨画障中行。[③]

述说更明白的例子，比如本书第十章中引用南宋张镃论马远山水画的长诗，其中有"山川藏卷轴"这样的定义，以形容山水景物中的画境与画意是如同手卷那样徐徐延展呈现出来。

山水景观之美的如此呈现方式，源自中国古典宇宙哲学的基本理念，后者对山水园林审美有重要影响[④]。而对山水之画境的如此定义之下，造园艺术也很自然地以"罨画"这一核心命题作为宗旨，并且一直贯穿到清代的大量造园作品中。大家比较熟悉的例子，比如北京北海中著名园中园静心斋内东北侧设有罨画轩；又比如北京颐和园宏大景观序列是以东南门外的大牌坊为起点，此牌坊的正面提额为"涵虚"（图10-20、图10-21），而背面题额是对"涵虚"的补充与具体化，这两字就是"罨秀"。再比如清代皇家园林"三

[①] 秦韬玉：《送友人罢举授南陵令》，见彭定求等编：《全唐诗》卷六七〇，中华书局，1960年，第7660—7661页。
[②] 叶适：《送惠县丞归阳羡》，见叶适：《叶适集》中华书局，1961年，第1册，第134页。
[③] 毛麾：《游河西孙氏园》，见薛瑞兆、郭明志编纂：《全金诗》南开大学出版社，1995年，第2册，第279页。
[④] 详见本书第十章第三节"对'天人境界'崇高审美意象的展现"、第十一章第一节"南宋山水画蕴含隽永诗意与精微哲思"中的论述。

山五园"之一的静明园入口处牌坊（图5-36），其中石桥东坊题额为"湖山罨画"（图5-37），其背面题额为"云霞舒卷"，强调园林中景色的自然。

图 5-36　北京静明园入口处牌坊

图 5-37　北京静明园入口处石桥东坊"湖山罨画"题额

而我们了解了这样的关联之后，再来看上面沈周对有竹居园林的描绘与题咏（"罨画溪山合有诗"），也就可以有更多的体会。

因为有了"罨画"这样展现天地山川并最终达到画境之美的过程，所以沈周认为园林画境的最终意义，在于使园居者的审美之思能够借此而进入对天地宇宙及其运迈周行亲和与知解的境界。如《有竹居图册》中的一幅（图5-38），沈周题诗为："尘世茫茫少闲地，却将亭子水心安。风来月到无人管，惟有闲人得倚阑。"如果我们记得上文引用过的北宋哲学家、园林家邵雍《清夜吟》所说"月到天心处，风来水面时。一般清意味，料得少人知"（苏州网师园月到风来亭等现存园林建构是对此宗旨的体会与表达），那么也就可以知道：沈周这组园林题材画作所表述的，同样不仅仅是园林景致与园内生活的形貌，更包含了作者对天道自然（及其在园林与绘画审美中重要作用）等哲学向度的理解——审美思绪的这种贯穿诗、画、园林、哲学等的进程，当然造就了中国古典山水美学内容的丰富性。

借助沈周《有竹居图册》（以组画方式描绘具体园林），还可了解绘画与园林关联方式的演变。这个演变发展的过程本身也包

图 5-38　沈周《有竹居图册》之《尘世茫茫少闲地》

含了值得从园林史视角予以重视的内容，如元明以后绘画对园林表现形式的发展过程中引人注目之处就包括：从这时开始，全面周详地描绘某一真实具体园林的多幅组画，开始占据文人园林绘画的重要位置。比如第四章提到的《友松图》作者明初杜琼，是著名文史学家与书画家陶宗仪的弟子。陶宗仪，字九成，元末避乱上海松江，号南村，并建宅园南村别墅，著有《南村诗集》《南村辍耕录》，绘有多幅《南村图》，是上海地区园林在艺术尤其是在文化精神传承史上的重要人物。杜琼对陶宗仪的清风雅致领略最深。陶宗仪去世后杜琼画《南村十景图》，对南村别墅做了详细描绘，此十图每幅上有篆书题名，分别为《竹主居》《蕉园》《来音轩》《阊杨楼》《拂镜亭》《罗姑洞》《蓼花庵》《鹤台》《渔隐》《猬室》。[①]

---

① 孙岳颁等所著《佩文斋书画谱》卷八六"明杜琼《南村十景图》"条详细记载："陶九成《南村图》，余见叔明、云西辈数本矣，今又见杜东原《南村十景图》，磅礴苍秀，极得北苑遗法。其景曰：竹主居、蕉园、来音轩、阊杨楼、拂镜亭、罗姑洞、蓼光庵、鹤台、渔隐、猬室。杜自题云：'余少游南村先生之门，清风高致，领略最深，与其子纪南最相友善，不意先生去世忽焉数载，偶从箧中得《南村别墅十咏》，吟诵之余不胜慨慕，聊图小景以志不忘。'"《景印文渊阁四库全书》本，台湾商务印书馆，1986年，第822册，第678页。

总之，陶宗仪的南村别墅园林，以及《南村诗集》《南村图》《南村辍耕录》等系列性的建构、描绘、著述，最后收结在杜琼的《南村十景图》——如此完整的系列，非常全面地体现了中国园林艺术与园林文化发展到这一时期的一系列特点；而诗、书、画、文人学术生活等与园林景致及其布置的充分融合，也大大促成了文人园林组画的出现与繁荣。所以，通过这个脉络再看后来吴门画派笔下经常出现的实景园林组画[①]，就会发现园林与绘画关系史中还有许多值得探究说明的地方。

尤其如上文介绍沈周《有竹居图册》时提示的：以组图形式系统描绘某一具体园林，这不仅全面展现了该园山水、建筑、花木等景观配置的完整性，以及各个景点在景观设计上的相互关联，更重要的是，这表明至此时已经发展出一种可称为园林文化系统性表达的新的理论形式。这种理论形式在明代以后的出现与流行，是我们研究园林景观与园林文化（包括相关诗文、绘画）关系发展史时应该予以注意的。[②]

在理论意义上，园林文化系统性表达之本质，其实就是园林与诸多艺术门类全方位、更加深入的相互渗透融合——任何具体的艺术领域其实都已经不再孤立存在，而总是体现着文化艺术体系的完整性。这个审美方向的日益明确，对于园林文化乃至整个士人阶层文化意义当然都非常重要。

下面举较早就显示出这种完整性意识的典型例子，"元四家"之一吴镇通过自己描绘园林风貌的长卷画面与题额文字的相互结合，从而特别强调园林所具有的诗意禀赋，所以他充分展示出的，乃是园林（包括风格的设定等等）、诗歌、书法、绘画、士人人格理想等审美意象全部融为一体，如《草亭诗意图》（图5-39）。

至明代以后，对园林文化精神指归的这种体系性表达更加彰显。相应地，文学、绘画、园林、人格追求等融合为统一的文人园林文化，其例子越

[①] 著名作品比如文徵明《拙政园三十一景图》、沈周《东庄二十四景图》《虎丘十二景图》《有竹居图册》、张宏《止园图册》等。
[②] 近年实景园林组画的重要研究著作有高居翰、黄晓、刘珊珊的《不朽的林泉——中国古代园林绘画》（生活·读书·新知三联书店，2012年）一书，书中举有丰富的图例。

图 5-39　吴镇《草亭诗意图》
长卷，纸本水墨，23.8厘米×283厘米

来越常见，比如明代画坛大家周臣有《松泉诗思图》，明代重要画家蓝瑛有《秋亭诗思图》。文徵明晚年作有《水亭诗思图》，并在画面上题诗云："诗家无限意，都属水边亭。"立意也完全在于确立上述园林文化系统性表达的范式以及园林与诗、画等深刻相关的内在逻辑。

四、琴书与岩泽共远：文人园林与中国古代士人的丰富文化艺术生活

由于园林是中国文人主要的日常生活环境与文化生活环境，所以它自然而然地与中国文人阶层的众多文化艺术活动和生活内容具有密切的联系。而它们之间的相互影响，不仅使得上述众多文化具有统一的生成基础，而且

更使得这些文化活动具有与文人园林一致的情趣、宗旨和美学追求。

很早的时候，文人园林就与士大夫阶层广泛的文化活动有密切的关系。著名例子，比如曹魏末年由当时的士人领袖嵇康、阮籍等人在郊园中饮酒赋诗、讨论哲学，形成了中国文学史和哲学史上重要的文人团体"竹林七贤"；再比如西晋时的文人兼官僚富豪石崇在洛阳金谷涧中建别墅金谷园，邀集当时的名士在园中游赏赋诗，并将全部作品汇编成集，在中国文学史上留下了重要的一页。到了南朝中后期，著名文人更普遍地聚集在园林中从事大规模的文学创作和学术工作。

文人园林与士人阶层的生活和个人的艺术活动当然更有着千丝万缕的联系。早在东晋，著名士人戴逵隐居园林时就是"以琴书为友"[1]，并且他在这方面的深厚素养使士人领袖谢玄钦佩不已。随着中国文化的发展丰富和文人园林的日益精美，园林与文人艺术创作和生活艺术的关系也就更为密切：在唐宋以后，文人文化艺术中的品茗斗茶（斗茶是宋代流行的一种茶道艺术）、结社赋诗、绘画、弈棋、四时宴饮、欣赏园艺、收藏和品鉴文玩古董、讲学著书、研求禅理等几乎文人阶层的一切具体文化活动，都主要是在文人园林中进行的，这就使得文人文化与园林艺术充分融合在一起。

以后随着各个门类文人文化艺术的发展，它们与园林艺术的关系也就更为密切，宋代的蔡襄、苏轼、黄庭坚、杨万里等士大夫在优美的园林中品茶，并写有大量关于茶艺的著作和诗文；再比如南宋文人张镃详细总结了园林中梅花的品性特点之后，概括了与梅花相宜的种种自然景色是澹阴、晓日、薄寒、细雨、轻烟、佳月、夕阳、微雪、晚霞、珍禽、孤鹤、清溪、小桥等等，他又概括了与这些景色相宜的园林中日常生活和文化生活是林间吹笛、膝下横琴、石枰下棋、扫雪煎茶、宾客能诗、列烛夜赏、名笔传神等等。[2]可见生活中越来越多的精致内容，都需要非常细致具体地镶嵌在园林

---

[1] 戴逵"少博学，好谈论，善属文，能鼓琴，工书画"。谢玄称戴逵："不婴世务，栖迟衡门，与琴书为友。"见房玄龄等：《晋书》卷九四《戴逵传》，中华书局，1974年，第2457—2458页。
[2] 张镃：《玉照堂梅品》，见周密：《齐东野语》卷一五，张茂鹏点校，中华书局，1983年，第275页。

景观审美这个背景上。

又比如从宋代开始，对文玩古董的收藏著录成为文人文化中的重要项目，文玩的陈设也成为园林中室内装饰艺术的重要内容。文玩艺术日益与园林密切结合在一起，比如宋代袁燮《先公行状》载：

> 有园数亩，稍植花竹，日涉成趣。……古图画器玩，环列左右，前辈诸公遗墨，尤所珍爱，时时展对。①

宋代著名的文玩学家赵希鹄也指出文人的音乐文化与园林艺术之间具有密切关系：

> 弹琴对花，惟岩桂、江梅、茉莉、荼蘼、藤、薝卜等香清而色不艳者方妙。若妖红艳紫，非所宜也。

> 夜深人静，月明当轩，香爇水沉，曲弹古调，此与羲皇上人何异？②

可见，文人园林的艺术氛围为其他文人文化艺术的发展和基本艺术风格的确立，提供了适宜的环境与隐性的审美标准。

上述越来越广泛充分的融合，使得中国文人文化与文人园林在思想宗旨和美学趣味上更加趋于一致，比如唐代诗人常建的名句"竹径通幽处，禅房花木深"，这既是对园林境界的形容，也是对诗歌意境极好的表现，同时还是对禅学佛理的生动揭示；又比如前文所举司空图《二十四诗品》中的诸篇诗歌，就对园林中文人生活的各种具体内容做了精细描写。

中国文人画、山水诗，以及品茗、饮酒、服饰、气度等众多方面，都以清远高逸为上品，而这种美学标准的形成，当然与文人园林的发展及其对文人文化的深入影响有直接的关系。

如果我们注意审美风尚的演化变迁，可以看到宋代以后的审美标准与前代相比有了大的变化，其中很重要的一个方面，就是宋以后人们推崇的，不再是对财富的炫耀，而是对雅化诗意境界的感悟与把握。尤其被世人看

---

① 袁燮：《絜斋集》卷一六，《景印文渊阁四库全书》本，台湾商务印书馆，1986年，第1157册，第219页。
② 赵希鹄：《洞天清禄集·古琴辨》，《丛书集成初编》本，商务印书馆，1939年，第1552册，第6页。

重的,是体悟山水景观与园林艺术中蕴含的宇宙间生机、万物运迈周行等韵律之美。看一则典型的例子:

《漫叟诗话》云:"江为有诗:'吟登萧寺旃檀阁,醉倚王家玳瑁筵。'或谓作此诗者,决非贵族。或人评'轴装曲谱金书字,树记花名玉篆牌',乃乞儿口中语。"苕溪渔隐曰:"《青箱杂记》亦载此事,乃元献云此诗乃乞儿相,未尝识富贵者。故公每言富贵,不及金玉锦绣,惟说气象,若'楼台侧畔杨花过,帘幕中间燕子飞''梨花院落溶溶月,柳絮池塘淡淡风'之类是也。……《归田录》云:'晏元献喜评诗,尝曰:"老觉腰金重,慵便玉枕凉",未是富贵语。不如"笙歌归院落,灯火下楼台",此善言富贵者也。人皆以为知言。'"

《后山诗话》云:"白乐天云'笙歌归院落,灯火下楼台',又云'归来未放笙歌散,画戟门前蜡烛红',非富贵语,看人富贵者也。黄鲁直谓白乐天'笙歌归院落,灯火下楼台',不如杜子美'落花游丝白日静,鸣鸠乳燕青春深'也。"①

这些说明宋代人赞赏晏殊(官至兵部尚书)厌弃世俗人以金玉为富贵象征,认为能够体认天地自然中的那种充盈生机与精微韵律感,才是心智最高境界。所以晏殊强调:文人园林的雅化并不是外在的装点与修饰,相反它所要求的是一种根本的"气象",即个体生命对宇宙间韵律的体味、共鸣与深深的融入(详见本书第十一章第一、二节论述)。反过来,在这样的趋势之下,我们也就越来越经常地看到文人园林中雅文化权重的日益突显,其各个门类之间关联融会越来越深切。

文人园林与文人阶层文化艺术生活之间的关联当然千丝万缕,本书其他篇章中已经举有许多相关的图例,比如讨论版画与园林的关系时,就举出了从宋元到明代绘画版画艺术对园林与弈棋之间的关系的细致描绘。各个文化领域中类似的场景当然非常多,下面再举出文人园林中一些最有代

---

① 胡仔纂集:《苕溪渔隐丛话·前集》卷二六,廖德明校点,人民文学出版社,1962年,第175—176页。

表性文化生活场景的图示,并且在文字说明中简单概括其内涵,由此而使我们体会在园林与士人文化生活这个维度需要关注的诸多问题。

(一)文人园林中的茶事与茶韵

被后人誉为"茶圣"的中唐人陆羽,以及白居易、欧阳修、黄庭坚等众多著名士人,都曾强调山水园林的审美效用乃是提升饮茶品味的重要方式。比如刘禹锡《西山兰若试茶歌》中说,要知晓茶味,"须是眠云跂石人"[1];白居易还认为饮茶不仅与山水审美、音乐意境相互贯通,而且更能够让人体会到庄子哲学的真谛[2]。

宋代以后,茶文化不仅更加发达,而且充分雅化,于是与山水园林审美的关联自然而然更加密切。北宋画家、文学家和造园家文同在《北斋雨后》诗中,描写自己醉心的园林生活,除观赏绝佳的园景、吴道子作品那样经典的绘画("吴画")以外,还与友人一起品茗饮茶:"小庭幽圃绝清佳,爱此常教放吏衙。雨后双禽来占竹,秋深一蝶下寻花。唤人扫壁开吴画,留客临轩试越茶。"[3]南宋张炎写友人陆性斋的园林生活内容,提到文人对饮茶理论的著述是与评点山水之美联袂并举的:"润色茶经,评量山水,如此闲方好。"[4]所以直到清代著名学者阮元还是认为,饮茶本身就与隐逸文化一脉相通,而居身园林中饮茶尤其具有高雅的品味:"又向山堂自煮茶,木棉花下见桃花。地偏心远聊为隐,海阔天空不受遮。儒士有林真古茂,文人同苑最清华。六班千片新芽绿,可是春前白傅家?"[5]无数这类例子都说明,园林

---

[1] 见彭定求等编:《全唐诗》卷三五六,中华书局,1960年,第400页。
[2] 白居易《琴茶》云:"琴里知闻唯渌水,茶中故旧是蒙山。"见顾学颉校点:《白居易集》卷二五,中华书局,1979年,第556页。"蒙山"是以地望而代称庄子,庄子为蒙人,蒙是春秋时宋国地名,故城在今河南商丘东北。
[3] 吴之振、吕留良、吴自牧选,管庭芬、蒋光煦补:《宋诗钞》,中华书局,1986年,第869页。
[4] 张炎:《壶中天·海山缥缈》,见唐圭璋编:《全宋词》,中华书局,1965年,第3492页。
[5] 阮元:《揅经室续集》卷六《正月二十日学海堂茶隐》,邓经元点校,中华书局,1993年,第1102页。

与茶事之间的相互渗透和影响,已经是宋明以后园林文化中的重要内容。

下面再看具体描绘品茶与园林密切关联的绘画名作,通过这些画面,品茶与山水园林审美在精神旨趣上的一致与融合都展现无遗,如唐寅的《事茗图》(图 5-40)。

图 5-40　唐寅《事茗图》局部
纸本设色,31.1厘米×105.8厘米

▲ 描绘园林中展示茶艺的绘画名作,较早有南宋刘松年《撵茶图》。元明以后,更有众多描绘山水园林环境中文人品茶生活的名画问世,比如元代赵原《陆羽烹茶图》、王蒙《煮茶图》,明代文徵明《惠山茶会图》《品茶图》、文伯仁《品茶图》、表现"茶圣"陆羽在园林中煮茶品茶场面的丁云鹏《煮茶图轴》、陈洪绶《烹茶图》,等等。这幅《事茗图》亦是其中之一。

此图为明代"吴门四家"之一唐寅的重要作品,描绘文人雅士夏日品茶的生活内容与具体环境。小园置于群山飞瀑、巉岩巨石、翠竹高松等无尽景致的环绕之中,山下有山泉蜿蜒流淌,厅堂内一人伏案读书,案上置书籍、茶具,附近有一童子煽火烹茶。院落外的板桥上访客策杖而来,一书童携琴随其身后,细致地表现出主人与来客的情趣所在。泉水从小桥下穿过,透过画面似可听见潺潺水声,领略其茶香之远溢。尤其是此图的引首有文徵明隶书"事茗"两个大字,更突出了在山水园林环境中品茶乃是一种文化"事业"的定位。

当时画坛中,内容、旨趣等都可以与唐寅《事茗图》纵观通览的画作还有很多,比如仇英《松亭试泉图》,描绘在奇峰远岭与浩荡水面景色映衬之下,一文人置身于山间水滨的松亭之中倚栏赏景,同时因案头布列各种茶具,正准备品茗赏茶的情景。此画面格调高远,远景至近景构图上的脉络坚实、气象奇伟不凡,尤其是对物质文化背后精神内涵的探究颇有深度,一望可知为仇英诸多大幅画作中的上乘精品;而且联系唐寅《事茗图》以及文徵明《惠山茶会图》《品茶图》等等,更可知吴门等明代重要画派在选题上的这种不约而同,直接反映了茶艺、茶韵与山水审美之间关联的日益紧密。

关于品茗与士人园林中其他众多文化艺术分支之间的广泛联系,明代园林组画中有更为清晰的描述,比如醉心山水的明代中期书画家、藏书家、工艺美术家孙克弘,绘有大型组画《销闲清课图》①,画卷所描绘的是明代文人园林中闲雅文化生活(又称"林下清课"),其各种具体内容共二十项之多,依次为:灯一龛、高枕、礼佛、烹茗(图5-41)、展画、焚香、月上、主客真率、灌花、摹帖、山游、薄醉、夜坐、听雨、阅耕、观史、新笋、洗研、赏雪等。可见品茗成为士人日常清课系列中的重要一项,而且茶事茶趣与园林山水审美、与其他众多文化艺术分支,在精神主旨上都是彼此贯通、相映成趣的。

图5-41　孙克弘《销闲清课图》之《烹茗》
长卷,纸本设色,全卷279.9厘米×1333.9厘米

---

①　"清课图"是承续宋代脉络而至明代出现的园林画分支,即除描绘园林中诸多具体景点与园林空间的结构方法之外,专意胪列文人园林中各种具体日常的文化生活内容。除这里介绍的孙克弘《销闲清课图》之外,仇英《园林清课图》也是此类画种之中的重要作品。

（二）文人园林与文人音乐生活的关系

下面我们看园林山水与音乐密切关联的例子，以及这种密切关联背后的深层机理。

魏晋"竹林七贤"以后，崇尚个性色彩与自然景观之美的士人，就往往将山水园林对心性的滋养与音乐的类似功能等量齐观，他们要求在优美山水环境中体会音乐妙谛，并以此为助力而将自己精神与人格升华到理想的境界。魏晋名士确立的音乐审美、山水审美、宇宙观与人格观的升华这种三位一体，在以后中国士人艺术史上一直具有坐标性的重要意义。兹举唐代王勃对这一传统的追溯与效法：

> 野烟含夕渚，山月照秋林。还将中散兴，来偶步兵琴。[①]

这诗中提到的"中散"即嵇康，"步兵"即阮籍（嵇康曾任中散大夫，阮籍曾任步兵校尉）。史籍明确记载：阮籍的音乐生活是与他的服膺老庄哲学、热衷于游赏山水联袂一体的[②]。可见借助山水环境中音乐生活而向往的最高境界，乃是士人精神与人格摆脱羁绊，实现心性上的"逍遥"。

东晋以后，士人文化有了体系性的巨大发展，于是在上述方向上也就形成了理论上非常经典的概括。比如晋宋之际"寻阳三隐"之一的周续之，被当世人们格外推崇的原因就是其"性之所遣，荣华与饥寒俱落，情之所慕，岩泽与琴书共远"[③]。可见音乐审美与山水审美都具有维系与拓展士人人格与心志的功能。山水审美与音乐审美一体化的根基在这一时期充分奠定，所以相应表征也就广见于众多高士的生活内容之中，比如当时的哲学家宗炳"妙善琴书，精于言理，每游山水，往辄忘归"[④]。又比如玄学家沈道

[①] 王勃：《夜兴》，见彭定求等编：《全唐诗》卷五六，中华书局，1960年，第681页。

[②] 《晋书》载："籍容貌瑰杰，志气宏放，傲然独得，任性不羁，而喜怒不形于色。或闭户视书，累月不出；或登山临水，经日忘归。博览群籍，尤好《庄》《老》。嗜酒能啸，善弹琴。当其得意，忽忘形骸。"见房玄龄等：《晋书》卷四九《阮籍传》，中华书局，1974年，第1359页。

[③] 沈约：《宋书》卷九三《隐逸传》，中华书局，1974年，第2280页。

[④] 沈约：《宋书》卷九三《隐逸传》，中华书局，1974年，第2278页。

虔建家宅,"临溪,有山水之玩。……年老,菜食,恒无经日之资,而琴书为乐,孜孜不倦"①。更典型的例子,比如当时"凡诸音律,皆能挥手"的首屈一指的音乐家戴颙,他同时是醉心山水的造园家(镇江南山为其隐居处,见图5-42):

> 乃出居吴下。吴下士人共为筑室,聚石引水,植林开涧,少时繁密,有若自然。乃述庄周大旨,著《消摇论》,注《礼记·中庸》篇。……山北有竹林精舍,林涧甚美,颙憩于此涧,义季亟从之游,颙服其野服,不改常度。为义季鼓琴,并新声变曲,其三调《游弦》《广陵》《止息》之流,皆与世异。②

图5-42 镇江南山招隐坊

▲ 镇江南山为戴颙的隐居处,这里山川秀美,林木葱茏。这座为纪念戴颙而建的石坊,其楹联的外联为"烟雨鹤林开画本,春咏鹂唱忆高踪",意思是山林的自然景色好像一幅展开的画卷,标志着隐逸与绘画的天然关联,而天地林野间的万籁鸣和又好像最优美的音乐,由此马上令人联想到当年戴颙从林野天籁中获得熏陶,于是育成了他杰出的音乐成就。

当然,从美学思想来说,对后世影响最大的还是东晋末年的陶渊明,

---

① 沈约:《宋书》卷九三《隐逸传》,中华书局,1974年,第2291—2292页。
② 沈约:《宋书》卷九三《隐逸传》,中华书局,1974年,第2277页。

他在诗文中描写音乐在自己田园生活中的地位与作用：

> 少学琴书，偶爱闲静，开卷有得，便欣然忘食。见树木交荫，时鸟变声，亦复欢然有喜。常言：五六月中，北窗下卧，遇凉风暂至，自谓是羲皇上人。①

> 蔼蔼堂前林，中夏贮清阴。凯风因时来，回飙开我襟。息交游闲业，卧起弄书琴。……此事真复乐，聊用忘华簪。遥遥望白云，怀古一何深。②

可见音乐与山水景观一样，是陶渊明庭园生活中维系精神世界方向的不可或缺内容。

上述美学理念在唐宋美学大转变的过程中尤其显示出重要意义，我们以日本正仓院唐琴装饰图案（图15-25）为例，可知唐代上流阶层园林中演奏音乐、饮酒等画面，配置的是仙人骑鸾凤飞跃山岭等道教背景。但是宋代（尤其是南宋以后）文人的音乐生活则越来越涤除了宗教色彩，同时越来越与日常的山水审美与园林生活密切结合在一起，且这一特点又通过一大批重要画作得到了充分的展现，显示出在"岩泽与琴书共远"这个大的方向上，山水园林与音乐美学、绘画美学相互融会的日益深入。这众多绘画中的重要之作至少有：北宋赵佶《听琴图》，南宋赵伯驹《停琴摘阮图轴》，南宋马远《月下把杯图》（侍童旁立持阮）、《松荫玩月图》（画面内容为士人在月下临溪抚琴）及《月下赏梅图》《倚松图》《松溪观鹿图》（以上三图中皆有侍童携琴伫立于正在观赏风景的士人侧旁），南宋佚名画家的《深堂琴趣图》《携琴访友图》《竹林拨阮图》及《临流抚琴图》（一说作者为夏圭）等。可见山水园林审美与音乐生活的一体化，已经成为士人文化艺术体系中的关注焦点。

上述方向在元明以后士人文化艺术中当然更是被津津乐道，因此相关绘画名作层出不穷，比如赵孟頫《松下听琴图》、倪瓒《桐露清琴图》、王谔

---

① 陶渊明：《与子俨等疏》，见逯钦立校注：《陶渊明集》卷七，中华书局，1979年，第188页。
② 陶渊明：《和郭主簿二首》，见逯钦立校注：《陶渊明集》卷二，中华书局，1979年，第60页。

《月下吹箫图》(在精致园林中的观景高台上面对山川月色而吹箫)、明代浙派画家托名之作(传)马远《携琴观瀑图》、杜堇《听琴图》、杜堇画派托名之作(传)马远《携琴探梅图》、文徵明《携琴访友图》、仇英《停琴听阮图》(画面内容为垂瀑绝壁之下满目苍翠,溪水边两高士对坐,一抚琴,一拨阮,在山水辉映下切磋音乐)、仇英《松下横琴图》等类似主题的大量画作。下面仅举杜堇《梅下横琴图》(图5-43)为例。

◀ 画面意象是对"岩泽与琴书共远"宗旨非常贴切的写照。不仅如此,杜堇在画面右上角更题诗做进一步的阐说:"梅下吟成理素徽,浅溪时度冷香微。冰花亦解高人意,不待风来落满衣。"诗画结合的立意之处乃在于园林中天人凑泊、园趣与琴趣浑然一体的审美理想与人格理想。

图5-43 杜堇《梅下横琴图》
绢本设色,207.9厘米×109.9厘米

于是明代以后相关美学宗旨与审美意象,借助各种媒介而得到比前代广泛得多的传播。明代版画中常有描写园林中音乐生活的场景,如图5-44、图5-45所示。

图 5-44 《新镌女贞观重会玉簪记》插图

明万历二十六年(1598)刊本

图 5-45 《琵琶记·琴诉荷池》插图

明万历二十五年(1597)新安汪氏玩虎轩刊本,黄一楷、黄一凤刊刻

除表现音乐的主题内容之外,这类画作对明代造园艺术的诸多细节也都有真切描绘,比如画面中大幅的山水画屏风、精致的雕栏、式样众多的盆景等。

如此风尚之下,此时也就有了士人阶层音乐文化史上的许多经典现象,比如古琴文化史研究瞩目的"琴隐之风在明代中期以后盛行"——虞山派、吴门派等追求"琴隐"宗旨,努力将琴艺、园林、隐逸、绘画、诗文等诸多文化艺术分支融为一体:

> "琴隐"的实质:对"清高"的追求。……入明以来,纪写琴画雅集独以吴中为多。如沈周家居"有竹居",推窗即见虞山,曾诗"北窗最爱虞山色,也似香炉生紫烟",一听琴音之妙,即画《高山流水》以赠黄山居士谢琳。……(文徵明)不仅能弹琴,更爱听琴……文徵明琴画如《琴鹤图》《茂松清泉》《槐下高士》《绝壑鸣琴》《绿荫携琴》《鹤听琴》《幽鹤鸣琴》《蕉石鸣琴》《春林策杖》《清秋访友》等等。[①]

我们知道,很早开始,文人园林中琴室等与音乐相关设置就已经非常重要,反过来琴室也成为文人园林中常见景观之一。比如东晋陶渊明曾描写他的园居环境和园居生活内容是:"山涤余霭,宇暧微霄。有风自南,翼彼新苗。……花药分列,林竹翳如。清琴横床,浊酒半壶。"[②]再比如史籍记载,南朝时期著名士人徐湛之在广陵(今扬州)的园林中也专意设置琴室等处所,并且这处园林也是当时士人雅集的中心:

> 广陵城旧有高楼,湛之更加修整,南望钟山。城北有陂泽,水物丰盛。湛之更起风亭、月观、吹台、琴室,果竹繁茂,花药成行,招集文士,尽游玩之适,一时之盛也。[③]

而对于宋明艺术史来说,意义更为重要的坐标则比如苏轼关于古琴

---

① 刘承华、李小戈、王小龙等:《江南文化中的古琴艺术:江苏地区琴派的文化生态研究》,南京大学出版社,2012年,第54—56页。
② 陶渊明:《时运》,见逯钦立校注:《陶渊明集》卷一,中华书局,1979年,第13—14页。
③ 沈约:《宋书》卷七一《徐湛之传》,中华书局,1974年,第1847页。

音乐的理论。本书中反复提及唐宋之变对中唐、两宋以后中国艺术风貌的深刻影响，而从这个角度看待苏轼在琴学方面的建树，尤其注意他所强调古琴音乐与山水园林审美之间的关联，就构成理解唐宋之变的一个具体视角。比如相对于唐代崇尚胡乐而贬抑雅乐的风尚[1]，苏轼音乐立场完全是对唐代乐风的反拨，所以他说："我有凤鸣枝，背作蛇蚹纹。月明委静照，心清得奇闻。当呼玉涧手。一洗羯鼓昏。"[2] 又比如苏轼《减字木兰花·琴》云："神闲意定，万籁收声天地静。玉指冰弦，未动宫商意已传。悲风流水，写出寥寥千古意。归去无眠，一夜余音在耳边。"[3] 不仅其艺术宗旨指向"千古意"，而且明确说明进入这个境界的路径在于"神闲意定""未动宫商意已传"。

苏轼关于琴学的大量论述，因文繁而这里不能详细讨论。但仅以上面的简单提示，已足以让我们对苏轼琴学引领宋以后通过"静观""静听""月下听琴""梅间听琴""观瀑听琴"等而对审美意境、宇宙万籁的空前深入探究发生兴趣，并且因此更可以理解许多直观的现象：因为琴与园林山水境界之间精神关联的深化，古琴艺术与琴室在宋明以后园林文化中的权重，就大为增加。

这一趋尚在现存苏州园林中就留有许多典型例子，比如苏州沧浪亭翠玲珑对联为"风篁类长笛，流水当鸣琴"，意在说明音乐文化与园林景色、园林生活的相互融通与启迪。再比如苏州怡园中坡仙琴馆内外景，如图5-46所示[4]。

---

[1] 详见白居易：《法曲歌》《立部伎》，见顾学颉校点：《白居易集》卷三，中华书局，1979年，第55—56、57页。并参见元稹：《和李校书新题乐府十二首》之五《法曲》、之七《立部伎》，见彭定求等编：《全唐诗》卷四一九，中华书局，1960年，第4617—4618页。元、白等人都是痛心疾首地认为：胡乐流行是与"火凤声沉多咽绝"这正统音乐衰败、"胡骑"横行天下的灾难相辅相成的。
[2] 苏轼：《次韵奉和钱穆父、蒋颖叔、王仲至诗四首》之一《见和西湖月下听琴》，见王文诰辑注：《苏轼诗集》卷三六，中华书局，1982年，第1935页。
[3] 见唐圭璋编：《全宋词》，中华书局，1965年，第322页。
[4] 叶建成：《凤凰衔书："过云楼藏书"回归江南记》，江苏人民出版社，2022年，第395页。

图 5-46　苏州怡园坡仙琴馆内外景

▲ 坡仙琴馆在苏州怡园中的得名,源于园主曾经在这里收藏了宋代苏轼的玉涧流泉琴。同治十年(1871)晚清著名学者俞樾撰写《坡仙琴馆记》,追述苏轼潜心收藏诸多古琴的情况,并特意提及苏轼在杭州灵隐寺听林道人"论琴棋,极通妙理",于是领悟艺术真谛的典故(详见本书第九章引用的苏轼《书林道人论琴棋》,以及对此文用典的解读),并由此感慨:此宝琴曾经"无一日不与公(指苏轼)俱",所以怡园主人顾文彬有幸能够收藏此琴,一定是因为他是苏轼转世,因为念念不忘所以重来人间"观此琴蛇蚹纹也"。可见在人们心目中,此琴乃是整个怡园之灵魂。

(三)文人园林中的戏剧文化

由于共通的文化氛围、生活情调、文学传统、创作者构成等,中国古典园林与古典戏剧有着非常密切的内在关联。近年来这方面内容已经引起关注,比如有研究者以"江南园林的戏剧性——昆曲与园林的同构性阅读"这样的概括,提示出两者间具有形貌联系层面之上的更本质关联[1]。

如果结合文献记述,我们可以更清楚地知道明清文人园林与当时戏剧、音乐、书画等诸多文化艺术门类之间相互滋养、共同发展的情况。比如在明代,苏州唐市名流汇聚,成为常熟周边的戏剧文化中心;相应地,其地私家园林也是声名远播。又比如晚明天启年间,柏小坡建柏园,当时的

---

[1] 王祺雯:《江南园林的戏剧性——昆曲与园林的同构性阅读》,中国美术学院2017年硕士学位论文。

书画家董其昌题额"十亩之间",于是"凡吴中骚人墨士、琴师棋客,咸集于中。园之主人每夜张灯开宴,家有男女梨园,按次演剧"[①],可见当时园林中戏剧演出之繁盛。

下面来看展现园林与戏剧文化之间密切关联的几个例子(图5-47至图5-49)。

◀ 在这样的园林环境中品赏汤显祖《牡丹亭》中"原来姹紫嫣红开遍,似这般都付与断井颓垣。良辰美景奈何天,赏心乐事谁家院!朝飞暮卷,云霞翠轩;雨丝风片,烟波画船——锦屏人忒看的这韶光贱"等曲词和表演之美,人们领略到的当然是一种分外真切而又典雅完整的艺术形态。

图5-47 苏州留园五峰仙馆昆剧《牡丹亭》表演场景

图5-48 扬州何园戏台　　　　图5-49 无锡薛园戏台吟凤轩

▲ 从扬州何园、无锡薛园戏台即可看出:文人园林中的戏台在设计上十分注重与水景、背景建筑等的匹配,以及山石、曲桥等对之的烘托点染,于是它们在满足演出戏剧的具体功能之外,也成为整个宅园中的景观亮点,甚至为强调其美感而冠之以"吟凤轩"这样非常典雅的景点名称。

---

① 乾隆《唐市志》卷上《园亭》,转引自梅新林:《中国文学地理形态与演变》,上海人民出版社,2014年,第318页;并参见朱琳、陈伟:《近世江南的昆曲情节》,载《江苏地方志》2013年第2期。

（四）文人园林与书法艺术、书法美学（书意）

许多中国古典书法家都崇尚在妙造自然的环境和萧散旷远的生命状态下从事创作，所以书法艺术自然也就与山水及园林风景具有内在亲和的逻辑关联。且以明末清初书家王铎（王铎书名与董其昌相颉颃，当时有"南董北王"之称，他以行草成就名世）为例，他在《赠汤若望诗册》（图 5-50）中曾明言："书时，二稚子戏于前，叽啼声乱，遂落数字，如龙、形、万、鏊等字，亦可噱也。书画事，须深山中，松涛云影中挥洒，乃为愉快，安可得乎？"他直接道出：书法创作的最佳心境要在山水映带、天机流动的风景审美环境中才能获得。中国现代美术教育的先驱、中国现代高等师范教育开拓者李瑞清，诗、书、画兼通，尤精书法。他自幼钻研六书，对殷周、秦汉至六朝文字皆有研究，为一代书法宗师。他深深服膺王铎"书画事，须深山中，松涛云影中挥洒"的格言，所以专意书录，以彰显其意（图 5-51）。

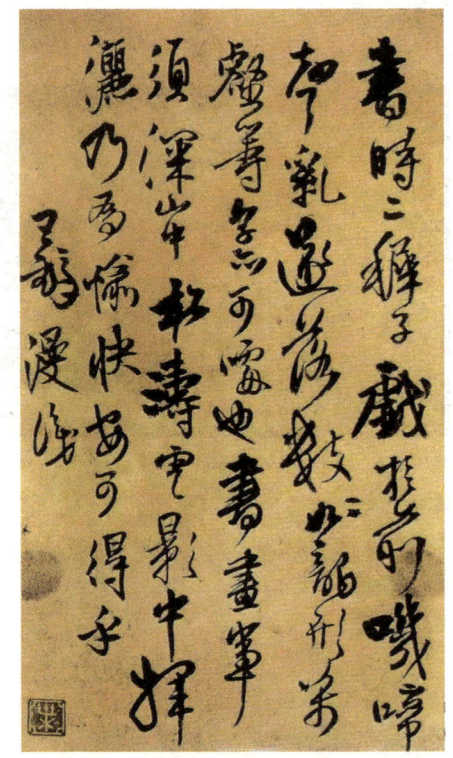
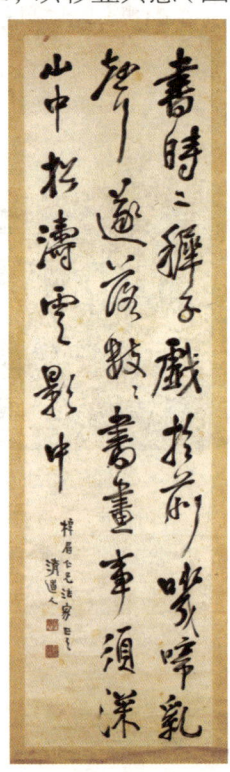

图 5-50　王铎《赠汤若望诗册》局部　　图 5-51　李瑞清《录王铎〈赠汤若望诗翰〉》

王铎曾在《予画山水》一诗中表白自己理想是身为"烟霞客"——"予若非烟客,安能日自休"①,所以他在1637年四十五岁任崇祯詹事府詹事时,就购地于河南孟津城西,沿山谷之起伏而修建了具有相当规模的拟山园。园名"拟山"直接说明了园主心志所向,此园中主要建构有靖嵚山房、范蠡祠与张良祠、南华轩、羽衣舍、洗砚池、白术台、觉海寺、岣嵝岩、蓝藤房、星语坞、卦衢室、白衣大士洞、天人洞、红药坛等。王铎《成拟山园》诗云:

结庐嫌近市,何幸对山青。朝爽矜深壑,寒晖泛小庭。空虚参石寿,幽独訾龟灵。万事浮云外,安心忏钓星。②

这是书法形貌背后艺术心理与造园、园居之间密切相关的典型例子。

王铎《题画三首之一》(图 5-52)云:"春至留寒意,阳山气乍晴。人来如有约,水伏欲无声。罨画闻禽过,青苍待鹿行。悠悠朝市远,辗转是何情。"诗中表达的依然是作者对山水园林的观感,其中"罨画""市远"等都是中国古典园林美学中的基本概念。王铎遗世书法刻帖有《拟山园帖》《龟龙馆帖》《琅华馆帖》等,其中《拟山园帖》与《琅华馆帖》著名于世。"琅华馆"等名称,也是继承弘扬晋宋以来在文人园林的文化氛围中萃集与研究书画艺术的悠久传统。

总之,随着士人文化和古典文人园林的同步发展与彼此越来越广泛深入的渗透影响,园林文化成为中国文化史与审美史上的一个重要领域,对其中许许多多内容的系统整理,还需要相关学术研究者的长久工作。

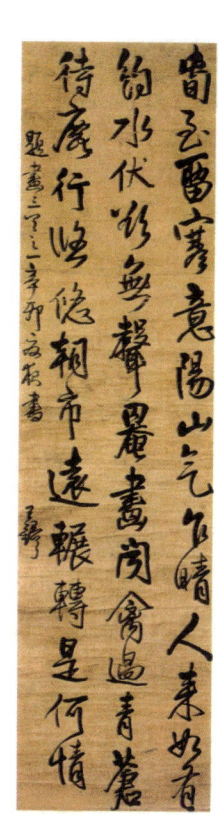

图 5-52 王铎《题画三首之一》
绫本行书,清顺治八年(1651),
202厘米×50厘米

---

① 王铎撰,黄道周选:《拟山园选集·五言律诗》卷六,台湾学生书局,1970年,第1004—1005页。
② 王铎撰,黄道周选:《拟山园选集·五言律诗》卷一八,台湾学生书局,1970年,第1662页。

第六章　郊野园林与郊野风景(上篇)

中国古典园林是一个内涵丰富的艺术和文化体系,所以这个体系中又具体地划分出一些不同的分支。这种分类可以有许多具体的角度,比如从地域特点来说,可以分为北方园林、江南园林、岭南园林等等。不过更通常的方式,是综合其基本特点而把它们分成四类:皇家宫苑园林、文人园林、寺院园林、自然郊野园林。这种分类大致涵盖了中国古典园林的主要分支。

在上述四类园林中,前三类的共同特点之一,在于它们往往是人居环境与景观环境充分融为一体。比如皇家园林、府邸园林、士人园林,就不仅涵纳人们居所和造景艺术,而且往往还涵纳人们日常的起居文化、家具和室内装修艺术、绘画文玩等文物的陈列收藏、琴棋等艺术、饮食艺术、文化典籍的庋藏整理等等。因此,与人居环境、文化环境密切联系在一起,就成为这些园林的重要特点。与上述特点相比,郊野园林有着显著不同,它是以另外一些文化和艺术上的特点而著称。

现分上、下两篇,从几个主要方面来了解郊野园林、郊野风景的美学与文化内涵,大致包括:(1)中国古典郊野园林发展的简要历史。(2)中国郊野园林的主要文化内涵与艺术内涵。(3)中国若干历史名城郊野风景的特点与价值。(4)郊野园林、郊野景观审美与我们建构心灵家园的关系。

先来看郊野园林的内涵及其在中国文化之长河中的发展过程。

一、中国郊野园林发展过程简述

（一）早期的中国郊野园林

中国早期郊野园林始于帝王们的苑囿，它们是当时的统治阶层进行大规模狩猎或巡游活动的场所，所以面积巨大，《史记》卷八七《李斯列传》记秦始皇时代的情况是："治离宫别馆，周遍天下"。类似的划地为苑囿在汉武帝时达到极盛，即《汉书》卷八七《扬雄传》中记载的："武帝广开上林，南至宜春、鼎湖、御宿、昆吾，旁南山而西，至长杨、五柞，北绕黄山，濒渭而东，周袤数百里。"现代考古发掘进一步证明：长安城东南面至西南面的广大地区都在上林苑的范围内，周围至两百多里。[①]

秦汉时代此类活动极盛的原因，还在于扩建苑囿是当时统治者建立自己庞大疆域、展示强大军事与政治力量的重要象征方式，如图6-1所示。

图6-1　辽宁绥中秦碣石宫复原鸟瞰图（杨鸿勋绘）

▲秦始皇在各地修建了大量的宫苑，其建筑理念是以这些庞大的园林建筑作为自己帝国的象征，如他在渤海边修建的碣石宫，自今河北省秦皇岛直至辽宁省绥中县，延亘五十多公里。其宽阔的主阙门行道一直延伸到大海之中，并且以一组巨大的天然礁石作为整个宫苑的阙门。这样的设计，鲜明体现出空前统一庞大的皇权帝国"囊括四海"的政治理念，以及将这种政治理念充分融入皇家园林艺术的建构方向。

[①] 详见王仲殊：《汉代考古学概说》，中华书局，1984年，第11页。又参见拙著：《园林与中国文化》，上海人民出版社，1990年，第47—75页。

我们在汉代的《大人先生赋》《两京赋》等众多文献的详细记述中，也都可以清楚地看到这种政治理念强劲驱策之下统治者对郊野园囿的大规模营建（文繁不引）。

考古材料还证明，秦汉时代人们认为占有极其广袤的园囿，而且能够猎获大量珍禽异兽，这是帝王们无限权威的直接体现方式之一，比如西汉皇家园囿的情况：

> 在文帝霸陵西南侧和薄太后南陵西北侧发掘的以单个墓葬形式殉葬大量珍禽异兽在全国属首次发现。……试掘的两座坑内出土有陶钵、铜环及鹿、麂等动物骨骼，14座跽坐俑坑南北分列于珍禽异兽坑的两侧，抑或象征的是始皇生前宫内豢养珍兽的情况。……从目前发掘资料来看，只有帝、后陵和太后陵有珍禽异兽出土，是身份和地位的象征。①

所以长安霸陵（汉文帝陵寝）与南陵（汉文帝母亲薄太后的陵墓）周围的大型陪葬坑中，除出土大量器物文物之外，还发现有丹顶鹤、绿孔雀、褐马鸡、陆龟、金丝猴、虎、马来貘、鬣羚、印度野牛、牦牛、羚牛等四十种动物骨骸。②

下面再看几幅相关的文物图片。比如汉代南阳出土的东汉时期《骑射畋猎》画像石（图6-2）上，高山旷野之间，或骑马或徒步奔跑的田猎者都在追逐猎物，两猛兽背部被猎人射中，其他野兽惊惧奔逃。这类题材的作品在当时很流行，说明周秦以至两汉期间，人们对于郊野苑囿的理解，往往是从广袤的山岭林野中逐猎扬威这角度着眼。

而汉代画像石《二龙穿璧、狩猎》（图6-3）的画面分为上、下两组，上图为汉代流行的二龙穿璧纹饰，下图是在山野中大规模狩猎的场面。这两类场景在汉画像石中很常见，它们概括了当时人们对自然郊野的审美内容，以

---

① 胡松梅、曹龙、张婉婉：《令人叹为观止的西汉皇家苑囿——霸陵与南陵出土珍禽异兽及其意义》，载《中国社会科学报》2023年8月4日第6版。
② 胡松梅、曹龙、张婉婉：《令人叹为观止的西汉皇家苑囿——霸陵与南陵出土珍禽异兽及其意义》，载《中国社会科学报》2023年8月4日第6版。

及这种自然景观审美是如何与当时流行的神话观念紧密结合在一起的。

图 6-2　汉代画像砖《骑射畋猎》拓片

原石38厘米×153厘米

图 6-3　汉代画像石《二龙穿璧、狩猎》拓片

原石31厘米×46厘米

(摄于2018年北京山水美术馆"中国汉画大展")

汉代诸多豪门郊野田猎的规模及其艺术画面的体量往往令人吃惊，比如徐州彭城相缪宇墓中表现田猎场面的画像石十分巨大，纵5.5米，横4.29米。画面右半部刻绘的是缪宇的深宅大院，左半部为从宅邸向郊野出发的浩荡狩猎队伍，以及他们进入山林后的狩猎场面，画面中的人物有三十多位，动物有猎犬、苍鹰、麋鹿、野兔、老虎、大雁、山鸡等，数量庞大。[①]

---

① 详见武利华：《徐州汉画像石》，中国文史出版社，2020年，第40—41页。

郊野田猎对人们日常生活来说关系非常密切，所以其艺术形象常常融入人们的日常生活。下面看河南济源出土的东汉时期的室内用具彩绘多枝陶灯（图6-4）所表现的郊野景观。

图6-4　东汉彩绘多枝陶灯及灯座局部
1991年河南济源桐花沟出土
（摄于2019年郑州博物馆"追迹文明——新中国河南考古七十年展"）

陶灯底座全景式地模仿塑造了崇山峻岭的形态，而且有众多野兽奔跑、散布于山野之间。因为灯具是汉代室内器具与装饰品中的重要品类，而且每天都要使用，所以这样的景观主题及其对环境气氛的设置渲染，直接说明汉代人们郊野审美关注焦点的所在。

而与上述风尚并行的另一条线索，就是个性心胸内的家国之思、相关的郊野风景审美及其感悟，这些都有着悠远的传统与广泛影响。早如《诗经·邶风·泉水》中就有"我思肥泉，兹之永叹；思须与漕，我心悠悠。驾言出游，以写我忧"等诗句，意思是出行郊野是寄托自己悠悠思乡之情、排遣心中沉郁的好方法。

至东汉以后，人们对郊野风景的关注程度与艺术表现能力，与前代相比有了显著提高。比如东汉中后期著名的画像砖《弋射收获图》（图6-5），其上半部分内容为人们在林野地区射猎,而下半部分内容为农民在田地中收获。画面中的射猎、收获等内容虽然直接继承着西汉以来画像砖的常规题材,但同时又显示出新颖的自然审美趣味,比如林木景观

图6-5 《弋射收获图》画像砖
45.6厘米×39.6厘米

与水景的相互对比与交融、水中游鱼与荷花的相互映衬、天空飞禽的动态与水景之静态的对比组合等等。将这些与前面举出几例的画面内容和风格相互比勘,就可以知道至东汉中后期,人们郊野风景的审美水平有了明显提高。

(二)士人文化艺术体系迅速发展背景下,郊野园林与郊野景观审美的迅速发展

东汉末年以后,中国文化的走向有了重大调整。这个大背景下,知识分子(士人阶层)对国家权力中心的趋奉热衷大为减退,而同时他们对于自己人生意义、人生与审美的关系空前重视起来,由此使得建构具有个性审美视角的优美园居环境成为重要诉求,比如东汉末年著名士人仲长统的隐逸生活方式及其完整的景观审美诉求(详见本书第三章对此的介绍)。而再到了晋代,尤其是东晋以后,中国园林文化沿着上述方向又有了非常大的发展,于是与此密切相关,士人郊野游览所蕴含的文化与哲学指向更

加明确起来,典型例子比如郊野游览成为"竹林七贤"等士人阶层代表人物陶冶自己人格、淬励心胸、表现卓尔不群精神追求的重要方式之一,即《向秀别传》记述:

> (向秀)又与谯国嵇康、东平吕安友善,其趋舍进止,无不毕同。造事营生,业亦不异。……或率尔相携,观原野,极游浪之势,亦不计远近。①

东晋以后上层士人生活中,游历观赏风景这审美活动的文化身份意义尤为突显:

> 会稽有佳山水,名士多居之,谢安未仕时亦居焉。孙绰、李充、许询、支遁等皆以文义冠世,并筑室东土,与羲之同好。尝与同志宴集于会稽山阴之兰亭,羲之自为之序以申其志……②

这说明通过晋代以后隐逸文化的发展,山水风景的审美对士人文化来说已经是一种基础性构成。所以这个大趋势的重要结果,就是以文学、哲学、书画艺术、玄学佛学、生活方式高雅化与艺术化等为内容的文化体系之形成,而且这个文化体系又与山水审美和园林艺术密切结合。

来看一则著名例子:东晋永和九年(353)三月初三的上巳节,时任会稽内史的右军将军、书法家王羲之,召集名士和世家大族子弟共四十二人,于会稽山阴之兰亭(今浙江绍兴市西南十多公里处)举行兰亭雅集。参加者有谢安、谢万、孙绰、王凝之、王徽之、王献之等名流,他们饮酒赋诗,最后得诗三十七首。王羲之遂将这些诗作汇辑成集,作序一篇并亲笔书写,记述大家观览天地山川、做流觞曲水之游戏的盛况,抒写由此而引发的对人生意义,尤其是个体生命在宇宙中位置的感慨——因其将郊野景观与生命哲学之间的关联揭示出来,又借助于王羲之优美的文学文笔与冠绝天下的书法艺术,遂使得这篇《兰亭序》(图6-6)流芳百代。

兰亭雅集等著名的例子,充分展现了当时的郊野园林是如何与文人阶层的哲学思考、文学创作与交流及书法展示等艺术充分融合、相映生辉。

---

① 李昉等:《太平御览》卷四〇九引,中华书局,1960年,第1888页。
② 房玄龄等:《晋书》卷八〇《王羲之传》,中华书局,1974年,第2098—2099页。

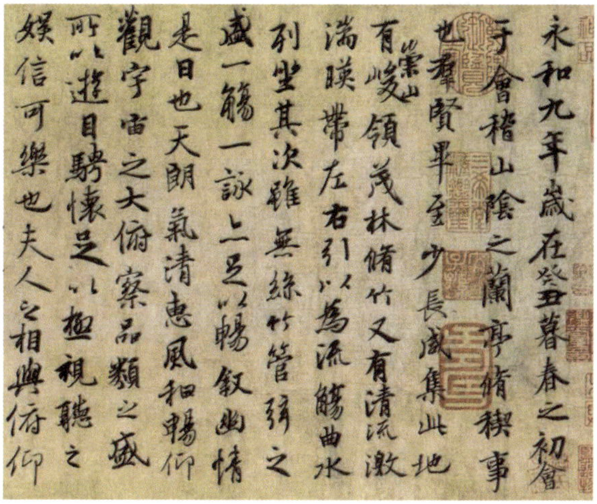

图 6-6 冯承素临王羲之《兰亭序》局部

纸本行书，全卷24.5厘米×69.9厘米

后来白居易在诗中说："逸少集兰亭，季伦宴金谷。"[①]可见兰亭那样的郊野风景区的地位已经可以与石崇金谷园等著名的私家园林相匹敌。由此，兰亭雅集式的郊野山水审美以及相关艺术创造，遂成为中国古典艺术中的一个经典主题，历代艺术家都在不断揣摩其文化意义，渲染风景审美的场面与情趣，比如明代文徵明《兰亭修禊图卷》（图 6-7）。本书后面第十五、

图 6-7 文徵明《兰亭修禊图卷》局部

全卷24.2厘米×60.1厘米

---

① 白居易：《游平泉，宴浥涧，宿香山石楼，赠座客》，见顾学颉校点：《白居易集》卷三六，中华书局，1979年，第814页。

十六章中，更列举了历代人们追摹兰亭雅集之风韵、以此作为工艺美术作品主题的许多例子，这些都值得参看。

通过观赏郊野风景而在美学与人生哲学上获得深入的感悟体会。这方面的著名例子很多，再比如人们在郊野游览中领悟到天地山川的秀美与生机流动：

  王羲之云："每行山阴道上如镜中游。"王献之望镜湖澄澈，清流泻注，乃云："山川之美，使人应接不暇！"[①]

王羲之甚至认为自己如果能够像朋友期望的那样畅游蜀地山水，那实在是成就了一件"不朽之盛事"（王羲之《游目帖》，图6-8）。比较于汉代流行的传统生命价值观，这当然是全新的定位。

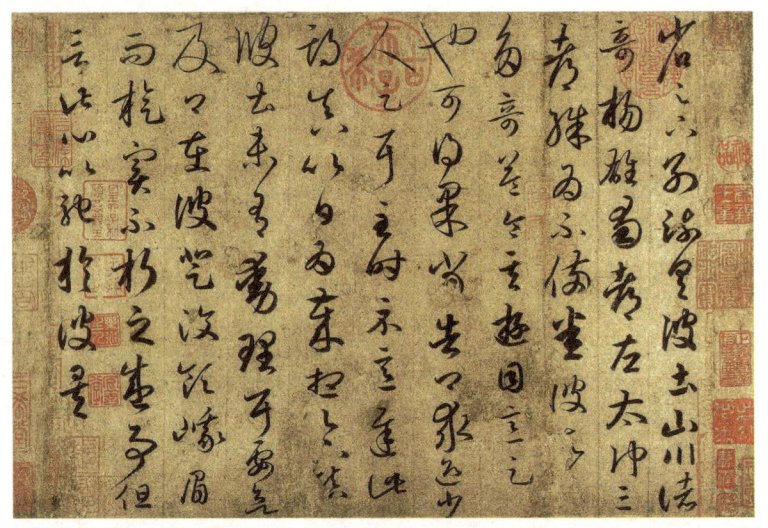

图6-8　王羲之《游目帖》（摹本复制）

▲《游目帖》为王羲之答复友人的信札，文中抒发了自己对游览蜀地名山大川的憧憬。释文为："省足下别疏，具彼土山川诸奇，扬雄《蜀都》、左太冲《三都》，殊为不备。悉彼故为多奇，益令其游目意足也。可得果，当告卿求迎。少人足耳。至时示意。迟此期真，以日为岁。想足下镇彼土，未有动理耳。要欲及卿在彼，登汶领、峨眉而旋，实不朽之盛事。但言此，心以驰于彼矣！"此帖被认为代表了王羲之草书的最高成就，其真迹早佚，摹本原藏于日本广岛，1945年毁于战火，后经中国文物出版社与日本二玄社合作制作出复原件。

---

① 李昉等：《太平御览》卷一七一引《宋略》，中华书局，1960年，第832页。

又如东晋著名政治家、学者习凿齿在《致桓秘书》中，就真切记述了他游览襄阳郊野，极目所见而触发的无穷感慨：

> 吾以去五月三日来达襄阳，触目悲感，略无欢情，痛恻之事，故非书言之所能具也。每定省家舅，从北门入，西望隆中，想卧龙之吟；东眺白沙，思凤雏之声；北临樊墟，存邓老之高；南眷城邑，怀羊公之风；纵目檀溪，念崔徐之友；肆睇鱼梁，追二德之远，未尝不徘徊移日，惆怅极多，抚乘踌躇，慨尔而泣。①

此处所谓"卧龙"是指诸葛亮；"凤雏"是指庞统；"邓老"指三国西晋著名人物邓攸，他为官清正，曾舍子保侄，受时人称扬；"羊公"是指西晋著名政治家、军事家羊祜；"崔徐之友"是指诸葛亮躬耕田亩时的密友崔钧与徐庶，当时天下众人之中唯有他们推崇诸葛亮的非凡才能。这些说明习凿齿的郊游历程包纳了对丰富历史文化内容的通观总览、涵泳体会，所以《晋书》随后的评语是"其风期俊迈如此"②，意思是习凿齿的人格与胸襟竟然如此的超凡拔俗。熟悉文献的读者都知道，这样的语词是魏晋至隋唐时代对杰出人物的最高品评。

由此可见，魏晋以后，因郊野之游和郊野园林而产生的这种审美体验和历史感悟，都已经具备崇高价值，成为对后世影响深远的文化遗产。如湖北襄阳市郊习家池（图6-9）等名胜，在将近两千年沿革过程中，积淀了日益丰厚的园林景观美学与历史文化内涵，成为中国郊野园林形成与发展模式的一个经典例子。

再看南朝刘宋时期河南邓州一处墓室彩色画像石对于士大夫隐居环境的表现（图6-10）。

魏晋以后隐逸文化中这些流行内容及其呈现于绘画作品上的风格，都明显与旧时的汉画像砖有了相当大的不同，并且对人们的郊野审美观有着显而易见的影响。

---

① 房玄龄等：《晋书》卷八二《习凿齿传》，中华书局，1974年，第2153页。
② 房玄龄等：《晋书》卷八二《习凿齿传》，中华书局，1974年，第2153页。

图6-9 湖北襄阳市郊习家池

▲习家池原为东汉初年襄阳侯习郁的私园。东晋时,习郁的后裔习凿齿在此临池读书,撰文修史而写下《汉晋春秋》这部重要的史学著作,由此习家池声名愈著。西晋永嘉年间镇南将军山简镇守襄阳时常来此地饮酒,至唐代孟浩然仍然写诗咏赞这里人杰地灵:"当昔襄阳雄盛时,山公常醉习家池。"

图6-10 《南山四皓》画像砖

38厘米×19厘米×6厘米

▲《南山四皓》画像砖正面模印"四皓"图像,他们身居的山野环境有神鸟(鸾凤)飞临,突显出"四皓"身份之卓荦不群;他们长发垂肩,宽袍广袖,相向而坐,或抚琴吹笙,或展卷濯足,是典型的高士形象。同时,这也折射出魏晋以后高门贵族的身份特征以及隐逸文化与前代的不同特点,相关内容可以参看本书第三章第三节。

二、中国郊野园林的主要文化艺术内涵

与了解中国郊野园林的起源与发展过程同样重要的,是理解它在文化艺术上具有哪些特点。下面举出一些典型例子,对此做简略的说明。

第一,与士人园林、皇家园林等的建构与审美一样,时空结构的丰富性、景观内容的丰富性、游赏者审美心理与情感的丰富性,三者充分融合,是郊野园林、郊野风景区提供景观审美价值的基础。

除比较公认是宋以后摹本的《洛神赋》之外,隋代展子虔《游春图》(图6-11、图6-12)为中国存世至今第一幅画在绢或纸上(而不是在金石上呈现内容)的山水风景画,所以其地位很重要。可以看到,展子虔已经充分注意到山、水、郊野中繁茂的植被、小桥与宅园等诸多景观要素,它们在整个景观体系中的关系应该是相互辉映、缺一不可的——这种理念构成了中国景观园林理论的基础(即前面章节曾引述苏轼所谓"万景得天全");而且人们的审美过程即所谓的"游",也就是进入、融入这个体系中的一个动态进程。

图6-11 展子虔《游春图》
绢本设色,43厘米×80.5厘米

图 6-12　展子虔《游春图》局部

由于游览郊野景观是传统审美活动中的重要内容,所以中国经典文艺作品中有大量篇什据此而落笔。如唐代杜甫《泛溪》诗中对郊野景观之趣味的描绘:

　　落景下高堂,进舟泛回溪。谁谓筑居小?未尽乔木西。远郊信荒僻,秋色有余凄。练练峰上雪,纤纤云表霓。童戏左右岸,罟弋毕提携。翻倒荷芰乱,指挥径路迷。①

我们从这首诗中很容易看到郊野风景审美的一些基本内容,以及丰富景观之间的相互关系,如特定物候时令的景观特点、远处的雪峰山景、近处的曲溪小舟、各种植物景观、乡间儿童的天真情态、大都市中难得一见的渔猎活动、山重水复的游览路径等。

---

① 杜甫著,仇兆鳌注:《杜诗详注》卷九,中华书局,1979年,第769—770页。

所以在成熟的中国文化中，郊野之游可以包含相当高的审美价值。比如下面这幅南宋马远的名画《山径春行图》（图6-13），就不仅描绘一高士携抱琴童子行于山径之中、周围野鸟飞舞的春光明媚景色，而且尤其表现郊行者将自己融入生机无限的天地那种神气充盈的愉悦心态。

图6-13　马远《山径春行图》
绢本淡设色，27.3厘米×73厘米

▲此图等南宋经典画作在中国山水画史上的重要意义，是本书第十、十一、十二章详细介绍的内容。这里简略提示一句：仅仅描摹背影就能清晰而又充分渲染出人物的某种特定心情，以及相应的他身姿的动态特点（这里是人物步履的极其轻盈），这些通常不被人们留意的画面中微小之处，却是本书第一章介绍的"骨法用笔"传统之真切呈现。更具体来说，因为画面中春天气息的主题要求，马远此处的用笔风格一改他通常示人的那种犀利果断，而是将"骨力"深藏于一派温润之中，这些地方透露出的，其实是马远等南宋院体大家在笔力上的绝顶真功夫，最值得结合本书第一章内容仔细品赏。

又比如南宋佚名画家的《寻梅访友图》（图6-14），画家笔下郊野环境的山水辉映与动植飞潜的生机盎然等都跃然纸上。

图 6-14　佚名《寻梅访友图》
绢本设色，24厘米×24.5厘米

由于郊野审美在人们文化艺术生活中普遍占有重要位置，所以这一题材的绘画名作层出不穷，许多甚至是境界宏大的长卷巨制，比如南宋绘画大师夏圭的《溪山清远图》、马麟的《荷香消夏图》等等。明代以后，如浙派代表画家戴进的《春游晚归图》、吴门画派唐寅的《春游山水图》、吴门画派仇英的《春游晚归图》等大量名作都显示出郊游对激发诗画等艺术创作的直接意义。

第二，郊野园林在大尺度时空结构中，展现中国古典园林的基本艺术准则、艺术手段等丰富内涵。比如扬州瘦西湖（图6-15），以及瘦西湖大景区之中相当于一处精致的小型园林的卷石洞天（图6-16）。

图6-15 扬州瘦西湖

▲瘦西湖位于扬州市西北郊,具有江南水乡的优良景观地貌,为其中的人工造景提供了上佳的基础。宽阔的郊野湖景与下图所示小型园林的精致面目形成了对比与映衬。

图6-16 扬州瘦西湖景区卷石洞天

我们再看经典绘画中对郊野园林及游览者的描绘。南宋马和之的《孝经图》中一个局部（图6-17）所绘的，是人们游览郊野美景时行走在错落山水与各式建筑景观之间的情形，尤其是画面上方具有引领作用的一座观景敞轩，它背依山石之峥嵘与林木之葱茏，面拥水景的激荡浩渺之势，深得中国古典园林对景之妙，同时通过空间曲线的悠扬韵律感（拱桥、牌楼、石磴山径……），为郊行者营造出了欣赏山水景观的最佳节点。这些画面都真切描绘出郊野风景区的长期发展，使其涵纳了中国古典园林很多颇具匠心的构园技法。

第三，中国郊野园林的意境含蕴着中国文化，尤其是中国哲学的宇宙观与时空观，并形成以此为基础的悠远精神诉求与审美理想。

先来看一幅中国山水画巅峰时期的绘画作品——南宋朱锐的《山阁晴岚图》（图6-18）。这是一幅描绘郊野风

图6-17 马和之《孝经图》局部

册页，绢本设色，全页40厘米×88厘米

图6-18 朱锐《山阁晴岚图》

绢本设色，25.8厘米×20.1厘米

景,以及人们欣赏山野风景具体视角的绘画作品。具体来说,此图中上部危峰挺立,远处楼阁掩映,一处宏伟的寺观隐约可见。构图撷取景观一角,是典型的南宋画风。人们的观赏视角从山脚下的水际曲折延伸,逐渐完成由观赏水景到观赏山景的境界转换,然后聚焦在崇山峻岭中延绵的寺院建筑群,并且以此为更上层楼的基础,使审美视线与心怀融入无尽广袤的宇宙之中。

而中国景观审美之所以不像西方那样明确区分园林的内外空间,乃是因为从中国哲学的原则来看,任何具体的时空范围都不过是无限宇宙的有机组成部分,所以对于诸如园林空间、画面空间等具体时空载体的建构,最终诉求都应该是通过这具体有限的园林景观设置而进入无限的宇宙长河,比如五代著名文学家冯延巳对于小园空间特点的描写:

  霜落小园瑶草短。……独立荒池斜日岸。墙外遥山,隐隐连天汉。[①]

这种哲学观下的时空理念,当然对于人们的郊野园林审美有着深刻影响。上举南宋马和之《孝经图》之局部的画面中郊野山水风景与城市及建筑关系的表现方式,就是典型的例证之一。

类似大量作品说明:人们在郊野审美活动中所努力体会与追求的,不仅仅是孤立有限的具体山水、林野、建筑等景物,而且是一种充分体现着"隐隐连天汉"的趣味与境界。

第四,基于中国文化特点的对人格精神之涵养与塑造。

本书第三章中以苏州鹤园为例,介绍文人园林以鹤为象征,从而使人体会与向往一种自由高洁的人格精神。其实这样的主题也经常见诸郊野园林,比如苏州虎丘风景区的养鹤涧(图6-19)、杭州西湖风景区临水面山而建的放鹤亭(图6-20)等,由此可见郊野园林所受士人园林影响之深刻。

[①] 冯延巳:《鹊踏枝》,见曾昭岷等编撰:《全唐五代词》正编卷三,中华书局,1999年,第654页。

图6-19　苏州虎丘养鹤涧　　　　　　图6-20　杭州西湖放鹤亭临水面山景观

我们知道杭州孤山放鹤亭,其地原为北宋诗人和隐士林逋故居(巢居阁)旧址。元代至元年间,儒学提举余谦葺"林处士墓",并建梅亭于墓下;当地人陈子安又建鹤亭配属,以纪念林逋嗜爱梅、鹤,超逸独立的人格品质。明代嘉靖年间,钱塘县令王釴建放鹤亭,清代康熙帝曾命刑部员外郎宋骏业督工重建,并手书"放鹤"二字题额。现在的放鹤亭(图6-21)系1915年重建,亭内立有康熙临摹明代书法家董其昌所书南朝鲍照《舞鹤赋》碑刻,这也是西湖风景区内最大的碑刻作品。放鹤亭四周遍植梅树,为孤山观梅的主要所在,其背后就是林逋墓园(图6-22)。

图6-21　西湖放鹤亭

▲放鹤亭中大幅石刻上刻的是康熙临董其昌书鲍照《舞鹤赋》。亭中一楹联曰:"山孤自爱人高洁,梅老惟知鹤性远。"这些作品所彰显的,都是中国传统士人文化、人格精神体系的经典内涵。

图6-22 林逋墓园

▲集自然山水、园林式的文化主题建筑、名人纪念地(包括墓园)等几项内容于一体,形成特色鲜明的景点,这既是郊野风景区的常见形制之一,也是积淀与提升郊野风景区内涵的有效艺术手段。

中国文化背景下的郊野园林以及风景审美,往往含蕴了很深的精神追求,而并不仅仅是单纯的景物观赏而已。

而追溯起来,在中国士大夫文化体系中(尤其是从士人文化意识更加自觉的魏晋时期开始),游览郊野、观临山川之美就明确具有摆脱名缰利锁、保持独立人格等寓意。很早的著名例子,比如东晋王羲之官场失意之后的追求:

羲之既去官,与东土人士尽山水之游,弋钓为娱。又与道士许迈共修服食,采药石不远千里,遍游东中诸郡,穷诸名山,泛沧海,叹曰:"我卒当以乐死。"[1]

后来苏轼解释自己嗜爱西湖山水原因时,说得更直白:

嗟我本狂直,早为世所捐。独专山水乐,付与宁非天。三百六十寺,幽寻遂穷年。所至得其妙,心知口难传。[2]

---

[1] 房玄龄等:《晋书》卷八〇《王羲之传》,中华书局,1974年,第2101页。
[2] 苏轼:《怀西湖寄晁美叔同年》,见王文诰辑注:《苏轼诗集》卷一三,中华书局,1982年,第644页。

中国历代艺术中,就有无数作品的主旨在于表现游览郊野如何成为高洁人生意义的重要支点,如明代唐寅的《春游图》(图6-23)。

图 6-23　唐寅《春游图》

▲这是一幅以郊游为主题的名画,其风景布置的特点在于:游览者从高山密林、飞瀑垂虹之下的精致宅园出发,慢慢走进了更加宏阔无边的山间水际。游览者步履舒缓,渐渐远离了身后的苍岩深壑、高松修竹、隐居庭园,而置身于烟柳拂岸、渔歌悠远的明媚水光之中。画幅横宽109.2厘米,这种手卷形式为展现中国士人山水审美的时空观念提供了最好的艺术结构方式。这类作品之所以深刻体现着中国士人的身份特点与文化艺术理念,主要不在于它直接描绘了人物的具体形象,而在于它描绘了人们置身于理想的宇宙时空过程、置身于完美山水环境之中的生命方式,这不论是在生命哲学建构还是在艺术领域中,都是一种崇高的价值坐标。另外从山水画艺术成就而言,此图也值得仔细品赏,比如从其中一个看似极微末的局部,可以看出其画面布局的结构显示出绘画者深通"画理":一座小小的拱桥位于整个时空序列非常关键的节点,强调出游春者超越日常环境,"跨入"了无限明媚的春天世界。

同时,对郊野景象观感体悟,也是激发人们深层精神活动,并创造伟大艺术作品的重要契机。这方面杜甫堪称典范,他就通过许多沉郁顿挫的名句而将郊野景象与家国情怀、浩茫天地贯通一体。比如《野望》《发秦州》《出郭》等等,这些诗作题目就标明其内容是以郊野观景抒情为主题:

　　　　清秋望不极,迢递起层阴。远水兼天净,孤城隐雾深。[1]

---

[1] 杜甫著,仇兆鳌注:《杜诗详注》卷八,中华书局,1979年,第619页。

> 日色隐孤戍，乌啼满城头。……磊落星月高，苍茫云雾浮。大哉乾坤内，吾道长悠悠。①

> 霜露晚凄凄，高天逐望低。远烟盐井上，斜景雪峰西。故国犹兵马，他乡亦鼓鼙。江城今夜客，还与旧乌啼。②

自古以来，人们常常感叹这些诗句有动人心魄的力量，甚至认为它们具有远远超越天地之间一切客观景物的无限魅力③，只是还很少因此而专门来理解郊野视野在景观学与艺术学上的意义。

所以，观赏郊野风景使人们得以"思接千载""视通万里"④，这成为人们涵泳历史之沧桑、体会天地之悠远的窗口。比如唐代刘长卿《秋日登吴公台上寺远眺寺即陈将吴明彻战场》所说：

> 古台摇落后，秋日望乡心。野寺人来少，云峰水隔深。夕阳依旧垒，寒磬满空林。惆怅南朝事，长江独至今。⑤

这说明面对宇宙山河之无限，人们对于历史翻覆的体悟具有生命价值意义上的穿透力（并参见图7-48至图7-50）。

再比如本书第十一章举出南宋吴潜远望扬州城景致时的词作：

> 半空楼阁，把江山图画，一时收拾。白鸟孤飞飞尽处，最好暮天秋碧。万里西风，百年人事，谩倚阑干拍。凝眸何许，扬州烟树历历。⑥

他强调郊野饱览之下，"江山图画"与"万里西风，百年人事"之间最为深情的互动。因此，通过郊野游览而建构维系人格胸襟与宇宙理念向度上的

---

① 杜甫著，仇兆鳌注：《杜诗详注》卷八，中华书局，1979年，第674页。
② 杜甫著，仇兆鳌注：《杜诗详注》卷九，中华书局，1979年，第771页。
③ 比如晚唐贯休认为杜甫诗歌的成就足以令日月山川减色："造化拾无遗，唯应杜甫诗。……日月精华薄，山川气概卑。"见贯休：《读杜工部集二首》，见彭定求等编：《全唐诗》卷八二九，中华书局，1960年，第9339页。
④ 刘勰：《文心雕龙·神思第二十六》，见刘勰著，范文澜注：《文心雕龙注》，人民文学出版社，1958年，第493页。
⑤ 见彭定求等编：《全唐诗》卷一四七，中华书局，1960年，第1496页。
⑥ 吴潜：《酹湖》，见唐圭璋编：《全宋词》，中华书局，1965年，第2732页。

高远境界，这个方向上千百年努力的结果，就是积淀打磨出一种文化观、审美观、宇宙观、人格观整合一体的经典范式。

再举南宋哲学家朱熹的例子，他曾与诸多朋友共游江西宜春（古称袁州）郊野，并且由眼前山水风景引发对秉持人生价值理念的深切联想与感慨，于是倡议每人都以诗写景抒情，朱熹本人的诗题是《同林择之、范伯崇归自湖南，袁州道中多奇峰秀木、怪石清泉，请人赋一篇》，其中说：

我行宜春野，四顾多奇山。攒峦不可数，峭绝谁能攀？上有青葱木，下有清泠湾。更怜湾头石，一一神所剜。众目共遗弃，千秋保坚顽。我独抱孤赏，喟然起长叹。①

对郊野中一石一山等景物的品赏理解，意义已经与人们对生命根本意义的思考融会在了一起，所以这样的感悟思考有着穿透古今的力量。而对于这思维路径的彰显，又如陆游的七言诗句："文史渐宜精讨阅，湖山仍得饱登临。"②后来，梁启超将此联下句与陆游另一警句集成一联并手书，见图 6-24。"道义极知当负荷"与"湖山仍得饱登临"的这种联袂并举，对于我们理解郊野游览的意义来说当然是扼要的说明。

第五，郊野风景区成为中国文化长期延续发展的背景下文化遗产与美学遗产的荟萃积淀之地，其内涵也日渐深厚广博，所以其文化丰富性、包容性成为显著的特点。下面举若干代表性的例子作

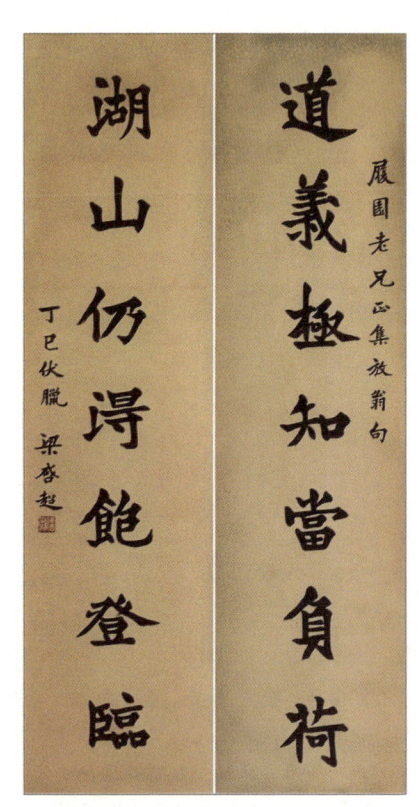

图 6-24　梁启超手书楹联

---

① 朱熹：《晦庵先生朱文公文集》卷五，见朱熹撰，朱杰人、严佐之、李永翔主编：《朱子全书》，上海古籍出版社，2002年，第20册，第393页。
② 陆游：《喜晴》，见《陆游集》，中华书局，1976年，第1332—1333页。

为说明。

先看位于江苏省镇江东北、作为长江江心的焦山岛风景区。焦山不仅是万里长江中唯一的四面环水岛屿，有"万川东注，一岛中立"的极佳天然景观条件，而且是历代人文景观的荟萃之地，如御碑亭（图6-25）等建筑是皇家文化、皇家园林与郊野园林关系密切的例证之一。

图6-25　镇江焦山御碑亭

相邻的焦山摩崖石刻（图6-26）同样是风景区中的重要文化遗产。焦山摩崖石刻历史悠久，上起六朝，下迄民国，现存八十余方。其中著名作品有六朝摩崖石刻《瘗鹤铭》（在中国书法史上被誉为"大字之祖"），唐《金刚经》，宋代米芾、贺铸、陆游等人的题诗题记。此外，还有明清洪亮吉、陶澍、康有为等人的题记。焦山摩崖石刻是郊野园林与中国历史文化名人、书法艺术史等相映生辉的重要例子。

郊野风景区与中国宗教文化艺术关系也非常密切，比如镇江北固山铁塔（图6-27）。

图 6-26 镇江焦山摩崖石刻

▶北固山铁塔临近甘露寺（相传三国刘备在此寺招亲）。唐李德裕镇润州时，于宝历元年（825）建石塔，为唐穆宗求冥福。至乾符年间，石塔倒塌。宋元丰年间甘露寺僧应夫扩建寺院，掘得唐李德裕所建石塔下的舍利，于是改建铁塔，重瘗李德裕所埋舍利。铁塔原为九级。明万历十年（1582）塔被大风刮倒，后经僧人性成、功琪募款重修，降为七级，高约13米。清同治、光绪年间塔遭雷击，仅存塔座及一、二两层。塔座是须弥宝座式，上镌如意水纹、卷浪等图案，佛座束腰的每一面雕有佛像。塔身每层皆八面四门，上铸飞天、莲座、坐佛、立佛等。总之，此塔既是中国佛教史、建筑和雕塑艺术史、地方史的重要遗迹，也是北固山风景区的重要标志之一。

图 6-27 镇江北固山铁塔

再看被称为"吴中第一名胜"的苏州虎丘（图6-28）。

图6-28 苏州虎丘

虎丘风景区的形成是历史名胜地演变为著名郊野园林的例子：其一，它占地不过两百余亩，远望仅是一座小山，但游人进入其核心景区以后，则如身临深岩巨壑之中，加之其地古木苍然，春华秋实等丰富的植物景观四季交替呈现，所以使人如行山阴道上；其二，虎丘更是历代大型禅刹的所在地，东晋时期就建有虎丘山寺，唐时改名为报恩寺，至宋时重建为云岩禅寺，宗教圣迹和建筑、雕塑等艺术遗存众多；其三，历代名士对此类名胜之地情有独钟，留下了大量相关的文化遗迹。这种历代不断的文化艺术累积，使得此类郊野环境具有很高的景观价值和文化艺术价值，成为后来人文代表人物热衷光顾的地方。比如唐代宝历元年（825），五十四岁的白居易出任苏州刺史。白居易热爱苏州风物，对虎丘情有独钟，他率苏州百姓自阊门至虎丘开挖河道与运河贯通，沿河修筑塘路直达山前，又栽种桃李数千株加以美化，并绕山开渠引水，形成环山溪。白居易写下一首五律《武丘寺路》，题下自注云："去年重开寺路，桃李莲荷，约种数千株。"其诗正文更具体描述了这次营构盛景之举：

自开山寺路，水陆往来频。银勒牵骄马，花船载丽人。芰荷生欲遍，桃李种仍新。好住湖堤上，长留一道春。[①]

---

① 见顾学颉校点：《白居易集》卷二四，中华书局，1979年，第550页。

白居易还专门写诗描写虎丘地貌的气势不凡,以及此山之中寺院园林景致的得天独厚:

> 香刹看非远,祇园入始深。龙蟠松矫矫,玉立竹森森。怪石千僧坐,灵池一剑沉。海当亭两面,山在寺中心。[1]

虎丘风景区的历史,充分说明了中国郊野园林与中国文化尤其是宗教文化等之间的深刻关联。

关于郊野园林与风景区的内涵,除上述内容之外还应该特别关注的一个方面是:郊野风景园林荟萃了中国历史脉络的无数重要节点、古今历史文化名人的遗迹、相关著名文学篇章等,因此成为历代亿万国民获得与塑造自己的历史认知,乃至"以历史为信仰"的关键入口。这样的一种性质,当然在整个民族文化体系与心灵史中都举足轻重的意义。以李白名篇《谢公亭》为例:

> 谢亭离别处,风景每生愁。客散青天月,山空碧水流。池花春映日,窗竹夜鸣秋。今古一相接,长歌怀旧游。[2]

此为李白登临位于安徽宣城城北的谢公亭,遥想南朝山水诗领袖谢朓之作[3],诗中清楚说明,郊野风景审美是人们体认天地境界("客散青天月,山空碧水流")与建构悠远历史文化认知("今古一相接,长歌怀旧游"),并使得这两大脉络融会升华为一体的崇高平台。

再以镇江北固山上的祭江亭(图6-29)为例。祭江亭北临长江,位于北固山巅,其周围山势险固,故又名北固亭,南朝梁武帝曾题书"天下第一江山"赞其形胜。传说三国时刘备夫人孙尚香听到丈夫去世的消息后,曾在此遥祭,而后投江自尽。南宋词人辛弃疾登临此地时触景生情,写下了中国文学史上的名篇《南乡子·登京口北固亭有怀》。因此,此亭为北固山

---

[1] 白居易:《题东武丘寺六韵》,见顾学颉校点:《白居易集》卷二四,中华书局,1979年,第547页。

[2] 见《李太白全集》卷二二,王琦注,中华书局,1977年,第1046—1047页。

[3] 谢朓曾任宣城太守,所以人称"谢宣城"。清代文学理论家王士禛《论诗绝句》写李白对谢朓的敬仰:"青莲才笔九州横,六代淫哇总废声。白纻青山魂魄在,一生低首谢宣城。"见羊春秋、张式铭、刘庆云等选注:《历代论诗绝句》,湖南人民出版社,1981年,第238页。

的千年名胜之一。

图6-29 镇江北固山祭江亭

总之,辛弃疾名句所说人们在郊野园林与风景中领略到"满眼风光",并非言过其实的虚写。实际上,因为郊野风景包含天地山川、四时迁化、动植飞潜、景观艺术、历代人文精神遗粹、历史递嬗之遗迹、民间信仰与民间记忆等无数的内容,所以自然而然地成为亿万国人建构景观审美与人文认知体系的重要窗口。

三、郊野雅集与文学艺术的创作交流

经过文化艺术史的长期演进,游览郊野园林与风景地不再仅仅是比较简单的景物观赏,而是逐渐具备更丰富、更具有文化内涵的活动。比如前引《晋书》卷八十《王羲之传》所记载的王羲之"与东土人士尽山水之游,弋钓为娱",其实已经是生活理想彼此投契的一些士人相互间的交往方式。再比如魏晋时一批著名士人被世间推崇为"八达",于是不仅他们彼此之间的交往方式成为时尚,其中就包括他们共同出行,游览山水,而且这种社会交往方式还长久地成为艺术史上的重要主题,如五代后梁画家赵嵒的绘画名作《八达春游图》(图6-30)等。

图6-30　赵嵒《八达春游图》局部
立轴,绢本设色,全图161厘米×103厘米

前面提到的东晋时兰亭雅集借春天在郊野修禊祈福的机会,"群贤毕至,少长咸集"[1],而比竞每人诗歌创作才能的高下,当然更是开创了对后世中国文化艺术、群体交往、造园艺术等影响深远的一种结社方式。于是不论文人园林、皇家园林或是寺院园林,都遵从兰亭雅集的"曲水流觞"传统,精心构建表现这一主题的园中建筑。如明代钱贡绘图、黄应组刊刻的《环翠堂园景图》[2]中"兰亭遗胜"一景(图6-31)描绘的曲水流觞情景,此兰亭遗胜院落是晚明汪廷讷所建坐隐园一百余处景点中专供文人雅集的处所。再如北京潭柘寺猗玕亭、故宫乾隆花园禊赏亭中雕刻的曲水流觞(图6-32、图6-33)。本

---

[1] 房玄龄等:《晋书》卷八〇《王羲之传》,中华书局,1974年,第2099页。
[2] 关于明代钱贡绘图、黄应组刊刻的《环翠堂园景图》及其所描绘的晚明汪廷讷所建坐隐园的情况,本书图8-21说明文字中有所介绍。

书第十五、十六章中还举出许多表现兰亭雅集主题的工艺美术作品,可见郊野文会对于中国文人古典结社形式与艺术创作平台的重要意义。

图6-31 《环翠堂园景图》之"兰亭遗胜"

图6-32 北京潭柘寺猗玕亭及亭内曲水流觞　　图6-33 北京故宫乾隆花园禊赏亭及亭内曲水流觞

关于文人群体的郊野游览及其相关诗文、绘画创造的经典例子,其实还有很多。比如盛唐诗人岑参等邀杜甫共同游览现在陕西西安市鄠邑区西边的渼陂风景区,于是杜甫因此机缘而写下了著名诗作《渼陂行》[①],以具体描写郊野风景、抒发自己心中的万感激荡(归结在感喟"少壮几时奈老何,向来哀乐何其多"的人生沧桑)。岑参本人不仅赞叹渼陂水面宽广、水天一色,而且特别描写这处郊野风景区兼有城郭与乡村景色的特点:

---

① 见杜甫著,仇兆鳌注:《杜诗详注》卷三,中华书局,1979年,第179—182页,文繁不引。

> 万顷浸天色，千寻穷地根。舟移城入树，岸阔水浮村。闲鹭惊箫管，潜虬傍酒樽。①

宋代以后，结社的文人群体依托游览山川名胜而从事创作的情况更为普遍，例如南宋周密记述景定五年（1264）盛夏时诸多社友的一次西湖游，其高潮即是竞相赋词，并创制了新的词牌：

> 甲子夏，霞翁会吟社诸友逃暑于西湖之环碧。琴尊笔砚，短葛练巾，放舟于荷深柳密间。舞影歌尘，远谢耳目。酒酣，采莲叶，探题赋词。余得塞垣春，翁为翻谱数字，短箫按之，音极谐婉，因易今名云。②

词的正文中周密更说："对沧洲、心与鸥闲，吟情渺、莲叶共分题。"总之，游览郊野风景与文学结社有密切的关系。

在郊野观景与文学主题的聚焦这表层的关联背后，其实还有更值得体会的内容。看一个在中国文学史、士人阶层文化史上著名的例子：了解中国中古文学史空前成就的读者都很熟悉，梁昭明太子萧统《文选》的成书开创性地归纳与总结了文学内容的分类及其相应的文化价值，而《文选》中的一项重要类别就是其卷二二中的"游览"。"游览"类所搜集的作品不仅数量众多（二十余首），在全书权重上颇为显著，而且萧统对这些作品的重视，显然源于它们所揭示宗旨在诸多方面都有着显著的意义。比如殷仲文《南州桓公九井作》一篇写秋天景色给观赏者的感受：

> 岁寒无早秀，浮荣甘夙殒。何以标贞脆，薄言寄松菌。③

诗句因秋景而触发对政治与社会的深切感受，这种观景生情的社会政治体验概括方式，对后来的士人阶层思想史来说具有重要价值。再如入选的谢灵运《从游京口北固应诏》中的名句"事为名教用，道以神理超"④，精要概括了士人只能羁身于现实政治的束缚又竭力追求精神世界超越性

---

① 岑参：《与鄠县群官泛渼陂》，见彭定求等编：《全唐诗》卷二〇〇，中华书局，1960年，第2084页。
② 周密：《采绿吟·序》，见唐圭璋编：《全宋词》，中华书局，1965年，第3270页。"塞垣春"为词牌名，这里指将诸多词牌名写在莲叶上，然后众社友根据每人拈出的词牌而赋词。
③ 见萧统编：《文选》卷二二，世界书局，1935年，第299页。
④ 见萧统编：《文选》卷二二，世界书局，1935年，第300页。

这种特殊而重要的生命状态。又如入选的谢灵运名篇《登池上楼》中，不仅有"池塘生春草，园柳变鸣禽"这样的写景警句，而且诸如"倾耳聆波澜，举目眺岖嵚"等句子[1]，也非常精当地描述了游览风景是一种全身心的观感体验，而观赏内容也是密切关联的高与下、山景与水景等全方位景致。

在《文选》这部中古时代文化分类学重要著作中，上述这些理念的厘清对后来的景观美学的发展与丰富来说都有重要意义。由于游览山水立足于这样的向度之上，于是"仰观宇宙之大，俯察品类之盛""游目骋怀，足以极视听之娱"，成为中国文化尤其是士人审美文化建构中的一个重要方面，其脉络因此具有越来越深入的贯穿力，即本书第十一章结尾处提示的指归："山水审美、宇宙哲学、生命价值三位一体"。所以我们看萧统在《文选序》中所说"盖志之所之也，情动于中而形于言""事美一时，语流千载"[2]云云，他强调的审美逻辑对历史的贯穿性，意义其实远远不是局限在文学范围之内，而是面向广义的、作为中国文化终极价值标准的那种"文"（孔子所说"郁郁乎文"）[3]。

同理，因为具有这种文化深层中的贯穿力，所以在诸如山水画等重要艺术领域中，郊野游览与自然山川审美同样有着上述穿越千载的意义，因而我们可以经常看到宋元以来《携琴访友》《雪夜访戴图》《高会习琴图》《春游山水图》等记述艺术家共同游览、共同创作的著名画作。这种模式对中国古典山水画、士人隐逸文化、雅集文化等的发展都有显见的推动意义。

绘画领域中众多此类名作契合于一种默认范式，以及这些范式所隐含的文化逻辑等，更值得我们加以体会。兹举几例略加说明，先来看元代盛懋《春山访友图》（图6-34、图6-35）。

---

[1] 见萧统编：《文选》卷二二，世界书局，1935年，第301页。
[2] 见萧统编：《文选》卷首，世界书局，1935年，序第1、2页。
[3] 《吕氏春秋》卷三《先己》也说："圣人组修其身，而成文于天下矣。"见陈奇猷校释：《吕氏春秋校释》，学林出版社，1984年，第145页。

图 6-34 盛懋《春山访友图》

青绿山水，绢本长卷，27.7厘米×76.4厘米

图 6-35 盛懋《春山访友图》局部

▲本书第十一章中举出不少以"山径春行""秋江待渡"等等主题表现士人通过郊野观景而使自己融入天地境界，同时隐寓一种悠远生命旅途的著名画作，此幅《春山访友图》因其尺幅较大、画面布局雄阔更值得留意：画面中气势磅礴的山峦层叠远去，直抵天际，因此又映衬出水体的寥远浩渺。水面上孤舟荡漾，一士人端坐船头，凝神远眺，体味着置身无尽山光水色之间的放旷自由。与小舟的前行方向相呼应，岸上两条曲径上的士人也都是信步跨桥前行，渐渐抵近于作为他们雅集高会之地的园林院落。总之，画面内容（人景之间关系），以及《春山访友图》这醒目题名，都隐含着对这样一种范式的阐释：置身风景之中的这些士人，不约而同地通过对天地山川浩荡风景的沉浸与体悟，不仅获得了对一己之心的深切滋养，而且更得到了彼此之间深切的性灵共鸣与相互召唤。以此为基础，他们才能从原本不同的路径汇聚到一个共同的精神与文化家园。

接着再看一幅明代山水画巨制——明代周臣的《春山游骑图》(图6-36、图6-37)，我们需要注意：其画面的纵向全景构图正好可以与图6-34盛懋《春山访友图》的横向构图关联比较。而山水画中的横向构图与纵向构图两者共同地臻于成熟自如[①]，其实有着重要意义：体现了中国山水画对天地广宇、万象万物全视角、全视域的充分展示。

图6-36　周臣《春山游骑图》　　图6-37　周臣《春山游骑图》局部

立轴，绢本设色，185.1厘米×64厘米

▲周臣是明代中期山水画大家，此图又是他画作中的精品。画面中对山石峥嵘、群山连绵、大河奔涌、巨岭危崖之下逶迤悠远的曲径、山中古寺迥然出尘等等景象的描绘，都显出雄健气韵。

---

① 对天地万象全视野、全焦段的准确把握，从宋代开始在景观审美中被高度重视，苏轼在《题西林壁》中有"横看成岭侧成峰，远近高低各不同"等贴切精到的形容。这也深刻推动山水画中为实现全视角展示而促使构图方法空前完备。而绘画艺术中这一重大进步的关键阶段仍然是在南宋时期，从此时开始，山水园林题材绘画中，不仅各种视角的设置空前丰富，灵动自如（详见本书第十章中对图10-10、图10-13、图10-24等各种不同视角的剖析），而且出现这样的现象：同一画家能够创作出横向构图巨作与纵向构图巨作。以马麟为例，他既作有《荷乡清夏图》（横向），又作有《静听松风图》（纵向，图11-17），尤其两图皆为境界上乘的山水画杰作。后来，山水画全视野的把握与相应的构图模式更加精熟，所以大幅立轴与巨幅手卷同步日益出现。具体范例，除了这里举出的盛懋《春山访友图》与周臣《春山游骑图》可以对比之外，还可以比较本书图3-23仇英《沧浪渔笛图》（立轴）与图3-27唐寅《溪山渔隐图》（手卷）。

此图的构图模式尤其值得留意：画面中，指向士人家园的归途被置于游览无尽山水这长篇乐章的收煞结尾之处，而桥之意象在景观美学上具有连通此岸与彼岸的深意。①——此画面上的主要人物在历经苍岩深壑、巨流危途之后跨过小桥的最终抵达，不仅强调了游春之旅的过程与节点，而且山水全景描绘出的旅程完整性更说明：士人家宅园林之建构经营在人生哲学的意义上与游目骋怀、仰观俯察之间那种最深切紧密的底层逻辑关联。上述脉络一直影响到清代，从清初髡残的《结社林泉图》（图6-38）即可看出。

以上初步梳理了中国古典郊野园林与郊野风景区的发展过程、基本特点。在下篇中，将在此基础进一步梳理郊野园林与郊野风景的艺术内涵与文化内涵。

图6-38 髡残《结社林泉图》

立轴，纸本水墨淡设色，
120.1厘米×61.4厘米

◀此图画面中，秋树枝叶稀疏、老干挺拔。苍山、飞泉、溪流等景物环抱之下，轩内二高士凭栏席坐，远处一小舟载另一士人正在赶来赴会。总之，"结社林泉"的主题表现得十分突出。

---

① 本书第二章中曾列举江南水乡多处石桥，如河北赵县安济桥（赵州桥）、苏州横塘普福桥、浙江泰顺北涧桥、浙江景宁接龙桥、北京颐和园十七孔桥、北京故宫内的金水河与金水桥、苏州环秀山庄中的石曲桥、苏州拙政园木廊桥小飞虹与石曲桥、明代园林题材版画中的小桥等，对其景观美学上的显著意义做了详细分析，可以与此例及其图像背后的画理相互参看。而重要山水画作品中可资比较的例子，又比如明代名家王谔的大幅立轴《溪桥访友图》，画面内容是主人的园林位于万仞峰峦与松荫环抱之中，其外更有巨流奔涌，隔断尘嚣，所以来访友人携琴走过小桥才能够步入主人的园林，从而开启主客这两位琴友之间的"肃邕和鸣"。对于风景美学中这些具有深致意味的艺术范式与构图法则，其实有进一步研究的必要。

第七章　郊野园林与郊野风景（下篇）

在第六章初步介绍了郊野园林的内容与特点基础上，现在我们希望对郊野园林、郊野风景的审美价值与文化意义，能够有更深一步的考量。而这样的了解，首先就需要具体来看几个内涵丰富的典型实例。为此笔者从中国历史文化名城中选取了在地域、文化与历史地位等方面都最有代表性的三个例子——唐代长安城市与城郊风景区、宋代以后杭州西郊的西湖风景区、元明以后北京的西北郊风景区——来作为本章分析的入手之处。

一、以三大历史名城为例来理解郊野景观的深厚内涵

（一）郊野风景与唐代长安

具体分析郊野园林与郊野景观究竟具有怎样的审美价值、文化价值与历史价值，当然绕不过唐代的长安城。唐长安城值得我们了解的东西非常多，它面积巨大（约87平方公里），是汉长安面积（约36平方公里）的近2.5倍，是明清北京城面积（约58平方公里）的1.5倍，不仅是中国历史上最辉煌的都市，更是城市规划史上空前严格体现"制度理念"的设计作品。在这些显著特点之中，现在我们仅看其有关郊野风景的建置，这又以长安城

东南角的曲江风景区（图 7-1）为代表：

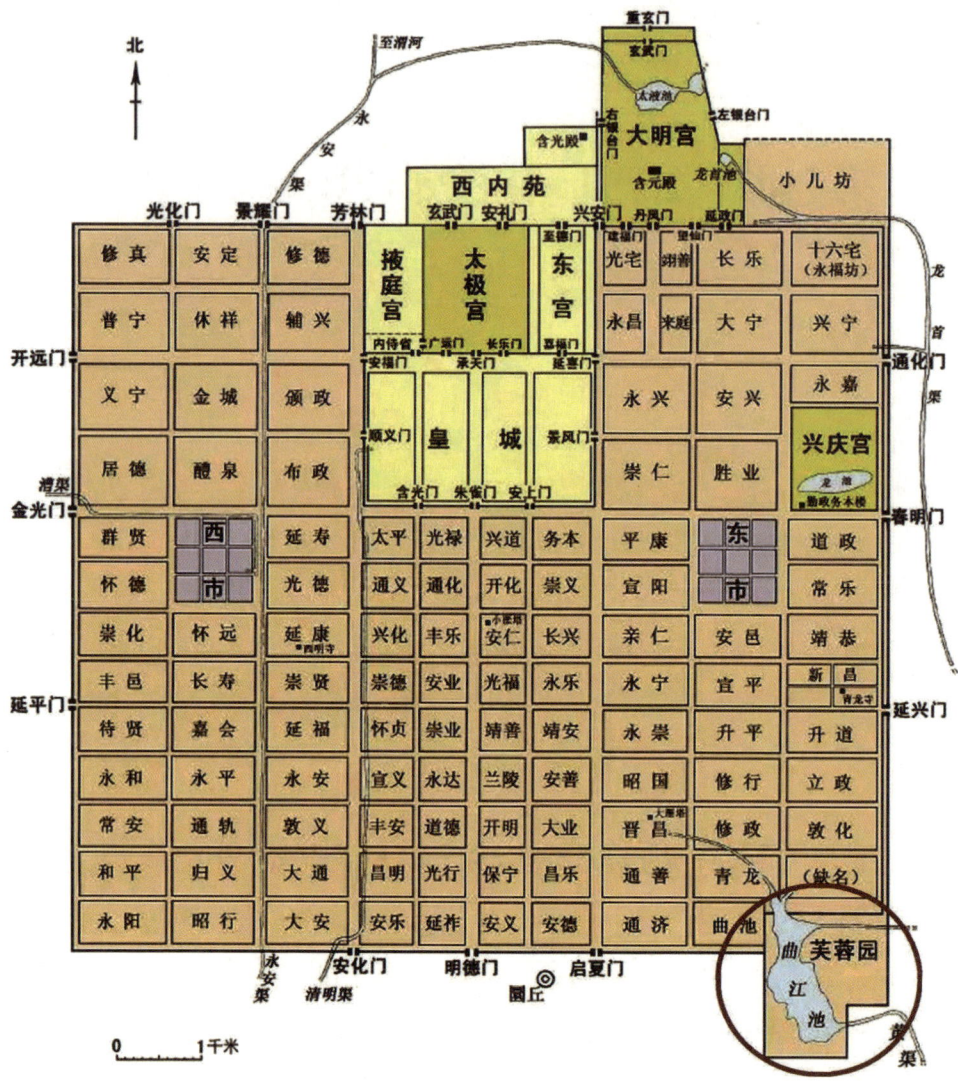

图 7-1　唐长安城曲江风景区位置示意图

曲江景区内建有皇帝行宫宜春苑，因其中水道曲折，故有"曲江"之称。隋时营建芙蓉园，入唐以后在此基础上大大扩展了曲江的规模与文化承载内容，除了在芙蓉园修建紫云楼、彩霞亭、凉堂与蓬莱山等大量建筑与园林景点之外，又开凿大型水利工程黄渠以扩大芙蓉池与曲江池水面，形成南有紫云楼、芙蓉苑，西有杏园、慈恩寺、曲江亭等等多处园林的大型郊野景观荟萃之地，即诗人卢纶《曲江春望》描写的"玉楼金殿影参差""泉声遍野入芳洲"①等等。

曲江景区的丰富景观还因为与长安南山（又称"终南山"，即狭义的秦岭）形成对景而格外壮观，所以白居易述说游览曲江的观感：

> 行到曲江头，反照草树明。南山好颜色，病客有心情。水禽翻白羽，风荷袅翠茎。何必沧浪去，即此可濯缨！②

为了方便皇室贵族出游南苑，当时还修建了从城北大明宫途经兴庆宫而抵达芙蓉园的夹城（长 7960 米，宽 50 米），所以曲江是唐都城长安中唯一的大型公共园林风景区，是皇族、僧侣、平民等都可以聚集盛游之地，"曲江流饮""杏园关宴""雁塔题名"等等曲江风景内的庆典活动成为国家最盛大的文化节日内容，曲江自然成为盛唐文化的集萃之地与盛唐气象的标志地，所以杜甫形容唐朝盛期曲江之瑰丽："忆昔霓旌下南苑，苑中万物生颜色。"③所谓"南苑"，就是指曲江风景区。而后人归纳总结出的"长安八景"，其中"雁塔晨钟""曲江流饮"两项直接依托于曲江风景。总之，曲江是郊野园林风景升华成为最具美学与政治文化意义之"家国象征"的典型。

曲江之外的诸多长安郊野风景也都声名赫赫。西安碑林博物馆中，有一通刻于清康熙十九年（1680）的诗配画碑石，此碑逐一描述关中八景（八景这一地域风景的集成与概括范式，本章第二部分将具体介绍），即"华岳仙掌""骊山晚照""灞桥风雪""曲江流饮""雁塔晨钟""咸阳古渡""草堂烟雾""太白积雪"。

西安碑林博物馆还藏有另外一件体量更大的《关中八景屏》石刻（图 7-2），其画稿与题诗为清康熙年间武廷桂所作，由频阳（今陕西富平县）籍刻工樊东兴摹刻。

---

① 见彭定求等编：《全唐诗》卷二七九，中华书局，1960年，第3170页。
② 白居易：《答元八宗简同游曲江后明日见赠》，见顾学颉校点：《白居易集》卷五，中华书局，1979年，第92页。
③ 杜甫：《哀江头》，见杜甫著，仇兆鳌注：《杜诗详注》卷四，中华书局，1979年，第329页。

图 7-2 《关中八景屏》拓片

从这些例子中我们尤其应该体会到,诸如"关中八景"这样处于中国文化核心地区、经过世世代代万千人感知积淀而遴选出来的经典性风景主题,既是广大民众都能够欣赏并从中获得审美愉悦的场所与景观,更主要的,是从景观文化的体系性来看:它们一般是比较宏大的山川地理与城市景观的综合体,好比是"世代国民家园空间结构之中天际线的关键节点";它们呈现的远不仅是单纯的自然风景,而同时(甚至更主要的)是一系列经典性自然景观与深厚历史文化积淀充分融合的结晶。

下面仅以"关中八景"中"草堂烟雾"为例,对上述特点做简略说明:

此"草堂"是指长安西南郊的草堂寺,它原是东晋十六国时期后秦逍遥园的一部分,它在景观地理上临近陕西省户县圭峰山,东临沣水,南对终南山圭峰、观音、紫阁、大顶诸峰,景色秀丽。此外,草堂寺是中国佛教"三论宗"的祖庭,并且是古代最早、规模最宏大的国立译经场,当年鸠摩罗什在此主持大规模的译经事业,因此草堂寺成为佛教中国化历史进程中的重要关捩。鸠摩罗什为中国佛教史上的四大翻译家之首,十六国时期的后秦弘始三年(401)由龟兹(今新疆库车地区)迁居长安草堂寺,弘始十五年(413)病逝后身葬于此。经鸠摩罗什翻译弘扬的"三论宗"在南北朝隋唐时期广泛流行,因此草堂寺成为万民尊仰的宗教圣地。

我们知道,鸠摩罗什东来在长安草堂寺主持译经、授徒传播大乘佛法,是中国中古文化史上的重大事件。即东汉末佛法初传中国之后,此全新文化体系有机会博采中亚多国文化,再经鸠摩罗什这样的大师辩证义理、去粗取精,才能成就出符合中国文化禀赋之新篇章:

> 西域诸国咸伏罗什神俊,每至讲说,诸王皆长跪坐侧,令罗什践而登焉。苻坚闻之,密有迎罗什之意。会太史奏云:"有星见外国分野,当有大智入辅中国。"坚曰:"朕闻西域有鸠摩罗什,将非此邪?"……罗什之在凉州积年,……姚兴遣姚硕德西伐,破吕隆,乃迎罗什,待以国师之礼,仍使入西明阁及逍遥园,译出众经。罗什多所暗诵,无不究其义旨,既览旧经多有纰缪,于是兴使沙门僧睿、僧肇等八百余人传受其旨,更出经论,凡三百余卷。沙门慧叡才识高明,常随罗什传写,罗什每为慧叡论西方辞体,商略同异,云:"天竺国俗甚重文制,其宫商体韵,以入管弦为善。凡觐国王,必有赞德,经中偈颂,皆其式也。"罗什雅好大乘,志在敷演,……惟为姚兴著《实相论》二卷,兴奉之若神。尝讲经于草堂寺,兴及朝臣、大德沙门千有余人肃容观听……[①]

据《汉书·西域传下》,"(龟兹国)王治延城,去长安七千四百八十里"[②],在农耕时代,鸠摩罗什跨越如此遥远的距离,东赴长安,驻锡草堂寺,广聚三千信众讲经弘法,遂使得"汉境经律未备"的旧貌自此彻底改观[③],这其实是为新的巨大文化架构与文化传播架构成功建立起支点。

长安南郊草堂寺非比寻常的地位与其巨大文化含量,依托着具体的寺院风景与文物而得以彰显留存,这自然引发后人深刻的历史文化感受与审美,引发一代又一代后人悠远文化家园之思。比如明代中期的文坛领袖之一的何景明游览草堂寺时,题诗缕述鸠摩罗什在文化史上的伟大功绩:

---

① 房玄龄等撰:《晋书》卷九五《鸠摩罗什传》,中华书局,1974年,第2499—2501页。
② 班固:《汉书》卷九六《西域传》,中华书局,1962年,第3911页。
③ 《高僧传》卷二《译经中·晋长安鸠摩罗什》记载:"初什在龟兹,从卑摩罗叉律师受律。卑摩后入关中,什闻至欣然,师敬尽礼……问什曰:'汝于汉地,大有重缘。受法弟子,可有几人?'什答云:'汉境经律未备,新经及诸论等,多是什所传出。三千徒众,皆从什受法……'"见慧皎:《高僧传》,汤用彤校注,中华书局,1992年,第53—54页。

昔读《高僧传》,今看胜地形。院寒留桧柏,殿古落丹青。宝塔参遗影,荒台问译经。驻车春日暮,散步出林坰。[①]

如今,草堂寺还存有建于唐代的鸠摩罗什舍利塔(图7-3)。可见"院寒留桧柏,殿古落丹青"之所以引人遐思,就是因为眼前这些风景背后蕴藏深致悠远的历史、文化、艺术。

◀鸠摩罗什舍利塔(全国重点文物)俗称"八宝玉石塔",为仿木构石雕,上半部分呈八角亭阁式,高约2.5米。此塔使用了十分罕见的工艺:用玉白、砖青、墨黑、乳黄等八色大理石及玉石分段雕刻,然后再拼接而成。底座方形,边长约1.7米,周围刻有十六组浅浮雕图案。其上为多层圆盘状托座,满雕云水山石图案。上托八角塔身,雕有倚柱、板门、直棂窗、阑额等诸多构件。塔顶为四角攒尖式,雕出椽头、屋脊、瓦垄。塔刹由须弥座、仰覆莲花、宝珠构成。此塔造型精美端庄,各局部之间的比例匀称舒展,整体韵律感极强,是唐代佛教艺术、建筑艺术与雕塑艺术中的珍品,尤其历时千年而依然如此完好,殊为难得!

图7-3 草堂寺唐鸠摩罗什舍利塔(何及锋摄)

在今天看似寻常的景物却蕴含深刻内涵的,又比如"关中八景"之一的"咸阳古渡",即咸阳的渭河渡口。如果稍稍了解中国历史,就知道"咸阳古渡"可不是寻常风景。首先,它是秦中地区西通陇蜀的第一大渡口、古代丝绸之路(古代欧亚大陆桥)的龙头,所以相关历史积淀异常丰厚,相关的文化遗产让人目不暇接。比如在这里诞生了传唱千年的众多著名诗篇,其中之一至今脍炙人口:

渭城朝雨浥轻尘,客舍青青柳色新。劝君更尽一杯酒,西出阳

---

① 何景明:《大复集》卷二二《草堂寺》,《景印文渊阁四库全书》本,台湾商务印书馆,1986年,第1267册,第194页。

关无故人。①

而更重要的是,"咸阳古渡"在汉唐中国政治战略地理、经济地理等等宏观版图上,处于不可替代的要冲位置。渭水是贯通中原文化核心地带中关中、河东、洛阳三大盆地(被称为"黄河金三角")的黄金水道。因为这三大盆地重要的地理位置,在中国政治经济中心移出长安至洛阳一线之前的相当长时期内,当时水量丰沛的渭水流域实际上是中国政治、军事、经济的首屈一指的生命线地带②,并因此贯穿着无数的重大历史文化事件,汇聚了众多伟大家族与人物。

再以渭水水系与长安城的关联而言,这实际上构成了汉唐长安地理独有的又是基础性的宏观条件。对此,历史地理学大家史念海先生概括得最清楚:

> 汉唐长安城外不仅有原,原间还有河流。河流之多竟达到八条。当地的人自来就有八水绕长安的俗谚。这句俗谚可以远溯到西汉中叶武帝在位的时候。司马相如在那时撰著的《子虚赋》中就明确提出:"八川分流,相背异态"。所谓八川就是泾、渭、灞、浐、丰、滈、潏、潦。其中的潦水就是现在的涝水。镐水的源头应是现在的交水。这八川,泾、渭在城北,灞、浐在城东,丰、潦在城西,滈、潏在城南,却也绕城西向北流去。这八川,只有渭水是主流,其余七水皆是渭水的支流。在范围不大的地区中,一条主流同时有七条支流,而且四面围绕都城而流,在他处不是少见,简直就是没有。③

由此可见,作为关中八景之一的(渭水)"咸阳古渡",其直观的景物风

---

① 王维:《送元二使安西》,见赵殿成笺注:《王右丞集笺注》卷一四,上海古籍出版社,1961年,第263页。
② 比如据史籍记载,直到北宋初年,秦、陇地区还出产大量"良材",这些被砍伐下来堆如"山积"的木材,必须一年两季"联巨筏",经渭河、黄河而源源不断运抵京师开封,以供给皇室营造的巨量糜耗。详见脱脱等撰:《宋史》卷二七六《张平传》,中华书局,1977年,第9405页。由此可见,渭水与"咸阳古渡"在历史上载荷之巨大,已经不易被今人想象。
③ 史念海:《汉唐长安城与生态环境》,载《中国历史地理论丛》1998年第1期。

貌背后其实有着深刻意义。

所以,当我们大致了解了诸如此类唐代郊野风景所蕴含的巨大时空结构与深广文化积淀之后,再来读身羁边塞的岑参遇到马上就要东归长安的使节时写下的"故园东望路漫漫,双袖龙钟泪不干"等诗句,就能对我们国人的"故园之思""桑梓情怀"有更深切的理解。

最后再最简单提示一下:长安风景及其文化意义所以能够成为中国古典文化史、审美风尚与艺术史、知识分子心灵史等等众多领域中一个非常重要的范型,与杜甫晚年伟大诗篇《秋兴八首》对长安景观特点的提纲挈领、对其意义的梳理总结有莫大关系。众所周知,"望秦""归秦"是杜甫晚年生命意义的根本支点,他无数次抒发这个死生不渝、椎心泣血的心结[1]。而他对长安城内城外景色景点的遴选诠释、对其背景与脉络的追溯梳理、对长安风景中建筑园林与王朝命运及整个国家制度格局之关系空前深刻的体察,所有这些,在他漂泊夔州时期愈发执念的"文化生命禀赋"[2]的聚焦之下,集大成地构建起《秋兴八首》的恢宏视域与纵观天地古今的抒情理路。

尤其是《秋兴八首》对于个体生命意义淬炼与讴歌,完全与组诗中对长安风景力透纸背的描摹刻画融会在了一起,并因此实现了哲学意义上"生命伦理价值坐标"的构建。所以《秋兴八首》的意义,远远不再是写景抒情佳词丽句所能之范围;而且是超越此层面,在中国古典文化中创建出生命哲学实现其崇高性的路径。它以看似寻常的城市风景为入口,打通了三大向度——宇宙背景上极旷达高远的风云天地[3],中国历史文化背景上空

---

[1] 比如《奉送严公入朝十韵》:"此生那老蜀,不死会归秦。"《暮秋将归秦留别湖南幕府亲友》:"北归冲雨雪,谁悯敝貂裘。"《巴西闻收宫阙送班司马入京》:"群盗至今日,先朝忝从臣。叹君能恋主,久客羡归秦。"《喜观即到复题短篇二首》之一:"巫峡千山暗,终南万里春。病中吾见弟,书到汝为人。意答儿童问,来经战伐新。泊船悲喜后,款款话归秦。"《小寒食舟中作》:"云白山青万余里,愁看直北是长安。"

[2] 即他所说的"彩笔昔曾干气象""云移雉尾开宫扇,日绕龙鳞识圣颜。一卧沧江惊岁晚,几回青琐点朝班"。

[3] 比如"每依北斗望京华""玉露凋伤枫树林,巫山巫峡气萧森。江间波浪兼天涌,塞上风云接地阴"等。

前深刻的政治哲学①，极尽苦难却愈加追求崇高性的个体生命体验②。《秋兴八首》对天地间大悲大喜的吟唱、所蕴含的张力，成为一代又一代人升华自己生命意义的引领，帮助其生命价值的建构实现着审美性与超越性的内在诉求。

以写景抒情为形貌的《秋兴八首》，因为建构起通达"天地境界"的升华路径，被后人公认为中国古典文化巅峰高度的永恒标志。人们最深地感动于它在个体生命意义方向上登峰造极的崇高体验与表达，对其顶礼膜拜，称之为"古今绝唱"，同时依此为坐标确立起理解与塑造"风景文化艺术"的最高标准。由此，将风景升华成为一种深刻的文化，具有了最具体的实现路径。这个具体升华路径本身，也成为无数后人顶礼膜拜的对象，且举赵孟頫《行书秋兴诗卷》（图7-4为其局部）为例。

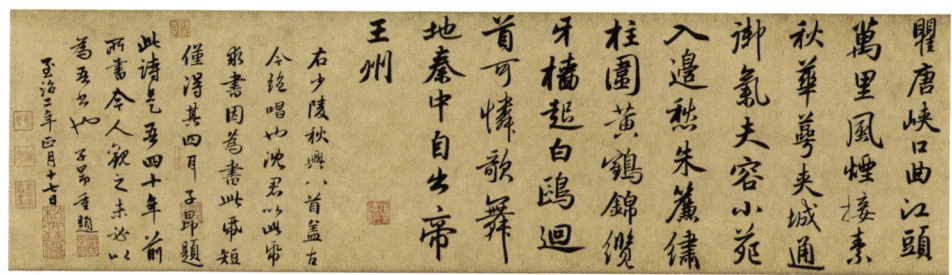

图7-4　赵孟頫《行书秋兴诗卷》局部

纸本长卷墨书，全卷23.5厘米×261.5厘米

▲赵孟頫尾跋："右少陵《秋兴八首》，盖古今绝唱也！……子昂题此诗，是吾四十年前所书，今人观之未必以为吾书也。子昂重题。至治二年正月十七日。"此作正文为赵孟頫元初至元二十年（1283）前后所书，他时年二十八岁左右，书法史家认为由此作可见赵书风格确立之早。四十年之后（1322），赵孟頫重新检视此作，并感慨系之地题写跋文，而仅仅几个月之后他就辞别人世——所以此作也可以看作是后人以自己一生一世艺术生命，用来崇拜与领会《秋兴八首》的一个具体例证。

---

① 比如"闻道长安似弈棋，百年世事不胜悲""回首可怜歌舞地，秦中自古帝王州"。杜甫这些吟唱的制度学意义，植根于中国皇权制度下历代沿袭的治乱轮回的深刻逻辑，以及由此而持续千百年的经典文学对此悲剧的共鸣与哀泣。详见拙著：《中国皇权制度研究：以16世纪前后中国制度形态及其法理为焦点》，北京大学出版社，2007年，第674—679页。

② 比如"江间波浪兼天涌，塞上风云接地阴。丛菊两开他日泪，孤舟一系故园心"等。

总之，以长安风景为典型，中心都市的山水环境、建筑园林等等再也不是仅供人们权且消闲娱乐的观赏物，而且成为融会自然地理、古往今来人文积淀、无数历史人物的悲欢命运、各文化艺术门类中世代不竭的创造等等大美为一炉的结晶。这种高度的凝聚性与升华力，是城市风景虽然看似直观易得、人人熟视，却需要我们予以认真体认的基本原因。

（二）郊野风景与宋代以后的杭州

北方历史名城的情况如上所述，与此为对比，下面再以杭州为例来看南方历史名城的情况。

大家知道，至少从宋代开始，杭州城市的经济、文化与审美等等就越来越多地融入了人们的郊游习俗，比如游春踏青。踏青习俗可以追溯到很早，先秦到魏晋一直流行三月三日郊外修禊，至北宋则更成为重要的民间风俗，并被真切细致地记录在《清明上河图》等风俗画巨制当中，比如画面中四面以柳枝装饰轿子，就完全是当时人们出城踏青祭扫时的习俗[①]。而周密记载南宋时清明节前的寒食节，杭州官民借野祭礼俗，几乎倾城出游郊外，且"极意纵游"到很晚才乘着暮色、带着野花与购买的土产满载而归：

> 清明前三日为寒食节，都城人家，皆插柳满檐，虽小坊幽曲，亦青青可爱，大家则加枣䭅于柳上，然多取之湖堤。有诗云："莫把青青都折尽，明朝更有出城人。"朝廷遣台臣、中使、宫人、车马，朝飨诸陵……人家上冢者，多用枣䭅姜豉。南北两山之间，车马纷然，而野祭者尤多，如大昭庆、九曲等处，妇人泪妆素衣，提携儿女，酒壶肴罍。村店山家，分馂游息。至暮则花柳土宜，随车而归。若玉津富景御园，包家山之桃，关东青门之菜市，东西马塍，尼庵道院，寻芳讨胜，极意纵游，随处各有买卖赶趁等人，野果山花，别有幽趣。盖辇下骄民，无日不在春风鼓舞中，而游手末

[①] 详见杨伯达：《杨伯达论艺术文物·试论风俗画宋张择端〈清明上河图〉的艺术特点与地位》，科学出版社，2007年，第11页。

技为尤盛也。[①]

如此盛况在当时绘画作品中得到生动的描绘,如南宋佚名《春游晚归图》(图7-5)。

图 7-5　佚名《春游晚归图》
绢本设色,24.2厘米×25.3厘米

此画面中的游春官员前有引路牵马者,其身后则是挑担,背负交椅、炉具等的随从,可见郊游的郑重其事。

不过人所共知,杭州最动人的风景在于城市西郊的西湖,而朝野对于游览西湖的热情在南宋时达到空前炽盛:

> 湖上御园,南有聚景、真珠、南屏;北有集芳、延祥、玉壶……西湖天下景,朝昏晴雨,四序总宜。杭人亦无时而不游,而春游特盛焉。承平时,头船如大绿、间绿、十样锦、百花、宝胜、

---

① 周密:《武林旧事》卷三《祭扫》,浙江古籍出版社,2015年,第55页。

明玉之类，何翅百余；其次则不计其数，皆华丽雅靓，夸奇竞好。而都人凡缔姻、赛社、会亲、送葬、经会、献神、仕宦、恩赏之经营，禁省台府之嘱托，贵珰要地，大贾豪民，买笑千金，呼卢百万，以至痴儿骏子，密约幽期，无不在焉……都城自过收灯，贵游巨室，皆争先出郊，谓之"探春"，至禁烟为最盛。龙舟十余，彩旗叠鼓，交午曼衍，粲如织锦。……都人士女，两堤骈集，几于无置足地。水面画楫，栉比如鱼鳞，亦无行舟之路，歌欢箫鼓之声，振动远近，其盛可以想见。[①]

可见游览西湖在那时杭州城市公共生活中的重要性与热闹程度。

我们首先通过地图简单了解一下杭州西湖风景区的形成过程。图7-6至图7-8三幅示意图[②]清楚地展示了唐代以后杭州城日渐拓展与西郊西湖景区不断营构之间的关系[③]，图中红色圈出的部分为当时杭州城的范围。

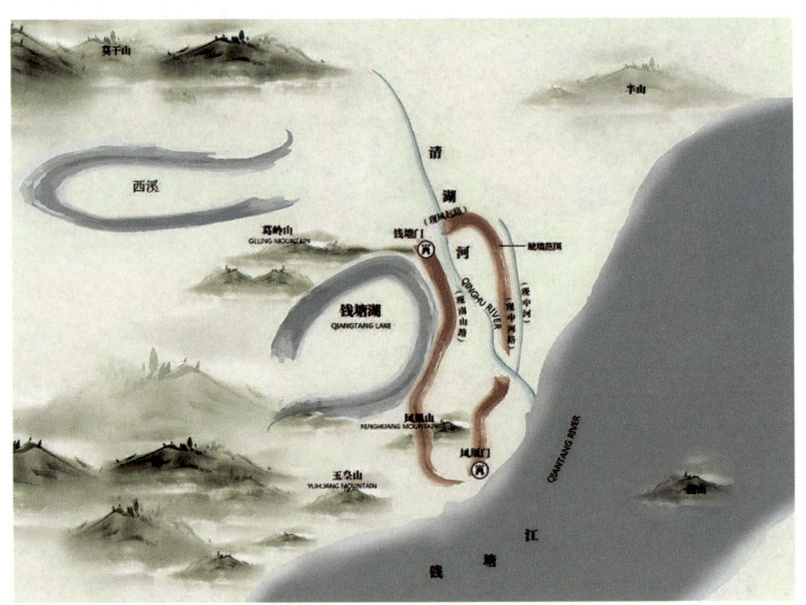

图7-6　唐代时期杭州城与西湖的关系

---

① 周密：《武林旧事》卷三《西湖有幸》，浙江古籍出版社，2015年，第51—52页。
② 此三图引自杭州市规划设计研究院：《杭州市总体城市设计（修编）》（2019年）。
③ 详见孙昌盛、张春英：《古代杭州城市空间形态演变研究》，载《浙江大学学报（理学版）》2009年第3期。

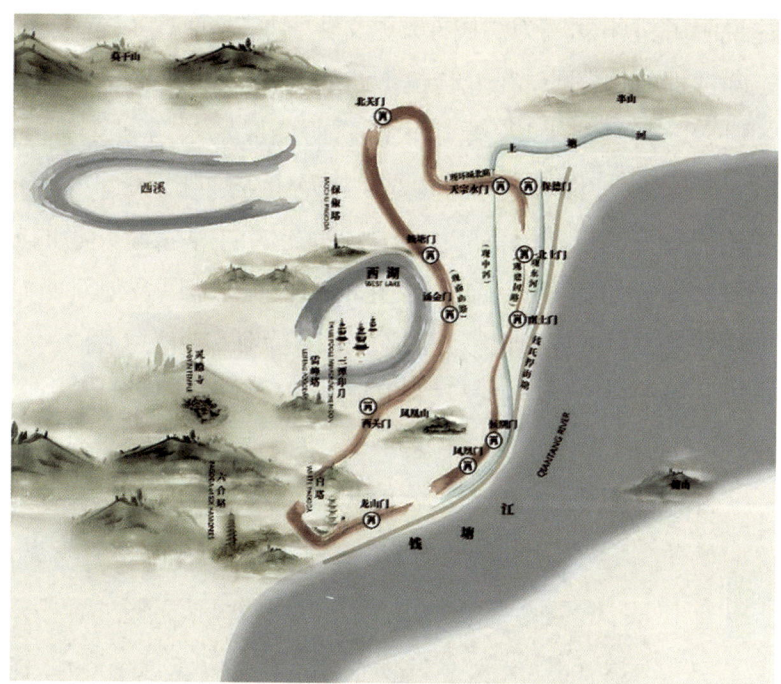

图 7-7　吴越时期杭州城与西湖的关系

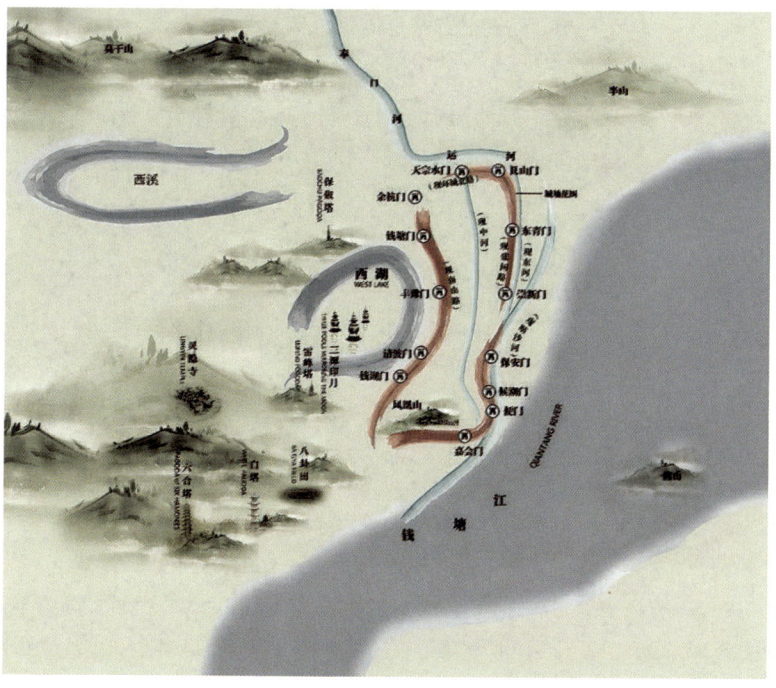

图 7-8　两宋时期杭州城与西湖的关系

这说明了杭州发展为"中国历史文化名城"、享有"上有天堂下有苏杭"美誉的过程,也就是杭州城与位于西郊的西湖风景区日益密切地融会在一起的过程。再具体来说,是唐代以后西湖风景与西湖文学、绘画、建筑、宗教、城市建设、历代英杰人物的生活及审美趣味、民间节日习俗、民间故事的流传等等的日益兴盛完全交融在一起的。举大家熟悉的苏轼行迹政绩、相关文学创作等等对于西湖文化的巨大贡献,以及他对西湖的眷恋、对西湖景观意义的悉心阐发为例。苏轼在《西湖诗卷》(图7-9)中,对于西湖形胜阐说得最为扼要的是这样几句话:

> 西湖三面环山,中涵绿水,松排青嶂,草满平堤。泛舟湖中,回环瞻视,水光山色,竞秀争奇,柳岸花汀,参差掩映。已而峰衔翠霭,月印波心。画舫徐牵,菱歌晚度。游人俨在画图中也!

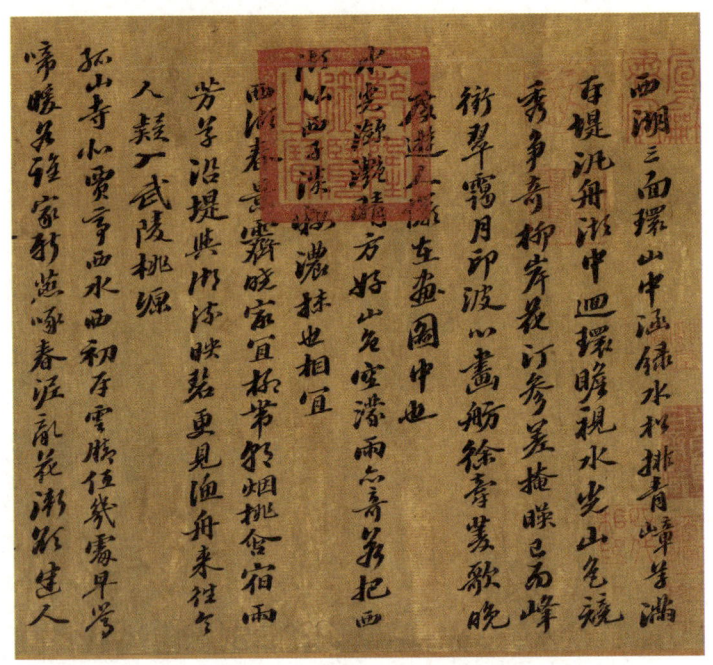

图7-9 苏轼《西湖诗卷》局部

纸本,28.8厘米×213.2厘米

▲苏轼自跋:"昔余守杭州时,与客出游西湖之上,探奇揽胜,寄兴舒情,极登临之乐,盖十年于兹矣!追忆往事,宛然如昨,而客有慕想西湖之胜者,每从余问询,不能悉为酬应,乃录其心目之最稔者,凡十有八首,漫缀数语,并附诗歌,间有问者,辄举以示之,使观者了然,亦可以当卧游也。"

苏轼在从古到今的文艺家之中,将西湖山水体系之中水景之美描摹得最为精彩出神。如果将此与王维、杜甫对长安等北方核心城市景观的描写对比,有意无意之间也可以体会到宋代以后审美心理因为唐宋大转型带来的变化。

关于南宋杭州人们对丰富水景(以及山水映带)之美日益精致化的认识与艺术再现,本书"论南宋山水画"两章中有大量举例说明。在如此多姿多彩的美景中,更有将戏剧性的"钱塘观潮"作为观览山水高潮的。钱塘潮因为杭州湾与钱塘江特殊地质水文而形成,北宋时的苏轼就称其为天下"壮观"之极[1],南宋周密更是记述了"钱塘观潮"成为盛大民间节日的热烈景象:

> 浙江之潮,天下之伟观也,自既望以至十八日为盛。方其远出海门,仅如银线,既而渐近,则玉城雪岭,际天而来,大声如雷霆,震撼激射,吞天沃日,势极雄豪。杨诚斋诗云"海涌银为郭,江横玉系腰"者是也。每岁京尹出浙江亭教阅水军,艨艟数百,分列两岸,既而尽奔腾分合五阵之势,并有乘骑弄旗标枪舞刀于水面者,如履平地。……吴儿善泅者数百,皆披发文身,手持十幅大彩旗,争先鼓勇,溯迎而上,出没于鲸波万仞中,腾身百变,而旗尾略不沾湿,以此夸能。江干上下十余里间,珠翠罗绮溢目,车马塞途,饮食百物皆倍穹常时,而僦赁看幕,虽席地不容间也。[2]

描绘这一盛景的文学、绘画名作还有很多,比如潘阆写大潮来临之际翻江倒海的澎湃气势,以及杭州全城人争相出城观潮的盛况:

> 长忆观潮,满郭人争江上望;来疑沧海尽成空,万面鼓声中!弄涛儿向涛头立,手把红旗旗不湿;别来几向梦中看,梦觉尚心寒。[3]

相关绘画名作也不胜枚举,比如南宋李嵩的《钱塘观潮图》《月夜看潮图》等等。再比如南宋夏圭《钱塘秋潮图》(图7-10),清楚地说明了观潮其实是与观赏天地山川、宫阙寺观等全面景观融为一体的。

---

[1] 苏轼《催试官考较戏作》:"八月十八潮,壮观天下无。鹍鹏水击三千里,组练长驱十万夫。"见王文诰辑注:《苏轼诗集》卷八,中华书局,1982年,第376—377页。
[2] 周密:《武林旧事》卷三《观潮》,浙江古籍出版社,2015年,第59—60页。
[3] 潘阆:《酒泉子》其十,见唐圭璋编:《全宋词》,中华书局,1965年,第6页。

图 7-10 夏圭《钱塘秋潮图》
绢本设色，25.2厘米×25.6厘米

因为西湖的景观意义与文化意义升华至空前之高，所以南宋以后的画家笔下不仅有大量描绘西湖局部景观的名作，而且西湖全景图与周密《武林旧事·西湖游幸》等长篇著述都相继面世，如南宋李嵩的《西湖图》（图7-11）——它们所共同体现的，正是全面展示西湖游览内容之丰富这方面意识的自觉。

原本仅仅是杭州郊野的西湖风景及相关文化，反而在很大程度上成为杭州经济、文化、审美等等的缩影。

按照明代张岱的评价，西湖的特点在于能够满足诸多阶层人群不同的审美需要，所以西湖游览遂举世风靡[1]。下面我们举例来看西湖的"文化艺术包容性"这个重要特点。

首先，西湖许多风景项目鲜明体现着士人文化的品格与内涵，比如前文举出的放鹤亭等，再比如湖畔的六一泉（图7-12）。

---

[1] 张岱《西湖梦寻》卷一《西湖总记》："若西湖则为曲中名妓，声色俱丽，然倚门献笑，人人得而媟亵之矣。"路伟、郑凌锋点校，浙江古籍出版社，1982年，第1页。

图 7-11 李嵩《西湖图》

手卷纸本,水墨,26.7厘米×85厘米

▲ 引首处为明代大画家沈周的题签。

图 7-12 杭州西湖湖畔的六一泉

六一泉原是宋代高僧慧勤说法讲经之所。慧勤长于诗文，宋代文豪苏轼莅杭州做通判，经欧阳修介绍，到官三日即拜访惠勤于孤山；而惠勤对苏轼亦极为推重，称苏轼"奇丽秀绝之气，常为能文者用。故吾以谓：'西湖，盖公几案间一物耳'"。十余年后，苏轼任知府再次居杭州，而此时欧阳修和惠勤都已经去世，为了纪念友人，苏轼遂以欧阳修之号"六一居士"命名孤山此泉[①]。由是，此地更成为西湖景区的名胜之一。

从这类事例可见，在中国山水园林文化中，自然景观与人文活动之间有着相互推动、共同升华的密切关系。同时这也说明，中国郊野园林中的许多景观和建筑，常常都是依凭此类历史和文化遗迹而建，兼具很高的景观价值与历史人文价值。

一直到晚近，士人群体的文化萃集交流仍然给予西湖风景园林以深深烙印，其中西泠印社（以及其中的吴昌硕纪念馆等）可能最为典型。雅集是中国古典园林文化中非常重要，且历史久远的传统，经典的范例比如西晋的金谷园雅集、东晋的兰亭雅集、唐代白居易等人的香山雅集[②]、宋代的西园雅集[③]等等，这个传统延续至近代，其重要事例就有海派大画家、书法家、篆刻家吴昌硕等众多艺术家在西湖湖畔雅集结社、营构各式建筑与风景，逐渐使西泠印社（图7-13）成为中国近代绘画艺术史上的名胜之地，同时它使杭州西湖风景区内增添一处重要文人园林。绘画与园林艺术、文人雅集与园林艺术的这种融会方式，十分典型地表现了中国古典园林作为文化艺术综合载体的性质和品味。

景观内容的丰富性、对景观文化全方位的涵纳能力，是郊野风景的重要特点，在西湖尤其有突出体现。比如我们看西泠印社的布置与宗旨完全

[①] 见苏轼：《苏轼文集》卷一九《六一泉铭并叙》，孔凡礼点校，中华书局，1986年，第565页。
[②] 关于"香山九老"以及宋代以后绘画、工艺美术等领域对表现此场景的热衷，详见本书第十六章相关介绍。
[③] 南宋马远《西园雅集图》，真切生动地描绘北宋元祐元年（1086），苏轼兄弟、黄庭坚、李公麟、米芾、蔡肇等十六位名士雅集于驸马王诜（他也是很有成就的书画家）园林中的场面。对于园林中的山势、溪涧、曲桥、屋宇、家具、各种花木以及文人雅士们在这样的环境中从事艺术创作鉴赏的场景，进行了真切生动的描绘，是中国园林图像史上最重要作品之一。

第七章 郊野园林与郊野风景（下篇）· 321

图 7-13 杭州西湖湖畔的西泠印社

▲西泠印社是中国近代艺术上的重要社团场所，而且是一处布置有序、精神主旨十分鲜明的文人园林——这个例子很好地说明了大型城市郊野风景区与文人园林的关系。

遵循传统士人园林的原则——其中隐闲楼、竹阁①、闲泉、遁庵、潜泉、鹤庐等景点的设置与立意，更是直接彰显着传统隐逸文化的宗旨。再比如西泠印社重要景点之一小盘古（图 7-14）。距此小盘古仅一箭之地的，则是清代最重要帝王行宫之一的西湖行宫。这里是清代多位帝王出行西湖时的居所，长期建构不辍——行宫始建于康熙四十四年（1705），雍正五年（1727）改为圣因寺，乾隆十六年（1751）在圣因寺西侧另建行宫。从清代西湖行宫概览图（图 7-15），可以看出皇家园林之格局与风格对西湖景区同样影响深刻。

---

① 竹阁取白居易诗意，其《宿竹阁》原诗："晚坐松檐下，宵眠竹阁间。清虚当服药，幽独抵归山。巧未能胜拙，忙应不及闲。无劳别修道，即此是玄关。"见顾学颉校点，《白居易集》卷二〇，中华书局，1979年，第438页。

图 7-14　西泠印社小盘古

▲盘古本是太行山南麓的一处山谷，它的出名是因为唐代大文学家韩愈在《送李愿归盘古序》中，记述了友人李愿的归隐志向，以及友人在盘古中隐逸生活的情态："坐茂树以终日，濯清泉以自洁。采于山，美可茹；钓于水，鲜可食；……与其有誉于前，孰若无毁于其后；与其有乐于身，孰若无忧于其心！"——从此以后，盘古就成为士人隐逸生活和高洁人格的经典象征，经常被后来的文人园林承袭借用。

图 7-15　清代西湖行宫概览图

同时，皇家文化也通过园林艺术的形制而在此地留下浓墨重彩，如坐落于西湖湖畔的著名皇家藏书楼文澜阁（图7-16）。

图7-16 文澜阁

▲文澜阁始建于清乾隆四十九年（1784），是乾隆年间为珍藏《四库全书》而在全国范围内修建的七大皇家藏书阁之一，现存文澜阁及其建筑群为清光绪六年（1880）重建的一处以藏书馆为核心的皇家园林院落。

总之，从发展史的角度来看，西湖风景文化的演进路径十分清晰：由初始时期（唐代）单向度的郊野景观胜地，逐渐演变为一个功能性、结构性的巨大文化框架，它将自然地貌、人工地貌、持续的景观设计与营建、文学绘画艺术、容量巨大的民俗与民间艺术、宗教文化艺术[①]、士人人格魅力的彰显与传承、士人文化与生活艺术、皇家文化等等众多层面结晶融会一体，由此打造出特点非常鲜明的景观型城市，也就是以景区之体量巨大、风景之优美、风景背后文化底蕴之广博深厚、传承之悠绵长久等等为典型标志

---

① 西湖汇聚了众多古寺名刹，这些寺院园林的特点就有地理位置优越、景观设计卓越，比如宋潘阆《酒泉子》（其五）记述西湖的孤山一隅："长忆孤山，山在湖心如黛簇，僧房四面向湖开，轻棹去还来。　芰荷香喷连云阁，阁上清声檐下铎，别来尘土污人衣，空役梦魂飞。"见唐圭璋编：《全宋词》，中华书局，1965年，第6页。

的城市。

　　有意思的是,西湖的园林风景学与文化学地位之确立,不仅因此在中国古典文化中确立了一个不可或缺的向度,而且给予全民族的审美以越来越广泛与巨大的影响,所以一些地方就干脆以"西湖风景"来代表与统称天下一切优美的景致![1] 也就是苏轼早就道出的:"西湖天下景,游者无愚贤。深浅随所得,谁能识其全?"[2]——审美与文化上巨大的汇集性与包容性,将其塑造成为整个民族物质财富与精神财富的集合体,由此它也就指向了本章下一小节中将要分析的民族心理之"精神家园"这个根本的方向。

(三) 元明以后北京城西郊、北郊风景文化的意义

　　上文简单介绍了唐代长安曲江、宋代以后的杭州西湖的风景文化,下面我们再来看在中国历史名城中最能够体现城市郊野景观之凝重宏博风格的显例,这当然就是元明以后的北京城。

　　人所共知,"北京是个大型建筑博物馆"[3],同时更是城市风景艺术的经典,这其中的因素就包括西郊与北郊在整个北京风景中的重要地位。

　　北京西北郊因为承太行山余脉与燕山山脉交会,所以具有山峦起伏、水泽丰沛等天然的景观地貌优势,加之著名历史建筑众多,形成了规模巨大、为各阶层所热衷游览观赏的风景区,并因此留下了无数园林、文学、绘画等等相关的艺术作品。比如明代著名文学家袁中道的《西山十记》之一描写了北京市民盛夏游览京西风景区的习尚:

---

[1] 李一氓先生《张炎的词——介绍一个南宋的西湖词人》一文中提道:"在国内谈起风景的地方,西湖自然要首屈一指,我们四川把好看的景致都用'西湖景'三字去形容……"详见中共淮安市委党史工作办公室编:《李一氓纪念文集》,中共党史出版社,2013年,第19页。
[2] 苏轼:《怀西湖寄晁美叔同年》,见王文诰辑注:《苏轼诗集》,中华书局,1982年,第644页。
[3] 沈从文:《北京是个大型建筑博物馆》,见《花花朵朵 坛坛罐罐——沈从文文物与艺术研究文集》,外文出版社,1994年,第258—261页。

> 出西直门，过高梁桥，杨柳夹道，带以清溪……过响水闸，听水声汩汩。至龙潭堤，树益茂，水益阔，是为西湖也。每至盛夏之月，芙蓉十里如锦，香风芬馥，士女骈阗，临流泛觞，最为胜处矣。①

再比如袁宏道《游高梁桥记》中的记述：

> 高梁桥在西直门外，京师最胜地也。两水夹堤，垂杨十余里，流急而清，鱼之沉水底者，鳞鬣皆见。精蓝棋置，丹楼珠塔，窈窕绿树中，而西山之在几席者，朝夕设色以娱游人。当春盛时，城中士女云集，缙绅士大夫，非甚不暇，未有不一至其地者也。②

可见京西游览在当时已经成为类似国民节日的一种公共文化与审美活动。

再比如了解北京城历史建筑体系之重大价值的人们都知道，由于具有了历史性的深厚积淀，旧北京有着几乎称得上人类建筑史上最优美舒展的"城市景观天际线"！因为这项成就在世界文明史上价值非凡，下文做稍微仔细的介绍。

旧北京城景观天际线的层次井然堪称举世无双：

其第一层序（近景），是全世界独一无二、规模巨大的宫殿园囿群，以及1000多处琉璃大屋顶的庙宇群③，这是中国传统都城最具标志性，且无比华美的第一级天际线，有唐代杜甫曾赞美的中国都市景观特点——"碧瓦朱甍照城郭"④。文献记载，中国宫室使用琉璃屋顶早在北朝时期就已经出现，至元代，"大内宫殿都用琉璃瓦，有的饰屋檐，有的满铺屋面，或者以

---

① 袁中道：《珂雪斋集》卷一二，钱伯城点校，上海古籍出版社，1989年，第535页。
② 袁宏道著，钱伯城笺校：《袁宏道集笺校》卷一七，上海古籍出版社，2008年，第682页。
③ 余太山、李锦绣主编的《欧亚大陆上的城市：一部生命史》一书记载："就城市中寺庙的密度而言，中国城市完全可以与西方相媲美，我国著名历史城市地理学家李孝聪在详细复原了明清北京城的寺庙分布之后，曾经说过'在北京旧城城圈（即二环路）内，无论你站在何处，以你所站的地方为圆心，以一百米为半径画一个圆圈，你总能发现至少一座寺庙'。从地图来看，已故著名考古学家徐萍芳先生根据《乾隆京城全图》绘制的清北京城复原图上数量最多的建筑可能就是寺庙，大约有1300座左右；李孝聪的统计数字更是达到了1500多座。"商务印书馆，2015年，第138页。
④ 杜甫：《越王楼歌》，见杜甫著，仇兆鳌注：《杜诗详注》卷一一，中华书局，1979年，第921页。

五色琉璃镶嵌宛如画面。颜色有白、黄、碧、青各种……"[①]

元明以后中国宫室与庙宇建筑大规模地使用琉璃构件，北京城中千百座殿宇坛庙的屋顶当然是联锦成云，其高大辉煌的程度，已经不易被失去这些建筑群以后的今人所能想象。所以姑且看一下"七宝楼台，炫人眼目，碎拆下来，不成片段"的孑遗面目。比如山西省芮城永乐宫存有一套三清殿鸱吻，这组构件由两件琉璃鸱吻与一组屋顶正脊构成，长近10米，重达1吨！釉色艳丽，造型华美。其中，南北两端的孔雀蓝琉璃鸱吻（图7-17），整体造型为巨龙盘曲样式，鸱吻张口吞脊，怒目圆睁，鸱吻与正脊连接处还塑有胡人献宝、风伯云纹等纹饰。

◀ 这组巨型琉璃构件于1956年拆迁永乐宫时被保留下来，现由山西省芮城永乐宫存藏。2021至2022年期间在山西博物院的临展"永乐宫特展"中展出，并在深圳、扬州等多地巡展。

图7-17　山西芮城永乐宫元代三清殿鸱吻

了解明代以后情况，则可以参考的实例更多，如山西省博物院收藏的明代琉璃屋顶构件龙首凤身鸱吻（图7-18）、山西介休明代建寺庙建筑群琉璃屋顶（图7-19）。

[①] 中国科学院自然科学史研究所主编：《中国古代建筑技术史》，科学出版社，1985年，第265—266页。

图 7-18　明代琉璃屋顶构件龙首凤身鸱吻

图 7-19　山西介休明代建寺庙建筑群琉璃屋顶

▲中国传统琉璃工艺发展至元明而达到高峰，在中国陶瓷史、雕塑史、建筑史上留下名副其实的"壮丽辉煌"的一页，这理所当然地首先为北京等超大体量都市景观增添异彩。"山西传统琉璃制作技艺"在 2008 年被国务院公布为"第二批国家级非物质文化遗产"，其主要申报与保护地区为山西的太原市、阳城县、河津市、介休市。在今天的山西省博物馆、介休市博物馆等处，收集有大量优秀的元明琉璃建筑构件。

借助这些遗珍,可以想见元明以后普遍使用彩色琉璃屋顶的北京千百处宫殿、庙宇建筑群——比如前文引述统计材料说明:明清时期北京内城至少有过 1500 座寺庙,站在内城任意一点,100 米内就有一座庙宇——它们为整个城市景观系统增添了多少壮丽辉煌。[1]

由此第一级天际线拓展出来的,即外围稍远处的"中景",则是规模巨大、景观曲线极为舒展悠长、形制最为协调的城墙以及彼此联袂呼应的诸多高耸城楼。它们在高度、色调、身姿形态等等各个方面,都对城中面积巨大的"烟笼瓦碧"形成了衬托背景与第二级拓展空间。

而对于中国传统都城城垣的景观价值、因城垣矗立而形成的人工景观与自然景观间的映对关系等等,其实初唐王勃早就有非常确切的表述:

都城百雉,甍栋与晴霞共色;信造化之奇模,尽登临之妙境![2]

可见在天地自然景物与雄伟城垣共同衬托下,都城景致越加突显其庄严宏伟,这是风景美学千百年来非常成熟的认知。

从二十世纪五六十年代北京安定门东北面全景照片(图 7-20)等北京城的老旧照片可以看出,不仅北京城的整个城墙体系是一个巨大的建筑系统与景观系统,而且"九门"(明清北京内城共九座城门:正阳门、崇文门、朝阳门、东直门、安定门、德胜门、西直门、阜成门、宣武门)中的任何一座具体的城门,其实也都是一套规制高度严整、体量宏伟的建筑杰作。由此,这些城墙与城门构成了北京城市景观基调的重要背景。

尤其是,镶嵌在北京西城城垣内外体量巨大的妙应寺白塔(元代建,塔高 50.86 米)、庆寿寺双塔(金代始建,原址在现在的电报大楼西侧)、天宁寺塔(图 7-21,造型最为雄健优美的辽代砖塔,塔高 57.8 米)、西直门外的真觉寺金刚宝座塔(图 7-22,建于明代成化年间,塔座南北长 18.60 米,东西宽 15.73 米,高 7.70 米)、八里庄的慈寿寺永安万寿塔(图 7-23,明代万历四年,亦即 1576 年建,又名八里庄宝塔,塔高约 50 米)等等,这几座

---

[1] 见325页脚注③。本书第九章也引用了相关统计材料。
[2] 王勃:《梓州郪县兜率寺浮图碑》,见蒋清翊注:《王子安集注》卷一七,上海古籍出版社,1995年,第512页。

图 7-20　二十世纪五六十年代北京安定门东北面全景

▲从照片中可以看到至此时尚且完好的城楼、箭楼已经开始被拆除,但仍然留下东侧月墙的巨大瓮城,以及北京内城北面的护城河。

图 7-21　天宁寺塔　　　　图 7-22　真觉寺金刚宝座塔　　　图 7-23　慈寿寺永安万寿塔

(引自恩斯特·柏施曼:《中国的建筑与景观:德文》,浙江人民美术出版社,2018年,第8、9、7页)

▲以上三张照片都是20世纪初德国建筑师恩斯特·柏施曼对北京城郊野景观的记录,这些建筑当时的环境与现在人们所见相当不同。显而易见,这些高耸的古塔赋予了北京西郊的城市天际线以非常强劲的上扬力度;而塔的巨大体量、优美而各异的造型,又形成对周边大片景区氛围的提振升华。

名塔形成一条"半圆形珍珠链",与城墙、城楼相互穿插交织,交相辉映,并且它们指向云霄的高耸身影很好平衡了内城众多建筑群轮廓的低缓、水平方向的布局。

总之,北京西城与西北部近郊的这几座连接成为项链状的名塔,按时序来说,是因辽、金、元、明持续数百年营建不辍;按照其形制来说,则是覆钵式、密檐式、金刚宝座式等众多形制相互辉映。它们又都立身于规模宏大的寺院建筑群,这些建筑群皆为皇家敕建,具有众多体量高大的琉璃顶殿宇,并且相互辉映成为极壮丽的景观。

这些历代倾竭国家力量积聚而成的建筑与景观遗产,使得北京西北部的第二级城市天际线,具有了一连串生动华美、高大显赫的韵律节点[①]。

北京西郊再向远处延伸的第三级景观空间,就是得天独厚的西山山脉,西山的景观特点是:因其为太行山余脉与燕山山脉的交会,所以走势绵延深远,韵味含蓄悠长;而在形态上它正好顺势俯身,对东南方向地势渐渐低缓的北京城形成半环抱屏障,并且与整个城市轮廓形成了相互对景与亲切对话的势态——人们居身旧北京城内任何稍稍高爽一点儿的地方,都能举头望见西山;甚至站在某些低平地方同样能够欣赏到西山远景[②]。

从本书图 2-41 紫禁城旧照片中,也可以清楚地看到西山风景与北京城中心宫苑建筑群之间的相互映衬;尤其是天气晴朗或者傍晚时候,伴着霞光或者是雪色的西山,其天幕衬托下的景色具有大型抒情诗一般的壮丽秀美气象。

所以非常值得注意的是,曾经在很长历史时期里,北京城是以山为名

[①] 北京西郊风景地貌优越,在明代皇权及宦官集团强大势能的作用下,营建了数量惊人的寺院建筑群,形成了极为壮观的郊野风景,其规模之大今人已经难以想象,即明末于奕正所说:"西山巨刹,创者半中珰。金碧鳞鳞,区过六百!"见刘侗、于奕正:《帝京景物略·略例》,北京古籍出版社,1980年,第6页。

[②] 旧北京民间称道的"小燕京八景",其中之一就是"银锭观山",即站在什刹海的银锭桥(银锭桥是连接北京什刹海前海与后海的要冲建筑,所以它本身就是北京城内公共风景区中的重要景观)上,正好可以面西而欣赏到西山景致。

而被直接称为"燕山"[①];而整个北京的巨大城市风景体系更是以"燕山"作为概括性的代名词！其典型例子就是现在人们常说的、涵纳北京城内与城郊那些最有代表性风景名胜的"燕京八景",其实本来是被称作"燕山八景"——八景初为金章宗完颜璟定名,包括"居庸叠翠""玉泉垂虹""太液秋风""琼岛春荫""蓟门飞雨""西山积雪""卢沟晓月""金台夕照"。后来清高宗弘历更定名目,将八景定名为"琼岛春荫""太液秋风""玉泉趵突""西山晴雪""蓟门烟树""卢沟晓月""金台夕照""居庸叠翠"。这个总结与序列一直沿用至今。

再看清代以北京西山为背景依托而不断营建的西郊风景区其规模之巨大：静宜园、静明园、清漪园、圆明园、长春园、熙春园等皇家园林,蔚秀园、承泽园等王府园林,万寿寺、碧云寺等寺院园林,都或远或近地承接着西山风景与山水体系的脉络[②]。北京内城至西山一线也是文人私家园林的荟萃之地,其中许多名园在中国园林史上占有重要地位,如明代米万钟的勺园,清代康熙朝纳兰明珠、纳兰性德父子在西郊玉泉山下营建的渌水亭园林、在海淀双榆树修筑的桑榆墅,等等。如此庞大规模的建构,完成了"燕山八景"这贯通北京内城与郊野的完整景观体系。清代张若澄《燕山八景

---

① 以大山作为本民族的图腾,在游牧文化时代常见,如鲜卑族"国有大鲜卑山,因以为号",见魏收撰：《魏书·序纪》,中华书局,1974年,第1页。承续此种信仰传统,北京城作为游牧民族立国的首都也直接被称为"燕山",且成为语言习惯。辽实行五京制,其中"南京"又称"幽都""燕京",即后来金中都、明清北京城上承的源头。澶渊之盟以后辽国疆域"幅员万里",辽南京成为辽国事实上的经济文化中心。辽天庆十年（1120）,金太祖完颜阿骨打攻陷并彻底破坏"辽上京临潢府"（在今内蒙古赤峰市巴林左旗）,于是耶律大石、李处温等在辽南京拥立耶律淳为帝,即辽宣宗"天赐"帝,是为北辽开始,辽南京也因此成为辽的真正都城。耶律大石叙述："自金人初陷长春、辽阳,则车驾不幸广平淀,而中京；及陷上京,则都燕山……"见脱脱等撰：《辽史·天祚皇帝本纪》,中华书局,1974年,第349页。金国情况,则如南宋名臣周必大《太恭人司徒氏墓志铭》所述："（南宋高宗绍兴）十九年冬,完颜亮戕其主亶（指完颜亮刺杀金熙宗完颜亶）,明年,营都燕山。"见周必大撰,周纶编：《文忠集》卷七六,《景印文渊阁四库全书》本,台湾商务印书馆,1986年,第1147册,第801页。至元代依旧如此,元代王士熙《张进中墓表》称："圣朝建都燕山,民物日富。"见李修生主编：《全元文》卷六八七,江苏古籍出版社,2001年,第22册,第165页。
② 详见周维权：《中国古典园林史》,清华大学出版社,1990年,第185页。

图》中即有人所共知的西山一景（图7-24）。

◀ 金世宗曾在香山一带建造大永安寺并兴建行宫，后来其嫡孙金章宗完颜璟又在此地相继构筑了祭星台、会景楼等皇家建筑。清代以后，这里成为"三山五园"皇家郊园体系中的一山（香山）一园（静宜园）。至乾隆时期更是大事营造，形成了"静宜园二十八景"——由此，"西山晴雪"更成为一个巨大风景体系中具有提纲挈领意义的景区。

图7-24　张若澄《燕山八景图》之《西山晴雪》
绢本设色，34.7厘米×40.3厘米

西山成为北京西北面积巨大风景区域内众多皇家园林、私家园林的基本背景与依托，清唐岱、沈源合画《圆明园四十景图咏》中描绘西峰的一段（图7-25）又是一个很具体的例子。

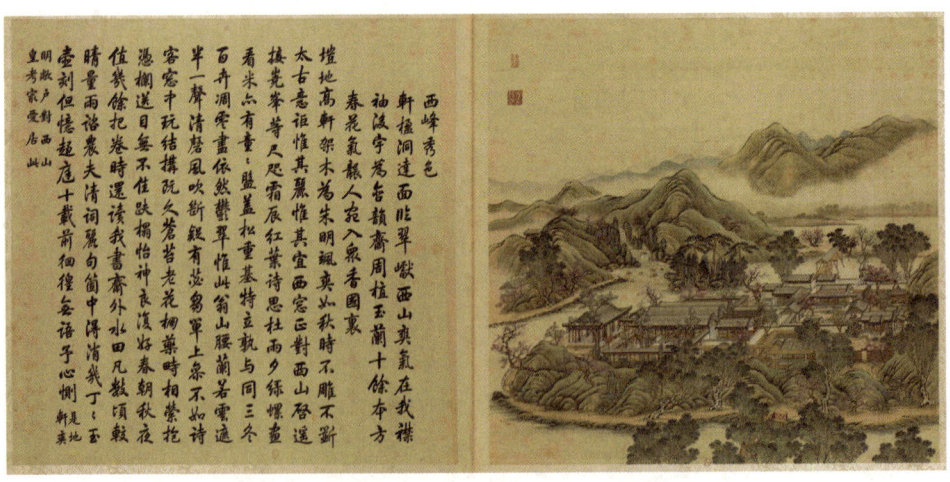

图7-25　《圆明园四十景图咏》之《西峰秀色》

▲《圆明园四十景图咏》为清唐岱、沈源合画，清高宗弘历的题诗由工部尚书汪由敦代书。乾隆九年（1744）绢本工笔彩绘本于1860年被攻占北京的英法联军掠走，现藏于法国巴黎国家图书馆。

"西峰秀色"是"圆明园四十景"之一，雍正时期已建成，是雍正在圆明园主要寝宫之一，山体部分仿江西庐山而建，被称为园中"小庐山"。正殿为含韵斋，匾额由雍正书写，规格为五间三卷大殿，在这里开窗即可见玉泉山宝塔、西山如黛的群峰等等景色。乾隆《西峰秀色》题诗特别描写了西山对于圆明园的意义，其《序》曰："轩楹洞达，面临翠巚。西山爽气，在我襟袖。"诗文进一步敷陈："西窗正对西山启，遥接峨峰等尺咫。霜辰红叶诗思杜，雨夕绿螺画看米……"

　　值得一提的是，乾隆《西峰秀色》题诗中所谓"霜辰红叶诗思杜"，是指由北京西山秋景而联想到杜甫《秋兴八首》中"玉露凋伤枫树林，巫山巫峡气萧森"等描写山色的名句；题诗中"雨夕绿螺画看米"是指由西山雨色中的景致而想到北宋米芾"米家山水画"那种朦胧的意境——这些都是北京西山的四季景色，能够引发丰富审美联想的例子。

　　要之，但凡在旧北京居住过一段时间的人都不难体会到，北京城内外规模巨大的"城市天际线景观的三级体系"，是北京郊野自然地理特点与中国历史文化、古典建筑艺术在千百年间经过亿万次的对话与磨合才成就出来、永远不可再生或复制、无与伦比的自然景观遗产与人类文化遗产！

　　瑞典艺术史家喜仁龙在20世纪早期描绘了北京城城墙的景观，尤其是城墙身影衬托下的北京西郊景色：

　　　　纵观北京城内规模巨大的建筑，无一比得上内城城墙那样雄伟壮观……这些城墙是最动人心魄的古迹——幅员广阔，沉稳雄劲，有一种高屋建瓴、睥睨四邻的气派。……城墙每隔一定距离便筑有大小不尽相等的坚固墩台，从而使城墙外表的变化节奏变得鲜明……这种缓慢的节奏在接近城门时突然加快，并在城门处达到顶峰：但见双重城楼昂然高耸于绵延的垛墙之上，其中较大的城楼象一座筑于高大城台上的殿阁。城堡般的巨大角楼，成为全部城墙建筑系列的巍峨壮观的终点……城墙给人的印象，也依季节、时辰、天气和观者欣赏标准的不同而有所变化。远眺城墙，它们宛如一条连绵不绝的长城，其中点缀着座座挺立的城楼。……秋高气爽的十月早晨，是景色最美的时候，特别是向西瞭望，在明净澄澈的晴空下，远处深蓝色的西山把城墙衬托得格外美丽。如果你曾在北京城墙上度过秋季里风和日丽的一天，你绝不会忘记那绮丽的景色——明媚的阳光，清晰的万物，以及和谐交织起来的五彩斑斓的透明色彩。①

可见，这些建筑与景色都具有最深致的艺术生命底蕴与魅力。

特别值得提到的是，喜仁龙并非以一般猎奇游客的身份而做出上述称赞，相反他是一位长期研究西方艺术史，尤其是罗马古典艺术的艺术史学家，转而研究中国艺术以后，他对中国古典雕塑、建筑、园林、青铜器等等诸多艺术做出过内容精湛、成果浩繁的研究。以他对北京城墙的研究为例，他为此专门拍摄的照片就有五百余张，并且记录了大量勘测数据，绘制出许多草图，所以喜仁龙对北京城垣景观的形容，是基于他对中西艺术深刻理解的概括。有了前述了解之后，今人大概也就可能知道：那些年里因为不了解旧北京历史建筑与景观文化的非凡价值，而轻易地将它们大量毁弃拆除、弃如敝屣，真令人万分痛惜！

写出上面这段对"旧北京城市天际线"的回忆与理解，其实也是笔者在心中对这份已经逝去景观遗产的一份祭奠：笔者自幼生活在北京西郊的一个部委宿舍大区，那个时代从这里再向西延伸的大片地域内没有高大建筑，所以每天举头就能看见北京的西山以及慈寿寺塔等古建筑。而笔者又是在北京内城中南海西侧上小学，于是每天必须坐公交车穿过阜成门（北京城的西城门之一）进入内城，然后路经一连串的著名庙宇、古塔、牌楼等等才能到达小学，这些必经之地包括历代帝王庙、妙应寺（俗称白塔寺，寺中巨大的覆钵式白塔控制整个西城天际线）、广济寺、西四牌楼②、西什库天

---

① 喜仁龙：《北京的城墙》第三章"北京内城墙垣"，许永全译，燕山出版社，1985年，第28—29页。
② 西四牌楼一带是旧北京城中最热闹的商业区，这里的牌楼是四座集成一组，以此作为市集地标。南北两座牌楼均题"大市街"，东西两座牌楼题"行仁""履义"，旧北京民间通称之为"四牌楼"。笔者上小学时四牌楼已被拆除，但人们还是习惯沿用这个旧时的称呼。

主堂、永佑庙（北京皇城的城隍庙，是皇城八庙之一）等等。从穿过高大的阜成门进入内城起始，要在这些密集的经典建筑之间穿行大约三千米才能走完全程；北海、中南海、位于故宫西北的大高玄殿建筑群（建于明代嘉靖年间）、景山建筑群等等，也都近在视野之内——那时笔者完全不知道，自己每天行经的这长长道路，其实是一个巨大、品级最高的"中国城市景观博物馆、古典建筑博物馆的艺术窗口"，在北京乃至全国，恐怕再也不会有第二条具有如此长度与高等级景观密集程度，又任由百姓穿行其间的"画廊"，它每天都在默默地给一个小孩子以不灭的艺术印象与熏陶。所以北京西城城垣内外的风景名胜，尤其这里堪称世界建筑景观史上最优美的城市天际线，其实伴随了笔者的整个童年！

举北京西城这条景观大道中的一个片段为例，北京历代帝王庙前东西两侧的大牌坊与南侧九龙图案琉璃影壁等，都是北京西城的重要景观与历史文物，所在这段街道在清代名为景德街，其东西两侧各立横跨三间、四柱七楼大牌坊，其中一座牌坊被拆除后，其构件藏于今首都博物馆（图7-26）。这两座精美牌坊与南侧巨大的琉璃影壁，组合成为历代帝王庙建

图7-26　景德街大牌坊

▲北京阜成门内景德街牌坊于1954年1月拆除，因为梁思成先生的呼吁，拆除后的牌坊构件有幸被保留，几十年之后被重新组装修复，置于首都博物馆新馆大厅（已无戗柱）。这件陈列毫无疑义地成为全馆标志性象征物，也难免让知晓其历史的参观者深深喟叹其命运的多舛。

筑群极具仪式性与观赏性的"空间与景观序奏"——这是中国都城建筑体系塑造城市景观、深刻影响国民审美心理,且今天仍可凭借照片与遗物依稀想见当年风华的典型景点之一①。20世纪60年代,东西牌楼已被拆除,但南端的琉璃作巨构——明代九龙大影壁②还完好无损,无数行人能近在咫尺地观赏这件艺术杰作。

由此不难想见旧时作为帝都的北京,以众多宏大坛庙建筑群连缀为主干而形成的整个建筑景观体系无与伦比的辉煌壮丽,并因此而缅怀梁思成先生当年立场的持守(见图7-27)。

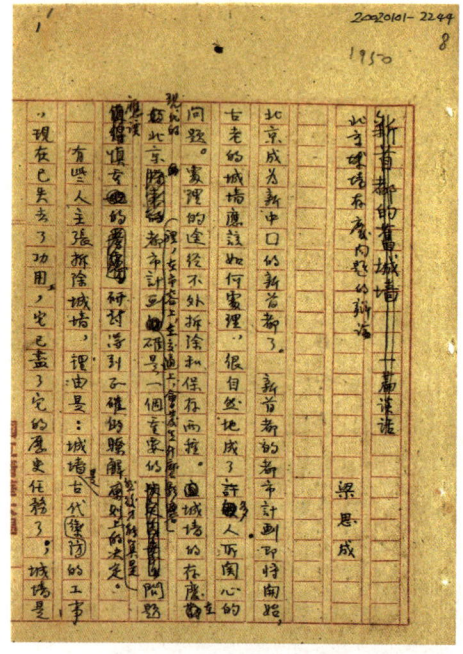

图7-27 梁思成手稿《北京城墙存废问题的辩论》

◀这是一份令人深深慨叹的历史文献,梁思成先生撰写于1950年,清华大学档案馆藏。尤其值得留意的是,此文原来拟出的标题是《新首都的旧城墙》,行文语调低缓平和,从中看不出大环境的压力与彼此立场取舍上的冲突;但是最终,文章标题被改为《北京城墙存废问题的辩论》,于是梁先生对骨鲠不屈、恪守学术良心的态度不再做任何掩饰。

大致了解了北京西郊风景之后,我们再看北京郊野风景的又一重要组成部分,即被称为"风水宝地"的北郊昌平地区。这里的风景被概括为"燕

---

① 详见罗东生编著:《穿越京城160年:帝都皇城》,故宫出版社,2021年,第111页。
② 北京历代帝王庙前体量巨大的琉璃影壁建于明嘉靖九年(1530),东西面宽达30多米(现在北京最著名的北海九龙琉璃影壁,建于清乾隆年间,其面宽大约25米)。即使在北京众多高等级的坛庙建筑群中,这座琉璃照壁也是礼仪性与装饰性单体建筑中的顶级珍品,可惜"文革"时被毁。

平八景"，明代定为"松盖常青""天峰拔萃""石洞仙踪""银山铁壁""虎峪辉金""龙泉喷玉""安济春流""居庸霁雪"。仅以其中的"天峰拔萃"为例，规模庞大的明十三帝陵陵区背靠天寿山，故称"天峰"，此巨大山峦屏障与它怀抱下连绵成群的明陵，构成北京北郊极具古都特点的风景名胜区，使这里有了山川风貌与历史人文高度融合的宏大气象。

其他如"燕平八景"中的"居庸霁雪"，指称的是居庸关景色。居庸关扼守北方军事力量南进北京及华北的必经之处，是北京与北方的怀来、宣化及内蒙古大草原之间的天然通道，自古为兵家必争之地，也是中国古代极具战略意义的"太行八陉"（华北平原与山西平原之间穿越高大太行山脉的八条狭窄通道）最北部咽喉——"八陉"中最北一陉"军都陉"，就是居庸关的关沟；又因为其险峻的气势及其地所建之雄伟长城等原因，居庸关在北京乃至华北自然与人文景观序列中占有命脉般的重要位置，被称为"天下第一雄关"（图 7-28、图 7-29）。

图 7-28　北京昌平居庸关云台

▲居庸关云台建于东西两侧峻岭险峰对峙下的峡谷之间，明初时云台上尚存三座过街塔，后因残破而被拆除；明弘治年间台上修起一座云阁，但是在清康熙四十一年（1702）失火被焚，于是今天我们仅能看到云台基座、石护栏与排列严整的精美排水龙首。尽管如此，其建筑形象依然庄严正大，建筑色彩与山岭背景色彩之间对比鲜明，使整座建筑愈发显得气势凛然，所以是自然景观与建筑景观相互映衬匹配的上佳实例。

◀ 此四天王浮雕像是中国雕塑史上的精品，不仅其气宇力度与居庸关的天堑地位正相映衬，而且也是中国城市郊野景观建筑装饰的范例：建筑位置越是重要，周边景观内容越是丰富多姿气象万千，相应而来则建筑的等级越高，建筑体量越是雄伟，建筑本身及其装饰艺术的水准就越出类拔萃。

图7-29　居庸关云台拱券内的元代四大天王浮雕像之一

草原游牧民族与中原农耕民族之间的拉锯构成了中国千百年历史发展中一个纲领性的势态与线索，在此基础上产生了历代民族征战、边关商贸、民族交融及长城文化、雄关文化……，由此我们就可以体会到，诸如"居庸霁雪"之类景观背后紧紧关联的"秦时明月汉时关"的时空线索，其实凝聚了极其深厚的民族历史与文化心理内涵。

再比如"燕平八景"之一的"铁壁银山"。"铁壁银山"位于北京昌平的深山区，距十三陵直线距离五千米。从山脚到峰顶，大都由黑色花岗岩组成，层叠而上，石壁坚仞，远看如同铁山壁立；又因冬季雪后，冰雪层积，阳光照耀，色白如银，所以有"铁壁银山"之称。此处塔林于1988年被列为国家重点文物保护单位。

"铁壁银山"值得留意的原因，除了风景独特之外，还因为它非常典型地展示着中国都城与宗教文化、大型宗教建筑群景观之间极为密切的关系。此处佛寺的历史悠久，唐代著名高僧邓隐峰曾到此讲经说法，后代众僧为了纪念他，在其讲经处建造了一座高约四米的石塔，名为"转腰塔"，至今尚存。至辽代大安年间，银山中峰之下建起了规模宏大的大延圣寺。除此寺外，还有众多比较著名的寺庙。金代天会三年（1125）大延圣寺重修后，名僧佛觉、晦堂、懿行、虚静、寰通等，都曾云游至此、演讲佛法。据记载，当时这里常住僧人达五百余人，他们圆寂后即在附近修塔入葬，日深年久，墓塔林立错落、数不胜数，形成了十分壮观的塔群。后来诸多寺塔都被焚烧殆尽，至今仅存辽金时的五座大塔及元明时期的十几座小塔。五座大塔中，佛觉、懿行、晦堂三塔为八角形，砖砌仿木结构；圆通、虚静二塔为六角形。虚静塔年代稍晚，距今也有九百多年的历史——所以辽金大延圣寺遗址（银山塔林，图7-30）是一处宗教与艺术文化都积淀深厚的禅林遗迹；同时是人文景观与自然四季景观相互辉映的地方。

十年前，笔者因厌倦城里的喧闹，所以到银山塔林附近的小山村里向当地农民租了一个小院子，除了冬天之外平时多住这里。白天看书、看山、种

图7-30 北京昌平辽金大延圣寺遗址夏景、冬景

菜，晚饭后经常到塔林景区散步，或独自坐在塔林里静听阵阵松涛，体会"塔影挂霄汉，钟声和白云"等唐诗形容的意境：看着古塔高耸的身影是如何一点儿一点儿浸没在无边的暮色与沉静苍茫的山影之中，遥想千百年前那些高贤大德的心境与持守；体会为什么那些忘却一己之声闻的修行者与艺术家，反倒能够穿越千百年的浩渺时空，能够窥破世间无数的风云变化，从而以寺院园林景观建筑群为纸笔，在历史长河中刻录下自己生命的结晶。

二、八景或十景等郊野风景经典范式的形成与意义

前文以三大历史名城为探讨焦点,大致梳理了中国城市郊野景观的一些重要特点,以及郊野景观发展过程中一些规律。读者可能已经注意到,前文中已经多次提及中国文化学、古典美学在提炼归纳各地风景名胜时经常使用的模式:八景或者十景等。那么八景或十景范式对于中国景观审美具有怎样的意义?它们为什么能够被人们广泛认同?这种认同是否对更广泛的中国文化艺术产生影响?下面我们对这些问题做简单的梳理。

笔者以为,八景或十景的意义首先在于以这样极其简明扼要的方式将具体地域内的诸多代表性景观贯穿整合起来,从而升华出一套为大众喜闻乐见、最具传播影响力的"城市宏观景观体系"——各地主要以城市郊野风景与郊野园林为骨架而建构起来的"城市宏观景观体系"不断淬炼(包括宋明以后一直延续的这些范式与一代代国民的审美互动)的过程,持续发展与深化着具有我们民族特色的城市文化学维度下的风景美学。而具有公共认同与向心性的景观体系一旦确立,又会对城市品格不断深化的具体方向、国民"家园感"的定位等等,从审美方面给予重要的影响。

首先看在历史上确立八景范式最早的知名例子——"潇湘八景"。宋代郭若虚《图画见闻志》著录五代大画家黄筌作有《潇湘八景图》传世,但此画未能流传下来。北宋沈括著《梦溪笔谈》卷十七记载宋迪另绘有《潇湘八景图》:

> 度支员外郎宋迪工画,尤善为平远山水。其得意者,有《平沙雁落》《远浦归帆》《山市晴岚》《江天暮雪》《洞庭秋月》《潇湘夜雨》《烟寺晚钟》《渔村落照》,谓之"八景",好事者多传之。[①]

南宋画家王洪亦绘有《潇湘八景图》(见图7-31),可见八景这种总结

[①] 沈括,胡道静校注:《梦溪笔谈校证》,中华书局,1959年,第549页。

与归纳方式很快引起了广泛共鸣,并成为国民理解与建构模塑风景文化的一种方便的方式[1]。

图7-31　王洪《潇湘八景图》之《洞庭秋月》
绢本设色,90.7厘米×23.4厘米

在这种普遍认同背景下,八景甚至成为一种辐射力广泛的文化符号。如研究者指出"潇湘八景"已经对元代文学产生了重要影响:

> 元代的诗歌、散曲对潇湘八景的书写并不少见,据笔者统计共有38组之多,大多数组诗都是八篇,或写景,或题画,如马致远《双调·寿阳曲》,继承的是北宋以来潇湘八景诗歌写作的传统……纯粹地将潇湘八景当成一种情感符号引入文学创作当中,在元代戏剧中才开始出现。……潇湘八景首先是美丽的地方风光,然后被绘制成山水画作,再进入文学作品当中……其作为美的意象、美的符号,恰恰符合中国古典戏剧写意化的布景与演出。[2]

这些情况说明八景范式在风景美学与广义文化学两个层面都有很大的发展需求。

我们具体分析五代北宋出现的"潇湘八景",从其内容可以看出这组命题之中,具体的指称性并不清晰确定,八景的所有概括基本上也适用对江南其他风景地区的描绘——所以"潇湘八景"应该是宏观景观体系建构的一种广泛性尝试。但是南宋以后出现的风景范式例如著名的"西湖十景",其定位就已经非常精确细致,即"苏堤春晓""曲苑风荷""平湖秋月""断桥

---

[1] 关于"潇湘八景"这一景观范式的形成过程,在宋以后对文学、绘画等领域的广泛影响等问题,黄杰《潇湘八景图式本旨及其流衍考论》(见《荣宝斋》2018年第6期)一文有详细梳理。相关研究专著有衣若芬:《云影天光:潇湘山水之画意与诗情》,北京大学出版社,2020年。
[2] 彭敏:《元代戏剧中的潇湘八景》,载《中国社会科学报》2021年7月9日第6版。

残雪""柳浪闻莺""花港观鱼""雷峰夕照""双峰插云""南屏晚钟""三潭印月"。在中国绘画史与山水审美史上占有一定地位的南宋杭州人叶肖岩就绘有《西湖十景图》(图7-32)。

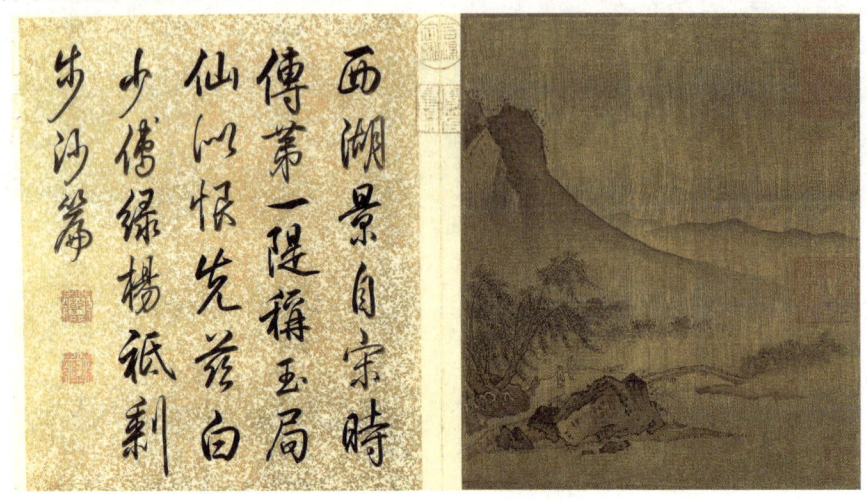

图7-32　叶肖岩《西湖十景图》之《苏堤春晓》及乾隆配诗
23.9厘米×20.2厘米，十幅图册

而且自南宋以后直到明清，"西湖十景"的指称性始终非常清晰，并且因此成为中国古典美术中一个经典性主题与聚焦热点——自南宋马麟《西湖十景册》(高士奇《江村销夏录》著录)、叶肖岩《西湖十景图》(《石渠宝笈续编》著录)、陈清波《西湖十景图》(清代王毓贤《绘事备考》著录)等等绘画名作所形成的第一波热潮之后，以后历代的同题创作日盛一日：

  元代吴镇绘有《明圣湖十景册》，明代则有戴进《西湖十景》、李流芳《西湖十景图册》、蓝瑛《西湖十景图》、齐民《西湖十景图册》等大量作品……(清代画家)王原祁、董邦达、钱维城、董浩等深得帝王器重的词臣都积极参与《西湖十景图》的创作。[①]

"西湖十景"在风景美学与艺术史上具有了如此重要的地位且其影响日著，这除了西湖景色魅力的原因之外，也应该与其定义方式对"潇湘八

[①] 岳立松：《清代〈西湖十景图〉的"圣境"展现与空间政治》，载《北京社会科学》2016年第12期。还可参见王双阳、吴敢：《从文学到绘画——西湖十景图的形成与发展》，载《新美术》2015年第36卷第1期。

景"等等内涵模糊宽泛型定义的扬弃有关。

所以我们看以后一些重要的八景（或十景），都是沿袭了"西湖十景"的成功路径。比如明代陈昌锡著有《湖山胜概》一卷①，其中著录了苏州地区著名的"吴山十景"名称（图7-33）。

同时，书中还涉及了对本地风景纵观总揽式的全景观照（图7-34）。

这样的认知当然反映着景观学理论意识的提高，并且体现了明代中期以后全社会对郊野景观审美的热情。

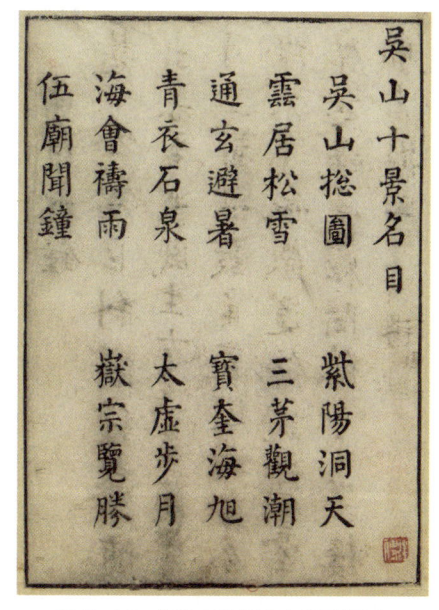

图7-33 《湖山胜概》中所列吴山十景名目

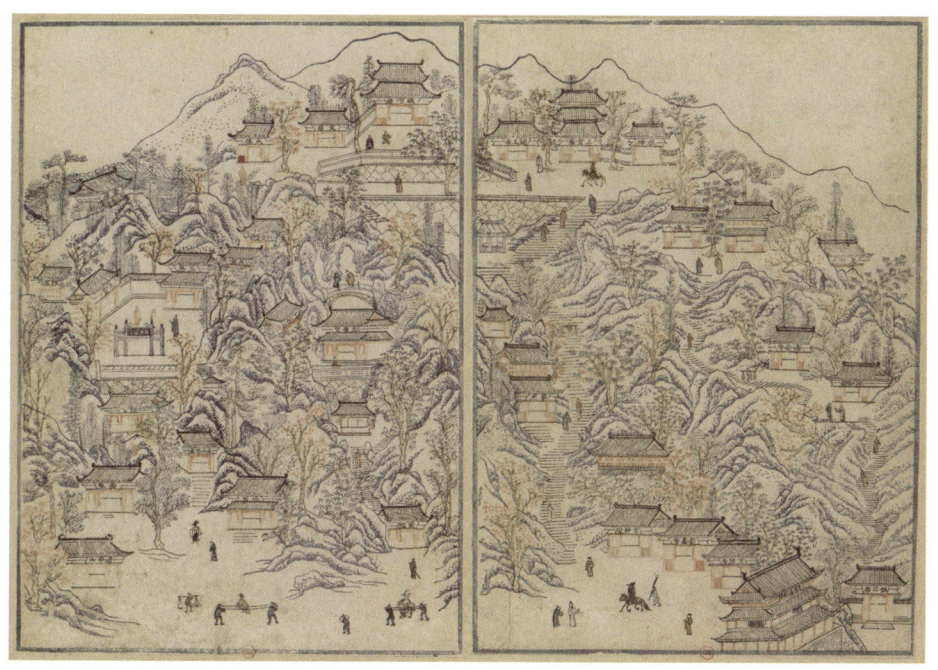

图7-34 《湖山胜概·吴山总图》

---

① 法国国家图书馆藏有明万历时期彩色套印本《湖山胜概》，它在中国印刷史上弥足珍贵。

再比如山东省济南市古称"历城",有关历城八景的最早文字记载见于明崇祯六年(1633)的《历乘》,此八景是"锦屏春晓""趵突腾空""佛山赏菊""鹊华烟雨""汇波晚照""明湖泛舟""白云雪霁""历下秋风"。

历史文化名城扬州的八景也相当著名,即"白塔晴云""石塔霓虹""钓台春晓""虹桥卧波""长堤拂柳""栖灵晚钟""文峰扬帆""何园水心"。

即使更小的城镇,人们对其局地风景的了解,对这些风景之意义的阐扬或比附,也都是采用这种成熟的范式。比如著名工商城市与园林城市江苏仪征市真州古镇,旧时同样以非常具体的八景来概括本地名胜,即"北山红叶""东门桃坞""南山积雪""胥浦农歌""资福晚钟""天池玩月""仓桥塔影""泮池新柳"。

清代仪征藉画家诸乃方还作有《真州八景图》八幅,并逐一为之配上《浪淘沙》词作。有研究者甚至认为这些风景画与风景词,除了写景状物之外其实具有更深的学术与政治内涵[1]。

八景(或十景)这种对风景遴选集成的审美范式,甚至成了整合地方文化脉络与历史文化积淀,同时最易与民众审美心理互动的文化平台。比如"浔阳八景"就是当地人们汇集体现浔阳地望的历代著名事典、文典[2],由此集合而成的一整套地方风景文化标志,并且其一旦形成又反过来大大促进人们以此类八景为依托的文化艺术创造,如唐寅所绘的《浔阳八景》(图7-35,有研究家认为现存这组画作为后来高手的仿品)。

上述众多例子不仅说明,城市文化建构与发展的一项重要内容,就是积淀凝练出一套包括郊野景观在内、具有深厚审美价值与历史内涵、为本地民众所推许的特色风景命题;而且证明,这些原始素材能够得到文化、美学方向上的有效升华与凝练,对于城市文化的建构来说,是与风景本身的魅力同样重要的,而八景等范式则是这种凝练与升华的有效路径。

---

[1] 详见王子淳:《太谷学派的政治宣言书——评诸乃方〈真州八景〉词》,载《苏州大学学报(哲学社会科学版)》2006年第6期。

[2] 例如敷衍白居易《琵琶行》所述浔阳江头夜送客而遇琵琶女的故事,又如敷衍"苏东坡醉书浔阳楼"的传说,等等。

图 7-35　唐寅《浔阳八景》之《浔阳江头》
绢本设色，全图32.4厘米×413.7厘米

顺便提及的是，由于八景或十景范式被人们广泛接受，所以许多著名的园林、寺院、名胜地等等，也都以此来提炼概括自己的景观内容，例如北京的"潭柘寺十景"（"平原红叶""九龙戏珠""千峰拱翠""万壑堆云""殿阁南薰""御亭流杯""雄峰捧日""层峦架月""锦屏雪浪""飞泉夜雨"），以及前文提到的杭州西湖行宫中的"行宫八景"（"鹫香亭""玉兰馆""贮月泉""瞰碧楼""绿云径""竹凉处""起步廊间""领要阁"）等等。山西太原的晋祠甚至分别有祠内八景与祠外八景，类似例子还有许多。

因为八景（或十景）范式的成功，于是借助于这个范式，促使中国景观文化艺术的影响有了更广远的辐射力。如果我们把视野拓展开来，则可以看到"西湖十景"后来成为中国古典美术众多分支领域中共同热衷的主题，如清康熙青花中就有绘刻"西湖十景"的观音尊（图7-36）。

◀ 此作画工追摹文人画，力求精意，画面内容包括亭台楼阁、牌坊寺塔、假山曲水等等景致；画中诸多文士或持扇，或策马踏青，或雅集品茗，另有文人泛舟西湖，或登岸倚树纵目等等各式赏景情形。如此构图显然已经预示清中期以后的风格——其尽可能填塞更多内容的努力体现了瓷画艺术趣味的下世光景，但同时也透露出面对"西湖十景"这经典风景审美主题时，画家渴求包罗罄尽、不甘略有遗漏的崇敬心理。

图 7-36 清康熙青花西湖十景观音尊

陶瓷的釉上彩艺术在清代蓬勃发展以后，十景主题在工艺美术领域更有了五彩斑斓的呈现方式，如乾隆粉彩盏托上就有刻绘"西湖十景"的，图 7-37 所示盏托原有十件，今仅存"曲院风荷""柳浪闻莺"一对。

图 7-37 乾隆粉彩西湖十景图盏托

"曲院风荷"盏托直径 11.4 厘米，"柳浪闻莺"盏托直径 11 厘米

可见十景范式影响之广泛。而从瓷画艺术来说，这类作品将宋以后历代画家热衷的西湖十景图的题材移植过来，同时尽可能继承南宋山水画以

来对繁多景物（远山近水、亭台楼阁等）的结构方法，实现"芥子纳须弥"之下诸多景观元素完备丰富、彼此之间布列有序的格局，不仅体现了清代宫廷瓷画的艺术趣味，也突出了乾隆时期的造园理念，呈现出山水艺术发展晚期空间结构的特点，尤其体现着康乾文化竭力实现生活细节高度文人化、在日常起居中追求风景趣味无处不在的典型特点。此可以与大观园中的大量生活细节相互参看。

再看清代宫廷玉雕常常以"西湖十景"为表现题材，如图7-38所示。玉山用深雕、浅雕、圆雕等多种技法雕琢而成，近山顶处阴刻乾隆皇帝《御制苏堤春晓诗》七言绝句一首："重来民气幸新苏，灾后犹然念厪吾。此是春巡第一义，游堤宁为玩西湖。"可见西湖在江南风景中"第一义"的尊位。

图7-38　乾隆时期"苏堤春晓山子"

再比如"浙江在线·浙江新闻"在2012年7月6日报道，杭州市政协举行新闻发布会，披露在古巴国立博物馆藏品中，发现了一件清代康熙年间的屏风，这座高为2米多高、宽为四五米的漆器屏风上，详细地描绘了当时的"西湖十景"。而我们现在容易看到的，比如图7-39所展示的一件清道光三十年（1850）制《西湖十景图》巨幅屏风。又比如浙江绍兴禹王庙就以主题为西湖风景的大型石雕作为照壁，安徽歙县北岸村吴氏宗祠至德堂石雕栏板（图7-40）以"西湖十景"作为装饰。甚至在文房用具的装饰图案中，十景主题也颇为流行，并且以此作为具体成套的作品组合。如乾隆时期"胡开文制"各种款式的西湖十景墨，其正面为十景图画，反面为清高宗弘历逐一为十景图画配的诗（见图7-41、图7-42）。

图 7-39 磨金漆画西湖风景大寿屏

图 7-40 安徽歙县北岸村吴氏宗祠至德堂石雕栏板西湖十景之一

图 7-41 西湖十景墨之"双峰插云"

图 7-42 西湖十景墨之"南屏晚钟"

总之，八景或十景这些宋代以后日益成熟完善的城市郊野景观美学范式，逐渐被拓展为中国山水文化艺术、中国生活审美等等领域中具有最广泛影响力的经典主题。这样一种方向与脉络，在中国文化艺术发展史上包含了值得发掘的意义。比如我们比较同样是祭祀享堂的石雕装饰画，拿上文举出的浙江绍兴禹王庙、安徽歙县北岸村吴氏宗祠享堂至德堂的石雕栏板西湖景图等例子，与汉代享堂的画像石（即图7-43所示山东嘉祥武梁祠西壁画像石）做对比。

图7-43　山东嘉祥武梁祠西壁画像石
184厘米×140厘米

以山东嘉祥武氏祠为代表，汉代这些祠堂装饰画的内容同样是成组成套、构成完整系列的，其内容为伏羲、女娲、神农、祝融、黄帝、颛顼、喾、尧、舜、禹、桀等诸多帝王与神祇，孝子故事、荆轲刺秦王等英雄故事、神话故事以及神性动物等等，这些内容（尤其是它们历史伦理地位的崇高性与完整性）奠定了汉代美术世界中压倒一切的"纪念碑性"[1]。而这样一些内容与宋明以后日渐流行的时尚（西湖十景图等等风景艺术成为装饰主题）相比，说明由于风景文化、郊野园林长时期发展积淀等原因的促进，于是我们民族的宗教理念、信仰心理、审美理念等等发生了巨大的变化（昔日的压倒性主题已经完全被替代）！所以梳理审美方向上这个持续了千百年的变化，尤其是风景文化在其中起到的作用，这工作中还有许多需要关注的课题。

---

[1] 详见巫鸿著：《中国古代艺术与建筑中的"纪念碑性"》第四章"丧葬纪念碑的声音"，李清泉、郑岩等译，上海人民出版社，2009年，第248—323页。

三、《平郊建筑杂录》与郊野审美对国民心灵家园的建构

经过上文的讨论之后,假如我们继续追问:郊野景观审美与郊野园林的建构是否还有着更为宏大的结构?是否还有更为深致的内涵?尤其是其背后的这些内容,与中国文化的根本构建到底有什么直接关系?这些内容是否长久深刻地影响着我们民族一代又一代人的心灵世界?提出这类问题,应该说考察的视野已经从器物层面的观察与胪列,进入文化哲学、终极关怀等形而上层面的探究。

下面仍然是从大家都非常熟悉的例子入手来分析。在我们民族几千年传统中,因为农耕文明与乡土宗法性社会特点等原因,所以"心系庭园""守望家园"成为一种根本的伦理坐标与文化取向:

> 江汉深无极,梁岷不可攀。山川云雾里,游子几时还!①

这首只有二十字的小诗之所以千古传颂,至今人人谙熟,就是因为王勃咏写出了人们在不断探寻遥远广袤的山川世界之同时,始终不忘怀自己作为远行之游子,心灵最终要回归到故土家园才能重获根基这样一个方向!

那么我们世世代代的国人,是怎样建构起一种结构宏大、内容又非常深厚的"家园情怀""家国世界"的呢?来看另一首人人熟悉的唐诗名作:

> 故园东望路漫漫,双袖龙钟泪不干。马上相逢无纸笔,凭君传语报平安。②

这是大诗人岑参身在距离唐代首都长安数千里之遥的西域(敦煌距离西安约1700千米)时,偶然遇到一位要奉命回京的使节,于是引起他的无限乡恋,他有千言万语却又无从说起。

大家可能说,这样一个具体的诗意情境,与我们今天关于郊野风景的讨论主题大概隔着千山万水,几乎没有什么关系吧?笔者觉得其实不是

---

① 王勃:《普安建阴题壁》,见彭定求等编:《全唐诗》卷五六,中华书局,1960年,第683页。
② 岑参:《逢入京使》,见彭定求等编:《全唐诗》卷二〇一,中华书局,1960年,第2106页。

的，因为我们中国人偏好以"故园""家园""旧园""乡园"等标志庭园空间的词语来形容或概括自己家乡；并且像上面引用的王勃、岑参诗中形容的那样，在心底对其有着最深的依恋——这与西方人以伊甸园作为生命源头之环境氛围正好形成对比。对于世世代代的国人来说，这是一种非常通行的言说习惯，比如"唯有寒潭菊，独似故园花"①"故园离乱后，十载始逢君"②。还有更为深挚的表白：

纤纤折杨柳，持此寄情人。一枝何足贵？怜是故园春！③

渭水东流去，何时到雍州。凭添两行泪，寄向故园流。④

对于"为什么园林及相关风景与家园情怀密切相关"这个问题，唐代诗人王绩《在京思故园，见乡人问》中有着最为真切细致的缕述：

旅泊多年岁，老去不知回！忽逢门前客，道发故乡来。敛眉俱握手，破涕共衔杯。殷勤访朋旧，屈曲问童孩。衰宗多弟侄，若个赏池台？旧园今在否？新树也应栽：柳行疏密布，茅斋宽窄裁；经移何处竹，别种几株梅？渠当无绝水，石计总生苔；院果谁先熟，林花那后开？羁心只欲问，为报不须猜。行当驱下泽，去剪故园莱！⑤

这样的语言习惯，如此无限深情的流连，在中国人心理传统中实在太普通了，所以人们可能觉得它不会有什么更多的意义。但是对于学习研究园林文化与景观文化的读者来说，其实应该注意到，我们中国人的家国之思，总是深深地与"园"熔铸在一起的。

上面这个特点并不难体会，因为从陶渊明等等以来，就有无数著名的

---

① 骆宾王：《晚憩田家》，见彭定求等编：《全唐诗》卷七七，中华书局，1960年，第830页。
② 贯休：《淮上逢故人》，见彭定求等编：《全唐诗》卷八二九，中华书局，1960年，第9339页。
③ 张九龄：《折杨柳》，见彭定求等编：《全唐诗》卷一八，中华书局，1960年，第191页。
④ 岑参：《西过渭州见渭水思秦川》，见彭定求等编：《全唐诗》卷二〇一，中华书局，1960年，第2102页。
⑤ 王绩：《在京思故园，见乡人问》，见彭定求等编：《全唐诗》卷三七，中华书局，1960年，第481页。

例子。而关键是我们要能够知道:"故园"远远不仅是对私园(如陶渊明《归田园居》中"孟夏草木长,绕屋树扶疏。众鸟欣有托,吾亦爱吾庐"等等名句所描写的小园)的指称,因为传统中国人心目中的"家园""故园",一方面包含陶渊明式自家田亩宅园的意思,而同时也包含更宏大、更丰富得多的物理时空与文化脉络。

而且通过上面几节的叙述可以知道,大约从宋代以后,以上述方式提炼与打造城市的景观系统,成为我们民族文化史、美学史中一种普遍通行、广大国民喜闻乐见的范式与路径。其要点在于:首先,精要地提炼若干经典性城市风景命题,以其序列组合成为涵盖四时周行、诸多山水地貌特征(两者之融合构成中国人所尊崇的"天道自然")的"城市宏观风景",并以此贯通打造出城市景观的完整时空架构,彰显其特定美学风格;其次,将城市自然景观体系与地域历史文化充分融合,彰显城市景观的人文内涵。有此为基础,才能够构建出一代代国人的"心灵家园",甚至再进一步,抵达生命与心性所皈依的终极境界(比如前述杜甫的"长安心结")!

反过来说,经过这样的汇聚凝练,游览郊野园林与风景也就有了越来越醒目的文化意义,举一个非常具体的例子:安徽博物院藏有一件清代游春图砖雕门罩(门罩就是宅园大门上方装饰门景之用的横向大型砖雕群组),总长达379厘米,高137厘米,由86块砖雕组成,主体部分由一组9块砖雕构成一幅游春图长卷,骑马游人、亭阁宝塔、小桥流水、山石花木等等,刻画无一不精细入微。中间4块独立砖雕,分别雕刻着渔、樵、耕、读四幅不同主题的人物场景[1]——可见郊野景观之美,尤其它以充满和谐韵律的形式而涵盖人们世俗生活的场景氛围,成为建构家园文化与相应社会价值观的必要内容。

为更好地理解郊野风景、郊野园林及其文化意义与审美价值,不妨重温梁思成与林徽因先生考察北京香山、八大处一带(这片区域是本章前面提及的北京西郊风景区之重要部分)诸多古典建筑遗迹之后撰写的著名文

---

[1] 见安徽博物院网站: https://www.ahm.cn/Collection/Details/hzdk?nid=335。

章《平郊建筑杂录》：

北平四郊近二三百年间建筑遗物极多，偶尔郊游，触目都是饶有趣味的古建。其中辽金元古物虽然也有，但是大部分还是明清的遗构；有的是煊赫的"名胜"，有的是消沉的"痕迹"；有的按期受成群的世界游历团的赞扬，有的只偶尔受诗人们的凭吊，或画家的欣赏。

这些美的存在，在建筑审美者的眼里，都能引起特异的感觉，在"诗意"和"画意"之外，还使他感到一种"建筑意"的愉快。这也许是个狂妄的说法——但是，甚么叫做"建筑意"？我们很可以找出一个比较近理的含义或解释来。

顽石会不会点头，我们不敢有所争辩，那问题怕要牵涉到物理学家，但经过大匠之手艺，年代之磋磨，有一些石头的确是会蕴含生气的。天然的材料经人的聪明建造，再受时间的洗礼，成美术与历史地理之和，使它不能不引起赏鉴者一种特殊的性灵的融会，神志的感触，这话或者可以算是说得通。

无论哪一个巍峨的古城楼，或一角倾颓的殿基的灵魂里，无形中都在诉说，乃至于歌唱，时间上漫不可信的变迁；由温雅的儿女佳话，到流血成渠的杀戮。他们所给的"意"的确是"诗"与"画"的。但是建筑师要郑重郑重的声明，那里面还有超出这"诗""画"以外的"意"存在。眼睛在接触人的智力和生活所产生的一个结构，在光影可人中，和谐的轮廓，披着风露所赐与的层层生动的色彩；潜意识里更有"眼看他起高楼，眼看他楼塌了"凭吊与兴衰的感慨；偶然更发现一片，只要一片，极精致的雕纹，一位不知名匠师的手笔，请问那时锐感，即不叫他做"建筑意"，我们也得要临时给他制造个同样狂妄的名词，是不？[①]

以前大家都是从梁、林先生这里首次提出"建筑意"的重要命题来评

[①] 梁思成、林徽因：《平郊建筑杂录》，见梁思成：《梁思成全集》第1卷，中国建筑工业出版社，2001年，第293页。

价这篇文章的意义,但如果我们能够进一步从"中国人的家园情怀与郊野风景及建筑遗产之间的关系"着眼而认真重读此文,我想一定会有更多、意蕴更深厚的收获,即如何通过一些经典的地域风景,从而倾听与理解天地山川、四时运迈、历史兴替,倾听它们通过建筑遗珍、通过"光影风露"等等而对我们的深情诉说与吟唱!

林徽因先生《晋汾古建筑预查纪略》中记述考察山西汾阳等城外几处古建筑的文字,同样值得重视:

> (汾阳县:峪道河、龙天庙)庙中空无一人,蔓草晚照,伴着殿庑石级,静穆神秘,如在画中。两厢为"窑",上平顶,有砖级可登,天晴日美时,周围风景全可入览。此带山势和缓,平趋连接汾河东西区域;远望绵山峰峦,竟似天外烟霞,但傍晚时,默立高处,实不竟古原夕阳之感。近山各处全是赤土山级,层层平削,像是出自人工;农民多辟洞"穴居",耕种其上。麦黍赤土,红绿相间成横层,每级土崖上所辟各穴,远望似平列桥洞,景物自成一种特殊风趣。沿溪白杨丛中,点缀土筑平屋小院及磨坊,更错落可爱。

> (汾阳县:小相村、灵岩寺)……北面有基窑七眼,上建楼殿七大间,即远望巍然有琉璃瓦者。两旁更有簃楼,石级露台曲折,可从窑外登小阁,转入正楼。夕阳落漠,淡影随人转移,处处是诗情画趣……

> (孝义县:吴屯村、东岳庙)侧面阑额之下,在柱头外用角替,而不用由额,这角替外一头伸出柱外,托阑额头下,方整无饰,这种做法无意中巧合力学原则,倒是罕贵的一例。檐部用橼子一层,并无飞橼,亦奇。但建造年月不易断定。我们夜宿廊下,仰首静观檐底黑影,看凉月出没云底,星斗时现时隐,人工自然,悠然溶合入梦,滋味深长。[①]

[①] 梁思成、林徽因:《晋汾古建筑预查纪略》,见《梁思成、林徽因讲建筑》,湖南大学出版社,2009年,第175、186、187页。

显而易见，他们这里已经远远不仅是在单纯地谈论建筑，而更主要的是面对眼前郊野风景而心生感悟：世代居民们心灵的"归宿""家园"可能植根在那里，才得以在文明史上留下了他们"滋味深长"、让人魂牵梦绕的珍贵印痕！

为说明这个问题对于我们真正理解郊野园林意义相当重要，下文再提出一个简单的参照。下面的例子是英国爱丁堡皇家植物园中专门辟出的中国坡（the Chinese Hillside）。爱丁堡皇家植物园始建于1670年，在英国是历史第二悠久且规模巨大的植物园，于1889年晋升为皇家植物园，也是当今世界上最著名植物园之一。园林家为了具有世界视野，所以在这里专门营建了面积可观的中国坡（图7-44），以汇集展示来自中国的丰富植物物种，并且以此为平台展示介绍众多与植物相关的地方风俗等等中国文化的元素与片段。这些当然体现着营建者对于中国的热情与关注。

由图7-45及图7-46可见，尽管在形貌上，这里园林景观里面的中国风格元素相当丰富，但因为缺少了前面列举分析的那种"贯通融会了中国历史文化体系的生命线索与韵味"，所以这些景观也就不可能具有梁思成、林徽因先生所说的"无形中都在诉说，乃至于歌唱"的那种景观审美意象！

图7-44　爱丁堡皇家植物园中中国坡展牌

▲爱丁堡皇家植物园中国坡面积很大，在展示品类繁多的中国植物同时，以众多展牌等形式积极介绍中国文化的风貌。

图 7-45　中国坡内模仿中国建筑风格修建的凉亭

图 7-46　中国风格凉亭屋脊上的龙的造型

再以西方风景艺术背后的线索做比较，英国风景画大师约翰·康斯太勃尔（John Constable，1776—1837）出生于英国一个乡村磨坊主家庭，他在1821年10月23日致友人的信中说：磨坊、羊圈、垂柳、潺潺小河等等景象让他永远醉心，描绘这些风景之美是他内心情感的存在方式，而且这时他总是会想到的崇高标准是"莎士比亚能使万物变得富于诗意"①。如他的名画《戴德姆的水闸与磨坊》（图7-47）对天地间风景的描绘咏赞，最终聚焦于他最为熟悉、最感生命亲切意味的小河与磨坊。可见，以本民族生活方式、生命方式的积淀磨洗作为基础，经过它们与环境、与自然风景的随时随处对话与融会，才能升发出沉浸在隽永心灵家园中的诗意，这可能是世界艺术史上比较普遍的规律。

图7-47　约翰·康斯太勃尔《戴德姆的水闸与磨坊》
布面油画，54.6厘米×76.5厘米，可能创作于1817年

所以如果做最简约的总结，那么我们说具备了文化与美学品格的"心灵家园"得以建立的必需因素是：其一，经过历代筛选因而具有了代表性、系统性、国民共识的一系列地域风景；其二，自然景观与人文景观、历史沿

---

① 详见H.W.詹森等：《詹森艺术史：插图第7版》，艺术史组合翻译实验小组译，湖南美术出版社，2017年，第830页。

革的脉络等等之间长期对话磨洗因而凝结升华出的醇厚韵味，尤其是支撑此种韵味在一代又一代国民内心浸润传播的那种绵长的生命灵性与张力。在这个意义上，我们重读梁思成、林徽因先生所说"经过大匠之手艺，年代之磋磨，有一些石头的确是会蕴含生气的。天然的材料经人的聪明建造，再受时间的洗礼，成美术与历史地理之和，使它不能不引起赏鉴者一种特殊的性灵的融会，神志的感触……无论哪一个巍峨的古城楼，或一角倾颓的殿基的灵魂里，无形中都在诉说，乃至于歌唱，时间上漫不可信的变迁；由温雅的儿女佳话，到流血成渠的杀戮。他们所给的'意'的确是'诗'与'画'的。但是建筑师要郑重郑重的声明，那里面还有超出这'诗''画'以外的'意'存在"等等论说，就会有深深的感触。

再举河北省井陉城及其城楼题额"览秀""山环水抱"等为例（图7-48至图7-50）。此例是国土环境、战略地理、历史印记、建筑艺术、郊野山川等共同构筑城市风景深厚底蕴的典型，上述要素的深刻融合长久塑造着国人审视风景的心理与眼光，尤其赋予了人们心绪脉络向着诗意、画意、建筑意、山水意、家国之思等等审美境界企仰升华的根本动力。所以假如以林徽因先生对"古城—歌唱"等的解悟作为引领，那么可能就会有前所未有的发现。

图 7-48　河北井陉旧城大南门及瓮城城楼

图 7-49　河北井陉旧城大南门"览秀"题额

图7-50　河北井陉旧城小南门及城门上观音阁

▲河北省井陉旧城南大门题额"览秀",及小南门题额"燕晋通衢""山环水抱",都精要提示着这样一个特点,即城垣与地理环境、历史文化、周围山光水色等共同构成了风景文化。井陉为"太行八陉"之一,冷兵器时代因为太行山巍峨山脉的阻隔,中原腹地的山西与东部华北平原之间只能经由逶迤山间的"八陉"等咽喉孔道贯通联络,由此造就扼守其间的那些城市与关隘异常重要的战略地位。楚汉战争中的关键战役之一"井陉之战"(前204年韩信军以少拒多,背靠绵河水列阵而大胜陈余所率赵军)就发生在这一带。所以,登上城楼放眼四周,才能理解此间城市文化与山环水抱关联一体的特色。这也是山水风貌、战略地理、历史血脉、建筑艺术等共同构筑底蕴深厚的城市景观的典型例子。

第八章　古典寺院园林景观的文化地位与艺术成就(上篇)

　　本章从景观艺术的视角探讨寺院园林的内涵与特点。这对于杭州等地的朋友来说,应该有一种天然的亲切感。因为从历史上看,寺院的宗教内涵与风景审美两者密切结合,是杭州作为历史文化名城一个非常突出与厚重的文化亮点。这个特点,只要读读许多描写杭州风光的著名诗篇就可以知道得很清楚,仅举唐代白居易与张祜笔下的杭州寺院园林的景致为例:

　　　柳湖松岛莲花寺,晚动归桡出道场。卢橘子低山雨重,栟榈叶战水风凉。烟波澹荡摇空碧,楼殿参差倚夕阳。到岸请君回首望,蓬莱宫在海中央。①

　　　峰峦开一掌,朱槛几环延。佛地花分界,僧房竹引泉。五更楼下月,十里郭中烟。后塔耸亭后,前山横阁前。溪沙涵水静,洞石点苔鲜。好是呼猿久,西岩深响连。②

　　　西南山最胜,一界是诸天。上路穿岩竹,分流入寺泉。蹑云丹井畔,望月石桥边。洞壑江声远,楼台海气连。塔明春岭雪,钟散

---

① 白居易:《西湖晚归,回望孤山寺,赠诸客》,见顾学颉校点:《白居易集》卷二〇,中华书局,1979年,第442页。
② 张祜:《题杭州灵隐寺》,见彭定求等编:《全唐诗》卷五一〇,中华书局,1960年,第5830页。

暮松烟。何处去犹恨，更看峰顶莲。①

引文中标注着重号的部分，都是诗人所描写寺院园林的景观风貌并且进一步叙述中国古典景观艺术一系列重要构造原则的文句——从这些描写中可以清楚看出景观艺术是寺院文化的重要构成部分。

大家知道，中国古典园林一般分为皇家园林、文人园林、寺院园林、城市郊野园林这四个大类。但是相较于皇家园林与文人园林，人们对寺院园林的关注与研究要少得多，所以今天笔者选择了介绍中国寺院园林这样一个主题。

说到寺院园林，如果从宗教史、宗教仪轨等等角度来说，当然有非常多的内容，但下面要涉及的主要还是景观美学这个确定视角下的内容。

一、寺院园林的面貌体现了中国社会与中国宗教的特点

要理解中国寺院园林的特点，不妨先将其与西方的教堂略做比较。西方中世纪以后的情况是，重要教堂往往设置在城市的中心，教堂的位置、体量高度，建筑的富丽与张扬风格等等，都鲜明有效地控制整个城市天际线与全城的建筑分布、城市的景观风格等等。比如著名的梵蒂冈圣彼得大教堂及其广场（图8-1）、莫斯科瓦西里大教堂及其广场这些经典例子。

教堂在景观地位上统御全城的典型例子又比如意大利佛罗伦萨大教堂（图8-2）。

有的时候，西方的大教堂也与其他大型建筑联袂而构成城市的主要景观，比如17世纪绘画中的伦敦泰晤士河畔三大主要建筑———威斯敏斯特宫（国会大厦）、威斯敏斯特修道院（西敏寺）、威斯敏斯特主教座堂，这三座宏大建筑构成了伦敦泰晤士河畔的主要城市景观（图8-3）。西方城市传统中的这些情况在中国文化与中国城市格局的传统中当然不可想象。

---

① 张祜：《题杭州天竺寺》，见彭定求等编：《全唐诗》卷五一〇，中华书局，1960年，第5830页。

图 8-1　梵蒂冈圣彼得大教堂及其广场

图 8-2　意大利佛罗伦萨大教堂

▲ 佛罗伦萨大教堂，本名"花之圣母大教堂"（Basilica di Santa Maria del Fiore），又名"圣母百花大教堂"，位于意大利佛罗伦萨历史中心城区，教堂建筑群由大教堂、钟塔与洗礼堂构成。由建筑师布鲁涅内斯基仿造罗马万神殿而设计的教堂圆顶，是古典艺术与当时科学技术完美结合的典范，后来米开朗琪罗模仿它而设计了梵蒂冈圣彼得大教堂。登上教堂圆顶即可俯瞰整个佛罗伦萨城区，于是大教堂不仅在势位上控御全城，而且代表人类之存在而使位于河谷低地的佛罗伦萨城区与天界以及环绕城市的悠远山岭形成强烈映对，从而塑造出鲜明的城市景观品格。

图 8-3　威斯敏斯特宫、威斯敏斯特修道院、威斯敏斯特主教座堂

[引自 *A Book of the Prospects of the Remarkable Places in and about the City of London*, c.1700 (engraving) by Morden, Robert (fl.1682-1703); coloured engraving; O'Shea Gallery, London, UK; English, out of copyright]

与西方社会与历史不同，中国自周代以后再也没有类似政教合一式的权力结构，而是世俗权力（秦汉以后的皇权最典型）始终维系着自己不容分割的至上统治地位等等，并因此对各类宗教采取利用、笼络、限制、改造、制度上加以规范整合等一整套有效的驾驭办法。这根本特点深刻影响着中国寺院文化的构成，决定了中国寺院建筑的基本格局不可能凌驾在世俗建筑的形式之上，相反，它往往都要因循世俗社会中主导性的建筑格局。

从明清北京紫禁城的景观平面图可以知道，以诸多单体建筑的环绕形成封闭的院落，进而由诸多院落组合递进而构成建筑群的整体延伸，是中国建筑群布局的基本特点之一。而中国绝大多数的寺院建筑格局，也都遵循了中国传统官制建筑的经典设计原则：

第一，寺院不能喧宾夺主，相反要融入以皇宫、各级衙署等官制建筑为主导的整个城市格局；

第二，如世俗建筑群一样具有明确轴线，并沿主轴线形成整个寺院建筑群的深远空间序列；

第三，以一个又一个封闭院落作为基本的空间单元，并在不同院落之间形成功能上的分工，比如寺院常见的山门院落、天王殿院落、大雄宝殿主院落、藏经阁院落等等。

所有这些，使中国寺院建筑的外部特征与西方寺院教堂往往成为城市中心的特征不同，其内部格局也与西方寺院以大教堂为核心的空间格局不同。

二、中国宗教体系中的多神崇拜与寺院园林的一般分类

我们作为寺院文化的一般爱好者，要了解中国宗教场所的分类以及各种庙宇寺观之间有什么区别，那么可以读一下周叔迦先生的《法苑谈丛》。周先生是著作等身的著名佛学家与佛学教育家，他的叙述介绍特别明白易懂：

> 中国习惯，一般祭祀神灵的场所统称为庙。佛教的庙宇，统称为寺院；道教的庙宇，统称为宫观。古代官署叫作"寺"，如太常寺、鸿胪寺之类。佛教传入中国汉地，是由汉明帝派遣使臣前往西域，请来摄摩腾等到洛阳而开始的。摄摩腾初到时，被招待在鸿胪寺。因为鸿胪寺是掌握宾客朝会礼仪的。其后政府为摄摩腾创立了馆舍，也就叫作白马寺。后世佛教的庙宇因此也称"寺"。一寺之中可以有若干院，其后建筑规模较小的寺便叫作"院"……
>
> 印度的寺院，原有两种：一种叫作"僧伽蓝摩"。僧伽，义为众；蓝摩，义为园，意谓大众共住的园林。僧伽蓝摩，略称为"伽蓝"，一般都是国王或大富长者施舍，以供各处僧侣居住的。一种叫作"阿兰若"，义为空闲处，就是在村外空隙的地方，或独自一人，或二三人共造小房以为居住，清静修道之所。或不造房屋，

只止息在大树之下，也可以叫作阿兰若处。阿兰若，简称为"兰若"。……僧伽蓝摩又名"贫陀婆那"，义是丛林。《大智度论》卷三说："多比丘一处和合，是名僧伽。譬如大树丛聚，是名为林。……僧聚处得名丛林。"[①]

这就把佛教寺院的来龙去脉介绍得很清楚。

讨论寺院园林与中国社会关系时，还应该注意到中国宗教一个比较特殊的特征，即中国以"多神崇拜"构成自己民族的宗教体系，也就是说受到崇拜的不仅有佛教、道教等神格比较清晰的神祇系统，而且也有天地之间的风雨雷电、山川河流、牛精马神、福星灾星，甚至各个族裔的祖先、人格崇高的知名官吏、名人文豪……而宗教体系这庞杂特征表现在寺院风格上，也就不能不有着一些域外宗教场所所没有的特点。

比如著名的道教宫观山西芮城永乐宫（又名"大纯阳万寿宫"），其平面格局也是遵照中国传统建筑群以轴线为核心依次布列、递进串联诸多院落的基本布局形式。一般道教寺院中的殿宇在形貌上与佛教殿堂也没有明显区别，如湖北武当山的道教殿宇（图8-4）。

图8-4　湖北武当山的道教殿宇

---

① 周叔迦：《法苑谈丛·佛教的制度》，见《周叔迦佛学论著集》，中华书局，1991年，下册，第620—621页。

特别是中国宗教体系中"多神崇拜"的性质,也给寺院园林带来很多特点。山西太原著名的晋祠就是一例。晋祠,初名唐叔虞祠,是为纪念晋国开国诸侯、周武王次子唐叔虞(姬虞封于唐,称唐叔虞)而建。叔虞的儿子燮父继位后,因境内有晋水流淌,故将国号由"唐"改为"晋",这也是山西简称"晋"的由来,祠堂也改名为"晋王祠",简称"晋祠"。在漫长的岁月中,晋祠曾经过多次修葺扩建,面貌不断改观。宋代天圣年间(1023—1032)又为叔虞的母亲邑姜建了圣母殿,这样,以圣母殿为主体的中轴线建筑物就次第告成。原来居于正位的唐叔虞祠,坐落在旁边,退而处于次要位置了。又由于一般来说,中国国民对于奉祀神主的神格并不特别追究,所以演化下来,在大多数人心目中,晋祠的主要性质越来越变成了太原郊外的一处代表性风景区。

再比如各地许多的祠堂,也是当地(尤其是在中国乡土社会中)具有重要宗教性质的场所。这些祠堂还承担了许多社会性的功能,并且因此而具有了相应的宗教与文化主旨的表达方式。广州市陈家祠堂(图8-5)是广东地区著名的陈氏宗祠,其建

图8-5　广州市陈家祠堂内景

筑格局也是按照中国传统庭院的轴线贯穿、多重封闭院落相组合的方式而布置。陈家祠堂的后进正厅为陈氏族人祭祀祖先的宗教场所,同时是陈氏族学的主要活动场所。而这样,祠堂的宗教功能与内涵就与教育、族群组织等等统一在一起。

中国传统信仰体系中的先贤崇拜、对文化结晶的崇拜(文字崇拜是其

典型)等,也对寺院园林的风貌产生了重要影响。

由于中国传统社会中的宗教包含了先贤崇拜、人格神崇拜、祖先崇拜等世界其他宗教体系中少有的内容,所以中国此类寺院种类繁多,具有比较浓郁的现世气氛[①]。而且由于其文化内涵所决定,这些寺院经常与园林、家居环境中的许多常规建筑毗邻或混杂,彼此区别不大。建于浙江绍兴兰亭风景区中的王右军祠(图8-6),虽然名义上是一处宗教性的祭祀崇拜场所,但是由于祀主王羲之乃是文人艺术家的代表,所以这里的环境风格也就与一般的文人园林相当接近。小亭上"竹阴满池清于水,兰气当风静若人"的楹联,也完全是文人诗词的风格,而丝毫没有典重神圣的宗教意味。

图8-6 王右军祠

再有,中国长期以来对于外来宗教大多采取容纳、借鉴、同化等等比较柔性化的对应方式,这种规律影响于寺院园林,也就使得即使是一些外来宗教的崇拜场所,也慢慢具有了鲜明的中国本土特色。如四川阆中著名的伊斯兰教寺院巴巴寺,其建筑风格与园门题额"云林深秀"(图8-7)明显具有中国文化特色。

[①] 详见拙文:《中国民间宗教与中国社会形态》,见汪晖、陈平原、王守常主编:《学人》第6辑,江苏文艺出版社,1994年,第145—178页。

图 8-7　四川阆中巴巴寺园门及题额"云林深秀"

▲"云林深秀"等题额表达的完全是中国本土文化中园林景观审美的理念，而巴巴寺为川西著名的伊斯兰教寺院。可见外来的寺庙园林形制在传入中国以后，在很大程度上已经本土化了。

关帝庙是中国宗教特点影响于寺院园林面貌更典型的例子。宋元以后，"关羽崇拜"在民间社会的影响日益拓展，而统治者也及时推波助澜，给关羽加封日益显赫的头衔，遂使关羽具有了越来越崇高的人格与神格地位，关帝庙也因此遍及天下，其中文化性质最典型、规模最为宏大的，是坐落于他家乡山西运城的关帝庙（图 8-8 至图 8-10）。

图 8-8　山西运城关帝庙"万世瞻仰"石雕牌坊

图 8-9 山西运城关帝庙天王殿"协天大帝"匾额

▲ 关羽的成圣封神以及国人对其的广泛崇拜,集中体现了皇权运作利用之下中国宗法社会的造神特点(详见拙文《中国民间宗教与中国社会形态》),由此也就使得关帝庙(俗称"老爷庙")成为全国各地最为常见的庙宇。山西运城解州关帝庙规模巨大,庙宇建筑上的"万世瞻仰""精忠贯日""气肃千秋""协天大帝"等众多题额,也无一不是围绕着宗法伦理准则而精心设置的,从而将关羽"忠君"人格尊崇与塑造为贯通整个宇宙(天地与人伦)的至高、神圣价值标准。这些当然都是中国宗教特点给予寺院园林以鲜明影响的具体例子。

图 8-10 山西运城关帝庙中的气肃千秋坊与春秋楼

▲ 这里众多建筑物的设置与配置关系,都是崇扬关羽因其人格"忠义"而升格为神祇。这种造神方式具有鲜明的中国文化特点,这也是中国宗教性质深刻影响寺院风格的一个具体例子。

总之，只有比较充分地认识与理解中国传统宗教的性质（也需要理解中国传统宗教与西方宗教的一些重要区别），才能够理解中国寺院园林在文化上与景观风格上的一系列特点。

三、寺院以佛寺为主的形成过程及其景观特点

前面列举了中国寺院的多种类型及其相对统一的建制格局，下面我们来谈这样一个重点，即佛寺是中国寺院中的主要构成，它们在文化与艺术积淀的深广程度上，也是所有寺院中首屈一指的。

介绍下文内容之前，当然涉及佛教这种外来宗教是如何进入中国并且迅速发扬光大的过程，现在就此做最简单的提示，以说明这个过程是如何极大地促进了寺院园林景观审美的发展。《魏书》卷一一四《释老志》记载了佛教传入中国的具体过程：

> （汉武帝）开西域，遣张骞使大夏还，传其旁有身毒国，一名天竺，始闻有浮屠之教。哀帝元寿元年，博士弟子秦景宪受大月氏王使伊存口授浮屠经。中土闻之，未之信了也。后孝明帝夜梦金人，项有白光，飞行殿庭，乃访群臣，傅毅始以佛对。帝遣郎中蔡愔、博士弟子秦景等使于天竺，写浮屠遗范。愔仍与沙门摄摩腾、竺法兰东还洛阳。中国有沙门及跪拜之法，自此始也。愔又得佛经《四十二章》及释迦立像。明帝令画工图佛像，置清凉台及显节陵上，经缄于兰台石室。愔之还也，以白马负经而至，汉因立白马寺于洛城雍门西。摩腾、法兰咸卒于此寺。[1]

佛教初入中国这个著名的过程为大家所熟知，但是从我们关注园林历史的角度来说对其就还有进一步探讨的必要。这就是佛教刚刚传入中国的

---

[1] 魏收撰：《魏书》，中华书局，1974年，第3025—3026页。

时候，汉明帝是在传统的皇家宫苑及其配属建筑中安置佛经与佛像的。《弘明集》卷一记载有关清凉台的情况是"南宫清凉台"，就是说清凉台是当时皇家宫苑南宫中的一处高台；而史籍记载，南宫是东汉在洛阳的最主要宫苑，刘秀定都就是以"入洛阳，幸南宫却非殿"为标志[1]，后来的许多重要政治活动也是在南宫中举行，并且后汉历朝皇帝入承帝位一直是以"入南宫"为标志[2]；而南宫中有前殿、宣室殿、云台等大型殿堂与高台建筑。又《后汉书》卷三记载："葬孝明皇帝于显节陵。"章怀太子注引《帝王纪》曰："显节陵，方三百步，高八丈，其地故富寿亭也，西北去洛阳三十七里。"

上述这些情况说明，佛教初传时期，佛经与佛像都是被安放在皇家宫苑之中，并且同时由皇家主持或者授意而建立了寺庙——洛阳白马寺。也就是说中国佛教寺院从创建伊始就与皇家园林有着如此紧密的关系，于是皇家宫苑的园林建筑格局与设计原则，自然而然成了佛教寺院形制的重要源头之一。

梁启超《中国佛法兴衰沿革说略》格外强调北魏时期北方佛寺数量的惊人增长：

> 北方之迷信佛教，其发达之速实可惊……（北魏太和元年即公元477年，至武定八年即公元550年）前后七十三年间，而寺数由六千余增至三万，僧尼数由七万余增至二百万，以何故而致此耶？试检《魏书·释老志》所记当时制度及事实，可以知其梗概……[3]

大家知道，详细记载公元6世纪前后中国北方佛教与寺院之极其兴盛的史料，首推北魏杨衒之的《洛阳伽蓝记》（成书时间为北朝的东魏武定五年，即公元547年）这部名著。我们看其中对洛阳城中最为宏大、最著名的皇家寺院永宁寺的描述：

> 中有九层浮图一所，架木为之，举高九十丈，有刹复高十丈，合去地一千尺。去京师百里，已遥见之。初掘基至黄泉下，得金像

---

[1] 范晔撰：《后汉书》卷一《光武帝纪上》，中华书局，1965年，第25页。
[2] 范晔撰：《后汉书》卷七《桓帝纪》，中华书局，1965年，第287页。
[3] 梁启超：《佛学研究十八篇》，上海古籍出版社，2001年，第10页。

三十躯,太后以为信法之征,是以营建过度也。刹上有金宝瓶,容二十五石。宝瓶下有承露金盘三十重,周匝皆垂金铎,复有铁锁四道,引刹向浮图。四角锁上亦有金铎,铎大小如一石瓮子。浮图有九级,角角皆悬金铎,合上下有一百二十铎。浮图有四面,面有三户六窗,户皆朱漆。扉上有五行金钉,其十二门二十四扇,合有五千四百枚,复有金镮铺首。殚土木之功,穷造形之巧。佛事精妙,不可思议。绣柱金铺,骇人心目。至于高风永夜,宝铎和鸣,铿锵之声闻及十余里。

浮图北有佛殿一所,形如太极殿。中有丈八金像一躯、中长金像十躯、绣珠像三躯、金织成像五躯、玉像二躯,作功奇巧,冠于当世。僧房楼观一千余间,雕梁粉壁,青璅绮疏,难得而言。栝柏松椿,扶疏檐霤;蘩竹香草,布护阶墀。是以《常景碑》云:"须弥宝殿,兜率净宫,莫尚于斯也。"①

再比如《洛阳伽蓝记》中对洛阳瑶光寺的记述:

瑶光寺,世宗宣武皇帝所立,在阊阖城门御道北,东去千秋门二里。千秋门内道北有西游园,园中有凌云台,即是魏文帝所筑者。台上有八角井,高祖于井北造凉风观,登之远望,目极洛川。台下有碧海曲池;台东有宣慈观,去地十丈。观东有灵芝钓台,累木为之,出于海中,去地二十丈,风生户牖,云起梁栋,丹楹刻桷,图写列仙。刻石为鲸鱼,背负钓台,既如从地踊出,又似空中飞下,钓台南有宣光殿,北有嘉福殿,西有九龙殿,殿前九龙吐水成一海。凡四殿皆有飞阁,向灵芝(台)往来。三伏之月,皇帝在灵芝台以避暑。②

上述对北魏洛阳城中寺院的记述中,许多关于园林建筑的格局、形制、体量、功能、装饰方式等,其实都是战国秦汉以来宫殿宫苑中通行的范式。

---

① 杨衒之著,范祥雍校注:《洛阳伽蓝记校注》卷一,上海古籍出版社,1978年,第1—3页。
② 杨衒之著,范祥雍校注:《洛阳伽蓝记校注》卷一,上海古籍出版社,1978年,第46页。

第八章 古典寺院园林景观的文化地位与艺术成就（上篇） · 373

比如体量巨大的夯土高台，是先秦两汉园囿中最流行、最常见的景致[①]；再比如诸多高台相互映衬且"台下有碧海曲池"，也是自汉武帝上林苑中海中三仙山（方丈、瀛洲、蓬莱）被水面巨大的昆明池所环绕的格局形式[②]；又比如在巨大建筑上"丹楹刻桷，图写列仙"，不仅从屈原等人写下的《楚辞》一直到汉代许多辞赋中可以看到同样的记载，而且在陶楼等典型的汉代建筑文物中，也经常可以看到（因为汉代人神仙信仰盛行）。类似记载在《洛阳伽蓝记》中还有许多——以上史料说明，以北魏洛阳众多寺院为代表的中国早期佛寺，除了建置高塔之外还较多地承袭着前代宫苑园林的景观风格，而尚未充分形成自己比较独立的风格特征。

而几乎在同一历史时期，又有对中国寺院园林影响最大的另外一个艺术上的源头，这当然同样值得重视——把握了这样两大源头，并且理清两者之间相互影响与融合的关系，也就基本上能够说明中国寺院园林的风貌是如何形成的。梁启超《中国佛法兴衰沿革说略》中说道：

> 佛教发达，南北骈进，而其性质有大不同者。南方尚理解，北方重迷信。南方为社会思潮，北方为帝王势力。……南方帝王，倾心信奉者固多，实则因并时聪俊，咸趋此途，乃风气包围帝王，并非帝王主持风气，不似北方之以帝者之好恶为兴替也。尝观当时自由研究之风，有与他时代极差别者。宋文帝时，僧慧琳著《白黑论》、何承天著《达性论》，皆多曲解佛法之处，宗炳与颜延之驳之，四人彼此往复各四五书。而文帝亦乐观之，每得一札，辄与何尚之评骘之。梁武帝时，范缜著《神灭论》，帝不谓然也，自为短简难之，亦使臣下普答，答者六十二人，赞成缜说者亦四焉。在东晋时，"沙门应否敬礼王者"成一大问题。庾冰、桓玄先后以执政之威，持之甚力。慧远不为之屈，著论抗争，举朝和之，冰、玄卒从众意。诸类此者，不可枚举。学术上一问题出，而朝野上下相率

[①] 详见拙著：《园林与中国文化》，上海人民出版社，1990年，第1—61页。
[②] 详见拙著：《园林与中国文化》，上海人民出版社，1990年，第57—67页。

为公开讨论，兴会淋漓以赴之，似此者求诸史乘，殆不多觏也。[1]

简单来说，南方佛教继承的是魏晋时期士大夫阶层中非常流行的玄谈与论辩传统，所以往返陈说辩诘佛理同时也是士人呈现自己人格特征与风神之美的过程。典型例子比如东晋高层士人中佛教传播的场面：

> 支道林、许掾诸人共在会稽王斋头，支为法师，许为都讲。支通一义，四坐莫不厌心。许送一难，众人莫不抃舞。但共嗟咏二家之美，不辩其理之所在。[2]

按照当时的佛教规制，宣讲佛经时要由一人唱经，称为"都讲"；另由一人讲解，称为"法师"。上面这段记载是说当时的高僧与玄学领袖支道林（支遁）会同司徒掾许询等人，在会稽王司马昱的书斋里宣讲佛经，支道林做主讲的法师，许询做都讲。支道林每讲解明白一个义理，满座的高门士大夫都心领神会；随着讲经深入，听讲者兴致越来越浓，所以都讲许询每提出一个新的疑难问题，大家就都高兴得手舞足蹈。结果众人只是共同赞叹支遁与许询这言辞来往、彼此妙语层出不穷所表现出的人格风神之美，而不再留意他们究竟讲了什么具体的内容——由此可见，当时南方士大夫阶层的生活方式、清谈等学术交往传统、人格审美取向等等，都深刻影响着佛教的发展。

那么我们看这个形势之下寺院园林的发展情况，比如史籍中记载了这样的故事：

> 询字玄度，高阳人。父归，以琅琊太守随中宗过江，迁会稽内史，因家于山阴。询幼冲灵，好泉石，清风朗月，举酒永怀。中宗闻而征为议郎，辞不受职，遂托迹居永兴。肃宗连征司徒掾，不就。乃策杖披裘，隐于永兴西山，凭树构堂，萧然自致。至今此

---

[1] 梁启超：《佛学研究十八篇》，上海古籍出版社，2001年，第9页。
[2] 刘义庆：《世说新语·文学》，见余嘉锡笺疏：《世说新语笺疏》，中华书局，1983年，第227页。这个故事在历史上很有名，所以晚唐贯休在《蜀王入大慈寺听讲》中，以此作为讲经法会盛况无比的代表："玉节金珂响似雷，水晶宫殿步裴回。只缘支遁谈经妙，所以许询都讲来。"见彭定求等编：《全唐诗》卷八三五，中华书局，1960年，第9408页。

地名为萧山。遂舍永兴、山阴二宅为寺，家财珍异，悉皆是给。既成，启奏孝宗。诏曰："山阴旧宅为祇洹寺，永兴新居为崇化寺。"询乃于崇化寺造四层塔，物产既馨，犹欠露盘相轮。一朝风雨，相轮等自备，时所访问，乃是剡县飞来。既而，移皋屯之岩，常与沙门支遁及谢安石、王羲之等同游往来，至今皋屯呼为许玄度岩也。①

我们归纳概括一下，上面这段重要史料记载的内容大致是：

第一，许询崇信佛教后，随即开始了建设寺院的工程；

第二，这些寺院除了有塔等佛教特有建筑物之外，在景观审美方向上继承的基本是中国文人园林风格，即"好泉石，清风朗月""凭树构堂，萧然自致"等等；

第三，许询在崇信佛教、倾竭家财而建构寺院之后，更频繁地与著名士人王羲之、著名玄学家与佛学家支遁等人游览山水美景、交流学术。

再看中国园林史上一个重要例子，即东晋著名佛学家、天下名刹之一庐山东林寺创立者慧远的事迹。这些情况在史籍中是这样记述的：

释慧远……弱而好书，珪璋秀发。年十三随舅令狐氏游学许洛。故少为诸生，博综六经，尤善《庄》《老》。性度弘博，风览朗拔，虽宿儒英达，莫不服其深致。年二十一，欲渡江东，就范宣子共契嘉遁，值石虎已死，中原寇乱，南路阻塞，志不获从。时沙门释道安立寺于太行恒山，弘赞像法，声甚著闻。远遂往归之，一面尽敬，以为真吾师也。后闻安讲《波若经》，豁然而悟，乃叹曰："儒道九流，皆糠粃耳！"便与弟慧持，投簪落彩，委命受业。既入乎道，厉然不群，常欲总摄纲维，以大法为己任，精思讽持，以夜续昼，贫旅无资，缊纩常阙，而昆弟恪恭，终始不懈。②

归纳一下，这段文字记载了下述几方面的内容：

---

① 许嵩：《建康实录》卷八，张忱石点校，中华书局，1986年，第216—217页。
② 慧皎：《高僧传》卷六《义解三·晋庐山释慧远》，汤用彤校注，中华书局，1992年，第211页。

第一，慧远从小慧根深厚；

第二，他青年时就希望过隐逸生活而立志远离尘嚣；

第三，当时战乱环境下，有志向佛者秉持信仰愈发坚定；

第四，最重要的是，慧远从佛法中领略到儒、道、诸子百家等等中国传统知识体系中所没有的哲学精义，于是愈加需要放下一切俗障而精研佛理——由此自然说明了慧远创立寺院的重大意义。

尤其是《高僧传》中还详细记述了慧远创立庐山东林寺的过程以及相关的一系列风景审美原则：

……远于是与弟子数十人，南适荆州，住上明寺。后欲往罗浮山，及届浔阳。见庐峰清静，足以息心，始住龙泉精舍……时有沙门慧永，居在西林，与远同门旧好，遂要远同止。永谓刺史桓伊曰："远公方当弘道，今徒属已广，而来者方多。贫道所栖褊狭，不足相处。如何？"桓乃为远复于山东更立房殿，即东林是也。远创立精舍，洞尽山美，却负香炉之峰，傍带瀑布之壑，仍石叠基，即松栽构，清泉环阶，白云满室。复于寺内别置禅林，森树烟凝，石筵苔合。凡在瞻履，皆神清而气肃焉。[1]

我们从慧远的经历与庐山东林寺的创建过程，可以总结出这时寺院园林一些重要的造园原则：

第一，寺院承续中国历史久远的隐逸文化传统，具有超越世俗、隔绝凡尘的环境氛围。谢灵运在《庐山慧远法师诔并序》中对慧远称颂道："怀仁山林，隐居求志。"[2]——我们知道，谢灵运不仅是晋宋之际士大夫阶层的领袖人物、当时首屈一指的山水文学大家，而且是中国造园史、园林理论史上的重要人物，他如此推重慧远，说明慧远对隐逸文化、园林山水文化的贡献之大；

第二，寺院周围的山水环境具有仙境气象，能够将人们的心神引向超越性的彼岸；

---

[1] 慧皎：《高僧传》卷六《义解三·晋庐山释慧远》，汤用彤校注，中华书局，1992年，第212页。
[2] 见严可均辑：《全上古三代秦汉三国六朝文·全宋文》卷三三，中华书局，1958年，第2619页。

第八章　古典寺院园林景观的文化地位与艺术成就（上篇）· 377

第三，寺院的建构已经初步具有了一套完整明确的美学理念与艺术标准。

而慧远在《庐山记》亲自写下的详细内容当然更为重要：

山在江州浔阳南，南滨宫亭，北对九江。九江之南为小江，山去小江三十里余。左挟彭蠡，右傍通州，引三江之流而据其会。《山海经》云："庐江出三天子都，入江彭泽西，一曰天子鄣。"彭泽也，山在其西，故旧语以所滨为彭蠡。有匡续先生者，出自殷周之际，遁世隐时，潜居其下。或云续受道于仙人，而适游其岩，遂托室岩岫，即岩成馆，故时人感其所止为神仙之庐而名焉。

其山大岭，凡有七重，圆基周回，垂五百里，风雨之所摅，江山之所带。高岩仄宇，峭壁万寻，幽岫穿崖，人兽两绝。天将雨，则有白气先抟，而缨络于山岭下。及至触石吐云，则倏忽而集。或大风振岩，逸响动谷，群籁竞奏，其声骇人，此其化不可测者矣。众岭中，第三岭极高峻，人之所罕经也。昔太史公东游，登其峰而遐观，南眺五湖，北望九江，东西肆目，若登天庭焉。其岭下半里许有重岩，上有悬崖，古仙之所居也。其后有岩，汉董奉复馆于岩下，常为人治病，法多神验，病愈者，令栽杏五株，数年之间，蔚然成林。计奉在人间近三百年，容状常如三十时，俄而升仙，绝迹于杏林。其北岭两岩之间，常是流遥霈，激势相趣。百余仞中，云气映天，望之若山，有云雾焉。其南岭临宫亭湖，下有神庙，即以宫亭为号，其神安侯也。有所谓感化（缺）。七岭同会于东，共成峰谔，其岩穷绝，莫有升之者。昔野夫见人着沙弥服，凌云直上。既至，则踞其峰，良久乃与云气俱灭，此似得道者。当时能文之士，咸为之异。又所止多奇，触象有异。北背重阜，前带双流，所背之山，左有龙形，而右塔基焉。下有甘泉涌出，冷暖与寒暑相变，盈灭经水旱而不异。寻其源，出自于龙首也。南对高峰，上有奇木，独绝于林表数十丈。其下似一层浮图，白鸥之所翔，玄云之所入也。东南有香炉山……其中鸟兽草木之美，灵药万物之奇，略举其异而已。①

从这些描述中不难看到，寺院园林的规划设计至少在慧远的时代（4世纪至5世纪初的东晋时期），就已经明确了一些对后世影响久远的美学与艺术原则。当然首先体现在寺院园林的外部环境上，即尽量依托于具有完整山水景观体系的优美自然山水（"负香炉之峰，傍带瀑布之壑"）。而同时，寺院园林内部景观的建构，也已经明确遵循下列具体又成体系的造园艺术准则：

第一，充分涵纳映对山色之美，并依托山势而建构殿宇屋舍（"洞尽山美""仍石叠基"）；

第二，引入水景，并使水景与建筑景观相互融会映衬（"清泉环阶"）；

第三，充分重视植物景观的作用（"即松栽构""森树烟凝"）；

第四，寺院中有必要的院落与景区的分隔（"复于寺内别置禅林"）。

类似在风景学上具备全面把握能力的例子，还有康僧渊的豫章寺院设计：

> 康僧渊在豫章，去郭数十里，立精舍，旁连岭，带长川，芳林列于轩庭，清流激于堂宇。乃闲居研讲，希心理味，庾公诸人多往看之。②

可见寺院建造者已经充分考虑到园林艺术对于山景、水景、庭园内景、寺外周边远景等等的全面综合把握。所以自东晋时开始，造园艺术视角下的佛寺建构方向，是造就出一个山景、水景、植物景观等诸多基本景观要素齐备，寺内景观与周边大范围的自然景观充分和谐与相互融合的寺院园林。

那么简单概括来说就是，伴随两晋南北朝时期佛教文化对中国空前广泛深远的影响，寺院园林的景观建构、寺院园林的景观美学也就得到迅速而广泛的发展。于是我们看到至少这样一些重要的结果：寺院园林在积淀传播宗教文化的同时成为广义上的文化中心，风景审美同时成为这种建构

---

① 见严可均辑：《全上古三代秦汉三国六朝文·全晋文》卷一六二，中华书局，1958年，第2398—2399页。

② 刘义庆：《世说新语·栖逸》余嘉锡笺疏：《世说新语笺疏》，中华书局，1983年，第660页。庾公，指东晋臣庾亮。

中重要的组成部分。仍举东晋高僧康僧渊的例子来分析:

> ……遇陈郡殷浩,浩始问佛经深远之理,却辩俗书性情之义。自昼至瞑,浩不能屈,由是(殷浩对佛教的认识)改观……后于豫章山立寺,去邑数十里。带江傍岭,林竹郁茂。名僧胜达,响附成群。[①]

殷浩是东晋重要的政治家、军事家、士人阶层领袖,他早年精研《老子》,但最后在康僧渊阐说的佛教义理面前改变旧观。于是康僧渊在远离城邑、风景优美之地建立了佛寺,并使其成为远近名流交往与讲传佛教的中心。

尤其值得注意的是,这些沿袭士人传统而建立的佛寺所积淀与传播的文化远不以佛教为局限。这方面的具体情况,我们可以参看历史学家严耕望先生一篇举证非常翔实的长篇文章《唐人习业山林寺院之风尚》[②],从他胪列的大量史料中可以清楚了解到,自汉末开始,至唐代形成了"士子就学于山林巨刹""置身青山""习进士业者多在山林寺院"这样一种非常流行的社会风俗。比如颜真卿虽然"不信佛法,亦居佛寺肄业讲学,则当时风尚本如此",此类情况当然说明寺院园林艺术、寺院审美的影响日益深厚,乃具有非常深厚的社会文化基础与发展动力。严耕望先生还详细举证说明:"唐中叶以后,习业庐山之风甚盛,宰相如杨收、李逢吉、朱朴,名士如符载、刘轲、窦群、李渤、李端、温庭筠、杜牧、杜荀鹤皆出其中。大抵皆数人同处,或结茅,或居寺院,且有直从寺僧肄业者。唐末五代此风尤盛。"

而对于宋代以后寺院与文化的关系,严耕望先生举朱熹《朱文公文集》卷七九《衡州石鼓书院记》中一段重要文字("予惟前代庠序之教不修,士病无所于学,往往择胜地立精舍,以为群居讲习之所,而为政者乃或就而褒美之,若此山,若岳麓,若白鹿洞之类是也")为例证明:

> 书院制度乃由士人读书山林之风尚演进而来。又按宋书院之最早者,莫过于白鹿、石鼓、太室(后更名嵩阳)、睢阳(即应天书院)、岳麓五院。就中惟睢阳书院始于五代晋末戚同文之讲学,余

[①] 释慧皎:《高僧传》卷四《晋豫章山康僧渊》,中华书局,1992年,第151页。
[②] 此文收入《严耕望史学论文集》卷下,上海古籍出版社,2009年,第886—931页。下文所引此文文字,不再标引出处。

> 均即唐代士人习业最盛之山林，已见前考。此为铁的事实，足证宋代书院即渊源于唐代士人习业山林寺院之风尚……

由此可见，寺院园林的规制直接影响甚至派生出了后来的书院园林；因为宋代以后的书院园林继承"往往择胜地立精舍"的悠久造园传统，所以其景观审美与造园艺术上的薪火相承自然是不言而喻的事情（参见图 3-11 至图 3-13 及其文字说明）。

其次，寺院园林的巨大发展及广泛的文化影响，其在景观艺术成就上结出绚烂之花也就势所必然，从初唐至盛唐时的敦煌壁画也可了解这一趋势。敦煌莫高窟第 329 窟壁画《弥勒经变》（图 8-11），"上部是弥勒菩萨倚坐在兜率陀天宫，两旁侍立天人菩萨；中部是弥勒菩萨下生阎浮提龙华树下成佛；左右是法花林、大妙相二菩萨与圣众；下部是儴佉王与王妃求作沙门剃度出家，上空诸佛赴会，天乐自鸣"[①]。寺院中的诸多建筑、宝池、人物等一切景象都沉浸在无比的热烈欢愉之中。

图 8-11　敦煌莫高窟第 329 窟壁画《弥勒经变》

---

① 中国美术全集编委会编：《中国美术全集·绘画编　敦煌壁画（下）》，人民美术出版社，2014 年，图版说明第 11 页。

敦煌莫高窟第172窟壁画《观无量寿经变》(图8-12)描绘了盛唐寺院的宏大场景与丰富瑰丽的景观内容,其中具有大量值得仔细观赏的内容。如图8-13所示局部,描绘了寺院中复杂的建筑品类,包括各式飞阁、回廊、台榭、桥梁等,以及作为衬托的巨大水池、池中莲花等,充分表现出寺院园林中景物的丰富。

图8-12 敦煌莫高窟第172窟壁画《观无量寿经变》　图8-13 《观无量寿经变》壁画局部

这些壁画的内容显示中国寺院园林的造园艺术已经十分成熟,所以寺院不仅规模宏大、气象瑰丽,而且园林内部空间深远、层次宛然、节奏感鲜明,水景等自然景观与殿宇、大型露台等建筑景观之间形成了相互衬托的生动组合。

由于相关佛教教义的推动,汉代以后人们对造园格局影响巨大的蓬莱仙山模式有了重要改观,其成熟的结晶还直接影响了日本的造园艺术。比如上示唐代壁画水池中的大型露台,因为新的寓意在寺院园林中的地位变得非常重要,即有学者所指出的:

　　由于净土教庭园融入了净土思想和人们的期盼,所以庭园形式充满了佛教色彩,这种庭园形式中池泉的含义由原来的表示漂浮着

> 神仙岛的大海，变为表示极乐净土的黄金池，而象征蓬莱仙境的小岛，在有些庭园中也转变为寓意须弥山的一块或者一组山石。因为在佛教看来须弥山的四周分布着九山八海，而日月环绕其周围，所以在佛教的宇宙观中，须弥山被认为是代表宇宙中心的山，因此这种净土教庭园的形式特征主要表现在造园师在池泉或庭园的中央位置摆放一块山石，或者一组山石，抑或是一座象征性的建筑物来寓意须弥山。①

所以对于敦煌壁画中有关寺院园林的内容，只有在了解了当时佛教思想演变与流行的背景之下，才能有充分的理解。

再比如唐代敦煌壁画充分表现了寺院园林中水景的规模与重要意义：

> 莫高窟第329窟南壁也绘有《阿弥陀经变》。这一窟壁画大约修建于唐贞观年间，最突出的是表现了绿水环绕、碧波荡漾的水域，还有两进结构的水上建筑。第一进为三座平台并列，主尊及胁侍菩萨、供养菩萨居中间平台，左右两座平台为观音菩萨、大势至菩萨及诸菩萨，三座平台之间有桥相连；第二进也有三座平台，中间平台之上为巍峨的大殿、两座楼阁和"七重行树"，营造了风吹宝树、法音遍布的佛国世界。②

园林中大量水景与众多辉煌建筑景观在如此规模上充分融合、彼此辉映，这对园林空间塑造能力的巨大拓展显而易见。与此相互映衬，经过佛教文化汉末至南北朝时期三百年左右的发展，人们对于寺院园林的艺术特点、审美标准等等的理性认识不仅清晰起来，而且普及到知识阶层广泛的崇尚之中。于是园林文献史上一个突出现象就是，隋唐以后出现了数量庞大的描写寺院园林风景、阐说寺院园林艺术特点的诗文；而且从文化价值观来说，人们也普遍认为对寺院园林规模、景观特点等的热情彰显，是文人才具风华的一大体现。下面仅举初唐大文学家王勃的《梓州郪县兜率寺

---

① 宁晶：《中国佛教思想对于日本净土教庭园的影响》，载《艺术设计研究》2014年第4期。
② 樊锦诗口述，顾春芳撰写：《我心归处是敦煌：樊锦诗自述》，译林出版社，2019年，第214页。

浮图碑》[①]为例，具体来看这时人们对于寺院园林景观艺术的认知程度。

首先，王勃指出寺院园林之建构所满足的不是简单日常需求，而是秉承着"以伟大建筑来体现制度与文化的神圣价值"这远古以来历代不辍的悠久传统——王勃的原文是：

> 至若按皇轩于夏箓，考璿构于殷图，周王北洛之宫，秦帝南山之阁。西京故事，下听雷霆……

随即他描写了寺院建构的首要原则，就是它能够在地貌上萃取天地山川、河流峰岩等等自然美景的无尽菁华：

> 尔其林泉纠合之势，山川表里之制，抽紫岩而四绝，叠丹峰而万变。连溪拒壑，所以控引太虚……

接着王勃更强调，寺院在宗教与文化生命上的生息运迈，要时刻契合天地万物的节奏韵律及其呈现出来的景观上的起伏迁化：

> 岩花落沼，近拂天衣；涧叶低阴，斜笼宝座；宵汀鹤警，乘鼓吹而齐鸣；晓峡猿清，挟霜钟而赴节……

然后他才落笔于对寺院中各种宏伟建筑的描写：

> ……以为上栋下宇，河图避风雨之灾；广榭崇台，时令著高明之宅。是以菩提长者，竞洁云烟之坛；天帝人王，争辟仙宫之塔。则知威容下丽，群生解瞻仰之因；材朴重珥，黎人有子来之地。乃于寺内建浮图一所……陵轹中天，规模大壮，高列砌架，迥浮轾轩，直上千寻，周回百步。占氛候景，神祇叶幽赞之功；揆墨端行，般倕逞绝群之思。收岱宗之杞梓，聚昆山之玉石。土兼五色，金逾百炼。龙蟠万拱，策屏翳而高骧；鹤矫千楣，冠扶摇而独运。

他的精要总结是："风恬雨霁，烟雾藻天地之容；野旷川明，风景挟江山之助。"即强调寺院园林的景观之美乃是对"天地之容"的升华，而反过来因为能够"挟江山之助"，于是寺院园林的营建成就出了天地间最灿烂的风景。

[①] 蒋清翊注：《王子安集注》卷一五，上海古籍出版社，1995年，第510—519页。下文所引此书文字，不再标注出处。

敦煌壁画中对于寺院外部山水环境的描绘,莫高窟第172窟东壁北侧盛唐壁画《文殊变》(图8-14)即为典型。这类描绘寺院园林的敦煌壁画,可以与王勃等唐代文学大家记述寺院风景的瑰丽文字一并欣赏。

图8-14　敦煌莫高窟第172窟东壁北侧壁画《文殊变》局部

▲赵声良《敦煌石窟艺术简史》一文指出:"图中共画出三条河流,由远而近流下,在近处汇成滔滔洪流,左侧是一组壁立的断崖,中部是一处稍低矮的山丘,画面右侧是一组山峦,沿山峦一条河流自远方流下,近处则表现出汹涌的波浪,远处河两岸的树木越远越小,与远处的原野连成一片,表现出无限辽远的境界。"

总之,从著名文学作品与敦煌壁画中的寺院场景可以知道,这些描写不仅是一种表现艺术上的铺张显扬,而且更充分体现出至7世纪时代,中国寺院园林美学已经空前臻于成熟。人们对于寺院园林的景观特点、历史文化价值、山水建筑自然物候等一切景观要素之间的关系等等问题,都有了周详清晰、系统完整的认识,并且有了如王勃所说的"风景挟江山之助"等许多经典性的概括总结。

由此还可以注意到,对寺院园林风景的描述警句层出,也是这一领域艺术理念趋于成熟的标志之一。比如唐代初年德州长寿寺《舍利碑》对寺院景色的描写中，就有"浮云共岭松张盖，明月与岩桂分丛"[1]等出色的句子，后来宋代欧阳修认为此联之警策甚至启发了初唐王勃《滕王阁序》中的名句"落霞与孤鹜齐飞，秋水共长天一色"。再比如盛唐大诗人岑参《题山寺僧房》有"窗影摇群木，墙阴载一峰"[2]一句，真切写出寺院僧房窗景之幽窈，以及僧院位居山岭景色环抱中的特点。盛唐常建《题法院》"胜景门闲对远山，竹深松老半含烟"[3]诗句，是说寺院园林中主要是以古松与翠竹相配置而构成植物景观，并且与山色相对成景。

尤其是写景警句还描摹出了寺院园林景观意象空前深厚悠长的韵味，比如盛唐綦毋潜《题灵隐寺山顶禅院》"塔影挂清汉，钟声和白云"，盛唐孟浩然《题大禹寺义公禅房》"户外一峰秀，阶前群壑深"，刘长卿《宿北山禅寺兰若》"青松临古路，白月满寒山"……

大量深具园林美学意蕴的、描写寺院的名句名联的产生，与皇家园林、城市郊野园林、士人私家园林及山水画、山水文学等等在这时的同步空前繁荣，一起说明景观艺术成就至此时已经为整个中国文化艺术的大发展提供了空前丰富的内容。

四、唐宋美学基调转变之下景观艺术中的寺院形象及其寓意

如果做进一步的梳理则可以看到，即使是历史长河已经跨过了上述蓬勃热烈的宗教发展阶段，中国文化的演变被另外一种美学基调所笼盖，寺院园林作为一种精神升华的路径，其旨归仍在景观艺术中一直鲜明地表现

---

[1] 欧阳修：《集古录》卷五"唐德州长寿寺舍利碑"条，见欧阳修著，李逸安点校：《欧阳修全集》卷一三八，中华书局，2001年，第2187页。
[2] 见彭定求等编：《全唐诗》卷二〇〇，中华书局，1960年，第2088页。
[3] 见彭定求等编：《全唐诗》卷一四四，中华书局，1960年，第1463页。

出来。例如以寺院作为广袤天地、万里山川之间具有象征归宿意义的焦点,成为中国山水画中的一种相当常见的构图模式。当然这种构图方式成为经典,背后有许多文化哲学意义上的内容值得深究。来看具体的例子,如传为北宋李成所作的《晴峦萧寺图》(图8-15)。

在旧作中,笔者曾提示此画的内涵:

> 此图相传是北宋李成的作品。李成、范宽不仅最终确立了山水画的独立地位和崇高品格,而且更以绘画史上空前雄浑伟岸的画面构图,以及园林、建筑、人物等等完全置身于苍莽山水之间那种亲合融通的状态,表达了一种理想的"天人"境界。此图中,山脚的溪流、多处水榭和殿阁等园林景观,以远处的奇峰峻岭以及其间寺院的千门万户为背景,所以其空间上的延伸感具有一种雄伟的气势。①

图8-15 (传)李成《晴峦萧寺图》
绢本立轴浅设色,56厘米×111.8厘米

宋代以后,当人们通过视觉艺术来表现内在超越性诉求,表现生命哲学对于"天人之际"之理解与皈依的时候,画面远景中矗立于万山之巅的寺院,尤其是它在画面构图上对于近景(人们的世俗生活内容与环境)精神指向上的引领,其实隐含了很多文化哲学的内容。

---

① 详见拙著:《翳然林水——栖心中国园林之境》,北京大学出版社,2017年,第300页。

再看北宋山水画中一幅经典之作——传为范宽所作的《雪景寒林图》（图 8-16）。

图 8-16 （传）范宽《雪景寒林图》
绢本水墨，193.5厘米×160.3厘米

此图为北宋山水画伟大作品之一。画面中山峦层层壁立，具有顶天立地的雄奇伟岸气魄；山谷间云翳缥缈，山麓水边林木幽深，近景中画面右侧的桥梁与左侧的村庄遥相呼应，并且形成构图上的均衡；而在这一派苍茫之中，作为中景的山巅一处寺院赫然矗立，不仅成为整个画面的视觉焦点，而且将近景其万千物象的格调提振到高远的境界，并且又与无尽的远景融会一体。总之，本图不仅用密点笔法点染出北方山岭坚实浑厚的质感，尤其通过构图层次的严整、画面格局的阔大气象而表现出中国风景艺术中最核心的"天人境界"。图中寺院的形象、位置及其精神内蕴成为整个画面中的关捩，并赋予全图以悠远的韵味，这些对于我们理解寺院园林在中国景观艺术中的意义来说，都是重要的范例。再以传为范宽所作的《雪山萧寺图》（图 8-17）为例。

388 · 溪山无尽：风景美学与中国古典建筑、园林、山水画、工艺美术

图 8-17 （传）范宽《雪山萧寺图》
24.7厘米×25.5厘米

此画构图鲜明地具有南宋风格，大概是南宋高手摹习李成画风的作品。画面的内容透出一种哲思的意味：弥望的雪野让天地万物沉浸在肃杀之中，甚至连一叶孤舟也停泊岸边，止楫不前，而举目四野，唯有林木掩翳下的寺院，提示着一个足以与天地相互对话沟通而且具有心灵超越意味的精神家园。类似的例子当然很多，如传为关仝所作的《待渡图》（图 8-18）及收入本书"论南宋山水画"一章中的《秋江暝泊图》等。

类似构图方式一直影响着中国山水画及其文化意蕴在以后的发展，在明代绘画中也可以看出其影响，如明代金润《溪山真赏图》（图 8-19）。

而可以与金润《溪山真赏图》横轴画卷相互对比的立轴作品，则有沈周《清江幽居图》（图 8-20）。

明代大幅版画作品记录的私家园林中也涵纳了小型寺院，如钱贡绘图、黄应组刊刻的《环翠堂园景图》中就有寺庙景点的描绘（图 8-21）。

图8-18 （传）关仝《待渡图》

◀ 本图传为五代关同所作，实为南宋佚名画家的作品。画面中，寺院建筑群与高耸的寺塔在构图上与临水待渡的行人构成对角线的两端，意味着这组寺院建筑群成为行路者向彼岸境界前行攀登的引领。从画面中的势位来说，居于画面左上角的寺院群也是控制全图山水体系各个细部的焦点。

构图的逻辑达到如此洗练而清晰的水准，是南宋山水画艺术高度成就的又一大特征，即在宇宙理念发展的推动之下，对于"谢赫六法·经营位置"又有了空前深刻而娴熟的把握。如果纵观南宋山水画众多优秀之作，则对此特点尤其可以有真切体会，参见本书图10-10、图10-11、图10-24、图10-25、图10-26、图10-29、图10-31、图11-6、图11-7等南宋山水画作以及相关文字阐释。

图8-19 金润《溪山真赏图》

纸本设色，29厘米×106.5厘米

▲ 此图为明代金润所作。画面右侧的寺院殿宇居于高点，并且以高山峻岭为衬托，形成了对向长卷左侧逶迤展开的桥梁、溪涧、林野、村落、湖泊及远景中的舟帆等诸多景致的映射与平衡——如果说长卷这种艺术形式是对于中国古典文化之时空序列理念的深刻表达方式，那么寺院园林在其中的位置与意义，就值得玩味。

图 8-20　沈周《清江幽居图》及表现"深山藏古寺"的局部

立轴，纸本设色，174.3厘米×71.7厘米

▲此图为明代沈周数百幅传世画作中的上乘精品之一，画面构图精审，层次非常丰富且空间布置的折算安排精准不苟，远山近石的皴法沉稳老练、苔点坚实；尤其是近景中描绘几株老松的笔法，颇见其书法底蕴中的"骨力"。远山中的寺院不作张扬之势，同时或隐或现地与近景中的隐居者形成高下、远近上的对景——从形而上的心灵层面来说，更似乎隐寓着寺院意向与草庐之间关于天地主题的对话（可与本书图10-23、图11-7的图景以及笔者相关解说参看）。

图 8-21　钱贡绘图、黄应组刊刻《环翠堂园景图》局部

新安汪氏环翠堂刊，全图24厘米×1486厘米

▲明代后期文学戏曲家汪廷讷所建坐隐园共有一百余处景点，是江南私家园林中的巨构，《环翠堂园景图》即为描绘记录此园的大型连环版画。绘稿者为文徵明弟子钱贡，他善画山水、人物；镌刻者为徽派版画著名刻工黄应祖。上图这个片段所刻绘的，是坐隐园中的半偈庵、经藏等等聚焦佛教文化的景点。

在影响十分广泛的通俗信仰领域,国民生活更需要持续性的宗教动力,因而其生活环境总是与宗教氛围发生千丝万缕的关联。且从南宋佚名《拜月图》(图8-22),来看宋代人在具有风景园林特点的家宅内举行祭祀仪式的过程。

图8-22　南宋佚名《拜月图》及局部

绢本立轴设色,103.8厘米×48厘米

▲画面主题是女主人在精美的园林中"拜月祈福",她周围侍女与男仆也都虔敬肃穆,鲜明展现出家庭或宫苑内廷宗教活动的仪式感。从绘画艺术的成就来说,本图也非常值得留意:画面对建筑(包括建筑物一切构件的细部)描绘得一丝不苟,极尽精美;远处群山如黛,与中景处的建筑一起构成了眼前庭园的对景层次。而近景庭园中曲水蜿蜒,柳条与梅枝拂动水面,不仅显出园林格调的清雅韵致,而且与庭园中的假山、松树刚劲气象形成对比——如此的层次宛然显示出,南宋山水园林题材绘画对于园林空间与园林诸多景物的安排,具有了一种成熟周详、范式性的考量。

明代文学名著与版画作品中也有在宅居内举行佛道醮祭仪式的描绘,如汤显祖《牡丹亭还魂记》明万历四十五年(1617)刊本中《魂游》一出中的相关记载及插图(图8-23)。

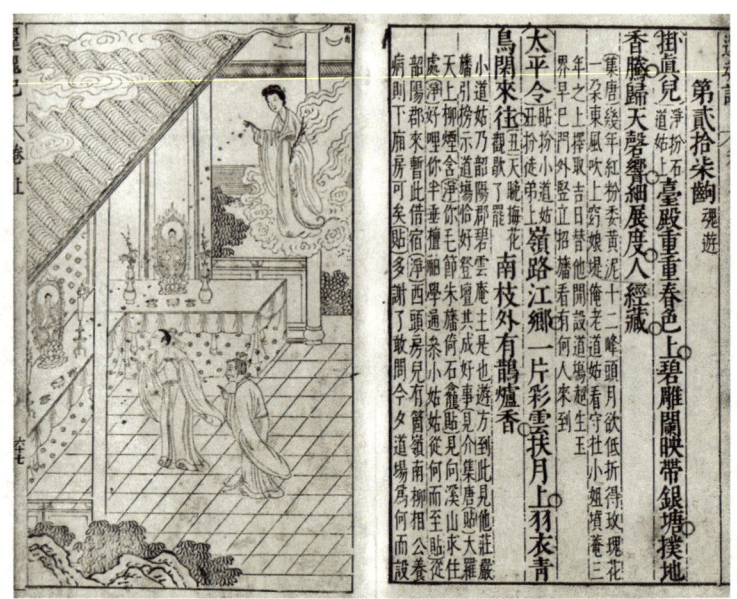

图 8-23　汤显祖《牡丹亭还魂记》第二十七出《魂游》

▲《牡丹亭·魂游》写杜丽娘仙逝之后家中请老道姑为她"开设道场,超生玉界"的具体仪式情形。而在明代戏剧版画描绘中,神龛前供奉的又是佛教神像,由此显示出此时人们生活中"三教合一"局面的根深蒂固与随处可见(参见本书图 9-11 等宋代以后的例子)。

明清时,著名文人园林成为佛道人士会聚之地。如江苏如皋水绘园为明末大名士冒辟疆的私家园林,清代冒氏后人冒晴石《题沈三白〈水绘园图〉》中"今日公卿常问讯,昔时仙佛总因缘"(图 8-24),明白记述了当年水绘园为佛门与道家人士频频造访流连之地。 道光

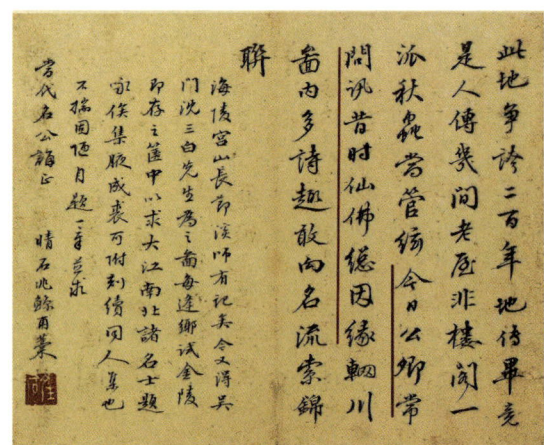

图 8-24　冒晴石《题沈三白〈水绘园图〉》

年间沈复(字三白,著有《浮生六记》)应冒晴石所请而绘《水绘园图》(图 8-25)。

第八章　古典寺院园林景观的文化地位与艺术成就（上篇）· 393

图 8-25　沈复《水绘园图》
纸本册页设色，21.1厘米×6.2厘米，全册19幅

▲江苏如皋水绘园遗构今存（见本书图 4-5），但比较此画可知，水绘园今貌即使距离它在清中晚期的面目，也已经相差较远。

从这类例子（相似的情况在《红楼梦》等明清小说中更有大量描写）可以清楚地看到，这时社会日常生活与文化氛围的发展内容之一，就是佛道教义、佛道寺院景观在人们日常的艺术与生活氛围中不断"内化"。

笔者在旧著中曾经详细指出，中唐至北宋初年的政治家、思想家韩愈、胡瑗、孙复、石介等人追溯现实社会危机的原因时，对"佛老之徒横于中国"痛心疾首，矢志彻底扫荡而后快。但是后来的情况有了重大变化。拙意的大致叙述是：

与中唐以来志在复兴道统的许多思想家对佛老的深恶痛绝形成鲜明对照，理学在许多时候对佛老采取了一种相当宽容甚至是倾心的态度。谢良佐、杨时、陆九渊等理学家以庄、禅发挥己说固不待言，就是在程、朱那里，汲取庄、禅以为己用的例子也随处可见。比如二程对佛学的评价甚高，说"释氏之学……亦尽极乎高深""佛、庄之说，大抵略见道体"；朱熹更说："此事（指终极性的哲学与伦理学本体）除了孔孟，犹是佛老见得些形象。"①

余英时先生还曾举出佛教作为重要思想资源而直接影响宋代政治局面的重要事例：

> 一考其实，（宋）神宗心中的"道"确是"窃取释氏之近似者"，恰如张栻所言。他在和王安石的一次对话中曾明白地说："道必有法，有妙道斯有妙法。如释氏所谈，妙道也；则禅者，其妙法也。"（李焘《续资治通鉴长编》卷二七五）更巧合的是理学家如朱、张、陆诸人所曾寄予厚望的孝宗也继承了神宗的衣钵。他在淳熙（1174—1189）中期曾撰《原道辨》，驳韩愈之说，主张"以佛治心，以道养生，以儒治世"。②

对佛道等宗教这种普遍倾心亲和的立场，当然代表了中国文化发展自宋代开始日益"内卷"的趋势与机理，这深刻影响了社会文化与文人生活等等方面，以及相关环境艺术与景观艺术的面貌。

总之，寺院园林是中国古典艺术与美学中的一个重要的分支，这个领域中有许多需要我们去体会与研究的内容，在这个前提下，我们对于中国古典园林艺术、景观艺术（尤其是其外在形貌背后的文化动力、审美心理及诸多相关艺术门类之间的相互关联等等）的理解才可能更深入一些。

---

① 详见拙著：《园林与中国文化》第三编第三章"宋明理学的重大意义之一——'天人之际'体系的高度强化和完善及其对园林境界的影响"，上海人民出版社，1990年，第305—351页。
② 余英时：《朱熹的历史世界·自序二》，生活·读书·新知三联书店，2004年，第12页。

第九章 古典寺院园林景观的文化地位与艺术成就（下篇）

——从景观美学角度看中国古典寺院园林的许多特点

在上篇介绍中国寺院园林发展历史、文化功能等等内容的基础上，现在我们进一步探讨中国寺院园林的景观学意义与特点。而这个问题的基础，首先在于寺院构成了传统中国社会、中国人民生活环境的一个重要的背景。

如前文所述，随着中国宗教文化的发展完备，佛教、道教及各类民间宗教在社会结构与文化结构中越来越娴熟地承载着巨大而重要的功能。其直接的结果，即如杨庆堃先生所总结的，在广大城乡，寺院成为中国建筑景观艺术的结晶与最重要载体之一：

> 在中国的村庄，一般说来最大和最令人难忘的建筑就是宗教寺庙。即便在城镇，也只有官府衙门可以和寺庙相比。事实上，在中国那些形制壮观而具有艺术性的建筑物基本上都是宗教场所。用于建造寺庙的木料和石材都是耗费巨资从遥远的地方运来的，因此每个寺庙都代表着社会组织，甚至经常是整个社区集体的努力。寺院和宗教在人们心目中一定是非常重要的象征，才能够让人们分担兴建时如此巨大的财政和人力资源方面的压力。[①]

而且由于宗教信仰的普遍性，所以寺院数量与规模都分外巨大。例如唐代长安，宋敏求《长安志》记载的寺院共104所，道观37所；《唐两京城

---

① 杨庆堃：《中国社会中的宗教：宗教的现代社会功能及其历史因素之研究》，范丽珠译，四川人民出版社，2016年，第31页。

坊考》记载的寺院共107所,道观39所。[①]宋代潘阆写杭州寺院之众多:"长忆钱塘,临水傍山三百寺。"[②]明代情况如《帝京景物略》所记载的,仅位于北京西郊一带的寺院就有600多所,由此形成"金碧鳞鳞"的壮丽景观。据统计,"1750年到1949年之间,在北京内城不足60平方公里的土地上,曾经存在过约1500座寺庙"[③]。

寺院园林在整个中国传统社会与相应景观艺术上所占据权重巨大,这是今天我们不容易想象的。基于此,它的美学特点、对于整个环境景观的影响,更值得加以认真总结。下面尝试做简单的归纳。

一、寺院园林成为城市景观的重要内容甚至点睛之笔

寺院园林以及寺院中的殿宇宝塔等主要建筑,往往因为其体量高大、在建筑艺术上优美可观,而成为整个城市天际线中的焦点与亮点。以历史名城江苏镇江的金山慈寿寺及慈寿寺塔为例,依山层叠建构的禅院、优美而节奏感鲜明的古塔勾勒出了城市天际线中最为动人的段落。类似的例子当然非常之多,再比如河北省蔚州古城的风貌(图9-1)。

众多寺院的星罗棋布、比邻而居,更直接塑造了城市文化与城市景观的丰富绚丽,例如"海上丝绸之路"起点之一的福建泉州市,因为千百年来都是中外各种宗教信仰的交汇点,所以传统的儒释道庙序、屹立千年的伊斯兰寺、沿海民众为崇拜妈祖广为兴建的天后宫等众多大型寺院在城中随处可见(见图9-2)。

---

① 李小波、李强:《从天文到人文——汉唐长安城规划思想的演变》,载《城市规划》2000年第9期。
② 潘阆:《酒泉子》其二,见唐圭璋编:《全宋词》,中华书局,1965年,第5页。
③ 法国远东学院与北京师范大学:《北京内城寺庙碑刻与社会项目概述》,见金磊、段喜臣主编:《中国建筑文化遗产年度报告 2002—2012》,天津大学出版社,2013年,第622页。

图9-1　河北省蔚州古城中的南安寺塔

▲ 南安寺曾为燕云名刹，相传建于汉代，疑为北魏时所建。北魏至辽代该寺香火旺盛，至北周大象二年（580）建立蔚州城时，南安寺已具相当规模，因此当地历来有"先有南安寺，后有蔚州城"的说法。现存的南安寺塔重建于辽天庆元年（1111），为密檐式实心砖塔，俊秀挺拔，高耸入云，至今其赫然矗立的身姿依然是蔚州古城最具标志性也最具动人美感的建筑。

图9-2　泉州城中文庙大成殿、宋代伊斯兰寺院清净寺礼拜殿遗址、奉祀妈祖娘娘的后天宫

从上面的例子中我们可以看到：中国传统城市的布局，往往是依纵轴线展开整个城市建筑群的平面空间，所以寺院中高大辉煌的殿宇群（参见本书图7-17、图7-19）、势欲凌空的宝塔，就成为这个巨大平面空间中勾勒与提升城市景观天际线的主要手段。

许多昔日著名的宏大寺院今天只剩下了一鳞半爪、劫火之余，但它们仍然深情提示我们谛听历史余音的意义，比如辽上京南塔（图9-3）。

图9-3 辽上京南塔（张梅芝摄）

▲辽上京遗址位于内蒙古自治区巴林左旗林东镇南侧，此地原是辽代最早建立的都城，距今已逾千年。上京南塔与北塔遥遥相对，塔的巨大体量与精美工艺都提示着当年此地寺院规模之宏大与人们崇信佛教之热烈。南塔踞山而建，愈显得高耸入云，从而在全城景观的势位上控制着下方的整个上京城及周边原野，成为广袤天地间景观审美的视觉焦点。而云辉舒卷下的这番风景，愈加让人想起杜甫《咏怀古迹》"翠华想像空山里，玉殿虚无野寺中"等描写寺院残址的名句，启人思绪去潜心体会历史迁延的美感与哲理。

相反，我们今天如果不能理解古典寺院园林、寺院建筑对于景观美学的重要价值，在城市景观建设上往往会有相当拙劣乖谬之举。例如浙江绍兴市中心大善寺塔（图9-4）是第八批全国重点文物保护单位之一。它建于南朝梁武帝天监三年（504），距今一千五百余年。此塔屡次重建重修：南宋绍定元年（1228）重建，明永乐元年（1403）重修，清康熙八年（1669）重修，清道光二十四年（1844）重修。1957年，政府对大善寺塔全面修缮，塔身基本保持原有风貌。但是与塔

图9-4 绍兴市大善寺塔

同龄的越中古刹大善寺于 1970 年被拆除,并在该址之上建造了绍兴百货大楼。后来又在临近处建起多幢高耸的现代塔楼,遂使原来由古寺、古塔等建构出的历史名城风貌被破坏,城市景观风格显得非常不协调。

又如,北京天宁寺塔(图 9-5)为辽代所建,是建筑史上的珍贵遗存,曾经亦是北京城西部天际线的重要节点,但现在的景象却让人十分遗憾(如图 9-6 所示)。

图 9-5　北京天宁寺塔(赵恩奇摄)

图 9-6　天宁寺塔与发电厂大烟囱彼此对峙（赵恩奇摄）

天宁寺塔的建造年代为辽代大康九年(1083),不仅是北京现存建造年代最早的地面建筑,且体量巨大、雕塑精美,是辽塔中的精品。近距离观赏天宁寺塔令人叹为观止,塔的主体虽然保留,三大问题却无法解决:原来规模宏大的天宁寺大部分早已被拆除,因此此塔基本上失去了相匹配的存身环境;塔的周边民居等高楼林立、巨大的高架立交桥近在肘腋,使塔的形象尴尬;北京第二热电厂的主烟囱与塔并列,烟囱高 180 米,是天宁寺塔塔高的三倍多,烟囱离古塔的距离仅仅 144.6 米。在这种"贴身凌压"之下,后者只能俯首称臣、委屈存身。真是"相看两相厌",却又只能日夜为伍、寸步不离。这些都是不能理解寺院园林的文化地位及其在城市景观格局中重要意义所导致的尴尬。

上面说的是因为蔑视宗教文化与历史而导致的破坏，而现在还经常看到另外一种破坏，即因为不了解宗教文化的内涵、仪轨等等而乱加乱建，结果花了大钱而造出许多不伦不类、景观效果上让人难以接受的东西，从杭州西湖湖畔雷峰塔旧貌（图9-7）与近年重建以后的形貌（图9-8）可窥端倪。

图9-7　20世纪20年代西湖旧雷峰塔倾圮之前的形貌

◀明嘉靖年间倭寇入侵东南沿海，杭州城被围困期间此塔遭纵火焚烧，塔身外立面的木构层荡然无存，古塔仅剩砖砌的内塔身，而且通体赤红，有一种悲凉深沉的历史沧桑感。

▶近年重建的雷峰塔正面加装了体量巨大的电梯，这不仅使得名塔的历史沧桑感大为减色，而且硕大的电梯因为占据整个建筑观赏视域的基础部分，于是与古典形制的塔身之间形成风格上的抵牾。

图9-8　近年重建的雷峰塔

其实，历史建筑的欣赏、维修与复建，最重要的原则就是要体会、保留与呈现那种深远悠久的历史感，呈现历史建筑本有的文化与宗教厚重内蕴，就是梁思成、林徽因先生所说的"经过大匠之手艺，年代之磋磨，有一些石头的确是会蕴含生气的。……无论哪一个巍峨的古城楼，或一角倾颓的殿基的灵魂里，无形中都在诉说，乃至于歌唱"。我们的古人对历史建筑景观中的这种深情诉说与歌唱其实有深切体会，比如宋代范成大《福胜阁》一诗对他眼前这座京城中重要历史建筑的形容是："劫火不能侵愿力，岿然独似汉灵光！"①所谓汉灵光是指西汉景帝之子鲁恭王刘余在鲁国曲阜建造的宫殿，其规模宏大、壮丽崔巍；尤其是在西汉末年的政治动乱期间，首都长安的著名宫殿未央宫、建章宫皆遭毁灭，但曲阜的灵光殿却岿然独存，成为西汉辉煌文明硕果仅存的伟大象征，因此东汉文学家王延寿写下著名的《鲁灵光殿赋》，以做详细描述与竭力的颂扬。而范成大以汉灵光殿来比拟福胜阁，也是着眼于它历经劫火而有幸不毁从而保留了这座建筑的珍贵历史风貌与韵味——相反我们看在显要处加装了现代巨型电动扶梯的雷峰塔等等修复或重建之作，则是把历史感与文化宗教内蕴与韵致破坏了。

二、融会皇家园林与文人园林风格，同时发展自己独特艺术境界

前文已经简单说明了中国寺院园林是怎样承续了皇家园林与文人园林的双重内涵。通过敦煌壁画中许多寺院园林的场景更可以看到，这种承接与融合在唐代就已经造就出非常辉煌灿烂的艺术成果。后来的场景及建筑当然没有唐代那种气象与规模，但是其基本脉络一仍其旧，例如山西大同

---

① 范成大：《范石湖集》卷一二，富寿荪校注，上海古籍出版社，2006年，第147页。

善化寺建筑群。

梁思成先生绘有《山西大同善化寺建筑群平面图》(图9-9)，并据此图具体说明中国佛道寺院建筑群的通行布局原则："这是大多数中国佛教、道教寺观的典型布局。大殿位于中轴线上，较小的殿和配殿则在横轴线上，各殿以廊相接，形成一进进的长方形庭院。"①

佛道寺院建筑群的这种通行布局方式，从山西太原的崇善寺可以了解得更为清楚。太原崇善寺始建于唐代，明洪武十四年（1381）朱元璋三子晋恭王朱棡为追念其母孝慈高皇后马氏，据该寺旧址大事扩建，因其既为佛教寺院又为皇家祖庙，所以规模巨

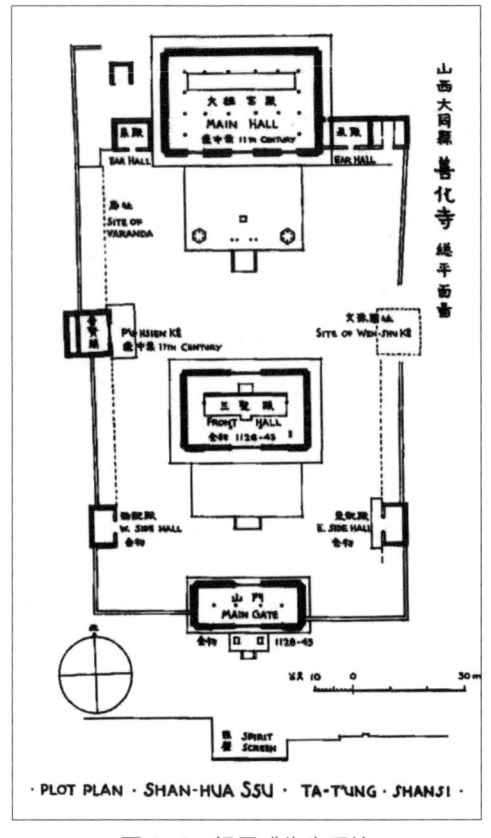

图9-9　梁思成先生手绘
《山西大同善化寺建筑群平面图》

大：南北长550米，东西长250米，总面积约14万平方米。建筑格局为：中轴线上由南往北排列金刚殿、天王殿、大雄殿、毗卢殿、大悲殿、金灵殿等层层递进的殿宇；各大殿的左、右两侧又规整排列附属院落——整个建筑群布局明显是以中国皇宫建筑制度为模本。

寺院园林与皇家园林相互影响，甚至彼此杂糅，其例子很多。比如清代皇家园林中常常设置由寺院群组成的大型景区。北京颐和园，是中国皇家园林的代表，其上的万寿山后山布置了规模宏大的佛教建筑群，如塔、殿、琉璃佛阁等品类齐备的各式藏传佛教建筑（图9-10）。

---

① 梁思成：《图像中国建筑史》，生活·读书·新知三联书店，2001年，第59页。

第九章　古典寺院园林景观的文化地位与艺术成就（下篇）· 403

图 9-10　北京颐和园万寿山后山藏传佛教建筑群

再看士人园林对寺院园林的长期影响。出于前文介绍过的原因，中国寺院园林的建置、艺术风格等与文人园林彼此深刻影响，其例子也数不胜数。比如东晋至刘宋早期士人集团领袖人物谢灵运，他记述了自己在会稽营建的别墅园林：

> 剪榛开径，寻石觅崖。四山周回，双流逶迤。面南岭，建经台；倚北阜，筑讲堂。傍危峰，立禅室；临浚流，列僧房。对百年之高木，纳万代之芬芳。抱终古之泉源，美膏液之清长。谢丽塔于郊郭，殊世间于城傍。欣见素以抱朴，果甘露于道场。①

此文中写得很清楚，谢灵运私园中不仅特意设置了"经台""讲堂""禅室""僧房"等等崇奉佛教的建筑，而且这些奉佛建筑周围的自然环境优美可观。

再比如唐代著名文学家孟浩然在《题终南翠微寺空上人房》（一作《宿终南翠微寺》）诗中对寺院园林的描写是：

> 翠微终南里，雨后宜返照。闭关久沈冥，杖策一登眺。遂造幽

---

① 谢灵运：《山居赋》，见沈约：《宋书》卷六七《谢灵运传》，中华书局，1974年，第1764—1765页。《山居赋》不仅是谢灵运重要的文学作品，而且也是详细记述当时高门氏族显赫政治、经济与文化地位，左右社会审美方向的历史文献。关于谢灵运关键生活年代（刘宋元嘉前期）的上述文化背景，详见拙文《刘宋统治阶级的内部关系与刘宋政权的兴亡》，载《东南文化》1989年第2期。

人室，始知静者妙。儒道虽异门，云林颇同调。……风泉有清音，何必苏门啸。①

这里"儒道虽异门，云林颇同调"一联阐说的当然是寺院园林审美最重要的宗旨。后面"风泉有清音，何必苏门啸"一句更做了充分的补充："清音"是袭用西晋左思《招隐诗》"非必丝与竹，山水有清音"的名句（详下）；"苏门啸"是指魏晋名士孙登隐居苏门山，以长啸而表达精神寄托的典故②，魏晋名士有通过长啸而表达自己"愍流俗之未悟，独超然而先觉。狭世路之厄僻，仰天衢而高蹈。邈姱俗而遗身，乃慷慨而长啸"③的传统。所以从孟浩然这一系列的描写与引用，可以清楚看出汉末以来士人园林的精神禀赋对寺院园林风格的深刻塑造。

又比如中唐著名诗人刘长卿在《寻南溪常山道人隐居》（一作《寻常山南溪道士隐居》）中的描写：

一路经行处，莓苔见履痕。白云依静渚，春草闭闲门。过雨看松色，随山到水源。溪花与禅意，相对亦忘言。④

诗中的"道""道人"不是指道教、道士，而是指佛教、佛教徒⑤。所以孟浩然、刘长卿诗中强调的意思是：不论儒家还是佛家，通过寺院园林而欣赏山林的自然景观，是他们共同的崇尚与爱好。

南宋佚名画家的《松荫谈道图》（图9-11）不仅是南宋人物画中的重要作品，而且直接表现了中国思想史发展后期日益显著的"三教合一"趋向。画面中从左至右的儒、释、道三人，彼此各异的表情与衣饰形象都非常鲜

---

① 见彭定求等编：见《全唐诗》卷一五九，中华书局，1960年，第1624页。
② 事见房玄龄等撰：《晋书》卷四九《阮籍传》，中华书局，1974年，第1362页。
③ 成公绥：《啸赋》，见萧统编：《文选》第一八，张启成等译注，中华书局，2019年，第1172页。
④ 见彭定求等编：《全唐诗》卷一四八，中华书局，1960年，第1512页。
⑤ 叶梦得《避暑录话》卷三："晋宋间佛学初行，其徒犹未有僧称，通曰'道人'，其姓则皆从所授学。"《宋元笔记小说大观》本，上海古籍出版社，2007年，第2651页。还可留意：唐代很多文学性、学术性的话语习惯往往沿用南朝旧规，除了此例之外，孟浩然《题融公兰若》中用"谈玄"这一魏晋流行语词而指称在佛寺中探讨佛教义理。又如《旧唐书》卷一九〇《王维传》："（王维）在京师日饭十数名僧，以玄谈为乐。"

明，而他们齐聚于松荫山水之间，在"依树听流泉"的景色氛围中谈道辩理。这种审美意象的提炼与表达，对理解中国园林山水艺术与三教的关系具有提纲挈领的意义。

图 9-11　佚名《松荫谈道图》
绢本团扇设色，25.2 厘米 ×25.7 厘米

在这样的信仰基础上，寺院园林与文人园林在造园风格手法上的相互融通也就是必然的，例如元代著名文人宋褧这样形容某寺院园林的景致："曲沼芙蓉秋的的，小山丛桂晚萧萧。"[1]《楚辞》录汉代淮南小山《招隐士》中有"桂树丛生兮山之幽，偃蹇连蜷兮枝相缭。山气巃嵸兮石嵯峨，溪谷崭岩兮水曾波"[2]等等名句，文人用此典故描述寺院，也可以看到寺院园林的景致在艺术风格上与文人园林的接近。从明代著名文人书画家项元汴《梵林图卷》（图 9-12）中所描绘的寺院园林风貌，更能充分地体会到当时寺院园林浓郁的文人情调。

---

[1] 宋褧：《浣溪沙·昆山州城西小寺》，见朱彝尊、汪森编：《词综》卷二九，民辉校点，岳麓书社，1995年，第611页。
[2] 参见朱熹注：《楚辞集注》卷八，夏剑钦、吴广平校点，岳麓书社，2013年，第134页。

图9-12　项元汴《梵林图卷》局部
纸本设色，全卷25.8厘米×86厘米

▲ 此图绘者项元汴（1525—1590），浙江嘉兴人，字子京，别字墨林居士。项元汴不仅是明代首屈一指的收藏大家，而且精鉴赏，亦擅画，山水画学元黄公望、倪瓒，写梅兰竹石则皆能得其幽情逸致，对清代艺坛影响很大。

此图描绘寺院傍山而筑，曲垣之外流水潺潺，长松掩映之下又有跨水石桥为水景平添出层次与韵味；画卷最左侧有曲径穿山而来，山径两侧巨石峥嵘，林木掩翳；寺院庭院中有体量巨大的湖石假山，又有翠竹点缀其侧，对景为楼阁之上的两人对谈禅理；回廊中则布置佛堂。总之，不论是寺院的庭园内景还是周边的山水环境，都与当时文人园林所憧憬的景观配置内容高度契合；而寺院景致的这种配置模式出自项元汴这样的艺林巨擘笔下，当然典型地反映出此时寺院园林高度文人化的趋势与精神内蕴。

再以峨眉山寺院中的清音阁前风景为例。清音阁，又称卧云寺，峨眉山八大寺庙之一，该寺为唐僖宗年间慧通禅师所修建，供有释迦牟尼、文殊、普贤大师之像。明初广济和尚取晋人左思《招隐诗》"非必丝与竹，山水有清音"之意，更名为清音阁。此阁修建在黑龙江和白龙江之间的山梁上，凌空高耸，形势险峻。周围林木密郁，翠色参天，特别是阁后一大片杉林，色如翡翠，衬托之下使古寺愈见古雅（见图9-13）。以清音阁为中心，由清音阁、牛心寺、广福寺、白龙寺、白云峡等构成了以自然山水为主调的寺院园林环境。而清音阁只有一个殿堂，阁前有接王亭；清音阁虽小，但地势扼险，气势逼人，尤其是山环水绕的景致体现了"山水有清音"的意境,所以被视为寺院园林的典范。

图9-13 "峨眉十景"之"双桥清音"(董竞飞摄)

再看"清音"这个命题,它直接来自魏晋以后文人阶层普遍崇尚隐逸生活、爱慕山水自然的精神追求。魏晋文人阶层崇尚山水的美学宗旨不仅直接造就与推进了文人园林的空前发展,而且也对皇家园林、寺院园林等等产生了深刻影响。如北京香山"静宜园二十八景"之一"璎珞岩"(图9-14)的景观设计,同样是以"非必丝与竹,山水有清音"为宗旨。

图9-14 北京香山静宜园"璎珞岩"

园林意境的这种追求,当然直接体现着左思《招隐诗》中的宗旨:

> 杖策招隐士,荒涂横古今。岩穴无结构,丘中有鸣琴。白云停阴冈,丹葩曜阳林。石泉漱琼瑶,纤鳞亦浮沉。非必丝与竹,山水有清音。何事待啸歌,灌木自悲吟。秋菊兼糇粮,幽兰间重襟。踌躇足力烦,聊欲投吾簪。(其一)
>
> 经始东山庐,果下自成榛。前有寒泉井,聊可莹心神。峭蒨青葱间,竹柏得其真。①(其二)

需要提示的是,"竹柏得其真"的"真"是老庄以来的重要哲学概念,指世界未被欲望世界扭曲荼害的本质状态,即《庄子·秋水》中"谨守而勿失,是谓反其真",所以魏晋以来士人园林都强调通过对山水景观的审美而"得其真"(即体悟、把握世界真实的本质),由此而"真"以及"真趣""真意"等也就成为山水园林美学中最重要的命题。比如南朝大文学家江淹说"晨游任所萃,悠悠蕴真趣"②;苏州网师园有"真意"一景;狮子林中也有真趣亭:可见风景园林美学中"清音""真"等命题一脉相承的重要性。

再看皇家园林、寺院园林、文人园林三者互相融合的典型例子,即北京清代皇家园林静宜园香山寺(图9-15)。

香山寺是一处典型的皇家园林、寺院园林与文人风格园林

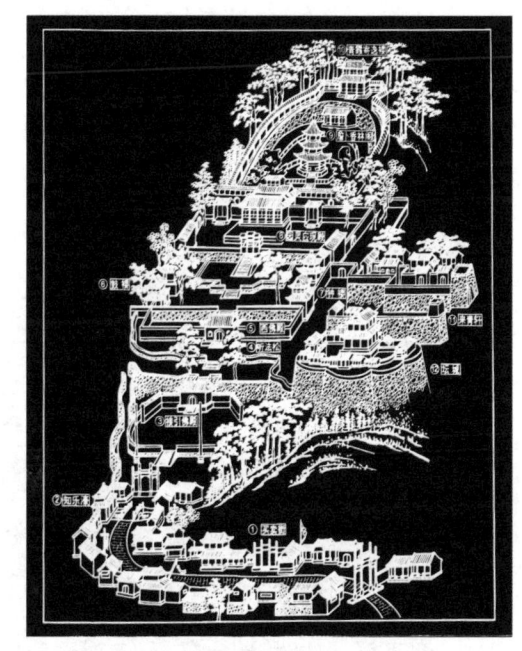

图9-15 北京清代皇家园林静宜园香山寺概览图

---

① 左思:《招隐诗二首》,见萧统编:《文选》卷二二,世界书局,1935年,第296—297页。
② 江淹:《杂体三十首·殷东阳兴瞩》,见《江文通集汇注》卷四,中华书局,1984年,第155页。江淹这首诗中的其他文句也都涉及园林景观审美原则,可以参看,如:"云天亦辽亮,时与赏心遇。青松挺秀萼,惠色出乔树。极眺清波深,缅映石壁素。莹情无余滓,拂衣释尘务……"

相结合的大型作品:此园中有坛城、接引佛殿至园灵应现殿一路殿堂等佛教建筑;同时安排了知乐濠、青霞寄逸楼、来青轩等众多以文人隐逸文化为宗旨的景区与建筑。乾隆叙述了香山寺的来由:

  寺建于金世宗大定间,依岩架壑为殿五层,金碧辉映,自下望之层级可数,旧名"永安",亦曰"甘露",予谓香山在洛中龙门,白居易取以自号,山名既同,即以山名寺,奚为不可!①

图9-16 七宝琉璃塔

可见这里是皇家园林依托古刹而构景、其过程中又随处借鉴引用士人园林常用主题的典型例子。

北京颐和园北坡寺院建筑群中的七宝琉璃塔(图9-16),也是皇家园林与寺院园林的诸多景观要素在艺术上相互映衬、相互结合的例子。

除了这座七宝琉璃塔之外,其他相关建筑都已经被英法联军焚毁,所以现在的游人一般不会注意到这里原本有一处规模可观、艺术上的设计布置相当用心的园中之园,更不知它的背后还有中国园林史的许多故事。

颐和园北坡花承阁景区建于清乾隆十八年(1753),是一组集寺庙、厅堂轩廊和山石等于一体的园中园,主要由一座面西三楹二层结构的花承阁、东部的六兼斋、中路的莲座盘云佛殿,以及那座著名的多宝琉璃塔组成。景区前方,是高7米、半径30米的半月形环廊,当年可以在这里凭栏远眺京北山色。

---

① 清高宗弘历:《香山寺·序》,见《日下旧闻考》卷八六,北京古籍出版社,1981年,第1446页。

在颐和园花承阁遗址处,现在还可以看到当年从北宋汴京艮岳遗址运到北京安放的太湖石(图9-17),其花石基座为后来配置的清代式样。熟悉中国园林史、宋代历史及"水浒"故事的朋友一定都知道,当年宋徽宗为了建造汴京的皇家园林艮岳而在全国大兴花石纲,这是当时震动朝野的重大事件。

如果我们能够有一些诸如此类的中国哲学史、文学史、美术史等方面背景知识,那么在游览寺院园林时,可能就会有更多的体验与理解。

图9-17　颐和园北坡花承阁遗址中的北宋艮岳太湖石
▲ 美国的亚洲艺术鉴赏家、收藏家查尔斯·朗·弗利尔在20世纪初中国之行时拍摄,见《旧影:弗利尔河南行迹》。

当然,寺院园林并不是皇家园林与文人园林的简单集合体,相反它又有自己很鲜明的风格特征与美学境界,如北京著名古刹潭柘寺中佛殿掩映在古松、红墙、汉白玉栏杆等等组成的景观环境之中,古松的满目苍翠遒劲、历尽沧桑,恰与红墙、汉白玉栏杆等建筑色调形成了相互对比,形成了"秋殿隐深松"的景象(图9-18),使人愈加直接地感受到佛家境界的博大庄严。

寺院园林的这种肃穆庄严、使人自然而然心生崇敬的环境特色,当然也催生了文学史上无数描写园林的名作名句。比如第八章提到的隋代德州长寿寺《舍利碑》对寺院景色的描写中,就有"浮云共岭松张盖,明月与岩桂分丛"这样出色的句子,而后来欧阳修认为此联之警策甚至启发了初唐

第九章　古典寺院园林景观的文化地位与艺术成就（下篇）· 411

图9-18　潭柘寺"秋殿隐深松"景象

王勃《滕王阁序》中的名句"落霞与孤鹜齐飞，秋水共长天一色"。再比如唐代大诗人岑参《冬夜宿仙游寺南凉堂呈谦道人》中对寺院景致及其美学境界的描写：

> 乱流争迅湍，喷薄如雷风。夜来闻清磬，月出苍山空。空山满清光，水树相玲珑。回廊映密竹，秋殿隐深松。灯影落前溪，夜宿水声中。爱兹林峦好，结宇向溪东。①

诗中详细描写了"乱流争湍""空山清光""水树玲珑""回廊密竹""秋殿深松"等等寺院内外的无穷胜景，这些是吸引诗人夜宿寺中、向心研究佛理并且与僧人法师相互往来唱和的重要因素。再比如刘长卿用寥寥几字就写出寺院园林的超凡气象：

> 上方幽且暮，台殿隐蒙笼。远磬秋山里，清猿古木中。众溪连竹路，诸岭共松风。②

这些诗句一下就将读者引入修竹茂林、天籁松风的超越之境。

又比如很多在其他园林常见的景物以及诸多景物之间的组合配置，在寺院园林中被赋予了教义方面的内涵。如北京西郊名刹万寿寺中的假山群及三大士殿，即模拟佛教三大名山布局（图9-19）。

---

① 见彭定求等编：《全唐诗》卷一九八，中华书局，1960年，第2025页。
② 刘长卿：《登思禅寺上方题修竹茂松》，见彭定求等编：《全唐诗》卷一四七，中华书局，1960年，第1493页。

图9-19 北京西郊万寿寺中模拟佛教三大名山的假山群以及三大士殿

▲万寿寺建于明万历五年（1577），清代重修。假山整体结构分三组，山上分立三大士殿，正为观音殿，左为文殊殿，右为普贤殿。各殿所在之假山，分别象征着三大菩萨显灵说法之道场，即普陀、清凉（即五台山）、峨眉三山。三山间以沟壑相隔，上以石桥相通，由此形成千曲百回、嵯峨起伏之势。观音殿下假山洞内原为地藏宫，系四大菩萨之一的地藏菩萨供奉之所——如果我们不是特别留意寺院园林的特点，可能就难以领略造园者的这些比附用意。

三、寺院园林景观欣赏举隅

简单来说，在寺院园林中以我们的审美眼光可以看些什么？我们应该怎样来看？佛教等宗教的教义也好，寺院园林中众多的具体景观也好，其实都可能有着深厚的信仰、哲学、文化、历史、艺术等众多方面的内涵，下文将做些浅显分析。

首先，对寺院的环境美学应有信仰与哲理这类维度上的理解，而避免像许多走马看花的游客那样，将寺院园林仅仅作为简单的赏玩之地。禅林的环境之美当然引人驻足，但还应该意识到，寺院园林景观美学的魅力远不是这类最表浅层面所能涵盖的，所以应该有更深远一些、更能进入宗教文化的景观审美眼光。

如佛教教义十分强调以"观"作为悟道之"门"，《观无量寿经》归纳有

"十六想观"（又称"十六观""十六妙观""十六正观""十六观门"等），启发观者以观日、观水、观地、观树、观宝池、观宝楼等方式观赏天地间美景，进而以此为媒介默想璀璨斑斓、无比深邃博大的佛教"波若"（也称"般若"）境界。敦煌莫高窟唐代壁画中就真切地绘有"观日"的场景（图9-20）。

图9-20　敦煌莫高窟第68窟北壁《观经变》中的《日想观图》

上图所示"日想观"为"十六想观"之首，是通过观想日落之景而凝练思志、专心向往佛国境界的宗教性日常修持内容。类似的还有"十六观想"中的"水想观""地想观""宝树观""宝楼观"等，这些都是通过"观景—冥想"的功课而深化对佛教理解的修持方式，莫高窟第320窟北壁壁画就描绘了寺院中宝池观与宝树观景象（图9-21）。

敦煌壁画在非常真切地描绘日观、池观

图9-21　敦煌莫高窟第320窟北壁壁画描绘的寺院中宝池观与宝树观景象

等等的同时，还描绘了修持者对整个天地山川境界的观照，这见于莫高窟第320窟北壁壁画（图9-22）。

如研究者所强调，佛家认为通过观山观水可以使禅思最终达到净土的圣境。早如东晋慧远《庐山诸道人游石门诗序》就说："乃悟幽人之玄览，达恒物之大情。其为神趣，岂山水而已哉！"慧远认为灵鹫山虽然绵邈不可至，但佛之神迹化身在整个世界之中，因而观山水即见佛陀之神迹。在慧远的描述中，山水、净土已互相融合，同为神迹之显映，"应深悟远，慨焉长怀"也超越了道教游仙式的想象，而具有佛教之宗教理想实现的意义。上述认知尤其对于中国古典山水艺术产生深入的影响，比如山水画理论

图9-22　莫高窟第320窟北壁壁画中描绘观想情形

体系中的经典文献宗炳的《画山水序》，"也是同样的思维路径，凝观山水画也是观象修行，因而'畅神'是结合了宗教与审美体验的自我超越"[①]。

而且从全面理解景观审美来说尤其值得注意的是，这些对各种风景的"观想"是与对宏大寺院园林、建筑的建构审美相互映衬的，所以在这些唐代壁画中，各种"观想"是寺院园林主题画面的一系列附属内容。以著名的莫高窟第172窟主室壁画《观无量寿经变》（图9-23）为例，其边侧画面（图9-24）描绘的是修持者通过对河流林野、天地日月的观想而进入佛教义理的境界。

[①] 蔡宗齐：《"目击高情"与宗炳〈画山水序〉佛教文艺观》，载《文学遗产》2023年第3期。

图 9-23 敦煌莫高窟第 172 窟主室壁画《观无量寿经变》

图 9-24 敦煌莫高窟第 172 窟主室壁画《观无量寿经变》边侧画面

而观赏自然景观（山川河流、天地日月等）与观赏人工景观（宏大寺院中的各式建筑等）之间的映衬统一，这种关联在美学上的意义也非常显著。如2014年在西安市长安区郭新庄发掘的唐韩休夫妇墓①，墓室中就有重要的园林山水题材壁画（图9-25）。

图 9-25　韩休夫妇墓墓室北壁的园林山水图

寺院信众的"观想"等修持方法对园林美学与艺术史都产生了重要影响，美术史学者对敦煌盛唐壁画中相关内容的介绍是：

> 观想贯穿了从观看行为到内心体悟的整个过程，是从眼睛到心灵的转换，最后的指向是佛本身以及西方净土世界。或许具体到墓葬的语境，韩休墓中的山水，也可以从一种终极价值去理解；但如果将视野扩展到山水画这个普遍性的概念，那么，作为参照的"日想观"的意义也就不限于其宗教层面，而涉及对于图像本身（而不

---

① "韩休夫妇墓，坐北朝南，总长40.6米，是一座有长斜坡墓道的单砖室墓。该墓由墓道、5个天井、6个壁龛、封门、甬道、墓室等部分组成。根据墓志可知，韩休卒于开元二十八年（740），其夫人柳氏卒于天宝七年（748）。墓葬……大部分壁画保存较好，墓道北壁隐约可见阙楼壁画，甬道绘男女侍者，墓室北壁西绘玄武，北壁东部绘山水屏风，东壁绘乐舞，西壁棺床以上绘高士屏风，南壁门洞以西绘朱雀，顶部绘天象。"见郑岩：《唐韩休墓壁画山水图刍议》，载《故宫博物院院刊》2015年第5期。

只是图像的主题）功能和意义的理解。观想的理念和技术，很可能与悟对通神、澄怀观道等观念有着某种内在的联系，反过来，这也会成为世俗山水画与佛教图像之间产生关联的一个前提。[①]

韩休夫妇墓室北壁的园林山水图、敦煌唐代壁画中描绘的寺院园林信众通过"观想"而澄怀观道等内容，不仅对唐代园林美学、山水画发展史具有重要意义，尤其是通过宋代哲学对佛教哲学的吸纳消化、通俗阐释之后，空前广泛地影响了中国的园林美学，由此使人们在形而上层面上观览天地、体悟山水万象有了深刻推动力，所在后来无数具体的园林作品中可以经常看到对此种认知的明确提示，比如"鸢飞鱼跃""静中观""静观万类""观生意""静观自在""见天地心""万里见天心""仗藜观物化，亦以观我生"等等[②]。

我们再来看大家以前可能已经有所了解的中国文化史上的一个重要情况：随着寺院园林在中古以后成为中国文化的重镇，它不仅是佛经等经籍的翻译整理、宗教义理探讨传承的场所，而且依托于此的整个思想、文化、艺术界的交往互动都已经非常普遍，并因此或带动或直接地产生了一大批文化艺术上的结晶；而同时反过来，这些也大大促进了寺院园林艺术影响力的拓展。

比如我们前面提到的《建康实录》等典籍记载，早在东晋时，支遁等著名佛教人士就建构寺院，并依托于寺院园林而与王羲之、谢安等当时知识阶层领袖人物频繁往来，交流学术。而以后这一模式的影响力当然日益广泛，甚至成为一种非常具有活力的文化艺术生产方式，并因此对整个社会文化的面貌产生了重要影响。北魏伟大地理学家郦道元有一段话，就高度称颂位于河南清水河流域诸多寺院的景观艺术的成就与文化价值：

> 南峰北岭，多结禅栖之士，东岩西谷，又是刹灵之图。竹柏之怀，与神心妙远；仁智之性，共山水效深。更为胜处也！[③]

---

① 郑岩：《唐韩休墓壁画山水图刍议》，载《故宫博物院刊》2015年第5期。
② 详见拙著：《园林与中国文化》第三编第三章第三节"'天人'体系的强化与完善对宋代以后园林境界的深刻影响"，上海人民出版社，1990年，第327—348页。
③ 郦道元：《水经注》卷九《清水》，中华书局，2007年，第223页。

这就把寺院园林的建构、人们通过寺院园林而体会与升华的对自然景观的审美等等意义概括得十分清楚。

类似例子非常多,篇幅所限,下面只举出盛唐大诗人孟浩然在自己诗中的几处记录。比如他的《题大禹寺义公禅房》,诗中用对仗句说明了寺院的外部环境之美与寺内建筑设计的特点:

> 义公习禅处,结构依空林。户外一峰秀,阶前众壑深。夕阳连雨足,空翠落庭阴。看取莲花净,应知不染心。①

又比如他的《题融公兰若》写寺院之水景与植物景观:

> 精舍买金开,流泉绕砌回。芰荷薰讲席,松柏映香台。法雨晴飞去,天花昼下来。谈玄殊未已,归骑夕阳催。②

孟浩然描写寺院园林的诗很多,这就以文学的形式记录了寺院园林在当时士人生活与文化中地位之重要;而更重要的是,孟浩然在这些优秀的诗作中,既真切描写了寺院园林在景观上的清幽深秀、引人入胜,而且将这些景观上的意境,与寺院主客双方对佛理的探讨、阐扬融为了一体。这样的风尚,当然构成了当时文化艺术领域中的灿烂华章,同时也为园林文献史增添了宝贵的内容。

而延续上述趋势,以后类似的著名实例当然更是层出不穷,比如宋代苏轼的例子。下面这首大家熟知的苏轼的著名哲理诗,其实就是深受寺院环境的触动而写成的:

> 人生到处知何似,应似飞鸿踏雪泥。泥上偶然留指爪,鸿飞哪复计东西。老僧已死成新塔,坏壁无由见旧题。往日崎岖还记否,路长人困蹇驴嘶。③

再比如这个以杭州灵隐寺为背景的著名故事:元祐五年(1090)十二月,苏轼任杭州太守,偶游灵隐寺,听方外之友林道人论琴棋,苏东坡遂

---

① 见彭定求编:《全唐诗》卷一六〇,中华书局,1960年,第1649页。
② 见彭定求编:《全唐诗》卷一六〇,中华书局,1960年,第1650页。
③ 苏轼:《和子由渑池怀旧》,见王文诰辑注:《苏轼诗集》卷三,中华书局,1982年,第97页。

写下《书林道人论琴棋》:"元祐五年十二月一日,游小灵隐,听林道人论琴棋,极通妙理。余虽不通此二技,然以理度之,知其言之信也。杜子美论画云:'更觉良工心独苦。'用意之妙,有举世莫之知者。此其所以为独苦欤?"[1]

需要注意的是,杜甫当年指出艺术创造上"更觉良工心独苦",其实就是因观赏画家描绘寺院园林中的古松而引发的,他有这样一些描写:"障子松林静杳冥,凭轩忽若无丹青。阴崖却承霜雪干,偃盖反走虬龙形。"[2]而后来,苏轼通过在灵隐寺中听琴而更深入地理解了杜甫对艺术真谛的深刻揭示——这个故事清楚地说明,寺院园林已经成为中国知识阶层从事文化创造的重要平台。

与上述典故类似的情况当然还有无数。而除此之外,作为博大宗教境界的"槛外人"来观赏寺院园林,值得我们俗众驻足品味的,还有荟萃于这里几个主要艺术领域中的法宝,即古典建筑、古典壁画、古典雕塑、历代碑碣法书。

中国由于自己制度与文化的特殊性,所以世俗场所中曾经辉煌灿烂的无数瑰宝,大部分都劫灰无存、惨遭毁灭。命运稍好一些的地方就是寺院,不仅唐宋以来珍贵的建筑、绘画、雕塑等方面能够成批量传世的实物遗存都集中保留在寺院中,就是金元明时期的东西,我们在寺院以外的地方(除了现代博物馆)也很难有机会集中地看到,所以寺院园林集中保留的这四大方面的无数珍贵文物,都是我们应该心存敬仰、有机会就应该礼瞻的。

而如果是关注程度更高一些的爱好者,心里其实应该有一个尽量清晰的地图,详细记录这些瑰宝都在什么地方、它们在各自领域中的特点、传承的历史、独特的价值等最宝贵文化艺术信息。比如我们大家都知道的五台山佛光寺、南禅寺是全国硕果仅存几处唐代留下的建筑史珍宝,此外还有太原晋祠的宋代彩塑与宋代木构建筑代表水母殿、山西芮城永乐宫伟大

---

[1] 见《苏轼文集》卷七一,孔凡礼点校,中华书局,1986年,第2250页。
[2] 杜甫:《题李尊师松树障子歌》,见杜甫著,仇兆鳌注:《杜诗详注》卷六,中华书局,1979年,第459—460页。

的元代壁画、北京法海寺无比精美的明代壁画、河北正定隆兴寺中北宋时建造的摩尼殿等。

以寺院园林为依托的古典建筑、壁画、雕塑、碑碣法书这四大类,其中任何一项的积淀之深厚都构成了规模宏富、可以独立出来成为专项的艺术大类,在本章非常有限篇幅中当然无法遍览,所以为了管窥一豹,下面仅举出一则看似很小的实例,但是我们只要略做钩索,就不难看到它背后重要的历史价值与艺术价值——这个小例子是保存于河北曲阳北岳庙碑廊(图9-26)中的一通唐碑《大唐北岳衡山封安天王之铭》(图9-27,全碑通高2.78米,宽1.02米,厚0.43米,国家图书馆藏有瞿氏铁剑铜书楼旧藏拓本),它是北岳庙存藏的自北魏到民国跨越一千五百余年的两百余通碑碣中的一件。

图9-26 河北曲阳北岳庙规模巨大的碑廊　　图9-27 《大唐北岳衡山封安天王之铭》拓片局部

此碑刻于天宝七载(748),记述了唐玄宗天宝五载(746)下诏封北岳衡山为安天王、天宝六载(747)三月乙酉举行封王大典的经过——据此碑及《文苑英华》卷四百三十三录李隆基《安养百姓及诸改革制》、《唐会要》卷四十七《封诸岳渎》等史料记述,与李隆基大规模推行自己政治举措完全同步的,即是他的"政治造神运动",包括:加封自己为"开元天宝圣文神武应道皇帝"①以突显皇权对于天道的垄断;同时,利用民间宗教流行的山川神祇崇拜而对全国各处名山大川都普遍加封尊号(中岳封为"中天王",南岳封为"司天王",北岳封为"安天王",等等),以此体现皇权在宇宙间"范围天地,幽赞于神明"的至高无上统辖力——所以北岳庙中这通《大唐北岳衡山封安天王之铭》,其实是鲜明表现中国政治文化特点、中国式造神运动之娴熟操作方法②,记载中国"宗教政治史"的珍贵史料。

而从书法艺术史的角度来说,这通唐碑同样值得珍视:它由翰林院学士李荃撰文、吴郡戴千龄书丹并题篆,通篇隶书极显方刚劲健,是"骨法用笔"的典范,也是见于后世皇家典籍记录的中国历史名碑之一③;尤其是在楷书大盛、隶书风头时过境迁的环境之下,唐人隶书竟是仍然保持如此精饬庄严的面貌,这为我们更全面了解认识初盛唐书法巅峰时期的艺术风貌提供了很宝贵的资料。可以与此碑媲美的盛唐隶书名作,还有现藏西安碑林博物馆的开元二十四年(736)所刻《大智禅师碑》,此碑由当时隶书名家史惟则书写,为长安慈恩寺和尚大智禅师义福而立,它同样是寺院园林中最珍贵的唐碑巨制④。

总之无数之多的遗珍,很多秘藏在深山古刹之中不甚被大家所知晓,

---

① 《旧唐书·礼仪志》记载此事在天宝七载(748),而《旧唐书·玄宗本纪》记为天宝八载(749),结合这通《大唐北岳衡山封安天王之铭》可知,《礼仪志》记述正确而《本纪》相关纪年有误。
② 相关问题的制度机理,详见拙文《中国民间宗教与中国社会形态》(载《学人》第6辑,江苏文艺出版社,1994年,第154—162页),以及《为什么"王法"最终管不住权力(上):"武则天诛刘祎之案"背后》(见拙著:《法律制度与"历史三峡"》,法律出版社,2012年,第144—154页)。
③ 见嵇璜、刘墉等编撰:《续通志》卷一六七《金石略一》,影印《十通》本,浙江古籍出版社,2000年,第4257页。
④ 除了书法史上的崇高地位之外,《大智禅师碑》碑侧线刻画(碑体两侧的装饰画)还是中国线刻画史上最为绚烂之作,对古典绘画艺术、版画艺术、工艺美术等等都具有非凡的意义,详见本书图14-22及文字说明。

但是其历史、文化与艺术上的价值却非比寻常,如果我们能够经常了解它们分布存藏的情况,有机会就去了解它们,那么按照佛教说法就是"慧因最上",其日积月累之下,我们生活与心境的趣味自然会与以前很不同了。

有这样的心境时,我们也许还会联想到世界上的许多宗教对"心力""愿力"的崇扬。对佛教修养很深的梁漱溟先生1987年在为中国佛学院《法源》杂志题词中有以下看法:"学儒贵立志,学佛贵发愿,发愿者慈悲为怀,普渡一切众生也。"(见图9-28)

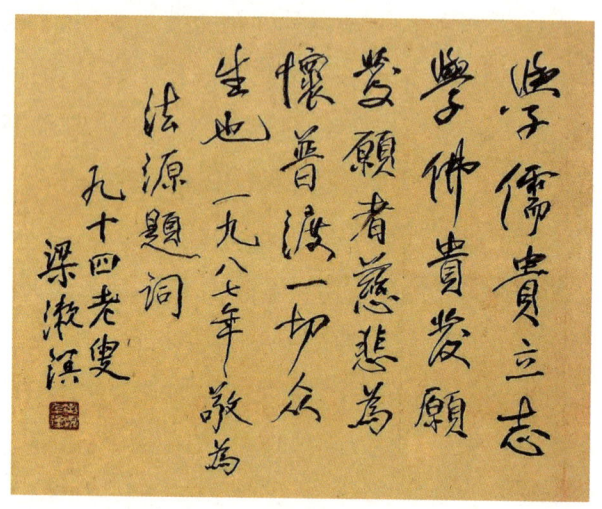

图9-28 梁漱溟1987年为中国佛学院《法源》杂志之题词

梁漱溟先生还有更详明的阐说:

许多人都觉得近来生活不安,我亦时常有此感觉。因此我知道一般人思想之杂乱、心里之不纯净,真是很难办的事!人多半都有种种私欲私意,要这个,要那个;本来我们的心量已经十分渺小,这么一来就更危险,怕更没有力量来干我们的事业了。古人有言:"知病即药"!现在让我指点出来,使大家知道自己心杂无力即"病"。然后才可望常自觉醒警惕!

……佛家的彻始彻终便是"发心"——"发菩提心"。发心是什么?这味道非常深醇,颇难言说。盖所谓发心,不但是悲,且是智慧的;他是超过一切,是对众生机械的生命,能有深厚的了解原谅与悲悯。而要求一个不机械的生命。儒家也是要求一个不机械的生命，但与佛家不同。儒家亦有彻始彻终的一点，在立志。然儒家的立志与佛家的发心其精神意味则不同：佛家是原谅与悲悯，而儒家则是刚正的态度。这二者内里自有彼此相通的地方。所以终极都是一个自由的活泼泼的有大力量的生命。

我们都是力量不够的人，要去可怜旁人，先须可怜自己。如何可怜自己？就是须培养开发自己的"愿力"（发心与立志都是愿力）。……这样能将原来的真情真愿因反求而开大。当痛痒恻隐之情发露时而更深厚之，扩充之，则正念有力，杂念自可减少。惟有愿力才有大勇气，才有真精神，才有真事业。不论佛家儒家皆可，但须认取其能开发我们培养增长我们力量的那一点。我们只有努力自勉，才能完成我们伟大的使命！[①]

对于宗教信仰的博大境界，我们作为"槛外人"固然难以登堂入室，但是若能对寺院园林多一点观察、多一点体味，那么结果是很不一样的。

再比如笔者在前文中提到自己从"银山塔林"的景致中，很直接就想到的唐诗的艺术成就、唐诗对心灵世界的深入表现，尤其这些内容与寺院园林的密切关系。唐代著名诗人綦毋潜以善于描写寺院园林之境界而著称，他的《过融上人兰若》就写得非常好：

山头禅室挂僧衣，窗外无人溪鸟飞。黄昏半在下山路，却听钟声连翠微。[②]

他还有两句描写禅林的诗尤其精彩，即"塔影挂清汉，钟声和白云"，而且与面前提到的"银山塔林"风景境界完全契合。笔者每每在傍晚独坐塔林中观景与静听松风（近于《观无量寿经》所说"观想"）时，就愿意体会一下诗中那种悠远的韵味，体会为什么需要通过寺院园林的氛围环境、寺院中的佛塔等等，从而将人们的内心引导向超越性的世界（"清汉"与"白云"所象征的彼岸世界）。

[①] 梁漱溟：《发心与立志》，见《梁漱溟全集》第二卷，山东人民出版社，2005年，第48—49页。
[②] 见彭定求等编：《全唐诗》卷一三五，中华书局，1960年，第1372页。一说此诗为孟浩然所作。

招提此山顶，下界不相闻。塔影挂清汉，钟声和白云。观空静室掩，行道众香焚。且驻西来驾，人天日未曛。[①]

这是日常生活、日常心境与寺院园林相关联的一个具体例子。其实类似这般极富审美意境的概括有很多，比如唐代刘长卿以他最擅长的五言诗而写出寺院周围路径的深远幽独："青松临古路，白月满寒山。"[②]——这类诗句中的风景意象，甚至启发有心者去体会宗教对人们生命之路予以诗意化与哲思化的提炼之妙。

当然，许多人或许没有对诗句类似的兴趣爱好，但是如果大家在游览参观禅林时更用心一点儿，那么就可能有很多的收获。

先从一些最具直观形象的地方入手来看。那么为什么说寺院园林中许许多多我们可能不甚经意的地方，其实都值得仔细观赏品味？以北京潭柘寺内的楞严坛（图9-29）为例。

图9-29 北京潭柘寺楞严坛

▲潭柘寺楞严坛位于大雄宝殿西侧戒坛院内，是潭柘寺著名景点之一，也是寺内重要的佛事法坛，是为僧众宣说《楞严经》以及观世音菩萨圣号的场所。此坛创建于清雍正十三年（1735），1971年拆除，2013年5月得以复建，后成为目前国内仅存完整的楞严坛。

---

① 綦毋潜：《题灵隐寺山顶禅院》，见彭定求等编：《全唐诗》卷一三五，中华书局，1960年，第1370页。

② 刘长卿：《宿北山禅寺兰若》，见彭定求等编：《全唐诗》卷一四七，中华书局，1960年，第1486页。

楞严坛是寺内高僧讲授《楞严经》、举办楞严法会的地方。这座建筑的形制特殊：它的顶层屋顶是圆形的，但是第二层屋檐却是八角形的，即它是重檐亭式八面圆殿木结构建筑。其下面是一个八棱形须弥座，其外沿用汉白玉石栏杆围护，直径15.67米。台基上面是一座八面形大殿，四面开门，其他四面为木质花棂窗。殿顶为双重檐，下层檐覆以黄色琉璃瓦，绿琉璃瓦剪边。殿顶为圆形攒尖顶，顶端为鎏金顶，楞严坛全高16.33米。圆形檐下悬挂"楞严坛"竖匾，大殿外侧正面悬挂有清乾隆皇帝手书"寂照真如"横匾，其余三面分别悬挂果亲王弘瞻所题"金姿宝像"和"慈云普覆"匾额，以及显谨亲王衍璜所写"月镜常圆"匾额。

楞严坛在佛教礼仪制度中有着崇高地位，按《楞严经》规范，楞严坛的标准规制为"方圆丈六八角坛"，八角的寓意为："坛，寂灭坦实之体也，体具八正，故为八角，为摄八邪"①。这里的"八正"，是指佛教中八种通向涅槃解脱的正确方法。我们知道佛教中有"四谛"（苦、集、灭、道）等核心命题，四谛理论奠定了早期佛教宗教教义的基础。而四谛中的"道谛"是指灭苦的八种方式或途径，即所谓八正道，它包括：

  正见，即正确的见解，也就是按照事物的本来面目来如实认识事物；

  正思，亦称"正思惟"或"正志"，即对事物正确地思维；

  正语，正确地言语，不说谎语、粗暴或无聊的语言等；

  正业，正确地行为，不杀生、不强取等；

  正命，正当地谋生或正当地生活；

  正精进，指正确地修习努力，如后来具体概括的"四正勤"等等；

  正念，指正确地忆念，如后来所具体概括的"四念处"等等；

  正定，指要正确地冥想，修习佛教的禅定，如后来所概括的"四禅"等等。

---

① 参见陈珲、棕葬：《八角地墁为佛教"楞严坛"考》，载《杭州研究》2010年第3期。

可见"八正道"是佛教中相当全面深刻的一种对世界的认知理论体系,所有这样的理论特点只有通过很特殊醒目的建筑形制设计才能在寺院景观中得到彰显,而北京潭柘寺法坛就是很典型的例子。

再如明代创建的北京真觉寺(俗称"五塔寺")中的金刚宝座宝塔(图9-30),同样也是以相当特殊的建筑形式来演绎与阐说佛教义理的。

图9-30　北京真觉寺金刚宝座宝塔(张梅芝摄)

▲金刚宝座式塔的形式起源于印度,五塔造型象征着礼拜金刚界的"五方佛"。佛经上说金刚界有五大部,每部一部主,中间为大日如来佛,东面为阿閦(chù)佛,南面为宝生佛,西面为阿弥陀佛,北面为不空成就佛。金刚宝座代表密宗金刚部的神坛,金刚宝座大塔上的五座小塔就分别代表这五方佛。

如果说上面的例子可能还是太大了一些,那么我们来看寺院园林中许多更加小型的景观、法物、题额文字等等,下面且举三个具体的例子。

第一个例子,即图9-31所示在国内寺院中看到的一处体量非常小的缩微景观,其实它也可以引起很多联想。这类看似貌不惊人的边角小景很容易被游人忽略,但是如果我们对寺院园林史、东亚造园史尤其是日本的枯山水园林景观(图9-32)多一点了解就会不一样。

图9-31　广州历史名刹六榕寺中的一处微型景观

图9-32　日本京都大德寺瑞峰院枯山水景观

▲京都大德寺是日本禅宗文化的中心，其瑞峰院是著名的作庭家（日本佛教文化认为建构与维系园林之美是重要的修行方法，他们称造园艺术家为"作庭家"）、日本庭院史研究家重森三玲的作品。公元538年，日本开始接受佛教，并派留学生和工匠到中国学习艺术文化。13世纪，源自中国的佛教宗派禅宗在日本流行，为反映禅宗修行者所追求的苦行及自律精神，日本园林开始摒弃以往的池泉庭园，改而使用一些如常绿树、苔藓、白沙、砾石等等静止不变的元素营造枯山水庭园，园内几乎不使用任何开花植物，以期帮助人们实现自我修行的目的。

而广州六榕寺中这处日本佛教友人营造的曹溪小景（图9-33），它首先是日本园林造景经典形式枯山水的微缩版，所以看似简单而其实却是精心之作，就像郁达夫《日本的文化生活》所说："日本人的庭园建筑，佛舍浮屠，又是一种精微简洁，能在单纯里装点出趣味来的妙艺。"[①]尤其是此小景寓意"曹溪"——因为禅宗六祖惠能曾在曹溪宝林寺（今广东韶关南华禅寺）弘法，曹溪遂被视为"禅宗祖庭"，后人就常用"曹溪水"喻指佛法禅理的贯达悠远。而我们了解这些内容之后，再面对此类初看貌不惊人的小景，自然就会多一层感悟。

图9-33 广州市六榕寺中象征曹溪的小景
▲ 细沙做成悠长蜿蜒的溪流形象，用以象征禅宗尊崇的曹溪。

第二个例子，即从寺院的匾额（如图9-34所示）中了解与体会佛教义理。

图9-34 京西名刹大觉寺的无量寿殿及"动静等观"匾额

大觉寺无量寿殿悬挂着的乾隆皇帝手书"动静等观"匾额，教义出典

---

① 郁达夫：《郁达夫散文》，浙江文艺出版社，2019年，第203页。

于东晋僧肇著名的《物不迁论》。僧肇此作揭示的,是事物本体其时空特征("不迁")与世态万象表面上迁流不居之间的关系,此作也是佛教理论祛除人们沉迷于"有"(现实世界主流价值坐标)的重要文献。[①]而"动静等观"等寺院园林中的题额,更用中国传统的楹联匾额等精粹的语言表达方式浓缩了僧肇的思想,所以建立了以此为入口而对佛教理论登堂入室的认识方式——这是寺院园林文化普及与深化理论思辨的典型方式,而且往往又将书法、文学、工艺美术等多重高度艺术化的方式作为宣扬义理的辅助。

第三个例子,从寺院中貌不惊人的石灯入手,可以了解佛教史、艺术史、中西交流史等诸多领域中的很多东西。

我们不时就能在寺院中看到一些石灯以及石灯的残件,因为年代久远、饱受风霜雨雪,因此一般游人香客很少留意它们的存在。实际上,石灯是寺院中的重要法物,其相关仪式与法轨在佛教史上更有重要意义。而从艺术史、文化史、中西交流史来看,它们也往往凝聚着高度的成就与重要线索,如国内现存最大、最古老的石灯童子寺燃灯塔(图9-35)。[②]

此石灯为山西太原市西南龙山

图9-35 童子寺燃灯塔

---

① 僧肇《物不迁论》:"《放光》云:'法无去来,无动转者'。寻夫不动之作,岂释动以求静,必求静于诸动。必求静于诸动,故虽动而常静。不释动以求静,故虽静而不离动。然则动静未始异,而惑者不同。缘使真言滞于竞辩,宗途屈于好异。所以静躁之极,未易言也。……噫!圣人有言曰:'人命逝速,速于川流。'是以声闻悟非常以成道,缘觉觉缘离以即真。苟万动而非化,岂寻化以阶道?复寻圣言,微隐难测。若动而静,似去而留。可以神会,难以事求。是以言去不必去,闲人之常想;称住不必住,释人之所谓往耳。岂曰去而可遣,住而可留邪?"见僧肇著,张春波校释:《肇论校释》,中华书局,2010年,第11—20页。
② 此图展示的是20世纪30年代石灯旧貌。石灯现在已经加盖亭子予以保护。

上的童子寺燃灯塔,高 4.12 米;童子寺为北齐天保七年(556)所建,所以这件文物也是留存至今最为古老的石灯。童子寺中原雕凿有高约 60 米的大石佛,今寺、佛皆已不存,只余石灯传世,所以格外珍贵。照片中石灯束腰部分的蟠龙只剩下隐约的轮廓,其他部分风化十分严重,但基本形貌还大体保留,其宝顶、灯室、束腰灯柱、基座这四大组成部分的造型与比例等,都对后来唐代石灯影响显著,这也是证明北齐艺术在中国艺术史上重要地位的一则具体例子。

我们再看唐代传世至今最精彩的石灯之一,即现存于河北省曲阳县北岳庙的唐白石盘龙石灯(图 9-36)。此件石灯因年代久远,所以其蟠龙、莲花等部分已经漫漶,但石灯的舒展造型,各局部之间匀称大气的比例关系、蟠龙向上盘绕升腾的气势、莲座的娴雅等等典型的唐代风格仍然给人以深刻印象。

再看河北省廊坊隆福寺唐代长明灯幢(图 9-37),其幢身上镌刻有大量佛像及胡汉各族的歌舞伎等形象(图 9-38)。从这些图案,不难看出当时燃灯祈福等佛事活动规模之盛大,其气氛之热烈。

图 9-36　唐白石盘龙石灯

图 9-37　河北廊坊隆福寺唐代长明灯幢身

▲ 现存于河北省廊坊博物馆,原作在仰莲之上还应该有巨大的灯室。

第九章 古典寺院园林景观的文化地位与艺术成就（下篇）· 431

图 9-38　河北省廊坊隆福寺唐代长明灯灯柱上镌刻有众多佛像与歌舞伎

再看现存西安碑林博物馆的盛唐时期的苏思勖等造灯幢（图 9-39）。

图 9-39　苏思勖等造灯幢

这件盛唐燃灯石幢上刻有大量胡人演奏音乐的场景图像,比如其中的胡人吹笛图、吹排箫图(图9-40)及胡人弹琵琶图、吹笙图(图9-41)。

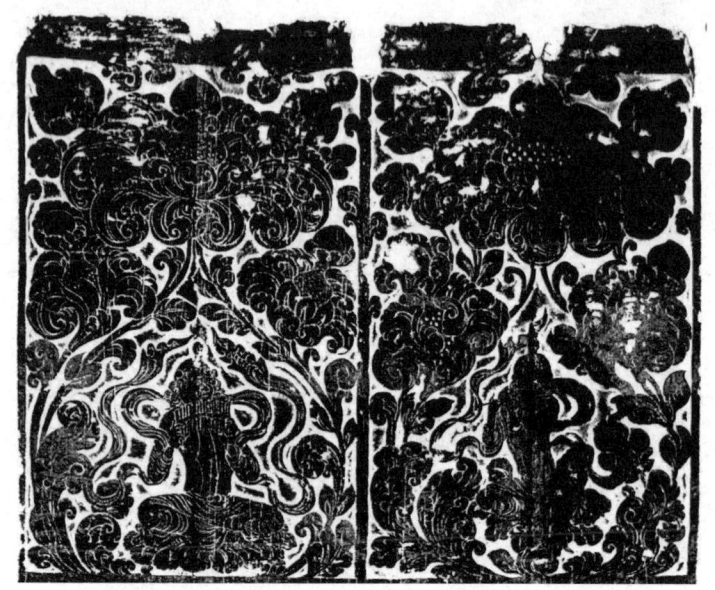

图9-40　苏思勖等造灯幢幢身所刻胡人吹排箫图、吹笛图

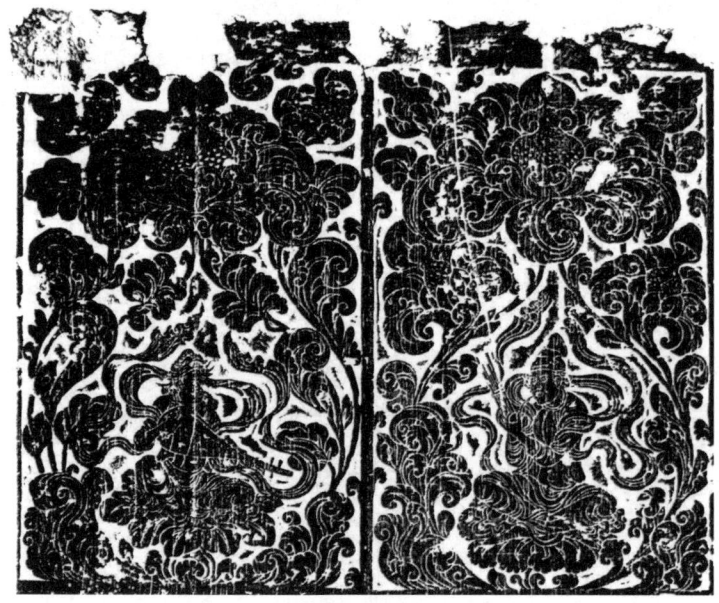

图9-41　苏思勖等造灯幢幢身所刻胡人弹琵琶图、吹笙图

燃灯石台幢身上还雕刻的许多表现中亚神话信仰的异兽(图9-42)。

第九章 古典寺院园林景观的文化地位与艺术成就(下篇) · 433

图 9-42 苏思勖等造灯幢幢身所刻独角马头鸟身神兽、双羚角狮身神兽

如果看线描图则内容更清楚,如图 9-43 所示。

图 9-43 苏思勖等造灯幢幢身线刻画线描图

(引自葛承雍:《燃灯祈福胡伎乐——西安碑林藏盛唐佛教"燃灯石台赞"艺术新知》,载《文物》2017年第1期)

由画面内容如之丰富,可见它在宗教史、文化史、美术史、中外文化交流史等众多领域的珍贵价值。

所以如果我们有兴趣做追溯的话,就能知道从北朝开始至唐代,燃灯信仰非常盛行,看敦煌莫高窟第220窟初唐《药师经变》壁画,其中一个局部即是菩萨燃灯图(图9-44):一菩萨蹲于地面,将点燃的灯盏递给另一菩萨,以便将其放置在面前的巨大灯轮之上;灯轮上已有无数烛光摇曳的小灯——可见当时通过"燃灯"而礼佛崇法的宏大场景。

图9-44　莫高窟第220窟壁画《七佛药师经变》中的菩萨燃灯图

而关于"燃灯信仰"的诸多功德,佛经中有详细的解说:

若有众生奉施灯明,得十种功德。何等为十?一者照世如灯;二者随所生处,肉眼不坏;三者人中得于天眼;四者于诸善恶之法,智慧明了;五者随处除灭大闇;六者得智慧明;七者流转世间,常不在于黑暗之处;八者具大福报;九者命终生天;十者速证涅槃。

可见因为"燃灯"功德之广大而民众笃信之深。据专家的研究,此信仰的源流是这样的:

燃灯最早传自印度，东晋高僧法显《佛国记》描述南亚举行佛教法会时不仅"作倡伎乐，华香供养"，而且"通夜然灯，伎乐供养"。随着佛教东传中国，各地佛教法事活动中也屡屡出现燃灯仪式，佛教信徒通常在佛塔、佛像、经卷前燃灯，这成为供养行事的大功德，也是佛教徒积累功德的一项重要宗教手段。如遇正月十五、八月十五、腊八等特殊节日，还要寺院全体出动"内外燃灯"，石窟寺院则由僧团组织"遍窟燃灯"。

《佛般泥洹经》卷下记载"天人散华伎乐，绕城步步燃灯，灯满十二里地"。《无量寿经》卷下也说："悬缯然灯，散华烧香。"《佛说施灯功德经》更是将燃灯作为僧侣和信徒积累功德的一种形式。玄奘临死前，专门"烧百千灯，赎数万生"。僧侣和官民借燃灯祈愿纳福，使燃灯供养成为一种常用的祈福仪式，诵读《燃灯文》，祈求国泰民安、善因增福。……燃灯仪式时，梵响与箫管同音，宝铎与弦歌共鸣，往往有伎乐供养或是歌舞合璧烘托，"通夜然灯，伎乐供养"。尤其是灯具作为佛教六种供具之一，表示智波罗蜜，在佛经中多以灯比喻明智慧、破愚痴，因而灯具越造越大，高耸的石灯成为佛教法会上教徒信仰的一种标志。[①]

"燃灯"法事甚至成为盛大的民间庆典：

当时技艺精湛的乐工常常到各王府及权贵宅邸献艺，或去禁军参加宴聚演出，……他们交流技艺，往来学习，自然结为圈子。唐代流行结社活动，如官人社、女人社、渠人社、亲情社、兄弟社等，也有与佛教活动有关的社，如燃灯社、行像社、造窟社、修佛堂社等，还有僧俗弟子因写经、造经、诵经而结社。尽管他们来自不同家族、不同地域，但共同出资，设置石灯、镌刻石幢、树立石柱是常有的事。……燃灯的"石台"其实变成了祈福颂德的"颂台"。[②]

可见现在我们游人很少留意的石灯（在日本寺院中，石灯至今常见，

[①] 葛承雍：《拂菻花乱彩：艺术卷》，生活·读书·新知三联书店，2020年，第255—257页。
[②] 葛承雍：《拂菻花乱彩：艺术卷》，生活·读书·新知三联书店，2020年，第253—255页。

是必有的法物与建筑小品），在宗教史、中外文化交流史、艺术史等中，都曾是一个重要的标志。因此，石灯往往凝聚极高的文化与艺术含量。

再如西安市碑林博物馆所藏唐代石灯（图9-45）。此灯原立于陕西省乾县西湖村石牛寺中，1959年移存至西安碑林博物馆。原来叠高九层，现存七层，通高1.8米。石柱透雕四条蟠龙，非常高贵华丽，为国内现存最为完好精美的唐代石灯。屋顶垂脊的四角略微上翘，造型极为舒展流畅。这件作品不仅是重要的佛事法物，而且是综合唐代建筑、雕塑等诸多门类的最高等级的艺术典范。

图9-45 唐石灯

在北齐至唐的时代，"燃灯祈福"曾经是寺院中重要而且非常盛大的佛事活动，甚至成为民间节日一样的民俗庆典，并且因此而带动着歌舞、音乐、建筑美学、雕塑艺术等等众多文化艺术门类及文化交流的发展繁荣。这说明，现在寺院中往往被游人香客所忽略的一些不起眼器物与景物，其背后却可能有着非常丰厚的信仰与文化内容，它们是我们了解历史、了解宗教世界必要的线索。

顺便说一句，由于长期以来社会上轻视宗教、轻视艺术，对信仰世界予以庸俗化理解等等习惯，所以许多人很难养成更细心一些去体会宗教、体会寺院与相关宗教艺术的习惯，于是难免经常与众多的瑰宝擦肩而过，而不能了解到它们罕有的价值。例如北京房山云居寺有几座体量很小的唐塔，一般游人很少驻足细看。可是其中一座建造于盛唐开元十年（722）的小塔（图9-46），其塔龛中竟然非常完整地保留着一铺典型唐代佛教造像，正面的一佛二菩萨没有任何损坏，甚至细节（主尊的精美背光、左右胁侍菩萨的衣饰、主尊与菩萨的眉目手足、莲座等等）都保存相当完好（图9-47）。

第九章　古典寺院园林景观的文化地位与艺术成就（下篇）· 437

图 9-46　北京房山云居寺小唐塔

图 9-47　小唐塔的塔龛中的一佛二胁侍菩萨造像

图 9-48 是这组塑像中主尊的背光上端，内容为五身化佛排列，中间以绚烂的蔓草纹相互分隔，为典型的唐代风格。

图 9-48　小唐塔内主尊头顶上的精美背光上端

更有意思的是，一佛二菩萨东侧的塔龛东壁，雕刻的是一组汉族供养人（图 9-49），塔龛西壁则是一队共六身着胡服供养人（图 9-50），他们组成手持莲枝或站立、或半跪状的礼佛图,而且雕塑者非常注重表现他们极尽虔诚庄重的神情。

图 9-49 一佛二菩萨东侧侍立一排汉族供养人

图 9-50 一佛二菩萨西侧侍立一排胡服供养人

这座唐塔迄今已经屹立一千三百年,而且保存了如此完好未损、有准确纪年的一整铺唐代佛教造像，其中包含了许多有关宗教、美术、民俗、服饰、礼仪、文化交流等众多方面的重要内容，如此丰富完整的内容在那些赫赫有名的唐代大型石窟寺中都不容易看到；而我们只要留心，却可以在一处寺院的角落里轻而易举地观赏到全貌。所以说，如果无数这样的珍品因为我们走马看花而错过仔细品赏的机会，那就相当可惜了。

四、寺院园林与宗教文化艺术对确立生命视角与生活立场的启发

笔者粗浅的想法是：生活在当下，理解宗教、理解宗教关于世界与环境的义理与宗旨，其实并非仅仅是一种世外的追求，相反它可能与我们的现实生活有着密切的关系。比如大乘佛教说"缘起色空"，认为所有物质的呈像都是"缘起"，它有具象，有现实的效用，但是它没有一种永恒不变的本质。所以佛教认为"空"（"色即是空"）才是世界的根本法则。

可现实中，有一部分人觉得权力、财富才是世界永恒的核心，所以为了拥有它们不惜放弃其他，尤其是对内不再聆听自我的心灵，对外不再珍惜宇宙万物的和谐与万灵万物之间的相互尊重理解。这种发展模式，这种人们安置自己身心、建构自己家园的方式，与我们所说的千百年来人们通过宗教、艺术来理解体会宇宙中的永恒，来实现自己与宇宙万灵万物之间的相互倾听、相互理解与亲和，它们在根本方向上有着绝大的不同。

当然还有其他危机，比如到处肆虐的病毒等等人类杀手、超级灾难，它们很可能就是在人类肆无忌惮扩张自己、毁灭地球环境之疯狂得不到理

性与智慧的约束的形势之下，造物主不得不对人类的诅咒与报复[1]。这话当然是极而言之，但假设如此定义有道理的话，那么我们反思自我可能就是越来越迫切的事情。而反思如果是要涉及人性、发展模式的正当性与合法性等等层面，那当然一定就需要有非常坚实的人性支点与社会架构的宏观支点才行。而我们纵览人类整个文明史，这里面有什么资源能够成为这样的支点呢？毫无疑问，宗教应该是最重要的维度之一。

不管是否信仰宗教，但至少我们中国人自古就很强调人的生活方式要有生命伦理、社会伦理等方面的正义性根基，也就是老百姓常说的"要求个心安"，对于身外之物"要取之有道"。中国人不论是有没有宗教信仰，或者不论儒家或佛家，都看重这点，认为这个"心灵家园"其实就是自己生命天平的根本支点：

人生归有道，衣食固其端。孰是都不营，而以求自安！[2]

不愧屋漏，则心安而体舒。[3]

善心一处住不动，是名"三昧。"[4]

一切禅定摄心，皆名为"三摩提"，此言"正心行处"。是心从无始世界来，常曲不端，得此正心行处，心则端直，譬如蛇行常

---

[1] 《通过性传播，秒杀艾滋病：这种超级病毒见证了人类的愚蠢与自大》："人类是地球的'超级病毒'，而地球正在启动对人类的免疫反应。正如《血疫》中所说的那样，大自然有自我平衡的手段，它可能在试图除掉人类这种寄生生物的感染。类似埃博拉、艾滋病等致命病毒走出热带雨林的生态系统后，往往会在人类群体中波浪式传播，仿佛来自正在衰亡的生物圈的反击和诅咒。"见"华大应用心理研究院"公众号：http://mp.weixin.qq.com/s/ZeoL9cm0Sh97Mdh_LSKntg，访问日期：2019年8月8日。
[2] 陶渊明：《庚戌岁九月于西田获早稻》，见逯钦立校注：《陶渊明集》卷三，中华书局，1979年，第84页。
[3] 程颢、程颐：《河南程氏遗书》卷六，见王孝鱼点校：《二程集》，中华书局，1981年，第95页。
[4] 龙树菩萨著，鸠摩罗什译：《大智度论》卷七，宗教文化出版社，2014年，第142页。

曲，入竹筒中则直。①

> 行深般若波罗蜜多时，照见五蕴皆空，度一切苦厄。……心无挂碍。无挂碍故，无有恐怖。②

但是我们看古往今来那么多一时有了许多权力的人，那么多为了一己之欲望而践踏社会正义的高位者，他们给大家的生存环境、伦理道德带了无边灾难，人性中这个"肆意极欲"的基因真是让人浩叹。

其实需要反思、需要更深地去理解认识的东西还有很多，比如百年来我们一直强调国家遭受一些灾难的源头为"旧礼教"，于是在人们根深蒂固的印象中，"礼教"成了完全负面的东西，但是假如现在做稍稍仔细斟酌，可能就会觉得历史并不那样非黑即白，比如我们看《荀子·礼论篇》开篇解释礼教的根基与核心的价值指向：

> 礼起于何也？曰：人生而有欲，欲而不得，则不能无求；求而无度量分界，则不能不争，争则乱，乱则穷。先王恶其乱也，故制礼义以分之，以养人之欲，给人之求，使欲必不穷乎物，物必不屈于欲，两者相持而长，是礼之所起也。③

他说得很明白，即人的欲望天然就趋于贪婪无度，所以它必须有外设的制度性节制使其与客观的外在的条件相互平衡，并且因此而成就出人类文明特有的、理性化（在"周礼"的背景上，也是最具有艺术美感的）的内在制约——"礼"。

战国儒家这个逻辑当然与后来佛教对人类欲望更彻底的否定，两者有很不一样的地方，但是它强调人的欲望不能无限膨胀，否则结果将是全社会的灾难，这个思路不仅与后来传入中国的佛教有相通之处，而且即使是

---

① 龙树菩萨著，鸠摩罗什译：《大智度论》卷二三，宗教文化出版社，2014年，第476页。
② 玄奘译：《心经》，见李安纲主编：《佛教三经·心经》，中国社会出版社，1999年，第5页。"行深般若波罗蜜多"意为心灵达到彼岸。
③ 王先谦撰：《荀子集解》卷一三《礼论篇》，沈啸寰、王星贤点校，中华书局，1988年，第346页。

在现代社会，它仍然值得我们深刻体会①。"秦制"以后的两千年历史证明，中国本土的制度设计（法律制度、产权制度、赋税制度等）从来不能有效地约束人性与权力的贪欲②，但中国思想史、宗教史中对于人性的认知仍然有很多值得后人去了解的东西。

中国在最近一百多年历史中，经历了对宗教的洗劫、蔑视、仇恨、扭曲等等之后，现在终于能够慢慢体会：对于宗教的需要是出于人类本性（人类的卑微性、命运的不可知性、知晓探究未知世界等渴望的永恒性……）的一种永远无法泯灭的诉求，于是寺院、教堂以及宗教文化的重建渐渐为人们所重视。而在这个过程中，我们尽量更多地理解中国古典寺院在美学与艺术学方面的精髓究竟在哪里，这就是必要的。而同时，这样的理解也是我们学习中国园林史、建筑史过程中所必备的素养。

---

① 何炳棣先生《何炳棣思想制度史论》第五章"原礼"中在引述荀子上述意见之后，又引用了《荀子·荣辱篇》中的"夫贵为天子，富有天下，是人情之所同欲也；然则从人之欲，则势不能容，物不能赡（赡）也……"，并评价道："中国古代思想家之中，荀子是具有近代社会学的观点与洞察力的。"见《何炳棣思想制度史论》，范毅军、何汉威整理，联经出版事业股份有限公司，2013年，第155—158页。
② 详见拙著：《中国皇权制度研究：以16世纪前后中国制度形态及其法理为焦点》，北京大学出版社，2007年；《法律制度与"历史三峡"》，法律出版社，2012年；《16世纪前后中国的"权力经济"形态及其主要路径：中国皇权制度下城市经济形态的典型例证》，载《中国文化研究》2004年第4期；《展现经济史真实脉络：写在梁方仲、王毓铨文集出版之际，兼评他们与"加州学派"的区别》，载《南方周末》2005年6月16日D30版；《中国皇权社会赋税制度的法理逻辑及其制度结果：从"王税""官课"成为赋税制度基本形态谈起》，载《华东师范大学学报（哲学社会科学版）》2007年第7期；等等。

第十章　论南宋山水画（上篇）

——南宋山水画在中国绘画史与景观艺术史上的崇高成就

中国山水画至五代、北宋而完全成熟，成为中国古典艺术中的重要领域。北宋沈括《图画歌》开篇以"画中最妙言山水"判定山水画在诸多绘画门类中已居首要地位[①]。宋人评价本朝在绘画史上最突出贡献时，也是着眼于山水画成就的非凡与空前，即所谓"本朝画山水之学为古今第一""营丘李成山水画，前无古人"[②]，因此对宋代山水画的研究，历来是艺术史学术领域中的显要内容。

在宋代山水画的完整发展过程与辉煌成就中，南宋山水画在众多方面表现出对五代、北宋以来已有境界的重大发展，其中至少包括：表现山水等景观的笔法墨法更为发达（各种皴法空前完备、运用更为自如，墨色变化更为丰富），山水画的构图方式与五代、北宋相比有重要变化，园林庭院等人居景观环境与自然山水的交融更为深入并呈现空前精致的审美意境，等等。艺术史研究的前辈学者曾概括南宋山水画特点及其非凡成就的成因：

  山水画经北宋一代的发展，出现了各种不同面貌、风格的画派。他们从不同的角度，利用不同的手法表现山河之美，如李成、郭熙的浑厚灵动，范宽的雄杰坚实，董源、巨然的平淡天真，燕文贵的繁密新巧。到了宣和时期，画院中又出现了王希孟《千里江山图》和《江山秋色图》（旧题赵伯驹作）这样的巨制，使后起的工笔

---

① 沈括：《王氏画苑》，见陈高华编：《宋辽金画家史料》，文物出版社，1984年，第4页。
② 邵博：《邵氏闻见后录》卷二七，《唐宋史料笔记丛刊》本，中华书局，1983年，第214页。

设色山水也发展到叹为观止的程度。南宋立国之初,院体山水画实际上已处在用写实的画法从实的角度表现山水之美的种种途径已被北宋人开拓殆尽,需要改弦易辙、别辟新径才能继续发展的境地。[①]

这说明,南宋山水画在五代北宋高峰的基础上又有重大发展,所以这些内容需要我们予以认真探究与梳理。

本章立意在于尝试说明南宋山水画成就的具体内容,尤其是希望探讨南宋山水画在艺术表现力方面的成就,它在艺术哲学与文化精神方面的成就,以及这二者之间有着怎样紧密的关联。笔者认为:由这种密切关联而造就的艺术境界,不仅代表了山水画继五代、北宋以后更上层楼,而且更可能代表了中国山水画最亲切动人、最具有中国审美韵味的特质。

从本章的视角来看,南宋山水园林题材绘画[②]所以能够成就出许许多多艺术史上的永恒经典,其原因体现在一系列由浅入深且相互密切关联的层面上。对于这些内容,下文分小节予以叙述。

一、对景观要素空前精准生动的写真能力

了解艺术史者都知道,宋代院体绘画描绘花木、禽鸟、奇石、山峰、水流、建筑、室内装饰等各种具体景观要素的作品不仅数量庞大,而且对于物象的形象、环境氛围等等的表现,其真实与生动的程度都达到了中国绘画史上的高峰。早如郑振铎先生在《宋人画册·序言》中就高度赞赏:"宋代画家们所绘写的题材是多方面的,差不多是无所不包,从大自然的瑰丽的景色到细小的野草闲花,蜻蜓、甲虫,无不被捉入画幅,而运以精心,出

---

① 傅熹年:《南宋时期的绘画艺术》,见中国美术全集编委会编:《中国美术全集·绘画编 两宋绘画(下)》,文物出版社,1988年,前言第5—6页。
② 南宋绘画的重要特点之一,不仅在于远比前代绘画更多更精湛地描绘了杭州等地的园林景观,尤其在于将这些人工景观与自然山水景观之美充分融为一体。本章对南宋山水画的讨论重视这个特点,所以将"南宋山水园林题材绘画"作为对南宋山水画更周详的定义。

以妙笔，遂蔚然成为大观。"①近来更有爱好者将宋画中的众多鸟禽与它们原生在自然界的真实形象尤其是动作形态做了仔细的比勘，其结论是：宋画中品类繁多的禽鸟与大自然中的真实禽鸟几乎一模一样。所以说，西方一些艺术史家认为中国古典绘画没有户外写生传统，而是凭"沉思默想并专注于'如何画松树''如何画岩石'……"②，这种印象的得出，可能是因为对于宋画写真能力与相应的大量精美作品比较陌生。

值得提示的是，南宋绘画虽然承续北宋画院的写实风格与极高标准（南宋初年的画院基本由南渡的北宋画院画家支撑起来），但是其画风与北宋的差别仍值得重视。以南宋马远的《白蔷薇图》（图10-1）这幅典型作品为例，马啸《宋画汇珍 花鸟卷》对此图的说明是："白蔷薇……花朵硕大，

图 10-1 马远《白蔷薇图》
绢本设色，26.2厘米×25.8厘米

枝叶繁茂，顾盼生情，光彩夺目……画家以细笔勾出花形，用白粉晕染花瓣，以深浅汁绿涂染枝叶，笔法严谨，一丝不苟，画风清丽、活泼，颇具生气，代表了南宋画院花鸟画的典型风貌。"③

可见除了在写实风格上更为精严不苟之外，"清丽"（即更多体现出景

---

① 郑振铎：《郑振铎全集》第十四卷《艺术·考古文论》，花山文艺出版社，1998年，第98页。
② 转引自詹姆斯·埃尔金斯：《西方美术史学中的中国山水画》，潘耀昌等译，中国美术学院出版社，1999年，第13页。
③ 马啸编：《宋画汇珍 花鸟卷》，河北美术出版社，2012年，第21页。

物自然秀美的风韵）已经成为南宋画风的典型面目。而这种秀雅温润、亲切可人风格，就与北宋画院作品经常流露出的华贵格调①有非常大不同——将两者稍加比较大概就可以感觉到，从北宋到南宋的这种变化，其背后应该有重要的历史与文化的原因，下章将做详细分析。

南宋山水画风与北宋之区别，其中与本章所讨论问题关系密切的另外一点，就是在典型的南宋画作中不仅水景比重大大增加，各式水景（江河、湖泊、池塘、溪涧、瀑布、庭园中的曲池水渠……）一应俱全，而且有关水景的画面都呈现出一种秀润灵动、烟水悠然的风格甚至诗意，所以说南宋画作对水景环境的渲染蕴含着丰富生动，尤其比以往更加亲切悠然的意境，比如南宋佚名画家的《荷塘鸂鶒图》（图10-2）、马远的《梅石溪凫图》（图10-3）。

这些南宋作品对于水景的描绘，看似是作者随手布置点染，其实不论是在表现水景灵动丰富的形态上，还是在表现江南水景的秀媚温润特征上，都深具匠心，笔笔精彩。

同样重要的一点也需要特别提及，这就是南宋绘画对于复杂建筑景观与庞大建筑群"空间结构"的高度写实能力。前人早已说明：中国古典绘画或盛或衰的基本标志之一，就是画家对建筑形象、建筑空间表现能力上的或高超或平庸。比如清代重要绘画理论家方薰所说："古画中，楼观台殿、塔院房廊，位置折落，刻意纡曲，却自古雅。今人（画）屋宇平铺，直界数椽，便难安顿。古今人画，气象自别，试从屋宇观看，知大悬绝处……"②而大家知道，界画对建筑以及建筑群空间结构的表现能力，到北宋初郭忠恕等人的时代达到了空前高度：

---

① 北宋此类风格的代表性作品，有《祥龙石图》《芙蓉锦鸡图》《瑞鹤图》《五色鹦鹉图》《腊梅双禽图》《柳鸦芦雁图》《桃鸠图》（以上皆题为宋徽宗赵佶所作）等。谢稚柳先生认为："南宋的人物和山水，与北宋完全改道易辙，而（南宋）花鸟趋向，纵然笔墨有别，却与北宋的形体，距离不远。"见谢稚柳：《中国古代书画研究十论·从上海博物馆所藏唐宋绘画论艺术源流》，复旦大学出版社，2004年，第118页。谢先生为绘画鉴定大家，但笔者仍认为这"南北宋花鸟画之风格变化不大"的结论似可商榷，因为南宋院体花鸟画固然很大程度延续北宋宫廷格调，但毕竟很明显地加入了清新秀润、灵动自然等新的风格与气息。

② 方薰：《山静居画论》，见沈子丞编：《历代论画名著汇编》，文物出版社，1982年，第589—590页。

图 10-2 佚名《荷塘鹨鹕图》

绢本设色，16.8厘米×21厘米

图 10-3 马远《梅石溪凫图》

绢本设色，26.7厘米×28.6厘米

▲ 画面尺幅相当有限，虽然只展现出自然水体一个很小的局部，但是马远精心地在水面的对角线位置上，安排了水流穿过山涧、曲折宛转的生动意态，从而使眼前画面中的山水具有了悠远的余韵。

> （郭忠恕）作石似李思训，作树似王摩诘。至于屋木楼阁，恕先自为一家，最为独妙。栋梁楹桷，望之中虚，若可提足；阑楯牖户，则若可以扪历而开阖之也。以毫计寸，以分计尺，以尺计丈，增而倍之，以作大宇，皆中规度，曾无小差。非至详至悉委曲于法度之内者不能也。[①]

这类史料记述了郭忠恕界画对建筑的描绘极为真切细致，而且高度契合于建筑物的空间结构原理，甚至可以直接将其界画作为建筑施工所依据的图纸。

而绘画艺术表现建筑结构、形态等的如此标准与成就（尤其是对于建筑群复杂空间结构的表现能力），被南宋画家继承发展。《明皇避暑宫图》（图10-4）传说为北宋初期画家郭忠恕的手笔，实际应该是出自南宋至元代画家笔下，该画是以宏大宫苑建筑群及其雄伟山水背景为内容的巨作。放大来看，此画中的无数建筑与室内陈设装饰的局部，其周详细致、精准完美的程度则尤其令人惊叹，如图10-5所示。

可以看到，画家对于从建筑群整体的空间布局、庞大建筑群对于自然山水的依托关系、诸多单体建筑的外部形制与内部透视、不胜繁多的室内装饰、各式家具及其布置方式、万千建筑构件的细部及其相互间的结构关系……，都有着令人叹为观止的细致精准描绘。由此不难知道：中国古典界画发展至南宋，对庞大建筑群空间结构（以及作为其背景的山水体系结构）与建筑物室内细部空间透视关系的表现，是同步地达到了惊人的水平。

在这样普遍的艺术氛围与相应的水准之下，南宋绘画对于自然山水氛围中的园林建筑空间具备了高度准确的表现能力，以南宋著名画家李嵩描绘南宋宫苑景致的作品《水殿招凉图》（图10-6）为例。

李嵩是精于界画、人物画等众多题材、技能全面的南宋画院大师，仅从此图对于建筑结构以及庭院空间的精准描绘而言，就可以初步领略其高

---

① 李廌：《德隅斋画品·楼居仙图》，见吴孟复主编，张劲秋校注：《中国画论》卷一，安徽美术出版社，1995年，第445页。

图10-4 （传）郭忠恕《明皇避暑宫图》

绢本水墨，161.5厘米×105.6厘米

图 10-5 《明皇避暑宫图》局部

▲ 此画对建筑构件、建筑结构、无数室内陈设装饰的细部等等,都具有惊人的表现力。

图 10-6 李嵩《水殿招凉图》

绢本设色,24.5厘米×25.4厘米

超技艺：画中是一处以远山为背景，以水景为近前主景的皇家园林庭院，园中水景的构造相当复杂——引水流入庭院，先形成瀑布，然后汇为水池，观景台上栏杆宛曲并以花木假山石等作为装点，栏杆栏板的花样、栏杆下的地栿等诸多构件的细节都逐一清晰画出。尤其引人瞩目的是配属于水景的水殿，其形制是视觉效果突出且建筑等级很高的十字歇山顶（从南宋建筑的图像史料中可知，当时的皇家与权贵之家才能使用此种建筑形制）。画面对庭院中或巨或细的所有景致，其表现之精准严谨程度都非比寻常，比如画中的水殿、盝顶廊桥与引水设施（图10-7），水殿屋顶（图10-8）等细部。

图10-7 《水殿招凉图》中水殿、盝顶廊桥与引水设施

图10-8 《水殿招凉图》中水殿的十字歇山屋顶

所以有评论者对此画中有关建筑的内容做出提示：

> 水殿为重檐十字脊歇山顶，屋檐两头微微上翘，几条高起屋脊端头有兽头的收束构件，垂脊前端则有仙人、蹲兽作为装饰。屋顶瓦陇与瓦当、飞椽、套兽绘法皆极细腻，屋顶山花面搏风版相当宽阔，正中安置垂鱼，沿边又有惹草装饰。屋檐下方阑额上安补间铺作，当心间用两朵，次间各用一朵，完全符合宋代木匠建屋的技术规则。
>
> 临水殿建在水边或花丛之旁，构造灵活多样。画上有闸引湖水入渠道，流至宫苑内。建在池沼上的盝顶廊桥，下用地栿，上有排

叉柱，柱上架额，额间架梁，是研究宋代桥梁、水闸的宝贵资料。[①]可见此画描绘建筑物之细致精准，达到了现在一般观赏者不易想象的程度，此画中翔实的图像极大地丰富人们对中国建筑史的认知。如果参考建筑学研究者绘制的《水殿招凉图》建筑的结构与透视图[②]，则可以有更直观的印象。

还值得注意的是，对建筑艺术上述水准的表现能力，在南宋山水园林题材绘画中绝不是孤例，相反在佚名作者的《高士临眺图》(见后文图10-14)、《拜月图》(图8-22)，刘松年的《四景山水图》等等众多作品中都可以反复领略到，而在中国绘画史上，这种对建筑艺术表现能力所普遍达到的高超境界，毫无疑问是空前绝后的。

总之，南宋绘画对山水、花木、鸟禽、建筑、家具、丰富多样室内外装饰陈设等所有景观的如此惊人写真能力，是传统"传移摹写"技法发展到最高峰的结晶，并因此为南宋绘画对山水园林景观的描绘提供了坚实的基础。

二、对山水园林景观复杂空间结构高妙且极富韵味的表现力

大家知道，作为中国景观美学（景观美学包括山水诗、山水画、建构园林等诸多审美过程所蕴含的艺术趣味与美学理念）的审视对象，人们所珍

---

① 程国政编注：《中国古代建筑文献精选·宋辽金元》，同济大学出版社，2010年，下册，第32页。重檐十字脊歇山顶，由两个歇山顶十字相交而成，因为在顶层屋檐下又添加一层屋檐，故称重檐。脊兽作为屋脊的收束构件，是用以保护屋面两坡易漏雨的部分。垂鱼，是悬挂在山花中央的一个构件，遮挡缝隙，加强搏风版整体的强度。惹草，则钉在搏风版接头处，是象征性防火观念的装饰。阑额，指檐柱之间起联系及承重作用的矩形横木。地栿，"凳"应作"袱"，地栿是中国古建名词，指栏杆下面起稳定与保护栏杆地脚作用的底座，一般为石质。
② 近年中，建筑史学青年一代对《水殿招凉图》等宋代绘画中许多建筑实例的结构做出详细分析，其相关研究成果比如胡浩《宋画〈水殿招凉图〉中的建筑研究》、倪瀚聪《宋代绘画中民居建筑的类型、匠作、环境研究》等。

视的山水之美越来越超越了对自然山水原貌的简单摹写,而是将自己日益成熟丰富的美学理念渗透到品赏与再现这些景观的过程中。很早的例子,比如南齐谢朓的描写:

> 结构何迢递,旷望极高深!窗中列远岫,庭际俯乔林。日出众鸟散,山暝孤猿吟。已有池上酌,复此风中琴……①

这里"结构何迢递"一句的意思是:在能够欣赏到远处群山与广袤林野、具有深远风景视野的位置上营构建筑物。于是远处层层布列的山峦,近处的庭院、林木、水池等诸多景观要素,它们组成了令人心驰的美景。而当这种审美意识逐渐成为造园的自觉要求时,人们也就越来越潜心于丰富景观要素之间的配置技巧,同时营造更加艺术化的园林空间关系。

发展至山水画成熟的北宋时期,上述基本的审美观念已经完全确立,著名例子如北宋山水画大师郭熙的《林泉高致》:"世之笃论,谓山水有可行者,有可望者,有可游者,有可居者。"他更是详细阐说了山水画对诸多景观的表现标准与表现方法:

> 山之人物,以标道路,山之楼观,以标胜概,山之林木映蔽,以分远近,山之溪谷断续,以分浅深,水之津渡桥梁,以足人事,水之渔艇钓竿,以足人意。大山堂堂,为众山之主,所以分布以次冈阜林壑,为远近大小之宗主也。其象若大君,赫然当阳,而百辟奔走朝会,无偃蹇背却之势也。长松亭亭,为众木之表,所以分布以次藤萝草木,为振挈依附之师帅也……②

郭熙的这些论说,明确分析了对山水画画面的"经营"艺术,即如何安顿山水林木等诸多景物要素的主从向背、衬托渲染、最佳组合等结构与配置关系。由此不难体会到,中国山水画黄金时代,一定是在实现了对纷纭复杂景物要素的统一空间逻辑与空间结构的前提下,才可能到来。

---

① 谢朓:《郡内高斋闲望答吕法曹诗》,见逯钦立辑校:《先秦汉魏晋南北朝诗》,中华书局,1983年,第1427页。
② 郭熙:《林泉高致·山水训》,见沈子丞编:《历代论画名著汇编》,文物出版社,1982年,第67页。

前文说明，中国风景审美最重视山水、林木、花草、建筑等繁多景观要素之间的浑融凑泊、相映成趣，所以中国山水艺术绝不仅是对丰富景观元素的简单网罗收纳、排比陈列，相反更重要的是一种"结构艺术"——根据艺术原则将众多要素配置、组合，从而同时"结构"出完整、和谐、极富精微韵律变化的景观序列和相应的空间体系（见前引郭熙《林泉高致》）。而如果说南宋山水园林题材绘画达到了中国古典艺术史上的高妙境界，那么它在"构景"上又是怎样实现相应水准的呢？

还是来看具体作品，先回顾前文举出的李嵩《水殿招凉图》。上文指出此图所代表的南宋绘画具有对诸多景观要素的精准摹写能力，现在应该进一步看到的是，非常有限画面空间内诸多景观要素的配置与结构关系，以及由此而造就出的空间趣味、空间韵律。可以看到，《水殿招凉图》中多种景物、多重空间的结构配置关系主要是：水殿是庭园的主景，而院内的水面、假山、花木等都对水殿起烘托作用，空间上形成从画面左侧向右侧的流动感；尽管画面所展现的庭园内部空间相当有限，但画面右侧远山对园内空间的极大提升与拓展，使得建筑与水体山体、主景与附属景观相映生辉，也使得它们之间的空间韵律节奏变化因此而丰富和谐。

总之，南宋园林题材绘画对诸多景观要素之间配置结构、对由此而呈现出的景观体系空间形态与空间韵律的无限丰富性，有着精美绝伦的展现，相关的优秀作品不胜枚举。

不妨再领略几幅类似的佳作。《雕台望云图》（图10-9）传为南宋马远所绘，此图表现宫苑中的一组位于山巅的建筑群与远处山峰的"对景"配置。画面中观景露台的位置、朝向、体量、高度等等，因为与作为对景的远处山峦非常匹配，所以两者之间具有一种相守相望、相互对话的意趣；而整个广宇中的云色霞光，也都为这种对话意趣的贯达天际提供着背景与意态上的渲染，从而使得这处看似空寂的园林透露出鲜活的"天人"情韵。

南宋佚名的《深堂琴趣图》（图10-10）又是一幅构图高度精饬严谨、意境非常深远的作品。

《深堂琴趣图》表现一处位于山脚的园林庭院及其静谧的环境气氛，我

图 10-9 (传)马远《雕台望云图》

绢本设色,25.4厘米×24厘米

图 10-10 佚名《深堂琴趣图》

绢本设色,23.6厘米×24.9厘米

们可以留意：对比图 10-9《雕台望云图》所表现的山巅景致之气韵高远，它在空间形态上形成了景观形态、景观趣味上的丰富性。而如果再进一步将此图与下文举出的《荷亭消夏图》（图 10-12）比较，还可以进一步看到：虽然两图描绘的都是山脚之下的山水建筑景致，但《深堂琴趣图》中的紧凑型庭院布局，又与《荷亭消夏图》的舒展空间、向外延伸远去的路径等，形成了景观元素在组合方式、景观风格、空间格局等方面的对比与变化。

南宋佚名的《荷塘按乐图》（图 10-11），从艺术成就的各方面来看，与《深堂琴趣图》一样都可以排在南宋院体绘画大量精品中的第一序列。

图 10-11　佚名《荷塘按乐图》
绢本设色，25.5厘米×22.2厘米

第十章　论南宋山水画（上篇）·457

　　这幅画表现一私家园林中的水景区及诸多附属景观。就园林内部的景观与空间形态而言，我们可以注意到作为主景的水景与作为水景附属的临水厅堂、观景平台、爬山廊、山石等景物之间的配置关系。这幅画作虽然尺幅很小，但是从中国绘画对山水园林景物的表现来看，却可以说是体现南宋院体绘画崇高艺术成就的典范之作。画面不仅对建筑、花木、水池畔纹石铺地等具体景观的描绘工丽精准，其构图手法更能在举重若轻的气概中透出新巧——画家以俯瞰视角统摄全景，台榭山石树木等实景虽然仅占图中一角，但层次井然、布局紧凑，足以权重全局。与此相互映对的，则是荷池水景的秀丽空灵，尤其是水面沿对角线由近及远地漫衍而去，非常自然舒展地将观赏者的视线引向远方，提示着画幅之外的不尽天地，从而大大延展了有限画面中的意境。

　　上面介绍的这些画作在虚实动静、高低远近之间对比组合、相映成趣，这样的结构方法因为深得中国古典景观美学的精髓，得以在南宋许多画作中有淋漓尽致的体现，所以是晋唐以来中国山水画艺术发展至此时而到达巅峰境界的重要标志之一。美术史家曾概括此时风景画的特点是：

　　　善于虚实结合，以较少的景物控制大面积空间，表现特定的意境，并给人以较大的想象余地……[1]

　　上文举出的《荷塘按乐图》当然是此种空间处理手法的上佳范例，而此类作品的大量出现尤其说明：山水远野等自然景观与园林等人工景观两者充分融合、共同作为中国山水画基本内容这个方向，至南宋时已经充分确立，并且由此使得绘画艺术所体现的人文内涵得到更充分发展与深化。

　　如果需要进一步了解南宋绘画对于景观空间形态无限丰富性的高超表现能力，还可以将《荷塘按乐图》与同样注重表现夏日水景的《荷亭消夏图》（图10-12）相互比较。后者所展现的空间形态，恰好与《荷塘按乐图》中私家园林封闭性的空间格局相对应，它描绘的是一处旷阔敞豁的郊野山水风景的夏日景色。

---

[1] 傅熹年：《南宋时期的绘画艺术》，见中国美术全集编委会编：《中国美术全集·绘画编两宋绘画（下）》，文物出版社，1988年，前言第6页。

图 10-12　佚名《荷亭消夏图》
绢本设色，26.2厘米×26.3厘米

此图之中，近景（流向荷亭的小溪、溪涧上的曲桥等）、中景（作为画面视觉焦点的荷亭等一组建筑及其背后的山石古松、亭榭周围的大片荷花）、远景（作为整个画面背景与屏障的层层远山，以及婉转远去、不见其尽头的悠悠水流）的布置层次宛然有序，由此形成了完整的景观结构与空间体系。再仔细欣赏还可以看到：作为对郊野风景区的写照，画面中景物的布置没有明确显著的景观轴线，却又在设计上隐隐包含着纵轴线（由近景通过荷亭向远山的延伸）与横轴线（从画面左侧高水平处的重点景物向右侧低水平处广阔空间的流动）的对比与交织，从而使画面中的各类景物都得到了完整的逻辑贯通，并且引领观赏者的视线突破画面有限空间的限制而远达无尽的外景。总之，在看似平常的画面之内，其实蕴含了诸多具体景物之间的精审权衡配置与缜密的空间结构关系设计。

再推进来看此图局部（图 10-13，全图的左下角即南宋绘画"边角之景"布局方式中的关键权重部分）对小桥、荷亭等一组邻水建筑的描绘。

图 10-13 佚名《荷亭消夏图》局部

此图建筑物造型准确，荷亭、小桥、游廊等诸多建筑之间体量尺度"折算"①合度，画面构图中横轴线与纵轴线之间的逻辑关系及其各自的景观功能都明确恰当。总之，不仅画面的细部与画面全局的布置结构，同样达到了透视合理、安置上一丝不苟的高度艺术水准，而且诸多细部景物与全幅山水之间表现出在结构上缜密的统一性与完整性，这些关捩更体现着中国山水园林艺术最为核心的宗旨，因此成就出赏心悦目的山水画境界。

尤其是，上述审美境界与具体艺术手法所达到的高超水准，在众多南宋绘画中可以普遍看到。为了验证这种普遍性，下面举出六幅南宋画作，即佚名《高士临眺图》（图10-14）、阎次平《松磴精庐图》（图10-15）、赵伯骕《风担展卷图》（图10-16）、李嵩《汉宫乞巧图》（图10-17）、佚名《寻

---

① 折算是指建筑物以及细部建筑构件的比例尺度，也指建筑界画中各个单体建筑以及繁多建筑构件细部之间的比例尺度。折算能力的高度发达，是中国古典木构建筑艺术成熟最重要的标志之一。体现在绘画艺术中，它也是建筑画在两宋达到最高艺术境界的基本条件。上述对建筑尺度比例的把握，又与绘画在空间透视表现上的空前能力（许多宋代画家已经能够比较娴熟地运用两点透视与轴侧透视）互为表里，而且在绘画理论上有了清晰的论述。例如郭若虚说："画屋木者，折算无亏，笔画匀壮，深远透空，一去百斜，如隋唐五代已前。泊国初郭忠恕、王士元之流，画楼阁多见四角，其斗拱逐铺作为之，向背分明，不失绳墨……"见郭若虚：《图画见闻志》第一卷《论制作楷模》，上海人民美术出版社，1964年，第12—13页。

梅访友图》(图 10-18)、马麟《秉烛夜游图》(图 10-19)。因为它们都以山水园林为题材,所以可以视其为一组内容密切相关的作品。

图 10-14　佚名《高士临眺图》

绢本设色,26.5厘米×26.5厘米

图 10-15　阎次平《松磴精庐图》

绢本浅设色,23.1厘米×23厘米

图 10-16　赵伯骕《风担展卷图》

绢本设色,32厘米×32厘米

图 10-17　李嵩《汉宫乞巧图》

绢本设色,27厘米×25.5厘米

图 10-18　佚名《寻梅访友图》
绢本设色，24厘米×24.5厘米

图 10-19　马麟《秉烛夜游图》
绢本设色，24.8厘米×25.2厘米

我们说所有这些作品所呈现出的艺术构思之精筠不苟，对山水花木园林等各种景观元素及其空间关系与空间韵味表现之深入具体，都值得后人仔细体会，但更主要的是：将这众多佳作汇集一处（由此，甚至可以很方便地编纂一本内容丰富的《南宋风景与园林艺术图典》），更可以看到南宋绘画在景物空间结构艺术上的普遍水准，尤其是可以看到，当时山水画的崇高境界乃是由多么丰富多彩的景观形态与变化无穷的空间形态共同构成的。

限于篇幅，这里只选出最后一幅——南宋绘画名作之一的马麟《秉烛夜游图》（图 10-19），来做仔细的欣赏与分析。

此画的构图安排看似没有惊人之处，但实际上颇具匠心（众多南宋山水画佳作的画面构图，都直接体现着中国古典园林"空间结构"特点）：画面中先以红烛辉映、两旁花木扶疏的甬路作为近景，并暗示着庭院中的纵向空间轴线。而画面的中景则是贯通左右的游廊，并以此形成横向的空间轴线，从而与纵向的近景及其轴线对比交织，并确定出整个画面（庭院）中核心景物的空间坐标。而这个空间上的重心，又通过一处殿宇的精美造型予以特别的突显强调。尤其是此殿宇高耸的屋顶将人们的视线向上提升，从而与水平延展的甬路、游廊等景观形成了自然而然的对比映衬与动态的平衡。同时，画面左侧近景中的殿宇、折廊又与画面右侧层叠不尽的远山，逻辑上形成对角线式的对景，并且以此将有限的庭院空间引向了无限的天地境界。

总之，这样一件看似貌不惊人的小幅团扇画，其实包含了非常复杂周详的遴选把握、权重配置，其中包括庭院内外多重的空间关系的结构性安排，山峦花木等自然景观、各式建筑等人工景观之间组合关系的配置安排，等等。

再以艺术史家对此图精细部分之内容的详明分析为例：

> 这个看上去貌似平凡的扇画其实包含了对光线明暗高度复杂的观察。画家用微妙的色彩充满深夜挂着一轮暗月的天空。渐远的山峦轮廓在背景中安然入睡，而近处的画面则被从低处土丘中冒出的一棵歪树枝杈所打破。主宰画面的是一个亭子屋顶的深色轮廓，这里像是一个进入皇家宫殿的入口，被独具匠心地画在夹在树梢之间而偏离中心的位置上。不过，真正吸引视线的是晚亭中闪烁的烛光，一是高处屋檐下三个拱形的窗户透出的光亮，二是从大厅中透出的光亮，那里有个绅士（可能就是皇帝本人）端坐其中，他穿着读书人的衣衫沿着两排烛光朝外望着，似乎在企盼客人的到来，而那烛光则从下往上映亮了两旁的海棠花。整个作品的构图既聪明又精确，对画中安宁的气氛的描绘和对厅中主人的高调描绘方式均表现画家具有大师级的高超艺术手法。①

通过以上诸多示例与相关分析不难看到：南宋山水画的空前成就之

---

① 英国费顿（Phaidon）公司于2007年出版了大型图文书《艺术三万年》（*30000 Years of Art*），内容汇集遴选了人类三万年以来全世界的1000件艺术精品，并由专家精心撰写每件作品的精要解说。马麟这幅《秉烛夜游图》为入选的千件世界艺术经典之一，其解说词由夏海宁先生译成中文，见：https://www.jooyee.com/en/article/detail?id=1177，访问日期：2019年5月3日。

一，就在于能够在非常有限的画面空间内，将山水等自然景观、各式建筑等人造景观，人们生活与审美的细节形象等纷杂内容，做出空前精准细致、极富空间韵致与空间张力的结构性布置。而如果我们能够知道，南宋这类题材内含精意的画作可能有千百幅之多的话，那么马上就可以直观地体会到，中国古典景观艺术塑造无限丰富景观内容、空间形态、空间韵律的"结构艺术"（即前引谢朓的"结构何迢递，旷望极高深"），在南宋画作中得到了最充分精准、美轮美奂的展现。

三、对"天人境界"崇高审美意象的展现

下面再来看中国山水画园林题材绘画至南宋而达到崇高艺术境界的第三个重要标志，而这也是较之上两节内容更具深度的一个重要层面。这就是在空前精准地描绘万千物象与具体空间的基础上，进入对无限永恒时空的感知与理解，造就出体现"天人境界"的崇高审美意象，从而艺术化地呈现出古典中国特有的宇宙理念。由此理解也就可以知道，本章上节所述的艺术成就远不仅是一种把握与组织几何空间的"形而下"技艺，而且是由此开启的艺术哲学的升华路径。

我们依然从对南宋绘画具体作品的分析入手。如果更仔细地观赏上文举出的《深堂琴趣图》（图 10-10），就不难看到，一方面此图标题强调的是"深堂"，景观是从外至深的收缩型空间向度，另一方面我们看画面上这处山脚下庭园中的建筑、山石、甬路、树木等一切具体的景观，只占到整幅画面的三分之一左右，而另外的三分之二画面则是留白，以及对作为山脚庭园巨大背景的远山之点染。尤其为了表现这些内容的空间特点，画家还精心描绘出了远山层层叠叠的无限蔓延之势，从而使得画面中对远空层次与韵味的表现有了更加显著的权重。

尤其是，上示佚名的《荷亭消夏图》、赵伯骕的《风担展卷图》、马麟的

《秉烛夜游图》等等，几乎所有作品都分外强调画面之中庭园内景近景与山水远景在逻辑上的相互贯达，势位气息上的一脉相通，以及情韵上的彼此对话与共鸣。

所以说，要了解"半边、一角"这看似来单纯技术性的南宋山水画经典构图范式，其实还有更多需要涉及的内容。

比如我们看南宋时具有全面艺术素养的士人代表人物张镃的一首论画诗《马贲以画花竹名政宣间，其孙远得贲用笔意，人物、山水皆极其能，余尝令图写林下景有感，因赋以示（马）远》：

> 世间有真画，诗人干其初；世间有真诗，画工掇其余。飞潜与动植，模写极太虚。造物恶泄机，艺成不可居。争如俗子通身俗，到处堆钱助痴福？断无神鬼泣篇章，岂识山川藏卷轴。我因耽诗鬓如丝，尔缘耽画病欲羸；投笔急须将绢裂，真画真诗未尝灭！[①]

此诗为张镃赠南宋画院领袖人物马远之作，其中直接形容了马远绘画的风格与高超水准。这些描述中最值得注意的是，张镃认为马远画作堪称"真画"的永恒魅力来源于"飞潜与动植，模写极太虚"的旨趣。那么为什么说绘画对山川与万象（飞潜与动植等）的具体描绘，其最高的境界乃是能够指向"模写极太虚"这一终极目标呢？

原来，所谓"太虚"是中国文化中关于宇宙模式、世界模式的基本范畴。概括说来，传统中国宇宙观的世界时空模式，并不是一个具象的、尺度具体的有限范围形态；相反古人却认为一切有限的时空，都不过是无限宇宙空间与永恒宇宙运迈过程的有机部分或者一个片段。而任何对于时空的理解与表现，都不应该羁留限定在局部与短暂的层面，相反应该使每一个具体的时空节点都成为进入无限宇宙天地与永恒宇宙运迈过程的具体路径。

更有意思的是：中国人并非如西方人那样，通常是把时空的物理性状

[①] 张镃：《南湖集》卷二，见陈高华编：《宋辽金画家史料》，文物出版社，1984年，第4页。

与理念化的哲学本题以及审视者的人格属性等等剥离或分置开来;相反,这些东西在中国哲学、美学与艺术中,不仅混融一体,而且深刻塑造着中国古典美学与艺术的品格旨趣,推动着历代(尤其是自秦汉奠定了中国古典的世界基本模式之后)艺术史的不断发展[1]。

我们还是从最直观的景观艺术入手。先看一个在宋代之后很晚出现但今天看来却最直观因而具有典型性的例子,即中国古典景观艺术的杰作颐和园,它以"涵虚"二字作为山水景观体系的艺术主旨——按照中国的美学传统与表述方式,颐和园入门之前的大牌楼(图10-20)及其题额(图10-21),其作用是先导性地概括提示出这里宏大空间体系与景观体系的宗旨,所以我们对"涵虚"题额的内涵应该重视。

图10-20 作为北京颐和园全部景观序列之起首与引领的大牌坊

---

[1] 有关中国古典哲学的宇宙模式与中国景观艺术体系之间的深刻联系,详见拙著:《园林与中国文化》第三编"'天人之际'的宇宙观与中国古典园林的境界",上海人民出版社,1990年,第256—348页。

图 10-21　大牌坊上揭示园林意境之主旨的"涵虚"题额

▲ 以"涵虚"作为建构园林的核心理念，这样的例子至少在宋代就可以看到，例如本书第三章提及的苏轼《涵虚亭》诗中的陈说："水轩花榭两争妍，秋月春风各自偏。惟有此亭无一物，坐观万景得天全。"——通过园林的具体景物与建筑设置而获得对天地广宇的完整把握（"得天全"），是中国古典园林美学中的重要命题。

　　尤其是展示与阐发宇宙的要义，在中国景观艺术中并非仅是一种观念性、哲学命题式的要求，而且是必须通过非常具体的景物配置与空间逻辑序列，从而具象性、艺术性地彰显出来。

　　从图 10-22 可看出，颐和园通过园内与园外山水建筑等景观的组合、山水建筑体系天际线的形态塑造与走向设计这一系列艺术手法，将人们的心怀引向悠远而极富韵律感的西山山脉乃至无际的浩天广宇，从而展示出其空间结构脉络以及审美过程中自然而然呈现的宇宙向度。

图 10-22　颐和园园内的湖光山色

可以说这是在山水景观艺术中塑造"涵虚"境界的经典例子。

稍做深究还以知道：上述表达具有中国审美漫长历史的根基，"涵虚"（以及"混茫""泱茫"等类似概念，"模写极太虚"等艺术追求）内涵最显豁的层面，首先是指自然界无限宏阔、浑融一体的天地山水景观，比如大家熟知的唐诗中的描述：

　　八月湖水平，涵虚混太清。①

　　混元融结致功难，山下平湖湖上山。万顷涵虚寒潋滟，千寻耸翠秀屏颜……②

再进一步，除了天地氤氲、宇宙时空等之外，"涵虚""泱茫""混茫"等概念还用来形容艺术上那种气韵贯通天地的最高审美境界，比如杜甫高度

---

① 孟浩然：《望洞庭湖赠张丞相》，见彭定求等编：《全唐诗》卷一六〇，中华书局，1960年，第1633页。孟浩然对天地山川宏阔境界的描写，又如他的《洞庭湖寄阎九》："洞庭秋正阔，余欲泛归船。莫辨荆吴地，唯余水共天。渺弥江树没，合沓海潮连……"
② 方干：《叙龙瑞观胜异寄于尊师》，见彭定求等编：《全唐诗》卷六五三，中华书局，1960年，第7498页。

评价盛唐著名诗人高适、岑参的诗作，认为他们文学境界的特征是：

> 意惬关飞动，篇终接混茫。①

接续而来，它们又被用来形容那种逍遥于无限宇宙之间的最自由伟岸的人格状态，及人格视角对天地山川景色的观照方式。比如李白《大鹏赋》中的描写：

> 块视三山，杯观五湖。……尔其雄姿壮观，块轧河汉，上摩苍苍，下覆漫漫。盘古开天而直视，羲和倚日以傍叹。缤纷乎八荒之间，掩映乎四海之半；当胸臆之掩畫，若混茫之未判……②

可见"涵虚""混茫"等宗旨有着相当丰厚深致的文化与美学内涵。

还需要特别强调的是，中国传统思维方式认为，山水审美一旦能够进入这样的层面，那么原本仅仅是被动感应、被动映入物象的心胸，就可以创造性地能动地生成天下最美的山水图景，经典断语比如杜甫名篇《望岳》的阐说：

> 岱宗夫如何？齐鲁青未了。造化钟神秀，阴阳割昏晓。荡胸生曾（层）云，决眦入归鸟。会当凌绝顶，一览众山小。③

"荡胸生层云"说得再清楚不过：海涛一样壮丽的"层云"景色，是在融入造化阴阳的胸臆激荡之间才得以"生"的。所以，为什么李白说山水图景能如同手卷一样在俯仰宇宙的胸臆间徐徐展开（"胸臆罨画"）？就是因为物我一体的天人境界！而且只有在这样的境界中，具有真正美感同时更具有生命灵性的山水诗与山水画才能够产生，也就是本书第五章引用明代大画家沈周在他题画诗中强调的："罨画溪山合有诗"。

于是从本章关注的角度来看，需要说明的就是，如果说颐和园等作品

---

① 杜甫：《寄彭州高三十五使君适、虢州岑二十七长史参三十韵》，见杜甫著，仇兆鳌注：《杜诗详注》卷八，中华书局，1979年，第640页。
② 李白：《大鹏赋》，见《李太白全集》卷一，王琦注，中华书局，1977年，第5—6页。李白《大鹏赋》中"当胸臆之掩畫"（现在的简体字本更写成"掩昼"）一句，当是"当胸臆之掩畫"之讹，"掩畫"即"罨畫（画）"，是中国古典风景美学中相当重要的理论概念，李白以后历代文学与艺术学中皆有阐说与示例，详见本书第244—246页。
③ 杜甫著，仇兆鳌注：《杜诗详注》卷一，中华书局，1979年，第4页。

以大尺度三维空间设计与复杂景物的配置为手段，还可以大致表现出上述审美境界丰厚内涵的话，那么在绘画这只有二维平面而且尺幅又相当狭蹙有限的艺术空间里，能否充分把握并彰显出上述深刻而又极具美感的内涵呢？而我们一旦意识到中国绘画艺术在自己文化哲学背景上必须面对这个巨大课题时，那么就尤其应该慨叹南宋山水画的非凡成就！

先来看两幅小幅画作，一是南宋佚名的《松风楼观图》（图10-23）。

图10-23　佚名《松风楼观图》
绢本设色，25.6厘米×27.1厘米

此图描绘的是无尽的高山峻岭以及山岭间的一处寺观。画面布局采用典型的南宋"半边式"构图，作者没有近距离描绘寺观建筑群的具体格局布置，而是将其置身于山岭远景与近景的相互映照之间。远景中挺拔如剑的山峰将画面的气势提振至天际广宇之间；近景更有惊心动魄的气势，峭壁矗立万仞、几株千年老松盘根其巅，在它们环绕拱卫之中，依山势而布列的寺院殿堂楼阁更显肃穆庄严。总之，此画虽然尺幅很小，但构图雄伟，表达建筑群与自然环境关系笔力雄健谨严的同时，透出超迈奔放的胸襟气韵——这些都提示着中国美学"涵虚""胸臆罨画"等理念的深刻影响。

下面这幅画作(图 10-24)所描绘的景观内容,则正好与上面《松风楼观图》所突出表现的山景之奇伟挺拔形成映照(中国景观艺术经常强调山景与水景的对比和谐,乃至人格化的亲切相知与心灵对话,同时水景的气宇格调又要有着与优秀山景之作同样的张力与远韵)。

图 10-24　李嵩《月夜看潮图》
绢本设色,22.3厘米×22厘米

此图描绘一处为了观赏江潮而设置的宫苑——它既具有楼阁之上对于宫廷外景(层叠的远山,尤其是烘托山景至天宇之际的钱塘江大潮)的宏阔视野,同时具有由高低错落建筑群所围合而成的内向庭院空间,以及假山树木等内庭景观。笔者认为:作为南宋院体画家的代表人物之一,李嵩的作品传世并不算少,但他诸多遗珍中能称得上"动人心魄伟大之作"的,则非此幅山水园林题材的团扇画莫属!那么为什么如此小幅画作堪称"伟大之作"?在上文对"涵虚""混茫"等命题做了许多介绍之后,想必读者可以理解这幅画作的深致蕴含①。

以上几幅南宋山水都是尺幅很小的团扇画,大约都只有25平方厘米,而如果是大幅画作,上述宗旨下的艺术境界当然就更加壮丽可观。限于篇幅,这里仅举出一幅,即南宋佚名画家的《雪峰寒艇图轴》(图10-25)。

图10-25 佚名《雪峰寒艇图轴》
180.6厘米×150.3厘米

拙著《翳然林水——棲心中国园林之境》中对这幅巨作的解读是:

李唐、萧照、马远、夏圭等南宋画坛巨匠,一方面继承了李成等人的胸襟气魄,另一方面,对画面空间构图的控御能力更为强健自如,对于景物细节的表现更为真切精准。以这幅与夏圭画风相近的山水巨制为例:画面左下角露出庄园的一座草亭,其体量虽然很

---

① 对李嵩《月夜看潮图》画面构图的分析说明,详见本书第468、527—529页。

小,但画家对其形象意态的表现却相当细致。同时,雪峰的苍莽浑远之势将整幅画面的气韵升华到一个雄奇宏阔的境界,使人马上想起唐代大诗人王维"隔牖风惊竹,开门雪满山"等描写园林的名句;雪峰之下,烟水悠悠,岸上几株老树在恣肆奔放的身形之中显出无限的苍劲——能够将园林置于这样的空间环境和格调氛围之中加以提纲挈领地表现,乃是中国山水画发展到最高境界时才具备的能力。[①]

图 10-26　范宽《溪山行旅图》
绢本立轴,淡设色,206.5厘米×103.3厘米

如果再将它与北宋最伟大的山水画杰作之一即范宽《溪山行旅图》(图 10-26)加以比较,则我们对中国山水景观艺术宗旨的演变方向可能会有更多体会。

此图为范宽传世作品中的第一名迹。画家用雨点皴渲染、强调山石的厚重质感与层次,并且以山腰的留白表现着画面中近景与远景之间的透视感。更主要的是以壁立千仞之山峰为基调的整个画面,其构图异常雄伟奇险、大气磅礴,具有一种惊心动魄的气势,同时以近景中道路的崎岖坎坷、溪水的激越奔涌等等景象烘托着艰难跋涉中的行旅队伍。总之,以这类作品为代表的北宋山水画,在笔墨技法对山水景观的表现力,构图空间设计中对远景和近景的全面把握(北宋山水画普遍采用"上有

[①] 详见拙著:《翳然林水——栖心中国园林之境》,北京大学出版社,2017年,第303页。

天、下有地、中段为主景"的全景式构图方式），对主题与意境的开拓能力等方面，都比前代有了重大发展，并因此标志中国山水画鼎盛时期的到来。

将此两图直接对照，如图10-27所示，则可以清楚地看到山水画从北宋到南宋的重要变化。

图10-27　北宋范宽《溪山行旅图》与南宋佚名《雪峰寒艇图轴》的比较

在范宽画作所代表的北宋山水画的经典构图中，无限雄奇伟岸的远山占据了画面构图的绝大部分，并且在趣味与气势上都成为整幅画面中的主导，而一系列近景、相关人物及其内容主题，则被压缩在相当局促的空间与微末的位置之内。而南宋的《雪峰寒艇图轴》则完全不同，它的构图虽然依旧雄奇伟岸，但是画面中心的主景，却换成了岸边姿形奔放的几株老树，树影之下提示着庄园入口的雪亭，风雪中拼力撑船返回岸边的船夫，等等。也就是说，在画面景观的空间层序中，审美者所亲近的近景（人们日常的家园环境）成为了整个画面空间构图的基础；而就画意而言，这对近景之生活内涵的描绘，也成为整幅作品的意象基调与旨趣归宿。这种对北宋风格的发展扬弃,我们在许许多多的南宋山水园林题材绘画作品(比如前文举出的《荷塘按乐图》《雕台望云图》《水殿招凉图》《寻梅访友图》《深堂琴趣图》等等)之中,都可以看得很清楚。

尤其仔细看李嵩的《月夜看潮图》这南宋绘画的经典,其中近景(近处台榭上观潮望月的人物、假山花木等庭院配属景物、室内的屏风等一应俱全的日常家居用具……)在整个画面中占据的核心位置是多么的显著,这些内容又被描绘得多么真切细致、温情亲切!所以,画面中的所有这些内容及其背后的美学趣味与宗旨,空间构图中"画意"的焦点,就都与北宋山水画经典作品的风貌有了重要的区别。

由于上述"南北宋之间山水画的变轨"在艺术史上具有重要意义,所以下面再从佚名画家的《江天楼阁图》(图10-28)中集中体会一下南宋山水画空间布局经典方式背后的宇宙理念。

图10-28　佚名《江天楼阁图》及局部

绢本设色,97.4厘米×54.6厘米

▲以"涵虚"作为建构园林的核心理念,这样的例子至少在宋代就可以看到。这幅《江天楼阁图》的取景构图是典型的南宋"马夏边角式",据此可断定此图为南宋时期作品,而非有些介绍者所说的北宋作品。

《江天楼阁图》中，画家用界画笔法精细准确地描绘了近景中将要离岸远航的大船。与远行大船相对的江岸有矗立千仞之势，一株古松静立断崖之上，以遒劲奇伟的松枝迎送着远来远去的舟船，使主要物象之间形成具有生命意趣的对答呼应；这些都衬托起雄踞于巍峨崖巅的临江楼阁，并且与江船形成一动一静的生动对比。近景之外的中景，则是烟波浩渺的大江，江中舟楫的隐约可见表现出江面空间的浩荡无边、远接天际，并且与近景大船形成了透视上远近之间的动感关系；而更远处的远景，则为江外层叠远去的重重山峦，这不仅将人们的视线从刻画入微、纤毫毕现的诸多具象景物（详见图10-28）引向了超越具象的悠远空间，而且因此把观赏者的心神引入"涵虚混太清"的无尽广宇——恰如苏轼对登楼观感的形容："举手揖吴云，人与暮天俱远。"① 这种对舟船、器物、建筑、树木等一切具体物象都描绘精准、位置设置允当，画面空间布局层层推进宛然有序，高度谨严之中又隐含奔放张力与深远哲思的构图方式，正是南宋最上乘山水佳作的经典面目！

为了理解南宋山水画普遍的精深意境，再看类似的作品，比如《奇峰万木图》（图10-29）这幅托名北宋燕文贵手笔而明显为南宋画风的作品。

总之，这些画面无不表现出中国山水艺术对宇宙时空之美的理解方式，尤其深刻呈现着审美者之心神胸襟进入"天人境界"的具体路

图10-29 （托名）燕文贵《奇峰万木图》
绢本设色，24.4厘米×25.8厘米

---

① 苏轼：《如梦令·题淮山楼》，见唐圭璋编：《全宋词》，中华书局，1965年，第323页。

径及其无尽的艺术韵味(即李白所谓"当其得意时,心与天壤俱""胸臆罄画",杜甫所谓"意惬关飞动,篇终接混茫"等等)。

而与上文列举那些以表现奇伟景致相映成趣的,则是大量表现着亲切自然的人居环境、人文气息浓厚的优美庭园等内容的作品。这些作品在很小的画面中努力表现的,同样也是隽永深远的艺术境界。这些画作淋漓尽致地表现出江南水乡的恬静秀美、四季变化节律之下各种物候景观的异彩纷呈,尤其表现出人们与周边山水园林秀色之间的相知相亲、交融互通,从而建构起山水审美的心性基点。这些南宋一流佳作有李唐《松湖钓隐图》《雪窗读书图》,夏圭的《雪堂客话图》《梧竹溪堂图》《观瀑图》,刘松年的《松溪濯足图》《四景山水图》,南宋佚名的《水阁泉声图》《水村烟霭图》《雪山萧寺图》《寻梅访友图》等等,不胜枚举。

限于篇幅,下面仅就山景区与水景区的不同内涵,各举一图作为示例,并对其画面内容、艺术特点等略加分析。首先看山景与审美心性之间的对话与交融,如马远的《松下闲吟图》(图10-30)。

图10-30 马远《松下闲吟图》
绢本设色,24.5厘米×24.5厘米

此图表现了山景区的景致，构图疏密有致，景物极为简约精当，尤其是天际一鹤的翩然而至，使观景意趣的生动充盈远远超逸于画面有限空间的羁束之外，当然是神来之笔——对比上示《松风楼观图》《雪峰寒艇图轴》《江天楼阁图》等等尤其可见：无论画面物理空间受到怎样的拘羁，但是表达"超越具象景物的悠远空间意象"，仍然是宇宙哲学维度下的根本的艺术追求！

再者，马远此图中景观要素极尽简约洗练，我们从中还可以注意到南宋绘画较之前代的一个重要特点：遴选与设置画面景物时，其披沙拣金的高度自觉甚至达到"惜墨如惜命"①的程度。传统农业社会的物质能力至宋代空前发达背景下，先觉者越发质疑"心为物役"、物质欲求盈满不疲的价值合理性，并且因此反思而倾向于简约适性的生活与美学境界。典型例子比如苏轼的反复陈说：

> 临皋亭下八十数步，便是大江，其半是峨嵋雪水，吾饮食沐浴皆取焉，何必归乡哉！江山风月，本无常主，闲者便是主人。②

> 陶靖节云"倚南窗以寄傲，审容膝之易安"，故常欲作小轩，以容安名之。③

> "秋菊有佳色，裛露掇其英。泛此忘忧物，远我遗世情。一觞难独进，杯尽壶自倾。日入群动息，归鸟趋林鸣。啸傲东轩下，聊复得此生。"靖节以无事自适为得此生，则见役于物者，非失此生耶！④

这种生活与美学理想越来越影响于绘画领域，当然会直接间接地促成

---

① "惜墨如惜命"是南宋人楼钥对当时画家智融的评价，楼钥《催老融墨戏》："古人惜墨如惜金，老融惜墨如惜命。濡毫洗尽始轻拂，意匠经营极深夐……"见陈高华编：《宋辽金画家史料》，文物出版社，1984年，第711页。
② 苏轼：《东坡志林》卷四《临皋闲题》，三秦出版社，2003年，第205页。
③ 苏轼：《名容安亭》，见《苏轼文集》卷七一，孔凡礼点校，中华书局，1986年，第2272页。东晋陶渊明被崇敬者私谥为"靖节征士"，后人遂用"陶靖节"尊称陶渊明。
④ 苏轼：《东坡志林》卷七，《全宋笔记》本，大象出版社，2019年，第155页。

一种新画风的酝酿与形成,所以大量南宋山水画遴选与配置景物的空前简约精审(马远此图、下章举出的佚名作者的《秋江暝泊图》、马远的《楼台夜月图》,以及夏圭的《松溪泛月图》《泽畔疾风图》等等为典型),这其实有很深的文化背景。

与上述《松下闲吟图》对观赏山景之意趣表现相映对的,则比如夏圭的《观瀑图》(图 10-31)对观赏水景意趣的描绘。笔者认为:即使在南宋山水画领袖夏圭的众多佳作之中,此图毫无疑问也是淋漓尽致地展现构图精思与深湛笔墨功力的极少数上乘精品之一(虽然尺幅很小),因为画家对景物剪裁,能够在极尽精饬之中呈现出平适恬静的生活趣味,有大哲人说家常话的风韵,并因此与马远画作构图的出人意料、追求奇险峭拔的偏好有着明显区别,虽然马夏的画风向来被认为非常接近。

图 10-31 夏圭《观瀑图》
绢本设色,24.7厘米×25.7厘米

此图不仅充分表现了江南水乡的特点,而且画面里近景(水岸、小舟、水榭、松树、山石、水流的悠长伏脉等)与中景(飞瀑等)、远景(远处的山岭林木），逐层推进、相互映衬且气韵贯注不断。图中不论巨细疏密的所有物象，其景物的遴选、尺度的折算、空间位置的安顿与衔接等等，都极为精当准确、丝丝入扣、一毫不乱——从诸如此类的地方，我们可以很直观地领略到中国景观美学（山水画、园林等）之空间结构艺术的真谛所在。

总之，南宋山水画在北宋伟大艺术趣味与日渐丰富技法基础上，其更上层楼之处就在于，它们不仅能够在从大至小各类尺幅的景物题材中，都表现出天地山川的极尽奇伟与千姿万态，而且尤其努力表现出宇宙氤氲的无限境界，及其与审美者心境之间那种随时随处相知相亲的深切共鸣与精妙交融，从而把对于无限丰富山水景观的表现，推升到心性世界中全新的审美高度。

第十一章 论南宋山水画(中篇)
——南宋山水画在表达"生命哲学之美"方向上的重要意义

上章初步梳理了南宋山水画从形迹到精神内涵两大层面的成就,及其因此在中国绘画史上的突出地位,于此基础上本章将展开进一步的探讨,希望初步说明南宋山水画在"天人"架构之下表达"生命哲学之美"方向上的重要贡献——对这方面问题的说明,在以往美术史研究中也许还少有涉及。而且如果做文艺史上的进一步追索,我们还可以看到:"诗画一体"是唐宋以后中国古典艺术中的经典议题,即钱锺书先生所说:诗和画号称姊妹艺术。有些人进一步认为它们不但是姊妹,而且是孪生姊妹。唐人只说"书画异名而同体"(张彦远《历代名画记》卷一《叙画之源流》)。自宋以后,评论家就仿佛强调诗和画异体而同貌。[①]可见为什么从宋代开始"诗和画异体而同貌"的命题被明确揭橥出来并且受到越来越广泛的关注这个问题有着相当的学术意义,所以本章节以南宋山水画的一个重要主题——山水与生命的旅途的密切关联为焦点而略做分析。

一、南宋山水画蕴含的隽永诗意与精微哲思

从最表浅的层面来看,中国古典山水景观艺术与诗歌艺术之间具有

---

① 钱锺书:《旧文四篇》,见《中国诗与中国画》,上海古籍出版社,1979年,第5—8页。

直接的关联。比如，文学家对于文学境界的悉心揣摩与艺术呈现，就经常与他们的山水审美密切结合在一起。于是，他们通过对物象中诗意的发掘与表现，使人们体悟到山水景观更为丰富、深致的审美意境。因此，山水景观充分融入他们日常的文学等创作过程之中，甚至构成这些创作不可或缺的环境氛围，历代文学家对此种关联早有真切表白，比如，唐代诗人钱起描写文学家通过山水园林审美获得了诗歌创作上的动力与灵感（"诗思"）：

胜景不易遇，入门神顿清。房房占山色，处处分泉声。诗思竹间得，道心松下生。何时来此地，摆落世间情。①

北宋"苏门四学士"之一的文学家晁补之对两者之间的关联也说得很直接——"诗须山水与逢迎"②；南宋周密凭栏观览山水时更强调："诗情画意，只在阑干外！雨露天低生爽气，一片吴山越水。"③后来甚至有艺术家将山水、园林、山水画、诗歌这四者贯通而强调其审美内核的一致性，如明代著名画家沈周在描绘自己园林有竹居的画作上题诗明言"罨画溪山合有诗"（详见图5-35及相关内容）。

不过对于本章来说，要说明绘画中何以深深蕴含诗意这个问题，则只列出上述关联的显著存在还远远不够，而是必须说明南宋山水画作之中"深刻与无尽诗意"的关键究竟在哪里。

笔者认为，对这个问题的讨论还得从有鲜明具象性的绘画作品入手。比如前文提到，如果比较北宋代表性山水作品范宽的《溪山行旅图》与南宋的《雪峰寒艇图轴》，则可以清楚地看到南宋山水画的重要变化之一：画面景观的空间层序中，近景成为整个画面构图的基础；而就"画意"而言，对近景中生活内涵与文化活动之情态意趣的描绘，则成为整幅画作的主旨。而

---

① 钱起：《题精舍寺》，见彭定求等编：《全唐诗》卷二三七，中华书局，1960年，第2626页。钱起曾反复陈述"诗思"与山水审美一体的观念，比如他的《春夜过长孙绎别业》："佳期难再得，清夜此云林。带竹新泉冷，穿花片月深。含毫凝逸思，酌水话幽心……"
② 晁补之：《济北晁先生鸡肋集·送曹子方福建转运判官二首》其二，《四部丛刊初编》本，商务印书馆，2015年，卷一六第4页。
③ 周密：《清平乐·横玉亭秋倚》，见唐圭璋编：《全宋词》，中华书局，1965年，第3281页。

且上述重要变化，我们在众多南宋绘画经典作品中都可以看到。比如，山水环境不仅是外置的观赏对象，而且更如南宋绘画所千百次表现的，是文化阶层日常生活与从事各种文化艺术活动的基本环境，这在上章举出的《深堂琴趣图》《松下闲吟图》《高士临眺图》《荷亭消夏图》及刘松年《四景山水图》等作品中都有典型体现。

概括而言：五代至北宋山水画作所表现的那种伟大，是一种超越胸臆的雄奇激荡，比如巨然的《层峦丛树图》、李成的《晴峦萧寺图》、郭熙的《早春图》、范宽的《雪景寒林图》《溪山行旅图》等等。而同时，所有这些五代至北宋名作之中所彰显出的，不知不觉又都是我们一介轻微之生命，是这微末的自我只能驻足仰望却还不能亲和融入的那个境界——所以从这些画面，人们可以尽情感受天地山川的无比雄阔奇伟，却很难从画面中反身而感受到自我的生命韵律与诗意。

但是南宋山水园林所理解的天地万象之伟大的审美，与审美者之间却是另外一种互动关系。比如南宋政治家、文学家陈亮是这样形容他与其推崇的大哲学家朱熹在武夷山秀丽山水环境中的胸怀与心境的：

人物从来少，篱菊为谁黄。去年今日，倚楼还是听行藏。未觉霜风无赖，好在月华如水，心事楚天长。讲论参洙泗，杯酒到虞唐。

人未醉，歌宛转，兴悠扬。太平胸次，笑他磊魄欲成狂。且向武夷深处，坐对云烟开敛，逸思入微茫……[①]

这首词的上半阕，是写两人共同经历的一年又一年生命旅程之可歌可咏、回味无尽；而词的下半阕，则是抒写面对生命旅程时那种具有超越性的审美心态，尤其写出在成就这种心态的过程中山水审美所起到的重要作用，即"且向武夷深处，坐对云烟开敛，逸思入微茫"。这几句里，"逸思入微茫"中的"入"字最关键，它说明人们生命步履的根本方向是：通过山水审美而不断地使自己对生命意义、生命旅程的理解进入天地宇宙这终极的境

[①] 陈亮：《陈亮集》卷一七《水调歌头·癸卯九月十五日寿朱元晦》，中华书局，1974年，上册，第208页。

界!所以我们应该能够感觉到,在这个过程中个体而非群体的生命价值,个体生命旅程进入宇宙这终极的向度,助力个体生命的绵长悠远意蕴进入宇宙境界的山水审美("心事楚天长"),这些乃是最关键的东西。而且正是由于上述关捩是与每一个具体的生命过程、生命瞬间能动地融会在一起的,所以这个方向、这个过程的本身,就是"生命诗意"的源泉。由此而来的心意与天地山水景观的相互感通激荡以及相应的艺术创作,也就自然而然地充满了诗意与画意。

为了能对上述内容有更真切的理解,再看一首南宋词作是怎样说明山水审美与生命旅途体验之间的关系的,即南宋吴潜《酹江月·暇日登新楼,望扬州于云烟缥缈之间,寄赵南仲端明》:

> 半空楼阁,把江山图画,一时收拾。白鸟孤飞飞尽处,最好暮天秋碧。万里西风,百年人事,谩倚阑干拍。凝眸何许?扬州烟树历历。[1]

词中所说,当然是对山水审美过程中心性诉求("建构生命张力进入天地境界之亲切路径")最真切描述。

所以,一旦明白了这建构对于审美形式与艺术方式所具有的重要意义,那么就马上可以明了诸如此类的问题,比如:为什么范宽的《雪景寒林图》《溪山行旅图》等与南宋的《雪峰寒艇图轴》等都是伟大的山水画作品,但是在画面中的诗意蕴含上却有非常大的差别?为什么在南宋山水审美中,"江山图画"与"万里西风,百年人事"两者之间,有着那样深挚动情的互动?

一些风格含蓄的南宋山水画,如佚名画家的《江山飞鸟图》(图11-1)、南宋李唐《坐石看云图》(图11-2)等,它们表达的主题又如何隐含着上述关捩?

---

[1] 见唐圭璋编:《全宋词》,中华书局,1965年,第2732页。吴潜为南宋名相之一,曾对蒙古大军南侵坚决主战。吴潜于南宋理宗淳祐七年(1247)拜同知枢密院事兼参知政事;淳祐十一年(1251),入为参知政事,拜右丞相兼枢密使;开庆元年(1259)忽必烈率蒙古军进攻鄂州之际,官拜左丞相兼枢密使。

图 11-1　佚名《江山飞鸟图》

▶ 王维《终南别业》"行到水穷处,坐看云起时"之所以是提示中国风景园林美学与文学经典意象之名句,是因其将眼前山水景致的运化万变(水景与山景的对比转换、空间上开阖之间的对比与转换……),升华到了体认时空之有限与无限、万物之动静行止的宇宙哲学的层面。后来的中国哲学与美学承袭上述视角,也最重视山川万象所体现的天地运迈之美,尤其注重它与观景者身心的融合为一(详见下文引用的朱熹

图 11-2　李唐《坐石看云图》

《观澜词》等),直到清代,乾隆《圆明园四十景诗》之《鱼跃鸢飞》仍然说:"川泳与云飞,物物含至理。"所以究诘起来,诸多南宋山水画看似尺幅很小,景物寻常,但是其画面构图与意境之中,通过对山水云霭等等审美完成了宇宙哲思的支点与路径的建构,这悠远而深致的脉络非常值得留意。

南宋绘画中类似的作品很多，例如图 10-9《雕台望云图》、图 11-16《观瀑图》等等这些画面内容与构图，都是在细致真切地描绘人们是如何通过静观山水而进入体悟天地宇宙的境界，所以它们不约而同面向着"具体的山水之美—宇宙的永恒及其运迈周行韵律之美—观览天地山川对体悟生命情韵的触发"这三位一体（"坐对云烟开敛，逸思入微茫"）。不言而喻，这个完整架构及其艺术呈现方式与技巧的成熟，对于中国山水艺术史的发展而言具有非常重要的意义，而同时，这个架构之下画面对审美韵致的表达，其实也就自然而然与中国传统抒情诗的意境紧紧联在了一起。

下面从图 11-3 看因上述心性诉求方向的确立，诗、画、观览山水这三方位意境是如何完全融为一体的。

图 11-3 佚名《玉楼春思图》
绢本设色，24厘米×25厘米

此图在构图、设色、对于园林中建筑物内外空间的表现、画面意境、小楷书法、题词的文献价值等一切方面均臻于上乘，应是南宋画院高手所作。① 就"山水画与诗意关系"这个角度而言,此图也颇值得重视,因为其画境以及题词所描写的内容,正是由外在山水空间、园林空间的各种复杂变化与设置,一步一步深入人们内在心曲空间的审美过程;并且正因为这个过程的韵律感才凝聚出无限的诗意:"莺迁上林,鱼游春水,几曲栏干遍倚,又是一番新桃李。……凤箫声噎无孤雁,目断澄波沉双鲤;云山万重,寸心千里!"(画中题诗)

每一生命个体在天地间都被设置着命运悲喜的境遇,惟其如此,生命欲念才积淀磨砺出无比的深挚坚韧("寸心千里")。人们的命运被置于天地氤氲、层层阻隔("云山万重")之下,却又凭借山水审美获得的无限心性张力,就是诗意的永恒源泉。

二、深情的表达:悠远生命旅途如何融入天地山川与无限风物

前文提及"云山万重,寸心千里",每一生命个体在天地之间被设定的命运阻隔,以及置身其中而"寸心"通过审美生发出的深挚张力,正是诗意的永恒源泉。我们知道,中国抒情诗在先秦《诗经》等质朴的场景与心理描写之后,真正进入对生命哲学体悟与表现的通道,与人们抒发关于生命旅途感受密切联系在一起,"青青陵上柏,磊磊涧中石。人生天地间,忽如远行客""人生寄一世,奄忽若飙尘";而这种面对旅途的答案却是"何不策高足,先据要路津""驱车策驽马,游戏宛与洛。洛中何郁郁,冠带自相索。长衢罗夹巷,王侯多第宅……极宴娱心意,戚戚何所迫"②。也就是说,尽力

---

① 史籍记载,北宋政和年间,某要员在越州的一通古碑上抄得此词,不知何人所作,遂奉献给徽宗皇帝赵佶。赵佶命大晟府(即宫廷音乐机构)配乐表演,并根据词中的语句而定词牌名为《鱼游春水》。在传世典籍中,此词的字句与《玉楼春思图》所录有不少差异。
② 佚名:《古诗十九首》,见萧统编:《文选》卷二九,世界书局,1935年,第401—402页。

扩张对外部世界物质资源的占有，以此提升生命价值，安置生命的归途，这是生命哲学在汉代等古典早期的基本方向。相关的文物实例则更为形象与醒目。大家知道，汉代铜镜是中国工艺美术中比较重要的品类，现在我们仅关注其中一个具体角度——由于当时的流行信仰普遍认为铜镜具有聚汇天地灵明等神圣功能，所以汉镜铭文往往成为概括与彰显个体（持镜者）心性、如何尊奉社会主流价值观念，以提升并神圣化自己生命价值的经典语录。其实例不胜枚举，仅看清华大学艺术博物馆收藏的两件汉代铜镜（图11-4、图11-5）。

图11-4　西汉末凤凰铭四灵博局铜镜

▲此镜铭文："凤凰翼翼在镜则（侧），致贺君家受大福，官位尊显蒙禄食，幸达时年获嘉德，长保二亲得天力，传之后世乐毋已。"

图11-5　东汉中晚期二十二连弧变形四叶兽首铜镜

▲此镜铭文的后半段为"富禄氏从，大富昌，宜牛羊，为吏高升至侯王，乐未央，夫妻相宜师命长"，并且在变形四叶中有"长宜子孙"四个大字。此铭文中"富禄氏"的"氏"为"是"的通假字。"夫妻相宜师命长"中的"师"字指众人，《左传·哀公五年》："师乎师乎，何党之乎。"晋代杜预注："师，众也。"所以这句铭文的意思是："夫妻相宜"引领之下整个家族人丁兴旺、年寿绵长。

可见，权力、财富、享乐、寿考、儒家伦理方向上的社会威望地位、小家庭内的和谐、大家族势能的蔓衍扩张与兴旺绵长……这一整套目标构成了最现实的同时也是人生终极哲学中显赫无比的主流价值坐标。从这个角度来看，汉代文化很典型地体现着牟宗三先生所认为的中国文化生命是心、性、伦、制结合①，因此"仁"成为价值归宿，具有庞大集群性特征——孔子所说"天下归仁"很早就依稀预言着庞大规模上的步履统一性。而相应于此，秦汉最受崇奉的也就是"千人唱，万人和"那种以压倒性力量扫荡宇内的集群性美学追求②。

但是经过了中国文化漫长的发展演变，后来又有了与之相当不同而大大侧重于个体化的心性进路："玉露凋伤枫树林，巫山巫峡气萧森。江间波浪兼天涌，塞上风云接地阴。丛菊两开他日泪，孤舟一系故园心。"③——"孤舟"中的微渺如芥的孤独诗人，他即使在物质与社会群体位置占有上一无所有，但通过对天地山川审美境界的感受、与天地山川的对话交融，反而能够在生命哲学、终极价值等最高层面建构起心灵家园的支点与远景（"寸心千里"）！

---

① 牟宗三《历史哲学》："从仁义内在之心性一面，即从其深度一面说，我将名之曰'综合的尽理之精神'下的文化系统，以与西方的'分解的尽理之精神'的文化系统相区别。……何以说是'综合的尽理之精神'？……尽心、尽性、尽伦、尽制，统概之尽理……而无论心、性、伦、制，皆是理性生命，道德生命之所发，故皆可曰'理'……中国的文化生命完全是顺这一条线而发展。"吉林出版集团有限责任公司，2010年，第161页。王学丽《从知识儒学到生命儒学》："牟宗三……分别从'综合的尽理之精神'与'分解的尽理之精神'两个角度来区分中国文化与西方文化。他认为，中国文化生命是心、性、伦、制的结合，'仁'的特征更明显；西方文化生命则倾向于概念性、抽象化的思维进路，'智'的特征更明显。"载《中国社会科学报》2023年9月18日第A04版。
② 司马相如《上林赋》："千人唱，万人和；山陵为之震动，川谷为之荡波……"，详见司马迁撰：《史记》卷一一七《司马相如传》，中华书局，1959年，第3038页。
③ 杜甫：《秋兴八首》其一，见杜甫著，仇兆鳌注：《杜诗详注》卷一七，中华书局，1979年，第1484页。尤其应该注意：杜甫晚年诗作中反复抒写了"孤舟"意象与其生命哲学、宇宙哲学的关联，《秋兴八首》之外，又有《登岳阳楼》"昔闻洞庭水，今上岳阳楼。吴楚东南坼，乾坤日夜浮。亲朋无一字，老病有孤舟……"及《聂耒阳以仆阻水书致酒肉疗饥荒江诗得代怀兴尽本韵至县呈县令陆路去方田驿四十里舟行一日时属江涨泊于方田》"孤舟增郁郁，僻路殊悄悄"等等。

而绘画艺术领域中，这样一种个体化生命哲学与诗意的新境界的探索期是在五代、北宋，至南宋山水画则空前成熟——其标志就是：哪怕是非常有限的画面尺幅，非常洗练的山水景物，看似极尽简约的构图结构，但是其背后对于心灵家园以及生命旅程的指归，却都有着情韵悠长的表达。下面略举几幅深有意境的南宋绘画杰作，比如传为李唐所作的《江山秋色图》（图11-6）。

图11-6 （传）李唐《江山秋色图》
绢本册页设色，26.7厘米×28.0厘米

上图应该是南宋中期以后画院人士学习李唐风格的作品，它在非常有限的尺幅与简约的景物构图中，将天地之旷远、秋水之浩渺、霜叶浓意中无边萧瑟的寒意等等景物及其情韵尽数渲染出来，让观赏者自然而然地感受到"玉露凋伤枫树林""孤舟一系故园心"那种浩荡情怀。南宋山水画画

面中的诗意境界具有了如此举重若轻的深湛表现能力,与前代相比其实是艺术方向上的巨大进步。

再看另外一幅上佳之作,即佚名所作《秋江暝泊图》(图11-7,一说为宋高宗赵构所作),我们对其画面内容做更仔细的分析。

图11-7　佚名《秋江暝泊图》
绢本设色,23.7厘米×24.3厘米

此作构图之精湛大可玩味,笔者认为它是体现"谢赫六法·经营位置"之宗旨的典范之作:画面右下角的秋树、山石等近景描绘得非常细致,而通过对角线与其相互辉映的高耸远山则简笔皴染,形成画面整体架构中的层次节奏;左下角的孤舟与右上角远山深处的庙宇建筑形成了对角线的高低递进与相互呼应;江水干流的横向构图与支流的纵向流向又形成了对比与平衡,从而使远山具有了灵动的衬托(山景与水景在形貌对比、融会之中升华出的精神性对话,这是中国古典山水画、古典园林艺术中最富意境的基本内容之一)。这许多细节处无一不精的结构安排,使得整个画面实现了空间上远景与近景、山景与水景,物象上写实与写意,气韵上的沉静含蓄与流动升华等全方位的丰盈与对比平衡,体现着南宋山水画在景物遴选、构图技法等方面的最上乘境界!

而在上述层面之上,更值得我们品味是画面对生命哲学之情韵的深挚表达:红叶点缀下的秋日江岸融入了无边的沉寂;江中一叶孤舟正欲停棹泊岸;江上烟水迷蒙,衬托起静静伫立的远峰;群山山巅之间的庙宇殿阁隐约可见,它在视线上形成对于近景以及对远去溪流的提振与引领(哲学宗教境界对于文化与生命意味的提升意义更为重要);画面左上方有南宋书法大家宋高宗赵构的题词"秋江烟溟泊孤舟"。总之,此图气象阔大,构图极其洗练沉稳,景观的空间层次宛然有致,尤其是山水红叶等自然景观与人文主题景观(孤舟水岸,隐喻"逝者如斯"的远去溪流,隐约于绝远山巅因而超凡绝俗的寺院……)之间,其呼应交融的对话关系表达得含蓄细腻、深情动人!所以必是南宋画院高手的作品,很可惜由于庋藏不善,画面色质严重受损。

再比如南宋萧照的《秋山红树图》(图11-8)。

图 11-8 萧照《秋山红树图》
绢本设色,28厘米×28厘米

我们尤其应该体会此画对山径的表现：从舟行到登岸踏入山径，路径方式为之一换，由此在无边远山与近景中萧瑟红叶的映照之下，山间小径提示着眼前风景之外那番悠远的天地，同时孕育出真正的"诗意"，好比《二十四诗品》所形容的"意象欲生，造化已奇。水流花开，清露未晞。要路愈远，幽行为迟"①，所以最值得我们留意的是：与北宋山水画那些奇伟构图与险峻气氛的竭力营造完全不同，南宋山水画经常在极其平易寻常的氛围中透露出对"超越性"的理解与追求，尤其因此而指向终极性、超越性的路径，沉浸在极具人性亲和力的感知与表达之中。通过这些力求将"升华之远路"沉浸在极美山水氛围中的意境营造，我们不难发现：南宋山水画的主旨、情韵，尤其是审美主体的心性指向等等，都已经与五代北宋有了很大的不同。

上面三幅画作所描绘的都是秋日的山川景色，再以南宋绘画对春景的表现作为参比，下面是马远的名作《山径春行图》（图 11-9）。

图 11-9　马远《山径春行图》

绢本淡设色，27.3厘米×73厘米

▲ 马远在此图中展示出"骨法用笔"的深湛功力，参见图 6-13 的图片说明。

---

① 司空图：《二十四诗品·缜密》，见何文焕辑：《历代诗话》，中华书局，1981年，第41页。

此图不仅在构图上充分展现了对空间远近、景物疏密、景人之间动静衬托等等的周密设计和把握，在笔墨技法上尽显清秀灵动，而且更为突出的成就在于，画面充分展现出天地之间或巨或细的一切景物（远处的山景、近处的树木山石、鸢飞蝶舞……）与春天生命气息的融会无间，突显着旅途中天地万物氤氲生气随时随处的伴随、行旅者与之微妙的情感交流，因此使得"春行"的美学特质（天地间鸢飞鱼跃生命意态，行旅者充盈不断的生命韵律与心性灵动……）突显出来。

由《山径春行图》等经典画作，我们可以进一步联想到中国宋代以后"天人哲学"与前代相比的一个重要的发展，即强调人的生命和谐状态本身就体现着宇宙运迈周行永恒韵致的基因，所以天人之间的相互应和与共鸣，一定是一种最为自然而然、充满韵律之美的过程，而绝不是建立在外力的强制之下。这个原则就是哲学家强调的"'天人'本无二，不必言合"，所以生命之美的最高境界是："见万物自然皆有春意""（孔子）与万物同流，便能与天地同流！"[①]宋代哲学更是以"鸢飞鱼跃"等春意盎然的审美情态来定义宇宙的本质，并因此确立"鸢飞鱼跃"命题在整个哲学体系中的核心意义[②]。

我们还可以看到，程颢对《诗经》中诗意的理解角度与关注焦点，这些都清楚地提示着宋代开始区别于前代的审视与观览的眼光：

  明道先生善言《诗》，他又浑不曾章解句释，但优游玩味，吟哦上下，便使人有得处。"瞻彼日月，悠悠我思；道之云远，曷云能来？"[③]

显然，从"优游玩味，吟哦上下""万物自然皆有春意""与天地万物同流"的审美状态出发，来理解岁月与四季周行运迈下人生的"道之云远"，只有在这个方向上深刻体会、不断积淀沉潜才可能结晶出如马远《山径春

---

① 程颢、程颐：《河南程氏遗书》卷六，见《二程集》，王孝鱼点校，中华书局，1981年，第84、86页。
② 理学将"鸢飞鱼跃"这种万物生机充盈运迈的状态视为宇宙与社会的最高理想境界，即所谓"尧舜气象"，详见拙著：《园林与中国文化》，上海人民出版社，1990年，第338—340页。
③ 程颢、程颐：《河南程氏外书》卷一二，见《二程集》，王孝鱼点校，中华书局，1981年，第425页。

行图》等洋溢着生命哲学意义的山水画作品。所以在南宋山水画中，我们可以充分体会到中国生命哲学所特有的意趣韵味以及因此而来的诗情画意，而这种哲思深度与艺术表现的非凡能力两者间的高度统一，是南宋以前的山水画艺术从未达到的！

为了对画意中"远路"之意义有更多的理解，下面贯通来看几个更具象的画面主题。

首先是"行旅"。

如果我们更多留意的话，就可以发现上面示例的几幅画作都具有的一个意境悠远的主题：它们总是或显或隐地提示着人们通过悠远长路，以及或舟行或山行的方式而获得自己的人格定位，由此"行旅"的意义成为山水画文化寓意中的重要内容。相应而来，"行旅""放棹""待渡""归舟""策杖"等主题在山水画中越来越占据显著位置。以"行旅"而言，尽管在五代及北宋就可以看到表现这一主题的许多绘画名作（比如关仝的《关山行旅图》、郭熙的《雪山行旅图》《溪山行旅图》《秋山行旅图》、范宽的《溪山行旅图》……），但那时画面中的主调，大多是一种"群体性步履与路径"——北宋行旅图画面中的人物，往往是跋涉于山径间的商队、远行的文人等各类身份的不同人群，他们之间甚至形成同一路径上的前后呼应，比如郭熙的《雪山行旅图》、朱锐的《溪山行旅图》（上海博物馆藏）等所描绘的。其跋涉旅程中的高潮性节点，经常聚焦在山边小镇、道旁村舍以及客栈、街市、场院等地方（比如关仝的《关山行旅图》所描绘的）。

但到了典型的南宋作品中，"行旅"的人格主体与远行旅程所指归的境地，都有了重要变化！而鲜明体现着如此变化的南宋画作，除了上面举出马远的《山径春行图》、萧照的《秋山红树图》、佚名画家的《秋江暝泊图》等之外，还有刘松年的《四景山水图·春》、（传）李唐《江山秋色图》（美国波士顿美术馆收藏，应为南宋孝宗时期画院作品）、马远的《溪桥策杖图》《洞山渡水图》、（传）马远的《风雨山水图》、马麟的《郊原曳杖图》、夏圭的《烟岫林居图》、阎次于的《山村归骑图》（华盛顿弗利尔美术馆藏）、（题）

郭熙的《溪山行旅图》①、(题)许道宁的《云关雪栈图》②以及南宋佚名画家的《雪山行旅图》(华盛顿弗利尔美术馆藏)、《雪溪待渡图》(美国纽约大都会博物馆藏)、《风雨归舟图》③、《柳桥归骑图》、《花坞醉归图》等一大批作品，它们在缤纷无数的山水场景中不约而同清楚说明了时代审美的心理主题。

限于篇幅，下面仅展示上述众多南宋佳作中的最后两幅(图 11-10、图 11-11)，并分析其主题的特点。

图 11-10　佚名《柳桥归骑图》
绢本设色，15.8 厘米 ×29.1 厘米

---

① 从画面构图的风格看，(题)郭熙《溪山行旅图》显然是南宋作品，其画幅为24.5厘米×25厘米。《御制诗集》第五集卷三一《郭熙溪山行旅》咏赞曰："高堂素壁恣雄奇，小幅偏兼千里思。藏密放弥有如此，河阳诚善注庖羲。"其实"小幅偏兼千里思"的构图方式所体现的恰是典型的南宋画风。
② 此图虽然旧题为北宋许道宁作，但画面构图为典型的南宋风格，所以美术史家公认此画作为南宋作品。
③ 南宋绘画中，"风雨归舟"是一个能引起广泛共鸣并被竞相表达的主题。现在容易见到题为《风雨归舟图》的南宋画作比如：北京故宫博物院藏佚名作者绢本设色团扇画一幅(25.6厘米×26.2厘米)、美国波士顿艺术博物馆藏一幅、(传)夏圭绢本设色立轴一幅(58厘米×25厘米，存藏处不明)、苏显祖立幅绢本一幅(96厘米×49厘米，私人收藏)。南宋画坛对这一主题的广泛热衷背后，其实蕴含重要的社会、文化、艺术心理信息。

图 11-11 佚名《花坞醉归图》
绢本设色，23.9厘米×25.4厘米

在所有这些作品中，已经看不到五代至北宋山水画中最常见的那种生计驱动下"群体性的步履与路径"，也看不到人们仅仅将小镇、村舍、街市、客栈等群集之地作为远行的归宿。南宋山水画所潜心表现的经典主题，相当彻底地转变为前文所提示的"文人哲思型生命与心性的诗意旅程"。仍然如同马远《山径春行图》一样，这些画作中人物的动作或秉承着宇宙哲思的原动力，有着"指向远方"等内在诉求，于是自然而然通过山水审美而在生命旅途中完成对天地万物亲和交融状态的领悟（即宋代理学强调的"见万物自然皆有春意"），并由此呈现出"诗思"的境界。

再看"待渡"。

南宋绘画对于各个季节景观环境下行旅者"待渡"这一情节的具体描绘达到了非常细腻入微的程度，并且深切表达了对人生旅途之诗意远方的企望与伫盼，如图 11-12、图 11-13 所示。

图 11-12 佚名《待渡图》
绢本团扇设色，23.8厘米×25.2厘米

图 11-13 马远《秋江待渡图》
绢本册页设色，21.6厘米×22.2厘米

图 11-12 中，远行者即将融入在一派明媚的春山春水中的那份欣然心境，图 11-13 中，远行者在秋水浩渺的景致中敞开胸襟而得以领略天地山川之旷远的心境，这些物我之间的互动与交融都被表现得多么富于情韵！所以画面景色虽然有限，甚至只是抓取了静态的一帧，但是其悠然的远韵（体现着宋代宇宙哲学强调的"与天地万物同流"），还是如在我们目前；甚至能够让我们马上联想到南宋绘画中一些描绘远行主题接续下来的场景的佳作，比如佚名作者的《柳阁风帆图》《清溪风帆图》（两图皆为北京故宫博物院收藏）等等。

我们知道，早如魏晋士人对于"远途"的感悟就伴随着对领略新一番天地山川风景的企盼[1]，而在绘画领域，只是到了南宋山水画以后，如此久远的情结心态才得到了充分艺术化、人性化的尽情展现。

所以，哪怕是在一派肃杀冷寂的冬景之中，也同样寄寓着诗意的遐思，如南宋佚名画家的《雪景待渡图》（图 11-14）。

---

[1] 陆机《于承明作与（陆）士龙》："牵世婴时网，驾言远徂征……分途长林侧，挥袂万始亭。伫眄要遐景，倾耳玩余声。"见《陆机集》卷五，中华书局，1982年，第43页。

图 11-14　佚名《雪景待渡图》
绢本团扇水墨，25.1厘米×25.7厘米

即使是在弥望的清冷孤绝之中，画家仍然不忘通过翱翔于天边雪岭之巅的群鸟，提示出心性天地中的一种寥远与自由，这也是南宋山水画中十分常见，用以表现天地间"鸢飞鱼跃"情态与审美者胸次之高远的方法。总之，对远行主题能够有如此深致细腻、富于诗意的体悟与表达，是我们在南宋以前的山水画中不可能见到的。

关于南宋绘画在审美理想方向上的上述特点，如果我们参照当时那些著名的文学篇章，则可以有更真切的理解。比如南宋经典词风最后代表人物张炎的成名作《南浦·春水》（艺术作品的传播情况，直接表达了社会的审美风尚与心理需求）对杭州西湖山水的描写：

　　波暖绿粼粼，燕飞来，好是苏堤才晓。鱼没浪痕圆，流红去，翻笑东风难扫。荒桥断浦，柳阴撑出扁舟小。回首池塘青欲遍，绝似梦中芳草。

　　和云流出空山，甚年年净洗，花香不了？新绿乍生时，孤村路，犹忆那回曾到？余情渺渺！茂林觞咏如今悄，前度刘郎归去后，溪上碧桃多少？①

可见他们对生命之远路的憧憬期许，常常满含着"梦中芳草"与"溪上碧桃"的幽芳，满含着天地春色笼盖之下"花香不了"烘托着的"余情渺渺"。

再看"放舟""荡舟"主题。

南宋山水画对于"放舟"的描绘不仅十分常见，而且鲜明提示着审美个体徜徉于山水之间，进入与天地的相互倾听对话、物我交融的境界，这是构成绘画中"诗意"的根本路径。在具体画作中是这样表达的，如图11-15所示。

图 11-15　佚名《柳塘寻句图》
绢本设色，23.8厘米×25.1厘米

▲ 画面中诗人独自驾小舟徜徉于柳塘之中，获得与天地万物亲和对话的一份难得机会。近处柳荫与荷花环绕，举目则可见重山远岭与近水的相互对景，近景与远景之间以留白而显示烟水迷蒙的旷远意境。

---

① 见唐圭璋编：《全宋词》，中华书局，1965年，第3463页。

标题中仅用"寻句"两字，就点破了通过与天地万景的相互感通而生成诗意这一主题。

在传世的诸多南宋山水画作品中，这样的视角与营造意境的努力竟然相当一致，因此，"放艇""泛月"等等近乎成为"公共话题"！粗略列举就有数量可观的一大批作品[1]！如此高的一致性，固然一方面体现了杭州等地的风景地貌特点，但更需要说明的问题是山水画如此空前一致地聚焦于"疏柳经寒，断槎浮月"[2]的意境，这现象背后是否隐含了寒肃天地与命运背景之下，人们愈发执念于身心些许的舒放与自由？即如张炎所说："百花洲畔，十里湖边……渺渺烟波无际，唤扁舟欲去，且与凭阑"[3]，同时，这也就是对天地间无尽诗意的揽获："一舸清风何处，把秦山晋水，分贮诗囊！"[4]

所以说，南宋山水园林题材绘画表现出的审美眼光与审美向度往往是，中国文化传统之下人们以品赏理解山水等景观之美为媒介从而进入对自我生命的体验；反过来说，人们是在这个深挚的时空进程与心灵世界中，以一种空前平易亲切、物我交融的对话方式而理解、而进入"天人合一""鸢飞鱼跃""与万物同流"的境界！因为南宋山水画最终归结于这样一种深刻"路径建构"，因此它所指向的归宿，就是个体的生命人格与胸襟诗思通过山水审美而升华到"思接千载""视通万里"的境界，亦即前引陈亮

---

[1] 画面主题与意境相当接近的这一大批作品有：佚名画家的《柳塘泛月图》（绢本团扇设色，23.2厘米×25厘米，北京故宫博物院藏）、《梅溪放艇图》（绢本团扇设色，24.4厘米×24.7厘米，北京故宫博物院藏）、《松溪放艇图》（绢本团扇浅设色，24.6厘米×25.5厘米，北京故宫博物院藏）、《柳溪钓艇图》、《莲塘泛艇图》、《水村烟霭图》、《清溪风帆图》（绢本团扇设色，24.6厘米×25.6厘米，北京故宫博物院藏）、《江上青峰图》（绢本团扇设色，24.5厘米×26.2厘米，北京故宫博物院藏）、《西湖春晓图》（绢本团扇设色，23.6厘米×25.8厘米，北京故宫博物院藏）、《柳汀放棹图》（绢本设色，23.2厘米×25.4厘米，台北故宫博物院藏）、《松湖钓隐图》（绢本团扇设色，25.3厘米×25.8厘米，辽宁省博物馆藏），夏圭的《松溪泛月图》（绢本团扇设色，24.7厘米×25.2厘米，北京故宫博物院藏），以及托名李唐的《江山秋色图》。

[2] 张炎：《水龙吟·几番问竹平安》，见唐圭璋编：《全宋词》，中华书局，1965年，第3472页。

[3] 张炎：《声声慢·百花洲畔》，见唐圭璋编：《全宋词》，中华书局，1965年，第3518页。

[4] 张炎：《声声慢·穿花省路》，见唐圭璋编：《全宋词》，中华书局，1965年，第3486页。

写给朱熹《水调歌头》中所概括的"且向武夷深处,坐对云烟开敛,逸思入微茫"。

分析了南宋山水画中的"行旅""待渡""放舟"等主题之后,我们还应该注意的是,因为确立了上述审美与哲思的定位,所以许多南宋绘画并不需要借助"车辙马迹半天下"以及行旅、风帆、待渡、"柳阴撑出扁舟"等等场景,只是通过某种具有动态意向的媒介就可以实现"逸思入微茫"的审美追求,甚至通过"坐观""静听"等等完成思接天人物我。于是相应而来,"静观"(以及"玩月""看松""看潮""观瀑""望梅"……)与"谛听"("听泉""听松"……)等等,成为此时画界的一类流行主题。

"静观""谛听"类山水画中佳作众多,例如刘松年的《四景山水图》等著名作品所表达的情态,以及上章示例的李嵩《月夜看潮图》,本章前面举出的《江山飞鸟图》等画作中观景者通过"视线对角线构图"而纵览天地。再比如马远的《观瀑图》(图11-16)。

图11-16 马远《观瀑图》
绢本设色,25.1厘米×26厘米

此图描绘的是审美者通过静听流泉与瀑布的水声，进而摒绝一切扰攘，使自己身心浸入对远山近水、泉石鸣籁直至天地运迈等宇宙和谐境界的体悟与交融之中。一望可知：能够通过山水画面如此亲近自然地表达出"与天地万物同流"之诗意境界的，只有在南宋及以后才有可能。

再看南宋马麟的《静听松风图》（图 11-17）。这幅山水巨作所描绘的，是观赏者独坐山水之间，从风振松涛等"天籁"中领略宇宙无限生机时的情形。这种意境和感知交融的方式在中国审美史上一直有着重要地位，比如南朝著名的士人陶弘景，就是"特爱松风，每闻其响，欣然为乐。有时独游泉石，望见者以为仙人"[①]。

图 11-17　马麟《静听松风图》
绢本设色，226.6厘米×110.3厘米

至南宋以后，这种融通山川万象、天人物我的审美方式有了更具诗意的内涵，比如朱弁在他的诗学理论著作中提到自己的小园名为风月堂，他解释这命名的立意是：

---

① 姚思廉等撰：《梁书》卷五一《陶弘景传》，中华书局，1973年，第743页。

> 于居所之东，小园之西，有堂三楹……以其地无松竹，且去山水甚远，而三径闲寂，庭宇虚敞，凡过我门而满我座者，唯风与月耳。故斯堂也，以风月得名。①

可见审美者使自己的志趣心境突破眼前有限的时空，从而与风月等体现天地生机流动的景物亲和交融，此种境界往往有着具体松竹所不能替代的意义。又因为对天籁中诗意的体认与追求较前代更为深刻，所以南宋艺术家对这种审美境界往往有非常凝练的概括，比如周密的名句"正地幽天迥，水鸣山籁，风奏松琴"②，这些其实都可以看作是马麟此幅山水画巨作的注脚（又可参见图4-9）。

再来重点看一幅经典画作，即马远的《楼台夜月图》（图11-18）。

图11-18 马远《楼台夜月图》
绢本设色，24.5厘米×25.2厘米

---

① 朱弁：《风月堂诗话序》，见《风月堂诗话》，陈新点校，中华书局，1988年，第97页。朱弁主要的活动与著述年代是在南宋初。
② 周密：《木兰花慢·双峰插云》，见唐圭璋编：《全宋词》，中华书局，1965年，第3266页。

拙意认为：此图虽然尺幅很小，画面内容也相对简单，却是山水园林题材绘画中的伟大之作！这是因为：画面充分表现出了天地境界之深远和谐，这个境界与审美者心境无比精妙的感通与和鸣，正是包括中国山水画、山水诗、古典园林等等在内的景观艺术领域中最深刻、最崇高的东西。因为此图包含如此丰富的美学内容，所以笔者曾写了一段较长的解说词，意在说明为什么此幅画作对景物的描绘最富于诗意而值得用心体会，又为什么此画蕴含的趣味与中国文化与哲学发展脉络之间具有深切联系：

此图为马远有关园林题材小幅画作之中的上上品，其精丽之极远非后来画院中的模拟者可及。

……（马远一些以山水园林为题材的大型作品）比如《华灯侍宴图》《西园雅集图》等，后者描写北宋元祐元年，苏轼兄弟、黄庭坚、李公麟、米芾、蔡肇等十六位名士雅集于驸马王诜（他也是很有成就的书画家）园林中的场面，为长卷巨制，画幅纵29.3厘米，横306.3厘米，对于园林中的山势、溪涧、曲桥、屋宇、家具，各种花木以及文人雅士们在这样的环境中从事艺术创作鉴赏的场景，进行了真切生动的描绘。但若论及对于园林中诗情画意的表现，则现在举出的这件尺幅很小的《楼台夜月图》，其涵义更为凝练隽永，构图更为巧妙精准，笔墨更为细密不苟，所以是以小寓大、以简胜繁的最高典范。

具体到绘画究竟如何展现园林空间与人们审美心理空间的关系，此图也是一则经典示例：表面上，画面中一派阒然，略无人迹，然而人们在园景中融入的"心理向度"却被清楚地表现出来。尤其值得注意的是，画面描绘出这种内蕴深致的审美意向，是如何通过一组园林景物和园林空间设置而表现出来的：居画面左下一隅的楼台以远山、月夜等遥为对景，具有一种迥出尘外的意境；而亭台回廊侧近的花木错落有致，在似水的清寂之中，透露出与宇宙运迈之间深亲和呼应的无限生机。

那么为什么在这样极其有限的尺幅之内，艺术家可以寄寓如此丰富的内涵呢？这个问题详细解释起来有非常多值得叙述的学术内容，但最简约地说来则是因为：以中唐为起始，中国古典文化的发展已经越来越远离了秦汉时代那种构建宏大外延结构的努力方向，转而向着开拓和深化其内部空间的方向发展。所以人们心理空间中的曲折宛转，心理空间与外在空间（比如园林空间，以及更为广泛的文化空间和制度空间等）的交互关系，就越来越成为了文化艺术的关注焦点。这种根本的趋势影响于文学，也就出现了上文所说这一时代的文学特点，即"诗人是用极为细微的笔触捕捉、描述着人们心绪的悠长起伏、千回百转，而同时，心理世界无限曲折之中饱含的这种不尽情韵，乃是与园林室内外空间的设置水乳交融地结合在一起"；其影响于哲学、绘画和园林审美等等同时代诸多与文学相邻的文化艺术门类，则一样结晶出了许多经典的作品，比如大哲学家们品味吟咏园林夜景的名句"水心云影闲相照，林下泉声静自来"（程颢《游月陂》，这是程颢对邵雍之作的唱和）；再比如王安石《步月》："山泉堕清陂，陂月临净路。"在这样的美学和心灵追求之下，也就自然有了这里举出的马远《楼台夜月图》等以园林景色为表现内容的绘画作品。①

可见，能够在这些画面构图十分简约的山水景观与非常有限的园林空间里，寄寓深致的宇宙哲学、生命哲学及其相应的审美内涵，这是南宋绘画能够在中国艺术史上取得空前成就的重要成因之一。

而且从南宋开始，山水画空前倾心于"月下""月色"中的"静观"与"谛听"，通过月下静夜中宇宙万景的纤毫无翳，"诗、画"一体、"诗画、哲思"一体的意境越加呈现无遗，而与审美者心意的融合也就更加深切，就像前引陈亮写给朱熹词作中所形容的"月华如水，心事楚天长！"也许张炎对居身山水园林（"竹边松底"）而月下听琴的描绘更能触及要旨：

秋风吹碎江南树，石床自听流水……心尘聊更洗。傍何处、竹边

---

① 详见拙著：《翳然林水——栖心中国园林之境》，北京大学出版社，2017年，第293页。

松底。共良夜，白月纷纷，领一天清气。[①]

《楼台夜月图》画中意境之所以在山水美学中具有重要地位，也是因为此作能够以画面极其有限的尺幅而空前清晰展现出"领一天清气"这最高的天人境界及其与诗思的一体。

下面不妨再举两图（图11-19、图11-20）作为对理解这一绘画主题的补充。

图 11-19　马远《举杯邀月图》
绢本册页设色，24.1厘米×24.6厘米

图 11-20　马远《寒香诗思图》
绢本设色，25.6厘米×25.8厘米

◀画面描绘山谷间一处荒村房舍正对天边的层层雪岭，尽显天地之旷远无际。院外小桥侧近盛开的梅花，恰与山崖上的竹丛相互映对。远空中归巢的一群飞鸟为这寒肃的广宇添加了生机与动感，略略几笔的点染，为右下角的画面主要内容勾勒出对角线上的视线引导方向。而画题"寒香诗思"四字扣紧这萧瑟天地间"生意"（"观生意"也是宋代哲学的经典命题）的萌动与潜行，所以能够凝练地表达画面中诗意。

[①] 张炎：《徵招·听袁伯长琴》，见唐圭璋编：《全宋词》，中华书局，1965年，第3476—3477页。

结合上文举出的《秋江暝泊图》《江山飞鸟图》《楼台夜月图》《静听松风图》等众多画作,以及程颢《游月陂》名句"水心云影闲相照,林下泉声静自来"等句,可以清楚地看出无尽天地之间的旷渺阒静,反而更加烘托出了宇宙万类天机运迈下的韵律之美,所以顺理成章,"静观""谛听""对月""寒香"等等对于清寂之美的表现,至南宋不仅发展成为山水画中的成熟范型,而且以极具诗意的方式呈现着人们生命意识及与宇宙天地的交流(又参见图15-32、图15-34等)。

总之,仔细体会南宋画作就不难知道,以人们对生命价值、生命韵致、生命之悲喜忧乐等的体味为基础升华、涌动而出的生命张力,就是审美过程中"诗意"的真正根源。在这样的背景下来审视山水园林题材的绘画作品,就会发现远比技术性呈现(单纯的"传移摹写""斧劈"等各种笔墨皴法、画面空间结构的经营……)更为丰富的内涵。也正因为随处都蕴含着生命哲学这样的精义,所以南宋山水画佳作呈现给我们的,才不会仅仅是对各种山水景观形象的复制式简单摹写。

说到"生命张力充盛盈满对于绘画的意义"这个重要命题,还可举南宋佚名画家的《沧海涌日图》(图11-21)作为最直观的示例。

图11-21　佚名《沧海涌日图》

23.4厘米×24.7厘米

此图无疑是南宋作品①，因为在南宋以前，画家在不足25厘米见方的狭小天地里，其气韵笔势却力能扛鼎，描绘出"潮来天地宽"的极阔大空间感，描绘出"吞吐大荒"的无限丰沛流动感与力度感，这些都不可能想象。相反，一大批南宋绘画佳作对各式各样水景都做了类似的精彩描绘②。所以，这虽是小小一幅团扇画，但其艺术境界中，却汇集了笔墨技法、写生能力、空间想象力与结构能力的深厚积淀。尤其在这之上，体现宇宙意识与生命美学相较于前代有巨大进步。这功力技法与超越性志趣淋漓尽致的双重呈现，是以后中国绘画史上再也不可能重见的。

再如赵芾的《江山万里图卷》（纸本水墨，45.1厘米×992.5厘米，北京故宫博物院藏）这样长度将近10米的山水巨制，不仅对水景的描绘占画面比例相当大，而且江间的波浪主要用淡墨勾出，复用浓墨染深，以此表现出江水惊涛拍空的气势，可以直接与《沧海涌日》相对照。所以如果我们留意南宋《江山万里图卷》等作品境界的博大雄阔，体悟画面中天地山水、林木村舍等万千景观相互辉映所呈现的生命张力，就更不难直观感受到"天风浪浪，海山苍苍；真力弥满，万象在旁"③那样伟大气象中的诗意！可惜因为这些画作的尺幅与格局异常宏大，所以无法在本书的版面篇幅中予以展现④。

---

① 《两宋名画册》（文物出版社，1963年）卷首张珩的说明亦认为此图"当是南宋人作品"，但同时认为"南宋画家中以画水擅长者不多，小幅画中尤为罕见"，笔者认为这后半句的判断不确。
② 这些作品比如马远的《梅石溪凫图》《松岩观瀑图》及《水图》（有十二幅之多，分别描绘江河湖海等各种形态的水体与水流特点），李嵩的《月夜看潮图》《赤壁图》，夏圭的《山水十二景图》《钱塘秋潮图》，马兴祖的《浪图》，马和之的《后赤壁图卷》，南宋佚名画家的《松涧山禽图》《荷塘鹨鹈图》《秋江暝泊图》……
③ "天风浪浪，海山苍苍；真力弥满，万象在旁"是唐代司空图《二十四诗品·豪放》对艺术作品之极高境界特征的形容。见何文焕辑：《历代诗话》，中华书局，1981年，第41页。
④ 鲁迅在《且介亭杂文》中《论"旧形式的采用"》一篇里说："宋的院画，萎靡柔媚之处当舍，周密不苟之处是可取的……"见《鲁迅全集》第6卷，人民文学出版社，1958年，第19页。此说可以商榷，因为南宋山水画（包括院体山水画）普遍蕴含着对宇宙天地境界与人们生命意义的理解，所以如果静观赵伯驹《江山秋色图》、夏圭《溪山清远图》等南宋山水巨作，就能非常真切自然地感受到那种充盈于天地之间的生命张力，感受到这种生命属性是如何以审美方式对人们心性进行沁润与升华的。

三、生命哲学的审美化：山水境界、生命情韵、宇宙哲学的三位一体

更深入一步，我们甚至可以说，在某种程度上，中国文化体系中的生命哲学及其所生发出的艺术精神，或许可与西方文化中那种来自造物主的永恒推动力相比较！尤其是宋代以后，重构儒学的哲学家们普遍认为，对生命韵致的体认与对美之境界的塑造之间具有深刻联系，而且正是这种关联构成了世界终极价值的实现路径，比如北宋哲学家邵雍所概括的"身安心乐，乃见天人"①，即指必须建立生命与生活过程中的审美维度（"心乐"），才可能建立通达哲学最高境界（"天人之际"）的路径！

上述方向在北宋中期以后越来越被强调，比如程颐最重视"子在川上，曰：'逝者如斯夫，不舍昼夜'"这句话的意义——他认为孔子是通过对眼前天地山川景象的审美与描述，完成了对宇宙本体（"道体"）的定义与理解，而孔子这样的认知路径对于把握宇宙本体论与生命伦理学来说都具有巨大意义：

> 天运而不已，日往则月来，寒往则暑来，水流而不息，物生而不穷，皆与道为体，运乎昼夜，未尝已也，是以君子法之，自强不息。②

他甚至批评汉代以来的儒家都不能体会孔子这话直达宇宙本质与生命价值核心的深意。接续程颐这个思路，朱熹更反复说，从生命在天地景观中的定位着眼，就最容易体认宇宙的哲学意义与美学意义：

---

① 邵雍：《击壤集》卷十八《天人吟》，见郭彧整理：《伊川击壤集》，中华书局，2013年，第286页。关于宋代理学对中国山水审美的高度重视与巨大影响，详见拙著：《园林与中国文化》第三编第三章"宋明理学的重大意义之一——'天人之际'体系的高度强化和完善及其对园林境界的影响"及第四编第三章"宋明理学的重大意义之二——人格观、宇宙观、园林审美三位一体的高度强化"，上海人民出版社，1990年，第305—348、384—434页。
② 转引自朱熹：《四书章句集注·论语集注》卷五，中华书局，1983年，第113页。

> 天地之化，往者过，来着续，无一息之停，乃道体之本然也。然其可指而易见者，莫如川流。①

> 或问"子在川上曰"。曰："此是形容道体，伊川所谓'与道为体'，此一句最妙。某尝为人作《观澜词》，其中有二句云：'观川流之不息兮，悟有本之无穷。'"②

联系前文引用程颐所说"（体认）万物自然皆有春意""（孔子）与万物同流，便能与天地同流"等阐说，则尤其可见：自然山水景观及其与生命主体、生命进程的关联，其审美意义在宋代哲学的推动下有了相当大的提升。由此，中国文化对越来越丰厚的景观美学的涵纳具备了更深刻的基础，并使得完全打通宇宙哲学、生命哲学、自然山水审美三大畛域，成为了自觉！

我们熟悉的冯友兰先生在《贞元六书》中提出的著名的命题，就是将世界的哲学意蕴概括为由低至高的四重境界：自然境界、功利境界、道德境界、天地境界。天地境界因为饱含着崇高生命哲学、道德伦理哲学并触及宇宙本质的神秘灵性③，而大大超越自然境界的初始层面——哲学史家这

---

① 朱熹：《四书章句集注·论语集注》卷五，中华书局，1983年，第113页。
② 朱熹：《朱子语类》卷三六，中华书局，1986年，第974页。伊川，即程颐。
③ 人们的认知如何触及宇宙的神秘性，中西之间差异巨大。西方最重要维度是宗教，即冯友兰先生《贞元六书》所说："宗教的思想，其最高处，亦能使人有一种境界，近乎是此谓天地境界。"华东师范大学出版社，1996年，第629页。中国的情况则如顾随先生《中国古典文心》中所说："中国文学发源于黄河，水深土厚，有一分工作得一分收获。神秘偏于热带，如印度、希腊。西洋大作家的作品皆有神秘性在内……中国作品缺少神秘色彩，带神秘色彩的作品乃看到人生最深处。看到人生最深处可发现'灵'，此种灵非肉眼所能见，带宗教性，而西洋有宗教信仰，看东西看得'神'。中国则少宗教信仰，近世佛教已衰，而宗教之文学又不发达。中国佛教虽有一时'煊赫'，而表现在文学中的不是印度式极端的神秘，而是玄妙。"北京大学出版社，2014年，第299页。中国哲学强调非神学路径的"以观其妙……玄之又玄，众妙之门"（《老子》）；文学强调"伫中区以玄览"（陆机《文赋》）、"光彩玄圣"（刘勰《文心雕龙·原道》），这些都是说"非宗教路径感知超越性世界"在中国古典哲学思维与艺术思维中非常重要的意义。唐代李善《文选注》第十七卷注释陆机"伫中区以玄览"一句有很清楚的阐说："《字书》曰：'玄，幽远也。'……河上公曰'心居玄冥之处'，览知万物，故谓之玄览。"所以陆机《文赋》中又有"观古今于须臾，抚四海于一瞬"等等对宇宙视角与心性立场的精彩形容。

些概括与排序所包含的，正是中国哲学基本宇宙观念与天地山川审美的一体性。所以我们对南宋山水画的欣赏与理解，最终的问题其实还是哲学性的，而如果我们的思绪能够进入天地境界层面，那么通过对前文提及的诸多南宋山水画的观赏，也就会自然而然地步入那个蕴含悠远哲思、蕴含无限诗意的大美之中！

李白《春夜宴从弟桃李园序》中说：

> 夫天地者，万物之逆旅也；光阴者，百代之过客也。而浮生若梦，为欢几何？……况阳春召我以烟景，大块假我以文章。会桃花之芳园，序天伦之乐事……开琼筵以坐花，飞羽觞而醉月。不有佳咏，何伸雅怀？[①]

从李白这段著名论说可以看出：人们将自己对生命旅程的体味涵泳放置在宇宙生息运迈的宏伟背景之下，于是天地间有了"雅怀"这一心灵求得安顿、对话、交融、彰显等的根本诉求，因此也才积淀出文化艺术经典作品的心智与情感基础（"阳春召我以烟景，大块假我以文章"）。而中国宇宙哲学、生命哲学、风景审美，其三者境界的相互贯通与激发，对于成就南宋山水画的崇高意境来说，同样是最深刻最根本的动力源泉。

假如我们有兴趣做更多一点富于理论意趣的探究，那么还可以发现：对理解宇宙和世界的无尽渴望，对了解自己生命旅途在宇宙中位置的企盼，所有这些深刻欲求与生俱来地植根于人性之中，它们才是诗意与哲学之根本，是先于一切具体文艺或者哲学概念而存在的基因性的东西。

举例来说，不论是在古代还是近现代，人们都感知着宇宙背景下生命旅途的飘忽不定和个人命运的轻微，都会从心性最深之处，生发出去探究找寻心灵安宁居所与生命诗意归宿的渴望。所以不论是在西方还是在东方，对于个体生命过程与世界时空进程这两者之间关系的潜心体味与反复思考，都是各自文化艺术中的重要内容。只不过，与中国艺术更青睐通过山水诗、山水画等艺术形式进入问题不同，西方经典艺术则比

[①] 见《李太白全集》卷二七，王琦注，中华书局，1977年，第1292页。大块，王琦注曰"天地也"。

较多地运用抒情诗或者多乐章音乐中的复杂音乐要素、丰富的情感对比、乐章之间的时空结构等来表现上述内容——舒伯特的声乐套曲《冬之旅》(*Winterreise*)、马勒的声乐套曲《旅行者之歌》(*Lieder eines fahrenden Gesellen*)、马勒的声乐与乐队交响曲《大地之歌》(*Das Lied von der Erde*)等都是有名例子。

就马勒《大地之歌》这部西方人根据中国李白、王维等人的若干诗篇而连缀谱写的伟大音乐作品而言，其五个段落就分别为《叹世饮酒歌》《秋日孤独者》《青春》《美女》(李白原诗为《采莲曲》)、《春日醉客》——由此可以清楚看到："生命旅程"同样是他们艺术思考的主题，并且因此找到了与东方"诗意"相交汇的点，而成就出伟大艺术作品。

又比如德奥古典音乐传统中最后一位浪漫主义大师理查·施特劳斯(Richard Strauss)，他在亲身经历了德国文化的辉煌以及后来纳粹统治给德国文化带来的重创之后，在晚年写下了感人肺腑的《最后四首歌》(*Vier letzte Lieder*)，其前三首是用德国作家黑塞(Hermann Hesse，1946年诺贝尔文学奖获得者)的诗作为歌词，最后一首则以德国诗人艾兴多夫(Joseph von Eichendorff，1788—1857)的诗作为歌词。四首诗的标题分别是《春天》《九月》《入睡》《在夕阳中》。

且看这些伟大文艺作品是如何看待、如何表现人们生命与天地时空以及各种自然景观之间关系的：

在幽暗的墓穴中，我曾长久梦想，你的森林和蓝色天空，你的芬芳和鸟儿鸣唱。现在你显身在我面前，在光辉荣耀里，你光辉灿烂，仿佛奇迹。你认出了我，向我轻轻招手致意；和神圣的你在一起，我全身战栗……(《春天》)

我们曾手牵手，走过欢乐与悲伤；现在我们停止流浪，休憩在寂寥的大地上。群山环绕我们，天空已经黯淡；两只云雀飞上天空，做着夜的梦幻。来吧，让鸟儿去飞翔，现在是我们安睡的时光；在这孤寂中，我们不要迷失方向。啊，博大无声的寂静，深沉

的暮光！我们旅行得多么疲倦，这也许便是死亡？（《暮光》）[1]

这些例子都说明，如何安置生命旅途与宇宙时空进程之间的关系，同样是后来西方浪漫主义艺术深刻感悟与努力探究的基本主题；尤其是在对生命旅途之形式与意义的探究方向上，西方艺术也同样经历了从以群体性步履为主题[2]，转变到以体悟个体心性与生命之诗意为主题的过程[3]。

与西方经典艺术史上述例子相映对，还有现代科学伟大进程的例子：2022年10月12日，在国际空间站执行任务的意大利女宇航员萨曼萨·克里斯托福雷蒂（Samantha Cristoforetti，她通晓包括中文在内的多国语言）在社交媒体上发布了一组内容为太空景观的摄影作品，同时为这些太空照片附注了中国东晋王羲之《兰亭集序》中的名句——"仰观宇宙之大，俯察品类之盛，所以游目骋怀，足以极视听之娱，信可乐也"（参图11-22），并将此名句中含蕴的宇宙理念深意译出英文一并向世界展示[4]。

这样的例子当然促使我们更深入地认识前文介绍的中国美学背景下"山水审美、宇宙哲学、生命价值的三位一体"；同时更真切地感到，在中国古典景观美学通过自己独有艺术形式呈现给世界的作品之中，其实深深蕴藏着以往艺术史研究还远未触及的宝贵遗产。

---

[1] 黑塞、艾兴多夫词，理查·施特劳斯作曲：《最后四首歌》，见邹仲之编译：《冬之旅：欧洲声乐套曲名作选》，上海音乐学院出版社，2011年，第81—82页。
[2] 贝多芬合唱（第九）交响曲中的《欢乐颂》，以及同在1823年完成的《庄严弥撒》等作品，是以艺术表现此主题的极致。
[3] 勃拉姆斯的《德意志安魂曲》、《悲歌》、《命运之歌》、《四首严肃的歌》（主题来自《圣经》中关于生死的定义）、《女低音狂想曲》（歌词选自歌德的诗），马勒的一系列交响曲以及《悲哀之歌》（康塔塔）、《旅行者之歌》（声乐套曲）、艺术歌曲《青春之歌》、《为五首吕克特诗歌谱曲》等大量作品，标志着如此转变所达到的高峰。勃拉姆斯在后贝多芬音乐史上对生命哲学做了非常深刻的探索与表达，其建树影响深远，详见拙作：《玉露凋伤枫树林》，载《读书》1997年第11期。
[4] 《太空发帖为何引用中国古文？意大利航天员回应了！》，见央视网：https://news.cctv.com/2022/10/18/ARTI9JgE5BG689uwZbLRnYR4221018.shtml，访问日期：2022年10月18日。英语译文为："Looking up, I see the immensity of the cosmos; bowing my head, I Look at the multitude of the world. The gaze flies, the heart expands, the joy of the senses can reach its peak, & indeed, this is true happiness."

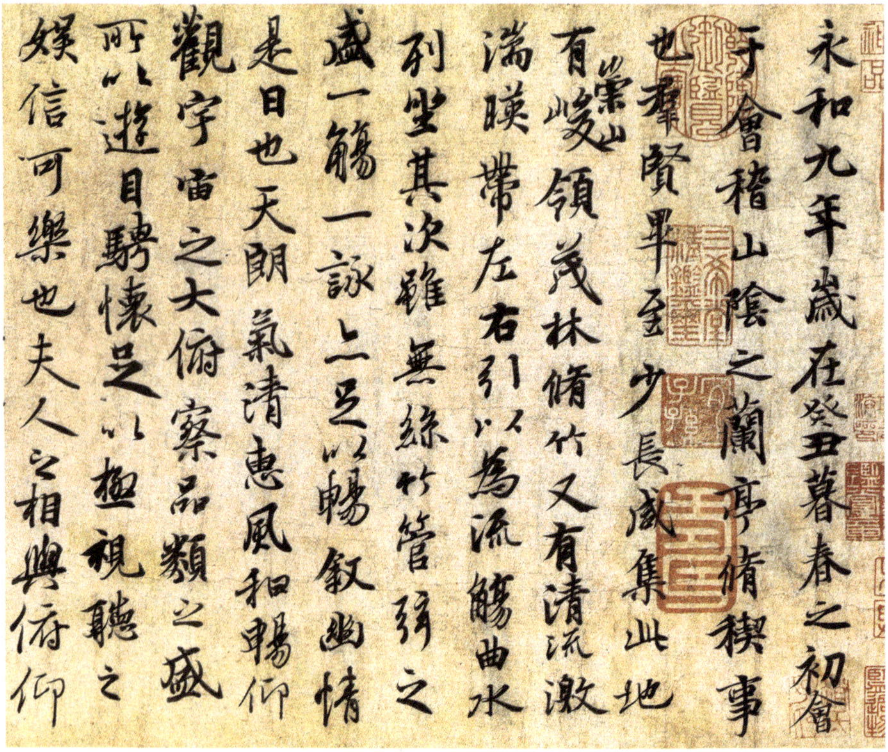

图 11-22　冯承素摹王羲之《兰亭序》局部
纸本手卷墨书，24.5厘米×69.9厘米，全卷24.5厘米×600厘米

▲ 天地间的无边风景触发与引导人们去仰观宇宙、俯察生命与人性的真谛，而古往今来最深刻阐明这美学原理的《兰亭序》因此也就成为中国乃至世界的永恒经典。

第十二章　论南宋山水画（下篇）

——南宋山水画对于中国山水文化成熟与普及的关键意义

上一章节主要从绘画史、艺术表现心灵方式的发展演变等角度，来体会南宋山水画的地位与意义。在此基础上如果将眼光拓宽，那么对于南宋山水画的欣赏还可能帮助我们理解更多的东西。比如笔者在上一章末尾处提到：山水艺术蕴含的宇宙哲学与生命哲学在中国文化中的意义，也许可以与西方文化中那种来自造物主的永恒推动力相比较。中国山水文化为何如此重要？如果需要探讨追索其根由的话，那么我们当然有必要梳理山水文化普及化的历史进程。

中国山水文化的成熟与普及，其影响在中国审美体系中几乎无远弗届，这样一种局面，是怎样形成的呢？其形成历程中的关键节点又在哪里？这个节点与南宋山水画有怎样的关系？窃以为，对于这些问题的回答仍然需要接续前文的思路，从南宋山水画一个重要而显著的特点（也是与唐、五代—北宋山水画相互区别的分水岭）谈起。

一、南宋山水画所体现生活与审美视角的空前广泛性

前文叙述及示例的诸多画作充分说明：南宋山水画对于山水景观中诗意的表现，已经非常全面而广泛地覆盖了众多类型的自然环境、各种时令

下繁多的物候景观、人文生活中分门别类的诸多艺术活动及其与山水情韵的交融互动……简括言之：南宋山水画空前广泛地表现出传统文化体系中几乎应有尽有之维度与视角之下的诗意境界。而这种空前广泛的景观涵盖力与文化涵盖力、空前犀利精准的开掘力度与把握能力，是以往历代山水画都不曾具备的！

透彻理解如此的空前性对于说明本章主旨有关键意义，所以我们应该尽可能对南宋山水画做更多的浏览。下面不惮占用篇幅举出一组共十二幅相关画作的缩略图，比较一下它们之间的异中之同。为了观览与比较的方便，所选作品皆为尺幅大体一致的小幅画作，没有选用大幅立轴或长卷。类似佳作当然还可以举出很多，但十二幅之多的画作，再加上前文已经列举出的很多作品，已经足以支撑起统计学意义上的分析。现在从佚名《春山渔艇图》、夏圭《松溪泛月图》等图（图12-1至图12-12），来看这万花筒一般对不胜繁多的山水风貌（尤其这些山水画面与人们日常生活场景如何关联一体）的精彩展现。

图 12-1　佚名《春山渔艇图》
绢本设色，21厘米×21.5厘米

图 12-2　夏圭《松溪泛月图》
绢本设色，24.7厘米×25.2厘米

图 12-3　夏圭《钱塘秋潮图》

绢本设色，25.2厘米×25.6厘米

图 12-4　夏圭《雪堂客话图》

绢本设色，28.2厘米×29.5厘米

图 12-5　贾师古《岩关古寺图》

绢本设色，40厘米×40厘米

图 12-6　阎次于《山村归骑图》

绢本设色，25.5厘米×25.9厘米

图 12-7　朱惟德《江亭揽胜图》

绢本设色，24厘米×26厘米

图 12-8　（传）朱锐《山阁晴峦图》

绢本设色，25.8厘米×20.1厘米

图 12-9　佚名《柳汀放棹图》
绢本设色，23.2厘米×25.4厘米

图 12-10　佚名《携琴访友图》
绢本设色，26.2厘米×26.0厘米

图 12-11　佚名《山居对弈图》
绢本设色，23.8厘米×24.8厘米

图 12-12　佚名《水村楼阁图》
绢本设色，23.7厘米×23.5厘米

　　上示画面主题的蒐括与分布如此广泛多样，笔触对内容的开掘如此细致深切，相应的诸多场景氛围与画作的题名立意如此贴切凝练……从这些地方都可以清楚看出：南宋山水画对宇宙天地与人们心意之间诗情画意的体悟发现、探究展现，已经空前充分地涵盖了文化体系中的无数日常细节。

　　总之，南宋山水画的上述面貌说明一个重要的关捩：山水画的美学主旨与艺术趣味，第一次全面进入了广泛的社会生活与审美领域，第一次完全打通了无数原本看来纷杂无序、相互之间壁垒森然的各异环境以及缤纷多样的生活主题！或者说：人们如此广泛的日常生活内容与千姿万态的生活情趣,第一次通过山水的逻辑线索而完全统一连通在了审美的维度之下。

二、旧时王谢堂前燕,飞入寻常百姓家

从"中国山水画史"这直观层面来看,山水画从唐代在宫廷庙堂立身,发展到五代、北宋追求力拔山岳式的"生命奇峰体验"[1],再到南宋把握从南到北万千山水的各式面貌及特色趣味,尤其是将山水审美的主旨趣味融入、普及到无数寻常生活与审美场景之中,这一发展轨迹在中国艺术史、文化史上的意义,当然应该予以充分的重视。因为只有完成了这个至关重要的转变,通过绘画(乃至更广泛的"画面""画意")而建立的山水审美,其意义才能普遍融会在中国文化的肌体与血脉之中!

而更重要的是基于上述脉络,我们对中国山水文化史的理解可以有一个历史的视角:包括山水诗、山水画、园林、相关工艺美术等在内的中国山水景观文化,其发轫虽然可以追溯到《诗经》时代以及随后秦汉画像砖描绘田猎环境等很早的源头,但其真正发展(将领会与呈现山水境界中无尽诗意之美作为明确的艺术方向),却是从魏晋南北朝时期开始的。这个时代的基本背景,当然是当时高门豪族对政治、经济、社会文化等的全面垄断[2]。所以我们在那时的山水审美文化中,可以清楚看到这个"身份门槛"的核心地位。比如谢灵运、谢朓等人山水诗中强调的:

　　束发怀耿介,逐物遂推迁。违志似如昨,二纪及兹年……剖竹
守沧海,枉帆过旧山。山行穷登顿,水涉尽洄沿。岩峭岭稠叠,洲

---

[1] 北宋山水画表现着那种"生命奇峰体验"式的情怀,画史中早有论说,比如北宋董逌《广川画跋》卷五中就称关仝山水画是"以匠石极巧,以贲育极力……吾尝背泰山而西之,寻灵岩而东向"。"贲""育",就是战国时"水行不避蛟龙,陆行不避虎狼,发怒吐气,声响动天"的武士孟贲与夏育。

[2] 详见拙著:《园林与中国文化》第七编第一章"士大夫文化艺术体系在东晋的初步确立",上海人民出版社,1990年,第547—554页。

萦渚连绵。白云抱幽石,绿筱媚清涟。葺宇临回江,筑观基曾巅。
挥手告乡曲,三载期归旋……①

天明开秀,澜光媚碧堤。风荡飘莺乱,云行芳树低。暮春春服美,
游驾凌丹梯。升峤既小鲁,登峦且怅齐。王孙尚游衍,蕙草正萋萋。②

如果对谢灵运这首诗稍加注解,就更容易了解当时社会环境下游览山水需要的"身份门槛"。比如诗中所谓"剖竹"就是"剖符"的意思,谢灵运以此形容自己身阶之高如同被分封的诸侯。"旧山"指位于浙江会稽的谢灵运家族庄园,即始宁别墅,其规模巨大,由南山、北山两大部分组成,其间"北山二园,南山三苑。百果备列,乍近乍远",又有大巫湖、小巫湖连通南北,两湖中又有山相隔③。第二首的谢朓诗中"游驾凌丹梯"句中"丹梯"一词是指寻仙之路,而寻仙服石正是魏晋以后高门世族代表人物们最显赫热衷的身阶标志,所以谢朓在诗的结尾要归结到"王孙尚游衍"。

再以山水文化开始成型的重要标志——至梁中大通三年(531)萧统主持的大型文学选本《文选》成书,且在"赋"类与"诗"类中均立"游览"的分目专项为例,其中"诗·游览"类,起首一篇为魏文帝曹丕《芙蓉池作》,虽记述山川园林景致的有"乘辇夜行游,逍遥步西园。双渠相溉灌,嘉木绕通川"等句,但最后还是归结在"寿命非松乔,谁能得神仙?遨游快心意,保己终百年"的王侯视角,归结在寻仙这汉代主题的惯性之下对生命旅程的认知。而接下来,则全部是殷仲文、谢灵运、谢惠连、颜延年、谢朓、沈约④等当时高门文化代表人物的作品,其内容与情调当然也都与高门大族的经济文化完全一体,比如谢朓《游东田》题目下,有唐代李善注:

---

① 谢灵运:《过始宁墅诗》,见逯钦立辑校:《先秦汉魏晋南北朝诗》,中华书局,1983年,第1159—1160页。
② 谢朓:《登山曲》,见逯钦立辑校:《先秦汉魏晋南北朝诗》,中华书局,1983年,第1416页。
③ 谢灵运:《山居赋》,见沈约撰:《宋书》卷六七《谢灵运传》,中华书局,1974年,第1767—1769页。
④ 吴兴沈氏自东晋就是江南第一等豪族,《晋书》卷五八《周札传》:"今江东之豪莫强周、沈。"中华书局,1974年,第1575页。

"(谢)朓有庄在钟山东,游还作。"①

世家大族地位在山水风景文化中的如此权重一直延续到唐代,所以我们看王维等人山水诗审美的取向与眼光,其实是与他们家族身份背景、贵族庄园生活环境等相互塑造的,而且决定着当时山水文化的审美标准与传播方式②。五代以后,中国传统的世家大族及其相关文化迅速没落,并由此开启了以宋明以后社会结构祛除血缘贵族身影,知识阶层身份背景更呈扁平结构的趋势③。

而"祛除贵族化社会结构"这种根本性发展趋势,当然使得中国山水文化审美的趣味、标准、方式、路径等等产生根本性的变化。由此,以唐代李思训父子作品为代表的宫廷气派的金碧山水,曾经作为五代至北宋山水画作精神主旨的那种"生命奇峰体验"都陆续难以为继。所以在这个重大变化的前提之下,上文提到的对南宋山水画作品所表现内容与主题做统计学意义上的分析就能说明很多问题,比如南宋初年赵伯驹的《仙山楼阁图》(图12-13)。

一望可知,这类作品直接承续着中国秦汉以来上流阶层中最为流行的

图 12-13　赵伯驹《仙山楼阁图》
绢本设色,69.9厘米×42厘米

---

① 见萧统编:《文选》卷二二,世界书局,1935年,第306页。
② 参见本书第十五章"中国古典工艺美术中的园林山水图像(上篇)"第二节中所举出的诸多唐代工艺美术作品。
③ 详见拙著《中国皇权制度研究:以16世纪前后中国制度形态及其法理为焦点》(北京大学出版社,2007年)上册第374—377页的论说以及对诸多相关学术著作的引述。

"仙话"传统[1]。但极明显的是，南宋以后此类题材与风格的山水画作品迅速变得寥若晨星、屈指可数。也就是说，流行了一千多年的"仙人王子乔"主题，前引谢朓山水诗中"王孙尚游衍"主题，"游驾凌丹梯"等寄托命运的方向，李白等崇尚的"五岳寻仙不辞远"主题……，都完全成为明日黄花；代之而兴的，则是人们在一个又一个寻常生活细节中就可以发现无限兴味，并且将其与山川景物审美紧紧联系在一起之类的主题。

举一个很小的例子，苏门四学士之一的张耒因为友人即兴馈赠一些酥梨，因而引起他对天地山川、命运归途的许多感慨：

洛川北岸锦屏西，竹树萧萧面翠微。风月有情常似旧，山川信美不如归！文章送老甘无用，鱼鸟从游久息机……[2]

沿着"风月有情常似旧，山川信美不如归"这样的逻辑发展，南宋以后人们的价值坐标与以前更是有了很大不同，其结果之一，就是南宋山水画所体现着的山水趣味空前充分地涵盖了天地四时、文化体系、生活场景中的无数日常细节，也就是本节标题所说的"旧时王谢堂前燕，飞入寻常百姓家"！

前文引用的众多南宋画作的标题（提炼了画作的审美焦点与内容主旨），也清楚地展示了上述席卷之势。不妨再回顾一下：《春山渔艇图》《江亭揽胜图》《玉楼春思图》《柳汀放棹图》《携琴访友图》《山村归骑图》《雪堂客话图》《松溪泛月图》《寻梅访友图》《秉烛夜游图》《听泉观瀑图》《松下闲吟图》《秋江暝泊图》《山径春行图》《溪桥策杖图》《柳桥归骑图》《花坞醉归图》《烟岫林居图》《郊原曳杖图》……显然，在整个中国山水文化的发展史中，如此大转折的意义相当重要：因为有了这个转折，从此以后，山水境界与山水趣味才彻底走出宫苑庙宇，走出高门豪族文化的金屋玉堂，成为无数普通人（士人）日常审美与日常生活的鲜活组成部分，成为他们触手可及而领受文化艺术、创造文化艺术的空前自由天地！

---

[1] 详见拙著《园林与中国文化》第一编第三章中"昆仑、蓬莱神话的消长与园林中山水体系的确立"及"'仙人好楼居'与台向楼、阁的转变"两小节的相关论述，上海人民出版社，1990年，第57—68页。

[2] 张耒：《张耒集》卷二三《寄蔡彦规兼谢惠酥梨二首》其二，中华书局，1999年，第414页。

三、南宋山水画对中国美术众多领域的广泛辐射力及其文化意义

南宋山水画在美术史上的深刻影响,以往人们较多关注的是浙派等具体画家,画派对之的学习继承,而本章主要关注是这些内容之外更广泛得多的情况,即南宋山水画成功建构完成一种审美表达的路径,从而使人们能够从非常广泛的美术领域不约而同聚焦于山水审美的世界。也就是前文所说的:"山水境界与山水趣味才彻底走出宫苑庙宇,走出高门豪族文化的金屋玉堂,成为无数普通人(士人)日常审美与日常生活的重要部分,成为他们触手可及而领受文化艺术、创造文化艺术的空前自由天地!"

下面略举金元明清众多艺术领域中的若干例子,由此马上就可以看到上述成功转变与建构的重要意义。

第一例是一件非常普通的日常生活用具,即河北磁州窑白地黑花山水纹长方形瓷枕(图12-14)。

图 12-14 河北磁州窑白地黑花山水纹长方形瓷枕

◀ 磁州窑为北方最大民窑瓷系(主要窑址群集中在河北邯郸磁县一带,统称磁州窑),而这件瓷枕的画面内容明显具有南方水乡山水景观的特点,隐约表达着金代艺术对南宋艺术之物象与韵致的倾心。

瓷枕等普通日用器具开始以山水画作为装饰主题,这说明山水主题的价值理念、审美方向进入国民世俗生活的拓展路径已经基本建立起来。元代以后,日用寝具上的山水园林图案更为流行,比如一篇关于磁州窑的研究文章中,就例举了日本东京国立美术馆、日本冈山林原美术馆、中国国

内馆藏的三件元代山水画瓷枕,而且其中两件在瓷枕正面与两侧面共三个主要画面上全部绘制山水图案[1]。

金元时期北方磁州窑系作品中,类似主题的作品还有很多。据磁州窑专家的研究,在这时期不少瓷枕上都出现了隐逸画这样的题材类别;而且在元代以后,此类瓷枕的画面更借鉴了"元四家"之一吴镇创立的"一江两岸"的构图方式,以求营造渲染"清幽、恬淡的意境和萧疏、空寂的风格",具体作品如日本东京国立博物馆藏元代高山流水图画枕,上海博物馆藏元代磁州窑白地黑花山水图枕(陈列于陶瓷馆)、河北文物研究所藏如意形高士观月图山水人物枕[2]以及北京故宫博物院收藏的多件元代磁州窑白地黑花山水人物纹枕[3]等——这种普遍的热衷说明:因为南宋以后山水画的深刻影响,金元以后工艺美术领域山水题材的权重有了大幅提升。

第二例是一件元代雕漆艺术的代表作,即杨茂造山水人物八方雕漆盘(图12-15)。特别值得我们注意的是,这件作品画面中山水风景的构图方式明显地具有南宋山水画遗意(主要实景居画面一角,并沿对角线安排作为画面远景的山水与净空)。

图12-15 杨茂造山水人物八方雕漆盘
直径17.8厘米

---

[1] 详见庞洪奇:《磁州窑文人"隐逸"题材初探》,见北京艺术博物馆编:《中国磁州窑》,中国华侨出版社,2017年,第385页。

[2] 详见庞洪奇:《磁州窑文人"隐逸"题材初探》,见北京艺术博物馆编:《中国磁州窑》,中国华侨出版社,2017年,第389—390页。

[3] 详见冯小奇:《故宫博物院藏磁州窑瓷器》,见北京艺术博物馆编:《中国磁州窑》,中国华侨出版社,2017年,第374页。

明代高濂在《燕闲清赏》中描述，"宋人雕红漆器，如宫中用盒，多以金银为胎，以朱漆厚堆至数十层，始刻人物、楼台、花草等像。刀法之工，雕镂之巧，俨如画图"[①]，可见在中国工艺美术史上地位重要的元明雕漆，其艺术成就的取得在很大程度上得益于对南宋绘画题材、构图方法等的直接继承。

第三例是明代吴门画派著名画家仇英的《桃园仙境图》（图12-16）。

青绿山水画沿袭至明代一线仅存，仇英《桃园仙境图》即是其代表作。而我们可以清楚看到：这时的青绿山水作品虽然还是以云霭深深来强调超凡境界的与世隔绝，但画面上已经完全没有了传统模式中十分突出的对于仙山楼阁之富丽辉煌的铺陈，以及对"王孙尚游衍"等传统氛围的彰显，而是转而表现人们久已非常熟悉

---

① 高濂：《高濂集·遵生八笺》卷一一《燕闲清赏笺·论剔红倭漆雕刻镶嵌器皿》，王大淳整理，浙江古籍出版社，第634页。

图12-16 仇英《桃园仙境图》
绢本设色，175厘米×66.7厘米

的文人理想生活环境与生活内容（文人在青山绿水、松壑流泉环抱之中弹琴赋诗）。这样的转变当然说明了很多问题。

第四例是明代版画中描绘日常生活场景、普通人居环境等与山水景色的高度融合，以及由此而对于无尽"诗意"的发掘与展现，如黄凤池辑《七言唐诗画谱》中朱庆馀《西亭晚宴》插图（图 12-17）、《六言唐诗画谱》中白居易《溪村》插图（图 12-18）。

图 12-17 《七言唐诗画谱》中朱庆馀《西亭晚宴》插图
明万历年间集雅斋刊本

图 12-18 《六言唐诗画谱》中白居易《溪村》插图
明万历年间集雅斋刊本

在明代中后期大量类似作品中，优秀版画家经常直接申明自己作品对于南宋山水画意境与技法的继承（如在版画边角等处题写"仿李唐笔意""仿夏圭笔意"等文字）。尤其需要提及的是，明代书籍印刷业空前繁荣，小说、戏曲、历史、美术教育、生活指南与行业指南等领域中的通俗读物借此遍行天下、妇孺皆知，所以作为此类通俗读本插图的山水画影响之空前广大就可想而知。

显而易见，接续南宋山水画的脉络，又经过明代版画、民间工艺美术等诸多更具普及性艺术的蓬勃发展，人们对生活内容与生活环境等内容的艺术表现，实现了全面而大幅度的"风景化"；或者说传统文化体系中广泛而普遍的内容，通过上述艺术路径实现了内涵与禀赋上的美学再定义——这应该是中国山水文化发展史中意义重要的内容。

下图（图12-19）是徽州民居中的一件清代建筑木雕栏板，画面内容是刻绘家宅庭园与周围山水景色的融会一体。

图12-19　徽州木雕耕读传家窗栏板之一

再看南宋以后建筑装饰石雕（图12-20）是如何受到宋代园林花卉题材小品画直接影响的。

图12-20　四川泸县南宋墓葬出土石雕

▲对各类花鸟与太湖石等园林基本景观元素的生动写生，是宋代绘画的主要门类之一，而这些艺术积累又都被非常娴熟地移植成为建筑石雕的题材。

这些表现庭园景致的装饰内容经过宋代以后绘画,尤其是宋代成就卓著的园景小品画之提炼,成为后世人们非常喜闻乐见、广泛影响各个艺术领域的经典装饰纹样,所以宋代山水园林题材绘画的影响,其实有着非常可观的辐射力与涵盖力。

可资对照的例子其实很多,这又正好说明了上述辐射与涵盖的影响力之强度,比如我们可以将本书图16-10、图16-46等众多工艺美术品与现在的例子联系起来相互参看。下面再举一个小例子,元代宫廷服饰上流行用"池塘小景"这一风景题材作为装饰,即柯九思《宫诗十五首》之十二所记述的:

> 观莲太液泛兰桡,翡翠鸳鸯戏碧苔。说与小娃牢记取,御衫绣作满池娇。(自注:天历间,御衣多为池塘小景,名曰"满池娇"。)①

这当然是园景绘画小品式样影响于服饰艺术的例子,而且其实际的辐射力又远不止于此,比如元代青花瓷中同样流行"满池娇"(图案为荷塘之中鸳鸯等水禽戏水)的装饰纹样(如图12-21、图12-22所示)。国家博物馆就收藏有一件元青花满池娇菱花葵口大盘,国外许多博物馆也有大量收藏。

图12-21　元青花满池娇纹大罐

图12-22　元青花满池娇纹碗

而从本章关切的问题来看,如此普遍的流行程度尤其说明了中国风景

---

① 见顾嗣立编:《元诗选·三集》,中华书局,1987年,第185页。

园林文化的辐射力、涵盖力至此时已经相当成熟，并直接促成众多相关艺术领域中一系列经典主题与构图范型的形成及其非常广泛的传播（这成为系列的经典主题，详见下文）。

回到建筑装饰领域，我们看到：承续宋代绘画推动石木雕建筑装饰越来越倾心于景观艺术主题这一趋势，到明清以后，山水庭园景观画面成为建筑中最常见的装饰内容之一，如河北省献县单桥的栏板上的装饰图案（图12-23）。

图12-23　河北省献县单桥的栏板装饰图案

▲单桥始建于明崇祯二年（1629），其栏板图案的内容包括传说故事、仙道人物等民间常见题材，而对园林及其相关人物故事的刻绘也是其中醒目的一类。

至清代甚至出现了成组的大幅园林山水题材建筑装饰石雕。图12-24是安徽歙县北岸村吴氏宗祠享堂至德堂诸多石雕建筑栏板中的一幅。这当然是一件著名的宫廷重器，但如果将其与上示晚明版画、徽州民居中的木雕与石雕等普及程度很高的工艺美术作品相比较，则可以看出：除了在材料与工艺的华贵程度上有天壤之别外，在山水趣味及艺术表现手法上，两者已经没有根本的畛域界限，所以从中可以清楚地看到南宋以来山水画文化艺术其内涵"飞入寻常百姓家"这延亘约五百年之久的悠长脉络。

530 · 溪山无尽：风景美学与中国古典建筑、园林、山水画、工艺美术

图 12-24　清徽州建筑中的石雕栏板
▲ 内容为"西湖十景"中"雷峰夕照"与"南屏钟晚"。

再看室内陈设中园林山水题材的石雕作品。图 12-25 是清乾隆时期的大型玉雕会昌九老①图玉山。

图 12-25　清会昌九老图玉山
高 145 厘米，横断面最宽 90 厘米，
最大周长 275 厘米

---

① "会昌九老"，亦称"香山九老""洛中九老"，胡杲、吉皎、刘真、郑据、卢贞、张浑、白居易、李元爽、狄兼谟等九位在洛阳龙门之东的香山结成"九老会"。唐武宗会昌五年（845），众人在白居易宅园中聚会赏景、饮酒赋诗。宋代以后，"会昌九老"成为士人理想生活方式的重要表达方式，并且在绘画、工艺美术等领域广有表现，详见本书第十六章"中国古典工艺美术中的园林山水图像（下篇）"。

总之，诸如此类的例子在宋代以后艺术世界中浩如烟海，而且貌似非常分散——甚至墨、砚、笔筒、臂搁等文房用品，瓷器、玉器、竹木器、纺织品、建筑彩画与石木雕装饰等等，所有附丽于这些日常使用、门类极其繁多器物上的"视觉艺术作品"，都最为习惯地以山水题材作为本领域中的经典画面主题（详见收入本书第十五、十六章的诸多实例）。

同样值得重视的现象还有中国山水景观文化经过千百年发展（尤其经过南宋绘画艺术的全面推波助澜），为众多门类的"视觉艺术"积淀遴选出了许多经典的主题，比如"西湖十景""桃源归隐""渊明采菊""谢安东山""兰亭雅集""西园雅集""和靖赏梅""东坡赤壁"……[①]。可惜以往研究者极少将这无数作品的构图风格、题材的遴选与定型、审美的宗旨与艺术的趣味、所体现的文化心理等，与南宋山水画之间做出艺术史发展脉络上的勾勒。而实际上，对这个发展线索的发现与揭示在中国山水艺术与山水文化的研究上，显然有举足轻重的意义。

---

① 仅以西湖山水景色为例，众所周知，南宋绘画以此为题材的名作数量庞大，其中各种审美视角对无数景观要素与风格的渲染展现应有尽有，南宋后期更有叶肖岩著名的《西湖十景图》传世，后来的乾隆皇帝据此十图逐一配诗，由此《西湖十景图》不仅成为山水文化中"诗画本一律"的典型例证，而且更突显了"山水主题之经典化"的美学意义。

第十三章　明代版画与古典园林（上篇）[①]
——中国古典版画成就高峰与中国古典园林艺术的关系

对于中国古典版画的研究，自郑振铎等前辈学者积极倡导和努力开拓而取得了相当的进步，由此人们发现了中国古典版画艺术不仅是当时为了图书销量而炮制的通俗插图，而且是有着许多独特的美质和艺术特点，是中国美术史上值得深入研究的一个重要门类。尤其是在中国古典版画发展的黄金时代（明代万历至崇祯年间），不仅版画精品不胜枚举，而且诸如徽州、金陵、苏州、北京等主要版画流派都成就出自己的突出风格，形成了交相辉映的局面。

由于中国古典版画研究起步较晚，所以研究者关注点大多集中于各个流派概括和代表人物生平等最基本方面，而对于中国古典版画独特风格特征和艺术趣味的形成原因，它们与西方绘画和版画之间的区别，中国版画艺术高峰得以形成的多方面原因等许多问题，还缺少细致的探究。有鉴于此，本章从一个很专门的视角，即"中国古典版画黄金时期的成就与中国古典园林艺术的关联"入手，希望从这个视角出发探讨版画的构图方法、版画中山水景观和人居环境的审美趣味等等问题，从而对明代中后期版画艺术特点和成就做出深入一些的分析。

本章主要以中国古典园林为参照而审视中国古典版画的艺术特点及其

[①] 笔者于2007—2008学年任哈佛大学"园林与景观学研究中心"（Dumbarton Oaks花园）客座研究员，本章初稿为这次访问研究结束时向研究中心提交的总结报告，其内容相对简单。现在对初稿的中文稿内容做了不少增补。

形成过程。因为从图像史的角度来看，版画是绘画艺术的一个分支，同时从雕版的角度看，它则是雕塑艺术的分支，由此版画兼有与绘画、雕塑之间无处不在的联系，所以我们至少需要贯通版画、绘画、雕塑（雕版）、园林这四个艺术领域，才能对所要讨论的问题有比较贴切的了解。

一、中国古典风景绘画在其黄金时期（两宋）对园林景观的表现能力

有充分考古依据的中国古典园林史至少开始于秦（前221—前207），在此后中国的漫长历史过程中，园林艺术的发展始终延续不断。这种持续发展延续到宋代（960—1279）和明代（1368—1644），于是使中国古典园林具备了深入的美学理念、成熟完备的布局方法和非常丰富精湛的造景艺术技巧。

在上述发展过程中，文化艺术众多门类间的相互渗透、滋养始终是中国园林成就的重要源泉之一。比如宋代是中国各种文化艺术繁荣的时代，包括文学、绘画、书法、建筑（包括建筑理论）、园林等，各种门类的艺术都相当发达并达到了一种经典性的水平。在这个基础上，各艺术门类之间的相互渗透和影响也就日益深入。具体来说，文学、绘画、园林之间相互影响就远比前代更为显著，著名的例子如宋代大文学家苏轼、文同等人既是中国绘画史上的重要画家，同时他们是造园家，留下了大量关于园林美学、园林造景技巧等方面的记载论述，北宋大画家李公麟同时是有名的造园家。这类例子很多。

如此环境下，园林与绘画艺术之间的相互渗透和影响成为当时艺术领域中非常普遍的现象，两宋宫廷画院画家们的绘画作品中有许多就是直接以园林艺术作为表现内容。比如下面两幅宋代绘画，第一幅（图13-1）是以全景画面展现北宋时首都汴京的一处皇家园林风貌，第二幅（图13-2）描绘的则是南宋私家园林的一个角落以及园林中的歌舞宴乐场面。

图 13-1 （传）张择端
《金明池争标图》
绢本，28.5厘米×28.6厘米

图 13-2 佚名
《荷塘按乐图》
绢本设色，
25.5厘米×22.2厘米

《荷塘按乐图》这幅画作虽然尺幅很小,但是从中国绘画对山水园林景物的表现方法来看,却可以说是体现南宋院体绘画崇高艺术成就的典范之作:画面不仅对建筑、花木、水池畔纹石铺地等具体景观的描绘工丽精准,其构图手法更在举重若轻的大气中透出新巧——画家以俯瞰视角统摄全园,台榭山石等实景虽然仅占图中一角,但层次井然,布局紧凑,足以权重全局。与此相互映衬的,则是荷池水景的秀丽空灵,尤其是水面的由近及远漫衍而去,自然而然地将观赏者的视线引向远方,甚至暗示着画幅之外的天地,从而大大延展了有限画面中的意境。这种虚实动静相映成趣的结构方法深得中国古典景观美学的精髓,并且在南宋院体画的许多作品中得到淋漓尽致的表现,体现着晋唐以来中国山水画画面布局的艺术方法(南齐"谢赫六法"中的"经营位置")发展至此时已到达巅峰境界,所以美术史家概括此时风景画的特点是:"善于虚实结合,以较少的景物控制大面积空间,表现特定的意境,并给人以较大的想象余地。"[1]而此类似作品的大量出现,说明园林作为古典绘画艺术重要表现内容的方向已经确立。

如果我们通过较多作品来审视绘画与园林在发展进程上的相互促进,则可以有更深的体会。下面举南宋院体绘画中的四幅精品(图13-3)为例,具体分析一下中国风景画黄金时期艺术特点与园林艺术的关系(在这个分析中,我们尤其重视绘画对园林景观与园林空间的综合表现能力)。

不难看到,这四幅作品(它们的尺幅都在25厘米×25厘米左右,与作为书籍插图的版画大小相近)所描绘的,同样都是园林建筑庭院及其周边山水景观,但它们在具体的景观内容、建筑的类型和风格、取景视角、景物和园林空间的结构特点等方面却又非常不同。

图13-3中第一幅是李嵩的《月夜看潮图》,画面描绘一处面对钱塘江的宫苑,宫苑虽然只露出一角,却包括了回廊、露台、楼阁等诸多高低错落、组织有序的建筑。更主要的是,这处宫苑建筑群不仅以曲折的内向庭院作为背景(画家特意用回廊、庭院一角内的树木山石等作为对庭

---

[1] 傅熹年:《南宋时期的绘画艺术》,见中国美术全集编委会编:《中国美术全集·绘画编 两宋绘画(下)》,文物出版社,1988年,前言第6页。

a.李嵩《月夜看潮图》
表现一处为了观赏江潮而设置的官苑。它既有对于外景的宏阔视野，同时具有由高低错落的建筑群所构成的内向庭院空间，以及假山、树木等庭园景观。

b.马远《楼台夜月图》
表现一处园林山景区的静谧夜景。

c.佚名《深堂琴趣图》
表现山脚之下，一处山石树木掩映庭园的清幽意境。

d.李嵩《水殿招凉图》
表现官苑中为观赏水景而设的精美重檐十字歇山顶凉亭，以及庭院中丰富的水池、汲水装置等人工水景。

图 13-3 一组以园林为题材的南宋院体绘画

▲ 将这样一些南宋画作联系起来，更可以看出当时的绘画艺术对园林丰富多变的空间形态与复杂的景观内容精准且富于韵味的表现力。

院内景的提示），而且更以浩荡长江、汹涌的钱塘大潮、江流中孤舟远帆、隔江相望的远山等作为宫苑的外向"对景"，以此主景极其阔大浩瀚的气象为引领，并通过对一切景物细节的缜密描绘，从而将钱塘大潮、远处的山峦叠嶂、近处宫苑的巍峨高阁、高阁之下面对江涛的大型观景露台、高阁附属建筑的宛曲回廊等众多复杂的景观和建筑要素都统一了起来，形成了近景、中景、远景一气贯达，层层拓展而又气韵磅礴的完整"景观体系"。

图13-3中的第二幅是南宋院体绘画领袖之一马远的《楼台夜月图》。不难看出，虽然同样是表现园林山水的夜景，但其内容恰好与李嵩的《月夜看潮图》成为对比，它突出表现的，是万籁静谧之中深蕴情致的艺术境界。笔者在介绍中国园林与绘画、哲学的密切关系时，曾以此图作为典型例证之一做了详细分析（见第十一章第二节）——可见中国的山水园林绘画经过长期发展，尤其是五代以后的迅速进步而至南宋，其成就艺术高峰所包含的具体内容，除了以往经常被提及的绘画笔墨皴法上的巨大进步、写生能力的空前精准生动之外，更应该包括：绘画的构图方法已经能够在很小尺幅中，凝练准确又非常细腻地表现各种景物，表现园林山水境界中复杂的空间关系，并通过有限画面内的具体山水景观而表达深刻的美感与哲思。

图13-3中的第三幅为南宋画院佚名画家的《深堂琴趣图》，这幅作品的构图深具匠心：画家将山石花木、精致的庭院甬路和屋宇（主人在屋内抚琴）、庭园中闲雅的仙鹤等，一切近景置于画面的左下侧，再以左上角的山峦作为远景，以形成远景对庭园近景的延伸拓展与提升；同时，画面左下侧布置有序的景物群与右上侧大片的虚空形成了鲜明的对比，从而显示出园林中一切有形的具体景物更需要融入无限宇宙时空这一中国美学的重要原则。尤其重要的是：与李嵩的《月夜看潮图》相似，这一幅作品在精准表现园林中的室内家具、琴具、屏风等等诸多细部空间和细微景观要素（所以标题即为《深堂琴趣图》）之同时，对大尺度的园林空间，甚至作为园林背景的远山和虚空之美学意义具有深致的体会和出色的表现

能力①——如此自如地掌握对宏观空间与微观空间(以及其中韵律变化)的塑造能力，显然是园林和绘画等造型艺术同步趋于高度成熟的最重要标志。

图13-3中的第四幅为南宋李嵩的《水殿招凉图》，这幅作品对宫苑建筑精致华美的风格，尤其是其复杂构件(梁柱、额枋、斗拱、栏杆、台基等等)的结构和透视效果都有细致准确的描绘；同时充分展现了与建筑景观相互映衬的庭院中丰富的水景(杭州的自然环境为此提供了优越的条件)、山石等等；在这之外更以层层远山将院落局部空间拓展开去。所以此画看似仅描绘宫苑中一处小小院落，但实际上其绘画艺术所具有的却是对园林景观体系全面精准的把握能力。

总之，通过这组画作我们大致可以知道，中国绘画发展到南宋时期，不仅产生大量以园林景致和园林生活作为表现题材的绘画精品，而且在对园林各类景物(建筑、山水、花木、禽鸟等等)的传移摹写，园林复杂空间结构的把握，园林所蕴含哲学和美学思想的表现等等方面，都达到了空前的水准，取得了高度的成就。

于是在艺术史这样的背景之下，关系本章主题的一个问题就突显出来：由于各个艺术门类发展的不平衡，于是我们看到，相对于宋代山水园林题材绘画的高度成就和空前繁荣而言，这一时期版画艺术对同类内容的表现能力还非常有限，而且通过中国版画史上一系列早期作品，更可以清楚地看出这时期版画对山水园林的表现能力其显著的局限性究竟在哪里。

---

① 中国哲学认为，自然界的四季氤氲、风月雨雪、岚光水色等等，因为它们体现着天地之道的迁化运迈而具有深刻生动的生命意义和审美价值，所以历代人们十分重视审美者与之的交融，由此也使得这种交融成为了山水审美和园林审美的重要内容。比如唐代王维名句所描写的："江流天地外，山色有无中。"见王维著，赵殿成笺注：《王右丞集笺注》卷八《汉江临泛》，上海古籍出版社，1961年，第150页。园林之外广袤空间中的这些景色，甚至与园林内的各种景物之间有着最为密切、充满审美灵性的亲和与对话，比如唐代李商隐《即日》所描写的"山色正来衔小苑，春阴只欲傍高楼"。见冯浩笺注：《玉谿生诗集笺注》卷二，上海古籍出版社，1979年，第498页。在审美者眼里，"山色""春阴"等等具有生命意趣的时空氤氲，是一切具体而微园林景物的基本背景。

二、中国版画景观表现力在明代中期以前逐步发展的过程

中国古典版画以木刻为基本形式,它是中国绘画艺术的一个分支,从印刷术发展以后才受到人们的重视。早期的版画以佛教经卷中宣讲佛陀事迹的插图为主,所以画面的内容主要是人物故事,而建筑、山水、花木等景观内容则几乎不见踪迹。比如下面这幅著名的《金刚般若经》扉页(图13-4)。

图13-4 《金刚般若经》扉页
唐咸通九年(868)刊印,24厘米×28厘米

这帧9世纪的版画其内容集中于对佛经所述众多人物及其故事场景的表现,除了花纹铺地之外完全没有对景观的刻绘。如果我们以中国绘画史为背景则可以看到,在8世纪早期的盛唐佛教壁画(例如敦煌莫高窟第148窟《药师经变》[1]、第172窟主室的《观无量寿经变》[2]等作品)中,对于雄伟

---
[1] 中国美术全集编委会编:见《中国美术全集·敦煌壁画(下)》,人民美术出版社,2014年,第88—89页。
[2] 中国美术全集编委会编:见《中国美术全集·敦煌壁画(下)》,人民美术出版社,2014年,第80—83页。

寺院建筑群中各式亭台楼阁与宝塔、庭院中的大型水池、附属于水景的精致栏杆与拱桥、池中大量荷花、寺院周边广袤的山野景象等等都有极出色的描绘。所以对比之下一望可知，在这一时期，起步较晚的版画对自然山水景观和建筑等人造景观的表现能力，要远远落后于笔墨绘画艺术。

以五代末北宋初的李成等人为代表，中国山水画不仅成为成熟独立的画种，而且在成就上大大超越前代，即北宋郭若虚所说：

> 画山水唯营丘李成、长安关仝、华原范宽，智妙入神，才高出类。三家鼎峙，百代标程。前古虽有传世可见者，如王维、李思训、荆浩之伦，岂能方驾？[1]

于是受此蓬勃发展的巨大推动，版画对山水表现能力比较落后的局面迅速改观。一个重要的例子即北宋大观二年（1108）刊刻的《御制秘藏山水图》（图13-5），此作是迄今发现的中国最早的一幅以山水为主要内容的版画。表现高僧在庐中、水畔、山间为前来谒见的僧俗众人讲经，其画面对山水全景的把握已经相当自如，画面中山水、建筑、道路、林木等复杂的物象安排得井井有条，具有起伏张弛的韵律感，而近景（如水阁台榭、庭院栈道……）与远景（崇山峻岭、云翳林野……）之间的脉络气韵等等，都能见出其经营布置的匠心。

北宋时的山水题材版画虽然目前仅有此图这件孤例，但仍然可以让人从中感觉到当时版画艺术水平的一种普遍进步。而如果佐以文献中的相关记述，则上述进步更可以得到证实——比如宿白先生的《北宋的版画》一文梳理了版画艺术在北宋以后的发展及其日渐热衷于表现山水景象的趋势：

> 民间雕印版画不仅刊造佛画、世俗人物画，而且更创新意，雕印山水扇面和《列女图》屏风，《图画见闻志》卷二记："僧楚安，蜀人，善画山水，点缀甚细，每画一扇，上安姑苏台或滕王阁，千山万水，尽在目前。今蜀扇面印版，是其遗范。"米芾《画史》

---

[1] 郭若虚：《图画见闻志》卷一《论三家山水》，见吴孟复主编：《中国画论》卷一，安徽美术出版社，1995年，第319页。

图 13-5　北宋全景式版画《御制秘藏山水图》局部

（引自王伯敏主编：《中国美术全集·绘画编　版画》，上海人民美术出版社，1988年，第7页）

记："今士人家收得唐摹顾（恺之）笔《列女图》，至刻板作扇，皆三寸余人物，与刘氏《女史箴》一同。"大约和出现屏风版画的同时，也出现了"印版水纸"。苏轼曾盛赞蒲永升画水，因附记当时有印版水纸事。《经进东坡文集事略》卷六〇《书蒲永升画后》："古今画水多作平远细皴，其善者不过能为波头起伏，使人至以手扪之，谓有洼隆，以为至妙矣。然其品格特与印版水纸争工拙于毫厘间耳。"此种印版水纸，约作贴壁厌火用，明末清初人周亮工《因树屋书影》卷四考其事云："相传人家粘画水多能厌火，故古刹壁上多画水，常州太平寺佛殿后壁上有徐友画水……赵州柏林寺有吴道子画水，在殿壁后，至今犹存。吾梁（按亮工祥符人）人家无贵贱好粘赵州印版水，照墙上无一家不画水者。"①

由宿白先生引述的这些史料显然可以清楚看出：宋代以后山水题材版画已经开始流行。

此后，随着中国版画艺术的渐渐发展，到了公元13世纪以后，即使是在主要表现人物故事的版画作品中，诸如庭园、建筑、花木等多种景观元素也成了画面上的重要内容。比如在金代北方刊刻的《四美人图》（图13-6），此版画对中国古代四位最著名美女的表现方法，就是把她们置于庭园的优美景观环境中，所以版画对建筑中的栏杆、假山、花卉等景观内容，都有细致的刻画。这表明大约从此时开始，中国版画已经开始意识到园林景观的意义。

这一时期，更有画家将描绘某一类园林景观的绘画汇集成书刻印出版，使得众多以景物为内容的版画作品面世。比如南宋景定二年（1261）刊印的《梅花喜神谱》，其作者宋伯仁是一位诗人，他特别喜爱梅花（在中国古代的士人文化中，梅花代表着不畏权势的高洁人格，人们总是习惯以梅花暗示许多美好的事物），所以在自己园林中种植各种梅花，并且将它们多达百余款的品种和形态仔细描绘下来，每幅绘画都配以诗作，于是集成一本关于梅花形象、寓意、艺术价值的专题著作。比如图13-7所示其中的两幅。

图13-6 《四美人图》
金承安年间（1196—1200）刊刻

---

① 见宿白：《唐宋时期的雕版印刷》，文物出版社，1999年，第77页。

图 13-7 《梅花喜神谱》插图

宋景定二年(1261)金华双桂堂重刻宋嘉熙二年(1238)刊本

再到了元代以后,中国版画对各种主题的表现就更多地与刻绘园林景观的结合在一起。下面两幅版画插图(图 13-8、图 13-9)选自元代天历三年(1330)刊刻的《饮膳正要》,此书其实是当时的健康饮食指南。

图 13-8 《饮膳正要》版画插图刻绘的室内布置与庭园景观

图 13-9 《饮膳正要》版画插图刻绘的庭园景观

上面第一幅版画的内容以表现建筑物的室内空间以及人物在室内的活动为主，但画面同样注重描绘室外的庭园，所以我们看到庭园中不仅有着各种的花草，而且有着唐宋以后中国古典园林特别重视的盆景。

第二幅版画正好与第一幅形成对比，因为它表现的是人物在庭园中的情形。画面所刻画的庭园景物包括乔木、灌木、花草、盆景、家具、绘有山水画的大幅屏风[①]等等。

这些版画作品的出现，一方面固然反映出在14世纪以后，中国版画对园林景观的表现热情有很大提高，对山水园林的各种景观元素都已经相当关注；但另一方面也反映了，版画对园林景观的表现能力还相当有限。比如从上示《饮膳正要》两幅插图中可以看出：版画仅能展现出整座庭园的一个简单的侧面空间，不具备同时对室内与室外的复杂景物、复杂空间形态的透视能力。

所以如果将这些作品与南宋风景园林绘画相比，可以很清楚地看到与中国山水画在南宋这黄金时期对园林各种景观和空间结构的卓越表现力相比，宋元时代的版画艺术还很不成熟，对于园林空间结构的把握和展现力还相当狭蹙幼稚。

上述这些情况，就是在明代中期以后中国版画艺术与园林艺术的相互影响能够有巨大发展的基础。

[①] 屏风是中国古典建筑中重要的室内装饰，而山水画屏风又是其中最重要的一支。已发掘的墓葬材料证明，隋唐是山水画屏风发展普及的重要时期，比如山东嘉祥英山一号徐敏行夫妇墓（隋代）"其墓室北壁绘墓主人夫妇坐帷帐中榻床之上宴享，榻后绘一扇山水屏风"。见汪小洋主编，冯鸣阳等撰稿：《中国墓室绘画研究》，上海大学出版社，2010年，第139页。研究者的总结是："早在初唐墓室中就开始出现屏风画，但并不十分流行。到了中晚唐，在墓室西壁绘制屏风画已经非常普遍，并且屏风画的内容也由具有劝诫教化作用的人物画变成了花鸟和仕女图。"同上，第149—150页。从五代卫贤《高士图》等绘画史上的名作可知，至少从五代以后，在屏风上绘制大幅的山水风景已经成为中国建筑园林和居室环境的一种常见装饰方法。至宋代以后则更为流行，宋词中也有"画屏闲展吴山翠"（晏几道：《蝶恋花·别恨》，见《词综》影印本卷五，中华书局，1975年，第49页）等描写山水画屏风的名句；又如元代大画家倪瓒《人月圆》："画屏云嶂、池塘春草，无限消魂。"见《词综》影印本卷三〇，中华书局，1975年，第274页。关于山水画屏风的尺幅和式样，在《梧桐清暇图》（北京故宫博物院藏，有研究者认为此图为后人对宋代原作的临摹）等传世宋代绘画作品中可以看得很清楚。

三、明代中后期版画对山水园林各种景观元素表现能力的空前发展

万历至崇祯朝的明代中后期（约在16世纪后期至17世纪前期）是中国古典版画艺术发展的巅峰时代，而这空前水平的标志之一，就是版画对山水景观和园林景观的表现能力与前代相比有了非常大的进步，同时，表现这些内容的版画作品也大量增加（至少在数千幅以上）。前代学者已经注意到这时版画艺术成就与中国古典园林的关系，比如郑振铎先生说：

> （晚明版画）他们爱的是园林，是假山，是小盆景，是娇小的女性，是暖馥馥的室内生活，是出奇精巧的窗幕和帐饰，是甜香沉郁的烟气袅袅……也就是所谓"古典"的"美"。他们创造了自己的完美的作品，也创造了这样的一个古典的木刻画的时代。[①]

郑振铎先生还以"光芒万丈的万历时代"来概括这一时期版画艺术的成就，他评价此时刻绘园林景观的版画所达到的艺术水准是：

> 《颐真园图咏》刻于万历十八年（1590年），就比张居正的《帝鉴图说》高明得多了，刻的是一个宦家的园林胜景，那处处的布置和其山涯水际的景色就仿佛是到了名山大川的大境界。木刻画家的化小为大之功，侔于造化矣。[②]

这些当然都注意到了当时版画成就与中国园林艺术关系的密切。而且郑振铎先生反复强调"小中见大""化小为大之功"的特点，也让我们很容易想到版画艺术对南宋绘画艺术构图方法的直接继承（关于南宋山水园林绘画在构图上的成就，详见本书第十章第二节）。

如果我们对这种关联做出更细致的分析，则可以看到明代中后期版画对园林表现能力臻于"完美"和"侔于造化"是体现在许多方面的。

[①] 郑振铎：《中国古代木刻画史略》，上海书店出版社，2006年，第99页。
[②] 郑振铎：《中国古代木刻画史略》，上海书店出版社，2006年，第84页。

首先，版画艺术对如何表现园林中品类繁多的微观景观元素，已经有了一系列专门和成熟的研究和总结。比如当时有许多版画书籍，其内容是专门刻绘品类繁多的各种花卉之形态。图13-10是明嘉靖年间（1522—1566）刻印的文安人高松绘制《高松画谱》中对菊花的描绘。《高松画谱》中像这样配有诗歌的版画有一百幅之多，用以描绘各类品种的菊花形象——可见这时版画家把握园林景物丰富性的能力已经空前精进。

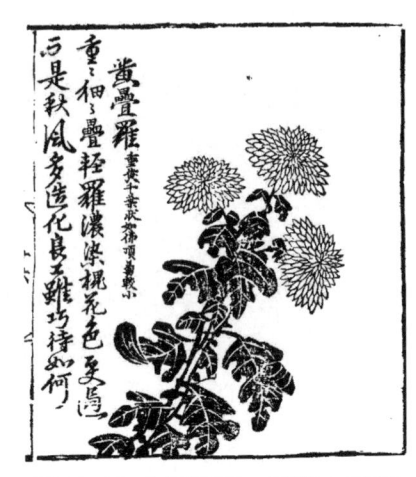

图 13-10 《高松画谱·菊谱》中的菊花
框 26.8 厘米 ×22.8 厘米

再比如《木本花鸟谱》（天启元年即 1621 年刊本）对迎春花、松树、玫瑰等各种花草树木的刻画（图 13-11）。

图 13-11 《木本花鸟谱》中的迎春花、松树、玫瑰

其他如图 13-12 所示万历四十二年（1614）刊刻的《七言唐诗画谱》中对牡丹的刻画。

再举同时期出版的三本书中插图对于竹子的描绘。第一幅（图 13-13）为单页，画面中只有竹子的形象。第二幅（图 13-14）出自上文提到的《七言唐诗画谱》，而其画面内容颇具中国画的写意特点，是将竹子与梅花和山

▶《唐诗画谱》(包括《五言唐诗画谱》《六言唐诗画谱》《七言唐诗画谱》)由明代集雅斋主人黄凤池编辑,蔡冲寰等绘画稿,刘次泉等镌刻。每书选唐诗名作五十首,每首诗配版画一幅,明代万历年间刊行,是徽派版画艺术驰誉天下的名作。本章与下章将多次引用《唐诗画谱》中的版画。

图 13-12 《七言唐诗画谱》中的牡丹

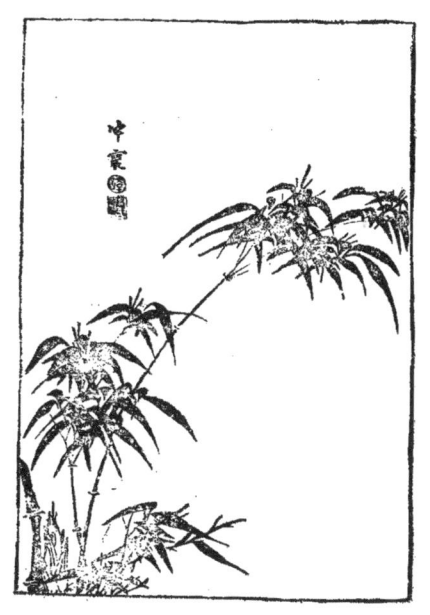

图 13-13 《集雅斋画谱·竹谱图》中的竹子
明天启年间(1621—1627)刊刻

图 13-14 《七言唐诗画谱》中的竹里梅

石放在一起加以描绘。第三幅版画（图13-15）则是合页双面式，画面的内容是水边竹林，以及林边水际的太湖石和水禽。版画通过这类内容表现士人阶层向往山水园林的隐逸情怀。

图13-15 《泰兴王府画法大成》中的水边竹林、太湖石与水禽
明万历四十三年（1615）刊本

以上这类对山水园林各类景物逐一加以细致描绘的版画作品在明代中后期大量出现，尤其其中对具体景物与山水环境的密切关联更具景观美学的价值。比如下面这幅版画（图13-16）刻绘了隐逸环境中的山水映带、高士安卧孤舟之景，并突出侧近山崖上象征高士人格的古松，刻绘出其姿态的龙盘屈郁、一派苍劲。

▶ 原为明代顾炳辑，日本天明四年（1784）谷文晁摹明万历时期顾三聘、顾三锡刊本——万历原刻本当比此图更为精彩。

图13-16 《历代名公画谱》卷四插图

以上诸多示例当然说明了版画艺术对各类具体景物的表现能力已经空前完备和精当。

其次，与上述微观描绘之进步同时出现、相互映对的，是这时版画艺术对大尺度、全景式山水景观的表现能力也有相似程度的进步，并且同样产生了大量的出色作品。由于中国幅员广阔，各地的山水景观和自然景观十分丰富并有着千姿百态的面目，所以充分表现出自然景观的这种丰富性，就需要版画艺术具备很高的技法，下面举三幅为例。

第一幅是描绘杭州的风景。杭州因为有着西湖景区以及湖边姿态秀美的山峦，所以自唐宋以来就是中国著名的园林城市，它集中了大量的皇家园林、寺院园林和私家园林，人们还将西湖范围内十处最有魅力的景点归纳为"西湖十景"，图13-17这幅版画刻绘的即是"西湖十景"之一"两峰插云"。

图13-17 "西湖十景"之"两峰插云"
选自《西湖志类钞》，明万历七年（1579）刊本，框20.3厘米×25.7厘米，双面

而与"两峰插云"等所表现的西湖附近的秀丽景色不同，下面两幅版画（图13-18、图13-19）是表现距离杭州不远的浙江天目山的雄奇景色。

550 · 溪山无尽：风景美学与中国古典建筑、园林、山水画、工艺美术

图 13-18 天目山一景"玉峰孤撑"　　图 13-19 天目山一景"飞桥偃翠"

选自《东西天目山志》，明天启年间（1621—1627）刊本，框24厘米×14.5厘米

左图表现崇山峻岭的险峻之态，以及几处寺院置身孤绝之境而体悟天地山川气象的心志品格；右图为了表现出山势的险峻雄伟，版画家没有画出山峦的全貌，而是描绘了被层层云霭笼罩的山腰、飞瀑、小桥等景物。比较这些版画可知，虽然同样是以山岭峰峦为画面内容，但是版画家视角与表现手法的随处不同使得画面丰富多彩，展现出艺术表达能力臻于高度自由。

而图 13-20 可与上示刻绘山景的版画相互对照，它描绘了长江浩荡湍急的水面和江边险峻的悬崖，以及一叶孤舟出没江涛的惊心动魄场景。这画面

图 13-20 赤壁怀古

选自《诗余画谱》，明万历四十年（1612）刊本

中的"乱石崩空，惊涛拍岸"，当然又与其他环境下的山水景观风格有很大不同。

这时期版画所表现的各种景物异彩纷呈，作品数量庞大，限于篇幅本章只能列举其中很少几幅。总之，在明代万历至崇祯这个中国版画的黄金时代，版画对从巨大空间尺度到细微空间中的各种景物，其表现手段和能力都已经相当完备，从而使得版画对园林艺术内容的全面展现具有了坚实基础。

四、明代版画对于园林中景物关系与空间结构的把握

上文说明了中国古典版画艺术在16世纪以后充分具备了对各类园林景观要素的表现能力。但是大家知道：中国园林艺术的关键，除了要将各种景观因素汇集在一起以外，更主要的是要以具有"空间韵律"的结构方法将各种的景观要素组织在一起，通过"构园"手法使得诸多园林景观之间具有对比、变化、应和、衬托、交融、穿插等等高度艺术化的趣味，形成由无数具体细微园林景物和园林空间相互结构而成，虽由人作宛如天成的"景观序列"。

下面我们从最关键的地方入手，首先来理解"园林景观体系中的结构与韵律"是怎么回事，然后再来理解黄金时期的版画艺术，为何能够在极为有限的尺幅中非常成功地展现与表达着这最关键的艺术内容。

在本书第二章"中国古典建筑之美的艺术学基础（下篇）"中，笔者曾以苏州环秀山庄中的一景（图2-44及解说）为例，说明中国古典园林"构园艺术"的核心是：造园家对这里每一处景观的设计，都精准地考量它们的形态、体量、位置等等，尤其考虑到它们在时空流动（观景者在园中的不断位移）条件下与其他众多景观要素之间相互对比、渗透、呼应、匹配的比例与角度等等的艺术关系。在这个基础上，造园家更全面权衡整个园林空

间在延展过程中的结构关系与层次变化的节奏,才塑造出艺术风格统一而又充满丰富趣味的园林"景观序列"。

由此可以知道,艺术家逐一塑造山水、建筑、花木等等众多具体的景观要素,固然是园林造景艺术的基础,但是在中国古典园林艺术中更为重要的,还是对各种复杂景观要素之间组合关系的塑造,尤其是对复杂多变空间形态、空间结构和空间韵律的塑造。

因为上述内容对于理解中国造园艺术具有重要意义,所以不妨再举出一组看似简单的园景,我们通过对其的观赏、分析、对比而体会一下,成就出精致和谐尤其是充满韵律感的园林景观,其实需要怎样复杂而又深藏不露的"结构性"设计。下面这组对比中的前一例尤其不易引人瞩目,实际上却颇有可观之处,如图 13-21 所示。

▶ 悠长的回廊之侧布置着亲切可人的花石小景,这是江南园林中十分常见的一种景观配置方法。它看似十分简单,在整座园林中的地位也似乎十分微末,但是稍稍留意也许不难看到:回廊的宛曲延展和花窗的灵透生动,充分显示着园林空间序列,给人以一种流动不居的韵律感;同时,回廊侧近的小景简而不陋,其花石的色彩、尺度、造型意态等等都经过细心的权衡设计,故而耐人品味。这种构景手法的巧妙之处在于:它在以游廊、花窗等塑造出园林空间鲜明流动感的同时,十分自然地在其中穿插着精致的休止停顿。这种动态与静态的组合配置,恰恰还是与不同景观类型的配置融合在一起的(游廊的木结构形态和质感与花石等自然景观形态

图 13-21　江南园林在方寸之地内塑造出韵律美感与绘画美感的小例子

和质感之间的对比组合),于是这类方寸之地中的小景,兼具了动感之美与沉静之美,音乐的韵律美与绘画的色彩、质感上的和谐美——由此类例子可知:中国古典园林中许多看似简单的构景之中,其实包涵了很多可品赏的韵味。

为了对"构园"之"构"的要义有贯通的理解,下面再举一例(图13-22)作为上示内容的关联与对比——尽管两者在形貌上似乎风马牛不相及。

图 13-22　北京颐和园西堤及西堤六桥

▲因篇幅所限,图示中仅有三桥。在大尺度园林空间中,对景物线形和曲线走向的设计更是使园林空间具有和谐流动感的关键。从此图中可见:西堤的绵延之势始终与作为其背景的西山山脉遥相呼应;而造型各异的六桥按照恰当的节奏尺度依次布列在长堤之上,从而使整个园景的曲线具有了生动变化着的韵律节奏。

本图所示,是在大尺度园林空间内,塑造优美韵律及其精致节奏感的佳例;而图13-21所示,则是在很小尺度内、以非常有限的艺术要素结构出园林空间序列与景观序列之韵律感的例子。两者相互参看,则可以玩味体会之处颇多:前者为江南小型文人园林之局部,后者为北方大型皇家宫苑之局部;前者之休止主要是以建筑曲线侧近处设置附属花石小景而展示,而后者的节奏感是以西堤曲线之内嵌入若干形态变化丰富的建筑而塑造的;前者基调为纵向空间的延伸,而后者为横向空间中的布列;等等。这种多角度的两相比较,可以帮助我们对"构园"有深入的理解。

由图13-21、图13-22两处园林景观的提示我们可以知道:通过对各种空间关系与不同景物的组合,特别是它们之间精准的尺度考量、节点之间延绵不断的衔接与转换等等精审的"结构性配置",从而造就出和谐而又极富韵律感的园景画面,这是"构园艺术"(计成《园冶》所谓"冶园")的精髓之所在①。

由此我们才不难理解，为什么说明代中后期中国版画艺术具备了在更高水平上对园林的表现能力，其关键就在于它充分展现出中国古典园林中精致、丰富、和谐，且随处蕴含丰富韵律变化的"空间形态结构艺术"。

下面先来看明代中后期版画艺术对园林中丰富空间形态和景物配置关系的表现。以下几幅版画分别表现了中国古典园林中诸多景观要素之间的一些最为常见配置关系，从中可以看到，版画对这种结构和配置原则已经有了真切的理解和自如的把握。先看图13-23所示版画。

◀ 这类画面看似并不复杂，但稍稍细心读图就不难看到：版画家对景观要素的遴选、它们之间各种空间关系的安排等都颇具匠心。比如：观景亭前池水与山景的相互映对；观景亭前近景飞瀑的动感与伸向远方水流山脉之悠悠情态两者间的沟通与映对；水榭室内家具、盆景、山水画屏风、栏杆与栏板等人工景观的精意打造，它们与作为水榭对景的山花之烂漫姿态、飞鸟之活泼情趣等之间的对比与相映……而将如此丰富的景观元素与空间形态之组合变化妥帖地安排在尺幅很小的版画之内，尤其还要使画面具有灵动的意趣与空间上流动的韵律感，这些一方面体现着园林构景艺术的充分成熟，另一方面显示了山水园林题材版画结构能力的空前成熟。

图13-23　面山临水的一处观景水榭

选自《七言唐诗画谱》，明万历四十二年（1614）刊本

---

① 本书对此有再三的强调，比如图5-20的图例解说中也提示："这类在看似极简景观元素的组合配置，蕴含了精微深致韵律感的缜密设计，体现着中国古典园林构景艺术的精髓，却又最容易被走马看花的游人忽略。"

上图为周折山坳中一处景致的情况。下面从图 13-24 看与其相反的情况，即明代版画对宏阔山水场面（画面中远景与近景的关系、山景与水景的关系、建筑在山水空间中的穿插……）的表现。再从图 13-25 看版画如何表现宫苑建筑群中景观的密集性。

图 13-24　观景露台与湖水、山峦等大型景观的配置

选自《诗余画谱》，明万历四十年（1612）刊本

图 13-25　宫苑中的近景以远处庭院作为背景

选自《五言唐诗画谱》，明万历年间（1573—1619）集雅斋刊本

相反地，从图 13-26、图 13-27 看版画又如何表现疏阔空间内的景致特点，比如园林与郊野村庄之间的相望与对景。

556 · 溪山无尽：风景美学与中国古典建筑、园林、山水画、工艺美术

图 13-26　园林亭台与隔水相望的远山及另一处庄园之间相互对景

图 13-27　《六言唐诗画谱》王维《田园乐》插图

选自《六言唐诗画谱》，明万历年间（1573—1619）集雅斋刊本

▲ 这些版画显示了造园艺术中"相地"的意义，即为园林提供优良的外部景观环境，使其具有近景（幽曲水岸与丰茂林木）、中景（大片水体与峥嵘奇伟山体、水岸之间的彼此相互映衬）、远景（连绵不断逶迤而去的远山）等等丰富的景观层次。"相地"是中国古典造园艺术的第一要务，计成《园冶》中的总论《园说》篇之后，首先阐述的就是"相地"一系列原则，比如"高方欲就亭台，低凹可开池沼；卜筑贵从水面，立基先究源头，疏源之去由，察水之来历。""有高有凹，有曲有深，有峻而悬，有平而坦，自成天然之趣。"

明代中后期这类千百幅之多的作品展示了各种各样的园林景观形态与园林空间形态，这说明此时版画对山水园林空间之丰富性的表现，已经十分充分并且高度自如。

除此之外，版画家往往在一幅版画中，仔细描绘了园林中不同空间环境下的各种景观。图 13-28 是一则例子，这幅版画大约刊刻于 16 世纪末或 17 世纪初，双面合页式。画面的左右两半都可以独立成图，右侧一半对园林中的室内陈设做了仔细的描绘，包括刻画出室内的山水画屏风、桌子等家具，桌上的镜子、化妆盒等许多精致用品；而画面左边一半刻画的

则是园林的庭院景色,这里用曲折的栏杆表现庭院空间的蜿蜒深远,同时仔细刻画出了假山、竹子、芭蕉等花木景观。而左右合成一图,则充分表达着园林室内空间景致与室外的完整性,尤其是它们之间的映对与组合关系[①]。

图 13-28 《大雅堂杂剧·花园会》版画插图

明万历年间(1573—1619)汪氏大雅堂刊本,黄伯符镌刻

将这类作品与前文提到的元代《饮膳正要》中对庭院室内与室外景观的刻画加以对比,则可以清楚地看到经过两百多年的发展,中国版画艺术在对园林景观表现能力上的进步。

总之,我们似乎可以用"流动的音乐"来比喻或者观照园林中无数景观的结构方法及其韵律之美——音乐只有通过严格的内在规制(曲式、对位、和声、旋律……)才能建构起无限丰富的艺术大厦,另一方面又只有在表达能力上呈现出高度的自由才能奠定作品的精神品格与艺术上的创

---

① 室内布置装饰与室外景观的充分应和与融通,是中国古典园林艺术进入成熟期以后的重要设计原则,详见拙文:Interior display and its relation to external spaces in traditional Chinese gardens, Translated by Bruce Doar and John Makeham, *An International Quarterly*, 1998, published by Taylor & Francis Ltd, London & Washington, DC。英译者为澳大利亚阿德莱德大学汉学家梅约翰先生。

造性，所以音乐经典常常用极为缜密的手法成就出常人难以体察的精致之美。这正好可以帮助我们借用音乐的结构，来体会园林空间和景物序列中的结构艺术[①]。

构景艺术手法对于古典园林与格律对于近体诗的意义很相似：它构成了"高度自由的表达"与"缜密精严结构性设计无处不在"这两极之间的精妙互动与高度统一[②]，也就是计成所说"想出意外"与"精在体宜""精而合宜""巧而得体"的统一[③]！这个方向上长期精益求精的积淀，其实是几乎一切古典艺术技艺的神髓，所以理所当然是我们真正理解中国古典园林艺术的关键，因此也就进一步成为我们理解山水园林题材的版画艺术之所以在明代中后期达到艺术巅峰的关键。

五、成组（套）版画对于园景体系"结构艺术"的精彩表现

任何比较重要的古典园林作品通常都是由众多的"景观单元"组合而成的。比如颐和园，它的前山宫殿群景区与后山的寺院园林区、诸多"园中园"景区相互联系与对比转换；相对小巧的谐趣园，又包含园景主体的湖景区与北侧的山野区的相互对比与关联；苏州沧浪亭，其门外的河景区与入园后山景区之间相互关联转换；等等。所以显而易见，景观单元之间

[①] 具体例子比如1970年国际肖邦赛冠军、著名美国钢琴家奥尔松（Garrick Ohlsson）在一个肖邦音乐的讲座"为什么肖邦及其他问题"中提到一个细节："（肖邦）夜曲Op.27之二，开头左手的D音和声的泛音，恰是几秒钟后右手的旋律音。也就是说，旋律还没出来，和弦就有预言。当然非常细心的人才能听出来。"见马慧元：《音乐杂谈》，载《爱乐》2011年第3期。从某种意义上说，优秀的中国古典园林作品就随处运用着类似于肖邦音乐中这种极其精致巧妙的"结构手法"。
[②] 关于构园手法与近体诗规制的相通相似，详见本书第162页。
[③] 计成：《园冶》序、卷一《兴造论》，见计成原著，陈植注释：《园冶注释》，中国建筑工业出版社，1981年，第36、41页。

呈现丰富韵律变化的完整的结构艺术,是构园手法中最精彩的内容。

我们从美术史中不难看到,中国风景园林画家对于古典园林艺术这一精髓之处,早就通过组画这种形式予以了充分的理解与表现。其中重要作品比如南宋马远的《帝命图册》,《帝命图册》为绢本,册页,设色,每开尺幅28厘米×27厘米,蝴蝶装,共计十开,每开左侧绘画,右侧书法(原装应为左书右画,下两图即此顺序),私人收藏。

这组作品的背景是:南宋"开禧北伐"失败,被迫与金人"嘉定议和"之后,宋宁宗赵扩只好放弃政治作为转而寄情山水,他以王安石、杨万里及徽宗赵佶等人诗意命题、亲自题诗,由画院待诏马远据此作画,十幅绘画内容皆为临安凤凰山宫苑的景点。

总之,《帝命图册》不仅鲜明体现了山水诗、山水画、园林艺术三者在美学宗旨、创作过程等方面非常密切的关联,尤其从园林题材绘画来说,它更以组画形式,直接表达人们对于园林艺术(尤其是其系统性、结构性)的认识与把握能力的空前发展。下面从这十幅组画中选出两幅(图13-29、图13-30),略做体会。

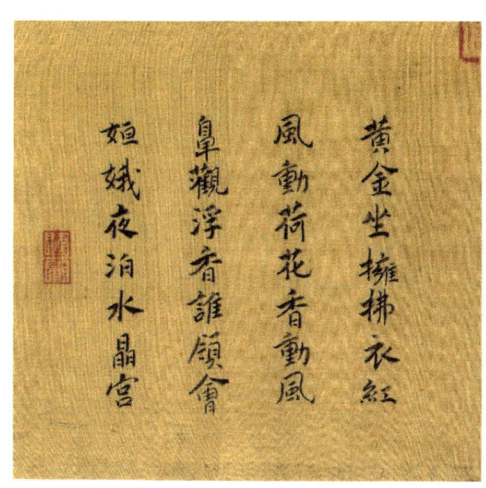

图13-29 《帝命图册》之七

▲此开的左幅为赵扩手书宋代诗人兼山水画家李石的《扇子诗》,右幅为马远据此诗意而绘制的园林水景区之风貌,画作失题。

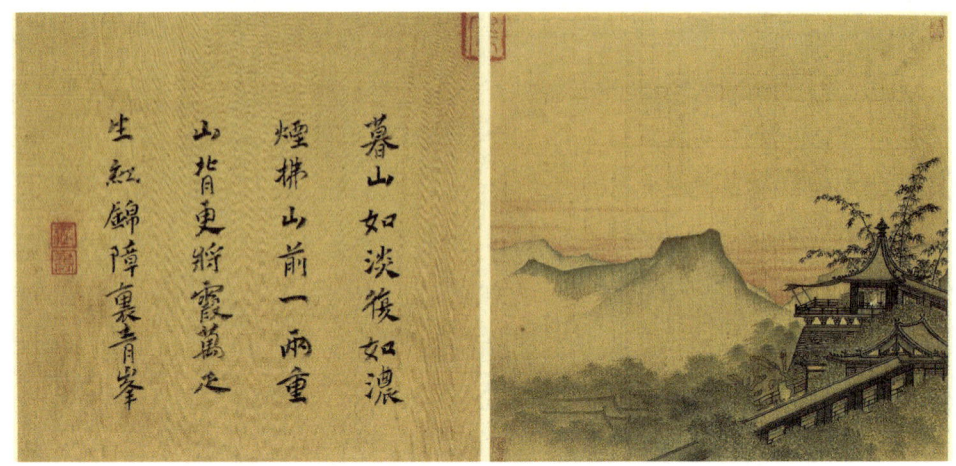

图 13-30 《帝命图册》之三

▲ 此开左幅为赵扩手书杨万里《晚登连天观望越台山》，右幅为马远据此诗意而绘制的园林山景区风貌。

可见最晚至南宋山水画充分发达的时代，全面表现大型园林景观的丰富内容，特别是提示出复杂园林景观与园林空间的"结构方法"（比如山景区与水景区之间的关联与对比转换，园内景观建构与借景于园外的关系，冬景看雪、夏景观荷等时令景观主题的聚焦提炼与四时运迈韵律的体现……），园林艺术与美学中这套重要理念、手法已经相当成熟，通过组画而予以系统性表达的诉求也相当自觉。所以除了马远《帝命图册》之外，后来叶肖岩《西湖十景图》等也是立意相似、颇具规模的名作。

南宋至元代画坛开始以组画形式越来越系统、全面、精当地表现系列园景，这一现象的出现标志了园林美学在其体系性认知方面的重要进步，理所当然对后来绘画与园林的关系有直接影响。举明代末年（也就是园林题材版画艺术空前繁荣的年代）一则显例为证：万历首辅王锡爵对太仓家宅园林南园的精心营构被其子孙王衡、王时敏继承光大。王时敏扩建了东园，加之他在晚明山水画坛影响很大（王原祁等清初名家皆出自其门下），东园成为当时江南文人园林文化的标志。天启五年（1625）王时敏邀请松江画派沈士充描绘东园诸多景点，遂有《郊园十二景图》图册的完整传世。这个园景系列中的具体景点分别是雪斋、秾阁、霞外、就花亭、浣香榭、藻野堂、晴绮楼、竹屋、扫花庵、凉心堂、聚景阁、田舍——可见东园园景之丰富与类别上的配置设计。仅从《雪斋》（图13-31）、《晴绮楼》（图13-32）两图的对比就可以初步看到，园林艺术的绘画表达至此时已经成为自觉要求，即对不同的时令景观、地貌氛围、建筑形制与风格、花木配置、山景区与水景区间的映照与转换等所有决定园景序列丰富性、园景体系完整性的关键构建，都可以通过组画（甚至配有组诗）这种系统方式予以周详的呈现。

图13-31　沈士充《郊园十二景图》之《雪斋》

图13-32　沈士充《郊园十二景图》之《晴绮楼》

而既然造园艺术中的"构园""冶园"以及山水园林题材绘画对之予以系统性表现是如此重要，那么这些内容在版画艺术中的体现，具体情况又是怎样的呢？我们说同样的情况是：明代中后期山水园林题材版画对相关园林结构艺术的展现，也是其最为精彩的部分，而且只有在为数寥寥、艺术水准达到顶级的成套成组版画中，才可能让我们领略到这种精彩！下面具体来看。

在一部书的多幅版画插图中，分别描绘出多种景观主题与各种空间形态的园林景致。如果我们把它们连接起来，可以看作是包含着许多局部设计的大型园林"完整景观序列"之构图。尤其重要的是：由于园林在空间形态和景观风格上的变化与组织是中国古典园林结构艺术的核心，所以表现于晚明版画之中，画面上众多局部景观内容和风格之间也就形成了相互对比、映衬、转换、变形等复杂的结构关系。

首先以《青楼韵语》一书中的版画插图中为例。《青楼韵语》一书共有十二幅异常精丽的版画插图，都是代表中国古典版画艺术最高水准的作品，由名士张梦征绘稿，万历年间徽派著名刻工黄一彬等人刊刻。我们选取其中五幅为例（其他也很值得留意），来具体分析这些成组版画对园林空间体系和园林景物体系之结构艺术的表现。

第一幅（图13-33）描绘的是园林中的水景区，其主要景致刻画得非常细致真切，包括水池、荷花、水榭、曲拱桥、小岛、室内空间的分隔以及家具瓶花布置等等，总之这是一个以大面积水景为结构核心而组织繁多景观元素的景区。

第二幅版画（图13-34）正好与上图水景区的空间形态和景观内容形成对比，其主题是园林中的山景区，具体描绘的是园林内的山石、花木、甬路、栏杆等等景致与园林之外层层山峦的相互映衬融通[1]，以及人们居身其间高爽旷远的审美观感。

---

[1] 对于园林中山景区的这种造园原则，早如南齐著名诗人王融在《后园回文诗》中就曾真切描写："斜峰绕曲径，耸石带山连。"见逯钦立辑校：《先秦汉魏晋南北朝诗》，中华书局，1983年，第1405页。

图 13-33 《青楼韵语》插图描绘的园林中水景区

▲《青楼韵语》为汇集历代妓女诗词作品的文集,明代朱元亮辑注校订,张梦征汇选摹绘,万历四十四年(1616)刊刻。

图 13-34 《青楼韵语》插图描绘的园林中山景区

第三幅版画（图13-35）描绘的则是园林中水池畔的一处庭院，其景观内容包括水池、拱桥、石子甬路、竹林、小土丘、太湖石、位于水滨的住宅、甬路两旁的栏杆、花木和假山石等等；同时，画面对室内装饰也有非常细致的描绘，这些生活设施和装饰包括家具、瓶花、书架、室内的隔扇门、窗牖上的竹帘、屋檐下的遮阳篷等等。总之，这幅版画重点描绘的是园林中各种室内景物与各种室外景物，它们是通过怎样的艺术关联而组织结构在一起的。

图13-35 《青楼韵语》插图

▲此图描绘了园中居室及周边池水、小桥、山石、花木等等景物的配置，以及园林空间的向远处延伸。

而第四幅图（图13-36）中画面则是园林中一处大型厅堂。它处于水池与驳岸相接之处，以叠垒的礐石为台基，厅堂周围饰以精致曲折的栏杆，露台上、栏杆外还分别设置了大小不等的多处盆景和带有精美基座的山石花木。

图 13-36 《青楼韵语》插图

▲ 此图展示了富丽的大型临水厅堂，以及与周边附属的湖石、盆景、花木等景物的配置关系。

这幅版画描绘了核心景区内宏丽宽博的主体建筑与周边景致及其配置方式——参照现在可直接看到的苏州拙政园主厅远香堂，可以知道这幅版画表现的，应该是园林中承担阖家宴乐、宾朋雅集等大型活动的场所及其周围景观环境。

再看下面这幅（图 13-37），它在空间形态上又正好与上图形成对比。画面主题是在山脚奥曲逼仄小庭院中的一处屋宇，它被山石与松竹梅环绕，有着"庭院深深深深几许"的曲折与静谧[①]；同时通过"窗中列远岫"[②]等建筑与远景的配置关系，将悠悠远景悉数收纳在眼前。为了便于读者

---

① 计成《园冶·相地》："地势自有高地，涉门成趣，得景随形，或傍山林……"见计成原著，陈植注释：《园冶注释》，中国建筑工业出版社，1981年，第49页。
② 南齐诗人谢朓《郡内高斋闲望答吕法曹诗》中有描写园林的名句："结构何迢递，旷望极高深！窗中列远岫。庭际俯乔林……"见逯钦立辑校：《先秦汉魏晋南北朝诗》，中华书局，1983年，第1427页。

体会版画刻本的真切韵味,此图照录原书的版式,没有将原本的双幅页面做人工拼合。

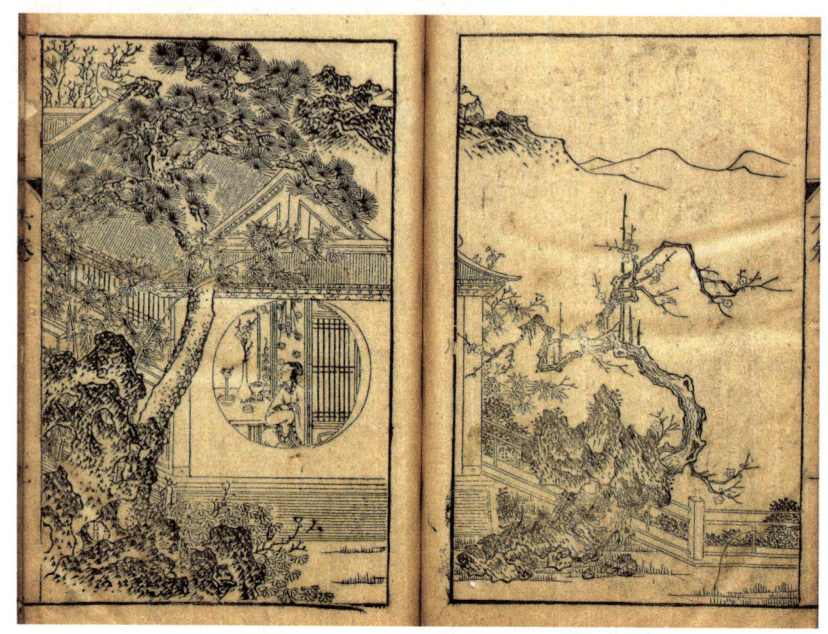

图 13-37 《青楼韵语》插图描绘的山坳中小庭院

▲ 画面展现了山坳间小庭院的内部空间及其丰富的景观配置,同时强调庭院近景与远景(山岭)之间相互映带的结构性关联。

通观以上五幅插图我们首先看到:这组版画所描绘刻画的园林景观有着相当可观的规模,有着空间形态与园景要素方面非常丰富的多样性,而更主要的,所有这些局部的景观内容又皆与其他的园林局部空间及其园林景观要素形成了生动的对比与变化关系,从而构成了艺术上高度复杂的"结构性关联"。这种园林空间体系和景观体系之间的"结构性关联"至少包括这样一些主要内容:

第一,园林中近景与远景的关系;

第二,山景区与水景区的关系;

第三,室内景观与室外景观的关系;

第四,园林景区划分中,宏阔空间的景观配置与狭蹙空间景观配置间的联系与转换关系;

第五，园内空间与园外空间的关系，屋宇、小桥、水榭等等人造景观与山体、水体等自然景观之间的关系，等等。

所有这些具体的空间结构关系都有众多更为细致的变体，因而其形态变化几乎无穷无尽，正是这种千变万化，造就出中国古典园林景观形态与时空形态这两方面相互同步的高度丰富性。所以，《青楼韵语》书中这组版画的内容，不仅对园林中各种功能和主题的景区、各种风格景物的形态面貌都有非常细致的描绘，而且使园林空间、园林景观背后许多重要的"结构性关联"也同样得到了充分的表现。

为了更充分说明晚明版画对园林景观体系和园林空间体系之丰富性和丰富变化的高度表现力，下面再来看另外两组（共八幅）版画。

这两组版画都选自《吴骚合编》①，其文字内容是苏州流行的曲词汇编，而以插图佐文，全书版画插图共四十八面二十四幅，每帧都极尽美奂，与上引《青楼韵语》、后文将引用的《吴骚集》等书插图一样，体现了中国版画艺术兴盛期的最高水平。而对于本章来说尤其重要的是《吴骚合编》插图内容全部为园林景物及园林居住者的生活场景，所绘刻的山水花木、楼台亭阁、人物意态举止，无不纤毫毕现，尤以表现园林中各种复杂空间的结构关系时，能够曲尽宛转精微之妙，所以此组版画也可以直接视为当时苏州地区诸多园林的写真图册。

先看第一组的四幅版画（图 13-38）。仔细地品赏可以看到，这四幅版画中的每一幅都描绘了大型园林中某一景观主题的小庭院，比如：

第一幅版画（左上）的内容是一处湖石、藤萝、芭蕉树等环绕的院落，体现着中国古典园林理论所强调"围墙隐约于萝间，架屋蜿蜒于木末"②那种空间与景观的氛围与意境；

第二幅版画（右上）所表现的是一处以居室为中心的庭院，居室周围

---

① 书名全称《白雪斋选订乐府吴骚合编》，四卷，张楚叔、张旭初合编，崇祯十年（1637）武林张氏白雪斋刊本。
② 计成：《园冶·园说》，见计成原著，陈植注释：《园冶注释》，中国建筑工业出版社，1981年，第44页。

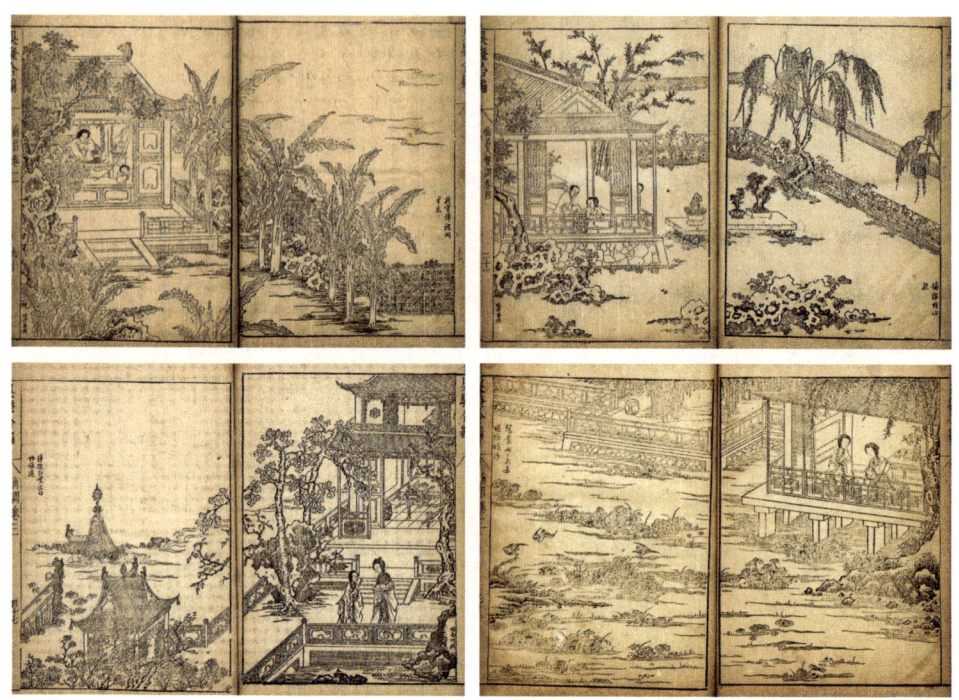

图 13-38 《吴骚合编》中的四幅版画

▲它们刻绘的是园林内部空间及其各种景观要素之间的复杂配置方式。

的景物包括太湖石、盆景、墙边的花草,以及竹子柳树等等;

第三幅版画(左下)刻绘的庭园景观风格与氛围与前两处相反,它是一处以高阁、水池为主景的院落,其景观格调轩昂,强调对周围大片建筑群的收揽俯视;

第四幅版画(右下)中的主要内容,则是一处水景以及依托水景的水榭、水边的曲岸、竹林等等,其开敞的空间格调与大面积水景又与左上图与右上图所刻绘的封闭静谧小院形成对比。

总之,园中的这四处小庭院各具特点,连贯起来充分体现着中国园林景观与空间形态的丰富性,而同时它们的空间都是内向设计,以庭院内部各种景物为观赏中心,所以在万花筒一般庭园风格变化之中却又有着内在的统一性。

接着马上再来看同是《吴骚合编》书中可以与上一组内容形成相互对

比的第二组共四幅版画（图13-39）。

图13-39 《吴骚合编》中另外四幅版画

▲此四幅版画表现的是园林内部空间，内部观景与园外空间环境及诸多景致之间所采用配置沟通方式的各种变化。

这四幅版画都是描绘园林与其周边山水环境之间，是如何通过相互衔接、转换、映对等艺术关联方式而实现了充分融通。这种园林内外空间和景物之间的融合一方面是园林审美理念上重要内容，另一方面又是通过造园艺术中千变万化的艺术技巧而具体构建完成的。比如：

四幅版画中的第一幅（左上），是建一观景高台（为了突出台的高峻，版画家特意描绘了它被云气环绕）与园外的山水与空间形成相互对景的关系[1]；

---

[1] 中国古典园林美学中，很早就有对园林建筑中的高台及其景观审美意趣的很具体描写，比如南齐王融《临高台》中所说："游人欲骋望，积步上高台。……花飞低不入，鸟散远时来。还看云阵影，含月共徘徊。"见逯钦立辑校：《先秦汉魏晋南北朝诗》，中华书局，1983年，第1389页。

第二幅（右上）则是在园林外垣之处建一高楼，一方面形成园内与园外的空间分隔，另一方面又让登楼者能够将园外山水景致尽收眼底[①]；

第三幅（左下），通过园林中一处大型观景露台使园林内的景观和空间延伸到园外更大的山水氛围之中；

第四幅（右下）画面中，右下角山石掩映的园林通过一座小桥跨水连通到园林之外的山水环境中，如此设置在景观意味上更具诗意[②]。

总之，通过上面两组共八幅图片相互之间的映照对比，我们不难看到此时的优秀版画作品对中国古典"构园艺术精髓何在"的深刻理解与淋漓尽致的展现能力。

[①] 计成《园冶·园说》："山楼凭远，纵目皆然。"见计成原著，陈植注释：《园冶注释》，中国建筑工业出版社，1981年，第44页。

[②] 中国景观审美传统中，极富诗意画意与哲学意味的单体建筑，一类是古塔，另一类就是桥。桥一方面最具普遍日常的实用性，另一方面又含有从此岸通向彼岸而寓意深远。古桥中的优秀之作，其造型与曲线之美通常构成了大范围景观中的点睛之笔，而且桥面上的行进路线与廊榭等一系列建筑设置，又构成了对周边景观的上佳观赏位置。因为这样多重的原因，所以历代品味吟咏桥之审美意味的文学名句极多，比如李白《秋登宣城谢朓北楼》"两水夹明镜，双桥落彩虹"，晚唐杜牧《寄扬州韩绰判官》"二十四桥明月夜，玉人何处教吹箫"，韦庄《李氏小池亭十二韵》"小桥低跨水，危槛半依岩"，五代冯延巳《鹊踏枝·谁道闲情抛掷久》"独立小桥风满袖，平林新月人归后"，北宋柳永《望海潮·东南形胜》"烟柳画桥，风帘翠幕，参差十万人家"，欧阳修《浣溪沙·红粉佳人白玉杯》"木兰船稳桌歌催，绿荷风里笑声来。细雨轻烟笼草树，斜桥曲水绕楼台。夕阳高处画屏开"，南宋陆游《沈园二首》（其一）："伤心桥下春波绿，曾是惊鸿照影来"，等等。甚至众多古桥的名字都极尽诗意，比如江苏省江阴市滨江西路留有一座明代建吟春桥，安徽屯溪有镇海桥、彩虹桥，苏州虎丘有塔影桥，吴江有垂虹桥，常熟西门外山尽之处的"湖桥夜月"为旧时"虞山十八景"之一；江西抚州有二仙桥，浙江省杭州市淳安县浪川乡芹川村有际云桥。园林中著名的桥比如：苏州拙政园小飞虹；杭州西湖"苏堤六桥"中的映波桥、锁澜桥、望山桥、跨虹桥等，西湖"白堤三桥"为西泠桥、锦带桥、断桥；北京颐和园中的豳风桥、玉带桥，颐和园谐趣园中的知鱼桥——这些桥的名称都概括与提示着最优美的审美意象。山水园林题材绘画名作中描绘桥梁之美的例子，比如北宋王希孟的《千里江山图》，其中绘有众多桥梁，仅傅熹年先生《千里江山图中的北宋建筑》一文中具体分析的类型，就有长桥、小型亭桥、用竹（或木）笼装卵石作桥墩的梁式桥、单跨施朱栏的梁式桥等。再比如南宋刘松年名作《四景山水图》，其四幅绘画中的两幅（冬景与春景）都表现了桥与园林的密切关联；南宋马麟《荷乡清夏图》更是以长桥作为整个画面景观的焦点。存世园林名作中也突显桥梁的重要作用，如苏州沧浪亭就是以一座跨水小石桥作为引子而开启整座园林的景观与空间序列，北京颐和园的西堤六桥等也是典型例证，所以古桥在景观审美方面的价值很值得认真体会。

再进一步看，明代山水园林题材木版画艺术巅峰的一个重要标尺，就是这些作品中对无数具体而微景观要素之刻画尽善尽美，完全是与艺术家对园林空间结构的把握刻画融合在一起的。我们再举《吴骚集》中的四幅版画为例，将它们连缀起来就可以清楚地看出，艺术家对无数细部景物的精美刻画是如何完全融入在园林千变万化的空间序列之中的。

《吴骚集》四卷，为散曲选本，明嘉靖、万历年间著名士人王稚登编，明万历四十二年（1614）武林张琦校刊，徽派刻工黄端普、黄应光镌版。书中插图内容皆为山水园林景观环境下的庭园生活，画稿与刻工不仅双双极尽精美，而且画面内容无不是情意绵长，深得吴地昆腔南曲民歌之神韵，令人格外叹赏。

本章选取《吴骚集》中的第一幅（图13-40），内容是表现一处园林内的台榭、山石、栏杆等等，它们与园林外围的河流、桥梁等自然景观与建筑景观之间相互形成映对与衬托。

图 13-40 《吴骚集》版画之一

第二幅（图 13-41）则是进入到园林内部，刻画的是园林中的文化氛围，以及女主人在一处竹林、湖石等掩映的亭台中观赏景致。

图 13-41 《吴骚集》版画之二

第三幅（图 13-42），画面内容是一处院落，这里布置了高大的玉兰、藤萝、精美花石座、各式盆景等诸多景观元素，它们之间的精心配置构成了完备的庭院内向景观体系。

图 13-42 《吴骚集》版画之三

第四幅(图 13-43)的景观内容则在空间上又深入一层,它刻绘的主要内容是园林中的室内陈设与装饰,表现着室外的竹林、芭蕉、山石等园中风景是如何从门窗映入室内,并且与室内精致的桌案、靠榻、屏风、盆景等布置在一起,形成室内与室外相互映衬、相互贯通的园林居室氛围。

图 13-43 《吴骚集》版画之四

从直观层面来看,上述版画画面中的各种景观要素,其形貌的丰富精致都达到了略无一丝苟且的程度,甚至家具围屏上,主人及众侍女服饰上的花卉纹样,等等,都是极尽妍丽,但最为难得的是:所有这些细部刻画,又是依托在大尺度园林空间曲尽开阖变化,从而呈现出复杂的园林空间结构这个造园艺术大背景之下,所以如果我们连缀而纵观以上四图,就可以看到这样四个梯级的逻辑序列:

第一,园林之内部空间景观与园林外部空间、与周围山水景观的关联方式;

第二,园林以观景为主要功能的较大院落中诸多景观的配置方式;

第三,园林以居住为主要功能的较小院落中诸多景观的配置方式;

第四,园林中的室内装饰方法、各种相关精致陈设品(盆景、屏风、床榻、家具上精心刻绘的图景等等)的面目与配置方式,以及园林中室内与室外空间的关联方式。

版画家能够仅仅在一部插图数量很有限的书籍内,对如此多重关联逻辑的理解达到如此深湛的程度,对其表现达到如此精丽的程度,不论是园林史研究还是绘画史、版画史研究,都应该对这些予以重视。

上面举出的众多例子充分说明:在中国版画的黄金时代,版画对中国古典园林艺术的核心内容(园林景观元素,园林空间形态同步的丰富性,通过各种充满韵律感的技巧手法,将它们和谐组合配置的"结构艺术"),有了前所未有的全面表现能力。

所以如果我们将宋代绘画作品与宋元时代的版画相比(如将图 13-3 与图 13-8、图 13-9 相互比较),它们在对山水园林表现能力上的差别之巨大就一目了然。但是,如果将优秀的晚明版画与南宋山水园林绘画相互比较,则可以看到:晚明版画在对各类景观的写生能力、画面构图方法[①]、园林之空间序列与空间结构的理解,园林意境和中国山水美学精神的表现等等众多方面,都达到了并不逊色于南宋绘画的高超水准,并由此推动整个版画艺术达到其成就的高峰。

还应提及的是:版画表现能力的这种空前提高,也使得中国古典园林的艺术成就与美学主旨得到更为广泛的传播,因为与传统诗文和绘画相比,当时市井间流行的大量通俗读物(白话小说、戏曲、俚曲、各种通俗指南等等)的版画插图,其欣赏者、阅读者的数量要多出千万倍——传播方式的这一变化,又是中国园林美学发展后期的重要内容之一。

最后提示:明代后期版画艺术中的新兴内容,乃是套色版画的出现以及许多套色版画内容的与园林艺术的密切相关。这些套色版画既有对具体景观要素的刻绘,比如图 13-44、图 13-45;又有对园林场景、园林中人物故事等内容更丰富的刻绘,比如图 13-46。

[①] 明代版画家往往自觉学习南宋院派的一系列艺术方法,甚至直接在画面上注明"仿夏圭笔意""仿马和之笔意"之类提示。

图13-44 《十竹斋书画谱》中套色木版画芭蕉太湖石

◀《十竹斋书画谱》，明末胡正言编印，为套色木版画册巨帙，全书共180幅画作、140件书法作品，此为明崇祯六年（1633）南京胡氏十竹斋彩色套印本。该书除了是"庭院小景经典配置式样集锦"之外，还有向学习绘画者展示技艺方法、供其临摹的教学功用，书中主题内容分为翎毛谱、兰谱、竹谱、梅谱、石谱等类，此图为石谱中的一张。而这类庭院景观的主题与式样成为绘画入门的经典范式，也说明当时园林与绘画之间关系非常密切。

图13-45 《十竹斋书画谱》中的套色木版画石上兰

▲画面中题字为"临孙克弘石上兰"。孙克弘（1533—1611），松江人，明代后期书画家，礼部尚书孙承恩之子，官至汉阳知府，所居四壁皆画苍松老柏、崩浪流泉。致仕归乡后以诗文字画为娱，擅楷隶篆诸书体。山水画技法学马远，云山仿米芾，花鸟似徐熙、赵昌，竹仿文同，兰花彷郑思肖，其笔墨简练淡雅，得野逸之趣。

此图以孙克弘花石小景之画稿作为版画刻工的底本，与上图一样，都充分显示着晚明版画艺术如何受到当时文人画（经典题材的确立、笔墨趣味、与诗词的关系……）的深刻影响及中国古典艺术中"书画一律"的深刻脉络。

图 13-46 《听琴图》
明崇祯十三年(1640)吴兴寓五本《西厢记》插图

这些套色版画的出现进一步印证着前引郑振铎先生《中国古代木刻画史略》对徽派的木刻画家们的介绍与评价：版画家们"十分追逐于小中见大的雅致细巧。他们爱的是园林，是假山，是小盆景，是娇小的女性，是暖馥馥的室内生活，是出奇精巧的窗幕和帐饰，是甜香沉郁的烟气袅袅……"。只不过套色木刻的数量相当有限，所呈现出的版画与园林艺术关系的丰富性远远不能与单色木刻相比，故此本章对其不做更多介绍。

第十四章　明代版画与古典园林（下篇）
——研究山水园林题材古典版画不应忽略的几个问题

上一章节初步梳理了中国古典版画与古典园林之间的密切关联以及两者相互关系中一些关键的逻辑节点，而现在这一章节则希望在此基础上做进一步的拓展研究，目的是对中国山水园林题材古典版画的特质，能够有更深入一些的认识。

一、山水园林题材中国古典版画的文化内涵

笔者认为园林题材中国古典版画研究中一个值得深入探讨的问题，是如何通过这些版画来充分理解中国古典园林艺术的基本特点，即人文环境审美与自然环境审美这两者间的高度融合。

除郊野风景区之外的中国古典园林，它的一个重要的特点就是园林景观环境与园居者生活文化环境的充分统一。也就是说，园林既是人们欣赏各种优美景观的场所，也是人们日常生活和从事各类文化艺术活动的场所（"文化的家园"）。在中国古典园林中，从来没有西方常见的"botanical garden"那类单一展示性的植物园，相反，它是综合涵纳园居者诸多物质生活、精神审美生活和文化生活内容的全景式平台。在某种意义上，其人文内涵的价值甚至超越了单纯自然景观的意义，比如宋代诗人辛弃疾强调：

"自有陶潜方有菊,若无和靖即无梅。"①即是说,离开了人格和文化精神的寄托,园林中的花木山石等所有景致也就没有了内在灵魂。

上述特点决定了中国古典版画对于园林的审视和表现,必然体现着景观风貌与园林所涵纳的诸多人文因素的充分融合,于是我们在晚明园林题材版画中就可以随处看到这种融合会通的千姿百态,比如:人们在园林中宴饮结社、欣赏歌舞戏剧,玩赏夜色月景,举行节日庆典,品赏花木,作诗品茗下棋,欣赏书画艺术,校勘书籍,研究佛学;情侣在园林的清风朗月之下约会谈情;人们在园林景色中涵泳对天各一方亲朋友人的思念;等等。这类版画作品数量庞大、精品众多,本章选取其中代表性作品加以介绍,同时也尽量展示园林题材版画所涵纳文化内容的全面性。

比如本书多次提到,士人群体园林中文会雅集,在宋代以后文化艺术中越来越受到重视。而园林文化中的这种趋势在版画艺术中同样得到充分的表现,如《小瀛洲十老社会诗图》(图14-1)所示。

《小瀛洲十老社会诗图》类似于即时写生图卷,刻绘明代中期浙江文学团体小瀛洲诗社雅集于海盐小瀛洲园(徐东滨私园),写诗作赋,吟咏山水。《中国美术全集》中介绍了此版画的形制与背景:

> 十面长连卷式。嘉靖二十一年(公元一五四二年)徐咸尝集十老人于小瀛洲宴集赋诗,并请陈询绘十老人集会图。后出版十老诗集时,将画卷缩刻附于卷首。十老者朱朴、徐泰、钟梁、钱琦、吴昂、陈鉴、刘锐、陈瀛、徐咸、陆永瑛,皆一时名流。②

可见版画艺术已经很直接地参与当时的文艺创作与士人结社等等情景的表达。

再比如图14-2所示明代版画中刻绘的园林中歌舞景象。从图中可以看到:园林中宽广的水景、弘阔的厅堂、厅堂内精致的陈设等等,都因为大型歌舞器乐的表演而更加熠熠生辉。

---

① 辛弃疾:《稼轩长短句》卷一《浣溪沙·种梅菊》,上海人民出版社,1975年,第152页。
② 中国美术全集编委会编:《中国美术全集·绘画编 版画》,人民美术出版,2014年,图版说明第26页。

图 14-1 《小瀛洲十老社会诗图》局部

明万历四十一年(1613)海宁刊本

图 14-2 明末版画中描绘的园林中歌舞场面

明代传奇故事《鸳鸯绦》插图,明崇祯八年(1635)刊本

再看一组多幅拼合的版画作品（图14-3）。

图14-3 《坐隐棋谱》中的版画插图

▲此《棋谱》为明代汪廷讷撰，版画为汪耕画稿、黄应祖刊刻，有明万历三十七年（1609）环翠堂刊本。

《坐隐棋谱》（全名为《坐隐先生精订捷径棋谱》）是中国围棋史上的名著，而书中的版画插图生动描绘了众多文人雅集于园林对弈、抚琴等等的场景，展示了园林之中丰富文化艺术活动的许多具体侧面。

说到围棋艺术，很常用的一个说法就是"手谈"，不过今人未必都理解其意思，因为"手谈"一词出自《世说新语·巧艺》，原文是：王中郎以围棋是坐隐，支公以围棋为手谈。[1] 这里所谓"手谈"之"谈"，并非一般意义上

---

[1] 刘义庆：《世说新语·巧艺》，见余嘉锡笺疏：《世说新语笺疏》，中华书局，1983年，第720页。王中郎即王坦之，东晋名臣。支公即支遁，号道林，东晋著名哲学家、佛学家，当时的士人领袖之一。

对话与交谈，而是"谈玄学"①"谈哲理"的意思，魏晋名士经常用此省略句式，比如《世说新语·文学》"傅嘏善言虚胜，荀粲谈尚玄远""（诸葛宏）始与王夷甫谈，便已超诣"等等②——由此可知"坐隐"和"手谈"的意思是：通过围棋，名士们能够以一种不需要实地游览的方式而进入山水隐逸的审美境界；同时也能够通过对弈而以超越语言的方式，像"玄谈""清谈"那样交流探讨深刻的哲学。

由于上述的背景，所以在中国文化比较深致的精神层面，围棋与山水园林的旨趣完全相通。中国园林与围棋艺术相关联的具体例子很多，其中最著名的就是淝水大战之际谢安指挥若定，出游于"山墅"，在园中与谢玄等人一面对弈一面等候捷报的故事。从唐代工艺品也可以知道，此时人们对于士人阶层人格理想范本"竹林七贤"的尊崇方式，也从前代强调其放浪不羁、豪饮厌世，转变为突出他们居身园林而弹琴弈棋的萧散清高形象③。所以这以后，弈棋一直是文人山水园林文化中的重要组成部分。绘画史上的名作、五代周文矩的《重屏会棋图》就描绘了山水风景画与围棋艺术的相互映照。本书第五章中提及的南宋辛弃疾咏园词作中，也是描写在具有"青山屋上，流水屋下绿横溪"景色的园林中诸多具体的生活内容：

  真得归来笑语，方是闲中风月，剩费酒边诗。点检笙歌了，琴罢更围棋。王家竹，陶家柳，谢家池……④

再比如元代佚名画家《荷亭对弈图》（图14-4）这类展示围棋与园林环境相互关联的绘画作品。

---

① 魏晋以后，玄学以《老子》《庄子》《周易》三书为主要内容，故称"三玄"。
② 魏晋以后，"清谈"逐渐去除了东汉时期流行的人物品评等现实内容，而成为"专指虚玄之谈"的词语，其内容为讨论周易、老庄、佛学。详见唐长孺：《魏晋南北朝史论丛·清谈与清议》，生活·读书·新知三联书店，1955年，第289—297页。
③ 详见本书第十五章"中国古典工艺美术中的园林山水图像（上篇）"之中图15-24云南省博物馆藏唐代竹林七贤铜镜及解说文字。
④ 辛弃疾：《稼轩长短句》卷三《水调歌头·题赵晋臣敷文真得归、方是闲二堂》，上海人民出版社，1975年，第34页。诗中"真得归""方是闲"皆为堂名。

图14-4 佚名《荷亭对弈图》

24厘米×24.5厘米

▲此图描绘文人在自己宅园的水轩中对弈消夏之情形。水榭中二士人对弈,另一士人侧卧床榻,曲肱支颐观局,他面前还置古琴一张,显示"琴棋"之联袂。风景与琴、棋艺术的一体一直是士人园林文化的特点之一,所以一般总是联袂并称,例如南宋周密《少年游·赋泾云轩》"花外琴台、竹边棋墅"。水轩外沿有栏杆、美人靠等精致的建筑木构件,轻灵的隔扇则大多被摘掉(南宋绘画中就经常可见此种设置,说明这是当时南方高级建筑中的常用形制),以便夏日纳凉;水轩外绿柳掩映,池中遍植莲花,一派曲院风荷的静谧。图中又有三侍女,或在池边取水,或执扇观鱼,或在室内伏案。

总之，上图以对弈为焦点，展示的是士人文化中精神生活、家宅日常的生活氛围、精致园林景观这三者之间充分融合、相互辉映的艺术境界。

再看图14-5这幅描绘士人在园林中对弈的画作。

图14-5 钱穀《竹亭对棋图》
纸本设色，62.1厘米×32.3厘米

此画作者钱穀不仅是明代中期吴门画派的重要艺术家，更是吴地著名学者。钱穀出身贫寒，学业有成之前家无典籍，从游于文徵明门下，日取架上典籍苦读，手录古文金石典籍数万卷。他编有《吴都文粹续集》五十六卷，其前四十八卷内容分为：都邑、书籍、城池、人物、学校、社学、义塾、风俗、令节、公廨、仓场、馆驿、古迹、坛庙、书院、祠庙、园池、第宅、山、水、水利、题画、花果、食品、徭役、道观、寺院、桥梁、市镇、坟墓等。第四十六至五十六卷为杂文、诗、诗文集序。这部著作汇集了诗编、文稿乃至遗碑断碣，内容丰富，相当于"吴地风土人文大全"，乃至"吴地文化名篇汇编"。在这样的背景下，钱穀绘画作品热衷以吴地园池亭台、风物名胜为表现题材，就更具有园林文化史值得关注的意义。具体到《竹亭对棋图》这幅描绘园林中对弈的画作，其所表达的尤其是如此方向上的精神内涵，画面题跋中"竹寒松翠波渺渺，四檐天籁声飕飕"等诗句抒发的，也是文人园林审美的传统意趣。

总之，一幅表现园林中对弈场景的画面，其背景中的"文化配重"可能非常丰富。而了解了这样的脉络也就可以知道：诸如上示《坐隐棋谱》这类以文化艺术某一具体领域为表现内容的版画，值得我们关注的原因，还在于画面直观呈现出来的景象背后有着内涵更丰富、根基更深远的体系性的内容。

上述例子说明：典型的以园林为表现题材的中国古典版画作品，一定是在展示山水建筑等风景之同时能够娴熟地驾驭容纳广博的文化内涵，能够将各种人物及其生活内容精当地布置穿插在优美的景观环境之中，从而呈现出一种完全艺术化的生活场景。版画的绘刻内容，涵盖了中上层阶层园林中各种日常生活和文化活动方方面面的内容及其细节；同时，也正是因为园林中有着如此广泛的生活内容，版画画面上的园林场景才更加多姿多彩。通过版画的刻绘可以清楚地看到：当时中上层社会中的几乎一切日常生活、文化生活、情感内容等等都需要在园林中进行，或者与景观审美具有密切关联，这就是文化内容整体"充分风景化"的审美趋势。而反过来，这也就使得版画艺术（以及版画所努力呈现的山水园林景观之美）具有了一种以生活与文化为根基而随处呈现出的"情韵"——某种程度上说，通过版画而聚焦、提炼、展示的这种韵致化的生活审美，其价值或许比任何外在景观的刻绘都更加重要。

为了理解版画中蕴含的生活与文化情韵，下面再看一则似乎是最为寻常的例子,如图 14-6 所示。

单纯从画面来看,这类作品似乎仅仅是在刻绘园林中建筑室内外的景观配置,盆景、太湖石、花竹等等景观内容及其与周边山水之间的映对,但实际上主题却是人们在园林中的情感活动,所以版画敷陈其内容的整套套曲,都是围绕这个主题的深情诉说,仅举其中一支韵律优美的小曲《玉交枝》:

> 绿窗虚朗昼寥寥,共谁举觞?芭蕉美影摇书幌,一霎时过了端阳。怕梦魂惊破追楚裹,眉儿淡了思张敞。待见他,山长水长;待放他,情长意长!

所以,人物的文化秉持与情感活动在园林景观中的"映射",也许才是版画画面中更值得品味之处。也就像后来大观园中的潇湘馆、

图 14-6 《怡春锦》中《桂枝香·春怨》插图

▲《怡春锦》全名为《新镌出像点板怡春锦曲》,是明代散曲选集,由冲和居士编,有明崇祯年间(1628—1644)刊本。

怡红院等等,其中人物性格心绪与寒来暑往、月影松声等等无限天地生机的交感,才是中国古典园林文化中更加情韵悠长的深层内容——"山长水长"与"情长意长"完全融会一体。

明代版画中表现这些内容的作品数量庞大、精品众多,且涵泳的主题本身是古典文化中人们非常熟悉的经典,现在这些内容通过版画这种通俗形式得到更充分展现与"风景化"视角下的关联与映照,于是山水园林文化传播上的巨大势能也就显而易见。

再举两幅这类作品以见一斑,如图 14-7、图 14-8 所示。

图 14-7 《七言唐诗画谱》中韦应物
《寄诸弟》插图

图 14-8 《怡春锦》中《西厢记》插图

图14-7的出典是晚唐诗人韦应物在战乱环境中怀念亲人的名篇。背景是唐建中四年(783)因"泾原兵变犯阙",唐德宗率王贵妃、韦淑妃、太子等狼狈逃出长安避乱于陕西咸阳乾县,当时韦应物身为滁州刺史,急难时刻"间道遣使赴行在"。韦应物在滁州期间先后写有多首怀念在京诸弟的诗篇,情谊极为真挚,其中尤以这篇《寄诸弟》写兵戈扰攘之际对远方亲人的忧惧牵挂之心最为痛彻:"岁暮兵戈乱京国,帛书间道访存亡。还信忽从天上落,唯知彼此泪千行。"[1]而图14-8内容是崔莺莺和红娘在普救寺中与张生际会这妇孺皆知的爱情故事。所有中国文化中最经典的这些内容因为山水画与版画艺术的充分发展,被充分赋予了山水园林物象之美与韵律之美,这个方向在中国文化史、美学史、伦理心理学等等领域,显然都具有不应忽视的意义。

总之,中国古典园林的一个重要的特点,就是生活环境、文化环境与景观环境高度融合,而这个特点也鲜明地反映在版画对园林的描绘方式上。笔者在《翳然林水——栖心中国园林之境》一书结束语中,引用了黑格尔《哲学史讲演录》第一部《希腊哲学》引言中的一段话,黑格尔说:在有教养的欧洲人心中,一提到"希腊"这个名字,就会自然而然地产生一种非常亲切的"家园之感",这是因为欧洲人所拥有的其他许多东西都不难从别处得到,但唯有诸如科学、艺术等等"凡是能够满足我们精神生活,使精神生活有价值、有光辉的东西,我们知道都是从希腊直接或间接传来的"。随即笔者指出这个定义对我们体会中国园林意境的意义在于:

> 中国古典园林所满足的,远不仅仅是人们安置身家、赏玩景致等等功利和享乐的需要,因为较之所有这些更为根本得多的,乃是人们在满足一般生活和愉悦耳目的需要之同时,又不断努力建构起一个"有价值、有光辉"的文化集萃之地,建构起一个能够使人们心智获得滋养和归宿感的"家园",而这样的建构当然是出于我们生命和文化一种根本的需要。唐代一位才情过人的女诗人曾描写

---

[1] 见彭定求等编:《全唐诗》卷一八八,中华书局,1960年,第1920页。

园林的景色以及自己居身园林时的心境:"月色苔阶净,歌声竹院深。门前红叶地,不扫待知音。"(鱼玄机:《感怀寄人》)——人们在建构起物质的、艺术化的家园之同时,也就建立起希望使自己生命意义得到确认,并赢得"知音"那样一种深情的期盼,这可能就是中国古典园林(以及它对于经典文化的丰富包容能力)能够引起从古到今人们无限倾心的原因。[①]

现在则可以说,中国古典版画与园林两者在这个方向上也是完全相通的,所以版画刻绘出园林景物风貌之同时,在更为深致的审美层面与文化层面上所追求的,也正是这样一种"有价值、有光辉",能够使人们心智获得滋养和"家园感"的文化和审美境界。而这个境界中需要进一步研究的课题,实在太多了。

二、中西古典版画在艺术特点与方法上大异其趣

笔者认为研究古典版画与古典园林关系时不能不面对的另一个重要问题是:从世界艺术史的角度来看,西方许多经典版画同样占据其中的重要地位。那么,如果与西方古典版画加以比较的话,我们能够厘清中国古典版画(包括本章重点分析的山水园林题材的版画)其独特美感究竟在哪里吗?

显然,上述问题是我们深入理解中国古典版画时不能回避的。因为如果从对诸多景观和事物形象的刻画、对复杂场景比例透视的把握等方面来说,晚明版画虽比前代有了很大进步,但因为从千百年来中国绘画基因里承续的特质,使其在这些方面仍然无法与西方绘画和西方版画艺术等量齐观。比如以乔托(1266—1336)等为代表的意大利文艺复兴艺术先驱,他们

---

① 详见拙著:《翳然林水——栖心中国园林之境》,北京大学出版社,2014年,第2版,第208—209页。

确立的文艺复兴与中世纪艺术分水岭在绘画技法上主要表现为两点：一是认识到光线的来源与明暗的作用，而不再像以往那样用均匀的平光；再就是为了表现物象的真实性，开始探索按照透视法则拉开画面中人物之间、人物与背景之间的距离，努力用线条透视原则在画面上构建出一个确切的三度空间。重要的里程碑之一，比如意大利文艺复兴时期著名人文主义者莱昂·巴蒂斯塔·阿尔伯蒂（Leon Battista Alberti, 1404—1472）[1]写下三卷本的《论绘画》，中译者对此书的介绍是：

> 其中第一卷论述绘画的基本原理，从几何学的基本概念切入……论述了诸多当时的几何学术语与概念，将一种科学理性的观念赋予绘画艺术，从而使人们能够从一种科学的角度看待绘画。第二卷开始论述绘画本身……其中作画的步骤方法、辅助工具、构图、明暗、色彩，historia的基本原则，可以说是书中最重要的一部分。[2]

所以艺术史理论以此划分文艺复兴绘画与的中世纪绘画（那时"觉得在平面上复现真实空间是不可能的"）之间的重大区别：

> （乔托）对空间难题的完整把握令我们吃惊。图画第一次变成了由一个统一视点构建起来的舞台；变成了人、树木、房屋在其中各就各位，并可按几何学方法计算的统一空间。[3]

可见画面中"统一视点""按几何学方法计算的统一空间"之确立的革命性意义。

所以将中国古典版画与西方文艺复兴时代丢勒（1471—1528）、提香（1490—1576）以及17世纪荷兰画派伦勃朗（1606—1699）等人的木版画与金属版画等西方经典作品略加比较，差别之巨大一望可知。比如图14-9所示丢勒的铜版画。

---

[1] 阿尔伯蒂活跃于15世纪中期的佛伦萨，除《论绘画》之外还著有《论建筑》。
[2] 罗科·西尼斯加利编译：《论绘画——阿尔伯蒂绘画三书》，高远译，北京大学出版社，2022年，中译者导言第5页。在阿尔伯蒂的论述中，拉丁语historia代表了"画家的至高成就"。
[3] 海因里希·沃尔夫林著，潘耀昌、陈平译：《古典艺术——意大利文艺复兴导论》，北京大学出版社，2021年，第25页。

图14-9　阿尔布雷特希·丢勒铜版画《忧郁Ⅰ》

作于1514年（中国明代版画达到其鼎盛期之前大约百年），23.9厘米×18.9厘米

◀这是文艺复兴时期版画艺术的代表作，画面中长有双翼、手持圆规而冥思的女子，被认为有可能是丢勒对自己艺术方法的形象表达，即通过画面中圆球体、接近方形的多面体、圆规、天平等等各种几何元素，暗示画家从几何学与天体学中得到神启（持圆规女子旁有一小天使）[①]——这一艺术方向当然清楚地说明了画家对于几何透视关系在艺术中地位的空前重视。

　　大家知道西方艺术史上，文艺复兴大师对于几何学与绘画关系深入研究（以达·芬奇《维特鲁威人》等为代表）之后的又一重大推进，是伦勃朗、维米尔（Johannes Vermeer, 1632—1675，荷兰黄金时代伟大画家）等人对于光学与绘画关系的研究——其具体技术装置以及画家借此研究光学投影时的具体情形，我们从《维米尔绘画暗房》[②]等示意图中可以看得很清楚。

　　由此，几何认知与对光影的把握成为两大利器，它们共同奠定了西方古典主义绘画的深厚根基，并且因此将诸如文艺复兴早期绘画（14—15世纪佛罗伦萨绘画派等）的面目，远远抛在了艺术大潮的身后。

　　也正因为上述借助科学羽翼的伟大进步在世界艺术史上的辐射力几乎

[①] 详见H.W.詹森（H.W.Janson）等：《詹森艺术史》，艺术史组合翻译实验小组译，湖南美术出版社、后浪出版公司，2017年，第639页；并参见本书图2-10所示法国佚名艺术家创作于约1220年的《作为神圣几何学家的上帝》（God the Divine Geometer）。

[②] 《维米尔绘画暗房》一图见Claudio Pescio著，Sergid绘：《伦勃朗——透视艺术大师》，莫侯译，浙江人民美术出版社，2001年，第30页。

无远弗届,所以它对于西方古典版画的意义也同样不言而喻,并且因此使西方版画艺术与东方版画艺术判然分途。我们看萧乾先生在其《英国版画集》代序《英国版画与我们》中,就直言不讳地强调中国版画因为不追求科学的光影透视方法,所以其艺术成就不能与西方版画等量齐观:

> 中国绘画之纯由性灵出发,不借科学的光。然而版画本身与印刷术是分不开的,因而也就不能完全与科学绝缘。这大约是西方版画比中国(版画)高一筹的实因。①

更具体来说,西方文艺复兴以后,版画艺术领域涌现出大量以山水、建筑、庄园等风景为表现主题的作品,我们从中选出木刻版画与金属蚀刻版画各一幅②,作为对其滥觞轨迹的管窥。

先看意大利文艺复兴晚期威尼斯画派伟大艺术家提香·韦切利奥(Tiziano Vecellio,1490—1576)以风景作为背景的版画《挤奶女工》(1525年,图14-10)。

图14-10 提香木刻版画《挤奶女工》

---

① 萧乾:《英国版画集》,山东画报出版社,2000年,第3页。
② 两幅作品皆拍摄于北京赛克勒大学考古与艺术博物馆"从提香到伦勃朗:文艺复兴与17世纪西方版画展",展期:2016年11月—2017年11月。

592 · 溪山无尽：风景美学与中国古典建筑、园林、山水画、工艺美术

再看一幅更纯粹地以风景园林为内容主题的西方经典版画，即根据鲁本斯风景画而翻刻的蚀刻版画"小景系列"之十五《城堡花园》（图 14-11）。

图 14-11　蚀刻版画《城堡花园》

▲ 这个风景版画系列，是弗兰德巴洛克绘画大师鲁本斯聘请版画家舍尔特·亚当斯·波尔斯沃特（Schelte Adams Bolswert，约 1586—1659）根据自己的二十幅风景画而创作的，鲁本斯原作现藏维也纳艺术史博物馆。可以明显地看到，作品对于画面透视关系与光影明暗关系这两者有着同样高度的重视。

由此不仅可见文艺复兴时期绘画艺术蓬勃发展的内容之一，就是风景主题版画迅速成为独立、重要的画种；而且可以看出西方版画其实与油画等一样，文艺复兴以后其蓬勃发展基础都是建立在采用科学透视方法而对物象的精准描摹，以及纯熟把握光影在风景与建筑艺术成像上的重大效用。

而由于这决定性基因的深刻作用，所以我们看西方艺术家创作的版画，如郎世宁的《圆明园铜版画》（共二十幅，图 14-12 为其中一幅），即使其内容是直接描绘表现中国古典园林风貌，但其画面本身呈现出来的仍然是西方美术家视角之下的物象形貌与时空关系。

第十四章 明代版画与古典园林(下篇)· 593

图 14-12 郎世宁《圆明园铜版画》之《竹亭》

再比如图 14-13 所示英国版画家刻绘的广州附近一处中国园林的面目。

图 14-13 英国版画家刻绘的中国园林

(引自黄时鉴编著:《维多利亚时代的中国图像》,上海辞书出版社,2008 年,第 177 页)

由这些例子可以清楚看到：与中西园林美质的彼此区别情况大致一样，中西古典版画也是彼此分途为两个艺术体系。

因为大异于西方版画致力的上述方向，于是我们不难经常看到：中国古典版画即使在最辉煌繁荣时期，其空间的透视方法（尤其是对于建筑空间的表现）还是常常不能比较准确地表现人们视觉习惯下的物象形态——尤其在表现俯视、侧视视角下的空间形态（两个灭点或三个灭点情况下）更是如此。于是造成宋代沈括早就批评的"掀屋角"①那种透视扭曲的情况。

下面具体来看，先看单页画幅园林故事题材的版画作品，如图14-14。

而如果是展现园林全景的双页画幅（或者画面上同时表现平行透视与成角透视、俯瞰透视下的物象），则失真程度可能更为显著，如图14-15所示。

再比如图14-16这幅版画，其右幅中正视部分的山石、树木、栏杆等

图14-14　汤显祖《临川四梦·还魂记》中《玩真》一出插图

明末吴郡书业堂翻刊《六十种曲》本

---

① 沈括《梦溪笔谈》卷一七《书画》："大都山水之法，盖以大观小，如人观假山耳。若同真山之法，以下望上，只合见一重山，岂可重重悉见，兼不应见其溪谷间事。又如屋舍，亦不应见其中庭及后巷中事。若人在东立，则山西便合是远境；人在西立，则山东却合是远境。似此如何成画？李君盖不知以大观小之法，其间折高、折远，自有妙理，岂在掀屋角也？"见沈括著，胡道静校注：《梦溪笔谈校证》，古典文学出版社，1957年，第546—547页。

图 14-15 《陈眉公先生批评异梦记》插图

▲ 王元寿撰、陈继儒评《陈眉公先生批评异梦记》上下两卷、三十二出。美国国会图书馆馆藏明万历师俭堂刊本，二十八出，版画插图九幅，版画为明代中后期建安派版画艺术代表人物刘素明镌板。

图 14-16 《绣像传奇十种·五闹蕉帕记》卷上第六出插图

明万历时期金陵文林阁合刊本

等内容刻绘相当真切得体，但左幅因为表现内容包括侧视角中的屋宇，所以透视明显失真，左右两幅合并一体就难免给人以凿枘不合的观感。

以上三图皆为能够体现中国古典版画艺术上佳水准的明代中后期作品，而它们表现园林中建筑景观时，物象与空间关系有很大失真的原因却如出一辙（"掀屋角"）。

而纵观中国美术史，更可以看到这种情况的历史脉络。比如从图14-17所示盛唐莫高窟第320窟主室北壁壁画局部，可见与文艺复兴以后西方古典绘画相比其艺术方向上的显著不同。

图 14-17　盛唐莫高窟第 320 窟主室北壁壁画局部

▲内容为坐于佛寺建筑中的思维菩萨。画面对于建筑屋顶曲线、寺院园林中的水池、莲花等景致都有精到的表现，而对于建筑空间关系的摹绘则完全不同于西方后来通行的灭点透视。

近代以后西方将透视科学作为构图基础，中国古典版画在不具备类似基础的前提下，其作品对景观表现的成功与否，很大程度取决于艺术家经验下对于视角、物象层序关系等等的选取与把握。试比较下面两幅版画（图14-18、图14-19）在这方面的优劣。

图14-18　薛近兖《绣襦记》版画插图
明末刊朱墨套印本

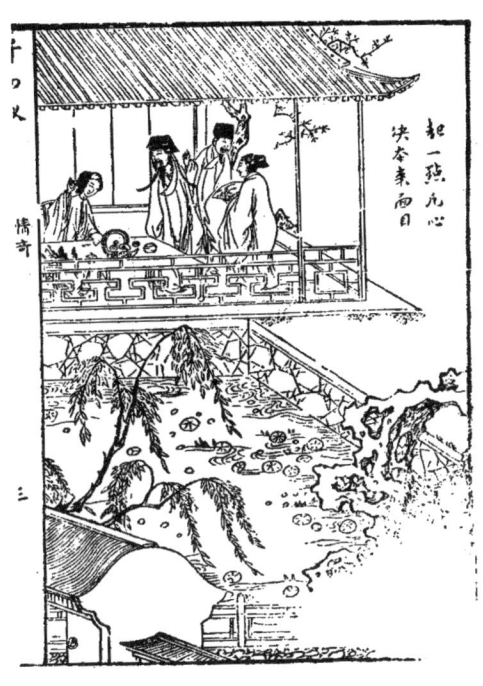

图14-19　醉西湖心月主人《弁而钗》插图
崇祯年间笔耕山房刊本

▲ 两幅版画为同一时期的作品，又同样都以园林中的水池作为画面主要景观，但因为选取视角不同，所以左图（俯视视角）与正常视像相比变形严重，观感不佳，而右图（基本为水平视角）不仅透视效果自然，而且画面中从园门到进园之后看到的栏杆、水池、太湖石、水轩、沿池垂柳等景观序列布置展开层次井然，各局部园景比例尺度的折算也都比较贴切。

由此可以看到，个体艺术家（绘制版画画稿的画家与合作刻工，他们之间很可能有着经常的经验交流）其"匠心"对于透视效果的经验积累，是其成就高下的重要决定因素。比如我们纵观项南洲等明末版画大家的诸多作品（比如上一个章节举出的《吴骚合编》一书中的八幅版画）就可以很清楚地看到，他的作品虽然数量众多，但其画面的视角选择都是成竹在胸，从未采用如上示《绣襦记》插图那样大角度的俯视视角,以此取舍而获得了画面景物透视上的顺畅自然。这个特点,也是我们分析中国古典版画对景物表现能力时应该注意的。

三、如何认识中国古典版画的独特美感及其艺术根基

中国古典版画研究必须面对的另一关键问题,其意义也相当突出:既然在科学地体现几何透视与光影效用方面远逊于西方古典版画达到的水平,那么中国古典版画仍然足以特立于世界艺术之林的独特美感究竟何在?这种特质的形成与版画对于中国园林之美的表现又有什么关系?

笔者以为,中国古典版画至少包含着这样一些本土艺术长期传统孕育出来,因而为世界其他艺术体系所没有的独特美质:本书第一、二章"中国古典建筑之美的艺术学基础"两篇中,笔者着重说明为什么毛笔线描蕴含的"骨力"是中国古典美术一切分支领域共同的美质基础。为了使关注版画与书画艺术关系的读者对此也有真切印象,对"以书法入画"的特点有直观了解,下面举一幅明代中期(即木刻版画迅速走向繁荣时代)的文人花卉画,即明人陈淳的《茉莉图》(图14-20)为例以做说明。

从此类纸本书画作品中,马上可以体会到为什么"骨法用笔"是"书画一律"的逻辑基点。因此也就很容易循此而体会出,优秀中国古典木刻版画的艺术特质就是"以刀为笔"——通过内力贯注的运刀刻线,从而表现出原来毛笔书画的"骨法"与韵味。于是很容易看到:中国古典版画中的"线",远远不仅仅是勾勒景物形态的简单造型工具,相反,它传承着中国书法和绘画线描的血脉,于是它充满了力度骨感的韵律变化,尤其是在这种造型形式中又蕴含了精微的内在情感韵律。也就是说,"谢赫六法·骨法用笔"的久远传统在版画中得到继承与绚烂展现。

在此基础上还需要注意的是,中国古典版画对于"线"无处不在的运

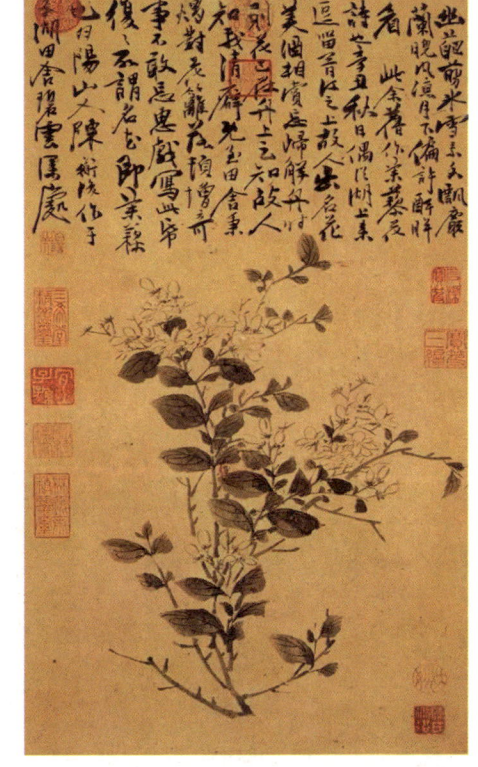

图 14-20　陈淳《茉莉图》

纸本立轴水墨，58.4厘米×30.5厘米

▶ 陈淳是明代中后期在写意花卉绘画方面取得重要成就的苏州画家，而相对于他许多设色画作而言，此图不仅纯用墨色，而且完全是以书法的笔法表现茉莉枝干与花朵的鲜活状态。画面上花叶层次分明，一点一线皆是骨力充沛，没有任何松懈乏力之处，所以成就出了整丛花卉的生机盎然。

用，它较之于传统绘画中笔墨线条的独特之处至少有二：

其一，版画除黑白两色之外再无其他色彩可用（晚明时期已有套色版画，但其规模数量远远无法与黑白版画相比），由此更突显了"线"的意义。再加上因为材质和工具的迥异，所以宋元以来绢和纸绘画中高度发达的水墨皴擦技法和晕染效果（比如北宋山水画大家郭熙的《树色平远图》，就是先用湿淡墨勾皴，复用湿浓墨刻画细部，再用湿浓墨皴染），运用在版画中就受到根本限制，除了在表现山石等的质感时借用斧劈皴等技法以外，以雕刀为工具的版画很难充分复制宋元以来山水画中复杂的水墨皴法和晕染效果。于是版画就更加注重由黑白两色画面空间构图方法所形成的简洁、凝练、对比鲜明等等特有趣味，更加聚焦于"线"的骨感力度和韵律变化，版画对于这些美质的彰显，较之中国其他艺术门类更为突出。

其二，版画是用雕刀在木板上契刻成像之后再拓印而成，因此它与骨法用笔的天然关联更为显著和重要。我们在大量的优秀版画作品中，可以随处体会到中国古典美术自殷周甲骨文金文、汉画像石刻、北朝至隋唐碑版与棺床石刻线画及浮雕、唐代金银器錾刻纹饰、宋元雕漆、金代墓室砖雕等等以来，成就卓著的"契刻艺术"其几千年一脉相传而积淀出的深厚骨力和刀法韵味。

下面且举一例唐代石刻线画，即唐代西安大雁塔门楣线刻画（图14-21），以提示后来木板版画技法的源头活水。

图14-21　唐代西安大雁塔门楣线刻画（158厘米×70厘米）

▲ 这幅作品中，艺术家能够用线刻而比较准确刻绘出的内容至少已经包括：1.殿堂的大木结构及其室内空间；2.斗拱、鸱吻等诸多细部构件对建筑的装饰作用；3.室内众多人物的排列坐序及其与室内空间透视的关系；4.殿堂的室内空间与庭院景观的相互交融；5.庭院中的花卉树木在寺院园林景观体系中的普遍应用……而如果能够将这类作品与汉画像石中对建筑空间、庭院景观等等的透视方式加以对比，从中看出汉唐之间艺术家把握空间能力的显著进步，则我们对中国古典线刻艺术的发展过程，还可以有更为真切具体的理解。

中国古典契刻线画艺术曾经发展到何等华丽绚烂的艺术境界，这已经不易被今人所凭空想象，所以举出一则经典作品（图14-22至图14-24）略做介绍。

图 14-22　唐《大智禅师碑》碑侧线刻画局部

全图 36.15 厘米 ×225.94 厘米，原碑收藏于西安碑林博物馆

▲《大智禅师碑》刻于唐开元二十四年（736），碑碣正文为隶书，是唐隶名作。与碑文书法相比，此碑边侧的装饰画同样具有最高等级的艺术价值，它是中国古典线刻画发展至盛唐，画面风格臻于无比绚烂瑰丽、充盈饱满、生气流动的伟观巨制。碑侧画面以作为佛像背景的缠枝牡丹、鸾凤、狮子、迦陵频伽鸟、番石榴等唐代流行装饰图案的排比与相互呼应，烘托出佛国世界法宝缤纷、天乐和畅那种极其热烈欢愉的气氛。

图 14-23 唐桥陵坐狮　　　　图 14-24 盛唐《大智禅师碑》碑侧线刻画骑狮乐伎吹奏横笛局部

▲ 左图所示唐睿宗桥陵神道侧畔的石狮,是美术史上公认的唐帝陵区数量众多石雕中的上乘之作,而如果我们以《大智禅师碑》碑侧的狮子形象与唐顺陵石狮(本书图1-26)、唐桥陵石狮相互比较,则可以看到它们在无比雄豪威猛等等方面的一脉相通;同时可以清楚看到线刻画对于石狮等主题的表现,因为辅之以极其精美、因线条骨力挺拔劲健而饱含张力的装饰纹样(番石榴、缠枝牡丹等),所以从艺术形象的生动多姿、装饰性的华美程度等等方面来说,其成就更在单件的圆雕作品之上。

　　所以对于本章讨论的内容而言,如果我们留意本书第一章、第二章介绍的"骨法""骨力"传统对于中国古典艺术一切领域的贯穿,并且追索中国古典木刻版画艺术风格与成就的源头活水,那么就很容易体会到:后来明代版画的斐然大观与独特美质,都绝非凭空而降的倘来之物,或是一时一代能够炮制而成的急就章,相反它是含蕴着汉碑石刻画、画像石,北朝隋唐碑碣线刻画,唐代金银器纹样镌刻,元代雕漆等等在内,雕塑史上各类线刻艺术千百年积淀的异常深厚传统。这历代无数璀璨华章背后的笔法与刀法,其艺术的生命灵性与张力给予后来的木刻版画以无可替代的滋养。

上面图例所示唐代线刻画内容皆为对比较静态物象的刻绘,下面再看石刻线画对人物动态的表现。为了体会对于本章来说最关键的问题(绘画中毛笔墨线的"骨力"趣味如何传递与影响于线刻艺术),下面比较同一主题它们分别在唐代壁画(图14-25)与唐代石刻线画(图14-26)中的情况。

图14-25 敦煌榆林窟第25窟主室南壁中唐壁画《观无量寿经变》中的胡旋舞形象

图14-26 唐石雕墓门中的线刻胡旋舞形象
单扇长89厘米,宽43厘米,厚5厘米

◀ 唐代白居易《霓裳羽衣歌》曾描写当时流行的胡旋舞场面:"飘然转旋回雪轻,嫣然纵送游龙惊。"——可见这舞蹈之美的关键,是舞者能够通过极其轻盈动作而塑造出疾速中千变万化的舞姿;而同时,舞蹈形象的韵律又具有"游龙"一般劲健的骨感力度(参见本书图1-71至1—75中历代古典艺术对游龙的描绘与线刻)。河南登封少林寺塔院附近唐大历六年(771)的同光禅师塔门楣上亦有一幅精彩的线刻胡旋舞,其画面还刻出了为双人舞者伴奏的乐队,整体气氛比这对墓门线刻画更为热烈。从这些遗珍都可以领略到古典线刻艺术表现动态形象时"飘若浮云,矫若惊龙"的鲜活力度感。

显而易见，图14-26所示浅浮雕与线刻（汉画像石以来非常成熟的一种画面雕刻技法，被称为"减地平钑"）胡旋舞场面与唐代壁画中同类主题画相比，其形象的丰满、舞姿中的充盈动感等方面都有非常直接的血缘关联，不仅使得契刻线条的外在形象表现力不逊于书画墨线，而且刀法线刻与生俱来禀赋着穿透肌肤的"金石感"，使石刻线画对于"生命张力"的表达更加沉健入骨。

那么，石雕线刻画艺术传统在后来的延续继承又有一些什么值得注意的内容？这一脉络可能为宋明勃然而兴的木版画注入怎样的艺术基因？理解了这些问题，显然可以直接帮助我们知晓中国古典木版画的源头活水究竟何在，所以还是要从具体作品入手来做说明。

下面两幅石雕线刻画的创作年代，恰好就是木版画艺术发展取得骄人成就的明代万历时期。从第一幅（图14-27）——尤其通过它与壁画粉本（图14-28）的比较，来看石刻线画对于人物形象、园林环境的出色表现能力。

图14-27 《九莲菩萨像》石刻画拓片

◀ 此碑镌刻于明代万历十五年（1587），现在北京西郊慈寿寺塔旁边。将此图与下页的图14-28相互比较，尤其可以体会出万历时期上乘石刻线画在表现笔墨绘画原作内容时的不苟与情景毕现。更由于以下原因，使得此作在艺术史上具有一席之地。作为明代万历时期石刻线画的"标准器"，它直接印证着自秦汉画像石开始将近两千年碑碣石刻画发展史落幕时刻尚能延续与留存的最后一缕精彩，同时具体呈现着已经掩饰不住的艺术颓势，比如：画面中的太湖石形象沦入程式化的末路，失去了写生要求的真实生动；石刻刀法下的线条明显委顿靡弱，距离"骨立"境界已经日行日远；等等。而后来木刻版画的衰微过程，又将石刻线画发展史的这些内容完全重演了一遍。

图 14-28　明佚名《九莲观音图》

绢本设色，181.6厘米×114.3厘米

▲ 画面主要内容为传说中万历生母孝定李太后前世身"九莲菩萨"的形象。园林之中，九莲菩萨拥袍跌坐于九朵盛开的莲花之中，神态安详静雅；菩萨周匝环绕花丛、假山、翠竹、瑞草、祥云等等；精美栏杆的近前处有童子合十礼拜。

李太后出身卑微，因亲子朱翊钧登基为帝而受尊号慈圣皇太后，掌控宫闱内外大权，于是"京师内外多置梵刹，动费巨万"（《明史·孝定李太后传》），并沿袭中国"神道设教"传统而炮制自己是九莲菩萨转世的神话（"太后梦中菩萨数现，授太后经，曰《九莲经》……寺有僧自言，梦或告曰：太后，菩萨后身也"）。权力操作推动人们应声而争相刻绘"九莲菩萨"形象以示尊仰（详参汪艺朋、汪建民：《北京慈寿寺及永安万寿塔（Ⅴ）》一文）。因此，本图可能是这"表忠心风潮"下北京寺院的壁画粉本或流行题材的水陆画。由此图可见：以皇家园林为题材的明代壁画虽然没有了前世代表作那种宏大场面与丰富内容（例如山西繁峙县城东南的金代岩山寺文殊殿壁画），但依然保留着精丽的风格以及对人物、景物比较生动真切的表现力。

接下来再看另一幅万历时期的石刻线画(图14-29)。

图 14-29 《九鹭图》拓片

吕纪绘稿、李梦麟刻石,明万历二十一年(1593)

▲ 此刻石分为上下两部分。上部分刻行楷书"澹然亭"三个大字,上方跋文记述左史为旌扬其父左思明之贤德而刻此图。下部分为石刻画《九鹭图》,镌刻九只鹭鸶在水边栖息的情形,画面左侧中部有"吕纪"署名。"九鹭"谐音为"九思",典出《论语》中孔子所说九种思考方式:"君子有九思:视思明,听思聪,色思温,貌思恭,言思忠,事思敬,疑思问,忿思难,见得思义。"左思明其名取自"九思"中"视思明"句。

这件石刻画展现了中国古典契刻艺术至宋明以后深受绘画影响熏染的具体轨迹:画稿的作者吕纪是明代花鸟画大家,且在山水画笔法上继承南宋马远、夏珪"大斧劈皴"技法。此画中九只鹭鸶均为凸起阳线刻出,类似汉画像砖的"减地平钑"雕刻手法;九鹭或飞或止的姿态,以及芦苇等诸般水生植物的挺拔生机,都清楚透露出中国古典书画"骨法用笔"传统对线刻画的意义。假如做更多形而上的梳理,则更可以注意到宋明哲学强调的"鸢飞鱼跃""动植飞潜""观生意"等境界对于风景审美的影响。具体例子比如北京颐和园中有"观生意"的景点主题设置,上海古猗园有"鸢飞鱼跃"的景点主题设置,苏州留园有"活泼泼地"的景点主题设置。

这些示例都说明我们的中国木刻版画研究，其实很需要注意石雕线刻画非常悠久深厚传统的影响。

尤其是中国传统雕塑艺术在五代两宋以后，其重点从以前对于大型金石类硬质材料的錾刻（以汉画像石、北朝至隋唐石窟造像、唐代碑碣石刻线画等为代表），日益转移到半柔性与柔性材料的雕刻，比如泥塑、陶瓷泥胎上的刻花、雕漆、雕版木刻、建筑木雕与砖雕等等；同时，石雕艺术的规模则迅速缩减。其结果使得传统契刻艺术经历千百年积淀而成的"金石感"，更集中地透过半柔性材质呈现出蕴藉和极富柔韧弹性的力道韵味——本书第一章"中国古典建筑之美的艺术学基础（上篇）"中举出的北宋磁州窑剔花缠枝牡丹纹梅瓶（图1-53）、第十二章"论南宋山水画（下篇）"中举出的元代杨茂造山水人物八方雕漆盘（图12-15）等作品就是典型例子。

以雕漆艺术（其材质为木胎上层层堆漆，待漆层厚度足够下刀时雕刻而成）为例，类似杨茂造雕漆盘这样的雕漆作品我们在元代至明初永乐、宣德年间工艺美术史中可以看到许多，它们除了画面直接继承着南宋院派绘画对山水园林景物的构图和透视方法之外，又一显著特点在于：艺术家的契刻功力能够寓"刀法快利"[①]于沉稳端严的气派之中，所以在画面中，表现建筑山水图案与牡丹、栀子花、茶花等各种花卉图案的线条，不仅都非常流畅圆润，而且其转折和起伏之处的力道如折钗，都具有劲健深厚的"骨力"，兼有笔法和刀法的韵味！而14—15世纪时在这类半柔性材质上呈现出的雕刻艺术风格和趣味，显然已经开16世纪前后明代木刻版画的先河了。

所以如果将本章所示众多晚明版画中的优秀作品，与图1-53、图12-15等宋元工艺美术作品相比较，则不难体会到：由于雕塑家所雕刻的物质材料由以前高强度、刚脆的石质碑碣变为了半柔质且具有相当弹性的木板，这使得"骨法用笔"几千年艺术积淀之下对于线形之美的塑造，得以发展到一个空前绚烂的阶段，于是朱家溍先生认为宣德时期花卉题材的雕

---

① "刀法快利"是明代漆器理论对于唐代以来经典雕漆作品之技法的形容与推崇，这些技法"到了元代晚期雕漆竟达到登峰造极的地步"。见王世襄：《锦灰堆：王世襄自选集》壹卷《中国古代漆工艺》，生活·读书·新知三联书店，1999年，第215页。

漆作品,其特点在于雕刀刻出的艺术形象"富有生命力的效果","好像关不住充沛的花朵和枝叶伸张的力量"[①]——联系本书第一章详细介绍的中国古典艺术基础在于"墨线随处含蕴体现着生命张力的深湛骨力",那么对此就可以有贯通的理解。

为了使读者对这个关键问题有直观的印象,下面仍以万历时期徽派版画集代表作之一《唐诗画谱》中的作品(图14-30、图14-31)作为示例。

图14-30 《唐诗画谱》收录的花草专题刻绘之一

图14-31 《唐诗画谱》收录的花草专题刻绘之一

▲《唐诗画谱》一书不仅汇集了大量优秀的版画作品,而且充分体现出中国古典契刻艺术从千百年毛笔书画传统所积淀继承的精髓——"骨法用笔",即以墨线(书画)或契刻线条(版画)的内在骨力、弹性张力、顿挫节奏等等及其深深蕴涵的生命韵律感,来作为其艺术表现力的基本手段。

在这样的基础上,版画对于园林中各种景观与人物形态的刻画,其准确性、生动性、画面的韵律感等等,其实都是以木板上契刻线条的骨力与

---

① 朱家溍:《故宫藏美(插图典藏版)·元明雕漆概说》,中华书局,2014年,第147页。

蕴含生命意味之"律动"作为基础。下面看具体的例子，如图 14-32。

图 14-32　明代散曲集《北宫词纪》插图
明万历三十二年（1604）金陵继志斋刊本

本图充分体现了明代万历时期金陵版画派的成就与特点，比如：园林景物品类丰富，花草树木姿态生动，太湖石与建筑的画面形象折算准确、充分写实，尤其是人物形象丰满妍雅、情态宛然。所以我们可以很直观地看到：在这幅画面中，高大的太湖石、乔木等物象的坚实质感，它们与牡丹、斑竹摇曳生姿之间的情态对比映衬，极简约几笔刻画出的水体灵秀激荡及其与对岸山石的对比衬托……所有这些，都是以契刻刀功的深沉厚劲为基础的——包括下刀的极尽劲爽酣畅，运刀力度根据物象与画面需要而变化无穷，无数具体物象呈现出刀法顿挫与转折的高度圆转自如，等等，由此使得整个画面无处不是充盈洋溢着精致富丽、嫣润流畅之美！

而且除了"骨法用笔"的背景之外，因为中国美术与中国哲学与思维方式背景下的时空理念之间具有深刻联系——尤其如本书第十、第十一章所述，这种联系在宋代山水园林题材绘画中臻于高度艺术化的境界，并且对中国美术后来的发展带来深远影响,这类内涵充分融会于版画之中,也就形成一种与西方古典版画完全分途的艺术面目与艺术趣味。

下面看具体的例子。上一章中已经列举多幅明万历四十二年(1614)徽派著名刻工黄端普、黄应光镌刻《吴骚集》书中的山水园林题材版画,而此书的其他插图也都让人过目不忘,比如图14-33中刻绘小园内的景物与园外远山融为一体。

▶ 本图标题为"袂薄风轻绣带飘"。此图是明代徽派山水园林题材版画的精品之一,刻工的刀法流畅娴熟、骨力内蕴,所以呈现园景与人物面时极尽妍丽,处处举重若轻。仔细看甚至可以明显感觉到类似书法"行笔"透露出的"笔意",这种流畅与精准刀法传达出艺术家技能臻于高度自如时自

图14-33 《吴骚集》卷二中一帧版画插图

然而然流露出的愉悦感(尤其体现在对人物体态与神态的刻绘)。此图画面布局对于中国古典园林特有的空间序列结构方法,对于园中随处充盈的那种流动的时空节奏感与生命韵律感,都有精彩展现:小园内精美的花石座、各种花木等构成实景,以此与观景亭的空灵虚敞形成映对。画面尤其强调,小园景物与空间等等内景又是与园外几个层次的远山互为对景,从而体现类似苏轼笔下涵虚亭那种园林意境——"惟有此亭无一物,坐观万景得天全",以及《园冶》所谓"障锦山屏,列千寻之笔翠……远峰偏宜借景,秀色堪餐"。在这样的基础上,版画标题"袂薄风轻绣带飘"显示出深挚的意蕴,不论是园林的具体景物配置、空间安排,还是园中人物置身此间而获得天地周行与生命审美两相凑泊的和谐,获得心神与园林时空流动韵律之间的相互感知与共鸣,这些才是山水园林艺术最高境界中的灵魂。再引用童寯先生的一句话,也许有助于对此关捩的理解:"中国园林很少出现西方园林常有的令人敬畏的空旷景象。即使规模宏大,中国园林也决不丧失其亲切感。"——是否在技术层面的形制与技法背后更蕴含这种体现着生命意义的"亲切感",这不仅是中西园林的重要区别,而且同样是山水园林题材中国古典版画区别于西方版画的关键之处。

这一时期版画精品中，通过木板线刻对人物置身于园林中情态的刻画尤其精彩。比如上一章中举出了《吴骚集》中的四张园林题材版画作品，现在我们将其中第一张、第三张插图的局部放大来看，如图 14-34 所示。

图 14-34 《吴骚集》园林题材版画中的人物刻画

▲ 画面中用雕刀模拟水墨皴染的山石部分，其质感效果与宋元绘画在绢或纸上呈现的"水墨淋漓""墨分五色"相比，显然力有不逮。但凡是用纯粹线描而表现人物的容貌、发饰、衣裾、或行或止的神态心理以及溪水、花叶等等，无不洗练精准、神采焕然，直接显示着"骨法用笔""化笔为刀"的悠久艺术传统；尤其因为除线描之外再无其他造型手段，所以愈加突显线条的柔中有刚、抑扬婉转——并且基于线刻的这种流丽之美，形成了中国古典版画艺术鲜明区别于西方版画的独有韵味。

再比如上一章曾经举出《吴骚合编》的八幅版画，以说明中国古典园林结构性建构方法在版画艺术中的充分体现。在这个基础上，现在来看能够更深入地呈现出中国古典艺术精髓的画面，并做比较细致的分析。先看晚明版画家项南洲（明末清初版刻名工，亦名仲华，生卒年不详）镌刻的一幅园林题材版画杰作（图 14-35）。

图 14-35 徽派刻工项南洲镌刻的版画

▲ 此图为张楚叔、张旭初合编《白雪斋选订乐府吴骚合编》[崇祯十年（1637）武林张氏白雪斋刊本]第三卷中的插图。版画家对于园林中各种景物（山石、各种树木花草、建筑栏杆……）形态质感的表现细致真切，同时对园林复杂景观空间的呈现驾驭娴熟，所以能够自如地将人物故事情节的形象精当地穿插在园林画面之中。

仔细欣赏更可以看到：画面中的园林景观布局形成了疏密、虚实的对比，左侧的山石花木建筑等形成了各种具体有形园林景物配置关系，而且版画家通过精湛鲜活、骨力劲健的刀法，把嶙峋山石沉静坚实的质地，光风霁月之下花木葱茏摇曳时的妩媚之姿，园林建筑在花木和栏杆掩映衬托下所呈现的"庭院深深"空间意趣，由转折飘逸的衣带烘托而出的女子之婀娜秀美等等一系列内容，都刻画得生意盎然、雅洁精准。同时，画面左半部分的这诸多景观又与画面右半部分中的流云皓月、清风荡漾等等，形成了相互呼应、对比、衬托和融合的艺术关联，并且以这种整体空间上的丰富韵律作为园林气氛和人物生活的审美基调。更重要的是：版画对于园林空间中那种极富韵律的流动感（从画面左侧到右侧）表现得万分精彩，尤其是将园林有限空间、有限景观元素结构而成的具体物象之美，完全融会在更高层次的天地氤氲韵律之美的展现之中！

这样一幅园林题材版画，其内容看似相当普通，但实际上，它呈现出的不仅是中国古典绘画学的核心精义（气韵生动、骨法用笔、经营位置……），不仅是古典园林景致的优美和谐，而且更展示出中国古典宇宙理念与生命哲学维度下的审美特质！①

为了有更为真切的体会，我们将中国晚明时期刻绘建筑与园林空间的版画作品（图14-35）与大致同时即文艺复兴时期西方版画大师作品《麦琪的崇拜》②（图14-36）对比一下。

图14-36　德国绘画大师丢勒的版画《麦琪的崇拜》

29.5厘米×22.1厘米，1511年

◀ 此版画空前精准地表现了诸多人物与建筑空间的透视关系。

---

① 参见本书第十章"论南宋山水画（上篇）"第三节"对'天人境界'崇高审美意象的展现"及第十一章"论南宋山水画（下篇）"。
② 《麦琪的崇拜》又名《东方三博士来朝》，表现圣母生下圣婴之后，东方三博士（贤王）携黄金、乳香等具有深刻寓意的礼物，在伯利恒之星指引下找到圣母圣婴完成礼拜的《圣经》故事。这个题材被文艺复兴诸位绘画大师特别重视，他们反复以相关绘画来探讨表现建筑空间与复杂人物的透视关系与场景。

614 · 溪山无尽：风景美学与中国古典建筑、园林、山水画、工艺美术

虽然同样是版画，作品的创作年代比较相近，又都同样是在表现人物与建筑空间的关系，但是中西两者的艺术风格与审美趣味却完全不同！

再将图14-34等成功展示的中国园林风格与西方版画（图14-37、图14-38）所聚焦的园林景致加以对比，则中西方版画的审美理念、对于空间形态之美的理解等方面的迥异，就更值得品味。

图14-37 凡尔赛宫花园中的神女喷泉

版画，（法）让·珀特，41.5厘米×56厘米

图14-38 凡尔赛宫花园中的神女喷泉雕塑局部

▲显而易见，这里的整个花园以及相应的版画空间布局，都是以神女喷泉为核心而形成向心式的聚焦辐辏与环绕层序，这与本章大量示例所介绍的中国古典园林最为重视空间芊绵流动的韵律之美，两者呈现了完全的不同艺术面目与趣味。由此而转辗至于版画艺术，则中国晚明山水园林版画着力刻画那种不尽空间中的流逸与舞动韵律，也就完全异质于这西方版画描绘凡尔赛宫花园时的理念。

所以，诸如此类在西方版画中绝对看不到的风格及其美学内蕴，也就成就出了中国古典版画的独特美感和趣味；而有关这种独特美感的许多学术问题，当然值得研究者予以更深入的关注。

第十五章　中国古典工艺美术中的园林山水图像（上篇）

——从工艺美术领域的图像线索看园林史上若干问题

本篇视角基本不见于以往的园林史与风景艺术史研究，但实际上相关的文物实例与佐证数不胜数，牵涉文化史艺术史方面的问题也非常多，所以即便本书中上、下两篇篇幅不短的叙述，仍然只能算是对这个专题内容最粗略的勾勒。

一、中国园林图像史的重要分支：古典工艺美术中的园林形象

中国古典园林发展与成熟的过程，除了涉及园林本身的风格、技巧等大量内容之外，也与中国古典文化艺术其他众多门类密切相关，所以诸如园林艺术与中国文学的关系、园林艺术与中国哲学的关系等等，长期以来都被研究者密切关注。而比较这些，园林艺术与中国古典图像艺术的关系其实也是内涵相当丰富的领域，这是因为：首先，园林本身就与其他图像一样是视觉艺术；其次，中国的古典视觉形象艺术历史悠久，门类齐备，方法与理论在世界艺术之林中独树一帜，因此与园林艺术之间的互动也就非常广泛深入。

在上述密切关联中，园林与绘画的关系无疑最引人瞩目。这两大艺

术门类之间相互影响，其中许多人们熟悉的焦点都指向大可深入的研究领域，这些具体焦点比如本书所探讨的"南宋山水画与园林艺术的相互影响""中国古典版画在明代中后期的达到鼎盛及其与园林艺术的关系"。这个领域中还有许许多多显而易见具有研究价值的课题，比如"明代吴门画派作品中园林题材的地位""中国古典绘画理论与造园理论的关系"等等——这些情况说明，从艺术图像史角度拓展对古典园林的研究，这个方向上的工作有着可观的前景。

而与此相比，"工艺美术与园林景观艺术"这个视角迄今仍然未见有研究者涉足。而实际上，中国工艺美术有着悠久历史与世界公认的显著成就，而且工艺美术相关图像直接或间接反映着当时的园林面貌与特点，同时工艺美术图像对园林景物与园林空间的表现方法，也体现中国古典艺术许多共通的原则。工艺美术是门类众多的艺术领域，举凡在纺织材料、家具与陈设、文房用具之上，在漆器、瓷器、玉器、竹木雕、金银器等材质上施以雕绘、塑形、纹饰而成的艺术作品皆在其列。所以这非常广博的艺术天地里园林山水题材及其艺术风格趣味的表现，应该是中国园林景观学视野不可忽视的内容。

由于上述理由，"工艺美术图像与园林风景艺术的关系"就是有待于我们致力研究的领域。所以，本章初步梳理中国古典工艺美术在表现园林风景艺术方面的丰富成就，同时探讨中国古典工艺美术越来越热衷于表现园林与风景的原因。

二、中国工艺美术以园林山水为题材的初始期：先秦至唐代

做最简明的划分，中国古典工艺美术对山水园林风景的表现，可以分为初始期与成熟期这样两大阶段。初始期非常漫长，大致应该划在从先秦

至唐代。这个起步阶段的特点是：各类工艺美术作品越来越反映出人们对园林山水的审美意识，并且以具体的艺术手法初步描绘或模塑山水建筑等景观。比如一件春秋时期的著名青铜大盘——晋公盘（图15-1、图15-2）。此盘浅腹平底，为盥洗器口径40厘米，总重7000余克。

图 15-1　晋公盘　　　　　　　　　图 15-2　晋公盘局部

艺术家因铜盘之形而模拟水池水景，并表现池内各种动物形象与自由往来的意趣：盘内中央一对精美浮雕龙盘绕成圆形；双龙中央，有一只立体水鸟；双龙之外，还有四只立体水鸟和四只金龟；再向外延是三只圆雕跳跃青蛙与三条游鱼；最外圈是四只蹲姿青蛙、七只浮雕游泳青蛙和四只圆雕爬行乌龟。这些圆雕动物都能在装置原地作360°转动，鸟嘴可以启闭，乌龟头也可伸缩。可见当时上层阶级生活中，人们对于水景以及水景内容的丰富性、趣味性都有了自觉的审美关注与艺术表现意愿，体现着人们对园林中水景的喜爱，因此在青铜等重器上精心塑造水景内容，这样的工艺美术品此时已非孤例。

又一件比较重要的例子是上海博物馆收藏的春秋时期的子仲姜盘[①]（图15-3），其盘内装饰了浮雕和立雕的各种水生生物，鱼、龟、蛙、水鸟等一应俱全，俨然一幅水族游嬉图，而且每个立雕动物均能原地作平面360°旋转，使用者向盘中注水时鱼禽更显出游弋的动感。

[①] 对此盘形制、工艺特点等等的介绍，详见上海博物馆网站：https://www.shanghaimuseum.net/mu/frontend/pg/article/id/CI00000699。

第十五章 中国古典工艺美术中的园林山水图像（上篇）· 619

图 15-3 子仲姜盘中的鱼、蛙、水禽等局部
全器高18厘米，口径45厘米

将此与晋公盘等器物相联系，也就可以知道对观赏园林中水景的爱好此时已经成为贵族阶层中的普遍风尚。

春秋青铜器表现水景趣味的这种热情，又与在铜器上刻绘高台建筑（先秦园囿中的高台建筑源于先民对山体的崇拜与模拟[①]）形成对应与关联。比如刘敦桢先生主编的《中国古代建筑史》中介绍的两个例子，即图15-4中的两件

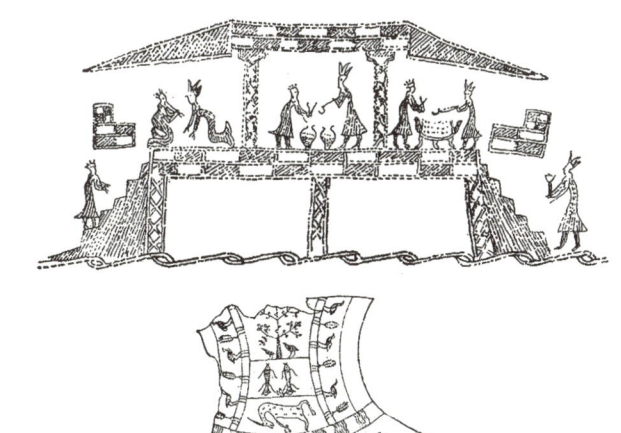

图 15-4 上海博物馆藏铜栖、山西长治出土鎏金铜匜两件
战国铜器上刻绘的宫苑中高台建筑形象

（引自刘敦桢主编：《中国古代建筑史》，中国建筑工业出版社，
1980年，第70页）

---

① 先秦时代流行在大型宫苑中筑土营造众多高台，并以高台为主体构建宫苑中的景观体系，详见拙著：《园林与中国文化》，上海人民出版社，1990年，第3—12、36—38页。

铜器上就刻绘了宫苑高台建筑。

铜栝上建筑下部的基线是类似水波的钩带纹，这也体现出园囿中模拟山体的高台建筑与水体的关联。而对器具上园囿景观之复杂形象的表现，无疑大大增加了雕刻、错金镶嵌等工艺的难度，所以这类作品的出现说明工艺美术领域表现园林景观艺术的意愿已相当明确。

两汉以后，画像砖、墓葬明器等艺术门类都空前热衷于对庭院的展示。而从园林景观角度来说，有相当数量的画像砖作品注意到了表现建筑与乔木、与水体等等重要庭院景观的关系，比如刘敦桢先生举出的陕西绥德画像石、河南郑州画像砖、四川德阳画像石，就都是在刻绘庭院的大门、楼阙、墙垣等形象的同时，刻绘了庭院内外众多的高大乔木，并且将这些植物的景观效果与建筑景观很好融合在一起[①]。

标志景观学进步意义的类似汉画很多，比如山东一件画像石《水榭人物图》（图15-5），其最右侧刻绘的内容为水榭，左为栏杆，六人上行。建筑为四坡顶，正脊上面的左右位置各立一鸟，重脊左右各有一猴。一人持钓竿坐于楼板边沿处垂钓，五人在水榭下面的池塘中捉鱼。

图15-5　汉画像石《水榭人物图》局部
全图112厘米×256厘米

---

① 刘敦桢主编：《中国古代建筑史》，中国建筑工业出版社，1980年，第51页。

上图说明水榭以及人们在水榭中观赏水景,已经是此时庭园生活的重要内容。再比如徐州汉画像石艺术馆收藏的《楼阁乐舞图》(图15-6 为其右侧局部)。

图 15-6　汉画像石《楼阁乐舞图》局部

全图285厘米×149厘米

可以清楚看到:画面中的豪门府邸规模很大,右侧的楼阁临水而建,水中有渔船、鱼鹰等等,而临水的楼阁上有人垂钓,其内容之丰富说明水体有相当大的面积(虽然在画面上还不能表现出这一点)。

从众多汉画中尤其可以明确感受到:当时人们景观审美的需求与水平相对于前代已有明显提升。比如一件表现旱地农事与水中捕鱼活动的四川画像砖,其右半部分捕鱼活动的周围水景场面如图15-7所示。

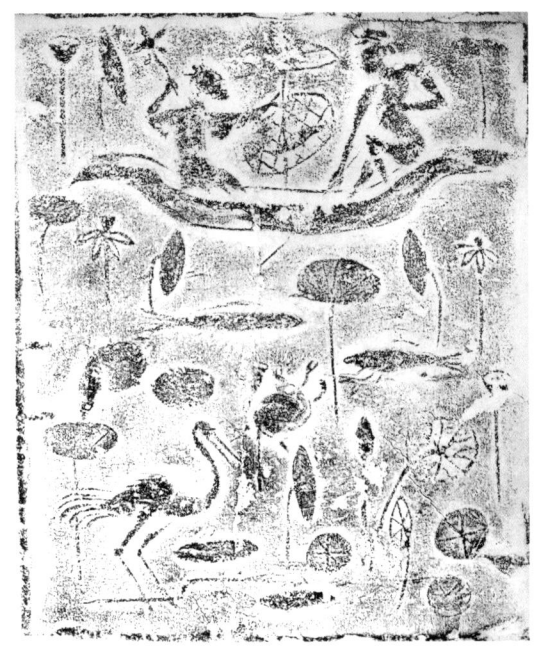

图 15-7　汉画像石《农事图》中刻绘捕鱼的局部

全图26.5厘米×45厘米

此图不仅画中水景内容之丰富一望可知（刻绘了鸭子、青蛙、游鱼、蟹等诸多水生动物），而且画面着重表现满池荷花"接天莲叶无穷碧"的美境，给人以和谐愉悦的艺术感受。

再结合表现庄园水池的石雕作品，则上述进步可以看得更清楚，比如四川峨眉山市出土的一件东汉石雕水塘模型（图15-8）。

此石雕也是力图将水池中丰富的内容尽可能展现出来。尤其是对出土文物的归纳统计证明："东汉

图15-8　东汉石雕水塘模型局部

墓中也出土大量水田池塘模型，主要分布在四川、广东、贵州、陕西等地，以陕西汉中和广东佛山出土的模型最有代表性。"①说明从东汉开始，不论北方南方，人们对庄园中水池的意义都有了普遍的重视。

还有将观景水榭与水池组合一体的明器，而且因为陶塑比石雕更具塑形的便利性，所以其景观内容更加丰富，比如河南省南阳龙山岗遗址出土的陶釉水榭（图15-9）。

此水榭与岸陆有小桥连通，水池中有小船，并有鱼鳖、鸭子等遨游其间——多年以来，这类高层建筑与水池相组合式的明器在河南汉墓中有相当数量的出土②；在山西、陕西、四川等各地博物馆藏品中也比较常见，

图15-9　东汉陶釉水榭

---

① 王莉娜：《庭院画像砖》，见河南省博物院官网：http://www.chnmus.net/sitesources/hnsbwy/page_pc/dzjp/mzyp/articleda3b37eea51e44088879ac6f2fe5ce63.html，访问日期：2016年8月22日。
② 详见杨伯达：《杨伯达论艺术文物》，科学出版社，2007年，第354—356页。

比如山西省博物院所藏陶楼（图15-10）。

图 15-10　东汉绿釉陶楼及此陶楼下的水池部分
通高100厘米，宽27.5厘米

可见在当时经济发达地区，人们庄园日常生活中已经普遍有了明确的园林景观审美要求。

这些例子，一方面体现当时人们在通过绘塑等工艺对庄园自然风景与人工风景予以审美观照与艺术表现的意愿越来越普遍、越来越明确；同时也反映出东汉中后期园林艺术虽然已有较大发展（例如东汉末年仲长统等人明确提出"居有良田广宅，背山临流，沟池环匝，竹木周布，场圃筑前，果园树后"[①]等一系列园林景观学的配置原则）。但在当时发达的汉画、漆器、铜器等流行工艺中，园林艺术的规模与内容都还只能得到零星展现，或者作为这些工艺品主题的辅助性衬托而出现，这距离聚焦于园林山水风景本身、全面表现园林艺术面貌还有相当的距离。

中国园林艺术在两晋南北朝以后有更迅速的发展，士人园林、寺院园林开始成为与皇家园林并驾齐驱的艺术领域。这种局面也反映在当时的工艺美术作品之中，比如著名的南京西善桥出土的南朝早期《竹林七贤与荣启期》画像砖。画像砖原分布在墓室内部南北两壁，一组高78厘米，长

[①] 范晔：《后汉书》卷四九《仲长统列传》，李贤等注，中华书局，1965年，第1644页。

242.5厘米，另一组高78厘米，长241.5厘米，各由近三百枚砖块拼嵌而成，竹林七贤中的嵇康、阮籍、山涛、王戎四人占一幅，向秀、刘伶、阮咸与春秋时期的高士荣启期四人占一幅。人物之间以银杏、槐树、青松、垂柳、阔叶竹等景观性林木相隔，明显是以园林环境来彰显诸多名士的人格价值（见图3-16）。

同期工艺美术对园林山水的表现，在迄今可见的北朝艺术中有更精彩的例子，比如河南洛阳出土著名的北魏晚期孝子棺石刻[①]（藏美国堪萨斯城奈尔逊美术馆），两侧棺板分三组共刻绘六个孝子（舜、郭巨、原谷、董永、蔡顺、尉）故事，以阴刻减地手法展示横列构图，每幅以山石、树木等景观为基本背景；尤其孝子蔡顺一幅（图15-11），刻绘了庭院建筑与周围山林环境的关系，已初步具有展现园林中诸多景物间的相互配置、室外景观与室内景观之间透视关系的艺术能力。

图15-11　北魏晚期孝子棺石刻拓片局部

[①] 详见一路：《纳尔逊-阿特金斯的中国墓葬艺术》，见雅昌工美网：https://ca.artron.net/news_detail_111068，访问日期：2016年3月24日。

还值得注意的是，大致在南北朝后期，以线刻画与浅浮雕技法描绘风景宅园的作品大为增多，由此使得工艺美术的相关技法更加熟练。比如河南安阳固岸墓地前些年出土了一件东魏围屏式孝子图石榻葬具，其围屏画在表现孝子故事时刻绘了庄园园林面貌的许多侧面，如《郭拒（巨）夫妻埋儿天赐黄金与之》《孝子郭拒（巨）丑祠孙儿时》两图（图 15-12），其中左侧的一幅刻绘的是庄园的外部景观，而右幅刻绘的则是建筑物及庭院中景致。

图 15-12　东魏围屏式孝子图石榻葬具上的园林景观

在这种普遍艺术实践的基础上，出现对于园林景观表现能力更加突出的艺术精品就在情理之中。比如甘肃省天水市博物馆珍藏的北朝晚期至隋代的粟特人浮雕彩绘贴金带围屏石棺床（图 15-13）。

图 15-13　北朝晚期至隋代浮雕彩绘贴金带围屏石棺床

此棺床共有十一幅围屏,其画面内容大部分都与园林相关,甚至在直接刻绘园林景色。比如从左至右:

第二幅为泛舟图,内容是红日初升,荡舟人正在前往山崖之间隐隐显露出的水榭等建筑;

第四幅是府邸园林回廊图,画面为花卉草木、水榭亭台,长廊婉转;

第五幅是荷花水池、花径折廊,院落中的建筑千回百转;

第六幅是夫妇对饮图,厅堂建筑被安置在荷花、小桥流水等等园林景观环绕之下,主建筑等级很高,飞檐斗拱等等赫然在目,夫妇二人在厅堂中对饮;

第七幅为出行图,刻绘了山岭林木葱茏、水涧穿行其间,近景处有凉亭与曲桥,人物正在骑马欲跨桥而过。

我们看棺床正面的三幅围屏画,即上面介绍的第五幅至第七幅(图15-14)。

图 15-14　天水博物馆藏石棺床的正面三幅浅浮雕围屏画

很显然,能够如此娴熟地全景展现园林内外的山水、林野、房屋、小桥等,以及桥下荷花、房屋周围的高大乔木等等一系列的丰富景观,这种表现能力在以前工艺美术中还无力企及，但是在这一时期已经有了层出不穷的具体作品，再比如2000年西安市未央区大明宫乡炕底寨北周安伽墓出土、藏于陕西历史博物馆的贴金浅浮雕围屏石榻——图15-15是这件石榻诸多围屏画中的一幅。

从这一时期类似的众多画面中更可以看到：中国古典园林景观的一些经典性配置原则，比如水池与建筑的相互映衬、水池中设置曲桥以强调水体空间的纵深与水景的趣味等等都已经比较成熟，这类结构技法其实就是中国古典"构园""冶园"的核心内容。它们的日渐成熟对于以后的园林，以及工艺美术作品画面对于园林的展示方式，当然有重要影响。

图15-15　北周贴金浅浮雕围屏石棺榻局部

类似在展现园林风景技法上意义突出的工艺作品，近年不断有新例出土，例如河南安阳隋开皇十年（591）麹庆与夫人的合葬墓中一幅石刻画屏风上刻画有东周时期晋献公太子的孝行故事，美术史专家对此画内容的具体介绍是：

> 太子本人立于车前做致敬沉思状。一簇花草和奇石标志处于他身后的画面前沿，远处则是层层树木、围栏、楼台和流云。面对楼阁站着两个背对观众的人物，把观者的目光引向画面深处的建筑群，再次显示出艺术家对于"正反构图"的娴熟运用。无论是从叙

事场面之宏大还是从空间表现之复杂来看,此画都令赞叹。[1]

这说明在这一时期,表现园林建筑的场面已经能够自如地融入人物画比较宏大的场景之中。麹庆夫妇合葬墓于2020年4月9日至5月20日被文物部门抢救性发掘,可惜迄今尚未见到此线刻画的清晰照片发表。

南北朝时期由于民众对佛教的普遍崇尚以及帝王们的热衷,佛寺数量激增,其建筑规模、所聚集的财富与艺术能力都达到惊人的程度。于是这时开始,绘画领域中表现寺院全景的意愿开始突显。因为距今年代久远,这类作品的原本今天已经看不到,但是从张彦远《历代名画记》卷六记录的东晋至刘宋期间的大画家宗炳《画山水序》,可知当时已经有很明确的意识,要求绘画能够实现对"全貌风景"的把握[2]。所以我们看到,工艺美术领域中对于寺院园林的全景式观照刻绘也大致出现在这一时期。以成都万佛寺出土的一件南朝碑刻(图15-16)为例。

图 15-16　成都万佛寺出土南朝经变故事浮雕

119厘米×64.5厘米×24.8厘米

---

[1] 巫鸿:《中国绘画:远古至唐》,上海人民出版社,2022年,第148页。
[2] 宗炳《画山水序》:"且夫昆仑山之大,旷子之小,迫目以寸,则其形莫睹;迥以数里,则可围于寸眸;诚由去之稍阔,则其见弥小。今张绡素以远映,则昆、阆之形可围于方寸之内。竖画三寸,当千仞之高;横墨数尺,体百里之迥。是以观画图者,徒患类之不巧,不以制小而累其似,此自然之势。如是,则嵩华之秀,玄牝之灵,皆可得之于一图矣。"见严可均校辑:《全上古三代秦汉三国六朝文·全宋文》卷二〇,中华书局,1958年,第2546页。

此件作品的值得珍视，在于它可能是迄今我们能够看到的时间最早（有学者认为此石碑的镌刻年代为梁朝）的寺院园林及周边山水环境的全景画面，类似此图下半部分中的山林场景内容虽然在北朝线刻图像中比较常见，但是将它们与碑刻上部的寺院园林内景安排在统一的画面上，而且相当巧妙（且充分体现园林艺术意趣）地以水池、小桥作为寺院园林内外分割与连通的媒介则颇有新意，这标志了绘画艺术与工艺美术对中国古典园林时空结构的理解与表现能力有了重要的提升。而且画面对寺院空间与建筑的刻绘，明显表现出画家在空间透视关系上的努力：

> 画面大体为上下两部分，上部描绘释迦灵鹫山说法。说法场面前以高大的建筑及净水池表现净土世界。池中莲花盛开，水中还有化生童子游水。中部用水池把画面上下分开，中央一座桥连接起来。画面下部是观音普门品变。…………
>
> 虽然还没有达到科学意义上的透视，但是可以看出画家追求一种比较真实的空间感，人物与山水建筑的比例上相对来说接近于真实。[①]

所以，表现园林风景艺术能力的这种显著进步当然会对随后的隋唐艺术产生重要影响。

唐代是中国古典园林高度兴盛的时期，这种繁盛局面在当时的史籍与文学作品中有海量的反映。相比之下，在迄今可见工艺美术作品中得到的表现，一是数量有限，再就是园林山水题材还远没有从宗教画、人物画体系中脱颖而出。

比如1990年陕西省蓝田县蔡拐村法池寺遗址出土的唐代盝顶舍利函（图15-17），它四面有四幅精彩的石刻画，内容分别是迎送舍利、高僧说法、迎宾、安葬，这些画面中当然有许多对山水与寺院园林景观的刻绘，但它们都附属于宗教画主题，并不能构成独立的审美维度。

同时，唐代敦煌壁画表现了盛唐寺院园林的宏大场景与丰富景观内容（例如第148窟《药师经变》、第172窟《观无量寿经变》……），但如此巨大

[①] 赵声良：《成都南朝浮雕弥勒经变与法华经变考论》，载《敦煌研究》2001年第1期，第36、39页。

图 15-17　唐大理石盝顶舍利函
高32厘米，宽32厘米

的场景要移植到工艺美术作品所限定的狭蹙空间来表现并非易事，所以人们看到的往往是经过相当程度简化与压缩的图像作品，著名例子比如唐代长安大雁塔门楣上以寺院园林为内容的线刻画（见图 14-21）。

现在可见唐代工艺美术领域展现园林风貌的又一著名作品，是西安市西郊中堡村出土、陕西历史博物馆馆藏的一套唐三彩庭院模型（图 15-18）。整套组件（共 12 件）构成一座长方形两进院落，院落中的建筑包括大门、堂房、后房、六厢房，以及两进院落中之八角亭、假山等等。这套作品其釉彩比一般唐三彩更丰富，堂屋为蓝色，门柱为朱红色，山峰为草绿及赭黄色，小鸟为蓝绿色，池畔草为绿色，亭子为赭色，等等。

图 15-18　西安市中堡村出土唐三彩庭院建筑群模型

尤其这套庭院中的一件假山水池（图15-19）塑造出的景观是：数峰并立、层峦叠嶂的高山，山上嶙峋的怪石，山峰间挺拔的青松。主峰上更有一小鸟俯视山下，作展翅欲飞之状；两边侧峰则各立一鸟，相向鸣唱。而山脚下的水池尤其生动，它衬托起高耸的山峦，让整件作品灵动起来。

这件三彩模型成功表现出中国古典园林"主要以山体建构天际线，同时以水体构成山体之对景与衬托"的基本构园配置，以及"有水庭院活"（后来北宋邵雍对中国园林艺术原则的总结）的重要艺术特征①，所以是一件精彩的园林山水题材工艺美术作品。

图 15-19　西安市中堡村出土唐代假山水池模型

唐代更有许多日常使用的工艺品热衷于园林山水题材。在统治者信奉道教的推动下，神仙题材的画面往往出现在日用器具上，其中出现许多与园林艺术相关的因素。比如唐代流行铜镜式样中有一种真子飞霜镜，其画面表现真人修仙的山水园林环境：镜子左侧为真人坐于竹林中抚琴；右侧为山野中的鸾凤应和着音乐而翩翩起舞；下侧为一大水池，水池周边有太湖石伫立，水中央生出一枝作为仙境阆苑之标志的硕大莲叶并托起镜钮。图15-20就是一件真子飞霜镜。

全国各地博物馆收藏的真子飞霜唐镜为数不少，由此可见在当时的流行程度。

不少唐代铜镜不仅在装饰画艺术上瑰丽精彩，而且融入了很多园林艺

---

① 详见拙著：《翳然林水——栖心中国园林之境》，北京大学出版社，2017年，第103—113页。

术的内容。比如图 15-21 这件千秋双鸾亭台莲池泛舟铜镜。

图 15-20　唐真子飞霜铜镜
直径 15.6 厘米

图 15-21　唐千秋双鸾亭台莲池泛舟镜
直径 27.5 厘米，厚度 0.6 厘米，重量 1644 克

千秋双鸾亭台泛舟镜镜面外圈铸有"千秋"铭文与流云纹样，内圈图案中的双鸾凤对舞是唐代装饰画中最常用来标志富丽格调的程式化花鸟纹样，安排在此处则双鸾凤的舞姿为画面增添了庄重均称中的动感；而镜面上部的亭台形象与下部的莲池泛舟，则是在对称中又安排了不同景观之间的变化，其两相映衬体现出中国园林各类景物之间的基本配置关系，所以提示出唐时人们对园林韵味的追求。

总之，在此画面中，以虚实之间、程式化花鸟装饰纹样与园林实景等等不同品类景观之间的多重对比，实现了画面内容的丰富性，使充盈之中又具有生动流溢的气韵，是装饰画设计的上佳范例。

而如果关注到艺术史上"唐宋风格的转变"等重要问题，那么类似的许多工艺美术作品其实已经透露出有意义的信息，比如此镜面画中双鸾凤对舞是唐代贵族所享用器物上的流行图案，在他们的墓葬建筑、棺盖碑铭、日用器物等等地方可以经常看到，而这件作品中的双鸾凤又是与一组园林景物相互映对的，说明它反映的是当时影响巨大的皇家宫苑与高门宅邸园林所崇尚的贵族风格①，但这种追求在宋代以后以山水园林为主题的工艺美术作品中几乎完全消歇。同时，画面的构图方式也面目大变（对比本章后面举出的宋金铜镜，其画面主题与构图方式受到南宋山水画的直接影响②），改而追求一种平易寻常景物后面的韵律之美。

热衷于刻绘皇家园林与贵族园林的景物，以及如此热衷所体现出的唐代艺术风格，这些内容还可以从下面这件唐镜（图15-22）中看得更清楚。

图 15-22　唐宫苑图铜镜拓片
（摄于2021年北京"汉唐镜像——古镜传拓艺术展"）

这件作品鲜明地表现了唐代皇家与贵族的园林生活与相关的审美理念：镜面画中，悠远重叠的山峦在画面众多景物中只占很小比例，而画面中突出的景物是一处华美的观景亭以及遍布园中的各种奇花异草，尤其在阆苑仙葩氛围之中，一坐伎演奏琴瑟，一姬舞蹈于舞毯之上；她们身后，左侧是人数众多的乐队，右侧是由侍女簇拥、坐于交椅之上观赏乐舞的庭园主人。总之，画面的面积虽很小，但是无比华贵的气派却跃然而出，让人

---

① 关于唐代权贵豪门在首都长安争相经营规模宏大的宅邸园林之情况，荣新江先生《高楼对紫陌，甲第连青山——唐长安城的甲第及其象征意义》（载《中国文史论丛》2009年第4期）一文中做了详细的梳理介绍。
② 本书第十二章中"旧时王谢堂前燕，飞入寻常百姓家"一节对中国绘画史上的这一重要转变做了具体叙述与分析。

不禁联想到皇家园林中举行盛大法会的奢华场面：

> 晃兮瑶台之帝室，艳兮金阙之仙家。……面为山兮酪为沼，花作雨兮香作烟。……铿九韶，撞六律，歌千人，舞八佾。孤竹之管，云和之瑟，麒麟在郊，凤凰蔽日，天神下降，地祇咸出！[1]

以工艺美术品竭力彰显园林中的这种氛围，当然是唐代高门贵族审美风尚的直接体现。

唐镜在中国铜镜史上以工艺精湛、装饰画题材丰富、风格瑰丽著称。其中与园林主题相关的还有一类，即竹林七贤镜。比如云南省博物馆收藏的一件精品——唐竹林七贤铜镜（图15-23）。

此镜画面至少有几点值得注意：其一，镜面画需要在一个非常局促的"适合空间"内完成诸多人物（或聚首弈棋，或独坐饮酒，或对坐清谈……）与景物（竹林、

图 15-23　唐竹林七贤铜镜（邢毅供图）
直径 21.3 厘米

高大的乔木、山石溪涧、天际祥云……）的配适构图，而唐代这类作品通常都达到了内容丰富、空间变化舒展自如的境界，意味着装饰画在空间处理与构图手法上的重大进步。其二，与南京西善桥七贤画像砖等等相比，画面对七贤形神做派做了相当大的改变，淡化了传统定义中嵇康、阮籍等放浪不羁、狂饮厌世的人格特点，而加入林下对弈等情景，从而使七贤的文化导向与唐代时代环境更为契合；尤其是画面中对展现文会场景的初步探索，这对于宋明以后中国古典艺术的发展具有重要意义（详后）。总之，作

---

[1] 见董诰等编：《全唐文》卷一九〇，中华书局，1983年，第1919—1920页。

为普通日用品的铜镜,其上刻绘诸多园林题材元素,山水园林审美意象的影响如此广泛,这些都提示,自此以后的工艺美术作品在限定空间中表现能力的大为提升,将会使其进一步拓展出的丰硕成果。

再看一件表现园林景物与园林生活的唐镜,即河南洛阳涧西唐墓出土、中国国家博物馆藏的唐高士宴乐纹嵌螺钿铜镜(图15-24)。这件作品被誉为"中国最美铜镜",镜子背面以极其精细的工艺镶嵌了螺钿人物、花木。镜钮上方是一株繁盛美丽的宝树,树的两侧各有振翅鹦鹉;镜钮左侧端坐一高士,他正在弹阮,右侧的坐姿高士手持酒盏,面前多种酒具环列,他背后又有侍女站立;镜钮下有舞鹤与水池,水池内有鹦鹉正在戏水。

图 15-24　唐高士宴乐纹嵌螺钿铜镜
直径 23.9 厘米

此镜是表现贵族园林的景物与环境特点,以及高门士族园林具体生活内容的顶级工艺品,同时也是体现美术风格与社会史风尚之间密切关联的经典案例:在镶嵌螺钿这种华美工艺的衬托之下,画面中宝树、缤纷落英、鹦鹉、高士的服饰、酒具、侍女等等构成了完满的宫廷贵族生活场景,并且在风格上营造出最为华贵雍容的"唐风"。尤其是"唐风"的这种高度典型性,与本章将要介绍的宋代以后的工艺美术风格[例如后文中举出的宋代铜镜画面内容、构图方式,以及第十二章"论南宋山水画(下篇)"介绍宋以后艺术中"旧时王谢堂前燕,飞入寻常百姓家"风尚趋向],都形成了非常鲜明的对照。而由此反差之巨大,我们可以最为直观地体会到社会史巨流中的"唐宋之变"对于美术风貌之递嬗的深刻影响。

同时从园林与工艺美术关系的角度来说,此镜(以及前面举出的几例唐代铜镜）画面中对诸如莲池、山岭等景观要素的表现方式同样呈现最典型的"唐风"：都是以尺度非常有限的局部表意做出提示与点缀，即达到了表现园林环境的艺术目的，而一律没有按照园林实景比例尺度，更没有依照多重景物的结构组合而设计镜子的画面构图。这一点是唐镜区别于宋代铜镜构图（下文将述及）的典型特点之一，其反差之大同样鲜明地体现了唐宋之间艺术风格迁化的深刻方向与轨迹。

唐代文化风尚与工艺水平影响于工艺美术对园林的表现，其最典型、最华美高贵的作品，恐怕要举日本正仓院收藏的一件唐开元二十三年（735）制作的金银平文琴（图15-25）。

图15-25　日本正仓院藏唐代金银平文琴及其琴头纹饰

此琴的琴面采用"金银平脱"手法，即唐代皇家与豪门所用器具中的顶级装饰工艺，其基本制作流程是：将金银捶打成箔片，再将其刻镂成各种花纹图案，然后将这些经过镂花的金银箔片粘贴于漆器的木胎表面，贴片程序完成后反复涂漆，干一层之后再涂一层，层层累积，待漆层积聚到足够厚度并干透之后再加以精细研磨，研磨的效果要刚好让漆层下面的金银箔片全部显露出来同时保留有漆层的润泽质感，形成与漆底在一个平面上的装饰纹样。金、银、木胎、大漆这四者之质感、色彩等等的相互衬托与对比，加上精绝细密的镂空图案，使得金银平脱制品一律是极尽富丽华美之作，并且成为中国漆器艺术、金银镶嵌艺术在唐代达到空前高峰的标志

（因为工艺过于复杂繁难，所以后世几乎无法成功仿制）。

而这件古琴的装饰图案，其实核心部分是居琴头之方形开光里的内容：三道士盘膝坐于树下，周围是珍禽异卉，中坐者弹阮咸，旁边两人一抚琴、一饮酒，人物之上仙云缥缈，云上有左右两位执幡的仙人，他们骑鸾凤飞行于天空，更远处则为仙云缥缈下的山峦景象，总之是一派道家理想中的阆苑景色。而从景观构成的角度来看，则此仙境其实就是一处各种风景要素（远处的山峦、近处的各种竹木花草、假山与飞禽等等）十分完备的园林配置——以如此华贵精美的工艺手段展现园林景象并以其作为宝琴的主题装饰，这足以说明当时的园林艺术与工艺美术乃至整个文化艺术之间的相互影响已经比较广泛深入。

三、园林山水主题工艺美术的成熟与繁荣期：宋元明清

中国古典工艺美术在宋代以后终于越来越普遍以山水园林景观为重要表现题材，而不再如以前那样仅零星或局部地表现园林艺术，或者只将其作为其他主题的一种辅助衬托，发生这重要变化的主要原因至少有两个。

一是宋代以后桌椅大案等高足家具普遍代替了先秦以来长期沿用的低足家具，家具种类也迅速丰富起来，这为以后中国古典居室陈设艺术大发展提供了前所未有的展现天地[①]。

二是来自宋以后中国古典绘画艺术的重大变化，这又分为两项：其一是五代北宋以后，绘画一改长期以宗教画、人物画等为主的局面，山水园林为题材的风景画开始压倒人物、宗教、风俗、花鸟等等而成为第一大画种；其二是中国山水画经五代、北宋巨大成就的积淀至南宋而登上辉煌顶峰，其标志性成就对于工艺美术影响最大之处在于，南宋风景画在中国艺

---

① 参见扬之水：《终朝采蓝：古名物寻微·唐宋时代的床和桌》，生活·读书·新知三联书店，2008年，第2—27页。

术史上第一次具备了在非常有限的画幅物理空间内,对山水园林景观复杂空间结构与艺术韵味的深入、娴熟表现能力。

笔者的总结是:南宋山水画能够在北宋伟大艺术趣味与日渐丰富技法基础上更上层楼,就在于它们不仅能够在从大至小各类尺幅的景物题材中,都表现出天地山川的极尽奇伟与千姿万态,而且尤其努力表现出宇宙氤氲的无限境界,及其与审美者心境之间那种随时随处相知相亲的深切共鸣与精妙交融,从而把对于无限丰富山水景观的表现,推升到心性世界中全新的审美高度。①对于整个美术史发展而言,如此变化其意义之久远当然不言而喻。

小幅画面中对景物空间关系把握能力的大大提升,这对于工艺美术表现园林山水题材的推动显而易见。所以在绘画方法巨大进步尚未充分传导至工艺美术领域时,工艺器皿上对园林形象、山水空间的表现尚且有诸多明显缺陷,比如建筑物壅塞变形、庭院景观之间缺乏和谐配置与空间层序上的节奏感、不能充分体现山水远景观与庭院近景之间彼此衬托辉映的空间关系等等。比如福建省博物院藏一件宋代银盘(图15-26)上的园林图案。

图15-26　宋鎏金银八角盘
17.5厘米×13.4厘米×1厘米

---

① 本书"论南宋山水画"几章内容中对此有详细论述与大量举证。

这类作品让我们直观地体会到，"谢赫六法·经营位置"的关键在于对画面中繁多品物的形象及它们彼此的空间关系，有着由巨至细的统一逻辑安排与精准的折算能力，而在工艺美术品这样狭蹙之地内完美实现"经营位置"当然不是一日之功。

但是重要的转变也是从宋代开始！下面举出辽宁省博物馆所藏两件宋代以庭园为画面主题的铜镜（图 15-27、图 15-28），先看它们的构图艺术——其空间格局已经与上图庭园题材银盘相当不同，所以很可能是南宋以后受到当时山水园林绘画构图方法影响而出现的工艺美术作品。

图 15-27　宋庭园人物纹铜镜　　　　图 15-28　宋楼阁人物故事镜

左图所示铜镜中楼阁、花木等庭园景物的布置明显受到南宋绘画构图方法的影响，对于空白的运用也相当娴熟并追求空间流动的韵味；右图画面中虽然景物与人物众多，但每一细部尺度的折算相当精准，有限空间内诸多景观要素彼此间位置关系的安排也经过仔细的考量，这些地方也都可以见出南宋院体绘画布局成就的痕迹。

与画面构图方法在宋代以后巨大改观同步的是：宋明以后工艺美术中山水园林图像的艺术趣味，也与唐代大大不同了。仍然举宋代铜镜等等小型日用器具作为例子，比如图 15-29 这件贵妇观瀑纹镜。

铜镜画面的内容是园林女主人的日常生活情景：她手持纨扇倚太湖石而立，身后的玉兰树花繁叶茂，女主人在如此优美的环境中谛听飞泉，并专注地观赏水中游鱼——这样的氛围与格调，当然最为直接地表现了宋代以后中上层士人崇尚雅化与诗意化生活方式的大趋势，尤其体现了宋代哲学影响之下南宋以后山水园林审美对于静观意义空前深刻的体认与表现。

图 15-29　贵妇观瀑纹镜
（摄于 2019 年北京"止水——中国古代铜镜展"）

因为唐宋审美风尚重大转变的深刻影响，所以在宋代以后的铜镜中，类似上图的趣味、题材、构图等等迅速变得相当常见，比如中国海关博物馆收藏的一件宋代花草山石人物镜、北京景星麟凤国际拍卖有限公司收藏的一件宋代仕女自画镜[①]等，再比如辽宁省博物馆收藏的一件金代抱琴人物纹镜（图 15-30）。

图 15-30　金代抱琴人物纹镜

这种新的流行趋势与相应的为数众多的工艺美术作品，都鲜明表现出宋代以后园林审美追求更加生活化、在亲切平易景物构图中展现"活泼泼

---

① 图片见竹宣：《珍贵的宋代仕女自画镜》，见搜狐网：https://www.sohu.com/a/308203227_772510，访问日期：2019 年 12 月 1 日。

地"的园林情韵①,深受宋代山水园林题材绘画发达之影响而更加追求雅韵与诗意等一系列特点,并因此与唐代山水园林题材工艺品所彰显的贵族气象、阆苑仙葩之超凡氛围等等大大拉开了距离——所以虽然是一枚小小铜镜,却未必不能体现出园林史发展大变化中的肯綮之所在。

尤其从宋代开始,人们的审美标准迅速从唐代那种崇尚富丽奢华,转变为追求一种蕴藉隽永的哲思意味,这种深刻转变哪怕是在看似细琐微末的工艺品中,也有鲜明的体现。

以湖南省博物院藏一件宋代铜镜(图15-31)为例,且将其与绘画名作马远《林和靖月下探梅图》(图15-32)比勘。

图15-31 宋代月下梅花铜镜　　　图15-32 马远《林和靖月下探梅图》
　　　　　　　　　　　　　　　　　　绢本设色,25.5厘米×36.6厘米

对"观梅""月夜""月下赏梅"的崇尚,非常典型地承载着宋代美学的核心宗旨(其文化哲学层面的来龙去脉、诗意化趋向等等问题,笔者已经

---

① "活泼泼地"是宋明哲学的重要命题,并且对宋明以后中国园林美学产生重要影响,详见拙著:《园林与中国文化》第三编第三章,上海人民出版社,1990年,第305—348页。明清园林中经常可见表现"活泼泼地"意境的景区设置,比如苏州留园有"活泼泼地"一区,"圆明园四十景"之三十七为"鱼跃鸢飞",清高宗弘历于乾隆九年写下《鱼跃鸢飞诗·序》:"榛楠翼翼,户牖四达,曲水周遭,俨如萦带。两岸村舍鳞次,晨烟暮霭,蓊郁平林。眼前物色活泼泼地。"此诗正文:"心无尘常惺,境怡赏为美。川泳与云飞,物物含至理。"详见于敏中等编纂:《日下旧闻考》卷八二,北京古籍出版社,1985年,第1364页。

多有说明①),所以这一主题为世人热衷,相关绘画名作不胜枚举②。而如果再联系当时同一主题的诸多工艺美术作品,则可以对宋代园林艺术对意境的追求有更深入的体会。

所以我们以图15-31宋代铜镜与前文举出的图15-24等唐镜的风格对比,可以清楚看出审美风尚及其时代内涵有了多么大的变化!

为了更为真切地说明工艺美术与时代审美标准、文化哲学趋向之间的关联,下面再看一件以"园林雅集"与"观瀑"为画面内容的南宋银托盘(图15-33)。

图15-33 南宋园林雅集图菱口银托盘及其描绘观瀑场面的局部

直径26.5厘米

▲ 银盘图案为园林中文人雅集(下章将详细说明宋代以后美术史发展中,对"园林雅集"主题的刻绘越加为人们所热衷,画面内容也更为全面周详)——两人正在观景亭中饮酒,另有一人观瀑思忖,似乎正在酝酿诗句,他面前的水面遥通曲涧,庭院中布置了各种形制的大小盆景,庭院周边的栏杆也是宋代园林常见的精致制式,包括望柱头、栏板等等都尽施雕镂。总之,这是一件体现宋代园林艺术广泛影响的工艺作品。

---

① 例如本书对马远《楼台夜月图》的详细分析介绍、对苏州网师园月到风来亭背景的介绍。再比如笔者旧著《园林与中国文化》(上海人民出版社,1990年,第598—600页),详细介绍了赏梅如何成为南宋士人园林审美的重要内容,以及对于赏梅诗意氛围的空前重视,因此强调要以"细雨、轻烟、佳月、夕阳、微雪、清溪、小桥、苍岩"等等高度诗情画意的环境作为赏梅的背景。
② 马远除了《林和靖探梅图》之外,又有《月下赏梅图》(纽约大都会艺术博物馆藏)、《雪展观梅图》(上海博物馆藏)等;再比如夏圭的《梅下读书图》(收藏不详),佚名画家的《梅溪放艇图》(北京故宫博物院藏)、《高士观梅图》(私人收藏)等等。

第十五章　中国古典工艺美术中的园林山水图像(上篇)· 643

由这类工艺美术作品对于"观瀑"的刻绘,我们同样可以在绘画领域有诸多的联想①。

为了说明上示工艺美术作品得以产生的时代背景,现在举出以"观瀑"为题的两幅南宋画作(图15-34、图15-35),而类似的同题作品很多——这类作品不约而同对于"观瀑""观梅""观荷""观潮""观山""观泉""望云""坐看云起"等等绘画主题(宋代哲学所谓"观生意")的热衷,清楚说明了宋代山水美学追求以澄心见性为基点而进入宇宙终极境界的努力方向。

图15-34　南宋佚名《观瀑图》
绢本设色,23.2厘米×23.4厘米

---

① 以"观瀑"为主题的南宋画作非常多,如此热度空前的辐集是很值得重视的文化与艺术现象——这些作品比如:本书《论南宋山水画·上篇》举出的夏圭《观瀑图》,《论南宋山水画·中篇》举出的马远《观瀑图》,以及马远《高士观瀑图》《松岩观瀑图》《仙侣观瀑图》(绢本立轴,浅设色,148.1厘米×80.1厘米,台北故宫博物院藏)、夏圭的《松荫观瀑图轴》(绢本设色,109.52厘米×57.29厘米,台北故宫博物院藏)、佚名画家的《观瀑图》(绢本设色,23.9厘米×25.1厘米,美国纳尔逊-阿特金斯艺术博物馆藏)、《高士观水图》(绢本设色,21.6厘米×24.6厘米,美国圣路易斯艺术博物馆藏)、《高士观瀑图》(绢本浅设色,25.1厘米×25.7厘米,纽约大都会艺术博物馆藏)……

644 · 溪山无尽：风景美学与中国古典建筑、园林、山水画、工艺美术

图 15-35　南宋佚名《观瀑图》
绢本浅设色，27.7厘米×28厘米

上示两例中，尤其以图 15-34 为第一流杰作（可惜作者佚名）：观瀑者对面的山岭其峭壁雄峙万仞、直插云端，同时山脚的山峦余脉延绵悠远，山巅古松欹突挺立，显示出生命品格的孤高不凡，且对山下近景处林木形成对话与引领。山岭之上高绝无尽、涵虚吞远的天空部分（留白）在画面全幅上的空间比例非常精当，因此充分表现出宇宙之浩渺与观瀑者胸襟之阔大悠远。而正是在如此雄奇伟岸的格调之中，观瀑者心绪与一线飞流之间有了精妙的感通与对话，并借此而融入"胸次悠然，直与天地万物上下同流"[①]的天人境界。

而比较图 15-34 与图 15-35 还可以知道：构图的力求简劲精准、刊落芜杂，这是成就第一等绘画意境的基本功，南宋山水画中的上乘作品在这方面毫无例外都积聚了极其苦心的经营之力，所以能够在方寸画面上营造

[①] 朱熹：《四书章句集注》，中华书局，1983年，第130页。

出生意盎然甚至贯达霄汉的气韵（如图15-34）。而绘画艺术中"至简"技法的这种空前成熟，对于工艺美术领域园林山水题材及其审美旨趣的表达来说，当然具有非常直接的推动意义。

再看"静观"对后世园林意境的重要意义（图15-36）。

图15-36　苏州留园静中观景区

▲ 明清园林中对"静观"的提示与展示十分常见，此例之外又比如苏州拙政园倚玉轩有隶书题额"静观自得"。

上述园理源于宋代哲学对"静观万类"的审美意义予以高度重视，即强调这是"体认天理"、进入"天人境界"的认知路径，所以程颢有名句："万物静观皆自得，四时佳兴与人同。道通天地有形外，思入风云变态中！"（《秋日偶成二首》其二）由此而对以后的中国艺术、审美心理等等留下深刻而广泛的影响[1]。

如果能够将上示看似天各一方的众多艺术作品（园林雅集图菱口银托盘、绘画《观瀑图》、贵妇观瀑纹镜、苏州留园静中观景区……）加以纵观

---

[1] 窃以为宋代哲学对于中国山水审美与古典园林艺术后期面目的影响，是理解这一领域发展脉络的关键之一，所以曾在旧作中做了详细叙说，见拙著：《园林与中国文化》第三编第三章第三节，上海人民出版社，1990年，第327—348页。

通览，那么马上就能体会到：以往人们很少从文化哲学角度着眼的日常工艺品器具，其实背后也有着很值得品味与追溯的时代精神内涵。

所以回到艺术史脉络马上就可以看到：在这样的大转变启动之下，工艺美术的艺术风尚、其无数具体细节，它们虽然看似并非刻意，但是背后的逻辑脉络却同样地深刻贯穿。举元代雕漆艺术中一件经典作品（图15-37）的画面内容与构图方式作为例子，它的画面主题竟然同样是"庭园观瀑"！

图 15-37　元代杨茂造观瀑人物八方雕漆盘及其观瀑局部图

直径 17.8 厘米

而这样一种以"观瀑"等山水图像程式为表、以哲思化追求为里的风尚，也因此而在元明雕漆艺术中得到反复的彰显，比如中国国家博物馆藏元代张成造曳杖观瀑图剔红圆盒（口径12.3厘米，高4.4厘米），它与图15-37所示杨茂造漆盘一样同为元代雕漆经典。再比如北京故宫博物院藏剔红观瀑图圆盒[1]（明代永乐年间制，口径22.5厘米，高7厘米），不仅其雕漆画面的构图承袭南宋园林题材绘画之方法[2]，尤其其表现士人在山水园林

---

[1] 见故宫博物院网站：https://www.dpm.org.cn/collection/lacquerware/232896.html。

[2] 山水园林不仅成为明初雕漆艺术的经典题材，而且其画面构图已趋于程式化，例如北京故宫博物院网站介绍一件剔红庭院高士图圆盒（明代宣德年间制，高9.5厘米，口径32厘米）："永乐、宣德雕漆以山水人物为主题的作品，无论盘、盒，其构图程式多为一侧是楼阁殿宇，曲栏通向山石，围出相应的空间以分内外，人物活动于其间，四周布以寿石和花草。殿宇背后一般都有古松梧桐，远处山脉平缓，高空云气缭绕。"见故宫博物院网站：https://www.dpm.org.cn/collection/lacquerware/232893.html。

中观赏谛听流泉的心性指归也显而易见有同样的源头。相同主题的作品比如另一件明初剔红观瀑图圆盒（口径22厘米，高7.7厘米，北京故宫博物院藏），其画面内容为：一处园林建于山水环抱之间，园中有古松亭阁，阁前以围栏界定出临水的庭园，亭阁内一童子正在烹茶，庭园古松之下是一老者扶栏观望对面的山峰与山间飞瀑。[①]

再从具体技法着眼，在了解过本书"论南宋山水画"几章所介绍内容之后就不难看出：上示杨茂造观瀑人物八方雕漆盘等等作品的画面构图直接继承南宋山水画原则，所以画面尺幅虽然非常有限，但是将园林内的建筑、山石、乔木、室内家具等等一应景观要素安排得井然有序，透视关系层次宛然，尤其将园林内部有限空间与园外无尽山水空间的连通映照关联准确标示出来，塑造出悠远的艺术韵味，并且以盘面外圈的栀子花作为山水园林景观的衬托，使全器更具有富丽典雅的装饰性。这类无处不精的设计安排再加上雕刻刀法的极其圆润酣畅，成就出这几件元代作品在雕漆艺术史乃至雕版艺术上的经典地位。

园林山水主题以及南宋山水画积淀而成的画面空间构图方法，至明初（永乐、宣德时期）雕漆等艺术的推动而日益普及，比如图15-38这件作品就力图表现比元代工艺品画面内容更丰富的园林风景。

翻阅《中国美术全集·工艺美术编8：漆器》[②]，其中收录了众多元明山水园林题材的漆器精品[③]，我们在北京故宫博物院等处还可以看到元代剔红杨万里诗意图圆盘、明永乐年间制剔红杜甫诗意图圆盒，再比如世界各大美术馆热衷收藏元明漆器（比如美国明尼阿波利美术馆的一件明初官制剔红山水圆盒），通过这些就可知道：至此时山水园林已是漆器艺术题材的重中之重；尤其是此时山水园林题材雕漆作品，已经自觉表现经典诗作之意境为艺术追求，例如上面提到的元代东篱采菊图剔红盒、元代剔红杨万

---

① 见故宫博物院网站：https://www.dpm.org.cn/collection/lacquerware/228621.html。
② 王世襄、朱家溍主编：《中国美术全集·工艺美术编8：漆器》，文物出版社，1989年。
③ 比如上海博物馆藏元代东篱采菊图剔红盒、北京故宫博物院藏明万历年间制造竹林七贤长方形剔红盘、明万历彩绘描金山水人物纹漆盘等。

里诗意图圆盘、明永乐年间制剔红杜甫诗意图圆盒等，这显然是受到南宋以后山水画追求隽永诗意的营造与表达[①]的影响。所以，雕漆艺术无形中受到众多门类艺术（诗歌、绘画、工艺美术其他门……）的综合性影响，这体现着中国古典艺术发展后期的整体特征，值得美术史与文化史研究者留意。

下章还将承续这个线索而进一步详细叙述：主要在宋明以后，文人群体的"园林雅集"成为工艺美术诸多领域中的重要表现题材，这样一种广泛的趋向在雕漆艺术中同样得到体现。比如天津博物馆收藏有一件明代宣德年间制作的漆

图 15-38　明初高士庭园图案葵口剔红大盘
"大明永乐年制"款，直径 34.5 厘米

▲ 大盘画面左侧的一组建筑，安排了由近景厅堂到中景楼阁这样的布局层次；而右侧画面刻画了园内花木山石与园外绵延远去的山际、水岸等等，两者空间层次上有分有合、脉络的气韵不断。整体上，画面左侧的建筑群与画面右侧的山水景观又形成相互对景……这样丰富完备的景观内容、位置准确周详的构图安排，显然都逐一经过了基于古典造园学眼光的仔细考量。

盘（图 15-39），此漆盘的画面构图方式依然可见元代以来雕漆作品对南宋山水画空间布局程式（主要景物居于画面的一侧，而以另一侧的空旷画面来表现园林近景与高山远水之间的对景）的承袭。漆盘的图案内容为：园林中一高楼矗立，其轩窗面对悠然远水之景色，楼内二士人正在临窗对弈；楼畔建一观景亭，其周围以延绵的湖石假山与高低错落的花木构成庭园近景；在此远景与近景的掩映下，庭园中聚集多位士人，他们谈兴正浓，旁边有一书童捧书函侍立，提示着士人们晤谈主题与园中的雅集氛围——此图

---

① 详见本书"论南宋山水画（中篇）"的第一节、第二节。

第十五章　中国古典工艺美术中的园林山水图像（上篇）· 649

图 15-39　明宣德庭园雅集雕漆盘

高 4.5 厘米，直径 33.5 厘米

与下章有关"园林雅集"的内容相互参看，可以体会到一种普遍文化艺术风尚是如何通过众多艺术门类与细节支撑起来的。

又由于木料、漆器、瓷器坯胎等柔性半柔性材质雕刻艺术一脉相通，于是元代以后充分发展的雕漆技法直接或间接地推动了中国古典木版画在明代以后的繁荣，使版画艺术的发展在明代中期以后达到绚烂顶峰；而这成就得以充分展现的一个最重要方面，就是明代版画艺术盛期作品对于园林山水的表现空前绚丽精致，佳作层出不穷，而且戏曲、小说、俗曲等非传统主流文学的流行使其巨大影响遍及天下。①

而反过来，戏曲、小说等印刷物中山水园林题材版画的流行，也使得工艺美术其他门类中对类似主题的表现能力比前代有重要发展，比如这时的漆器画面不仅有从前代继承来的程式化题材，而且出现了许多人物故事内容，尤其是这些故事内容与园林山水的环境之美实现了充分的融会辉映。例如图 15-40 中一件明代漆盘上的图案。

---

① 详见收入本书的"明代版画与古典园林"上、下两篇。

图 15-40　明方如椿款描金山水人物长方形黑漆盘正面
51.2厘米×33.7厘米×13.8厘米

将此类作品与汉唐工艺品的风格、常见图案内容相互比较，就不难知道在南宋山水画美学内涵与艺术技法（尤其是空间结构方法）的大力推动下，中国古典后期工艺美术的风貌有了非常大的发展与变化。

还应该提到的是，工艺美术作品的风格演变其实也与园林艺术发展变化之间有直接的联系。比如我们了解园林史就知道，清代乾隆时期以后园林的流行风格与前代发生了很大变化，越来越追求繁复琐碎的装饰与造作壅塞的空间结构。而我们看这时雕漆等艺术领域中的园林形象，其实面目也同样与前代作品的图式有了很大的不同。图15-41这件雕漆作品（曹其镛

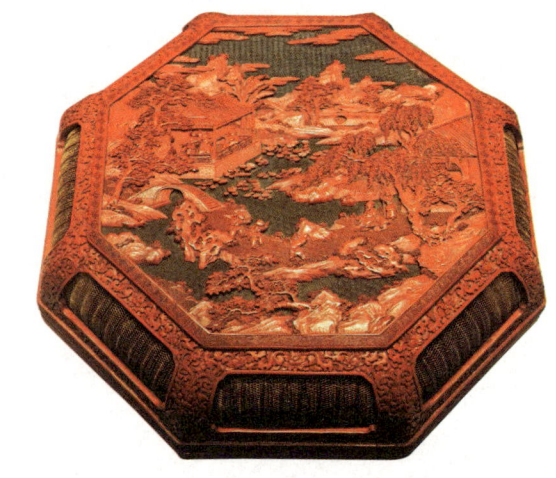

图 15-41　清代中期剔红山水人物捧盒

第十五章　中国古典工艺美术中的园林山水图像（上篇）· 651

夫妇捐赠，浙江省博物馆藏）就是例子。画面中山水园林景致的布置，其构图已经相当繁密堆砌，与元代及明初雕漆的构图风格有显著不同。

下面再看瓷器艺术领域中的情况。瓷器是中国工艺美术中的地位显要的大宗，人所共知，瓷器装饰画的内容很大程度地体现着社会的审美风尚。而瓷器艺术中的山水园林图像，也是在元明以后大量流行。从元代开始，因为青花瓷烧造工艺与瓷画水平大为提升，同时由于元杂剧故事流行于世的时代氛围，所以园林题材的故事绘画迅速成为青花瓷的常见装饰画面。

需要注意的是：瓷器装饰画表现上的技艺难点在于，器型的复杂、不规则造成瓷画画面的"经营位置"要远比在绢、纸等平面上困难许多——诸多景物要素、人物故事情节起承转合的过程、相关建筑与园林空间的开阔延伸等等，这些都必须与瓷器横向的360°全幅，以及纵向器物表面的多变形体相互契合。但工艺美术的特点之一也恰恰在于，对工艺上特殊困难的超越，往往也是成就其特殊趣味、特殊美感的原动力。以大罐这一最流行器型为例，大罐一般中腹饱满突出，画面表面积最大，肩部、口径与足部都是逐次收分，而这种器型天然地为画面分隔成不同层次提供了条件，方便了大罐以中腹部画面表现主要题材（山水园林、人物故事等等），同时以肩部、足部绘制花卉纹样作为辅助装饰——画面内容的这种丰富性，使得工艺品的装饰性大大增强。

再有，瓷器表面的360°全景画，又天然地强调了画面内容的逐渐呈现（类似中国书画中的手卷形式），于是使得中国古典山水园林绘画强调的"罨画"空间韵律[1]得以自然实现。比如图15-42这件元代《西厢记》故事青花大罐。

以后的大型瓷器画面表现山水园林题材时发展了这种便利，比如上海博物馆收藏的一件清康熙景德镇窑青花西湖景色图大瓶（图15-43、图15-44，展方未标明尺寸，目测约70厘米高），工艺画家充分利用了360°全幅画面，展现出西湖风景内容的丰富性。

---

[1] 关于"罨画""罨画开"在中国古典风景审美方式中的重要意义，详见本书第五章第三节。

图 15-42　元《西厢记》故事青花瓷大罐

图 15-43　青花西湖景色瓶上表现　　图 15-44　青花西湖景色瓶上表现
热闹市井风貌的绘画部分　　　　　西湖中清幽景致的绘画部分

　　还值得一提的是，从元青花瓷器画时代开始，出现了文人园林诸多经典题材经过遴选而粹集于一器的例子，典型作品比如湖北省博物馆近年收藏的四爱图梅瓶（图 15-45）。梅瓶腹部的四个菱形开光内，分别绘制王羲

第十五章 中国古典工艺美术中的园林山水图像（上篇）· 653

之爱兰、陶渊明爱菊、林逋爱梅、周敦颐爱莲四幅连绵图案（图15-46）。这四联锦画面全部展现的，同样是"罨画开"这样一个遮蔽与彰显两者互动统一的动态过程。

通高38.7厘米，口径6.4厘米，底径13厘米

◀ 四爱图是对文人园林中"四爱堂"主题的沿袭。石屹平《论元代〈四爱题咏〉的文化内涵》："'四爱堂'经始于叶成甫（又名成轩）。根据《四爱题咏》中叶成甫的友人詹山的说法，叶成甫原先居住于江西永丰梅林，后迁居睦乐，结庐三间，在院中亲自种植梅、兰、莲、菊，为自己的居所题名曰'四爱堂'。"

图15-45　元代青花四爱图梅瓶

图15-46　此梅瓶四面的四幅主题画

▲ 四幅主题画通过连绵开光图式而荟萃于一尊梅瓶，这充分显示了宋元以后雅文化对传统题材的遴选与加工，尤其是将原初的王羲之爱鹅改为爱兰，这最能表现出士人文化艺术精神取向的演变，及其与园林艺术发展之间的关联。

再看画面内容。此器在工艺品装饰画的成就上值得称道:"四爱"的粹选与充分集中表现了士人阶层人格追求与审美追求的不断雅化趋势,四人在全器图案尺幅中占比不大,却又是以"连绵开光"这种极富中国韵味的装饰手法予以充分突显,且使得四人之间具有了精致的展开与关联的韵律节奏;梅瓶肩部特别绘制两只"穿花飞凤"的舞姿,这不论是在文人精神意象的呈现还是在工艺品富丽气氛的表达上,都分外醒目动人——构图手法如此精湛、文化意蕴如此深厚凝练的工艺作品的出现,非常典型地说明了文人化的园林与景观审美对整个工艺美术领域的影响,又提升到了一个新的阶段。

元明以后瓷器绘画热衷于园林题材的风尚中,除了借助戏曲故事、民间传说等通俗文艺发展势头之外,又一显著的特点就是雅化风格的作品与通俗主题作品的并驾齐驱,所以此类主题的工艺画同样十分流行,比如首都博物馆收藏有一件明弘治年间的青花人物楼阁图盖罐(通高43.5厘米,口径18.5厘米,底径21厘米),其画面描绘了当时的园居高士以竹为邻、以鹤为友的隐居生活方式[①]。再比如明天顺年间携琴访友青花大罐(图15-47),其画面场景是在树木与太湖石掩映之下,一处高楼矗立于园林之中,高楼侧旁布置有巨大的太湖石,园主携两童子登楼观景。

图 15-47　明天顺年间携琴访友青花大罐

罐高 35.5 厘米

这件大罐画面中,实景(楼阁、山石等)与虚景(远空等)相互映照,形成对园林空间流动韵律的恰当把握,并且精确契合 360° 圆弧,显示出瓷画"经营位置"技法的娴熟。

---

① 见首都博物馆网站:https://www.capitalmuseum.org.cn/jpdc/content/2011-09/28/content_33820.htm。

传统的"文人园林雅集"主题绘画同样在瓷器上流行，而且与绘画领域一样，经常借助历史上相关经典故事而再三敷陈，又因为"宣德青花"（简称"宣清"，因使用极珍稀的阿拉伯进口钴料在瓷胚上作画而成为瓷画与瓷色等方面成就绝顶的名品）价值非凡，广受中外推崇，于是经典故事题材装饰画在青花艺术中愈见流行。图15-48是一件竹溪六逸雅集青花罐（右图为其局部），其出典为：开元二十五年（737），李白寄居东鲁，与山东名士孔巢父、韩准、裴政、张叔明、陶沔在泰安徂徕山下的竹溪隐居，世称"竹溪六逸"。后来李白《送韩准、裴政、孔巢父还山》中有"时时或乘兴，往往云无心。出山揖牧伯，长啸轻衣簪。昨宵梦里还，云弄竹溪月"[①]等名句，描写"六逸"放逸高蹈、寄情山水的不羁生活，所以"竹溪六逸"也就成为后世概括隐逸文化中人格追求与琴棋诗酒等文化生活内容的经典题材之一。而通过青花瓷上的雅洁画面来表现这类雅集场面，艺术装饰的效果当然也非常鲜明突出。

图15-48　明成化竹溪六逸雅集青花罐及其园林景致局部

高23.5厘米，宽24厘米

下面再看主题类似而体量更为硕大的明代四雅图青花观音瓶（图15-49），其主题其实就是宋元以来绘画领域中流行的十八学士图。图15-49画面内容为文人抚琴与听琴，而图15-50为表现题咏诗文与品赏古画两个局部。

---

① 见《李太白全集》卷一六，王琦注，中华书局，1977年，第775页。

图 15-49　明嘉靖四雅图青花观音瓶　　图 15-50　明嘉靖四雅图青花观音瓶局部

此件大瓶的装饰画内容，是分别以四幅绘画（"四雅图"），来表现十八位文人高士雅集园林而从事弹琴、对弈、创作诗文、玩赏书画等文艺活动。而"十八学士"故事是：唐太宗时建文学馆，收聘贤才，以杜如晦、房玄龄、姚思廉、陆德明、孔颖达等十八人为学士。后来又命大画家阎立本作《十八学士写真图》，标注每人的姓名爵里，并命褚亮题写像赞。时人倾慕画中诸人物膺受皇帝赐予如此殊荣，遂称他们为"登瀛洲"。阎立本之后，中国绘画史上大家如刘松年等都绘有同题画作。今台北故宫博物院藏有明代画家托名宋人的《十八学士图》，描写诸位学士在奢华优美园林中品茗对弈等景象，也是表现这一经典绘画主题的重要作品。

北京故宫博物院收藏的另外一件明成化石期十八学士图青花棒槌瓶①（图 15-51），也是青花瓷巨制。

图 15-51　明成化十八学士图青花棒槌瓶

---

① 也有陶瓷史专家认为此瓶为清代康熙年间的作品，其底款"大明成化年制"六字为仿款。详见高晓然：《从"十八学士图"棒槌瓶谈康熙青花瓷绘中的文人图案》，载《文博》2009年第1期。清康熙青花瓷器中也的确非常流行十八学士图这一园林雅集的经典题材，比如伦敦的维多利亚和阿尔伯特博物馆等多处都藏有康熙年间烧制的青花十八学士图笔筒。

第十五章　中国古典工艺美术中的园林山水图像（上篇）· 657

瓷器画面中这类"雅集"场景的描绘很多，比如桂林市博物馆馆陈列的一件明代梅瓶，画面内容为众多士人分别对弈于园林之中，很可能是结社竞弈的场面。图15-52是这件梅瓶瓶腹部主题绘画的360°全图。

图15-52　明万历高士弈乐图青花梅瓶画面全图

我们知道中国围棋史上，在万历年间诞生了《坐隐棋谱》等重要理论著作，这部著作同时体现着明代版画艺术的成就高峰，并且以诸多画面展现了当时的园林风貌，而这件万历青花梅瓶似乎提供了更丰富的信息，可以帮助我们加深对明代文化艺术乃至明代士大夫结社史的认识。

再比如"竹林七贤"这个经典题材也在流行之列，如图15-53所示。

以上诸多例子说明：尽力展现园林景观与园中文化同步发展的丰富性，已

图15-53　明崇祯青花竹林七贤
葫芦瓶

瓶高31.9厘米

经成为工艺美术创作的自觉追求。同时，如果我们考虑到明代日益恶化的政治环境中士人阶层的学术困境与道德困境，那么此时如此众多的工艺装饰画热衷于描绘优美园林中文人雅集的其乐融融，其实也未尝不是一种无奈中的情怀寄托。

清代以后，传统青花瓷（釉下彩）之外的粉彩等釉上彩绘画的大发展，所以不仅使山水园林景观题材的作品越加流行，而且大大增加了用丰富色彩表现园林各色景观的便利。比如图15-54中这件大盘对于园林环境以

及相关人物故事的描绘就非常精致。

以上叙述粗略地介绍了工艺美术品画面中园林风景图像的沿革历史。结束本章之前,再提示园林史一个关键的逻辑过程如何在工艺品画面中得到体现。笔者在旧著中曾用很大篇幅说明：宋代以后"壶中天地"与进一步的"芥子纳须弥"空间格局,其意义的日益突显是中国古典园林发展后期一切具体艺术技法发展的逻辑基础[①]。现在举一件宋代吉祥钱（图15-55）作为佐证。

图15-54　清康熙五彩《西厢记》故事大盘
直径37.5厘米

图15-55　宋亭台楼阁与琴棋书画
　　　　　四雅图案吉祥钱

◀此钱图案对称,双面相同。内容是文人在园林中从事琴棋书画的场面。铜钱画面中的园林景观包括：楼阁亭台构成一正两副布局,中间正楼为重檐,两侧配属建筑则为单檐,这些建筑都有三组以上的斗拱,说明园林的等级很高。三楼阁中各坐一人,正中者正在弹琴（穿上）,两侧人物分别在从事书画。画面下方则是双人坐而对弈（穿下）。三座建筑中间有栏杆围绕三丛花木,两侧楼阁台基外则为奇石与乔木；棋盘下是菱形锦地纹。在如此狭窄的画面内,布列如此密集的各类景观要素及其空间关系,这在以往的工艺美术品中从未见到。

---

① 详见拙著：《园林与中国文化》第一编第六、七章,上海人民出版社,1990年,第137—182页。

类似这件吉祥钱的工艺品，它们在艺术史上的意义至少有两个方面值得留意：其一，画面完整地布置了琴棋书画"四雅"内容，这充分说明园林中士人文化及其体系完整性的权重已经非常重要（详见本书第五章）；其二，能够在一枚大铜钱这样空间极狭蹙的画面上，均匀完整地布局一个建筑群以及与之配属的诸多花木、山石、栏杆等等各种具体园林景观，这充分提示宋代以后园林艺术向"营构壶中天地"方向演变的总发展趋势，以及如此需要给画面构图方法带来的显著变化。宋代开始的这一方向，不仅对园林史、工艺美术史等诸多艺术都产生了重要而显著影响，而且在更深切的国民文化心理、审美心理等层面上，显然也是"内卷化"的具体形象标志之一。

第十六章　中国古典工艺美术中的园林山水图像（下篇）

——从工艺美术角度看景观艺术对塑造文化氛围的作用

上章用历代许多文物实例说明这样几个问题：

第一，随着中国古代社会与古典艺术的长期发展，园林山水越来越成为众多工艺美术门类的重要表现主题——这个脉络后面隐含了许多值得继续探讨的问题。

第二，不同时代工艺美术作品画面对园林山水之景象的关注、遴选、安排等等艺术方法，都直接间接体现了特定时代比较普遍的风尚，所以汉、南北朝、唐、宋、元、明、清等不同时代的相关作品，都有非常显著的风格与内容上的分野，这种情况不仅对理解中国工艺美术史，而且对理解中国古典园林的发展演变脉络来说，都很有帮助。

第三，一般来说，工艺美术作品的体量、画面尺幅不大，于是当艺术家在受到严苛限制的空间内刻绘展示园林山水的面目时，其手法往往更集中地凝聚了中国园林处理复杂空间关系与繁多景物要素的"构园"要诀，由此成就出园林艺术的微缩或者集萃式图景。这种特点，对我们深入理解园林艺术处理空间与景物的手法都有帮助。

在大致说明了上述内容之后，我们对工艺美术与园林山水之间关系的关注需要从侧重技术形态的方面转为其文化及生活哲学[①]等方面的意义。下面来看一系列具体的问题。

[①] 南宋著名理学家张栻《送张深道》诗云："至理无辙迹，妙在日用中"。见张栻：《张栻集》，杨世文点校，中华书局，2015年，第708页。

一、宋明以后，山水园林题材工艺美术以文房为中心的趋势及其文化意义

中国工艺美术中的文房器发轫相当久远，比如山东省临沂市博物馆的陈列中，就有一件王羲之故居扩建工程中出土的晋代青瓷研滴（专门用来向砚台滴水的文具），其制作也相当精致，不仅可见其历史的源远流长，而且也印证笔者在旧著中分析的晋代以后士人文化与艺术有了巨大进步与整合的大趋向[①]。

而纵观中国工艺美术后期的局面，更可以看到一个十分突出的现象：宋代以后人们日益重视文房用具精致化、艺术化的审美趋势，至明清则屋上架屋地推衍到极致，并因此为园林题材工艺美术的发展提供了前所未有的空间；而反过来，山水园林类工艺美术作品及其艺术趣味在文房中的处处彰显，也直接参与塑造着中国园林文化的最后繁荣。

宋代以后，文房环境艺术日益受到普遍的重视，其体现一是在于对文房环境与用具有了系统化的要求，比如赵希鹄《洞天清录》罗列的值得留意的文房桌案陈设品与文具，就包括怪石、砚屏、画屏、玉质铜质的笔格、研滴等。而更主要的是，建构文房艺术的意义甚至被提升到建构、确立人生价值坐标的高度，所以他说：

> 人生一世，如白驹过隙，而风雨忧愁，辄居三分之二。其间得闲者，才三之一分耳。况知之而能享用者，又百之一二。于百一之中，又多以声色为受用。殊不知吾辈自有乐地，悦目初不在色，盈耳初不在声。尝见前辈诸老先生多蓄法书名画、古琴旧砚，良以是也。明窗净几，罗列布置，篆香居中，佳客玉立相映，时取古人妙迹，以观鸟篆蜗书、奇峰远水，摩娑钟鼎，亲见商周，端砚涌

[①] 详见拙著：《园林与中国文化》第七编第一章"士大夫文化艺术体系在东晋的初步确立"，上海人民出版社，1990年，第547—554页。

> 岩泉，焦桐鸣玉佩，不知人世所谓受用清福，孰有逾此者乎？是境也，阆苑瑶池，未必是过，人鲜知之，良可悲也！余故汇萃古琴砚、古钟鼎，而次凡十门，辨订是否，以贻清修好古尘外之客，名曰《洞天清录》……①

也就是说文房环境的高度美化，尤其追求在此环境中涵纳积淀更加深厚的经典文化艺术传承，这种崇尚指向的几乎是一种超越性、终极性的崇高境界（"阆苑瑶池，未必是过"）。而上述坐标一旦确立，也就不奇怪宋明以后文房艺术的发展何以具有那样恒久广泛的动力。

宋代以后日益受到重视、以士人文化和美学趣味为核心的文房用具，大致包括砚、墨、笔筒、笔架、镇纸、搁笔、印章、桌案陈设用屏风等众多门类。在宋代以后中国文化发展方向的大改变、宏观格局大收缩的背景下，文房艺术越来越受到重视。笔者多年前在旧作中，曾以砚台为例大致说明了这种热衷的趋向：

> 苏易简举进士，并被宋太宗亲自擢冠甲科，后官至参知政事。而他却究心笔、墨、砚、笔格、水滴等的原委本末，著成《文房四谱》。苏舜钦、欧阳修亦以为此间之乐，虽外物在前而不足移："苏子美尝言：明窗净几，笔砚纸墨皆极精良，亦自是人生一乐。然能得此乐者甚稀，其不为外物移其好者，又特稀也。余晚知此趣。"所以欧阳修专门写了《砚谱》。宋代最重要的《砚史》为米芾所撰，《墨谱》为蔡襄所撰，而南宋无名氏《砚谱》一书亦全依欧阳修、苏轼、郑樵等趣味为绳墨。正因为士大夫的深嗜，所以宋代此类著作的数量急遽增加，《旧唐书·经籍志》"杂艺术"类著录的著作仅有十八部，凡四十四卷，而《宋史·艺文志》"杂艺术"类已多达一百十六部，二百二十七卷。宋代士大夫们之所以能够沉溺于一具石砚之中而不为外物所移，并不是因为他们放弃了传统的宇宙理想，而是因为高度完善的传统文化艺术已经把整个宇宙

---

① 赵希鹄：《洞天清录自序》，见顾宏义：《宋代笔记录考》，中华书局，2021年，第1067—1068页。

万物、"天人之际"移缩到这方寸之间，就如黄庭坚咏砚诗所云："翠屏临砚滴，明窗玩寸阴。意境可千里，摇落江上林。"①

所以在这样的文化风尚之下，能够更集中体现文人志趣与审美的文房用具与文房陈设艺术，其普遍的发展就是必然，相应的具体作品不仅数量庞大，而且其日用普及性与设计制作精雅之登峰造极，以及这两者相互结合的深入程度为前代所不能想象。以图16-1中藏于四川遂宁博物馆的一件南宋砚滴为例，砚滴是文人研墨时的案头贮水器，这一件小小的普通文房日常用器，其设计之精致雅洁、装饰手法之隐秀含蓄、釉色之温润等等，都足以让人心神愉悦。

图16-1 南宋青白釉凤首流瓷砚滴

文房器具的高度艺术化，还可以从它们往往是配套设计这一风尚中看得很清楚——下面是四川省遂宁市博物馆众多藏品中配套的砚滴与笔墨插，以及它们装饰纹样的线描图（图16-2、图16-3、图16-4）。

图16-2 南宋青白釉梨形腹瓷砚滴　　图16-3 南宋青白釉三足瓷笔墨插　　图16-4 砚滴与笔墨插的装饰纹样线描图

我们说龙泉等宋代青瓷的艺术特点，很大程度体现着整个时代的审美坐标与理想境界。具体到本章所讨论的主题，如果注意到至宋代而艺术成就登峰造极的中国青瓷，其艺术标准的形成确立其实借鉴与承袭着中唐以

---

① 详见拙著：《园林与中国文化》，上海人民出版社，1990年，第605—607页。

后人们山水审美的丰富体验①，并且日益空前绝后地追求一种极致诗意化的含蓄秀润（尤其如南宋以后青瓷中的梅子青、粉青等色质），那么我们对于宋瓷之美与山水之美之间精妙的关联映照或许可以有所领悟，还能从一个非常具体的角度，进一步理解高度文人化的园林氛围及其文房环境与工艺美术之间的关联。

两宋以后审美风尚与价值坐标与前代有显著区别，其典型例子比如：对唐代李白那种洒脱豪迈、追求生命奇峰体验的生活内容与审美标准及其在诗歌风格上的体现，宋代王安石很不客气地评为"污下"②。于是具体到工艺美术领域中，其审美标准与工艺也发生了同步的大转变。如上章举出的唐代那种以富丽华美的工艺炫人眼目、以彰显高门奢豪生活为特点的工艺品艺术风格，完全让位于清雅蕴藉、余韵不绝的"宋风"，并且以这些日益丰富的工艺美术品所构成的完整配置，建构起优雅的文房装饰艺术，甚至以此寄寓相当深致的审美诉求与人格理想，即如南宋张炎描写隐逸生活时所说："对笔床、茶瓯，寄傲幽情！"③所以，当时士人对于文房用具的精心讲究，已经是他们热爱园林心境中的一个重要部分。例如南宋末年李彭老就

---

① 例如晚唐陆龟蒙《秘色越器》诗中的著名形容："九秋风露越窑开，夺得千峰翠色来！"见彭定求等编：《全唐诗》卷六二九，中华书局，1960年，第7216页。再者，陆龟蒙吟咏园林景色的很多诗作，其实都或直接或间接崇尚这种含蓄清雅的艺术趣味，如《全唐诗》卷六二五《白鸥诗并序》，卷六二八《忆白菊》《移石盆》，卷六二九《忆山泉》《秋荷》《白芙蓉》等等，将这些材料纵观统揽，不仅构成进一步体会审美风尚唐宋之变的真切视角，还可以帮助我们理解晚唐两宋以后园林艺术中盆景、园艺、室内陈设等的艺术品味得以确立大的背景，以及工艺美术发展脉络与园林艺术之间内在的逻辑关联。
② 惠洪《冷斋夜话》卷五"舒王编四家诗"条以新的审美立场而对显赫于昔日的"李白生命哲学"持批评态度："舒王以李太白、杜少陵、韩退之、欧阳永叔诗，编为《四家诗集》，而以欧公居太白之上，世莫晓其意。舒王尝曰：'太白词语迅快，无疏脱处；然其识污下，诗词十句九句言妇人、酒耳。'""舒王"是王安石的谥号。见惠洪：《冷斋夜话》，中华书局，1988年，第43页。以新的审美立场而对显赫于昔日的"李白生命哲学"持批评态度，例子又比如北宋程颢《秋日偶成二首》其一："寥寥天气已高秋，更倚凌虚百尺楼。……退安陋巷颜回乐，不见长安李白愁。"程颢、程颐：《河南程氏文集》卷三，见《二程集》，王孝鱼点校，中华书局，1981年，第482页。
③ 张炎：《声声慢·赋渔隐》，见唐圭璋编：《全宋词》，中华书局，1965年，第3476页。"笔床"即用来卧置毛笔的案头文具。

填写长篇词作，对"浴砚临池，滴露研朱"等文房陈设之于"松菊依然，柴桑自爱吾庐"的意义做了仔细的描写①——这些歌咏不仅是对图16-2、图16-3等成系列文房器具产生背景的直接说明，而且宋人用慢词这最为唯美的音乐化文学形式来体味文房的艺术格调与精神气质，来咏赞这个组合建构中细琐具体的诸多文房用具，这本身就是很可玩味的文化现象。

再看南宋园林题材画作中这样的描绘，如南宋佚名的《高士观水图》（图16-5、图16-6）。

图16-5 佚名《高士观水图》
绢本册页设色，21.6厘米×24.6厘米

图16-6 《高士观水图》中描绘文案陈设的局部

▲此图真切表现出：精致的文房布置与书案陈设已经是整个园林的重要组成部分，并且形成室内景致与室外景致之间的相互映衬。另外，"观水"主题及其对绘画与工艺美术的影响，也是本章曾仔细分析的内容。从其描绘文案陈设的局部图，可见文案上陈列有书籍典册、毛笔、笔山、鼎彝等文具与文玩。

总之，唐宋之变是下文将要比较详细介绍的文房艺术与园林艺术的进一步融合的基本背景，它不仅直接塑造了宋代工艺美术的面目，而且深

---

① 李彭老《高阳台·寄题荪壁山房》："石笋埋云，风篁啸晚，翠微高处幽居。缥简云签，人间一点尘无。绿深门户啼鹃外，看堆床、宝晋图书。尽萧闲，浴砚临池，滴露研朱。 旧时曾写桃花扇，弄霏香秀笔，春满西湖。松菊依然，柴桑自爱吾庐……"见唐圭璋编：《全宋词》，中华书局，1965年，第2969—2970页。

入影响作为园林有机组成部分的明代以后室内装饰艺术,如图16-7、图16-8①所示。

图16-7　谢环《杏园雅集图》局部

绢本长卷设色,全卷36.8厘米×243.2厘米

▲ 此图为明代绘画史上描写园林风景与园林文化的写实名作,具体内容为明正统二年(1437)三月初一,值阁大臣沐休,杨士奇、杨荣、王直、杨溥、王英、钱习礼、周述、李时勉、陈循等九位内阁大臣以及画家谢环,雅集于京师杨荣府邸(杏园)中的情景。卷后有杨士奇、杨荣、杨溥三位当时冠冕领袖("三杨")等人题记和序文。此图为全卷中一个很小的片段,描绘了文案上文具与文玩的配置,其中有山水小座屏、砚、笔、笔山、砚滴、水盂、镇纸等等,案下置有盆景。

---

① 此图被许多介绍明代家具与室内装饰的文章翻录引用,出处皆注为《养正图解·李太白匹配金钱记》,实为误注且以讹传讹——《养正图解》为明代万历年间焦竑为皇太子讲官时,为劝导皇长子朱常洛而编撰的蒙学教材,而《李太白匹配金钱记》为明代著名戏剧选本《元曲选》(戏剧家、戏剧理论家臧懋循编)中的一出,两书内容截然不同,且皆无这幅配图。笔者因识见浅陋而未知此图的正确出处,企望有识者指教。

图 16-8 明代版画描绘的文房布置

▲这幅版画构图精丽，刀法在异常的流畅快利中又透出圆润妩媚，是体现万历版画"绘、刻皆精"之艺术品格的上乘之作。

明代描绘园林的版画作品为了更清晰周详地展现室内布置的情形，往往略去屋宇轮廓，将室内面貌直接置于园林环境之中，本图以及本书图14-14《还魂记》版画插图等等就是例子。图中文案上陈列瓶花清供、笔砚、笔筒、镇纸、砚滴等等，左侧条案上陈设茶具，近旁有巨大的书架。图中略去屋宇的墙体，将室内布置与室外景致（盆景、山石、芭蕉等）连通一体，表现出中国园林特有的空间理念。

下面以介绍具体的宋代文房工艺品为始而进入话题。

笔者在旧著中曾经在说明宋代开始文房艺术迅速发展，并且更自觉地在工艺美术作品的缩微画面中萃集园林风景，典型例子如《西清砚谱》卷十三著录的一件宋代的绿端兰亭砚（图16-9）[①]。

宋代以后，这类以园林风景以及园林中文人雅集为画面主题的文房用具越来越流行，如藏于北京故宫博物院的一件存世的石砚精品（图16-10）。

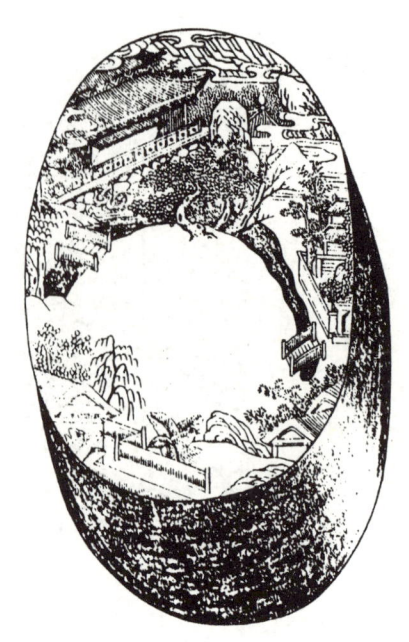

图 16-9　宋代绿端兰亭砚正面

图 16-10　宋代兰亭修禊图洮河石砚正面

◀ 此砚正面的布局相当精巧：围绕砚堂四周，依次布置了山景区（左上角）、水景区（由观景水榭、小水池、精致小巧的曲拱桥等等组成，并且因为居于砚首而权重整个画面）、院落区（左下角）、林木区（右上角至右下角）等几个主要的园林局部，它们互相之间或相连或相映、分布与节奏井然有序。所以虽然仅仅是一方石砚的方寸之地，却完整涵纳了园林空间与园林景物的有序势位安排与流动着的结构韵律——诸如此类人们通常不甚留意的众多具体细节，其实体现了中国古典构园艺术的日益精微化，及其对于工艺美术构图的深入影响。

---

① 《西清砚谱》于清乾隆四十三年（1778）由乾隆钦定、于敏忠等八人奉敕编成。此图录自台湾商务印书馆《景印文渊阁四库全书》第843册，1986年，第407页。

尤其是石砚四周的边侧满雕图案，内容为兰亭的山水园林景观及众多东晋名士雅集于兰亭山水之间，挥麈谈玄、对饮作诗等场景（图 16-11）。也就是说，一件小小石砚上的雕刻画，其内容已经是将山水景观、园林布置、文士雅集这三者充分地提炼融会、组合成为相互映照的一体。

图 16-11　兰亭修禊图洮河石砚的三个侧面

一件石砚看似是很微末的文房日常用具，但实际上其式样、工艺追求等等美术特点已深切体现了时代的审美风尚——这种全景式的山水园林画面成为主要审美载体且高度凝聚士人文化内容与格调的工艺品，它们的大量出现体现着唐宋之变的深刻内涵。

因为体现了美学风尚与心理的一种深致变化，所以这类作品以后愈加常见，比如安徽博物院藏一件明代端砚上刻绘的画面（图 16-12）。

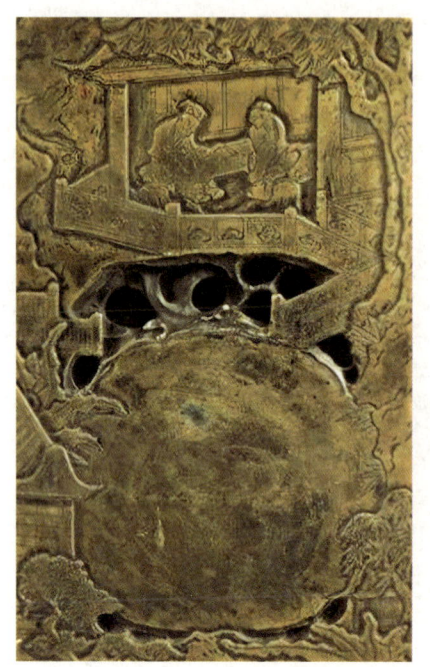

图 16-12　明代兰亭修禊图洮河绿石砚正视图与侧视图
24.3厘米×14.9厘米×6.8厘米

▲ 砚首雕园亭古木，两文士对坐亭中赋诗作文；砚堂模拟观景亭下的水池，周围有山石、小桥等环绕；砚体四边平雕众文士聚会于园林山石花木之间的情形，尤其鲜明揭示主题的是砚底镌刻了王羲之《兰亭集序》全文。

再比如另一件的明代绿洮河石兰亭砚[①]（纵 26 厘米，宽 16 厘米，高 5 厘米，藏家不明），构图也相当用心——砚体方正，砚面上雕琢兰亭雅集图，其山水园林景观的内容为：苍松翠柏，杨柳依依；多处亭台彼此相望，小桥之下池水之中更有白鹅相互嬉戏。砚侧雕琢一众人物的形象，表现王羲之、谢安等东晋名士在会稽山阴兰亭修禊赏景、饮酒赋诗的场面。另外，广东省博物馆也收藏有多方兰亭砚（可参广东省博物馆网站）。

清代中期，乾隆皇帝本人迷恋"兰亭"主题对于园林文化的意义，其例

---

① 此砚照片见《赏砚再奖——过百名古砚震撼首发》一文，见"砚台之家"微信公众号，网址：https://mp.weixin.qq.com/s/Vb_CgIuPNhrTA9hzxG9wPQ，访问日期：2015年6月23日。

第十六章　中国古典工艺美术中的园林山水图像（下篇）· 671

子更为大家熟知，比如圆明园兰亭八柱石刻[①]、颐和园惠山园（嘉庆年间重修后更名为"谐趣园"）中的兰亭以及诗碑等等。而与造园中这诸多专意的设置相互呼应的，是此时在文房艺术中，同样热衷于对这一经典主题的袭用。从体量很小的工艺美术作品开始即是如此，如图16-13所示安徽博物院藏清高宗弘历用"兰亭高会"墨。

图 16-13　清高宗弘历用"兰亭高会"墨
15.6厘米×8厘米×1.8厘米

▲ "兰亭高会"墨正面描金书"御墨"（篆书）、"兰亭高会"（隶书）。下钤"大块假我以文章"篆书方印，均涂金。"大块"即天地，"大块假我以文章"语出李白《春夜宴从弟桃花园序》，此诗是阐说园林与人们艺术创作思维关系的重要文献。墨背面镌刻亭台楼阁与人物故事图案，两侧分别有"大清乾隆年制""延趣楼珍藏"款识。

更著名而重要的工艺美术作品，比如美国明尼阿波利斯艺术博物馆所

---

① 乾隆四十四年，即1779年春，弘历收集到历代《兰亭》法帖以及乾隆御临董其昌仿柳公权兰亭诗，合为"兰亭八柱册"，并将"圆明园四十景"之一的"坐石临流亭"改建成八方重檐亭，易木柱为石柱，以便于每柱上刻帖一册，遂成为著名的圆明园"兰亭八柱石刻"。

藏兰亭雅集大玉山①（图16-14），其体量之大在所有玉山作品中位列第二，乾隆五十五年（1790）制，为弘历心爱之物，上镌有他自己摹写王羲之《兰亭集序》的书迹。

图 16-14　清乾隆时期兰亭雅集大玉山
长 290.3 厘米，宽 97.47 厘米，高 57.15 厘米

除此之外，北京故宫博物院还藏有乾隆十二年（1747）的青玉兰亭修禊山子②等多件相同主题的玉山。

类似作品又比如会昌九老大玉山。"会昌九老"出典于唐代白居易在洛阳宅园中邀请八位耄耋名士饮酒赋诗、建立诗社的故事③。宋代以后，随着白居易生活哲学、园林美学理念对士人阶层影响的日益深刻④，"耆老雅集""九老雅集"成为中国园林文化的经典主题与影响广泛的范例。园林图像史上

---

① 此玉山原藏于圆明园内，清末被八国联军掠至海外，后在法国巴黎拍卖，最后由美国明尼阿波利斯艺术博物馆购得。玉山照片及相关信息详见该博物馆网站：https://new.artsmia.org/stories/the-curious-history-of-mias-beloved-jade-mountain-now-starring-in-power-and-beauty/。
② 详见北京故宫博物院网站：https://www.dpm.org.cn/collection/jade/233515.html。
③ "会昌九老"典故见本书图12-25相关说明。白居易写有《九老图诗并序》记述其事，详见顾学颉校点：《白居易集·外集》卷上，中华书局，1979年，第1521页。
④ 详见拙著：《园林与中国文化》，上海人民出版社，1990年，第227—251页。

描绘这一主题的重要作品比如北宋张先《十咏图》[①]、南宋画家马兴祖《香山九老图卷》[②]、明代宣德时期宫廷画院重要画家谢环所绘长卷《香山九老图》[③]、明代周臣《香山九老图》[④]、彭舜乡《香山九老图轴》(北京故宫博物院藏)等。总之，以此为题的绘画名作层出不穷，其中许多成为中国园林图像史中的经典。以传为北宋大画家李公麟的巨制《会昌九老图》(图16-15)为例。

图16-15 （传）李公麟《会昌九老图》局部
绢本长卷设色，全卷28.25厘米×245.5厘米

---

① 绢本长卷浅设色，图画部分52厘米×125.4厘米，全卷52厘米×673厘米，北京故宫博物院藏。此幅画作之本事：北宋诗人张维（956—1046）性爱山水，以游览吟咏自娱，曾作七律《吴兴太守马大卿会六老于南园，人各赋诗》，记载吴兴南园中一次文人雅集。张维之子即北宋著名词人张先，他晚年重读父亲旧作，心生感念而画《十咏图》，真切描绘南园为山水环抱的优美环境、园林中的亭阁等等景物布置，以及诸老在园中赋诗、对弈、携琴等等雅集之乐。张先《十咏图》为绘画史上描绘园林与山水关系以及园林中文人雅集等内容的重要作品，因其尺幅巨大本书不做引用，有兴趣的读者可以参看故宫博物院网站：https://www.dpm.org.cn/collection/paint/228297.html。
② 绢本设色，27.1厘米×217.2厘米，美国弗利尔美术馆藏。
③ 绢本设色，29.4厘米×148.2厘米，美国克利夫兰艺术博物馆藏。
④ 绢本立轴设色，177厘米×106厘米，天津博物馆藏。

可见以此为题的美术作品,已经成为与"兰亭雅集"等同样流行的、能够集中展现园林文化艺术丰富内涵的一种范式。

宋代以后的这种崇尚当然有重要影响,以北京故宫博物院藏一件明代初年"文会"主题雕漆作品(图16-16)为例。

图16-16　明初文会图雕漆小几

▲ 画面中的文会场面为:楼阁底层内一士人在弹琴,两人在侧旁聆听;门外庭院中以及小桥之上,又有士人走来,他们身后紧随抱持乐器的书童;楼阁顶层内两士人对坐观书;庭院内有芭蕉与太湖石,侧近处有士人打开大幅立轴画仔细观赏,他们旁边设桌案,一士人正在折扇上挥毫作画;隔水远处的观景露台以精美的栏杆环绕,露台上两士人对弈且有两人围坐观棋,他们侧近处一童子正在炉边烹茶。总之,画面涵纳了琴棋书画等等诸多内容,构成标准的"园林文会"式样。

这类小几为文案用具,通常高为2厘米左右,面阔约20至30厘米,可以用来承托小巧的文案珍玩。而这件剔红作品的可观之处,一方面在于画面内容完整涵纳了"文会"主题的诸多具体侧面,同时这诸多内容又恰当地分布在一处园林之中;另一方面园林的景观布置有从左侧高楼向右侧观景台的空间流动感,同时以水岸、小桥等等营造出隔通关联及节奏与韵律变化。总之,在看似并不经意的画面景观之中呈现出"构园"的一些基本手法,这体现着造园艺术对工艺美术潜移默化的影响。而文会的丰富文化内容与造园艺术基本手法的影响日益广远,这两者的贴切契合体现着中国古典艺术发展晚期的着力之处与面目特点。

这一主题至清代更加流行,并且造就了中国工艺美术史上的一些著名的"重器"。比如乾隆时期的一件会昌九老图玉山（见图12-25），此玉山通座高145厘米，最大周长275厘米，重832千克，雕制于清乾隆五十一年（1786），是宫廷玉作中的经典巨作。这种风靡当然说明"园林文会雅集"的主题在当时文房陈设装饰艺术中的作用与地位，以及工艺美术的发展与宋代以后绘画艺术的关系。

乾隆时期这类文房装饰与陈设品在构图与工艺上叠床架屋、费尽工本，此种风尚的典型例子还有图16-17这件玉雕插屏。

图16-17　玉雕插屏正面与反面
直径24厘米

此玉雕插屏配基座后可陈设于文房桌案，正面为园林文会图，反面为松竹梅岁寒三友图。这件作品在设计上颇为用心：将正面写实而背面写意、繁简相应等多重艺术手段汇集于一件作品，这也充分显示出"园林文会"主题及其表现方式，经过长期的积淀打磨之后在工艺美术领域中的呈现手法已经臻于精熟。

宫廷与高门竞相用珍稀昂贵材质如玉料、象牙等等，精工制作园林山水主题的书房用具与装饰，其实例非常多。比如2021年5月28日香港佳士得拍卖会上成交的一件（清乾隆）碧玉镂雕竹林七贤图笔筒（直径17.5厘米），再比如北京故宫博物院收藏的一件象牙雕九老图臂搁（长17.3厘米，宽3.9厘米，厚1.1厘米，臂搁是在长时间用毛笔写字时，放在肘下能让腕与肘感觉舒适的文房用具），故宫博物院藏品著录对此臂搁的说明是：

> 背面雕《九老图》，山崖，清泉，树木交错，山路盘曲，九位老者或持杖过桥，或山间相迎，或高谈阔论……远处有云烟重峦，楼台隐现，……此器是清代牙雕文房用具中的代表作之一。①

北京故宫博物院还收藏有另外一件清雍乾时期的象牙雕臂搁，其背面雅集图的画面如图16-18所示。

文物研究大家朱家溍先生对此件作品的简评是：

> 象牙仿竹臂阁，正面浅浮雕薄地阳文高阁远帆图。背面高浮雕松荫雅集图。正面景色空明澹远，俨如名画，背面山径曲折有窈深之致，刀法精绝。②

可见关注工艺美术领域表现山水园林图景的艺术技法需要注意的两个方面：一是工艺美术从山水画成就中得到的滋养；再就是工艺美术大范畴之中的各个具体门类（牙雕、竹雕、木雕、砖石雕……）之间相互影响深入。这些都是古典工艺美术发展晚期的重要特点。

图16-18　象牙雕松荫雅集图臂搁

24厘米×6厘米×1.9厘米

---

① 见故宫博物院网站：https://www.dpm.org.cn/collection/bamboo/228490.html。
② 中国美术全集编委会编：《中国美术全集·工艺美术编　竹木牙角器》，人民美术出版社，2015年，第33页。

第十六章　中国古典工艺美术中的园林山水图像（下篇）· 677

而具体到工艺美术是如何受到造园艺术技法的直接影响，这一点我们可以从图 16-19 这件北京故宫博物院收藏的清雍乾时期的象牙雕作品中看得很清楚。此笔筒的四面为四幅成组的高浮雕的园林山水图景，分别是荷亭纳凉、长松独步、山亭耸秀、水村野渡——画面内容涵盖了山景与水景、庭院园林与郊野风景等各种风格的景观内容，并且形成相互映对、相互平衡的结构性关联，足见其设计与雕制的穷尽工巧。所以此类用具与陈设的流行，不仅充分体

图 16-19　象牙雕园林山水方笔筒
口径 6.3 厘米，底径 6.8 厘米

现了当时文房艺术汲取园林文化成果崇尚雅趣的风尚，而且透露出工艺美术家们普遍谙熟"景观配置"这一造园艺术的基本设计方法。

图 16-20　清无款西园雅集竹刻浮雕笔筒

明清时期，与皇家与豪门之文房装饰陈设艺术相互映对的，是广大士人文房流行以竹雕、木雕等材质廉价易得的工艺作品来展现山水园林以及文会场面，以此实现理想艺术氛围与文化氛围的营造。借助这类易于普及的艺术品类，文房用具追求雅致化与园林趣味成为广泛风尚，相应地其雕刻技艺也得到迅速普及的发展，下面列举几件具体作品以便有真切的了解。

图 16-20 是上海嘉定竹刻博物馆藏清代无款西园雅集竹刻浮雕笔筒。

大家知道，南宋以后西园雅集成为绘画史、美术史上的经典题材，在士人文化中认知度很高，北宋李公麟《西园雅集图》原创之后，今天存世的有马远《西园雅集图》长卷巨制，其后南

宋刘松年、僧梵隆、马和之、赵伯驹，元代钱选、赵孟𫖯，明代戴进、商喜、唐寅、仇英、尤求、程仲坚、李士达，清代石涛、华嵒、丁观鹏等历代众多著名画家都曾热衷创作这一题材的绘画，而上图清代竹刻浮雕笔筒就表现了工艺美术背后的绘画史基础。

不过另一方面也可以看到：将《西园雅集图》这类包含大型园林空间、复杂景观内容、众多人物故事的绘画名作，简单移植在体量很小的竹刻天地中，结果必然是艺术展现力受到很大羁束。所以我们看另外一些经典的明清竹雕作品，它们并不是在简单追摹绘画内容的方向上殚思极虑，相反，竹雕家从明代开始就逐渐摸索出一种独有的表达方式：选取最适合文房竹器特定造型（竹筒或竹片的横径尺寸很有限而纵高尺度相对充裕得多，因此很自然地具有一种纵向构图的便利与挺拔的气韵）的园林文化经典主题，予以特写式的突出刻画。举北京故宫博物院藏一件明代竹雕艺术代表性作品（图 16-21）为例。

图 16-21　明代听泉图笔筒
高 15 厘米，口径 9 厘米

这件作品人物造型洗练，线形刀法具有劲健浑厚的力度感。在笔筒这样跼天蹐地的特异空间内，如何安排园林景观的诸多内容，再进一步表现出人物与园景相互倾听与对话的关系，这对于雕刻技巧，尤其是设计者的空间把握能力是一种挑战，而这件作品明确摒弃内容壅塞繁复的设计，全力突出园林中山石嶙峋奇伟、古松虬枝遮日、人物沉静雍容等几个关键处的力度与韵味——如此截断众流的立意，不仅表现出竹雕艺术家在狭蹙空间内的上乘雕刻技法，而且表现出艺术家对于中国园林构景原则、美学主旨的真切理解。特别是这件笔筒的制作者十分娴熟地综合运用浮雕、圆雕、透雕等多重雕塑手法，这种全面的不凡的技能在后来的竹雕作品中不易看到。

再进一步看，以这件竹雕笔筒为示例，笔者认为尤其值得重申本书叙述中经常触及的一个关键:无数具体细微的艺术表征、各个领域中无数具体的作品主题及其风格特征,看似可能都是极其微末或零散的现象,但其实未见得如此,它们背后往往有着深远的逻辑脉络,有着值得联想与发掘的结构性美学蕴藏。

就以这件竹雕笔筒所表现的"听泉"主题为例:我们知道,通过"听泉"(或者"观泉")而体会天地自然之运迈周行,以及在这种山水环境中达到天人物我相互倾听对话与交融,这是文人山水园林审美的一个经典方式,所以中国古典文人园林中经常设计安排"听泉"主题的景点,以此体现造园家与园居者追慕李白诗中推崇的"拨云寻古道,倚树听流泉"[1]那种迥出尘外、超世独立的人格气质。例如扬州"瘦西湖二十四景"之一的"双峰云栈"景区就是"在两山中,有听泉楼、露香亭、环绿阁诸胜"[2];另如存世的苏州狮子林中也专门设置听涛亭(图16-22)。

图 16-22　苏州狮子林中的听涛亭

---

[1] 李白:《李太白全集》卷二三,王琦注,中华书局,1977年,第1076页。
[2] 李斗:《扬州画舫录》卷一六,山东友谊出版社,2001年,第417—418页。

第十一章中曾经说明,"观瀑"成为南宋画坛热衷的绘画主题。现在则可以进一步看到,这时开始,"听泉"同样成为体现山水园林题材绘画追求诗意化趋势的重要主题,所以有大量的此主题画作涌现。在这众多画作中,兹举宋元之际画家丁野夫的《幽溪听泉图》(图16-23,画面内容完全模拟南宋马远的《高士观瀑图》,马远此作现藏于纽约大都会博物馆)为例。

图16-23　丁野夫《幽溪听泉图》
水墨绢本,22厘米×24厘米

这些以"听泉"为主题的画作中,作者的立意主要不是表现许多具体园林景观如何营构安排,相反,画面突出表现的,是审美者通过非常有限的园林景物和园林空间,能成功地建立自己心性与天地自然之间与山水万物之间的和谐律动,尤其是那种相互倾听、相互感动,乃至心性相互亲和融通的关系。

承续上述脉络,后人对于"听泉"主题的表现尤其强调审美者人格胸襟的不凡与天机流动之间的共鸣;相应地,"听泉"也成为园林文化中需要反复体会与彰显的重要命题。所以延续南宋诸大家的立意经营,元明山水画家也聚焦此主题而留下大量画作[①]。如明代文人画大家文徵明的《听泉图》（图16-24）中，独坐听泉的士人还十分显眼地穿着红衣，以此提示他身份的高标与听泉这一审美方式的蕴意不凡。

图16-24　文徵明《听泉图》局部
纸本立轴设色，全幅64.2厘米×30厘米

此图有文徵明自题款识跋文："空山日落雨初收，烟树沉沉水乱流。独有幽人心不竞，坐听寒玉竟迟留。徵明画并诗。"——此诗最后两句完全袭用杜甫名句"水流心不竞，云在意俱迟"的意蕴[②]，通过这种引用经典意象的方式对"听泉"之意义做了更深入的阐说。

由上述丰厚积淀而回看竹雕艺术，就不难知道诸如一件"听泉"主题的竹雕笔筒，虽然看似微小，但其气质韵味很可能会牵涉工艺史、审美哲学史、山水艺术史等众多领域中的悠远源流与无数相关作品，所以工艺美术作品对某个艺术主题的聚焦，它背后所涉及的内容可能远不是某个单向度的艺术发展所能够涵盖的。

---

① 比如元朱德润《听泉图》，元吴镇《虚榭听泉》，元王蒙《幽壑听泉图》《泉声松韵图》，明文徵明《绝壑高闲》《松下听泉图》，明陈洪绶《幽亭听泉图》，明末清初石涛《东庐听泉图》《山麓听泉图》《松涧听泉》《松壑听泉图》……
② 关于杜甫此诗在中国山水审美哲学中的重要意义及广泛影响，详见本书第五章第二节。

与整个文化体系的格局一样,中国工艺美术在其发展晚期越来越羁身于"壶中天地"的格局与趣味,所以出现了一批竹木雕刻名家。比如当今收藏界重视明代竹刻家张希黄的原因之一,就是其竹刻继承借鉴中国山水园林绘画悠久的技法传统,通过"曲尽画理"而成功确立了自己的风格:

> 张希黄传世的真迹作品,约计二十件。上海博物馆收藏最丰,共有六件,北京首都博物馆一件,余者流散在海外博物馆及私人收藏……张希黄,名宗略,字希黄,号希黄子,以字行。湖北鄂城人,活跃于明代万历年间。张希黄以刻竹擅名于世,尤长于留青阳文法,工细绝伦,曲尽画理。山水楼阁类唐代画家李昭道的画作;偶作小景,又似宋代画家赵令穰的画作,点缀人物生动有致;题句、署款的书法,以元代书画家赵孟頫为楷模。每件作品皆殚尽心思,穷其鬼斧,化为神工。①

下面是上海博物馆收藏的张希黄刻山水楼阁图笔筒(图16-25)。

图 16-25 明张希黄刻浅浮雕山水楼阁图笔筒
高 10.3 厘米,直径 5.9 厘米

---

① 欣弘主编:《百姓收藏图鉴:文房用品》,湖南美术出版社,2007年,第144页。"留青阳文"是一种阳刻竹雕技法,即在竹器表面的青皮上雕刻图文,然后把图文之外的青竹皮剔除,使图文凸出呈浅浮雕状,并露出竹胎作为底色。成器之后,因为竹皮与竹胎的色质不同,所以图文部分与底色部分相互对比衬托,有一种蕴藉温润的雅韵。

第十六章　中国古典工艺美术中的园林山水图像(下篇)・683

这幅竹刻画大致由两个半幅组成：上示左图中的庭园景观，根据竹径与笔筒纵向展开的自然形态设计了一处山水环绕的院子，其中近景为厅堂与山石，中景以高耸的层楼作为对近景的衬托与提振，而远景是与高楼相互映对的远山，其层层叠叠、漫衍无尽而布向远方的态势，将画面的整体格局充分勾勒出来；而与此对应的另外半幅(上示右图)则表现院落之外的悠悠远水，以及由湖水衬托着的透迤水岸、竹林、观景亭等一系列景致。庭园景观与山野景观如此丰富的内容，它们之间层序宛然，被安排在一件笔筒这原本非常狭蹙的空间内，却又完全不见局促拥塞之相，反而在空间上显得舒展裕如。在360°全幅画面中精当地安置庭院内外山景与水景等复杂景致及其空间关系的同时，根据竹径的纵向形态安排诸多景观高低错落、远近疏密的韵律变化，稍做体会我们就能知道，这需要竹刻家对画面空间的结构能力("谢赫六法・经营位置"，亦即"画理"与"园理")有精深的把握！而且对于园林内景与外景之间这种映对、融会关系的深入理解，我们在明代同期(张希黄生卒年不详，大致为明末人)的版画艺术中也可以充分地领略到，例如本书图13-38汇集《吴骚合编》中四幅晚明版画佳作——由此又可见雕刻艺术不同门类之间的相互影响与滋养。

通过张希黄的多件文房用具作品，则尤其可以看出山水画传统对于竹刻艺术的深刻影响——这种诸多艺术门类之间在主题、技法、旨趣等多方面的相互渗透影响，不仅是中国艺术史发展后期值得关注之处，而且是帮助人们更深入理解园林艺术的关键之一。再看安徽博物院藏张希黄的另一件文房用具(图16-26)。张希黄雕制的这件文房用具，其画面中景物及其空间关系的选择配置、其尺度的设计安排等等，在看似不经意中都含蕴了思致周详的考量(比如上文介绍的，成功利用竹材纵向空间设计庭园空间的流动韵味，以及园内空间、景物与园外景观的相互映对)，由此鲜明体现了山水画的"三远"原则，尤其是南宋以来山水画经营空间结构与景物结构的准则，加之方寸之间展现出细密精绝的刻工，所以成为明代文房竹木刻艺术的代表作。

明清文房竹木刻艺术以山水园林等为重要题材类别，并因此而融入对

图 16-26　明张希黄款留青竹刻山水小臂搁
10.1 厘米 ×3.5 厘米 ×0.6 厘米

◀ 臂搁是书写时作枕臂之用的文具,以竹制最为常见。安徽博物院网站对此件藏品的说明是:"采用皮雕手法,笔画分明,工细如画,画面雕刻庭院小景,其山石取细皴,楼阁建筑,甍瓦楞豁,椽桷俨然,运刀流畅,线条纤巧。鉴赏竹雕犹如观赏画轴,作者具有深湛的绘画功力。"

文房文化艺术氛围的塑造。此风尚之下,诸多竹木雕流派如金陵派、徽派、浙派、嘉定派等等[1],都竞相在这类主题上展现自己的艺术能力,所以相关作品为数众多,比如《中国美术全集·工艺美术编　竹木牙角器》收录的清代嘉定竹雕第一高手吴之璠的东山报捷图黄杨木笔筒(《世说新语》记述东晋谢安与谢玄在别墅中对弈,静待淝水大战的捷报,自此东山捷报这个故事成为表现士人领袖非凡气度的著名典故)。佚名作者的作品当然更多,比如山东曲阜孔子博物馆藏有一件明代竹雕竹林雅集图笔筒,上面雕刻出七贤或坐、或站、或卧、或弹琴、或交谈等等复杂画面。总之,经典题材的日益定型是古典工艺美术发展晚期的重要特点,它一方面体现着艺术的高

---

[1] 对于宋代以后中国竹刻艺术发展史、诸多流派及其代表性艺术家的成就特点等等,王世襄先生长文《竹刻总论》缕述甚详,见中国美术全集编委会编:《中国美术全集·工艺美术编　竹木牙角器》,人民美术出版社,2015年,第1—15页;简明叙述可参考《明清的竹雕流派》:http://www.wenwuchina.com/a/169/31733.html。

第十六章 中国古典工艺美术中的园林山水图像(下篇) · 685

度精熟,同时也反映出"壶中天地"里社会文化视野陈陈相因的宿命。如苏州博物馆藏清代嘉定竹刻名家顾珏的竹林七贤笔筒(图 16-27)、北京故宫博物院藏清嘉庆道光年间的竹刻名家尚勋的竹林七贤笔筒(图 16-28,高 14.1 厘米)是两件竹林七贤笔筒精品。

图 16-27 顾珏刻竹林七贤笔筒　　图 16-28 尚勋刻竹林七贤笔筒

文人园林中雅逸生活的其他诸多具体内容,也成为竹刻艺术热衷展现的图景,如上海嘉定竹刻博物馆藏清无款观鹤品茗浮雕笔筒(图 16-29)刻有观鹤品茗图景,而观鹤与品茗都是中国古典园林表现士人隐逸志趣的经典意象(详见本书第三章关于鹤园、第五章关于茶事与山水等内容的介绍)。

诸多文化脉络在文人园林中日益高度聚集,这对工艺美术发展的有力推动已经清晰显见。

同样可以清楚看到的是,相关艺

图 16-29 清无款观鹤品茗浮雕笔筒

手法发展的背后,其实有着更为深致的逻辑推动力,比如通过经典诗文、相关画面、书法趣味等等的叠加集成,力求在文房用具的狭蹙空间内积聚更为浓郁的山水园林审美趣味。看图 16-30 这件清中期嘉定竹刻艺术代表人物王梅邻制《秋声赋》读书图笔筒,它以园林读书图的画面与欧阳修文学名篇《秋声赋》的书法镌刻两相映衬。

图 16-30　王梅邻制《秋声赋》读书图笔筒图像部分及书法部分
(摄于 2020 年嘉定博物馆"嶜城仙工:明清嘉定竹刻特展")

园林画面与长篇书法作品萃集于一件竹雕之上,其工艺技法上的经营难度显然更加突出。所以工艺美术的发展,还是要从"壶中天地"文化格局的形成与发展这个社会文化大趋势背景下,才容易有清晰的理解。

还需要指出:上示作品之所以越来越被人们所热衷,反映出"竹林七贤""兰亭雅集""观鹤品茗""《秋声赋》"等等经典主题所突显的,已经远不是人们对于文人生活与相应山水园林环境的崇尚,更主要的是它们已经成为士人标明自己修养品阶、审美志向、文化地位等等的身份符号而尽可能被随时随地地展示。反过来说,广大中下层文人对于材质廉价山水园林题材艺术品的旺盛需求,从根本上决定了上述文房竹刻等艺术领域的高度繁荣。

基于上述促进工艺品繁荣的深层机制,我们还可以以更广泛的视野来理解工艺美术的发展内因,以及相关艺术分支之间桴鼓相应等的现象。比如越是便于随时随地"展示"的山水园林工艺美术品,则越能够满足人们的心理需求,因而必然越加流行,典型的例子就是明清工艺美术领域中的另一大类——折扇艺术的高度繁荣。举艺术名家的山水园林题材折扇画精品(图16-31、图16-32)为例。

图16-31　仇英扇面画《兰亭修禊图》
笺纸设色,21.5厘米×31.2厘米

图16-32　陈焕扇面画《兰亭修禊图》
金笺设色,24.5厘米×53.5厘米

▲从本章角度来说尤其值得提及的是:陈焕是明代江苏苏州人,山水画取法于沈周。苏州文化圈众多文学家、画家通过诗画等形式对园林艺术的探究与表现,他们诗文绘画艺术与造园艺术之间的关系等等,这些都是园林艺术史中值得专门研究的课题。这方面意义显著的例子又比如明末造园家与造园理论家计成,原本亦为画家,他也是苏州人。

因为折扇的园林山水面画成为直接展示与彰显文人身份与文化品阶的符号，所以诸多名家选择这种方式而在"兰亭"等园林主题表现上彼此呼应、心有相契，并且造就出折扇艺术的高度繁荣，这成为明清审美风尚中日益显著的现象。

同时可以很直观地看到：在一幅小小的折扇画中，画家布置了诸如建筑、山水、花木、人物及其活动等等非常丰富的景观内容，营造了平面展开与纵向深入的空间。那么显然，这种源于园林"构景艺术"的高度精粹化的表现能力，它的成熟当然是园林山水题材工艺美术精品产生的前提性的条件。

我们看一则具有典型意义的例子（图 16-33）。

图 16-33 吴拭山水扇面

▲吴拭，字去尘，生卒年不详，安徽休宁人，《道光徽州府志》称其"性豪纵，有洁癖，尝持千金，一日都尽，终岁衣白布袍，不染纤垢。为诗清古淡隽，工书画，又精琴理，有订正《秋鸿》诸谱。尝自入山，择木为琴材，故相传有去尘琴云。生平制墨及漆器精妙，人争宝之，其墨值视白金三倍。"此扇面绘制于万历三十五年（1607）。

初看起来，上面这件画作不过是明清无数山水园林题材扇面画中的一件而已，但是如果我们注意到作者吴拭不仅善诗、工书画，而且是善制漆器、琴、墨等等的工艺美术大家①，那么再看此作就会有新的收获：由于扇面画要求在尺度狭蹙且为异形的画面中安置展现风景的一系列内容，所以这种特定空间内的画作，它要全面地表现山水园林中复杂的景观品类及其空间配置关系（近景与远景、高远与低平、山体与水体、山水与建筑、单体建筑与建筑群、各种局部的花木山石、人物形象与周围时空及氛围……），就需要以"构园"以及山水园林题材绘画相当长久的艺术积淀作为基础。而我们现在看到：吴拭此作在空间与景物的配置安排上具有精湛的技艺，所以此画面中涵纳了多重景观要素之间的对话与相互的融合，其中包括：横向层叠的远山与纵向近水水脉的映对与交融，画面右侧隐约而现的庄园建筑群与画面右侧孤立观景亭的意趣对比，山径的婉曲与迎面飞瀑的直下以及近处宽阔水面之间的映对关联，近景中林木的高大壮观与远景林木的透视缩小以及更远处林野的雾霭朦胧……，所有这些复杂的景物关系、空间关系，其气氛的营造与转换等等，都被非常自然贴切、舒展顺畅地安排在了尺幅狭小的扇面画中！而这样的体认与艺术表现能力，理所当然会传导、影响到诸如雕漆（漆器如何表现山水园林题材的例子上文举有很多）、墨锭（见下文）等等的工艺美术领域作品的画面经营之中，从而在众多艺术分支脉络之间建立起比形貌相似更为深致的逻辑关联——所以从本章关注的角度来说，就特别有必要对明代书画家、文学家、山水观赏家、工艺美术家吴拭这幅扇面画的构图方法（"谢赫六法·经营位置"）做更认真的品味欣赏。

　　笔者一再提及"壶中天地"空间格局对于园林、工艺美术等等众多艺术发展的决定性意义，延续这一逻辑方向，接着再来看明清工艺美术在比竹雕、折扇等等更加狭蹙的空间里，依然热衷表现山水园林与文会主题的情况。比如与中国版画艺术高峰期到来相同步，明代中期以后流行在小巧墨锭上刻绘各种图案，其中的主要一类就是山水与园林——从巨川大山到园中修竹曲池、拳石盆景等等无不措意刻绘、精心呈现。下面是从《程氏墨苑》采录的墨锭图样（图16-34），从中可以窥见小小墨锭之上所镌刻图

---

① 俞剑华编《中国美术家人名辞典》："（吴拭）为诗清古，工书画，善琴，制墨及漆器精妙。好游名山水……"上海人民出版社，1981年，第291页。

案之丰富,比如《兰亭修禊》《笔梦生花》《荷亭纳凉》等描绘园林景物与园林故事的四幅联锦。

图 16-34 《程氏墨苑》中以园林景观作为画面主题的墨样举例

▲《程氏墨苑》为明万历年间制墨大家程大约所编,著名画家丁云鹏绘图,徽派版画的名刻工黄鏻、黄应泰、黄应道镌刻,明万历滋兰堂刊本。《程氏墨苑》中的版画为徽派版画艺术的精品,其特点之一就是对于园林风景与园林文化风貌有十分精到的刻绘。

这些墨样中的一些即使放在整个明代版画史中,也堪称山水园林题材的佳作，比如《程氏墨苑》第六卷中的两幅（图16-35）。

图16-35 《程氏墨苑》中以园林景观及园林故事为题材的版画

上示右图为竹林七贤图，其艺术形象与文化寓意已经与六朝时代的定义与面目（强调嵇康、阮籍等人"废名教而任自然"的叛逆性政治立场）有了巨大变化。

而以镌板艺术而言，上示左图则更是上佳之作，此画面对于园林景物空间透视关系的把握，尤其用精准且蕴含弹性韵味的刀法对复杂风景物象的镌刻，都是深具功力：作为画面主景的厅堂是尽显富丽精致的重檐十字歇山顶，连屋顶的鸱吻脊兽也一一绘刻无遗；而作为主建筑背景的山石树木等等附属景观，其前后空间的结构安排舒展自然；同时更以曲折蜿蜒而远去的栏杆，示意了园林空间大大延伸于眼前有限的画面之外。总之，这类插图一望而知是凝聚了明代版画艺术鼎盛期的高度成就，体现着版画与山水园林景观主题之间的深刻互动；联系明代中后期版画艺术璀璨成就的来龙去脉，则更可以看到小巧的墨锭画面（"壶中天地"）其实凝缩了相当久远的文化艺术传承。

在墨锭画面不断雅化趋势下，清以后的墨锭上就有了对园林山水及其诗情画意更加系统化的呈现，著名例子有乾隆时的西湖十景墨——十件墨锭的正面为宋代以后一直作为经典主题的"西湖十景"园林山水画，其背面配以题咏此景的诗作，十件或五件合为一套，构成完整的园林山水微缩景观，以及诗、画、山水园林、工艺美术等多门类艺术的集成品，如山东曲阜孔子博物馆藏胡开文制西湖十景墨（图16-36）。

图 16-36 胡开文制西湖十景墨

▲ 此图中墨锭的形状各异。正面浅浮雕"西湖十景"，分别为"曲院风荷""柳浪闻莺""南屏晚钟""断桥残雪""苏堤春晓""平湖秋月""三潭印月""雷峰夕照""花港观鱼""双峰插云"。背面描金楷书乾隆《咏西湖十景诗》，侧面楷书"胡开文虔制"。胡开文（1742—1808），字柱臣，号在丰，徽州绩溪县人，为清代乾隆时期的制墨名家、著名徽商。

"壶中天地"的空间格局再发展一步，于是我们在更加狭蹙的清代工艺天地中，仍可看到以文房用品体现山水园林趣味的作品，比如辽宁省博物馆藏一件以浮雕山水园林图案为题材的清代寿山石印章（图16-37，左图为印章实物照片，右图是印章四面全图的拓片）。

诸如此类作品的流行，表现出此时工艺美术竭力在一切细微艺术空间之内呈现山水园林趣味的风尚。

图 16-37　清山水庭园主题寿山石印章及其四面全景拓片

而诸多艺术门类都愈加热衷以山水园林作为经典主题,这个定势也因此一直延续到中国古典艺术的终点。为了理解艺术史这个重要线索的始终,来看河北省廊坊博物馆收藏的一件清光绪二十六年(1900)制文房陈设(图16-38)。

这件小巧的石屏风是文房书画大案上的陈设品,除了"渔樵耕读"这一中国士人文化经典主题之外,其艺术上的可观处还在于:至清代最晚期,中国古典工艺美术、古典雕塑艺术的表现能力已颓丧至极,于是大量

图 16-38　晚清浮雕渔樵耕读图石插屏
65.5厘米×48.2厘米×1.5厘米

作品都呈现格调卑琐、构图呆板局促、线条力度感荡然无存等等末世的特点,但此件石雕却立意不俗,画面中的层叠山岭、蜿蜒大河、高低有致的众多建筑、为画面增加着动感的舟船等等诸多内容,都安排得有章有法;几

处庄园随着山河之走势而由近及远、高低错落,在空间结构能力上仍依稀保留五代两宋绘画以来的"三远"韵味;镌刻山峰、水流、树木等景观的刀法虽早已没有了犀利精准之中那种挥洒自由的劲健弹性之美,但基本的"骨力"与比较准确的造型能力还未丧失。所以就晚清工艺美术的普遍水准而言,它算是一件难得佳品;而从本章主题来看,它尤其说明,一直到古典最晚期,山水园林题材依然占据工艺美术领域中的要津。

另外,本书第四章"简说中国古典文人园林(中篇)"中还提到:五代两宋以后,与园林艺术在其发展后期不断趋于精致化相同步的,是人们改变了长期以来的跽坐习惯,改而垂足坐于椅凳等高足坐具之上,并配置与此相契合的高足桌案等等众多家具,由此而使得中国古典细木家具艺术迅速发展,并大大丰富了传统室内装饰与陈设的内容。南宋佚名的《勘书图》(图16-39)即展示了这种变化。

图16-39 南宋佚名《勘书图》
绢本立轴色,50.7厘米×42.2厘米

◀ 台北故宫博物院专家认为此图应该是明代画家对南宋原作的摹本。图中内容为园林中的文人雅集,为了表现室内陈设与室外园林景致的相互关联,画家按照传统画法而舍弃对屋宇的描绘,从而将室内的陈设与室外的园林空间连成一体(对照本书图4-35)。此图中布列多种家具,包括长案、方桌、方凳、圆墩、靠背扶手椅等等。从本章分析视角来看,最值得重视的是:这众多家具之间,显然已经具有了完整的配置关系,从而契合着具体的文房室内空间与陈设要求。而室外庭园的空间尺度虽然相当有限,但是因为有精意布置的栏杆、山石,高低错落的花木,尤其是大型荷花盆景,所以其景致与庭园氛围优雅宜人。

同时,室内外盆景、瓶花等等也发展为成熟而专门的艺术品类。这样

第十六章 中国古典工艺美术中的园林山水图像(下篇) · 695

的趋势除了对于宋代园林风景的内容与风格具有相当意义之外,还必然地对与园林艺术密切相关的众多工艺美术门类产生重要影响。我们从南宋绘画中就可以看到这种情况,如天津博物馆藏南宋佚名《盥手观花图》(图16-40、图16-41)。

图 16-40　佚名《盥手观花图》
绢本册页设色，30.3厘米×32.5厘米

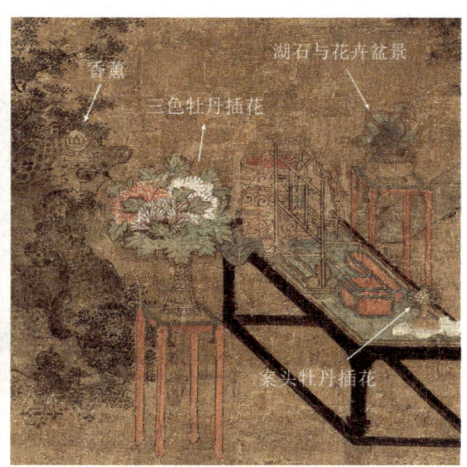

图 16-41　佚名《盥手观花图》中插花与盆景局部

▲ 此图绘贵族女子在优美园林中做插花,且已经完成,正在金盆中盥手并回首欣赏自己的作品,旁立两侍女服侍。画面左侧绘湖石与花丛,由此可见这已经是此时园林景观小品的常规配置方式;湖石上更置香薰,说明插花过程要有熏香的伴随;小几上置古铜觚,其中亦插牡丹。画面中除了插花、花瓶、湖石、人物服饰、纨扇等等极尽瑰丽之外,木制花架也是精心之作,其台面的木框四周加装铜件,作为进一步的加固与装饰之用——说明宋代以后高足家具开始迅速发展,并且越来越融入整个园林与室内装饰艺术的体系之中。

可见不仅花艺本身已经是宋代园林景观中的重要项目,而且花艺所涉及的诸如各式高足家具、盆花器皿,也已经相当精致而系统。通过众多宋代艺术品我们还可以体会到:这种长足的发展对于当时的建筑装饰、室内外环境都有直接的影响。比如本书第一章中举出的苏州双塔寺遗址罗汉院宋代大殿的檐柱(图1-59、图1-60),就是运用浅浮雕的荷花莲枝图案作为大殿的建筑装饰,这组作品体量之大、浮雕图案设计与雕工之极尽优美,都足以说明花艺的蓬勃发展在整个艺术领域中的广泛印记。

再比如郑州市大象陶瓷博物馆藏宋代瓶花图砖雕（图 16-42）、彩绘牡丹图砖雕（图 16-43）的例子。

图 16-42　宋代瓶花图砖雕
33厘米×30厘米

图 16-43　宋代彩绘牡丹图砖雕
31厘米×31厘米

这些砖雕可能是墓室用砖，更有可能是影壁、门楣、花墙等需要特别装饰之处的用砖，它们如此精雕细琢，甚至彩绘焕然，说明当时建筑装饰对园林与园艺经典意象的借用汲取、融会交融，手法已经相当娴熟，成就也颇为可观。

行文至此不妨提及：林徽因先生曾经强调观赏中国古典建筑时，应该特别留意若干建筑单元的"合组而成的整体"、它们"全体上的价值"，认为这是中国古典建筑最显著特点之一，并因此使得建筑"周围整体和邻近的环境"具有重要的设计与审美的意义。[①] 而出于同样原理，对于中国古典

[①] 林徽因曾说："就大多数的文物建筑而论，也都不仅是单座的建筑物，而往往是若干座合组而成的整体，为极可宝贵的艺术创造，故宫就是最显著的一个例子。其他如坛庙、园苑、府第，无一不是整组的文物建筑，有它全体上的价值。我们爱护文物建筑，不仅应该爱护个别的一殿、一堂、一楼、一塔，而且必须爱护它的周围整体和邻近的环境。我们不能坐视，也不能忍受一座或一组壮丽的建筑物遭受到各种各样直接或间接的破坏，使它们委曲在不调和的周围里，受到不应有的宰割。"见林徽因：《爱上一座城：林徽因谈建设与设计》，上海人民美术出版社，2018年，第56—57页。

园林艺术而言，无数看似细琐的景观与艺术单元之间的配置组合关系，以及因此而塑造出的那种整体性的环境旨趣，也是这门艺术中最重要的内容之一。

在此基础上，园艺盆景瓶花等艺术至明代以后更为发达，且有袁宏道《瓶史》、高濂《遵生八笺》等著作对花品、花卉陈设艺术做了专门的研究，所以文房装饰的手法、文房用具的器型与风格等等，也都深受其影响。下面举四川省遂宁市博物馆藏一件模仿微型花圃与盆景式样的石雕笔插（图 16-44）为例，这类工艺美术品大量出现，追求一切细节的装饰性与园林气息，这些都说明了园林艺术及其发展脉络是如何具体而微地影响与塑造着古典文房的装饰风格的。

图 16-44　清代石雕笔插

二、宋明以后，山水园林题材工艺美术的繁荣与家居氛围艺术化趋势

上文关注了宋明以后文房艺术发展与工艺美术热衷展示山水园林形象之间的关系，在此同时还应该注意与此风尚相互促进的另外一个侧面：宋明以后中国家居艺术的发展，也是与相关工艺美术越来越重视表现山水园林风景的趋势密切相关。

包括园林在内的中国古典景观艺术，本来极大程度就是立足于传统农耕文明，以及相应环境中的家庭伦理、自然与人之间审美互动等等基础之上，所以"采菊东篱下，悠然见南山""众鸟欣有托，吾亦爱吾庐""烟柳画桥，风帘翠幕，参差十万人家"这些视角下的山水庭园艺术，才构成了中国园林美学的深刻内容，并由此而塑造工艺美术与山水园林之间的密切关系；尤其是宋代以后，在中国古典文化艺术告别汉唐时代外向扩张热情的总体态势之下，情况更是如此。

我们说，上述情况对于山水园林审美以及工艺美术诸多门类的发展，当然会有广泛的影响。上章所举出一些例子（汉代墓葬明器、北魏孝子图线刻画等等），从中已经不难见出中国山水园林审美与农耕环境下家庭生活、家庭伦理等等的直接关联。现在则要指出：这个前因对于宋代以后中国山水园林文化的面貌，产生着更为广泛的影响，也与工艺美术领域关联更为深切。

先从一幅宋代绘画名作即苏汉臣的《秋庭戏婴图》（图16-45）入手，对上述轨迹略做管窥。

《秋庭戏婴图》描绘两位锦衣幼童在庭园玩着一种推枣磨的游戏。对于此画，美术史家多注意对儿童华美服装与饰物描绘精细入微所体现的宋代画风，民俗学家则特别注意画中儿童玩具品类繁多、家具制作之精丽等等时代内容。而从本书主要视角来看，此图中最值得留心的无遗是当时上流家宅中诸多景物的布置方式，比如峰石特立、姿形挺拔秀美，近旁有娇艳的芙蓉、雏菊争放，它们花叶在色彩、格调上与"单置"峰石形成对比与映衬，这些直接表现了此时园林艺术中"花石小景"配置

图16-45 苏汉臣《秋庭戏婴图》
立轴绢本设色，197.5厘米×108.7厘米

手法的高度成熟洗练及其对家宅中伦理氛围的塑造。

从画面主题中尤其可见：从这时开始，人们对园林审美的日益精致入微，往往是与其对家园、家庭及伦理亲情的建构培育愿望融会在一起——由此，园林中看似普通的几件家具、各式花草等等，都有了现实的意义。而宋代描写园林的绘画中，对类似的场景、内容与氛围的表现日益突显出来而成为流行主题，这不能不说是美术史与园林艺术史上一个具有文化意义的标志。其具体画作如苏汉臣《冬日婴戏图》《洗儿图》[①]，佚名《小庭婴戏图》《妆靓仕女图》《蕉荫击球图》《荷亭婴戏图》[②]《蕉石婴戏图》等等——如此大量的作品都空前一致地聚焦于庭园中家庭伦理生活的场面，这个艺术现象背后显然有着更具深刻涵义的社会文化脉络。

所以在这样的背景下，工艺美术与园林艺术相互关联中的文化意蕴与伦理意蕴，自然而然地融入了无数具体作品之中。举宋金时代瓷器以《庭园婴戏图》为装饰艺术流行纹样为例，这类作品有大英博物馆藏北宋至金定窑庭院婴戏图镶铜口盘（图16-46）及日本兵库县白鹤美术馆藏北宋磁州窑庭园婴戏图瓷枕（图16-47）。

图16-46　北宋至金定窑庭院婴戏图镶铜口盘

图16-47　北宋磁州窑庭园婴戏图瓷枕

[①] 苏汉臣《洗儿图》亡佚不传，但明代《历代名公画谱》卷二中以版画形式保留了此画的概貌。
[②] 《荷亭婴戏图》（绢本设色，23.9厘米×25.8厘米，美国波士顿艺术博物馆藏），旧传五代王齐翰作，其实显而易见为南宋作品。今人也皆持此看法，如李玉华：《宋代婴戏图中女性形象的图像学研究》，载《艺术研究》2019年第4期。

再以上文曾经介绍过的雕漆艺术品为例,"庭园婴戏"同样成为元明以后雕漆艺术中的流行主题之一,具体作品比如图 16-48 所示元明时期剔红婴戏图纹花口盘,其上刻绘了儿童群集游戏的细部场景(图 16-49)。

图 16-48　元明时期剔红婴戏图纹花口盘　　图 16-49　元明时期剔红婴戏图纹花口盘儿童群集游戏局部

明代以后,以园林山水、士人风雅为画面主题的作品,也在不知不觉中加入了家庭伦理方面的内涵,比如图 16-50 所示北京故宫博物院藏这件漆雕作品,上刻梅妻鹤子图。这件作品是用宋代林逋隐居西湖孤山,植梅养鹤,终身不娶,人谓"梅妻鹤子"的典故作为画面主题。元明以后,林逋故事已经成为文人生活与文化的最知名标志,因而在众多艺术领域(包括造园艺术)中流行,而漆盒也以此

图 16-50　明代永乐年间制剔红梅妻鹤子图圆盒
高 8.1 厘米,口径 26.5 厘米

为主题图案,当然说明了以这类题材的普及而促使生活氛围日益雅化的趋势。同类例子又比如北京故宫博物院收藏的剔红周敦颐爱莲图圆盒(明永乐年间制,高10.8厘米,口径25.9厘米),它除了表现周敦颐依栏坐于观景亭观荷的高洁神态,同时更刻画了整个庄园置于山水环抱而呈现的诗意氛围,表现出基于家园而寄托审美理想的范式。

所以,这时工艺美术对山水园林题材的表现,已经远离了五代至北宋山水画的构图方式及其"生命奇峰体验"的旨趣追求,转而聚焦于表现庭园中日常伦理生活、审美生活趣味情韵之美好。

不仅如社会上层阶级的漆雕之类日用器具是这样,而且在更加平民化日用器具中情况亦是如此。先看广州市南越王博物馆陈列的一件金代瓷枕(图16-51)——像这样以360°山水庭园全景的浮雕图案作为一件小小陶枕的主题装饰,在前代极少能够看到。

图 16-51 金三彩刻花牡丹纹山水庭园如意形枕

陶枕看似是极普通的日用器,但另一方面它又是人们进入"梦想境界"的媒介与入口,其装饰方式往往聚焦了人们的人生终极理想与审美价值取向,可能因此而成为一种典型的"时代文化符号"——例如宋代流行的荷叶孩儿枕鲜明体现着此时的社会伦理理想。所以这件陶枕以山水与家宅庭园作为装饰主题,其文化心理上的意义其实值得重视。

在中国古典艺术后期,与家庭日常生活密切相关的山水园林题材充分涵盖了美术世界的众多领域,许多大型工艺美术都热衷表现这类题材。举运用多种装饰技法的庭院建筑构件为例,比如安徽省源泉徽文化民俗博物馆藏徽州民居中的一件清代木雕栏板(图16-52)。

图16-52　徽州民居中的清代木雕耕读传家窗栏板

广东、浙江等一些地方,清代以后更流行在家宅建筑构件上采用十分复杂的木雕工艺表现山水、园林、宅园图景。比如图16-53这件作品中,建筑木雕艺人将亭台宝塔、花石林木等相当复杂的园林景观,纵向地安排在一件体量不大的木构件之上,显示出在构图与透雕等等技法上的深厚传统。

图16-53　浙江东阳横店民居大厅檐口
撑拱上的园林图景

(引自张道一、郭廉夫主编:《古代建筑雕刻纹饰·山
水景观》,江苏美术出版社,2007年,第24页)

与木雕建筑构件相映照的是，庭院中的砖石雕艺术同样热衷于对园林山水的表现。比如清代安徽歙县北岸村吴氏宗祠享堂至德堂石雕栏板"西湖十景"之一的"苏堤春晓"①（图16-54）。

图16-54　吴氏宗祠至德堂石雕栏板"西湖十景"之"苏堤春晓"

因为处于门楼、影壁等庭园建筑序列中的重要位置，所以下面这类石雕或砖雕（图16-55）更具有提示文化主题的作用。这类浅浮雕、高浮雕、透雕等多重技法悉数登场，构图上日渐堆砌而不惜靡费工本的装饰方法，在晚清时期不论南方或北方的大型宅院中都相当常见，如南京博物院藏晚清山水庭园题材的大幅门楼砖雕。

图16-55　晚清山水庭园题材的大幅门楼砖雕

对比室外工艺品的上述情况，下面再看室内装饰，比如厅堂内最具装饰性的大型屏风，以南京博物院藏晚明十二扇园林仕女图嵌螺钿黑漆屏风

---

① 还可以参见本书图12-24吴氏宗祠至德堂"西湖十景"之"雷锋夕照""南屏钟晚"石雕栏板。

(图16-56)为例。

此屏风体量巨大(十二扇屏风全部展开,宽度将近5米)、工艺奢华,屏风画面中园林景观内容也非常丰富完备,包括亭台楼阁、周垣曲桥、水榭湖石等众多内容,园林中诸多人物生活场景的各种细节,无不纤毫毕现;对于园林之众多景观要素的配置关系、开阖宛转等空间结构的表现也都精益求精。

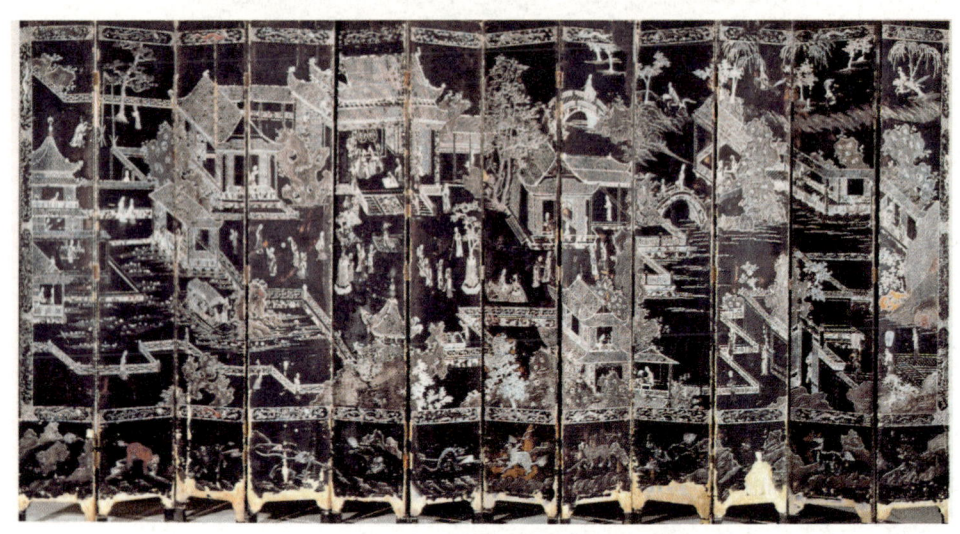

图 16-56　晚明十二扇园林仕女图嵌螺钿黑漆屏风
每扇高 247 厘米,宽 41.7 厘米

借助于表现园林生活的工艺美术大幅画面来提升家宅居室的艺术气氛,表现伦理理念,这种追求在晚明至清代颇为流行,且还可以从现在可见的诸多作品中体会出来。比如中国国家博物馆家具馆陈列有一件明晚期黄花梨嵌刻灰彩楼台人物纹屏心十二扇屏风,此作体量巨大(通宽680厘米,高330厘米,厚7厘米),每扇可分为三部分:顶端饰楣板,透雕福寿字及螭纹,中部为屏芯,装刻灰彩绘楼台人物风景屏条,下段绦环板又是透雕福寿字及螭纹——园林楼台风景与福寿祈愿的这种高度融合当然说明了此时伦理价值观的基本定位。

再比如据安吉新闻网报道,2012年7月5日杭州市政协举行新闻发布会,宣布在古巴国立博物馆中发现了一件清代康熙年间的屏风,这件高为

2米多、宽为4至5米的巨大漆屏风，上面描绘的是"西湖十景"[①]；美国明尼阿波利斯博物馆也收藏有一件清康熙年制十二扇黄花梨镶绢本挂画大围屏[②]。而一直到晚清时期情况依然如此，比如广东省博物馆陈列中，有一件制作于清道光三十年（1850）的磨金漆画西湖十景图大寿屏（正面为"西湖十景"山水园林画，背面为《祝寿文》）——以这样的大屏风来为家族中的耄耋长者贺寿，这当然说明了这时山水园林题材工艺品所具有的家庭伦理学意义，也就是对于家族发达、家庭和谐延绵久远的象征与美化效用。

以山水园林题材作为画面主题并适合内室陈设的小型屏风更为流行，其装饰工艺手段繁多，包括玉雕、漆雕、黄杨木雕与螺钿镶嵌、缂丝等，比如南京博物院收藏的一件清代嵌螺钿小插屏（图16-57）。

图16-57　清嵌螺钿高士图小插屏

[①]　《古巴发现清代"西湖十景"屏风对研究十景演变有重要意义》，见安吉新闻网：https://ajnews.zjol.com.cn/ajnews/system/2012/07/06/015187773.shtml，访问日期：2012年7月6日。
[②]　此围屏通宽325.76厘米，高57.79厘米，厚3.49厘米。见《230张高清大图，一览美国明尼阿波利斯博物馆家具文房珍藏》，见"古玩鑫"公众号：https://mp.weixin.qq.com/s/Rc0ueSCHlFj2bYrNtwPOHA，访问日期：2023年2月21日。

此类作品透露出的重要信息是：这时工艺美术作品所表现的高士形象以及他们的生活氛围，都已经完全告别了以往对巢父、许由的那种定义（高士人格与现世政治环境的冲突），彻底转变成了在豪门家宅庭园中欣赏园林景色、享受生活富足这类情调。

再看家具的例子。下图为故宫博物院收藏的一把圈椅（图 16-58），圈椅的靠背板上用螺钿镶嵌出一幅精美细密的园林仕女图（图 16-59）。

图 16-58　清康熙黑漆圈椅　　　　图 16-59　清康熙黑漆圈椅椅靠背板局部

（引自中国美术全集编委会编：《中国美术全集·工艺美术编　竹木牙角器》，人民美术出版社，2015 年，第 124 页、125 页）

在以山水园林题材作为工艺品主题的风尚之下，甚至出现用工极其考究浩繁的家具图案。比如台北故宫博物院收藏的一件标称明代制作的香几，其台面与下层托泥都是满铺螺钿镶嵌的山水园林图案，其奢华与精细程度比较罕见（见图 16-60）。

再比如图 16-61 中南京博物院藏这套清乾隆时期皇家宫苑使用的大型家具。这套家具值得留意之处在于：大座屏由一主两辅组成，其形制的设计、施工用料等极尽奢华。主座屏画面仿照"圆明园四十景"中"上下天光"景区风貌,力求表现皇家园林景色的浩大格局与富丽格调;而座椅靠背上装饰画的内容,则是一处水乡庄园景色,与座屏上的皇家园林形成风格上的对比与衬托。

图 16-60　黑漆嵌螺钿高束腰三弯腿带托泥香几及其台面图
高 45.72 厘米

图 16-61　清乾隆年间制正面珐琅、背面黑漆大座屏

再看箱柜类家具。《红楼梦》第四十回中刘姥姥观赏了贾母住房之后说："人人都说'大家子住大房'。昨儿见了老太太正房，配上大箱、大柜、大桌子、大床，果然威武。那柜子比我们一间房子还大，还高。"——可见大柜是豪门家宅居室内主要的大型家具之一。纽约苏富比拍卖行2020年秋在巴黎拍卖的一组大柜。体量异常巨大、工艺装饰及其所展现的园林画面内容都极尽奢华，拍卖方对其中一件柜子（250.5厘米×111.8厘米×48.3厘米）[①]的详细介绍是：

> 对柜制作年份约为乾隆六年（1741），巧缀百子图，或为宫中喜事而造。……
>
> 清代家具中，四件柜份属硕大之类。此对柜工精艺巧，以戗金填漆，刻画庭阁仕女，孩童玩耍，乐也融融。戗金填漆之技，艺匠须先以雕刻或堆漆方法勾勒图案，内施各色彩漆并磨平，轮廓则以金填嵌。此艺耗工费时，是以多用于小件，大器如斯，尤为珍罕。
>
> 顶箱与立柜门饰样祥瑞，刻画百子，嬉戏院中，作为宫廷喜事贺礼，尤为宜适，或为此而制。传说周文王膝下有儿九十九，收养了雷震子，恰好凑成一百，百子图正是依此说而生。文王其中一子日后更开朝建国，是为周武王。明清之时，百子图因其意涵祥瑞，大行其道，见饰于各式工艺，漆器、织品、瓷器，五花八门。此对柜构图，采用18世纪从西方传入的单点透视，让场景更形立体。
>
> 此类仕女婴戏图，或受如焦秉贞（1689—1726）及冷枚（1677—1742后）等宫廷画家的作品启发。对柜所描绘的建筑，与紫禁城内殿阁甚为接近，尤其是重檐亭楼，跟高宗在乾隆六年为庆祝崇庆皇太后五旬大寿在中海兴建的亭阁风格一致，为对柜提供了年代上限。[②]

---

① 图见苏富比：《十二世纪佛教造像领衔巴黎亚洲艺术拍卖》，"苏富比"微信公众号，网址：http://mp.weixin.qq.com/s/9al69gMJywETjkJP_MmlrQ，访问日期：2020年11月18日。
② 见苏富比：《十二世纪佛教造像领衔巴黎亚洲艺术拍卖》，"苏富比"微信公众号，网址：http://mp.weixin.qq.com/s/9al69gMJywETjkJP_MmlrQ，访问日期：2020年11月18日。

可见此柜画面中的园林建筑，很可能直接描绘了当时北京的西苑（中南海位于紫禁城西侧，故称"西苑"）风景；而采用西画透视方法来表现园林建筑等景物，这在工艺美术史上当然也有重要意义。

与上述情况相映对的是，小型生活类工艺美术作品也同样崇尚山水园林题材。图16-62是故宫博物院藏一件体量之微小仅堪掌中把玩的玉雕作品。

图16-62　清乾隆桐荫仕女图玉饰

高15.5厘米，宽25厘米

这是清代乾隆时期宫廷玉匠的一件作品，用一只玉碗的余料制成，这种设计和做法名曰"巧作"，目的是最大限度利用珍稀材料。其可观不仅在于刻画的内容为园林中的仕女形象，更在于它在方寸隙地之内曲尽建筑空间的转折顿挫，如此构思当然与此时园林空间的"芥子纳须弥"原则有直接联系——玉雕艺术家在被严格限定形态与尺寸的狭蹙空间内塑造出园林意境的延绵不尽，这体现着中国古典园林技法与美学理念对工艺美术的深入影响。

最后再提示一下：本章所述文房装饰艺术越来越受到园林的影响与家居居室装饰越来越受到园林的影响，这两者其实是一脉相通的，这种相通我们读《红楼梦》就随时会有感受。下面再举具体的文物实例——南京博物院中并排陈列的两件清代竹雕作品，一件是文房用具竹雕竹林七贤笔筒，另一件是卧室中常用的香筒（图16-63），刻绘题材居然同样是竹林七贤，

图16-63　清竹雕竹林七贤香筒

由此可见生活环境艺术与文化环境艺术这两者在趣味上的同步性。

三、中国古典工艺美术热衷表现山水园林题材的文化与哲学成因

上文列举了很多具体作品,用以说明中国工艺美术与园林艺术之间千丝万缕的联系,以及这种相互滋养机制的长久演进过程。但仅有这些直观了解对于说明本章主题显然远远不够,因为还有更多形而上的东西支撑着无数工艺美术作品对山水园林题材的日益热衷。比如:为什么通过工艺美术而尽量在一切文化与生活场景内塑造园林山水为主题的环境格调,会成为中国古典审美的一种根本取向?

笔者以为这至少出于两方面重要原因。其一,民族传统中因为农耕文明与宗法性社会的特点,所以心系家庭、守望家园成为根本的伦理坐标与文化品格。比如陶渊明的以归鸟为比喻:

> 翼翼归鸟,驯林徘徊。岂思天路,欣反旧栖。……日夕气清,悠然其怀。[1]

再比如唐代王勃的名句:

> 江汉深无极,梁岷不可攀。山川云雾里,游子几时还![2]

这首只有二十字的小诗所以千古传颂、至今人人谙熟,就是因为王勃咏写出了人们在不断探寻遥远广袤山川世界之同时,又始终不能忘怀自己作为远行之游子,其心灵终要回归故乡家园、融入家园的心境,亦即陶渊明"众鸟欣有托,吾亦爱吾庐""岂思天路,欣反旧栖"那种天人凑泊的境界,唯此才能让人最终获得心性的根基。

其二,宋元以后,我们民族对宇宙终极性主题("天人之际")的感知

---

[1] 陶渊明:《归鸟》,见逯钦立校注:《陶渊明集》卷一,中华书局,1979年,第32—33页。
[2] 王勃:《普安建阴题壁》,见彭定求等编:《全唐诗》卷五六,中华书局,1960年,第683页。

与思考，已经可以通过一幅山水画、一处园景、一件山水园林题材工艺品而建构出世人喜闻乐见的认知路径，而不需要先进入抽象思辨的世界。在中国文化的相对早期，人们曾对告别宅园而去探究遥远彼岸世界抱有巨大的热情，所以"寻仙"一直是汉唐宗教与文化中的经典主题。比如李白曾经反复高歌的理想：

> 朝见裴叔则，朗如行玉山。黄河落天走东海，万里写入胸怀间。……徘徊六合无相知，飘若浮云且西去！[1]

> 白鹤飞天书，南荆访高士。五云在岷山，果得参寥子。肮脏辞故园，昂藏入君门。天子分玉帛，百官接话言。……长揖不受官，拂衣归林峦。余亦去金马，藤萝同所攀。相思在何处？桂树青云端！[2]

但宋明以后，这种取向在士人文化中却几乎完全消歇，于是如哲学家程颐所概括的，不仅形而上层面的社会与文化最高价值（"道"的境界）聚焦于现实伦理及其和谐运行的状态，人们对这种天人凑泊境界随时随处的理解、交融、欣喜，也成为价值坐标的核心：

> 道之大本如何求？某告之以君臣、父子、夫妇、兄弟、朋友，于此五者上行乐处便是。[3]

于是契合于此而在形而下的层面，人们全力打造能够汇通理想彼岸与现实价值于一体的立身环境与生活环境（包括高度和谐、充分艺术化的庭院氛围），就成为全力的追求。比如苏州留园中命名为"小蓬莱"的一处景点（图16-64）。

中唐以后，人们越来越热衷于艺术地营构现世的风景地，以此来代表蓬莱等彼岸世界的存在，即如白居易《西湖晚归，回望孤山寺，赠诸客》所

---

[1] 李白：《赠裴十四》，见《李太白全集》卷九，王琦注，中华书局，1977年，第487页。
[2] 李白：《赠参寥子》，见《李太白全集》卷九，王琦注，中华书局，1977年，第494—495页。
[3] 程颢、程颐：《河南程氏遗书》卷一八，见《二程集》，王孝鱼点校，中华书局，1981年，第187页。

图 16-64　苏州留园中"小蓬莱"一景

说："烟波澹荡摇空碧,楼殿参差倚夕阳。到岸请君回首望,蓬莱宫在海中央。"类似建构宗旨在宋代以后园林美学中成为一种十分常见、范式性的艺术主题与"造园语言"①。其宗旨都是以园林中的景区设置,来表现通过对世俗园林之艺术建构从而实现对彼岸世界的完全把握。

笔者在旧著中详细说明,战国以后因为受到东方齐、燕等地流行"蓬莱神话"的影响,原来以起源于西北的"昆仑神话"为主干的神话模式有了非常大的改造;蓬莱神话在政治、文化等领域的地位与影响也得到大大提

---

① 比如南宋陆性斋小园题额为"小蓬壶",张炎词《壶中天·陆性斋筑葫芦庵,结茅于上,植桃于外,扁曰"小蓬壶"》称赞道:"海山缥缈,算人间自有,移来蓬岛。"见唐圭璋编:《全宋词》,中华书局,1965年,第3492页。又如周密《祝英台近·赋揽秀园》中有"步玲珑,寻窈窕,瑶草四时碧。小小蓬莱,花气透帘隙……"见唐圭璋编:《全宋词》,中华书局,1965年,第3282页。更为人熟知的例子如杭州西湖的湖心岛被命名为"小瀛洲"。皇家园林中则更为典型,比如北京圆明园有"方壶胜境"景区,中南海的湖中岛名为"瀛台",其正殿含元殿楹联为"四面波光动襟袖,三山烟霭护壶洲"等等。

高，构成了当时中国宗教文化的重要内容①。但是随着中国文化，尤其是宗教文化世俗化趋势千百年的磨砺，于是包括天道、乐土、仙境、蓬莱等等彼岸性的存在，它们原本的宗教色彩越来越减弱，同时则越来越具有了现实审美的品味与趋向，尤其这种品味与趋向在整个文化系统中更具有弥散性、溢出性的广大影响力②。

苏轼的几句诗，显示出他对"蓬莱主题"原初强调彼岸方向的一种决然否定：

> 浮生知几何，仅熟一釜羹。……蓬莱在何许，弱水空相望。且当从嵇阮，聊复数山王。③

他的意思是，"蓬莱"不过是水月镜花，所以只有像竹林七贤那样萧散适性、将审美充分日常化的真实生活方式，才是值得效法与追求的目标。

于是延续到元明以后，中国意识形态中原本对于彼岸及其崇高性、超越性的体会，就越来越多被艺术家对溪山之美的描绘所代替、所置换，其例子不胜枚举，如图16-65、图16-66所示。

图16-65　方从义《云山图》局部
纸本长卷浅设色，全卷26.1厘米×144.5厘米

---

① 见拙著：《园林与中国文化》，上海人民出版社，1990年，第57—63页。
② 华裔美国学者杨庆堃以"弥漫性"这个命题来概括中国宗教不同于世界其他宗教的特点，详见杨庆堃：《中国社会中的宗教》第十二章"中国社会中的弥漫性和制度性宗教"，范丽珠译，四川人民出版社，2016年，第228—264页。
③ 苏轼：《次丹元姚先生韵二首》，见查慎行：《苏诗补注》卷三六，范道济点校，中华书局，2017年，第1635—1636页。"山王"即指山涛、王戎。

图 16-66　方从义《云山图》卷首程南云篆书"方壶真迹"

而上文举出的苏州留园"小蓬莱"等等庭园建构，正是这个发展方向很具体的例证之一：这时的"蓬莱"已经完全退去了原本彼岸世界的意义，不仅成为整个宅园景观体系中一个优美精致、小巧怡人的艺术环节，尤其是它按照中国园林与景观审美发展后期的要求，更加和谐地与整个家宅氛围之美融为一体。

接着再看这种趋势对工艺美术的深刻影响。下面是一件以仙馆为主题的竹刻笔筒画面（图 16-67）。

图 16-67　清清溪山人款栖霞仙馆图竹刻笔筒 360° 全图拓片

至此时，在汉代画像砖、汉代明器中最常见的升仙主题，表现来自神仙世界的动植物的神异禀赋以及它们极其强劲的形象与张力（尤其是其初

第十六章　中国古典工艺美术中的园林山水图像（下篇）·715

始蕴含的宗教性张力，参见本书图1-68）的画面[1]，这些曾经在工艺装饰世界举目皆是的内容，在宋明以后几乎完全看不到了。转而如南宋理学大师张栻所无限倾心的那样：幽绝的山水园林景色，其背后沁人心脾的天地四时周行之美，就像以前被神圣祭祀的神祇那样具有终极的崇高性，生活在这样的景色中才是自己梦寐以求的理想。[2]延续这大的方向且不断地以艺术方式加以具体化，于是"寻仙栖霞"等等原本终极性的指归，现在被祛除神秘与崇高性之后移置在山水画以及屏风、笔筒、臂搁、砚台、香薰等等文房或生活器具之上；通过在家园生活环境中近距离地随处观赏体会园林山水、林野风景，终极性、超越性的价值向度完全融入（或者消解）在日常与世俗的审美活动中。

而同时，上引程颐所说现世伦理环境与世俗生活中的"乐处"（宋明理学中类似命题还有"乐地"等词），也就被确立为审美者与山水园林景观的互动基调。对此诉求，我们从许多表现园林之中一年四季各种具体生活场景的工艺美术作品（图16-68、图16-69）中，就可以有很直观的了解。

如果从西方通常的更纯粹的造园艺术角度来看，中国园林文化以及工艺美术对其的表达，如图16-56所示那样大量涉及宴饮、起居与伦理生活等等内容，似乎不容易理解，所以西方读者往往疑惑于为什么《红楼梦》要用大量篇幅不厌其烦地反复描写大观园中的吃饭喝茶等等场面。但是从中国园林基本背景的本土文化畛域来说，这看似的泛漫并非偶然。历代中国人在这个背景下的景观审美其实是充满生活情韵的自然过程，所以陶渊明

---

[1] 巫鸿在《中国古代艺术与建筑中的"纪念碑性"》第二章"宗庙、宫殿与墓葬"中说："汉代人继承和发展了人间天堂与来世的幸福家园信仰，对蓬莱及其他奇异之境的追求持续不断，但此时这些地方被想象为仙人的居所，仙人掌握着不死的秘密，可以无私地赐给凡人永恒的生命。这一时期所制造的仙山模型在数量上比历史上任何时期都要多。……人们越来越倾向相信永久的幸福可以在死后实现。"见巫鸿：《中国古代艺术与建筑中的"纪念碑性"》，李清泉、郑岩等译，上海人民出版社，2009年，第159页。
[2] 张栻《陪舍人兄过陈仲思溪亭，深有买山卜邻之意，舍人兄预以颠崖见名，因成古诗赠仲思》："隔溪更幽绝，古木荫高阜。却立望遥岑，四序列钟卣。买山吾计决，便欲剪榛莽。居然颠一壑，岂羡印如斗……"见张栻：《张栻集》，杨世文点校，中华书局，2015年，第714—715页。

图 16-68　清顺治年间折子戏选本《万锦清音》插图
（引自傅惜华编：《中国古典文学版画选集》，上海人民美术出版社，1981 年，第 865 页）

▶ 宋代以后饮食环境与园林清雅氛围的充分结合，除了下文引用张镃《赏心乐事》的详细铺叙之外，本书图 10-11 宋画《荷塘按乐图》也有真切描绘。而在这幅版画描绘的场面中，水阁内主人夫妇一面纳凉，一面对酌，水阁檐下的凉棚高张，周围竹林森然，陆上的藤萝架、竹林与池中的荷花相映成趣……，所有这些都显示出高门人家在家居与饮食环境设置上的充分艺术化。

▶ 首都博物馆藏品。此插屏为双面高浮雕，插屏正面景象为豪门园林宴乐图，反面更配合以烘托园林内气氛的山水图——这种"踵其事而增华，变其本而加厉"的构图方法、画面趣味等等，都是典型的乾隆时期风格。

图 16-69　清乾隆时期制青玉山水园林宴饮图插屏

对庭园中日常生活的那些平白描写才能够打动无数人的心弦：

> 孟夏草木长，绕屋树扶疏。众鸟欣有托，吾亦爱吾庐。既耕亦已种，时还读我书。……欢然酌春酒，摘我园中蔬。微雨从东来，好风与之俱。……俯仰终宇宙，不乐复何如？[1]

再比如南宋著名文人张镃《赏心乐事序》写自己对园林的热爱：

> 节物迁变，花鸟泉石，领会无余。每适意时，相羊小园，殆觉风景与人为一！闲引客携觞，或幅巾曳杖，啸歌往来，澹然忘归……[2]

而这种"风景与人为一"审美境界的一部分重要内容，就是一年十二个月中各个节令当口，观赏时景与品味时令美食相伴，比如：

> 五月仲夏，清夏堂观鱼，听莺亭摘瓜，安闲堂解粽，重午节泛蒲家宴，烟波观碧芦，夏至日鹅脔……
>
> …………
>
> 七月孟秋，丛奎阁上乞巧家宴，餐霞轩观五色凤儿，立秋日秋叶宴，玉照堂赏玉簪，西湖荷花泛舟，南湖观鱼……[3]

随时随处将欣赏风景与日常生活各个环节情景融会合一，这种文化机理使得中国园林文化具有了很多独特的美学品格与生活韵味，也就是陶渊明强调的"园日涉以成趣"（《归去来辞》）——他所谓"成趣"之"趣"，其实就是那种从生活情态、生活韵律（及其与天地四时之共鸣）中浸透出来的兴味。这些例子也都证明：具体的园林作品，相关的文学、绘画或者工艺美术作品的背后，都可能有更值得深究的哲理、有久远的文化脉络起着决定性作用。

总之，工艺美术是一个五花八门、作品数量浩如星汉，又与其他众多文化艺术门类联系密切的广大领域，将此领域与中国山水园林文化贯通起

---

[1] 陶渊明：《读〈山海经〉十三首》，见逯钦立校注：《陶渊明集》卷四，中华书局，1979年，第133页。
[2] 周密：《武林旧事》卷一〇，见孟元老等：《东京梦华录（外四种）》，古典文学出版社，1956年，第512页。
[3] 周密：《武林旧事》卷一〇，见孟元老等：《东京梦华录（外四种）》，古典文学出版社，1956年，第514—515页。

来而予以学术探究，其必要性可能还没有受到太多关注，尤其是以往人们可能不易想到，如此庞杂泛博现象与漫长演变历史背后，竟然始终有着深入的逻辑关联与线索，所以希望本章能够作为一个小小的引子，启发有兴趣的艺术爱好者留心这项工作的兴味与意义。

美育生活与我们的"脱卑暗而向高明"

（代后记）

此生欲问光明殿，知隔朱扃几万重？

——龚自珍《桂殿秋》（其二）

我希望能理解人类的心灵，希望能知道群星为何而闪耀。

——罗素《自传序言：我为何而生》

隔千里兮共明月，我与人均不得私之。

——蔡元培《以美育代宗教说》

本书写作大致完成之后，想到按照惯例该有一篇后记交代全书的来龙去脉。同时觉得这篇后记可能有两种写法。其一是梳理笔者自20世纪70年代末入读大学开始，不揣门外者之浅陋而一直流连于风景园林领域的学习，由此积累起对此学科将近百年研究史脉络[1]的些许体会。

不同于如此拘羁的另一种写法，也是笔者更希望请教于读者的，则是感受具体学科知识之外看似更远处的关联——我们这代人，在改革开放初始年代争得机会进入大学，这个背景使得我们对于领受艺术与美之崇高境界、摆脱蒙昧野蛮等长期积势，有着发自心底的渴望。于是日后在艺术与美学方向上的一切学习观摩，其实都不仅是一种技术性知识的积累，而且

---

[1] 刘敦桢先生在20世纪30年代勘察苏州的拙政园、怡园、狮子林、环秀山庄、留园等名园，并撰写出《苏州古建筑调查记》，其时距今约有九十多年。

还总会有意无意关联着那个深深的心结。如此的想法与视角，也就是每当我从事具体风景园林研究、美术史研究时心里最不能放下的事情。因为这些隐含的心绪其实比对具体知识问题梳理有更重的分量，所以概述如下，作为对本书宗旨的拓展性说明。

一、为什么"美育"不等于世人常说的"美术教育"

蔡元培曾经反复说过，他所倡导的"美育"并不等于人们一般所谓"美术"。比如他在1930年《以美育代宗教》一文开宗明义说："我向来主张以美育代宗教，而引者或改美育为美术，误也。"接着他强调："美育"除包括各种直接的艺术创作和艺术教育以外，社会环境的美化、文化建设、个人的修养、社会的组织与进步等等，"凡有美化的程度者均在所包，……（这些）都不是美术二字所能包举的"——不难看出，蔡元培所倡导的，乃是指整个人类文明与社会制度的那种根本性进步；而这种进步的整体性尤其是它所对应的人性陶冶升华与社会变革的深刻性，当然不是一般美术教育所能涵盖的。

那么，为什么蔡元培要在文明进步纷纭层出的诸多领域当中，独独拈出"美育"来作为一种统领性的根本标志？以蔡元培一度准备撰写的《欧洲美术史》为例，这部著作的开篇之作，乃是介绍意大利文艺复兴三杰之一拉斐尔的长文。百余年之后的今天，我们仍然可以透过其中描述性文字而深深体会到，当蔡元培面对拉斐尔的伟大艺术时，他曾经怎样被其中涌动着的极为宏阔壮丽的文化境界和高远的心灵寄托所震撼。例如蔡元培对拉斐尔在罗马圣比德大教堂中壁画内容的一段描述：

> 四大壁画，以写四大宗思想之进化史：一曰神学，二曰哲学，三曰文艺之学，四曰法学。……（其中）尤以哲学、文学二图为宏丽，……哲学之图，题曰《雅典学派》，……文学之图，题曰《巴

奈斯》,巴奈斯者,希腊之一山……相传为埃颇罗及文艺之神九谟惹(Muse)之所栖止,而文艺大家之神魂所归宿也。①

蔡元培又特别介绍此巨作中一个重要内容:拉斐尔把自己以及自己老师与弟子的形象,一并画于希腊众多思想巨匠群像的末尾,"所以自表其对于哲学、科学之热心"。蔡元培最后感叹:

> 呜呼!赖斐尔之殁,且五百年矣。吾人循玩此图,其不死之精神,常若诱掖吾侪,相与脱卑暗而向高明。虽托像宗教,而绝无倚赖神佑之见参杂其间。教力既穷,则以美术代之。观于赖斐尔之作,岂不信哉!②

文艺复兴艺术所呈现给一代又一代后人的,远远不仅仅是艺术技艺的高超、艺术场景之宏大瑰丽……,其更根本的内容,是展现出的人类通过艺术而不断提升自己这一永恒诉求,是以此诉求作为文明之终极归宿的那样一种伟大的心智境界。"其不死之精神,常若诱掖吾侪,相与脱卑暗而向高明"——这样境界所展现的,当然是以其无限的恢宏与美好而贯穿文明根本价值这个永远的方向!

尤其大有深意因而最为警策的是:蔡元培这句格言不是说人们通过某种成功手段或路径而终于可以功德圆满("至高明"),相反,"卑暗"是人性与生俱来的宿命,所以"脱卑暗而向高明"也就是永远的进阶;或者说,美育天然地抗御人类与生俱来的卑微性,因而它也就是人性永远需要勉力才能企及一二的救赎。

二、美育与广义的教育

以希腊传统为源头的古典教育在西文中有一个专门的词——paideia,

---

① 沈善洪主编:《蔡元培选集》上卷,浙江教育出版社,1993年,第191—198页。
② 沈善洪主编:《蔡元培选集》上卷,浙江教育出版社,1993年,第200页。

后来人们就强调：paideia 实质上是一种"人文教育"，以实现一种文化的最高理想，以承续人文传统为指归（paideia 含有"古典教育理念"的意思）。它不是以传授知识与技能为终极目的，而是像亚里士多德《形而上学》卷一章二等篇强调的那种通向"善""终极""人本自由"的学术。所以，古希腊人是将诗人（尤其是荷马与赫西奥德）视为最早出现也是最崇高的"教育家"。后来的教育者，乃至智术师、演说家和哲学家们，也无一不以"诗的教育"作为基本的智识源头。所以 paideia 这个词，是指对人的精神空间进行塑造，使知、情、意达到和谐，促使精神生命得到整体的提升——这个根本的指向，其实也就是蔡元培所说人性上的"脱卑暗而向高明"。

三、为什么美育具有从根本上促进社会进步变革的深刻潜能

当年蔡元培揭橥"美育"来概括与表述一种全面深刻的文明进步，他立意的深意至今仍然给我们以启发，因为在他看来，美育所代表的，是与非理性社会那种褊狭、党同伐异、相互仇视攻讦等等完全对立的世界氛围与文明方向：

……盖无论何等宗教，无不有扩张己教、攻击异教之条件。回教之谟罕默德，左手持《可兰经》，而右手持剑，不从其教者杀之。基督教与回教冲突，而有十字军之战，几及百年。基督教中又有新旧教之战，亦亘数十年之久。……宗教之为累，一至于此，皆激刺感情之作用为之也。鉴激刺感情之弊，而专尚陶养感情之术，则莫如舍宗教而易以纯粹之美育。纯粹之美育，所以陶养吾人之情感，使有高尚纯洁之习惯，而是人我之见利己损人之思念，以渐消沮者也。盖以美为普遍性，决无人我差别之见能参入其中。……隔千里兮共明月，我与人均不得私之。……又何取乎侈言阴骘、攻击异派

之宗教,以激刺人心,而使之渐丧其纯粹之美感为耶?①

现在看来,蔡元培否定宗教在文明中意义的论点值得商榷,但是他在百年前的基本立场仍然历久弥新,这就是强调蒙昧社会那种执迷褊狭的非理性心态("扩张己教,攻击异教")与文明进步方向的根本冲突,而相反地,"美育"所体现的则是健康、开放、宽容、自由的文化精神和人类品格,所以他做了鲜明的对比:"美育是自由的,而宗教是强制的""美育是进步的,而宗教是保守的""美育是普及的,而宗教是有界的"(《以美育代宗教》)。

从这个立场出发,美育所追求的当然不是某些具体艺术的进步,而是从根本上对人类自由心性的滋养,以及个性自由之获得对于近代以来社会进步的伟大意义:

> 外人(指西方人)能进步如此的,在科学以外,更赖美术。……美术所以为高尚的消遣,就是能提起创造精神。……美术一方面有超脱利害的性质;一方面有发表个性的自由。②

正因为这个方向对于两千年"秦制"桎梏下的中国来说尤其是希望之所在,所以它也就成为蔡元培"美育"思想体系乃至他的整个教育思想的核心:

> 现在社会上不自由,有两种缘故:一种人不许别人自由,自己有所凭借,剥夺别人自由,因此有奴隶制度、阶级制度。又有一种人甘心不自由,自己被人束缚,不以为束缚,甘心忍受束缚。这种甘心不自由的人,自己得不到自由,而且最喜欢剥夺别人自由,压制别人自由……倘能全国人都想自由,一方面自己爱自由,一方面助人爱自由,那么国事决不至于如此。要培养爱自由、好平等、尚博爱的人,在教育上不可不注重发展个性和涵养同情心两点。③

---

① 蔡元培:《以美育代宗教说》,见高叔平编:《蔡元培教育论著选》,人民教育出版社,2017年,第90—92页。
② 蔡元培:《在爱丁堡中国学生会及学术研究会欢迎会演说词》,见高叔平编:《蔡元培教育论著选》,人民教育出版社,2017年,第345—346页。
③ 蔡元培:《在北京高等师范学校〈教育与社会〉社演说词》,见高叔平编:《蔡元培教育论著选》,人民教育出版社,2017年,第278页。

因此，蔡元培不仅标举"隔千里兮共明月，我与人均不得私之"的崇高美境，而且反复强调"美育"与教育之价值，要绝对地高于任何一党一群的政治私愿与私利。所以他反复说：

> 专制时代（兼立宪而含专制性质者言之），教育家循政府之方针以标准教育，常为纯粹之隶属政治者。共和时代，教育家得立于人民之地位以定标准，乃得有超轶政治之教育。……世界观教育，非可以旦旦而聒之也。且其与现象世界之关系，又非可以枯槁单简之言说袭而取之也。然则何道之由？曰美感之教育。……世界观、美育主义二者，为超轶政治之教育。①

> 教育是要个性与群性平均发达的。政党是要制造一种特别的群性，抹杀个性。例如，鼓励人民亲善某国，仇恨某国；或用甲民族的文化去同化乙民族。②

蔡元培先生的这些论说，在百年之后的今天仍然值得回味。

四、为什么中外艺术经典是我们建构美好心灵家园的源头活水

生命价值高尚坐标的建构直接体现着艺术在人性维度的伟大意义，这方面说得最好的，我觉得是沈从文先生，比如他《关于西南漆器及其他：一章自传——一点幻想的发展》等文中的一系列现身说法：

> 我有一点习惯，从小时养成，即对音乐和美术的爱好，以及

---

① 蔡元培：《对于新教育之意见》，见高叔平编：《蔡元培教育论著选》，人民教育出版社，2017年，第1—5页。
② 蔡元培：《教育独立议》，见高叔平编：《蔡元培教育论著选》，人民教育出版社，2017年，第397页。

>对于数学的崇拜。……从四五岁起始,这两种东西和生命发展,即完全密切吻合。……一个有生命有性格的乐章在我耳边流注,逐渐浸入脑中襞折深处时,生命仿佛就有了定向,充满悲哀与善良情感,而表示完全皈依。音乐对我的说教,比任何经典教义更具效果。也许我所理解的并不是音乐,只是从乐曲节度中条理出"人的本性"。一切好音乐都能把我引带走向过去,走向未来,而认识当前,乐意于将全生命为当前平凡人生卑微哀乐而服务。……认识我自己生命,是从音乐而来;认识其他生命,实由美术而起。……(我)爱好的不仅仅是美术,还更爱那个产生动人作品的性格的心,一种真正"人"的素朴的心。①

他又说:

>作者在小小作品中,也一例注入崇高的理想,浓厚的感情,安排得恰到好处时,即一片顽石,一把线,一些竹头木屑的拼合,也可见出洋溢生命。这点创造的心,就正是民族品德优美伟大的另一面。②

可见艺术所凝结的远不仅仅是技艺上的超凡绝俗,而更根本的是"人的本性"与"崇高理想、浓厚感情"等等"生命的洋溢",沈从文先生从幼年开始就让自己生命的发展与艺术"完全密切吻合",这是他后来成就自己"真正人的朴素的心"、命运中虽遭无数坎坷而始终没有丝毫随波逐流的最坚实根基。

同样值得记取的又比如黑格尔的总结,他说在有教养的欧洲人心中,一提到"希腊"这个名字,就会自然而然地产生一种非常亲切的"家园之感",这是因为:欧洲人所拥有的其他许多宝贵东西都不难从别处得到,但唯有诸如科学、艺术等等"凡是满足我们精神生活,使精神生活有价值、有光辉的东西,我们知道都是从希腊直接或间接传来的"(《哲学史讲演录》)。他这番话说明了一个道理:人们在生命的最高价值层面以及在深致的心灵生活中,需要一种能够使自己得到归宿的"家园感",而这种家园感是不可

---

① 赵园主编:《沈从文经典名作》(上),上海三联书店,2020年,第206—208页。
② 沈从文:《谈短篇小说》,见《沈从文全集·补遗卷2》,北岳文艺出版社,2020年,第36页。

能凭空获得的，它必须凭借一种深厚文化艺术积淀的滋养才能建立；也只有这个源泉，才能使人类文化跨越几千年的传承，而历久弥新地不断产生出"有光辉的东西"，使人们心智得以在美好而充满艺术气氛的家园中安身立命。就像茨威格《昨日的世界：一个欧洲人的回忆》中提到的最不能割舍的艺术之都维也纳曾经拥有的氛围："在不知不觉中，这座城市里的每一位居民都被培养成了一个超越民族和国家的人、一个世界主义者、一个世界公民。"[1]——他们的这些话都在告诉世人：艺术对于人类心灵家园，对于"人性所大同"的世界方向[2]，是最重要的建构基础。

五、为什么美育需要纵观通览古今中外众多门类的经典艺术

理解艺术各个门类的彼此相通，乃是进入"美育乐园"的重要门径；其所以如此，大概可以分出形而下与形而上两方面的原因。前者简单且直观：各门类之间的相通与相济，是艺术的本质之一同时也是艺术最具魅力的特点之一。比如苏轼所说"诗画本一律，天工与清新"（《书鄢陵王主簿所画折枝二首》其一），又比如梁思成、林徽因先生《平郊建筑杂录》中的开宗明义：

> 北平四郊近二三百年间建筑遗物极多，偶尔郊游，触目都是饶有趣味的古建。……有的是煊赫的"名胜"，有的是消沉的"痕迹"；有的按期受成群的世界游历团的赞扬，有的只偶尔受诗人们

---

[1] 斯蒂芬·茨威格：《昨日的世界：一个欧洲人的回忆》，吴秀杰译，民主与建设出版社，2017年，第24—25页。

[2] 严复译孟德斯鸠《法意》按语中，将"天下之公理"与"人性所大同"定义为世界的根本方向，详见《严复集》，中华书局，1986年，第4册，第989—990页；严复这个定义对于中国走出"秦制"而迈向现代文明具有重要的提示意义，详见拙著：《中国皇权制度研究：以16世纪前后中国制度形态及其法理为焦点》结束语，北京大学出版社，2007年，第1070—1071页；又见拙文：《严复对中国社会形态的认识与他对宪政法理的译介———纪念严译〈法意〉发表一百周年》，载《社会学研究》2006年第3期。

的凭吊,或画家的欣赏。

  这些美的存在,在建筑审美者的眼里,都能引起特异的感觉,在"诗意"和"画意"之外,还使他感到一种"建筑意"的愉快。……顽石会不会点头,我们不敢有所争辩,那问题怕要牵涉到物理学家,但经过大匠之手艺,年代之磋磨,有一些石头的确是会蕴含生气的。天然的材料经人的聪明建造,再受时间的洗礼,成美术与历史地理之和……①

林、梁两先生所激赏的,正是建筑意、诗意、画意、悠久岁月积淀而成的历史美感等众多艺术"光明殿"之间的贯通浑荣。再看个具体的例子(图1、图2)。

图1　梁思成曾经用作教具的汉代陶猪

▲梁思成先生常常以诸如此类的古典艺术品作为"教具",以此来考验学生的审美修养,他甚至对学生们说:"何时能看出小陶猪的美,那么就能从建筑系毕业了。"——在当下越来越功利短视教育宗旨的笼盖之下,我们还能够理解梁先生的这个重要结论吗?

图2　林徽因先生观瞻五台山佛光寺大殿唐塑时的情形

(摄于2021年清华大学艺术博物馆"栋梁:梁思成诞辰一百二十周年文献展")

---

① 梁思成、林徽因:《平郊建筑杂录》,见梁思成:《梁思成全集》第1卷,中国建筑工业出版社,2001年,第293页。

而这些内容背后的形而上原因则更为根本：美育的本质，其实就是"人类思想宇宙中的航行"，就是"学会将人类共同体的理念作为内心的最高准则来热爱"[1]；而这个"脱卑暗而向高明"的进程所激发彰显出的人性之灵明，它的感知力与创造力其实有着千万倍的能量可以冲破"俗障"的踢天踏地。所以早在一千多年前中国著名诗人杜牧就认为，心胸一旦进入真正的审美境界，哪里再会有什么眼界上不可逾越的畛域与羁绊：

> 论今星璨璨，考古寒飕飕。治乱摇根本，蔓延相牵钩。武事何骏壮，文理何优柔。颜回捧俎豆，项羽横戈矛。祥云绕毛发，高浪开咽喉！[2]

所以在这个方向上，人们纵览天地古今的心性空间与极其超迈博大的美学境界其实是一体的。而最能够体现这种境界之博大伟岸的，是比如达·芬奇等文艺复兴大师们崇高艺术成就与艺术创造力对极广大领域的涵盖贯通，而这种涵盖贯通的穿透力永远引领着我们去理解美的深刻本质。

六、经典艺术欣赏"训练"的日积月累与审美认知的提升

胡适经常用"训练"一词来强调改进认知能力与社会改良路径的关键所在。而"训练"无疑也是我们提升审美水平最可靠的办法。

对艺术的欣赏理解，需要通过长期训练以克服具体知识性门槛，而这个训练是否得法、是否具有不断升华的潜质其实相当重要。笔者曾结合自己理解诸多领域经典艺术作品的体会，归结出一些由浅入深的门径。现在不揣浅陋，记述下来供读者朋友批评：

---

[1] 斯蒂芬·茨威格：《昨日的世界：一个欧洲人的回忆》，吴秀杰译，民主与建设出版社，2017年，第36页。

[2] 杜牧：《洛中送冀处士东游》，见杜牧撰，吴在庆校注：《杜牧集系年校注》，中华书局，2003年，第100页。

第一，培养面对经典艺术作品而长久地凝视谛听的习惯，由此育成对理解艺术妙谛、进入美之境界的内心渴望；

第二，在对无数具体作品"同中之异"与"异中之同"的反复比勘揣摩中，逐渐体会艺术与艺术史的关键；

第三，逐步培养起对艺术作品具体细致的解析能力，以此自觉远离浮泛笼统的观赏习惯；

第四，训练审美眼光的逻辑张力，力求通过具体作品的焦点而进入深远的时空结构；

第五，使我们囿于"现象界"的心性与眼光，逐渐能够向往与体会更加崇高的"造物之美"境界。

造物主没有因我之浅陋而对我关上理解古典艺术的大门，于是我怀着无限感激有了上述点滴体会，自以为这本身就是"脱卑暗而向高明"的实例。

第一等的艺术永远会像电光一样穿透人的心灵，所以歌德说："我读到他（莎士比亚）作品的第一页，就使我这一生都属于他了。"但是另一方面，又为什么我觉得"培养面对经典艺术作品而长久凝视谛听的习惯"，是理解经典作品最有效的不二法门？

这首先是因为：只有通过经年累月的凝视与谛听，我们早已被卑暗与庸下包裹的内心，才可能另外开辟向上呼吸的窗口，开始感知经典艺术蕴含的那种像神秘天堂之音一般的崇高气氛。一个真实有趣的例子：当代最重要巴赫研究家、巴赫作品指挥家约翰·艾略特·加德纳（John Eliot Gardiner），他的曾祖父偶然得到了后来极著名那幅巴赫头戴假发、手持乐谱手稿的肖像画（图3），并将其张挂在家中。而加德纳的幼年，就是在画像中巴赫从早到晚的目光注视下度过的[1]——每天每时的注视凝望，奠定了彼此心灵间的妙契，使原本天堂之声的"槛外人"感觉到了步入超越之路的方向！

---

[1] 详见约翰·艾略特·加德纳：《天堂城堡中的音乐：巴赫传》，王隽妮译，上海译文出版社，2020年，第13—32页。

图 3　巴赫画像

◀ 加德纳爵士说自己在巴赫这道目光的注视下度过童年时的长久岁月,并因此而成功地进入了无限伟岸的"天堂城堡"。笔者深深赞同他道出的要诀。本书列举了大量经典艺术作品实例,而笔者以很低起点为始,而终于能够逐渐进入它们的美境,也非常得益于对这些经典作品长年的凝神睇视之后,感受到其蕴含生命律动的真切呈现。

另外,这幅画像中巴赫手拿的是一份《六部卡农曲》手稿。按照《文心雕龙·比兴》中"物虽胡越,合则肝胆"的说法,艺术上看似相隔山高水远、彼此风马牛不相及的事情,却可能有着血脉上最深切的关联。所以本书第二章在分析与欣赏浙江松阳县北宋延庆寺塔(图 2-61)的精饬设计时,特意提及巴赫《哥德堡变奏·卡农曲》,以此作为理解中国古典建筑其节奏变化之美的参照。

其次,长久的凝视与谛听其实是引导我们进入"自我审美训练"的基本过程。我们作为庸凡浅陋的门外人,怎样才能逐渐建立起对美的敏悟?怎样才能建立起自己内心的独到审美判断力,从而在无数他人习焉不察的地方发现美的关键?再进一步,怎样才能使审美的眼力如尺子那般精准,从而使其成为审美分析的可靠依凭?窃以为:积累对第一等艺术的辨识力,然后付之以长久的凝视与谛听,这也许是最平实却很有效的进步路径。

房龙曾经说:"只有所有种族、气候、经济和政治条件在不健全的世界中达到或接近一种理想比例时,高级形式的文明才会突然地、貌似自发性地脱颖而出。"[①]他这意思是,最高等级文明只有在某种非常复杂而又恰当精准的综合匹配(例如比例等等)关系下才可能产生——而这样精微复杂的演变脉络,当然需要我们长期极尽心力才可能窥识一二。

但是另一方面,经典艺术本身就是人类表达能力的巅峰,它们总是面

---

① 房龙:《宽容·希腊人》,李强译,万卷出版公司,2015年,第17页。

对有心的受众,而竭力把自己最本质、最具有生命律动之美的属性焕然呈现出来;它们创造的对灵性的表达能力、各种极尽魅力的表述语言,本身就是艺术最大魅力的所在。例如在本书第一章中,笔者以一件宋代汝窑温碗为例而说明:"真正的艺术作品从来不是冰冷的被造之物,相反它们一定被寄寓了深刻的生命灵性,因此在一代一代人面前永远有着动情的诉说。"

类似的例子本书举有很多,比如:图4-28、图4-29所示北魏洛阳石窟中一尊半跏趺思维菩萨坐像与一尊奉养菩萨立像,通过两者身姿、神态等等之间的呼应、映衬(中间以极优美的瓶插荷花为媒介),使"信仰之美""智慧之美"的诸多表征有了非常成功的展现;图1-42所示东汉《伏羲鸾凤图》画像砖,以极其夸张的手法,来表现鸾鸟一飞冲天的无边动能与舞姿中的优美娴雅这两者之间的平衡;图2-44所示苏州名园环秀山庄,通过诸多景物之间的结构性映对、渗透、转换等等关联,从而诉说着古典园林空间变化与景物变化高度一体化这一构园的要则;等等。

我们通过长久的观览谛视,进而能够理解经典艺术这些幻化万千却又深刻关联的表述语言,这其实就是"审美训练"中最有兴味的内容。

清代著名画家与绘画理论家方薰举过一个例子:"吴生观僧繇画(即唐代画圣吴道子观摩南朝大画家张僧繇的作品),谛视之再,乃三宿不去,庸眼自莫辨。"[1]这短短一句话向我们提示了三个重要命题:其一,入手的训练一定是要面对经典;其二,面对经典就必须"谛视之再";其三,只有经过长久谛视经典作品这种训练,才能告别根牢蒂固的"庸眼"。经典艺术内涵的极其丰富性又是建立在一套独有语言的基础之上,所以竺可桢先生说:

> 我国古代相传有两句诗说道:"花如解语应多事,石不能言最可人。"但从现在看来,石头和花卉虽没有声音的语言,却有它们自己的一套结构组织来表达它们的本质。[2]

---

[1] 方薰:《山静居画论》,见沈子丞编:《历代论画名著汇编》,文物出版社,1982年,第581页。
[2] 竺可桢:《唐、宋大诗人诗中的物候》,见竺可桢著,施爱东编:《天道与人文》,北京出版社,2005年,第30页。

他强调万花筒一般的现象层面背后有着"一套结构组织",可见"艺术表述语言及其构造"在人类文明成就中的深湛意义;所以竺老提醒人们:"我们要能体会这种暗示,明白这种传语!"①苏州拙政园卷石山房园门楹联即为"花如解笑还多事,石不能言最可人"(图4)。

◀ 园门楹联意在强调花石、建筑等无数看似沉静无语的园林景物,它们的背后其实有一套深及天地灵性的艺术语言。

图4　苏州拙政园卷石山房

下面再举一组建筑史上的直观范例,更充分地说明为什么只有仔细地观览才能够引领我们"理解艺术的表述语言",尤其说明艺术发展不同阶段之间的确有轨迹可寻,所以对逻辑脉络的感知对培养我们的审美能力来说最为重要。先看意大利米开朗琪罗设计的罗伦萨洛伦佐图书馆前厅阶梯(图5)。在了解近代的这个起点的之后,我们再看后来理性主义更为强进时代的例子,即法国约瑟夫·玛·施沃特的铜版画《法国凡尔赛宫内的大阶梯》(图6)。

---

① 竺可桢:《唐、宋大诗人诗中的物候》,见竺可桢著,施爱东编:《天道与人文》,北京出版社,2005年,第31页。

图5　佛罗伦萨洛伦佐图书馆前厅阶梯

（引自 H. W. Janson: *History of Art*, Second Edition, Published by Harry N. Abrams, Incorporated, New York, 1977, p429）

◀ 前厅始建于1523年，阶梯设计于1558年。楼梯在欧洲中世纪往往被尽量安排在建筑物内部的阴暗位置，但到了文艺复兴以后，建筑师对空间的认知有了巨大改变，比如意大利佛罗伦萨收美第奇家族用于藏书且对公众开放的洛伦佐图书馆前厅中，米开朗琪罗设计的这处层叠式大阶梯，它由低向高的抬升具有空前显豁坚实的力度，同时，扶手带的严整挺拔、主阶与附阶之间的密切呼应等等，都共同给大厅空间带来了生动的流畅感与明朗敞豁的基调。

图6　《法国凡尔赛宫内的大阶梯》铜版画

41厘米×65厘米

（摄于2019年中国美术馆画展"文明互鉴——版画语境中的世界图像"）

▲ 与前例相比，此处阶梯是更加鲜明展现"建筑几何语言"的经典作品，比如其中直线与斜线的对比、椭圆与三角形的对比、阶梯逐层向上的强烈节奏感及其对多边几何形的规则力量予以的竭力强调，由这诸多表达的结合而愈加突显出来的升腾动感等等，都非常明晰而强烈地向人们讲述着建造者的设计理念。欧洲理性主义更加强劲之后，祛除神秘因素、充分展现理性力量之美与逻辑秩序之美成为普遍的潮流，凡尔赛宫的这处大阶梯，当然就是典型例子之一。

734 · 溪山无尽：风景美学与中国古典建筑、园林、山水画、工艺美术

所以，经典艺术品中诸如此类的丰富蕴含与严格脉络，当然需要我们的仔细的审视体察之后才能有所领悟。下面再看一则进一步的例子（图7、图8）。

◀ 美国国家美术馆新馆由华裔建筑师贝聿铭设计，1978年落成。新馆与新古典主义风格的旧馆对面而立，而新馆的外观突出基本几何形的高度洗练简洁，竭力营造鲜明新锐的冲击力度，以此彰显其迥然区别于老馆之罗马风格的建筑理念。

图7　位于美国华盛顿特区的国家美术馆新馆（东馆）

▶ 美国国家美术馆新馆内的这处阶梯与建筑外观秉承同样的建筑理念，所以其建筑语言与语意的表达非常坦率直白：1. 阶梯的沉稳色质与不锈钢扶手明快色质，两者形成相互的鲜明对比与缠绕，并以此突显空间升腾的动力感；2. 阶梯的顿挫节奏、扶手带的流畅韵律、立柱的挺拔姿态，这三者形成了很好的对比与交织，从而用相当有限的元素造就出内涵比较丰富的"建筑意"；3. 立柱右侧的植物与山石形成了具有停顿休止意味的小景（类似于中国的盆景），从而与动态感非常突出的螺旋曲线形成一动一静的交织与对比。可惜这处小景的制作养护过于粗陋草率，未能呈现出更具韵味的景观效果，对比图13-21所

图8　美国国家美术馆新馆内的螺旋式楼梯

示中国苏州园林中游廊侧畔的花石小景，这个缺憾可以看得更清楚，甚至据此可以联想到，中西艺术体系对建筑建构与景观建构两者之间有机性重视程度的不同。

所以就像我们面对一件造型看似最为简单的宋代汝窑温碗，稍做静心凝视之后却可以发现追索出非常丰富的美学脉络、众多艺术门类之间的逻辑关联（详见本书图1-54、图1-57、图1-59及相关内容）一样，我们贯通上示三处不同时代建筑大阶梯之后同样可以感悟：建筑语言的独特"表意要素"不仅非常直观具象而且十分丰富，诸如建筑的体量、比例、色彩、结构方式，材质的质感，空间拓展的韵律感，雕塑等附属装饰对建筑主题的提示烘托，建筑物所附着的历史印记……，所以对于如此丰富"美之表述语言"的揣摩体会，其实应该是我们长久"审美训练"的关键内容[①]。

[①] 对比上述三例大阶梯等"建筑艺术表述语言"的形象实例，再举一个极小例子，从而窥见非视觉的文学语言如何同样地既充满睿智与趣味，同时表述着更重要的时代与逻辑信息：本书第五章提到北宋大画家、文学家和造园家文同在他《北斋雨后》诗中描写自己醉心的园林生活内容，其中的重要项目包括观赏名画、与客人一起品茗等等。相关的两句诗是"唤人扫壁开吴画，留客临轩试越茶"。前句中，"开吴画"是指在书斋中张挂出唐代画圣吴道子的珍贵绘画作品，"吴画"以表现坛庙宫苑主题而影响最为巨大，鲜明地体现了当时作为主流的庙堂文化风格。而后句中所说"越茶"，则是产地为浙江绍兴一代的"散茶"。我们知道：唐宋时本以"建茶"为尊，尤其是福建建宁北苑的团茶、饼茶为朝廷贡茶，中国茶史上声名赫赫的"凤团""龙团"更是其中的稀世之珍，即北宋张舜民《画墁录》卷一中所说："丁晋公（丁谓）为福建运转使，始制为凤团，后为龙团，贡不过四十饼，专拟上贡，虽近臣之家，徒闻之而未尝见也。"见《归田录（外五种）》，韩谷校注，中华书局，2012年，第68页。再据北宋建州人熊蕃《宣和北苑贡茶录》记载，此贡茶的制造程序包括连将散茶进一步加工成团茶所用模具都要由皇家专门制造、派专使送达："圣朝开宝末，下南唐。太平兴国初，特置龙凤模，遣使即北苑造团茶，以别庶饮，龙凤茶盖始于此。"见叶羽编著：《茶书集成》，黑龙江人民出版社，2001年，第54页。另据宋徽宗赵佶《大观茶论·鉴辨篇》则可知，北苑茶必须使用宫廷特制模具的原因在于，当时因饮茶之风空前兴盛，于是"有贪利之民，购求外焙已采之芽，假以制造，研碎已成之饼，易以范模"。见叶羽编著：《茶书集成》，黑龙江人民出版社，2001年，第46页。所以北苑团茶必须将一切制造环节严格置于皇家专门控制之下。而越茶则大大区别于高贵的北苑茶，北宋欧阳修《归田录》卷上称其为"草茶"；直到南宋中期成书的《会稽志》，作者在卷八"越茶"一节中仍然慨叹："陆羽之不逢兮，宜鉴味之绝少；世方贵夫建茗兮，孰有知夫越茶！"可见越茶品第地位的远非尊显以及当时皇家饮茶与"庶饮"所用茶品区别之大。而前引文同的两句诗中，以"吴画"起手而落脚于"越茶"，这透露出庶族士大夫阶层的园林生活越来越趋平易随性的情调与趣味——所以强调"试越茶"，因为宋时其他茶区还沿袭团饼茶制法，但绍兴平水茶区的制茶手法已经开始弃用团饼传统，改用炒青法——这正与宋代以后士人园林主流日益脱离"王谢堂前"旧观，与发轫于五代北宋时期的"唐宋之变"大趋势暗中契合。而且文同这两句诗的对仗手法属于诗律艺术中所谓"巧对"或"半真半假对"，就是借用吴道子的"吴"姓而写出地理文化上"吴—越"相对相依对于园林生活内涵的意义（宋代以后，中国政治经济与文化重心大大南移）。

再次，只有经过对无数古典艺术品的长久的凝神睇视，才能帮助我们培养起真切细致的艺术解析能力，并因此远离浮泛笼统的感知习惯。

我们看许多艺术内容的书籍，经常遇到这样的情况：介绍给我们的东西，很多是一些模模糊糊、让人似懂非懂的概念，富于文学色彩而让人叹为观止却又神龙见首不见尾的形容描绘，或者哲学味很重的晦涩推论，这些介绍和分析让我们慨叹作者想象力的丰富，但是很难让我们获得一个哪怕很微小却是坚实准确的立脚点。所以要使我们对美的理解能够落到实处，那么可能就需要对许多大而化之、云遮雾罩式的叙述方式打上问号，并且相反地逐步训练我们的审美眼光，使我们具有一种尽量真切细致的感知能力与尽量精准的解析习惯。

尤其对于学习建筑园林等大尺度三维空间艺术来说，窃以为这种"度测心力的训练"意义显而易见。下面再举两则可以相互映对比勘的示例作为说明——笔者在旧著中曾说明"对空间韵律的塑造"是中国园林艺术的重要内容，而这种塑造又有其非常丰富的变化，比如其中"横向空间流动韵律"的塑造，如图9所示。而与此相互映对的，则有"纵向空间流动韵律的塑造"，如图10所示。

与前述西方不同时代建筑大阶梯相比，同样是对建筑空间韵律的表述，中国古典园林的"语言"却深刻体现着不同时代、不同文化呈现出的特点与魅力。所以从如此众多的示例中我们可以清楚地看到，经典艺术中一定蕴含着走马观花情况下绝难察觉的精湛缜密的结构性设计，同时却又是以看似极其轻松自然的、一挥而就的方式呈现在人们眼前。所以我们槛外人只有通过经年累月的凝神谛视与谛听而积累的"审美训练"方面的能力，才可能获得对艺术尽量确切的透析而非朦胧混沌、概念化的理解，从而真切感知到歌德所谓"精确的想象力"之魅力。而"审美训练"这个由浅入深的过程，其实应该就是贯通我们一生的"乐地"。

（接上页①脚注） 短短十四字的两句诗，其寓意却值得仔细品味梳理，这正体现着"艺术表述语言"高度的文化含金量与趣味性。所以如竺可桢先生所提示，我们必须解悟这些内涵丰富、形式上又深具巧思的表述语言，才能够更深入地体会艺术的殿堂。

图9 古典园林中横向空间的结构艺术——苏州艺圃水池畔的景观序列

▲这是通过对园林景观和园林空间沿水平线布置,因而造就"空间流动韵律"的例子。水边小亭、假山、院落等等沿水池逶迤而列,如果将画面中左侧小亭到右侧洞门的连线从中间划分为左右两幅图景,则可以看到:两座形态可人的小石桥大致位于左右构图中各自的"黄金分割"位置。这种景观层序及其空间比例的安排,不仅使得整个画面十分舒展,而且使绵延的游览路线具有了前后(即画面的左右部分)能够相互关照呼应的节点,因而整个景观序列的曲线具有悠长流宕的韵律感,同时避免使由众多片段组成的较长空间序列和景观序列流于散漫无序。

仔细品味还可以发现,画面左侧的小石桥微微拱起,使桥体明显高出水面,右侧的小石桥则平直而紧贴水面,于是两桥之间的遥相对比与呼应,就使得水畔的空间具有了一种从左向右的舒缓流动意向。而同时,水池之畔的一系列景物又有背后稍远处小土丘的高下起伏作为背景,遂使水畔的横向园景空间序列具有了纵向的辅助衬托。造园家诸如此类的精心权衡安排,就在很有限的空间尺度之内成就出了丰富深致的园林景观体系。

图10　古典园林中纵向空间的结构艺术——苏州虎丘山前小院的景观序列

▲ 与图9所示"横向空间的结构艺术"相互对比就不难看到，本图所展示的，是通过诸多景观要素之间的和谐配置，使园林空间具有"纵向流动韵律"的一个小例子。图中右侧的腰门与正面的洞门一高一低，又在造型上形成了呼应、对比和递进的层序关系；随着缓缓爬升的云墙和石阶呈现出的抬升感，尤其是在远处山巅高大古塔的映衬下，正面有些许神秘感的洞门具有了对游人上行的提示引导意味；而粉墙黛瓦与周围景物在色调上的生动反差，又使这种意趣更加鲜活地凸显出来。稍稍留心还可以发现：在此构图中，洞门也大致处于从石阶起点到塔顶连线中的"黄金分割"位置，因此使园景序列对游人的上行引导意向既不突兀喧嚣，也不弛缓颓弱。

而如果将图9与本图画面加以对比则尤其说明：在中国古典园林中，诸如此类的复杂权衡配置完全不是通过机械式的计量和刻板的尺度规范而实现，相反它们是基于造园家对于园林景物和空间关系、对于人在宇宙运迈中位置的精微感悟而造就的。因而这种直觉的安排也就始终具有真率自然的亲和感；却又常常能够在至为简单的构图中，蕴含了精准恰当的空间尺度和空间关系的设计，能够在占用物质资源极少的条件下创造出非常耐看、具有深远空间韵律的景观画面。

七、思维之美：哲思的升华及其"两边开满牵牛花的路"

——本书尝试"三联式"叙述体例的立意

本书自创的行文体例，其实也是对"审美训练"的一种尝试，其特点是正文的叙述文字、大量与正文具体内容密切相关的实物图片、对每张图片内容的扼要介绍解析，这三者始终相辅而行（为了排版的便利，有些较长的图片说明移入了正文），且明确要求：尽管全书图片数量很大（约八百张），但每一张图片都不能是泛泛之选。不像很多美学书籍那样仅仅以艺术名作的"远观美感"作为正文叙述的烘托与装饰。本书每张图片中的实物（题材、构图方式、装饰手法……），都必须与相应正文所述内容有着直接又非常显豁清晰的逻辑关联，甚至指向更深广的审美层面；同时，必须对几乎每张图片内容都写出"近观直入式"的提示或解析的文字，以此真切说明其蕴意及其艺术脉络。

为什么要尝试这种"三联式"的论述体例呢？因为笔者感到：面对某一件艺术作品时，我们凭直觉立刻感觉出它的好抑或不好，通常是很容易的事，但是再进一步就不再简单。面对海量具体作品——哪怕是具体而微的一件佩玉、一件铜镜、一幅团扇画、一把木椅等等——我们能够始终用简明清晰的语言条分缕析出它们到底好在哪里，抑或不好在哪里吗？尤其是我们能够逐一明白道破这背后的逻辑脉络是如何穿越艺术史千百年的岁月而接续上眼前这些作品中的血脉吗？

窃以为：如此大量的、单刀直入的具体解析，乃是告别研究界流行很久的指天画地、浮泛笼统、凌空蹈虚等等习惯的起步之始，也是我们摒弃肤廓、进入"审美训练"的有效方法。

再进一步说，本书采用上述的叙述体例，除了提示对研究工作技术进步的希望之外，还出于一个虽然考虑远不成熟但长久念念在心且以为不可轻忽的重要问题：为什么笔者理想的学术思考方式它本身就应该是美的？也就是说：我们对所研究问题意义的体悟把握、设计出抽丝剥茧的论证程序、披沙拣金对凭据材料的取舍、对阐说方法与表述语言的选择、对繁多分支问题之间逻辑结构的感知与呈现……所有这一切，它们能否在基因上就具有真与美的张力？自己囿于一隅、意义极有限的具体视角，它们究竟需要依凭怎样的底层逻辑才能开启对心智世界中"溪山无尽"的观览？归结为一句话：我们的心智固然是卑微的个体性存在，但是在另一方面又能否具有企望天地境界、造物境界的无限思维动能？

大家知道，东西方思想史都最看重对思维本质的探究。希腊哲学的重要部分正是对思想主体自身的认识（self-consciousness）与意识（self-knowledge），所以亚里士多德说："对其自身的思想"乃"最出色的思想"；"以自身为对象的思想是万古不没的"。[1] 后来地位最重要的当然是康德对思维不同层面的剖析：

> 康德的"理智直观"（die intellektuelle Anschauung）如果仅仅就构件而言，则正是直观与概念的联接，即所谓的"知性的直观"（die Anschauung des Verstandes）的概念。……康德同时也强调，这种由直观和概念"合成"的理智直观不是人类的认识能力，而是上帝的认识能力。因而，当它与人类的直观（感性的直观和想像力的直观）相对应时被称为"本源的直观"（intuitus originarius）；与人类的知性（推论的知性）相对应时被称为"本源的知性"（der ursprüngliche Verstand）。[2]

既然"人心里怎样思量，他为人就是怎样"（《旧约圣经·箴言》），那么思想如何才能更深刻地把握世界，人的思想能否理解造物思忖之美、追随与表达出造物之思的轨迹，这些就成为认识论尤其是艺术上的关键，比如歌德曾说："（巴赫音乐）好像永恒的和谐在自我中成就出来，就像在创世之前必须在上帝内心发生的一样。这种自我的和鸣深深感动着我的内心，

---

[1] 见亚里士多德：《形而上学》，吴寿彭译，商务印书馆，1981年，第248—258页。
[2] 详见王建军：《康德的"理智直观"》，载《中国社会科学报》2020年1月14日第2版。

甚至并不需要耳朵与听觉或者其他感官能力我就能领略到这种来自造物的和谐。"①

东方哲学同样最重视思维不同层面与世界本质间的关系,比如大家经常以"智慧"的语意翻译理解佛教的"般若"命题。但其实"般若"与世俗所谓"智慧"很是不同,它指的是面向世界本质的深刻性认知("实相般若")与真理的超越性智慧,而世俗智识对于宇宙与生命的认知却因俗障的羁绁而远达不到般若那种完满,对此佛教称之为"方便智"。对于"般若智慧"对"方便智"的极大超越、它抵达世界本质的穿透力与完满性,佛教称之为"胜义智""实相智",比如佛陀在菩提树下冥思而获得的洞晓真理之智慧即是如此。

那么,思维抵达世界本质的崇高境界,这个方向的美学意义与艺术呈像又是怎样的呢?回答这个问题,我们不妨重读本书第八章引用《世说新语》中的那段精彩描写:

> 支道林、许掾诸人共在会稽王斋头,支为法师,许为都讲。支通一义,四坐莫不厌心。许送一难,众人莫不抃舞。但共嗟咏二家之美,不辩其理之所在!

本书第八章中已经对这个形象性极强故事的具体情节、宗教意义等做了详细解说。

现在需要特别注意:在座诸多名士通过支遁、许询对哲学与宗教义理你来我往相互辩难诘问的过程,最后一致感悟到:相比于高深义理结论的得出、哲学上宗教上各执己见获得论场上的胜出等等大可荣耀的果实而言,走出心智本初的那种浑沦迷蒙状态而逐步打开思辨的深层、进入歧见纷纭与对峙交流的场域,这个过程不仅思维的含金量更为显著,因而是人

---

① 歌德《给卡尔·弗里德里希·泽尔特的信》(1827 年)中写道:"I said to myself, it is as if the eternal harmony were conversing with itself, as it may have done in God's breast before the creation of the world; that is the way it move deep within me, and it was if I neither possessed or needed ears, nor any other sense-least of all, the eyes." 见 Christian Noll: *Goethe and Bach*,网址:http://www.vnzn.de/en/2023/12/21/goethe_and_bach/,访问日期:2023年12月21日。

类精神世界更有意义的价值坐标,并且只有它才是"美"的!

由此经典故事,我们还应该注意到上述价值界定中的两项重要内容:其一,这种崇高的价值必须通过极具画面感的艺术性形象("抃舞"就是拍手而舞蹈)才能呈现出来;其二,这种价值指向了终极性的境界。魏晋时代人们最常使用"风神"这个词语,其中"风"就是指杰出思想人物通过言谈服饰、交往举止等等之"相",营造出一种以美为核心属性的场域与格调氛围,而"神"当然是指向超越性的终极。所以我们在《世说新语》中随处可见诸如此类的两相一体:

王戎云:"太尉神姿高彻,如瑶林琼树,自然是风尘外物。"[1]

刘尹云:"清风朗月,辄思玄度。"[2]

王司州至吴兴印渚中看,叹曰:"非唯使人情开涤,亦觉日月清朗。"[3]

后来《文心雕龙·神思第二十六》中说"神用象通,情变所孕"[4],也就是说思维之美的运行成为一种母体性(本体性)的存在,这奠定了呈现宇宙万象之美的上位源头。

于是有了更深层的问题:"思维之美"以及其内涵之中前述两大原则的合二而一,究竟有什么根本的意义呢?或者我们能够在艺术视域中探讨"思维的本质是什么""什么样的艺术表达才能体现思维对世界本质的抵近、体现思维本身的提振与升华"?

---

[1] 刘义庆:《世说新语·赏誉》,见余嘉锡笺疏:《世说新语笺疏》,中华书局,1983年,第428页。文中的"太尉"指王衍。

[2] 刘义庆:《世说新语·言语》,见余嘉锡笺疏:《世说新语笺疏》,中华书局,1983年,第134页。玄度就是上文提及的东晋著名文学家、哲学家许询,他字玄度,热衷游览山水。

[3] 刘义庆:《世说新语·言语》,见余嘉锡笺疏:《世说新语笺疏》,中华书局,1983年,第138—139页。王司州即王羲之堂兄王胡之。

[4] 刘勰:《文心雕龙·神思第二十六》,见刘勰著,范文澜注:《文心雕龙注》,人民文学出版社,1958年,第495页。

对这些疑难，笔者的回答其实简单：康德说人是目的而不是手段，据此可以进一步说，人的思维之本质，它的存在也最终不是为了成就出如何犀利的工具手段以便把握外在大千世界、建功立业、著论立说甚至一言九鼎……，即不是在"思以致用"维度上确立其基本属性，而是人通过思维以实现永恒的自我超越（"脱卑暗而向高明"），实现康德所说造物对人的"道德律令"。同时，因为这个进程又与造物主对世界的美的规定性完全吻合，所以它也就必然体现为美学源头上的升华直至最后获得艺术成就等美的下位性具体结果。按照笔者的理解，这样的逻辑其实也就是康德著名命题"无目的的合目的性"之要义。而后来德国哲学家、教育家威廉·洪堡（1767—1835）所说"美和崇高又使人更加接近神性"[①]，就更是从人性向终极境界升华的意义而非工具理性的意义来定义审美的本质。

当然，对于这个共同的超越性方向（"人性所大同"），东西方文化的考虑又各有其深刻背景，各有其最直观的表达。这个同中有异也最需要我们予以体会。比如图11、图12等西方艺术经典中大家熟知的作品。

▶ 但以理是《旧约圣经》中的五大先知之一，他超凡的洞察力以及相关故事对西方文学艺术影响巨大而久远，详见拙著《法律制度与"历史三峡"》中"为什么'王法'最终管不住权力（上）"一章对伦勃朗名画《伯沙撒王的宴会》的介绍分析。此画作于1511年，是米氏为梵蒂冈西斯汀礼拜堂所作天顶画中众先知画之一。可以注意：但以理膝盖上摊开的书籍不仅巨大，而且下面有极其健硕力士小人的托举——米开朗琪罗以这样的形象（相）来表达但以理领会造物主意旨的超凡路径。

图11 米开朗琪罗《圣经》中的先知但以理

[①] Wilhelm von Humboldt, *The Limits of State Action*, edited by J. W. Burrow, Indianapolis: Liberty Fund, 1993, p.75. 此书中译本由孟凡礼先生译出，即将由山西人民出版社出版。

图 12　米开朗琪罗为创作梵蒂冈西斯汀礼拜堂天顶画"利比亚女先知"（The Libyan Sibyl）而绘制的素描稿

再比如后来接续米开朗琪罗定义"思维之美"之属性于是世界扬名的作品，即罗丹的雕塑作品《思想者》（图 13）。"思想者"是罗丹反复塑造的最典型人物形象，有大理石、青铜等不同质地的雕像。

图 13　从不同视角看罗丹著名人物雕塑《思想者》

这件作品中,在人物支颐而坐、垂首深思的表面静态之下,他从头到脚每一条肌肉都像绷紧的弹簧一样贲露紧张,甚至连双脚都处在极其用力紧抓地面——用中国艺术评论的形容来说,这作品之内蕴如同"怒猊抉石,渴骥奔泉"(《新唐书》卷一百六十《徐浩传》)。显然,罗丹本能地认定只有日常绝难一见那种静态中的喷薄欲出、极其强烈的紧张感与力量感,才能表现出人物内心搏动之能量以及因此推动思力脱离平庸而进入本质世界,这也正是"思想者"生命价值的升华与彰显——所以其艺术逻辑是:有其内向思力无限紧张状态下的推进,才有其生命形态极尽伟岸的外向彰显,并因此铸就思想主体的自我价值,即"我思故我在"。

而深受佛教哲学影响的中国艺术,对于上述问题则有过终极相通但表象非常不同的路径探求,并且同样因此主题的巨大深刻性从而创造出惊艳万载千秋的永恒之美,其具体作品形式(相)比如北朝佛教造像中非常流行"思维菩萨"的形制。先来重温一下本书第四章的洛阳龙门北魏石窟思维菩萨像(图14,又即图4-29)。

图14 洛阳龙门石窟皇甫公窟后壁北魏思维菩萨像
(任凤霞摄)

▶此像中,菩萨头部与表现菩萨思维状态的支颐左臂被完全盗损,但即使如此观赏者依然一眼就能感受到:菩萨如瑶林琼树般极其优美的身形,其天衣的舒展飘逸,足踏莲花体现智慧的超越进程有着最高洁的品质,身旁瓶插荷花的娴雅,都隐含着生命超越性之中的大美寓意。也就是说,因为在"思维"中这种极其优雅的沉浸,所以菩萨获得了"觉悟"整个世界、成就佛果的无限智慧与力量——如此超凡智慧与力量所指向的终极美质,与肌肉型力量登峰造极的"思维进路"又正好反向。

北朝艺术中精彩绝伦的类似表达真有无数之多！其中有的我们平日不太容易看到，如图15、图16所示。

图15　流失海外的大同云冈时期　　图16　流失海外的洛阳龙门时期
　　　北魏思维菩萨　　　　　　　　　　　北魏思维菩萨

有的则我们现在很容易就有仔细欣赏的机会，比如分别从正面与不同侧面看北京保利博物馆收藏的一件北齐思维菩萨石造像（图17）。

图17　残失右小臂与支颐右手的北齐思维菩萨造像

再比如山东青州博物馆藏龙兴寺窖藏出土的北齐贴金彩绘石雕思维菩萨（图18）。

图 18　北齐贴金彩绘石雕思维菩萨像
高 90 厘米，宽 30 厘米，厚 20 厘米

▲思维菩萨极尽华美：戴贴金彩绘头冠，袒上身，颈佩项圈，身着红色披帛，下身着束腰长裙。与上例一样，长裙的束带前敷于屈盘的左腿之上，菩萨半跏趺坐于束腰基座上，基座敷帛，其轻柔的垂褶彰显出人物心境的娴雅悠然，显然是从北魏坐佛造像流行的"垂裳式"演变而来（中国传统认为"垂裳"之相标志天下无为而治的极高制度境界，即《易·系辞·下》所谓："黄帝尧舜垂衣裳而天下治，盖取诸乾坤"）。基座下雕一飞龙，龙口吐莲叶、莲蕾，菩萨左脚踏在莲蕾之上。面相为北齐菩萨通行的丰唇满颊浑圆式样。可惜菩萨左臂残缺，只剩下半跏趺右腿之上的左手；菩萨右臂上端至右手缺失，留下菩萨右脸颊上支颐手指被"灭法"者凿掉的痕迹。

可见当时信仰氛围之下，人们对于深入探究与艺术呈现"思维之美"有了非常普遍的热衷，并在这些作品中整合了中外古今的各种美学资源[1]。

对中国古典艺术"思维之美"的刻画还蕴含许多值得重视的内容，比如与后来米开朗琪罗、罗丹等作品尊崇思想升华路径的个体力量型取向不同，北朝艺术把对力量的张扬分配给了护法金刚、狮子等形象，并以此来映衬主尊的极尽娴雅优美。尤其因为"思维之美"有了如此的深化方向，

---

[1] 详见张保珍：《半跏思惟像初传中国考》，载《南京艺术学院学报（美术与设计版）》2020年第2期。

于是才建立起天下万灵万类之间彼此共情、相爱相怜的"大悲悯"。下面看两件经典作品。第一图是河南博物馆赵安香造一佛二菩萨像的背屏线刻画（图19）。

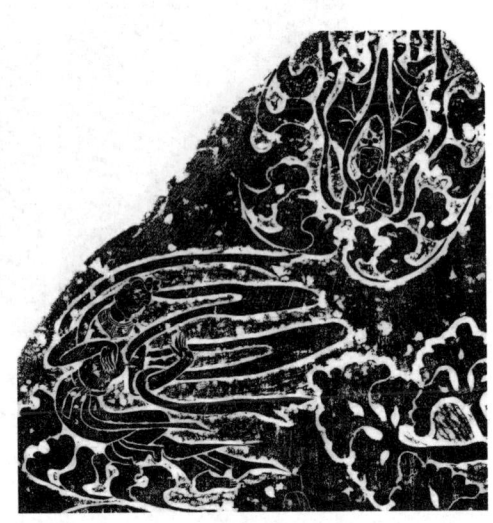

图19　北魏赵安香造一佛二菩萨像背屏线刻画拓片及佛陀思维像头顶舞蹈飞天局部
整座造像高95厘米，宽55厘米，厚8.8厘米

▲该造像1980年于郑州市红石坡出土，无日期题记，据其文字书写风格判断，应是北魏中后期的作品。画面内容为佛本生故事：佛陀在菩提树下思维悟道、白马舐其足惜别。马后为供养人赵安香、程世兴。

北朝线刻艺术在中国美术史上有重要地位，此图一望可知是其中上佳之作。而且画面优美线刻透露的空前"韵致"其实更值得品味：佛陀思维之像与菩提树（"菩提"为梵文Bodhi的音译，意思是觉悟与智慧）、飞天的曼妙舞姿、居画面右侧的妙音鸟（佛教传说此鸟能念诵佛经、鸣叫婉转如歌，是佛国乐土的象征）等等的相互共鸣交融，组合成为最标准、最流行的"思维式样"。显然，场域的如此建构与佛陀个体的进入思维（《四十二章经》："世尊成道已，作是思惟：离欲寂静，是最为胜"）同样重要，甚至合二而一。正是如此的合二而一鲜明标示着"思维之美"的意义，展现出心智向"觉岸"升华过程中，生命状态必然会伴随有天地之大美——本书曾引用了北宋韩琦描写家园景致的佳句"花外轩窗排远岫，竹间门巷带长流"，其实人们向心智家园的升华与皈依，这在本体性质上更要伴随溪山鬘画（"鬘画"是一个重要的艺术与审美命题，其意义详见本书第243—246页），光风霁月的无边风景与源头活水。

再看另一佳例,即东魏弄女等造弥勒像背屏(图20)。

图20　东魏弄女等造弥勒像背屏及其局部白马舐足画面
高82.3厘米

▲ 该造像为武定五年(547)造,河北邺城北吴庄出土。弥勒信仰在北朝至唐初大盛,"二佛(释迦佛与弥勒佛或多宝佛)并坐说法""二佛半跏趺并坐思维"等造像式样流行。而此像正面是圆雕交脚弥勒,弥勒右手施无畏印,左手施与愿印,正在说法,两侧菩萨侍立。而背屏刻浮雕刻画悉达多太子出家图像,二佛一正一反这种制式相当新颖。

背屏浮雕画中,太子在菩提树下半跏趺而坐,右手支颐,左手抚右足,呈思维觉悟的标准造型式样;同时,白马在太子面前屈膝流泪,舐其足留恋不已;旁边的侍者亦呈悲戚状。总之,佛祖精思入道、解悟天地、决断出家这整个场景,一方面其"思力"之广大涵盖整个世界,而另一方面,这最深刻思致却没有丝毫剑拔弩张的气息,相反而追求与呈现着极尽的温润秀美,一举手一投足都有着与神凡两界万灵万类之间的亲和理解与心灵共鸣。

还可以注意:除了支颐思维佛陀或菩萨之外,聚焦于表现"思维之美"(以及"思维交流之美")的其他形式题材同样流行,比如美国旧金山亚洲艺术博物馆藏有一通西魏造像碑(549年造),其碑首用浅浮雕刻绘摩诘居士与文殊菩萨辩法场面;又比如上海震旦博物馆收藏一通北朝造像碑,其背屏背面线刻有弥勒与释迦双佛对坐讲法图等等。这些造像精品共同崇尚着魏晋玄谈的风神韵致,让人马上想到《世说新语》中"支通一义,四坐莫不厌心。许送一难,众人莫不抃舞。但共嗟咏二家之美,不辩其理之所在"的经典故事。

所以在这个逻辑基点之上纵观北朝艺术的庞大体系,我们对"思维"的认知马上可以得出重要结论:思智心性的空前深刻与自由状态、具体艺术形象之美的登峰造极(艺术家的心智与手艺若有一丝欠缺,都不敢在此题材领域措手)、世界在思维无限生机氛围中无处不在的欢愉畅美(比如旧金山亚洲艺术博物馆藏西魏造像碑线刻画中,作为主尊陪衬的是殿宇堂皇与满壁飞天乐舞),这些内涵的融为一体,其实蕴含了"思维"最上位性的本质与张力,它是一切显赫的下位性具体哲学成就、艺术成就的源头!

"思维之美"的这些内在属性与丰富绝美的外在呈像,不仅深刻反映着当时人们从上位源头探究思维本质的风尚,反映着这探究对中外哲思资源空前力度的汲取整合,而且非常值得我们注意是它具有的普世意义,所以不论是佛陀、菩萨等等极少的大觉悟者,还是普天之下面向如此方向的无数民众,在艺术上一律是相由心生、以"充满智慧觉悟的永恒微笑"作为最典型的面貌特征,且举无数佳作中的两例(图21、图22)做说明。

图21 北魏洛阳造像风格的侍者头像　　图22 北魏洛阳造像风格的菩萨头像

▲ 艺术形象如此简约的作品,却随处呈现出后世永远不可再现的极致性美感,如此的"不可思议"提醒我们:如果这不是偶然傥来的结果,相反却是一个时代万千作品共同企望的完满实现,那么这普遍诉求的背后,就必定有着人性、思维哲学、艺术哲学等等所有深刻层面中的根本动因。

美育生活与我们的"脱卑暗而向高明"（代后记）· 751

　　所以，"秀外而惠中"看似是最简单的成语，但是它在思维哲学与美学上的深刻指向却最值得留意。

　　现在终于可以回到对本书创制"三联式叙述体例"之用意的说明。

　　本书内容在直观的层面上，当然就是对风景学以及相关建筑、园林、绘画、工艺美术等诸多艺术领域的关照与梳理，所以大量图像资料、几乎每张图片附属"贴身"解说、相关正文对宏观问题的分析，此三者构成了一体化研究程序。这当然有秉承"以图证史""二重证据法"学术方法[①]的原因，因为从20世纪初法国年鉴学派以来，重视传统学术文献资料以外的民间文书、文物图像、建筑、考古、绘画、民间传说等的学术意义，这个方向上取得了显赫成绩。但是在笔者心目中，积极运用大量图像的意义并不止于此，读者或许能够感觉到：远在技术性举证的意义之上，笔者希望借助于对所遴选的一切图像及其内涵详解，乃至借助对更多学科之研究[②]，从而最终导向对"思维之美""思维之自由"这根本关捩的体悟，这才是本书表面上纷繁驳杂内容背后一以贯之的重中之重！

　　所以笔者倾心的研究方法，其基因与路径本身就应该蕴含强劲的思维穿透力，蕴含脉络纵横拓展时无限的充盈丰沛感与韵律感，这至少包括：对古今中外无数艺术焦点的纵观能力，对文史哲直至造型艺术诸多领域的贯通能力，对无数通俗或微观现象背后深刻悠远逻辑脉络的感知把握，对形而上与形而下两界的自如贯通，对艺术广域中横向逻辑脉络与纵向逻辑脉络的贯通等等，用中国古典诗学的形容就是"大用外腓，真体内充。……具备万物，横绝太空""天风浪浪，海山苍苍，真力弥满，万象在

[①] 英国历史学家彼得·伯克（Peter Burke）《图像证史》（*The Uses of Images as Historical Evidence*）导论部分以德国政论家、文学评论家、诗人库尔特·塔科尔斯基（Kurt Tucholsky, 1890—1935）箴言领起全书内容，这句话是"A picture says more than a thousand words"，翻译家孟凡礼先生译此句为"一图胜千言"，杨豫译本译为"一幅画所说的何止千言万语"（《图像证史》，北京大学出版社，2018年，第1页），孟凡显然更胜。

[②] 例如本书第三章第二节指出：对于中国文人园林这看似在全社会格局中相当局部的研究对象，如果需要有更真切认知，则需要从中西社会结构等非常深刻层面着手分析才能得出清晰的结果。

旁"——司空图如此珍视的"真体""真力"之类,其实就是人们通过审美的升华而抵近"世界实相""造物主境界"的心智力方向,这个方向与生俱来包含的美之深刻禀赋与最高自由,因此而必然随处展露艺术的非凡创造机制,也就是笔者简称的"思维之美"。用比喻来说:在升华心智世界这个方向上,人们终于能够像本书反复引用的南宋马远《山径春行图》所描绘那样,步入天风和畅、万象缤纷、莺飞蝶舞的春光之中;或者如中国现代思想家王小波所说的,让我们的生命之旅超越血火间的"光荣荆棘路",从而终于能够置身于"两边开满牵牛花的路"[1]。

我们知道,牟宗三先生曾得出结论:"西方哲学的精彩是不在生命领域内,而是在逻辑领域内、知识领域内、概念的思辨方式中。所以他们没有好的人生哲学……西方人有宗教的信仰,而不能就其宗教的信仰开出生命的学问。他们有'知识中心'的哲学,而并无'生命中心'的生命学问。……实则真正的生命学问是在中国"[2]。但是按照笔者的粗浅体会,中西美学(东方文化与西方文化之间)上述各自畛域的持守,其实在"人性所大同"的趋尚之下,也并非没有终将融通的可能,所以对于"思维之美"方向上中外艺术的偏好等等也应该如是观。康德说:"精神(灵魂)在审美的意义里就是那心意付予对象以生命的原理。"[3]因为艺术有了这个最本质属性(心智赋予艺术对象以生命的灵性与自由),所以中西的互补与汇通终究可以实现。比如本书第十一章举出的大量西方浪漫主义经典作品与中国古典艺术同样地潜心体会着生命之旅与宇宙、与命运之间的深情互动;又比如本节列举的中国古典艺术中诸多极优美且蕴含永恒智慧韵味的生命形象,他们的成就逻辑也都可以以康德上述定义作为基点而予以体悟与理解。

---

[1] 关于王小波这个定义在中国知识分子史、中国审美思想史上的意义,详见王毅主编《不再沉默——人文学者论王小波》一书的序言,光明日报出版社,1998年。
[2] 牟宗三:《关于"生命"的学问——论五十年来的中国思想》,见《生命的学问》,天地出版社,2022年,第43—44页。
[3] 康德:《判断力批判》,韦卓民译,商务印书馆,1964年,第159页。

总之，本书自创的"三联式叙述体例"不仅是学术论述方法上一种新尝试，更主要是要体现笔者长期以来对"思维之美"何以是心性与心智升华逻辑起点的考虑，以及究竟用何种著作体式才能将此思考陈示出来的斟酌。现在，陈示这些粗浅想法的尝试基本完成，于是笔者深深期望的当然就是读者朋友的批评指谬。

八、"要怎么收获，先那么栽"

最后略向读者交代，笔者学术工作的主要领域，长期集中在制度学的方方面面（中国法律史与法哲学、赋税体制、制度经济史、政治伦理……），但也许因为很多年以来对一切古典艺术都有特别的兴趣，更因为某种特殊的历史经历，于是慢慢意识到：人们心智能不能建立起一个"脱卑暗而向高明"的审美视域，这个维度的意义也许还在眼前一切显豁的制度学问题研究之上。

笔者在20世纪80年代初到中国社会科学院工作，那时经常借机反复参观云冈石窟，只是年年走马观花，从未留下深入印象。但经历80年代末巨大社会事件的震恸没过多久，笔者又一次参观云冈石窟时的感受却有了极大不同，甚至用身受电击来形容亦不为过——面对第五、第六、第七等窟中无比恢宏绚丽、热烈激荡的天人境界，不由得骤然而想到：在中国北方连续三百多年间遍地杀戮、民命轻贱如草芥[①]，昔日文明核心地区涂炭为鬼蜮的漫长岁月中，人们不是越来越只能发出"西京乱无象，豺虎方遘患。

---

① 东汉末年开始的长期战乱年代里，对无数平民的灭绝性屠戮一直是家常便饭，例如《后汉书》卷一○三《陶谦传》记载："初平四年（193，即云冈石窟开凿两百多年前），曹操击谦，破彭城傅阳。谦退保郯，操攻之不能克，乃还。过拔取虑、睢陵、夏丘，皆屠之。凡杀男女数十万人，鸡犬无余，泗水为之不流，自是五县城保，无复行迹。初三辅遭李傕乱，百姓流移依谦者皆歼。"

复弃中国去,远身适荆蛮。亲戚对我悲,朋友相追攀。出门无所见,白骨蔽平原"[1]等等无尽的哀吟悲泣吗?

然而决然想象不到的是:信仰与艺术的逻辑有时恰恰与世间的宿命相反。正是在苦难如此没有尽头的惨夜时代,人们竟然能够对彼岸世界怀有无比热切的憧憬与想象,能够通过艺术而将原本以遁世为主旨的世界认知,转换为对生命之美奂的空前铺陈与礼赞,铺陈出天地间充满飞动乐舞那种令人炫目的热烈欢愉;竟然能够用孱弱微渺的骨肉之躯滴水穿石,磨透巨大山岩而将人类生命如此绚烂的底蕴永远彰显给后世。再进一步:营造这一连串伟大石窟的工匠们大多都是在战乱惨祸之下被成群驱赶、背井离乡之人[2],但也正是他们,对于天道归宿,对于万灵万众的未来,却能够有如此超逸高绝的力量而展示出极致的永恒美好与生命的张力……。面对任何图片都远远不足以呈现其瑰丽之万一的这石窟天地,一旦贯通历史而感悟古今,谁能不是马上泪流满面?!

千百年来,蚁民们似乎铁定只能认命自己的被虐而无能为力,所以陈寅恪先生晚年诗作中有"闭口休谈作哑羊"的哀叹,此语出自佛典中对顽钝不觉者的痛切形容:"默然无言,譬若白羊,乃至人杀,不能作声,是名'哑羊僧'!"(《大智度论》卷三)但是我们通过艺术却看到世界上还有着另外完全不同的境界,那么使人们终于能够超越自己与生俱来"奄忽若飙尘"那般的卑微,这无限的伟力到底是从什么地方来的?

佛经中常说"不可思议",如《维摩诘经·不思议品》"诸佛菩萨有解脱名不可思议",东晋高僧慧远等对此都有解说,更以后来严复的释义最为透辟,他说这根本不是形容世界上某种事情是子虚乌有的,而是说人们因为思力智慧拘羁于俗障之一隅,所以根本触及不到自己识见之外、之上的那

---

[1] 王粲:《七哀诗》其一,见俞绍初辑校:《建安七子集·王粲集》卷三,中华书局,1989年,第86页。
[2] 魏晋南北朝时期的惯例,是通过残酷手段而掠夺人口与文化技术资源,例如:太延五年(439)北魏太武帝拓跋焘灭凉州,徙凉州僧徒三千人及宗族三万户于平城,于是"沙门佛事皆俱东,象教弥增矣"(《魏书》卷一一四《释老志》);又如太平真君七年(446)拓跋焘灭姚秦,于是"徙长安工巧二千家于平城"(《资治通鉴》卷一二四)。

种境界①。窃以为，古典艺术之所以同样地"不可思议"，之所以需要我们终生虔心观瞻与体会，可能也是因为它们以最高妙方式揭示了看似永世卑暗的人性与宿命，却终于能够借助美的升华而彰显出造物主赋予人们的生命尊严、生命张力以及因此而来的与天地日月同辉。

我们习惯了太多直述生命苦难的悲悯作品（陀思妥耶夫小说、肖斯塔科维奇《1905年》等音乐巨制……）是如何伟大，却很少体会另外一套面对人生的苦乐、面对人生终极价值的思维路径，尤其极少去理解这个维度上如何成就出了经典艺术的伟大境界与永恒价值。所以我觉得这个方向上的无数关挞与奥妙，其实正是造就民族心胸能够面向世界、面向美好未来的决定要素。百多年前，胡适曾就明白说明真正的变革进步，它必须建立在良性社会内生机制的逐渐萌生与日积月累之上。这当然只能是非常漫长、积跬步而至千里、伴随无数人心智心性不断点滴提升的"新生活"过程：

> 这种（社会）改造一定是零碎的改造——一点一滴的改造，一尺一步的改造。无论你的志愿如何宏大，理想如何澈底，计划如何伟大，你总不能笼统的改造，你总不能不做这种"得寸进寸，得尺进尺"的工夫。……[（附注）]有人说："社会的种种势力是互相牵制的，互相影响的。这种零碎的改造，是不中用的。因为你才动手

---

① 严复所译《天演论·下》的按语中有一大段精彩论述："'不可思议'四字，乃佛书最为精微之语，中经稗贩之人，滥用率称，为日已久，致渐失本意，斯可痛也。夫'不可思议'之云，与云'不可名言''不可言喻'者迥别，亦与云'不能思议'者大异。假如人言见奇境怪物，此谓'不可名言'；又如深喜极悲，如当身所觉，如得心应手之巧，此谓'不可言喻'；又如居热地人生未见冰，忽闻水上可行，如不知通吸力理人，初闻地员对足底之说，茫然而疑，翻谓世间无此理实，告者妄言，此谓'不能思议'。至于不可思议之物，则如云世间有圆形之方、有无生而死、有不质之力，一物同时能在两地诸语，方为'不可思议'！此在日用常语中，与所谓谬妄违反者，殆无别也；然而谈理见极时，乃必至'不可思议'之一境，既不可谓谬，而理又难知，此则真佛书所谓'不可思议'。而'不可思议'一言，专为此设者也！佛所称'涅槃'，即其不可思议之一。他如理学中不可思议之理，亦多有之。如天地元始，造化真宰，万物本体是已……"见托马斯·赫胥黎：《天演论》，严复译，译林出版社，2014年，第91—92页。

改这一制度,其余的种种势力便围拢来牵制你了。如此看来,改造还是该做笼统的改造。"我说不然。正因为社会的势力是互相影响牵制的,故一部分的改造自然会影响到别种势力上去。这种影响是最切实的,最有力的。]①

做胡适强调的"最切实、最有力"的工作,像他所期望的那样"挑那重担,走那长路"②,窃以为这既是我们社会认知同时也是美育认知的关键。

而在社会内生良性因素日渐萌发与积累这个大方向上,无数平凡人在自由、崇高、美好境界感召与熏染之下,内心慢慢开启"脱卑暗而向高明"的自主、自觉之努力,这不仅最为珍贵,而且也一定会像昔日欧洲文艺复兴一样,成为孕育社会向伟大文明逐渐进步之胚胎与母体——这可能就是今天我们尤其需要关注美育、致力于美育的深刻现实原因。所以,既然我们终于意识到要重新确立实现"人的社会"这基本的目标③,那么"要怎么收获,先那么栽"(图23)。

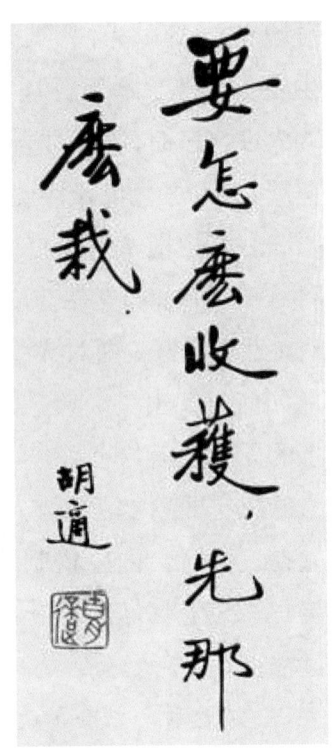

图23 胡适手书格言之一

▲ 胡适此言极尽浅白,最清楚地表达着他"一点一滴的改造,一尺一寸的改造"之社会进步的路径选择;这句格言也是他无数次重申、终生躬行不辍的宗旨,由此越显出"知行一律"等等人格上的澄明之美。

---

① 胡适:《非个人主义的新生活》,载《新潮》1920年第2卷第3号。
② 胡适在《悲观声里的乐观》(载《独立评论》1934年第123号)一文中说:"古代哲人曾说:'士不可以不弘毅,任重而道远。'悲观与灰心永远不能帮助我们挑那重担,走那长路!"
③ 胡适叙述自己的憧憬在于:使中国日益"够得上一个人的社会",而不是目睹其日渐沦入"爱自由争自由的人没有立足容身之地",详见胡适:《胡适致陈独秀(1925年12月,稿)》,见《胡适来往书信选》,中华书局,1979年,第355—357页。笔者曾撰长文说明,胡适这封痛切长信是关乎中国现代史走向的非常重要的文献,此文于《中国社会科学季刊》2000年第1期、第2期连载。

最后需要表达的，是笔者对于许多相识或不相识老师、朋友的感谢：本书写作过程中，得到了他们在判断论题是否成立、查证引文、介绍学术界新近相关研究成果、赠予图像资料与使用版权（本书所使用诸多他人照片图稿都标明了版权所有者姓名，并在此一并致谢）、绘制必要的草图等众多方面的倾力帮助，有些虽是旧事，但历久弥珍，比如2005年3月共同受哈佛大学景观艺术研究中心邀请参加中国园林研究报告会期间，中国社会科学院考古所杨洪勋教授将他讲演所用图像资料倾囊相赠。所以来自"旧雨新知"的任何点滴援手，不仅都融入了本书的学术基石之中，而且更成为笔者学术旅途中幸遇的一处又一处美好风景，其关爱友情的温暖宝贵程度是笔者任何的言辞感谢都远远不足以相称的。

还需要特别说明：因为本书主旨与内容需要"三联式叙述"这特殊体例才能呈现，如此固执的要求使得出版社方面不仅需要完成审稿校对、引文查证、格式规范、改正行文讹误等常规工作，尤其不得不在图片版权审核、质量把握、图片依据意义权重而在尺度上的配适、"三联式"各部分在版面上的安排布列、书稿在编辑过程中我不断希望增减图片而导致版式一改再改等等方面，费尽心力、反复调整。如此繁杂浩博的工作是常规学术书籍编校工作中根本没有的，但是经过陕西师大出版社诸位编辑异常耐心地了解笔者选定每一张图片的用意、尽可能精益求精地展示每张图片内涵与画意的最佳品相，最终使得本书总体上的呈现效果颇为超出笔者预期，对于这份额外宝贵的馈赠，笔者需要致以再三的谢忱。

2022年5月28日初稿，2024年7月15日改毕